"十三五"国家重点出版物出版规划项目
矿山医学系列丛书

矿山创伤应急救援与医疗技术

EMERGENCY RESCUE AND MEDICAL TECHNOLOGY OF MINE INJURIES

"十三五"国家重点出版物出版规划项目
矿山医学系列丛书

矿山创伤应急救援与医疗技术

EMERGENCY RESCUE AND MEDICAL TECHNOLOGY OF MINE INJURIES

丛书主编　袁聚祥
分册主编　张　柳　程　光
分册主审　程爱国　白俊清
分册副主编　刘英杰　李晓强　梁春雨　张惠英
分册编委　（按姓名汉语拼音排序）

白俊清（华北理工大学附属医院）	刘　昊（华北理工大学附属医院）
白月民（华北理工大学附属医院）	刘连木（华北理工大学附属医院）
程爱国（华北理工大学附属医院）	刘连寅（华北理工大学临床医学院）
程　光（华北理工大学临床医学院）	刘英杰（华北理工大学附属医院）
付爱军（华北理工大学附属医院）	刘　勇（华北理工大学附属医院）
宫风玲（华北理工大学附属医院）	杨德久（华北理工大学附属医院）
顾定伟（华北理工大学附属医院）	杨　健（华北理工大学附属医院）
李　丹（华北理工大学护理康复学院）	张惠英（华北理工大学附属医院）
李晓强（华北理工大学附属医院）	张军伟（华北理工大学附属医院）
梁春雨（华北理工大学附属医院）	张　柳（华北理工大学附属医院）

北京大学医学出版社

KUANGSHAN CHUANGSHANG YINGJI JIUYUAN YU YILIAO JISHU

图书在版编目（CIP）数据

矿山创伤应急救援与医疗技术 / 张柳，程光主编.
—北京：北京大学医学出版社，2022.1
（矿山医学系列丛书 / 袁聚祥主编）
ISBN 978-7-5659-1424-9

Ⅰ．①矿… Ⅱ．①张… ②程… Ⅲ．①矿山救护
Ⅳ．① TD77

中国版本图书馆 CIP 数据核字（2016）第 172158 号

矿山创伤应急救援与医疗技术

主　　编：张　柳　程　光
出版发行：北京大学医学出版社
地　　址：（100191）北京市海淀区学院路38号　北京大学医学部院内
电　　话：发行部 010-82802230；图书邮购 010-82802495
网　　址：http://www.pumpress.com.cn
E-mail：booksale@bjmu.edu.cn
印　　刷：北京金康利印刷有限公司
经　　销：新华书店
策划编辑：许　立　陈　奋
责任编辑：陈　奋　陶佳琦　　责任校对：靳新强　　责任印制：李　啸
开　　本：889 mm×1194 mm　1/16　印张：22.5　　字数：619 千字
版　　次：2022年1月第1版　2022年1月第1次印刷
书　　号：ISBN 978-7-5659-1424-9
定　　价：215.00 元

版权所有，违者必究

（凡属质量问题请与本社发行部联系退换）

矿山医学系列丛书编审委员会

主 任 委 员 袁聚祥

副主任委员 高俊玲　张宇新　白俊清　张　柳
　　　　　　　徐应军　冯福民

委　　　员（按姓名汉语拼音排序）
　　　　　　　程　光　范雪云　关维俊　李建民
　　　　　　　李琪佳　李树峰　李小明　门秀丽
　　　　　　　庞淑兰　曲银娥　唐咏梅　王海涛
　　　　　　　武建辉　姚　林　姚三巧　苑　杰
　　　　　　　张艳淑　郑素琴

丛书主编简介

袁聚祥，曾任华北煤炭医学院院长，华北理工大学校长、党委副书记。现任华北理工大学公共卫生学院教授，华北理工大学和中国医科大学博士生导师。享受国务院政府特殊津贴专家，原煤炭部部级专业技术拔尖人才，河北省省管优秀专家，匈牙利佩奇大学名誉教授。任中华预防医学会煤炭系统分会主任委员，中国煤炭教育协会副理事长，河北省健康管理学会副主任委员。

长期从事公共卫生与预防医学领域科学研究、人才培养和社会服务工作。已培养硕士研究生 156 名，博士研究生 12 名。发表论文 170 篇，其中被 SCI 收录 36 篇。主编国家规划教材 3 部，出版专著 5 部，承担国家级项目、行业项目和地方项目 20 余项，获得各级科技进步奖 10 余项。

主要研究方向为职业流行病学，包括对煤矿工人健康危害严重的职业病和工作有关疾病的防治工作。首次提出了尘肺流行病学的概念，创建了尘肺流行病学学科，培养了第一批尘肺流行病学专业硕士研究生。在此基础上，针对行业和地方的需要，对钢铁、煤炭和石油行业的职业病和工作有关疾病进行了职业流行病学研究，出版了我国第一部煤矿职业流行病学专著，为我国煤炭等行业制定职业病防治策略，预防职业病的发生，延缓职业病患者的病情，保护工人健康提供了可靠的科学依据和一手资料。

分册主编简介

张柳，男，华北理工大学附属医院骨科主任医师，教授，博士生导师，河北省优秀省管专家，享受国务院政府特殊津贴专家。曾任华北理工大学副校长。现为中华医学会骨科学分会骨质疏松学组委员，中国老年学学会老年脊柱关节疾病专业委员会常委，河北省医师协会骨科医师分会副主任委员，河北省医学会骨质疏松和骨矿盐疾病学分会副主任委员。

长期从事脊柱与关节外科、煤矿创伤、骨质疏松症、骨性关节炎的临床治疗与基础研究。目前主持省级以上课题4项，承担国家自然科学基金1项。"骨质疏松与骨质疏松性骨折的药物防治及其作用机制的系列研究"获得河北省科技进步一等奖（2011JB007，第一主研人）。

分册主编简介

程光，男，华北理工大学临床医学院实验中心主任。2001年毕业于首都医科大学临床医学专业，2002年4月至2006年4月于日本山形大学大学院学习，师从生物化学科学藤井顺逸教授，进行蛋白组学领域相关研究，获医学博士学位。2006年7月至2007年8月于美国北卡罗来纳大学从事博士后研究；2008年7月至2010年6月于汕头大学医学部博士后流动站，师从免疫与微生物学李康生教授。出站后受聘于原华北煤炭医学院，从2010年至今，于华北理工大学临床医学院从事创伤免疫学研究及赖氨酰氧化酶的基础与临床研究。

至今共发表学术论文近30篇，其中被SCI收录6篇，作为副主编出版著作2部，作为编委出版著作1部。《瓦斯爆炸伤害学》《脑外伤新概念》《狭窄空间医学》都是近几年国家重点出版图书。在煤矿创伤学研究方面发表的论文有：《重度创伤-失血性休克大鼠细胞免疫与肠道功能保护的实验性研究》《煤矿透水矿难医疗救治程序与方法的特殊性》《模拟井下被困断食后体重与脑重量相关性实验研究》《模拟煤矿井下断食后空间记忆与行为功能的实验性研究》等，其中，《危重病人胃肠道功能障碍的监测与干预》获得了中国煤炭工业科技技术奖（2010-325-R03），《重大矿山事故钻孔救援关键技术及配套装备应用研究》（AJQ-6-2-95-R06）获得了2015年国家安全生产监督管理总局第六届安全生产科技成果二等奖。

丛 书 序

从中华人民共和国成立后组建的中国煤炭工业部，到现在的国家矿山安全监察局，都充分体现了党中央国务院一直以来对矿山安全生产、矿工职业病防治和矿山创伤救治的高度重视。1963年在原有的开滦高级护士学校、阜新卫生学校、唐山卫生学校基础上合并成立了本科类的唐山煤矿医学院，并于1984年更名为华北煤炭医学院，这是专门服务于煤炭行业的高等医学院校。随着国家体制改革的进行——中国煤炭工业部的撤销以及原国家安全生产监督管理总局的建立，华北煤炭医学院也实行了省部共建，以地方管理为主的模式，隶属河北省。2010年5月，经教育部批准，华北煤炭医学院与河北理工大学合并组建了河北联合大学，并于2015年2月更名为华北理工大学。不管体制如何变化，我们始终担负着矿工职业病防治和矿山创伤救治的培训和科研任务。为此，原国家安全生产监督管理总局与河北省人民政府专门签署了省部共建协议书，明确了省部共建人才培养、科学研究、智力支撑和服务行业的协议内容。

50多年来，华北理工大学在矿工职业病防治和矿山创伤救治教学、科研方面取得了世界领先且具有中国特色的成绩，为煤矿的安全生产做出了巨大的贡献，曾经出版过《煤矿创伤学》《实用矿山医疗救护》《瓦斯爆炸伤害学》《脑外伤新概念》《煤工尘肺病理图谱》《煤矿职业危害预防控制指南》等专著，都是针对我国作为煤炭生产和消费大国、矿山安全和健康形势严峻的特点而编著的。

为了适应我国职业卫生与安全工作的需要，提高我国职业卫生与安全水平，创造生产安全、对矿工健康有利的环境，创建我国职业卫生与安全的医学防治体系，普及科学知识，在北京大学医学出版社领导的支持下，华北理工大学组织多个专业的医学专家和学者编写了这套"矿山医学系列丛书"，并成功申请到国家出版基金的资助。

本丛书共分3卷14册：第一卷为"矿山基础医学"，包括《矿山创伤基础医学》《矿山尘肺基础医学》《矿山职业病基础医学》和《煤工尘肺病理学》；第二卷为"矿山临床医学"，包括《矿山创伤应急救援与医疗技术》《实用矿山创伤医疗救治》《实用瓦斯爆炸伤害救治》《矿山创伤心理救援》《矿山救援与自救互救》；第三卷为"矿山公共卫生学"，包括《矿山职业流行病学》《矿山化学中毒》《矿山企业健康教育与健康促进》《矿山职业病危害预防与控制》《矿工营养健康指南》。

为了编写好本套丛书，我们专门成立了丛书编审委员会，在统一风格的基础上，各司其职，创新性地完成编写任务。另外，我们还邀请原国家安全生产监督管理总局副局长杨元元、原中国煤炭工业协会副会长赵岸青等担任顾问；邀请程爱国、李世波教授等知名专家审稿，以保证丛书质量，在此一并表示衷心感谢！

  此套丛书系国内首创，虽然已针对丛书的理论体系、章节内容、涵盖范围进行了多次讨论，广泛征求各位专家的意见，但由于作者的水平有限，仍感不能完全充分满足国家职业卫生与安全形势发展的需要，有不当之处，敬请斧正！

2020 年 10 月于唐山

前　言

美国著名的外科专家 Watt（1988）曾风趣地说："如果死亡和交税是人生逃脱不了的两件事，那么第三件事就是创伤了。"创伤已被各国公认为"发达社会疾病"或"现代文明的孪生兄弟"。"没有枪声的交通战"或"连绵不断的马路战争"已成为"世界第一公害"。

加强和完善突发公共事件医疗救治体系建设，提高救治能力和水平，是加快公共卫生事业发展，保护人民身体健康和生命安全，促进经济和社会协调发展，实现社会长治久安的战略性举措。

突发公共事件具有突发性、紧急性、高度不确定性以及广泛的社会影响破坏性特征，它直接关系到公众的健康、经济的发展和社会的安定。本书通过分析灾害、灾难事件与灾害医学救治现状、现代煤矿创伤的特点及其对策等以往突发公共事件应对或处置中存在的问题，阐述了加强医疗救治体系建设、提高应急救援能力的要点，确保及时、迅速、高效、有序地应对各类突发公共事件，将突发事件的危害降到最低。本书共分 15 章，在论述灾害、灾难事件与灾害医学救治现状、现代煤矿创伤的特点及其对策的基础上，介绍了矿山创伤医疗救援法律与法规、矿山医疗救护体系与规范以及具有矿山特殊性的创伤救治技术。

不断更新与变化的形势对矿山应急救援体制建设提出了新的、更高的要求，大力增强应急救援保障能力是矿山医疗应急救援工作人员义不容辞的责任，加强应急救援保障机制建设已经成为一项长期而艰巨的任务。

创伤严重程度评价方法、急救的基本技术、外伤现场救护基本技术、院内救治程序与原则、外伤患者的检查与诊断、创伤与输血技术、创伤重症监护的监测方法与技术、骨外固定技术、挤压性损伤的救治技术、矿山常见创伤的护理方法、矿山创伤后康复治疗方法等都是矿山医疗应急救援工作人员必须掌握的救治技术与方法。本书从基础理论、现代共识、实践技术等方面比较系统、全面地进行了阐述，有的章节为了使读者易于理解、熟练掌握和运用，辅以简图。

本书在编写过程中，考虑到全国矿山系统医院规模、水平及发展的不均衡性，在介绍创伤救治技术时，既介绍了传统的方法，又介绍了现代常用的或在大医院才能使用的技术与方法。比如骨外固定技术，在常规介绍木制小夹板、石膏固定技术的同时，也介绍了现代高分子固定技术等目前较为前沿的医疗技术。

本书在编写、审稿过程中，得到了国家矿山安全监察局、华北理工大学等机构领导的大力支持以及姜保国教授、岳茂兴教授等有关专家的热情指导，同时也得到了主审程爱国教授的亲自指导、严格审校，在此一并表示衷心感谢！

在编写过程中，由于编写人员水平的限制及相关学科理论与技术不断发展，疏漏和不足之处在所难免，敬请广大读者在使用过程中多提宝贵意见，以便今后修订和补充。

程光　张柳
2020 年

目 录

第一章 灾害、灾难事件与灾害医学 … 1
- 一、灾害的概念与分类 … 1
- 二、灾难事件的概念与分类 … 1
- 三、灾害医学的概念 … 4
- 四、国际合作与"飞行医院" … 4
- 五、灾难事件现场急救的特点及注意事项 … 5
- 六、在灾难性事件中的院前急救 … 6

第二章 现代矿山创伤的特点及对策 … 9
第一节 我国矿山创伤救治的重要性 … 9
第二节 矿山创伤的特殊性 … 10
- 一、煤矿安全生产事故分类 … 10
- 二、创伤后免疫的特殊性 … 11
- 三、自体压迫伤与自体挤压综合征 … 11
- 四、创伤后应激性损伤 … 11
- 五、煤矿透水矿难救治程序与方法 … 12
- 六、矿山创伤医疗救治的特点 … 13
- 七、现代矿山创伤的特点及应急对策 … 13

第三章 矿山医疗救护体系与规范 … 19
第一节 灾害医学救援的分级救治和后送体系 … 19
- 一、分级救治体系的起源与发展 … 19
- 二、现场急救模式 … 20
- 三、现场急救的"新理念、新模式、新装备、新方法" … 20
- 四、我国矿山一体化创伤医疗救治背景与组织体系建设构想 … 21
第二节 矿山医疗救护体系特点 … 26
- 一、我国矿山救护三级急救网络系统 … 26
- 二、矿山救护队与医疗救护相结合 … 26

三、井下作业人员的自救与互救 …………………………………………… 27

第三节　国有煤炭企业三级工伤急救体系建设 …………………………………… 27
　　一、三级工伤急救网的基本架构 …………………………………………… 28
　　二、三级工伤急救网的运行管理机制 ……………………………………… 30
　　三、矿山创伤救治的原则与任务 …………………………………………… 31
　　四、矿山创伤急救工作的基本程序 ………………………………………… 32
　　五、成批伤员院前救护的组织管理 ………………………………………… 33
　　六、企业对三级工伤急救网的支持保障系统 ……………………………… 34
　　七、院前创伤救治小组的组成及任务 ……………………………………… 35
　　八、安全转运伤员的条件 …………………………………………………… 36
　　九、人员配置及经费来源 …………………………………………………… 36
　　十、紧急情况下人员召集预案 ……………………………………………… 37
　　十一、监督管理 ……………………………………………………………… 38

第四节　人员教育与培训 …………………………………………………………… 39
　　一、各级急救人员的任务及技术要求 ……………………………………… 39
　　二、对各级急救人员的培训要求 …………………………………………… 40
　　三、培训内容与方法 ………………………………………………………… 40

第五节　演练与检查 ………………………………………………………………… 42

第四章　创伤严重程度评价方法 …………………………………………… 45
　　一、概述 ……………………………………………………………………… 45
　　二、创伤严重程度评分系统的分类 ………………………………………… 45
　　三、格拉斯哥昏迷评分 ……………………………………………………… 46
　　四、创伤评分 ………………………………………………………………… 47
　　五、修订的创伤评分 ………………………………………………………… 48
　　六、CRAMS评分 …………………………………………………………… 48
　　七、院前指数 ………………………………………………………………… 49
　　八、简明损伤定级标准 ……………………………………………………… 49
　　九、TRISS法 ………………………………………………………………… 52
　　十、国际疾病分类创伤严重度评分法 ……………………………………… 53
　　十一、创伤的严重性特点评分系统 ………………………………………… 53
　　十二、急性生理和慢性健康评分系统 ……………………………………… 54
　　十三、脏器损伤的分级 ……………………………………………………… 58
　　十四、煤矿院前创伤评分 …………………………………………………… 69

十五、瓦斯爆炸伤害院前评分 69

第五章　急救的基本技术 71

第一节　保持气道畅通的基本技术 71
　　一、托起下颌 71
　　二、开放气道 73

第二节　人工呼吸 82
　　一、口对口人工呼吸 82
　　二、面罩式人工呼吸 82

第三节　心脏按压 83
　　一、胸外心脏按压 83
　　二、心脏穿刺 84
　　三、胸内心脏按压 85
　　四、胸骨叩击法 85
　　五、直流电除颤 85

第四节　静脉通道的建立 86
　　一、静脉穿刺 87
　　二、静脉切开 89
　　三、无静脉输液条件时的液体复苏救治技术 89

第五节　体腔穿刺 93
　　一、胸腔穿刺 93
　　二、心包穿刺 93
　　三、腹腔穿刺 94

第六节　动脉导管插入技术 98
　　一、股动脉导管插入技术 98
　　二、肺动脉导管插入技术 99

第七节　胸腔闭式引流术 100
　　一、经肋间隙插管胸腔闭式引流术 100
　　二、胸膜腔穿刺引流术 102

第八节　清创缝合术 103
　　一、概述 103
　　二、适应证 103
　　三、术前准备 103
　　四、麻醉 103

五、手术步骤 ……………………………………………………………………………… 103
　　六、术中注意事项 ………………………………………………………………………… 105
　　七、术后处理 ……………………………………………………………………………… 105

第六章　外伤现场救护基本技术 …………………………………………………………… 107
第一节　现场救护的基本技术 …………………………………………………………… 107
　　一、止血技术 ……………………………………………………………………………… 107
　　二、包扎技术 ……………………………………………………………………………… 111
　　三、临时固定技术 ………………………………………………………………………… 114
　　四、转运技术 ……………………………………………………………………………… 117
第二节　现场急救常见骨折的固定方法 ………………………………………………… 119
　　一、临时固定法 …………………………………………………………………………… 119
　　二、小夹板固定方法 ……………………………………………………………………… 120
　　三、断肢的急救 …………………………………………………………………………… 121
第三节　现场急救注意事项 ……………………………………………………………… 122
第四节　现场救护不当的后果 …………………………………………………………… 122

第七章　院内救治程序与原则 ……………………………………………………………… 124
第一节　院内救治三环节技术 …………………………………………………………… 124
　　一、建立专业化急救中心与队伍 ………………………………………………………… 124
　　二、VIP程序 ……………………………………………………………………………… 125
　　三、COFT技术 …………………………………………………………………………… 125
　　四、"三个阶段、九个步骤" …………………………………………………………… 126
　　五、院内救护中的特殊性 ………………………………………………………………… 126
第二节　成批伤员院内救护的组织管理 ………………………………………………… 127
　　一、检诊分类 ……………………………………………………………………………… 127
　　二、抢救观察 ……………………………………………………………………………… 127
　　三、成批伤员救护的组织管理 …………………………………………………………… 128
　　四、安全后送 ……………………………………………………………………………… 129

第八章　外伤患者的检查与诊断 …………………………………………………………… 130
第一节　外伤患者首诊时的必检项目 …………………………………………………… 130
　　一、生命体征检查 ………………………………………………………………………… 130

二、体格检查 ……………………………………………………………………………… 131

　　三、外伤判断 ……………………………………………………………………………… 132

　　四、紧急处置与严密观察 ………………………………………………………………… 132

　　五、现病史确认 …………………………………………………………………………… 132

　　六、损伤部位确认 ………………………………………………………………………… 132

　　七、出血量确认 …………………………………………………………………………… 133

　　八、昏迷患者的紧急检查与观察 ………………………………………………………… 133

第二节　入院后的必检项目 …………………………………………………………………… 134

第三节　各种外伤的诊断与检查 ……………………………………………………………… 135

　　一、头部外伤 ……………………………………………………………………………… 135

　　二、颜面损伤 ……………………………………………………………………………… 136

　　三、颈部外伤 ……………………………………………………………………………… 136

　　四、胸部外伤 ……………………………………………………………………………… 136

　　五、腹部外伤 ……………………………………………………………………………… 136

　　六、四肢外伤 ……………………………………………………………………………… 137

第四节　外伤的分类 …………………………………………………………………………… 137

　　一、外伤的一般分类 ……………………………………………………………………… 137

　　二、锐性损伤与钝性损伤 ………………………………………………………………… 138

第九章　创伤与输血 ………………………………………………………………… 139

第一节　输血的意义和适应证 ………………………………………………………………… 139

　　一、血液的组成与功能 …………………………………………………………………… 139

　　二、输血的适应证 ………………………………………………………………………… 140

第二节　成分输血 ……………………………………………………………………………… 141

　　一、概念 …………………………………………………………………………………… 141

　　二、成分输血的优点 ……………………………………………………………………… 142

　　三、成分输血的原则 ……………………………………………………………………… 142

　　四、常用的血液制品 ……………………………………………………………………… 142

第三节　输血过程中的注意事项 ……………………………………………………………… 144

　　一、依照《中华人民共和国献血法》规范输血 ………………………………………… 144

　　二、输血的技术操作要求 ………………………………………………………………… 145

　　三、输血的不良反应 ……………………………………………………………………… 145

第四节　大量输血 ……………………………………………………………………………… 146

　　一、概念 …………………………………………………………………………………… 146

二、大量输血治疗方案 …… 147
　　三、MTP 的启动 …… 148
　　四、大量输血的不良反应 …… 149
　　五、大量输血后的并发症 …… 151
第五节　临床输血技术 …… 153
　　一、临床输血新认识与新观念 …… 153
　　二、临床输血新技术 …… 155
　　三、白细胞过滤 …… 158
　　四、血液辐照 …… 159
　　五、治疗性血液成分置换术 …… 160
　　六、微柱凝胶技术 …… 161
　　七、冰冻保存稀有血型红细胞 …… 162

第十章　创伤重症监护室的建设与监测技术 …… 163

第一节　创伤重症监护室的组织与建设 …… 163
　　一、创伤ICU的模式 …… 164
　　二、人员训练 …… 164
　　三、ICU与其他专科间的关系 …… 164
　　四、ICU的常用物品 …… 164

第二节　创伤 ICU 程序化护理管理 …… 165
　　一、护理成员的要求及分工 …… 165
　　二、创伤ICU程序化护理管理 …… 165

第三节　基本生命体征监测 …… 166
　　一、心电监测 …… 166
　　二、血压监测 …… 171
　　三、血氧饱和度的监测 …… 174
　　四、体温监测 …… 176
　　五、床旁血流动力学监测 …… 178
　　六、呼吸功能监测 …… 181

第四节　动脉血气与酸碱平衡的监测 …… 184
　　一、概述 …… 184
　　二、pH值 …… 185
　　三、二氧化碳分压 …… 186
　　四、二氧化碳结合力 …… 186

五、标准碳酸氢盐和实际碳酸氢盐 ……………………………………………………………… 186

　　六、二氧化碳总量 ………………………………………………………………………………… 186

　　七、缓冲碱 ………………………………………………………………………………………… 186

　　八、碱剩余 ………………………………………………………………………………………… 187

　　九、阴离子间隙 …………………………………………………………………………………… 187

　　十、动脉血氧分压 ………………………………………………………………………………… 188

　　十一、血氧饱和度 ………………………………………………………………………………… 188

　　十二、血氧饱和度50%时的氧分压 ……………………………………………………………… 189

　　十三、血氧含量 …………………………………………………………………………………… 189

第五节　肾功能的监测 …………………………………………………………………………………… **189**

　　一、肾小球功能的监测 …………………………………………………………………………… 189

　　二、血清尿素氮和肌酐的监测 …………………………………………………………………… 190

　　三、肾小管功能的监测 …………………………………………………………………………… 191

　　四、尿渗透压测定 ………………………………………………………………………………… 191

　　五、自由水清除率 ………………………………………………………………………………… 191

　　六、酚红排泄试验 ………………………………………………………………………………… 191

第六节　胃肠黏膜功能监测 ……………………………………………………………………………… **192**

　　一、测定原理 ……………………………………………………………………………………… 192

　　二、注意事项 ……………………………………………………………………………………… 193

第七节　肝功能监测 ……………………………………………………………………………………… **194**

　　一、血清胆红素测定 ……………………………………………………………………………… 194

　　二、尿胆红素、尿胆原测定 ……………………………………………………………………… 194

　　三、BSP试验和ICG试验 ………………………………………………………………………… 195

　　四、血清蛋白试验 ………………………………………………………………………………… 195

　　五、血清脂质测定 ………………………………………………………………………………… 196

　　六、血清酶的测定 ………………………………………………………………………………… 197

　　七、血氨测定 ……………………………………………………………………………………… 198

　　八、凝血酶原时间测定 …………………………………………………………………………… 198

第八节　脑功能监测 ……………………………………………………………………………………… **198**

　　一、颅内压的监测 ………………………………………………………………………………… 199

　　二、脑氧代谢状态的监测 ………………………………………………………………………… 202

　　三、脑血流量监测 ………………………………………………………………………………… 203

　　四、脑电活动监测 ………………………………………………………………………………… 203

　　五、脑温监测 ……………………………………………………………………………………… 204

六、颅脑影像学监测 ………………………………………………………………… 204

第九节　呼吸机的临床应用 ……………………………………………………… 204
　　一、机械通气的目的 ………………………………………………………………… 204
　　二、呼吸机治疗的适应证 …………………………………………………………… 204
　　三、呼吸衰竭患者呼吸机治疗选择的时机 ………………………………………… 205
　　四、呼吸机治疗的相对禁忌证 ……………………………………………………… 205
　　五、呼吸机与患者的连接方式及调节方法 ………………………………………… 205
　　六、机械通气方式及临床应用 ……………………………………………………… 209
　　七、人机对抗的处理 ………………………………………………………………… 213
　　八、呼吸机的撤离 …………………………………………………………………… 214

第十一章　影像学技术在创伤外科中的应用 …………………………………… 216

第一节　颅脑损伤的影像学诊断 ………………………………………………… 216
　　一、概述 ……………………………………………………………………………… 216
　　二、电子计算机断层扫描 …………………………………………………………… 216
　　三、磁共振成像 ……………………………………………………………………… 225
　　四、PET ……………………………………………………………………………… 234
　　五、脑磁图 …………………………………………………………………………… 235

第二节　胸部损伤的影像学诊断 ………………………………………………… 238
　　一、肋骨骨折 ………………………………………………………………………… 238
　　二、胸骨骨折 ………………………………………………………………………… 240
　　三、胸部异物 ………………………………………………………………………… 241
　　四、创伤性气胸及血胸 ……………………………………………………………… 241
　　五、肺实质损伤 ……………………………………………………………………… 242
　　六、气管和支气管损伤 ……………………………………………………………… 244
　　七、纵隔气肿与血肿 ………………………………………………………………… 245
　　八、膈肌损伤 ………………………………………………………………………… 245
　　九、胸腹联合伤 ……………………………………………………………………… 246
　　十、胸部血管损伤 …………………………………………………………………… 247

第三节　腹部损伤的影像学诊断 ………………………………………………… 248
　　一、概述 ……………………………………………………………………………… 248
　　二、实质脏器损伤 …………………………………………………………………… 249
　　三、空腔脏器损伤 …………………………………………………………………… 254
　　四、腹部血管损伤 …………………………………………………………………… 256

第十二章　骨外固定技术 ……………………………………………………… 258

第一节　骨外固定技术发展与研究 ……………………………………………… 258
一、骨折外固定技术发展史 …………………………………………………… 258
二、骨外固定技术的临床应用 ………………………………………………… 261

第二节　石膏外固定技术 ………………………………………………………… 264
一、石膏固定的适应证 ………………………………………………………… 264
二、石膏固定的优缺点 ………………………………………………………… 265
三、石膏固定的禁忌证 ………………………………………………………… 265
四、石膏绷带的用法 …………………………………………………………… 265
五、常用石膏固定类型 ………………………………………………………… 265
六、石膏绷带固定技术 ………………………………………………………… 266
七、石膏固定前、后和石膏外固定过程中注意事项 ………………………… 266

第三节　医用高分子绷带外固定技术 …………………………………………… 267
一、产品特点 …………………………………………………………………… 267
二、使用方法 …………………………………………………………………… 268

第四节　外固定支架治疗骨折技术 ……………………………………………… 269
一、外固定支架的使用指征 …………………………………………………… 269
二、外固定支架治疗骨折的优点 ……………………………………………… 269
三、手术方法 …………………………………………………………………… 270

第十三章　挤压性损伤的救治 ……………………………………………… 271

第一节　筋膜间室综合征 ………………………………………………………… 271
一、病因 ………………………………………………………………………… 271
二、发病机制 …………………………………………………………………… 271
三、病理变化 …………………………………………………………………… 272
四、临床表现 …………………………………………………………………… 273
五、诊断 ………………………………………………………………………… 273
六、治疗 ………………………………………………………………………… 274

第二节　足部肌筋膜间室综合征 ………………………………………………… 274
一、足部肌筋膜间室的解剖结构 ……………………………………………… 274
二、诊断标准 …………………………………………………………………… 275
三、治疗原则 …………………………………………………………………… 275

第三节　挤压综合征 ……………………………………………………………… 276

一、发病机制 276
　　二、临床表现 276
　　三、诊断 277
　　四、治疗原则 277
　　五、诊断与治疗过程中的特殊性 278
第四节　腹腔间室综合征 278
　　一、病因 279
　　二、病理生理变化 279
　　三、诊断 280
　　四、治疗 280

第十四章　矿山常见创伤的护理 282

第一节　创伤的急救与护理 282
　　一、创伤性休克的抢救及护理 282
　　二、脊髓损伤的护理 283
　　三、骨盆骨折的护理 283
　　四、上肢骨折的护理 283
　　五、下肢骨折的护理 283
　　六、骨折的营养护理 284
　　七、骨折的功能锻炼 284
　　八、骨折的健康教育 284

第二节　重型颅脑外伤的观察与护理 286
　　一、概述 286
　　二、观察 286
　　三、护理 287

第三节　亚低温治疗重型颅脑外伤的护理 288
　　一、亚低温治疗的概念 288
　　二、亚低温治疗的临床应用 288
　　三、亚低温治疗的效应机制 288
　　四、亚低温治疗的降温方法 289
　　五、亚低温治疗过程中的并发症及其防治 289
　　六、监测 289

第四节　烧伤的护理 291
　　一、烧伤的一般护理 291

二、烧伤休克期护理 …………………………………………………………………… 291

　　三、吸入性损伤护理 …………………………………………………………………… 292

　　四、特殊部位烧伤护理 ………………………………………………………………… 292

　　五、烧伤侵袭性感染护理 ……………………………………………………………… 294

　　六、烧伤营养护理 ……………………………………………………………………… 294

　　七、烧伤后应激性溃疡综合征护理 …………………………………………………… 294

　　八、手热滚筒灼伤护理 ………………………………………………………………… 295

　　九、化学灼伤急救护理 ………………………………………………………………… 295

第五节　电击伤护理 …………………………………………………………………………… **296**

第十五章　外伤的现代康复治疗 ……………………………………………………… 298

第一节　现代康复功能训练 …………………………………………………………………… **298**

　　一、现代康复功能训练的新概念 ……………………………………………………… 298

　　二、现代康复功能训练技术的新发展 ………………………………………………… 302

第二节　神经系统康复与代偿的新概念与新认知 …………………………………………… **303**

　　一、康复与代偿并非绝对健康 ………………………………………………………… 303

　　二、神经修复临界点理论 ……………………………………………………………… 303

　　三、河道疏浚理论 ……………………………………………………………………… 303

　　四、自然康复与非自然康复 …………………………………………………………… 304

第三节　颅脑损伤的康复治疗 ………………………………………………………………… **306**

　　一、功能障碍特点 ……………………………………………………………………… 306

　　二、康复评定 …………………………………………………………………………… 307

　　三、功能障碍的康复治疗 ……………………………………………………………… 309

第四节　音乐疗法对昏迷促醒作用 …………………………………………………………… **318**

　　一、音乐疗法的背景 …………………………………………………………………… 318

　　二、音乐的治疗作用 …………………………………………………………………… 318

　　三、音乐疗法促醒的作用机制 ………………………………………………………… 320

　　四、音乐疗法促醒的实施方法 ………………………………………………………… 320

　　五、音乐疗法促醒作用的效果评价 …………………………………………………… 320

第五节　中医康复 ……………………………………………………………………………… **321**

　　一、中医康复早期治疗 ………………………………………………………………… 321

　　二、"三联疗法"综合施治 …………………………………………………………… 321

第六节　脑外伤患者健康指导与家庭训练 …………………………………………………… **322**

　　一、脑外伤患者健康指导 ……………………………………………………………… 322

二、重型颅脑损伤患者的家庭训练 …………………………………………………………… 322

三、患儿颅脑损伤的早期干预与家庭训练 ……………………………………………………… 323

第七节　Lokomat 机器人对脑损伤的康复应用 ……………………………………………324

一、Lokomat康复训练机器人简介 ……………………………………………………………… 324

二、Lokomat系统的治疗特点 …………………………………………………………………… 325

三、训练方法 ……………………………………………………………………………………… 326

四、适应证 ………………………………………………………………………………………… 327

中英文专业词汇索引 ……………………………………………………………………328

第一章

灾害、灾难事件与灾害医学

一、灾害的概念与分类

灾害是指客观条件的突变给人类社会造成人员伤亡、财产损失、生态破坏的现象。它分为自然灾害、人为灾害、技术灾害三大类。

1. 自然灾害 包括：洪涝、干旱、地震、台风、滑坡、泥石流、生物灾害、林火、大风、冰雹、雷电、雪灾、低温冻害、虫害、鼠害、沙尘暴、火山、龙卷风、山崩、赤潮、水土流失、荒漠化等。

2. 人为灾害 包括：恐怖事件、城市火灾、瘟疫传染病（如 SARS 等）、粮食安全、群体性暴力事件、政治性骚乱、经济危机、水安全、重大交通事故等。

3. 技术灾害 包括：核泄漏、重大生产安全事故、瓦斯爆炸、矿山塌陷、重大污染、化学泄散、水电气热等生命线工程灾害、信息及通信灾祸（如全球性网络病毒等）、重大航空航天灾难等。

二、灾难事件的概念与分类

灾难是广义的，比如突然被汽车压断了腿、突然失去了亲人，或者突然患了重病等，这是不是灾难？是。海难、空难、地震、火山爆发、矿井下瓦斯爆炸、矿山塌陷、病毒或细菌肆虐，这是不是灾难？是。但人们更习惯于称后者为"灾难事件"。

关于灾难事件的定义有多种说法：一是美国红十字会（ARC）曾提出的"飓风、暴风雨、洪水、海啸、地震、瘟疫、饥荒等一系列给人类带来痛苦，或造成灾民急需援助才能满足需求的状况"。二是 1990 年由 Gunn 等提出的"灾难是在人类与其生态环境之间，因为自然或人为的力量，造成巨大的冲击，而使得社区必须采取异于平常的行动，且需要外来的资源才能应付"的事件。三是 1991 年 William Rutherford 等提出的"灾难的三要素"：①冲击事件：一个对于人类社会产生冲击的事件，不见得同时造成人命或健康上的损害，例如股票大跌；②医疗资源：需要立即组织动用医疗资源；③伤患：包括病患的数目、伤痛的种类，特别是牵涉到医疗资源使用的不同损害（例如烧伤、爆炸伤等）。四是 2004 年台湾大学医学院石元医师提出的，灾难事件可以定义为"一个冲击事件，而造成伤患的数目与治疗资源有失衡的情形"。比如表 1-1 中典型灾难事件的死难人数，是多么触目惊心！

表 1-1　自然灾害伤亡估计数

时间	地点	灾难类型	伤亡估计数（人）
1965 年 3 月 31 日	莫桑比克	水灾	死亡 24，无家可归者 1000
1976 年 7 月 28 日	中国唐山	地震	伤亡 665 000
1983 年 2 月	澳大利亚	森林火灾	死亡 76，伤者 1100
1985 年 9 月 19 日	墨西哥城	地震	死亡 40 000
1988 年 12 月 7 日	亚美尼亚	地震	死亡 55 000
1995 年 1 月 17 日	日本神户	地震	死亡 6398
1998 年 6 月 27 日	土耳其	地震	死亡 129，伤者 1000
2004 年 12 月 23 日	印尼苏门答腊	地震海啸	死亡 235 000

1994 年，美国 Kristi Koenig 等提出了潜在制造创伤事件（potential injury creating event，PICE）概念，以此来代表所有过去这些人为或自然的意外事件，再按照其等级来判断是否达到"灾难的程度"（表 1-2）。

表 1-2　灾难程度的分级

A．将事件分为已经稳定（Static）和还在发展中（Dynamic）。
B．按照依靠地区资源状况应对的程度分为足以应对（Controlled）、需要特别的程序应对（Disruptive）和不能应对（Paralytic）。
C．按影响程度分类：地区性（Local）、局部性（Regional）、全国性（National）、国际性（International）。

A	B	C	PICE 分类	需要外来资源	外来援助状态
Static 已经稳定	Controlled 足以应对	Local 地区性	0	不需要	互动
Dynamic 还在发展中	Disruptive 需要特别的程序应对	Regional 局部性	Ⅰ	小	警戒
	Paralytic 不能应对	National 全国性	Ⅱ	中	准备
		International 国际性	Ⅲ	大	启动

每一个灾难都可以用 A、B、C 的 PICE 分级来描述。例如唐山地震就属于 International PICE Ⅲ 级分类。美国 1995 年的北岭地震就属于 Dynamic、Disruptive、Regional PICE Ⅱ 灾难。

1．灾难严重度分级（disaster severity score，DDS）　由 Boer 及 Rutherford 等在 1990 年前后发展起来，其主要的概念是把灾难分为以下 7 个项目。

（1）对于社区的影响（遭遇灾难冲击地点与周边）：例如社区的架构（医疗、行政、紧急医疗等）完整，为 1 分，如果有损害，则为 2 分。

（2）原因：人为灾难为 0 分，而自然灾难为 1 分。

（3）时间：冲击时间小于 1 小时，为 0 分；1～24 小时，为 1 分；24 小时以上，为 2 分。

（4）灾难范围半径：小于 1 千米为 0 分；1～10 千米为 1 分；10 千米以上为 2 分。

（5）伤病患者的数目：25～100 人，为 0 分；100～1000 人为 1 分；大于 1000 人为 2 分。

（6）存活伤者的严重度：如果大部分的伤者不需住院，为 0 分；一半的伤者需要住院，则为 1 分；如果大多数的伤者需要住院，则为 2 分。

（7）救援所需的时间：包括搜救、紧急处置与运送，如果在 6 小时内为 0 分；6～24 小时为 1

分；24小时以上为2分。

以此分类，不同分级的灾难总分为1～13分，像亚美尼亚的地震为12分，而一般的大车祸，可能在1～2分之间。

有些DSS系统将第二项自然或人为灾难的给分取消，而以死亡人数取代，少于100人为0，大于100人为1分，总分仍为1～13分。

2. 医疗严重度指标（medical severity index，MSI） 上述的灾难严重度分级，通常是只有在灾难结束之后，以回顾性的方式得出的结论。可是在灾难冲击期内，必须有一个指标，能够成为动员与应急的依据。为此，Boer及Rutherford等又提出了医疗严重度指标，成为正在发生中的灾难的严重度判定指标。但在探讨MSI之前，需要先定义如下的几个指标。

（1）伤病患负荷（casualty load）：伤病患的数目一般不容易精确估计，但在事件开始之时，针对不同的灾难、不同的地区，都会有一些可以粗略估计的伤病患数目，即伤病患负荷。此数字常用N来表示，在不同时间点估计出来的数字，用N_1、N_2、N_3等来表示。值得注意的是这些估计的数字并不代表当时实际发生的伤病患的数目。

（2）伤病的严重度（severity of incident）：伤病的严重程度的分类方法比较多，不过在伤病患数量较多的现场最常使用的是STRT（simple triage and rapid treatment）方法。从医疗后续处理的角度，大致可分为四大类。

1）T_1：危及生命的伤害，需要立即处理。

2）T_2：非危及生命的伤害，需要医院处理。

3）T_3：比较轻的伤害，不一定非要在医院处理，在现场处理完毕后即可返回家中。

4）DOA：明确死亡或送达医院后死亡的伤患。

其中T_1、T_2需要较专业的医护人员完成，需要救护车运送，也可能需要住院治疗，一旦延误就有可能造成严重后果。所以，严重度S可以表示为：$S = (T_1+T_2)/T_3$。

（3）医疗处置能量（medical services capacity）：由于在灾难之中，伤病患的医疗需经过搜救、运送及医院治疗三个阶段，所以医疗作业能量也分为三个部分。

1）MRC（medical rescue capacity）：病患被搜索到且成功脱困，接受医疗的能量。一般计算每小时可以处理多少T_1及T_2的病患。

2）MTC（medical transport capacity）：载运病患的能量。主要的影响因素有救护车的数目、脱困的难易度、病患的分布、医院的远近等。

3）HTC（hospital treatment capacity）：指医院的医疗处置能量。一般计算每小时可以处理T_1及T_2的病患数。

在不同的时间，同一家医院其HTC可能会有所变化，假日夜晚HTC会下降很多。从过去的经验得知，一般医院处理伤病患的能量大约是其总床位数的3%左右。例如：某医院约有2000张床位，其每小时可以处理的T_1与T_2病患数目大约是60人。

一般而言，工作人员大概可以维持在良好的状态下工作大约8小时，所以其总能量（total capacity）一般是以8小时来计算的。需知道MRC、MTC、HTC三者为连续的处置，中间两个步骤最慢，是"速率决定步骤"，所以总能量以三者最小值当做整体的能量。

（4）医疗严重指数的计算模式：之前病患负荷（N）、事件的严重度（S）、整体能量（TC）都已经量化，医疗严重指数就可以计算：$MSI = (N \times S)/TC$。

如果MSI＞1，则构成了灾难；如果＜1，则不构成灾难。例如，在某地区有一家化学工厂发生爆炸，时间在深夜，伤患约有100人（指T_1及T_2，也就是需要医院处理者），在附近有一家100张床位的地区医院，另外有两家约50张床位的小医院。伤患有100人，故 $N=100$；从过去的经验，爆炸伤严重的病患较多，故假设 $S=1.5$，而附近医院的整体能量为每小时200张床位的3%，故8小时 TC 为48。如果不考虑深夜人力较少，则 $MSI=100 \times 1.5/48 \approx 3$。

此种计算评估的模式，可以提供"所需医疗资源超过当地所能供应，必须依靠外来援助"这样一个比较客观而深入的理解。并且可以经由各种灭灾措施改变其中的变量，增加社区对灾难的抗力。

计算以上这些分级或指数的主要目的在于对灾难的程度（灾难当时或事后）做一个比较客观的描述。在这样的基础下，其应变措施、资源的动用才有一个标准。就像芮氏地震级数或蒲福风力级数一样，将一个比较抽象的严重程度用数字来表示。然而，以上这些分级都是美国或欧洲使用的，我们将期待未来能根据国内的情况，制定出适合我国使用的分级制度。

三、灾害医学的概念

灾害医学就是研究在诸如各种自然灾害和人为事故所造成的灾害性损伤条件下实施紧急医学救治、疾病防治和卫生保障的一门学科。这是为受灾伤病员提供预防、救治、康复等卫生服务的科学，是介于灾害学与医学之间的学科。这个概念最早由塞法于20世纪60年代提出，20世纪70年代以来已为世人所公认。灾害医学的主要任务是研究各类灾害对人体的损伤规律，制订合理的卫生保障方案，动员必需的卫生力量，组成严密的救援网络，充分发挥医学科学技术能力，拯救灾区人民生命，最大限度地降低死亡率和致残率，尽早恢复伤病员的工作能力和生活能力，控制灾后疾病的发生和流行。

在灾害医疗救援的过程中，需要多学科在灾害医学方面的融合与应用。灾害医学由灾害卫勤组织指挥学、灾害流行病学、灾害救治医学、灾害医学管理、灾害康复医学、灾害心理医学、灾害基础医学等多部分组成。灾害医学等的整体防御可分预警、防范、检测、诊断、防护、除沾染、现场救治与后送、院内进一步救治、康复、心理、基础研究等方面。灾害医学由于其自身的特点，正在成为医学领域中的一门独立的新兴学科，越来越受到全世界各国的重视。

四、国际合作与"飞行医院"

对于灾难事件的救援工作，最重要的是国际间的合作，无界限的通讯和快捷、功能齐全的"飞行医院"是十分重要的。

当前世界救灾组织包括联合国、国际红十字会等，在日内瓦设立的联合国救灾组织（UNDOR），世界卫生组织（WHO）。此外尚设有世界粮农组织（FAO）、联合国难民事务高级专员办事处（UNHCR）、联合国环境计划署（UNEP）等。如印尼地区海啸发生后，中国政府进行了大规模的对外救援行动。截至2007年1月11日，在首批援助金额2163万元人民币、此后增加5亿元人民币的基础上，中国政府再追加了2000万美元捐款，用于联合国框架内的多边救援和重建。联合国前秘书长表示，中国作为一个发展中国家，向受灾国提供大规模援助具有重要意义。

"时间就是生命"这一概念在灾难性医疗救援过程中体现得淋漓尽致，因此有救命"10分钟""白金30分""黄金一小时"之说。"飞机运输""飞行医院"越来越成为当今医疗救助的先进体现。

早在第二次世界大战期间，协约国的军队就用C-47运输机运输大量伤员，同时在缅甸开辟了用直升机进行伤员后送的新纪元。朝鲜战争期间，美军利用Bell-47与Sikorshy S-5直升机运送20 000名伤员，越南战争时美军又利用Dustoff直升机运输80 000名伤员，从而大大地降低了伤亡率。

在现代医疗空中后送方式被称为"飞行医院"。沙特是世界上最早研制出"飞行医院"的国家。目前沙特的"飞行医院"主要建在 C-130"大力士"运输机和运输直升机上。经过改装的 C-130"大力士"运输机上设有观察室、X 线影像室、诊断室和手术室，配有验血装置，拥有 40～55 个为危重患者准备的床位。

目前已经有美国、俄罗斯、英国、法国、德国、以色列等国家军队相继研制出并开始使用这种"飞行医院"。

我国战略支援部队特色医学中心（原解放军第 306 医院）的医疗救护直升机在航天员返回着陆后的医疗保障系统中，其医疗设备与复苏技术已达到国际先进水平，具有快速、飞行便带式的 ICU 功能。

五、灾难事件现场急救的特点及注意事项

（一）灾难事件现场急救的特点

1．突发性 各种灾害（包括自然灾害和人为灾害）的发生，往往突如其来，如海啸、地震、洪灾、风灾、瘟疫、沉船、爆炸、工矿事故、飞机失事、毒气泄漏、楼房倒塌、城乡火灾等，需要大批医护人员迅速到位。

2．复杂性 灾害的多样性导致了现场急救的复杂性，除常规装置外，还必须有对灾害的特殊处理。比如：化学毒物灾害，须对染毒人员进行洗消；火灾现场的伤病员，往往创伤、烧伤同时存在；地震灾区，常常是多发伤，还有可能出现挤压综合征、急性肾衰竭；灾害的突然发生，灾区人员除身体上受到伤害，精神上亦受到强烈刺激，容易诱发心理、精神障碍，使得现场救治更加复杂。

3．危险性 灾区的现场救治比平常的现场救治危险性更大，条件更艰苦，环境更恶劣，如 2003 年重庆开县的井喷，有毒气体大量溢出，导致大面积的人员中毒、死亡，先期赶到现场的院前急救人员并无防毒面具，仅用湿毛巾捂住口鼻，便不得不冒着生命危险冲入灾区抢救患者；传染病暴发，2002—2003 年之间的"非典型肺炎（SARS）"突发，传染性强，谈"非"色变，最先接触疫区可疑"非典"患者的就是院前急救人员；又比如，地震过后，一片废墟，余震不断，沉陷、倒塌，救援人员在随时都可能遭遇不测的环境中救死扶伤。

4．拣选性 灾害发生时，同一地区短期内集中大量各种年龄的伤病员，伤病种类多，病情轻重不一，而救治力量有限，救治条件欠佳，时间紧迫。要及时、准确处理大批伤病员，就必须首先区分伤病的轻、重、缓、急，确定救治先后次序和后送的种类、措施，以便在有限的医疗条件下，通过拣选，使尽可能多的伤病员得到最大的抢救机会。

5．紧迫性 灾害现场的危重伤病员需要呼吸、循环支持，在灾区的现场必须刻不容缓地进行气管插管、呼吸机通气、深静脉穿刺等急救专业操作，现场急救操作的动作是否迅速、准确、到位，直接影响伤病员的抢救效果。

（二）灾难事件现场急救的注意事项

1．一般现场急救要求在 10 分钟内完成，必须分秒必争。

2．在有大批量伤员的灾害事件现场，如需要立即救援，应联系并动员充足的急救人员赶赴现场。

3．优先处理有呼吸道阻塞、大出血、张力性或开放性气胸的伤员。

4．按先重后轻的顺序统一指挥后送。

5．在后送途中，急救人员应先向有关医院通过"120"电话报告伤情及伤员人数，尤其是紧急

伤员的情况，并随时报告伤情变化、初步诊断及已做的处理等，以便为医院安排抢救做好充分准备。

六、在灾难性事件中的院前急救

各种灾害事件均需要在现场进行初步急救，力争维持伤病员生命体征稳定，院前急救看似简单，似乎无需高深的学问和技能，但事实上院前急救是否及时、诊断是否正确、措施是否果断得力，均会影响到伤病员的安危，因此难度很大。院前急救作为一个独立的专业，其作用无法取代。

1. 院前急救的基础条件　包括信息灵通的急救网络、高度弹性的救护车队、人民群众的普遍认知。经过多年的建设，全国各大城市已经建立起自己的急救中心、分中心、急救站，初步形成了覆盖市、区、县三级院前急救网络体系。在直辖市及大部分省级急救中心，已采用现代化信息技术构建起先进的急救医疗网络通讯，以 GSM（无线电蜂窝通信系统）、GPS（全球定位导航系统）、GIS（地理信息电子地图系统）为媒介。急救中心所属的全部救护车上均配备 GPS 卫星定位系统，车载电话、车载对讲系统和车载信息终端，车辆的位置显示在指挥中心的大型电子屏幕上，呼救信号也显示在电子屏幕上，一目了然，实现对救护车辆的位置实时监视、调度、导航援助、生命信息传送以及车辆工作状态监察，使得救护车队能够高度机动。由于灾害事件中伤病员的批量性，灾害现场需要批量的救护车立即到位。急救指挥中心可以利用网络，快速、准确、高效地调度批量的救护车迅速到达灾害现场的指定位置。成建制的院前急救队伍，与救护车队融为一体，24 小时处于待命状态，高度灵活、迅速反应，能够在短暂的时间内大量集结，这在其他部门是根本无法做到的。因为院前急救有自己的日常医疗储备部分，在应急需要时能够第一时间快速出动，成为灾害地区较早的、有效的现场救治力量。"120"作为紧急医疗救援的特殊服务免费电话，家喻户晓，群众认知度高。

2. 院前急救的专业水平　专业性是院前急救的职业化要求。院前急救医疗已明确是急救医学专科范畴，其医疗队伍主体（或核心）是急救医学专科执业医师，从事日常现场救治工作，经过专业培训学习与其他专业的医务人员从事的急救是有区别的。灾害医学的现场救治应该充分利用急救网络、院前急救，实现急救人才、医疗资源共享。

加强对各类主要灾害的针对性专业化培训。各种灾害的遇难者伤情有一定特点，比如：地震造成的伤害主要是骨折伤、挤压伤，少数为烧伤。综合地震损伤统计资料发现，骨折约占伤员总数的 55%～64%，软组织伤占 12%～32%，其余为内脏伤和其他损伤。脊柱骨折约为骨折伤的 1/4，造成截瘫者占 37%。颅脑伤死亡率达 30%，居死亡患者之首；胸部伤死亡率占 25%；早期死亡的主要原因是创伤性休克和大出血。交通事故的主要损伤部位为头部和四肢。洪水灾害，在发生江河泛滥（洪水暴涨、水坝被冲毁）或海啸的情况下，死者几乎都为淹溺，伤情常为骨折和挫伤。风灾，若没有海啸同时发生，直接死亡人数不多。风雨交加的结果是房屋倒塌，大量物体刮到空中随风移动，落下时可能压伤人员，伤情主要为骨折、软组织挫伤、裂伤等。化学事故，有呼吸道刺激、皮肤烧伤、爆炸引起的创伤；化学中毒时，死亡原因主要为窒息和猝死。火灾，主要是烧伤，也有少数骨折、挤压伤、刺伤等。掌握主要灾害的伤情特点对院前急救具有重要意义。随着各类新的传染病、中毒、生化、核辐射、恐怖活动等灾害类别的增多，新的知识、新的急救技能急需学习和掌握，必须建立专门的针对性培训基地和健全长效的培训机制，加大人力资源的培养力度，要求院前急救人员专业知识全面化，急救技能可以适应各类灾害环境。专业性培训能够使从事院前急救医疗服务人员不断更新知识，掌握新的技能，使现场的医疗水平有所保障，帮助他们更好地完成公共卫生事件现场急救和伤病员的转运任务。缺乏定期的专业化培训计划，会使救治队伍医疗救治能力和水平无法得到有效提高，使其在灾区现场救治处于被动地位。

3. 伤病员分类拣选的应变原则　如果现场的伤病员太多，尤其是急救人员、救护车不足，伤病员无法及时救治、后送时，应首先检伤，分清轻重缓急后分别处理，这是现场急救十分重要的一环。通常的现场检伤按伤情一般分为 4 类，用红、黄、绿、黑不同颜色的"伤标"挂在伤员的胸前或缚在手腕上。

这 4 类伤员分别为：

（1）轻度损伤：血压、呼吸、脉搏等基本生命体征正常，可步行者，用绿色伤标。

（2）中度损伤：介于轻伤与重伤之间，用黄色伤标。

（3）重度损伤：血压收缩压小于 60 mmHg，出现意识不清、呼吸困难，脉搏超过 120 次/分，或有其他严重外伤体征者，用红色伤标。

（4）死亡：意识丧失、呼吸和心搏停止、瞳孔散大、面色苍白的伤员，用黑色伤标。

救治的顺序按红、黄、绿进行。

但是，灾害现场的分类拣选却因现场的人员数量很大、危重者多、伤情复杂，而有所改变。发生大规模的灾害时，伤亡人数成千上万，应该对极其危重的伤病员采用双色标志，如：在红色伤标旁再加白色伤标或黑色伤标，用双色标志的目的，在于放弃对该类伤病员的处理。或救治顺序调整为集中力量救治黄色伤标和红色伤标中的轻者。

有的人认为上述救治的顺序涉及见死不救是不人道的，但多数专家认为，以有限的医疗资源去全力抢救那些实在无法挽救的危重伤病员，却使得那些本来经过紧急抢救可以挽救生命的伤病员失去生命，这才是真正不人道的。另外，在灾害现场，伤病员的状况、紧急救援力量也随着时间的变化而变化，因此，分类拣选不是一次性完成就终结，而是不间断地循环进行，在救援过程中一边救治，一边派专人进行拣选，依据现场的病况、综合情况，不断修改伤标，根据分类拣选，尽可能多地挽救生命。

4. 现场救治专业拣选、提高救治水平

（1）快速判断伤情：院前急救人员到达灾害现场，首要的是分类拣选。灾害发生，往往有大批伤员需要救治。急救人员到达现场后，不要急于去处理一个或几个危重伤员，而应首先迅速评估现场所有伤员的状况，区分出伤病员中的轻、重、缓、急，尤其注意气、血、神的情况。对于呼吸道阻塞、活动性大出血等，须做及时的应急处理。对患者的评估可依呼吸、循环、神志、全身的次序进行。

1）呼吸：气道是否通畅，呼吸是否急促、窘迫、有无张力性气胸和连枷胸。

2）循环：①血压的估计：能否触及动脉搏动，如能触及桡动脉、股动脉、颈动脉搏动，则收缩压至少分别为 80 mmHg、70 mmHg、60 mmHg；②毛细血管再充盈时间：在光线充足的情况下，观察组织灌注情况，正常在 2 s 以内，延长则表明失血较多。

3）神志：呼之能否反应，神志清楚与否，瞳孔大小，对光反射，肌力状况，有无偏瘫与截瘫。

4）全身：充分显露患者全身各部位，迅速、仔细查看，以发现危及生命的重要损伤，不要因为在现场不便检查，而漏掉致命的创伤。

（2）通气、止血、扩容、监护的救治程序

1）通气：保证气道通畅，维持给氧通道。一般情况下用鼻管给氧；呼吸极度困难者应气管插管、气管切开，呼吸机辅助呼吸。已经昏迷的患者应及早行气管插管、气管切开。因胸部创伤发生通气障碍者应立即行气管切开，呼吸机通气，胸腔闭式引流。开放性气胸宜先用凡士林纱布填塞胸壁伤口，预防纵隔摆动。如合并肺及支气管破裂，一旦填塞胸壁伤口后又形成张力性气胸，应及时手术修补或先行闭式引流。

2）止血：在多发伤的抢救过程中，对明显的外出血，最有效的紧急措施是在伤口处覆盖敷料加压包扎，常可起到止血目的。对疑有胸腹腔大出血者，可行胸腹腔穿刺，一经明确，应作为危重患者处理。

3）扩容：输液（右旋糖酐、羧甲淀粉、血液等）扩充血容量，以防止休克发生与病情恶化。严重多发伤，当伤员已呈明显休克状态时，输血量一般为 1000～2000 ml，甚至更多。在纠正缺氧的同时，应快速输液并尽早输血，赶在代谢功能丧失之前迅速补充血容量。在接诊严重多发伤伤员后，根据受伤部位，迅速选择合适的位置建立 2～3 个输液通道，尽快输入液体。

4）监护：有条件的地方，可对危重患者进行心电、呼吸、血氧饱和度等的监护，了解病情，适时抢救。

（刘英杰　程　光）

第二章

现代矿山创伤的特点及对策

第一节 我国矿山创伤救治的重要性

我国煤矿安全水平与国际先进水平仍有一定的差距。2010年，中国的煤矿数量为15 000处，是美国煤矿数量的10倍左右，中国煤矿从业人数550万，是美国煤矿从业人数的近60倍，而当年中国煤炭产量仅是美国煤炭产量的3倍。2010年4月5日，美国西弗吉尼亚州梅西能源公司发生一起死亡29人的煤矿瓦斯爆炸事故，成为1970年以来美国死亡人数最多的一次事故，当年美国煤矿事故总死亡人数为48人，而我国为2631人。

资源是每个国家发展的必需品，没有了资源也就意味着这个国家将面临着重大的危机，同时，有的资源开采是伴随着重大危险的，也就是所谓的重大危险源。煤矿开采是世界上最危险的行业之一，在地下几百米的地方作业，伴随着巨大的危险，有的煤矿工人总是会说这样一句话："两块石头夹一块肉。"这句话说得很贴切，也很明白地告诉我们井下工作面临的是一个怎样的工作环境。

我国以往矿难频发，近年来死亡率虽有下降趋势，但仍然是美国的近100倍、俄罗斯的10倍、印度的12倍。在我国的能源工业中，煤炭占我国一次能源生产和消费结构中的70%，预计到2050年还将占50%以上。因此，煤炭在相当长的时间内仍将是我国的主要能源。因此，降低矿山创伤的发生率是不容忽视的问题。

我国矿山创伤救治中仍存在的问题包括以下方面。

1．概念不统一，救治方法、救治水平不平衡，救治效果差异大。比如："瓦斯爆炸伤"应统一为"瓦斯爆炸伤害"；"自体挤压伤"应统一为"自体压迫伤"等。

2．现场处理不规范、入院不及时，丧失了救治"黄金时间"。

3．由于伤情评分没有得到统一和规范，以致对群体伤员现场伤情拣别有误差，甚至轻重颠倒，延误急救与治疗。

4．对煤矿工人、救护人员、医护人员培训质量不规范，致使对出井后的伤员处理不当，如用压力较高的水管冲洗，导致二次损伤。

5．煤矿瓦斯爆炸伤害造成全身脏器损害的序惯性不十分肯定，致使救治过程中重点先后顺序不明确，延误确切治疗。

6．对于瓦斯爆炸伤害的临床特点认识不够全面，往往只重视烧伤、休克和其他复合伤，而忽略了具有瓦斯爆炸伤害特点的呼吸道损伤、自体压迫伤或自体压迫性综合征的早期发现与治疗，致使病情延误，或遗留重残，或导致死亡。

7．对伤者的创伤后心理应激反应重视不够，以致治疗期延迟，甚至导致创伤后精神障碍或精神分裂症。

8．对于矿山创伤免疫学认识不深。

9．对于透水事故救治的特殊性认识不够。

10．对于基础研究深度不足，不能突出矿山创伤的特点。

第二节　矿山创伤的特殊性

20世纪90年代，我国矿山创伤具有"发生率高、死亡率高、致残率高、并发症多、多发伤多（三高两多）"的特点。随着时间的推移、社会的进步，现在演变为"群体伤多、高能量伤多、复合伤多、危在瞬间的多、死亡率高（四多一高）"的特点。特别是与非矿山创伤相比，我国矿山创伤救治中又具有诸多特殊性，只有深入了解这些特殊性，才能有的放矢地进行有效救治。

一、煤矿安全生产事故分类

煤矿安全生产事故常见有三类：煤矿爆炸、冒顶与塌方、透水事故。从事故伤害后果和生还概率来看，透水事故的生存概率最高，冒顶与塌方次之，瓦斯爆炸最低。

1．**煤矿爆炸**　此类事故有瓦斯爆炸和煤尘爆炸两种，其中以瓦斯爆炸为主，两者的毁伤效应基本相同。爆炸对人体的伤害包括爆震伤、烧伤、巷道坍塌所导致的创伤和有害气体中毒等多发伤和复合伤。造成瓦斯爆炸伤害的有三个致伤因素：一是冲击波造成的肺部冲击伤，即原发性冲击效应；二是继发性冲击效应导致的严重复合伤，包括烧伤、颅脑损伤、脏器损伤、骨折、软组织损伤等；三是有害气体中毒。当氧气耗尽时会导致窒息。因井下通道和设施损毁长时间滞留还将进一步产生其他问题。煤矿瓦斯爆炸时如果未能及时升井，此后几乎没有存活的可能。即使能够被救出，复合伤情也很重。因此，提高现场和院前高级生命支持水平及院内综合ICU救治水平尤为重要。

2．**冒顶与塌方**　此类事故是指在采矿过程中顶板岩石发生坠落的生产性事故，其对人体的伤害主要有砸伤、掩埋，与外界隔绝时还可以引发一系列继发性伤害。

3．**透水事故**　此类事故是指矿井在建设和生产过程中，由于防治水措施不到位而导致地表水和地下水通过裂隙、断层、坍塌区等各种通道无控制地涌入矿井工作面，造成作业人员被困、伤亡或矿井财产损失的水灾事故。2010年3月28日，山西王家岭煤矿所发生的透水事故就是在作业过程中不慎打通了有很大蓄水量的老窑井所造成的灾难。透水对人体的伤害主要有淹溺、水流冲击所导致的创伤及由此引起的热量摄取中断等次生伤害。此外，长时间在低于体温的水中浸泡会导致人体热量不断丧失而危及生命。井下透水事故与常见的自然灾难、战争灾难、瓦斯爆炸矿难、冒顶塌方矿难相比，又有其井下环境、精神损伤、生理改变、救治方法的特殊性，所以更应该进行深入研究。

二、创伤后免疫的特殊性

煤矿井下是一个特殊的环境，煤尘或瓦斯爆炸等事故发生后存在着数十种有害物质，主要有一氧化碳、二氧化碳、一氧化氮、二氧化氮、氧化亚氮、硫化氢和乙烯、乙烷、烟尘等，有的气体本身毒性很强，有的脂溶性气体如二氧化氮因溶于肺泡细胞膜的脂质部分而致肺损伤。即使没有事故发生，在通风不良的井下持续停留 10~30 分钟，也会引起不同程度的一氧化碳等中毒，同时产生轻度骨髓抑制，白细胞计数偏低，一般持续 15 天左右，这是矿山创伤患者的特点。因此，在矿山创伤救治过程中，创伤免疫学的特殊改变是值得特别重视的。

三、自体压迫伤与自体挤压综合征

自体压迫伤是煤矿井下的一种特有的外伤，系指肢体及躯干肌肉丰富的部位受压后，处于缺血缺氧状态，当压迫解除后出现所谓的"再灌注损伤"。自体挤压综合征则是在多种有毒气体中毒与昏迷后，受自身体重压力，这两种因素共同参与下导致的综合征，与一般挤压伤综合征相比，虽然其自体压伤力量并不大，受压时间短，但因涉及多处肢体，甚至与地面有接触的受压躯干肌肉丰富，故病情严重，进展迅速，治疗难度大，死亡率极高。尤其值得指出的是，在一氧化碳中毒及挤压伤综合征并存时，挤压伤综合征症状可被一氧化碳中毒所掩盖，容易被漏诊而延误治疗。因此要高度警惕，早期发现，早期手术减压，早期治疗急性肾功能损伤，尽可能避免肾衰竭的发生，通常都是可以获得理想的救治效果的。

四、创伤后应激性损伤

煤矿井下事故发生后，生命结束前一刹那的精神应激性反应是常人难以想象的。如 2005 年 2 月，阜新矿业集团公司孙家湾煤矿发生的一起特大瓦斯事故，遇难者人数达 213 人，其中 1 名只有初中文化的遇难矿工在生命的最后一刻在安全帽内写下给妻子的两句最质朴、最辛酸而沉重的遗言是："连香，认真带好儿女，孝敬父母，一定会有好报的""我一定要火葬"（图 2-1）。可想而知，那些被救矿工产生的创伤后应激性损伤是十分严重的。

据统计，90% 以上受到瓦斯爆炸伤害的患者，都会出现不同程度的精神障碍。早期表现的精神兴奋、躁动不安、恶心、头痛、精神萎靡、抑郁、幻视、谵妄等精神症状可能与休克、冲击波致脑震荡、脑缺血、吸入性中毒等多种因素有关，随后产生的怕死亡、怕残疾、怕痛苦的"三怕"心理则为心理障碍，严重者可产生幻觉、迫害妄想、精神抑郁甚至精神分裂症。创伤后应激障碍（post traumatic stress disorder，PTSD）急性期已存在脑功能、脑结构改变及记忆功能损害，主要涉及的脑区为前额叶及海马部位。通过纵向比较可以看出，PTSD 患者脑功能及脑结构也发生了变化，有一些脑区功能恢复，而有些脑区功能未恢复甚至功能进一步下降。创伤对于 PTSD 患者的影响是长期的，因此，这种 PTSD 应该称之为创伤后应激性损伤（post traumatic stress injury，PTSJ）更为合理。

煤矿透水事故后获救的矿工由于在井下被困时间较长，在漫长的等待救援的时间里，经历了洪水袭击、躲避矿难的惊险，目睹工友离去而产生的巨大恐惧、焦虑、悲伤、无助与绝望，饥寒交迫。不但挑战了生命的极限，而且挑战心理的极限，在救援过程中实施心理干预有助于矿工身心状况的恢复及心理平衡的重建。因此，进行 PTSJ 的干预与治疗，帮助患者面对和接受现实，树立配合治疗的决心以及建立重新适应社会的信心是非常重要的。

A. 孙家湾煤矿矿难发生后

B. 劫后余生的工人们

C. 一张张忧郁的脸期盼着有奇迹般生还的工友

D. 救护队抬出的一具具尸体

E. 尸体抬走后成堆的遗物

F. 安全帽内的遗言

图 2-1 孙家湾煤矿矿难

五、煤矿透水矿难救治程序与方法

煤矿透水矿难发生后，只要具备流动的空气，有能喝的水，有依存的温度，有精神鼓励，有自救互救等生存条件，是完全可以获救的。在医疗救治过程中，除保持病室温度、安静、清洁、暗光等条件以及持续高流量吸氧、心理干预治疗外，重要的是静脉补充液体——宏观指导的原则是以5%葡萄糖盐水和10%葡萄糖为主，每日入量在2500 ml左右，滴速控制在30～50滴/分。恢复饮食必须循序渐进，从流质饮食、半流质饮食向正常饮食逐步过渡。皮肤清洗要根据脱险人员的具体情况，及早用温水清洗或擦洗身体，更换新的棉质内衣，这不仅能够降低或减少细菌感染的机会，还能提高舒适度，有利于患者休息和睡眠。同时要妥善处理由于涉水、浸泡所导致的皮肤溃破、肿烂等情况的发生。

实践证明，只要在矿山创伤救治过程中，充分认识上述特殊性，就能够有效地减少并发症、死亡率、致残率，提高生存率和生活质量。

六、矿山创伤医疗救治的特点

1．矿山地理位置的特殊性　矿山多位置偏远，山区道路复杂，搬运转运困难，遇上恶劣气候时，急救车辆和药品很难按时到达现场。这导致救治时间延长，救治往往会错过"黄金一小时"。

2．矿山创伤临床死亡率高　矿山创伤的受伤部位多，伤情复杂，总失血量大，极易导致生理功能紊乱，而且病情变化快，如果处理不及时，可能造成患者死亡。

3．矿山创伤类型与性质复杂　矿山创伤的类型多样且复杂：有电击、中毒、窒息、机械伤、砸伤等；创伤的性质可有多器官多脏器的复合伤，易漏诊，隐蔽或深在损伤容易疏漏；病情紧急，全面体检和询问病史受到限制，环境、条件不利于常规检查等；另外，创伤常为成批伤，救治时处理顺序很难绝对规范，往往延误救治时机。

4．创伤救治的人为因素　参与急救的医务人员能力参差不齐，矿工受教育程度低，自救能力差；另外，少数煤矿老板基于利益的驱使，会干扰或隐瞒某些创伤的情况，也会延误救治时机。

七、现代矿山创伤的特点及应急对策

（一）现代创伤救治一体化模式

现代创伤救治一体化模式包括现场急救、伤员转运、院内救治及创伤救治信息管理系统等（图2-2）。多发伤救治涉及多个专业，成立专业的创伤救治中心是提高救治水平的基础，先进的院外救治技术和生命支持系统，快速转运，完善的基础设施、运行机制和个人经验等是获得最佳结果的关键。由于多发伤累及多器官组织，病情来势凶猛，变化进展迅速，诊治难度大，伤后并发症多，死亡率高，如处理不当极易引起病情加重，甚至死亡。与分科就诊相比，由创伤外科团队全程（院前救治-急诊科-手术室-重症监护室-创伤病房）负责的现代创伤救治一体化模式具有无可比拟的优势。

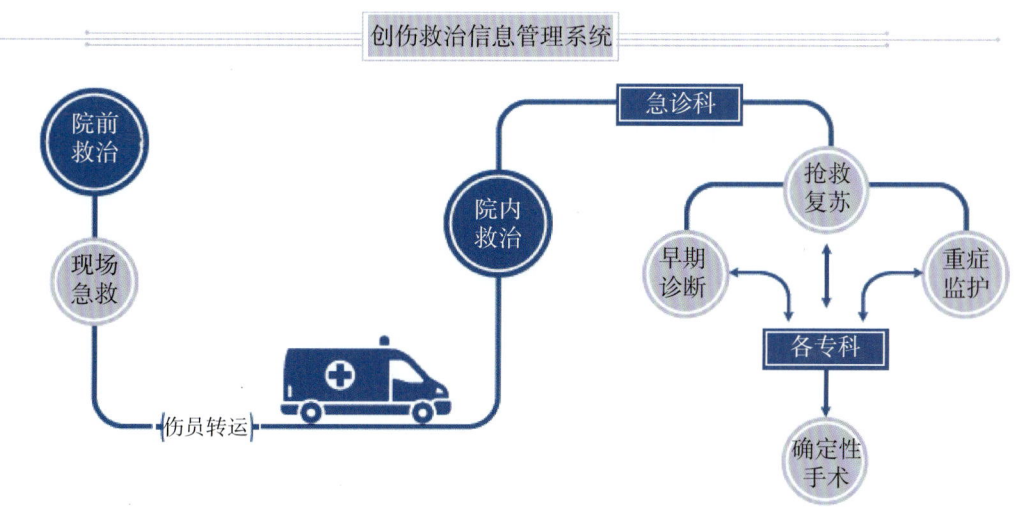

图2-2　现代创伤救治一体化模式

由于不可避免受到医院所处地域环境、医院总体规模、医护人员数量、医疗技术水平、病员数量等多种因素的限制，并非所有医院都有条件、有必要建立独立的创伤中心或建成创伤医院，忽视客观条件盲目组建，反而可能造成资源浪费，增加创伤患者的死亡率。

现代创伤救治一体化模式应更趋向于一种统一的组织、管理、运行模式。急诊外科救治水平的提高，除得益于气道管理、液体复苏、出血控制、重症监护等医疗技术的进步外，更得益于急救体系运行、医院综合管理的进步，这是多发伤救治理念进步的具体体现。急诊创伤院内救治中，只要遵循整体性和时效性原则，就有利于提高抢救的成功率，提高创伤救治质量。建立专业化创伤救治中心固然好，但从实际情况出发，以急诊科为龙头（负责早期诊断、抢救室复苏、重症监护）、以患者病情为中心、以救命第一为原则、组织协调各专科的专业人才和技术力量，根据病情先后或同时进行确定性救治手术，分秒必争地进行抢救，亦可取得很好的效果。这种模式具有其独特的优点，即平时各专科人员在没有急诊创伤患者的情况下在各自相应科室参加日常工作，有利于医疗技术的保持和进步，形成专科技术优势；而一旦急诊创伤需要，可以迅速组成抢救团队，参与救治并发挥其专科技术优势。因此，这种模式也更容易为大多数医院所接受。当然，具体实施时还要结合各地区及医院的实际情况和需要。

（二）矿山创伤的院前急救

院前急救是指进入医院之前对创伤患者的现场或转运途中的医疗救治。院前急救以大中城市为中心建立区域性急救中心，并与若干中心急救站联网。主要任务包括：①对有求救的急危重和创伤患者的院前急救，完成现场抢救生命、稳定病情、安全转运至医院；②对突发公共事件或灾难事故的紧急医疗救援；③对特殊重大集会、重要会议、体育赛事等承担应急救护，以防意外，对区域内社会经济发展以及人民生命财产安全起保障作用。

院前急救的原则是为了最大多数人的利益，尽最大可能将损失降到最小。急救过程中要先救命后治伤，先重伤后轻伤，先抢后救，抢中有救，尽可能使重伤员尽快脱离事故现场；先分类再后送，医护人员以救为主，其他人员以抢为主，快速后送，减少伤员在现场的停留时间。同时还应减轻伤员的精神创伤，在医疗救护中能体现"立体救护、快速反应"的救治原则，能善于应用现有的先进科技手段，解决多发性创伤医疗救护中的重大医学问题，应用现代新技术服务于医疗救护，提高抢救成功率。

（三）矿山创伤的院内急救

医院急诊是应急医疗服务体系（EMSS）中最重要而又最复杂的中间环节，是院内急救的第一线，承担24小时的急诊和救治医疗服务。医院急诊的能力及质量能够体现出医院的管理、医护人员素质和急救技术整体水平。矿山创伤的初诊院内急救患者多由工友等非专业人员送至医院救治，接诊医师对患者病史采集、评估等信息获取不全面。

院内急救的原则是通过给氧、建立静脉通路等手段确保患者生命体征的稳定，对患者进行评估、快速全面查体，针对各部位的创伤做急诊对症处理，完善相应的实验室检查，充分利用院内现有条件完成会诊和检查，为手术或转上级医院进一步诊治做好充足的准备。

（四）矿山创伤的初诊急救效果

目前公认的完整的 EMSS 包括院前急救、医院急救、危重病监护。院前急救具有代表性的城市有：专业型（上海模式）、指挥型（广州模式）、独立型（北京模式）、依托型（重庆、福州模式）。院前急救技术性指标应作为评价区域性急救医疗服务质量的标准，它包括：院前急救时间（急救反应时间、现场抢救时间、转运时间）、院前急救效果（院前心搏骤停复苏成功率可作为急救效果的主要客观指标之一）、院前急救需求（车辆、医护人员、药品、医疗设备等）。医院急诊科主要任务是担负医院内急诊救治和部分危重患者的急诊监护治疗。目前急诊科运行模式大体有三种：独立型、全科型、支援型。危重病监护是在急诊科或急诊病房配有监护设备齐全的抢救区，每个床单位都具备完善的危重症监护、生命及器官支持功能。另外，须加大急诊医学的人才培养，急诊医学的人才培养及医学教育已纳入国家计划。

（五）矿山创伤的应急对策

对近年来发生的矿难事故分析可知，矿难不仅发生突然，而且来势凶猛，造成群体伤多、危重伤多，其受损部位及脏器远不止一处，常累及多部位、多脏器，涉及多个学科。又因呼吸、循环、神经等多重要系统同时或相继受累，常常危在瞬间。因此，现代矿山创伤的最大特点应该是群体伤多、高能量伤多、复合伤多、危在瞬间者多、死亡率高。其应急对策应该包括以下方面。

1. 不断完善特大生产安全事故应急救援预案 主要包括以下方面：应急救援的协调和指挥机构；有关部门在应急救援中的职责和分工；危险目标的确定和潜在危险性评估；应急救援组织和人员、装备情况；应急救援组织的训练和演习；紧急处置、人员疏散、工程抢险、医疗急救等措施；社会支持救助；经费保障；应急救援物资储备等。

2. 建立切实有效的救护机构 按区域划分建立创伤急救中心，同时建立急救医疗网、培训急救医疗人员，这是外国的先进经验。即建立一个集内科、骨科、胸科、脑外科、泌尿外科、烧伤科等多个学科为一体、强化领导及合作的创伤急救中心，坚持全天候重点收治多发伤并加强相关研究，同时在实践中培养现代创伤学专业技术队伍，培养一批通晓现代创伤特点及抢救技能，有相关专科特长，彼此能互相配合，全面救治多发伤、危重伤，又能结合自身专业，开展临床、基础研究的新一代骨干力量。我国已成立了"国家安全生产应急救援中心"，这无疑对统一领导、统一指挥、统一急救规范、集中培训等具有重要的意义。但是，由于我国幅员辽阔，人口众多，不可能仅靠一个"中心"就可以达到群体伤员救治的目的。因此，还必须在各省、市区成立相应的"分中心"，应该结合当地矿山、企业的数量来决定其规模。急救机构的建立与急救技术的提高，还需要国家、地方具有一定的经济支持，这样才能做到真正的可持续发展。

3. 现场处理程序 针对矿山创伤的特点，除了保证急救的基本要求（组织、技术、设备方面）外，现场评估是保证抢救转运的前提条件。事故发生后，首先进行的是现场脱险，将患者从事故现场中安全移出，以避免进一步损伤。评估现场的危险程度，注意有无引起施救者伤亡的情况，如火灾、爆炸、触电等。检伤分类的目的在于区分患者的轻、重、缓、急，使危重而有救治希望的患者得到优先处理。检伤分类由医务人员或经专门训练的急救员进行，通过看、问、听及简单的体格检查将危重患者筛选出来。患者分类以醒目的伤员标志卡片表示，多数国家采用红、黄、绿、黑四色系统。

现场处理程序包括：

（1）创伤初步检查的 **ABCDE** 程序：A（airway）——气道，B（breathing）——呼吸，C（circulation）——循环，D（disability）——意识障碍，E（exposure）——全身外伤。

（2）紧急处理的 **VIPCO 程序**：V（ventilation）——保证患者有通畅的气道及保持正常的通气和给氧，I（infusion）——用输血、输液、扩充血容量及功能性细胞外液，以防止休克的发生或恶化，P（pulsation）——监护心脏搏动，维护心脏功能，C（control bleeding）——紧急控制明显或隐匿性大出血，O（operation）——侵袭性救命手术的实施。

（3）快速检查及做出正确判断：快速病史采集及体格检查可帮助医师做出正确的判断。

Freeland 等建议急诊医师应牢记"**CRASHPLAN**"指导检查。即，C（cardiac）——心脏，R（respiratory）——呼吸，A（abdomen）——腹部，S（spine）——脊柱脊髓，H（head）——头部，

P（pelvis）——骨盆，L（limb）——四肢，A（arteries）——动脉，N（nerves）——神经。

（4）重要部位伤处理原则

1）颅脑外伤：颅脑损伤应根据 GCS 评分，如低于 8 分属于重型颅脑外伤。重型颅脑外伤要同时排除呼吸、循环系统的合并伤，因此强调现场处理保证气道通畅，呼吸、循环的控制和处理必须放在首位。紧急处理包括维持脑代谢需要，保证供给充足的氧和葡萄糖，预防和处理颅内高压。头高位 30°使身体自然倾斜；维持气道通畅，保证氧供；控制液体入量，防止入量过多，使脑水肿加剧；甘露醇和皮质类固醇激素的应用，都能为手术做好前期准备。

2）胸部外伤者：首先应检查气道是否通畅，排除口咽部异物，特别是昏迷患者。然后评价呼吸运动的质量，观察患者是否有胸廓畸形、塌陷、反常呼吸等。如有气胸、多处肋骨骨折等必须现场及时处理。

3）腹部创伤：其危险性主要是腹腔实质器官或大血管创伤引起的大出血，以及空腔脏器破损造成的腹腔感染。对于内脏外露等必须现场及时处理，减少腹腔感染。

4）四肢肢体骨折：利用现场条件做好骨折的简单外固定。

5）脊柱脊髓伤是一种严重创伤，当高度怀疑时，现场搬运一定要按要求进行。

4. 不断提高现代救护技术 即 VIP 操作（vip procedure）、COFT 技术及院内救护技术。

（1）VIP 操作：即"ventilation infusion pulsation precedure"，其内涵是从时间顺序上对创伤重症抢救强调与明确的三个关键要害。

Ventilation 是指要求医护人员首先注意伤员的呼吸，并保证伤员有效的通气、充足的潮气量及氧气的吸入。具体来说是迅速清理口鼻腔内异物，杜绝误吸；必要时可施行气管切开或气管插管，进行辅助呼吸；吸氧同时对有胸部创伤者要迅速依损伤类型分别即刻施行恰当的措施，如封闭胸腔开放伤口，行胸腔闭式引流，对连枷胸要有效固定浮动胸壁、减少肺挫伤。

Infusion 是指开放静脉通道，输注液体，迅速扩张有效血容量。要求在兼顾止血的同时，要依照快、足、稀原则补液扩容。除对老年人及心、肺情况存在问题者要注意及时输血及补充胶体并注意合理用量及速度外，一般要依照晶体液（平衡盐液）与全血比为 2∶1 进行补液。补液量可达失血量的 3 倍，严重低血容量伤员开始半小时要输入晶体液 2000 ml。

Pulsation 是指对血压的监测与恢复，在迅速扩容提升血压过程中，原则上不提倡应用升压药物，但要密切注意动静脉压及心脏状况。遇有心包压塞者要行心包穿刺，对心脏创伤、心律失常者要有针对性地应用药物及手术手段。

（2）COFT 技术：即"controlbleeding operation fixation transition technic"。

Controlbleeding 是控制出血的意思，即在抢救重症创伤过程中，在补液纠正失血性休克的同时更要注意控制出血，如加压包扎伤口，使用止血带，应用抗休克裤等，直至紧急手术处理血管及脏器损伤。

Operation 指手术。手术技术在创伤救治中仍占重要地位，且贵在神速。从气管切开、静脉切开、清创、减压到胸腹部急症手术，均应有备无患，一旦明确指征就应当机立断。手术宜简捷，手术创伤宜小不宜大，有条件者可开展介入外科手术，减少创伤及出血。

Fixation 即固定，主要是为了预防创伤后的二次损伤，即从事故现场搬运到医院病房要求合理科学的固定，以便在搬运转移患者过程中以及患者自身活动时不造成继发性损伤，目前认为最合理的搬运工具为负压定型衬垫。特别是近年来"浮肩""浮肘""浮腕""浮髋""浮踝""浮盆""浮椎"病例的增多（所谓"浮椎"损伤，理论上是指单一椎体或数个相邻椎体的远近侧椎间盘及椎间韧带损伤或断裂，致使其间单一或数个椎体发生浮动的现象。实际上常常伴有单一或相邻数个椎体的远近两端同时移位或旋转性脱位），合理而科学地固定显得尤为重要。

Transition 即运送转移伤员，不仅在战地，在车祸及工伤现场，这都是非常重要的环节，从开始接触、搬运伤员就应考虑到如何保持气道通畅，防止误吸；杜绝可能存在的脊柱、脊髓损伤的再次损伤；更好地维持心肺功能；保持肢体骨折合理固定等。同样在院内抢救中，从救护车上搬至抢救室，再至手术室、ICU、病房乃至做各项必要检查时均应无例外地注意上述诸多原则及要领。

总之，COFT（止血、手术、固定、转运）的急救基本技术，医护人员尤其是急救第一线的急诊科、创伤科医护人员不仅要知要会，还应知其所以然，并养成习惯，做到训练有素。

（3）院内救护技术：院内急救主要发生在急诊科与ICU。关于急诊科和ICU的设备、人员的配备与急救规范都已成型，而且随着社会的进步不断提升。这里重点指出的是创伤救治的一些特殊性问题。

1）急救医疗小组的基本成员至少包含一位ICU医师和一位ICU护士，一天24小时全天候服务。这些医师、护士都需要接受全面的复苏培训，内容不仅包括心肺复苏，还包括打通气道、人工呼吸、外周及中心静脉套管插入、胸腔插管、科学固定、安全转送等。

2）创伤，特别是多发伤往往需要多学科一体化的救治。在一个理想的创伤救治体系里，患者在现场应能够迅速得到救助，并立即开始复苏，随后被运送到创伤中心。在创伤中心里，创伤抢救小组成员能够在最短的时间内被召集到患者身边，然后在统一组织下，在积极复苏的同时，研究制订切实可行的合理的治疗方案和计划。

3）在决定创伤救治方案的同时，还必须考虑到伤员的康复治疗问题和将来的生活质量。比如，临床上"浮肩""浮肘""浮腕""浮髋""浮踝""浮盆""浮椎"损伤在当前各类车祸及交通伤中最具代表性，为普遍现象，值得引起重视，而其治疗相对复杂，有一定难度，早期不抓紧，必然影响恢复后的关节功能。再者，随着社会进步和经济状况的日益好转，临床医务工作者尤其是骨科同道对大关节邻近损伤将严重累及关节功能康复的认识大大增加了。

4）严重创伤必然并发创伤性休克，容量复苏的要点是把严重创伤性休克的病程分为活动性出血期、强制性血管外液体扣押期和血管再充盈期三个阶段，根据各阶段的病理生理特点采取不同的复苏原则与方案。特别是输液的质、量与速度等。

5．现代救护知识的继续医学教育与培训 社会在前进，科学技术在进步，医学科学更是日新月异，对创伤学的认识以及创伤救护方法已全面更新，但在煤炭部撤销后，尚缺乏有组织地对矿山创伤的特点与救护方法进行的系统研究。如果不对矿山系统医务工作者进行强化教育与培训，他们很难获得新知识、新方法、新技术。以往对不同严重程度的颅内压增高者，降颅压方法以及使用降颅压的条件等都不加选择，而单纯追求降颅压的效果，比如过度通气、巴比妥盐药物和低温治疗等，反而会引起病情的恶化。20世纪90年代以后的研究开始强调脑灌注压（CPP）处理的重要性。根据颅内压（ICP）和平均动脉压（MAP）监测确定CPP（CPP=ICP-MAP），这是保证脑血流量（CBF）的最重要因素之一。将各种降低ICP的方法作为改善CPP的必要手段，以改善CBF。1993年，Rosner根据理解ICP各种现象必需的基本生理和病理生理概念，结合以往的Poiseuille法则，重新限定了血管半径（r）和血液黏滞度（n）的函数，即CBF与CPP的关系为：$CBF=CPP \times r^4/n$。重型颅脑损伤患者在转运中，可以给予镇静和肌肉松弛药物，以及通气方面的处理。不应常规预防性使用甘露醇，因为低血压患者有低血容量的危险；也不应常规使用过度通气降低二氧化碳分压，这样会加重脑的缺血。但在小脑幕切迹疝出现时，就应该使用过度通气和甘露醇。还应注意，有低血容量的颅内高压患者，仅在血容量复苏（volume resuscitation）充分的情况下才能使用甘露醇，以防血压的骤然下降。

华北理工大学医学相关的学院是具有为煤炭行业服务职能的医学院校，具有教育和培训的条件，不仅拥有高层次的教师队伍，还有临床技能实验室。现已作为国家矿山救护中心教育培训基地，为全国矿山救护水平的不断提高培养有用的人才。

6．加强矿山创伤的研究　科学研究是提高医学救治水平的前提与基础，只有不断解决新问题，才能提高新水平。目前华北理工大学正开展以下几方面的研究。

（1）创伤危险因子的研究：由于矿山创伤的致伤因子具有惊人的高能量，瞬间作用到人体可伤及多个部位和多个脏器，造成既有局部损伤，又有全身反应，不停演变和进行性发展的复杂的临床表现。尤其在局部伤害的同时可伴发遍及心、脑、肺、肠诸多脏器的远致伤。加之应激反应和内毒素的释放，免疫机制遭受激惹，介质、内分泌紊乱，神经、血管、呼吸、循环各系统均难免遭到反复打击，细胞内外环境完全紊乱，乃至表现为"全身炎症反应综合征"（systemic inflammatory response syndrome，SIRS）和严重休克，若不及时救治，将会导致死亡。

（2）现代矿山创伤时间段分类的研究：目前认为，现代灾害性创伤的分类按照死亡的时间段分类更有益于急救方法的选择。一是现场来不及转运者主要死于严重的颅脑、脑干、高位颈髓损伤，心脏或大血管破裂；二是伤后7～14天，主要死于感染、中毒、继发多脏器衰竭（MSOF）；三是伤后3～4小时，主要是多发伤、失血性休克，占死亡伤员比重最大。这类伤员存在严重窒息、呼吸功能障碍、循环功能不全、低血容量、低氧血症、心律失常乃至心包压塞等进行性失血。这三种可导致死亡的倾向早期及时处理应是可逆转的。所以，研究总结行之有效的急救措施是非常重要的。

（3）以颅脑损伤为主的严重多发伤的基础与临床的研究。

（4）瓦斯爆炸伤害的基础与临床研究。

（5）严重外伤患者胃肠道功能失偿的预防、监测与治疗。

（6）弥漫性轴索损伤的基础与临床研究及脑外伤后行为与记忆功能的研究。

（7）"小容量复苏"救治高能量创伤性休克的基础与临床研究。

（8）全饥饿状态下肠道功能的保护方法学研究。

（张　柳　白俊清）

参考文献

[1] 李世波，李树峰，程爱国．瓦斯爆炸伤害的特点及诊断性概念 // 白俊清，李树峰．瓦斯爆炸伤害学．北京：北京大学医学出版社，2011：37-44.

[2] 王小铁，田书文．自体挤压伤与自体挤压综合征 // 白俊清，李树峰．瓦斯爆炸伤害学．北京：北京大学医学出版社，2011：254-257.

[3] 张柳，程爱国．我国安全生产应急救援体系的建立 // 白俊清，张树峰．瓦斯爆炸伤害学．北京：北京大学医学出版社，2011：46.

[4] 杨帆，白祥军，唐朝晖，等．一体化救治模式和损害控制理论在严重多发伤救治中的应用．中华创伤杂志，2009，25（9）：843-846.

[5] 程晓斌，毕玉田，黄坚，等．严重创伤院内急救程序的建立．中国医院管理杂志，2012，28（3）：226-228.

第三章

矿山医疗救护体系与规范

第一节 灾害医学救援的分级救治和后送体系

一、分级救治体系的起源与发展

在第一次世界大战期间的 1916 年，俄罗斯军事医学科学院教授弗拉基米尔·安德列耶维奇·奥别里（1872—1932）第一次论证了在战场上分级治疗伤员的必要性，提出了沿用至今的"阶梯治疗"原则。他认为在战争的环境条件下，伤员的治疗与后送是一个分阶段的连续过程，伤员的治疗必须采取阶梯式的方法。明确了在各医疗后送阶段所需外科救助的方法和手段。由于这些基本理论揭示了战伤救治组织工作的一般规律，因而受到许多国家军队卫生官员的重视。在第一次世界大战中，欧洲各参战国开始有意识地按照"阶梯治疗"的方法组织实施伤员医疗后送工作。在第二次世界大战中，"阶梯治疗"的组织思想和方法更加成熟，应用更加广泛。1965 年，我国军事学术界为了与当时苏联"阶梯治疗"的提法有所区分，把"阶梯治疗"改称为"分级救治"。1996 年，我国煤炭系统也正式发布了"三级急救网"的救治体系。实际上其内涵是一致的，只不过在表达的用词上不同。随着实践经验的不断总结和提升，目前已逐步形成了"分级救治"和"阶梯后送"的提法。我国军队的"三区七级"救治体系就是这种概念的具体体现。可是，这种"三区七级"的救治体系仅仅适用于军队的某一个特定时期，而且对于灾害医学救治、矿难医学救治是不适用的。

分级救治体系的发展是与时代要求和与经济基础相适应的。我国煤炭系统在 2003 年前一直沿用"三级急救网"的救治程序，自从国家应急救援体系建立以后，现在运行的是两个"三级急救网"体系。1976 年 7 月 28 日唐山大地震，我国当时尚不存在救援体系，指挥、通信、电力、交通等全部瘫痪，现场急救几乎空白。而 2008 年 5 月 12 日四川汶川大地震就完全不同了，经过总结和实践，汶川地震的三级医学救治体系是十分成功的。

第一级：现场抢救。抢救小组（医务人员为主）进入灾区现场后，搜寻和发现伤员，指导自救互救，首先要确保伤员呼吸道通畅，同时进行包扎、止血、初步固定并填写伤情卡，然后将伤员搬运出危险区，就近分点集中，再后送至灾区医疗站和灾区医院。

第二级：早期救治。在灾区医疗站或灾区医院对现场送来的伤员进行早期处理，检伤分类。对上呼吸道阻塞的伤员做环甲膜切开或行气管造口术，对张力性气胸伤员做胸腔穿刺排气；补充与纠正包扎、固定等急救措施；将临时止血带换成制式止血带并注明时间；口服止痛片，注意保暖、防冻、防暑、防治休克，有条件者给予静脉输液；口服或注射广谱抗生素以防治感染；对有生命危险的伤员施行紧急手术处理。对于有条件的医疗单位，做以下救治：对颅脑血肿和有脑疝形成征象的伤员，扩大出、入口的骨窗，吸出积血、减压；对各种原因引起的筋膜综合征，行深筋膜彻底切开术；对尿潴留的伤员，做留置导尿或耻骨上膀胱穿刺术；对有再植可能的断肢，可用无菌敷料包裹，随伤员尽快后送，可能时降温保存断肢，以备再植；对烧伤创面清洁处理后包扎，因化学物质泄露发生磷烧伤时，要对创面进行充分清洗，去除磷颗粒，并用1%碳酸氢钠湿敷创面。填写好简单病历或伤情卡，然后送到稍远处的医院或中转医疗所。

第三级：专科治疗。由指定的设在安全地区的后方医院进行较完善的专科治疗，继续全面抗休克和全身性抗感染；预防创伤后肾衰竭、急性呼吸窘迫综合征（ARDS）、多器官功能障碍综合征（MODS）等并发症，对已发生的内脏并发症进行综合治疗，酌情开展辅助通气，心、肺、脑复苏等，直至伤员治愈。有些伤员治愈后留下残疾，尚需做进一步康复治疗。

二、现场急救模式

目前，世界上存在着两种基本现场急救模式，即英美模式和德法模式。

1．**英美模式**　主要急救模式是"把伤员快速送到医院"，其观点是伤病员被送到以医院为基础的急诊科后可以得到更好的医疗救治。在这种模式中，伤病者在未被送达到医院之前，由有关专业人员如急诊技师和护士进行救护，到达大医院急诊科后由急诊医师和护士等相关人员进行急救治疗。采用此模式的有：澳大利亚、加拿大、中国、爱尔兰、以色列、日本、新西兰、菲律宾、韩国等。目前国内外农村的院前急救是急救医疗体系中的一个薄弱环节。

2．**德法模式**　主要急救模式是："把大医院带到伤病员家中"。其具体操作是医师及有关技术人员或护理人员到某一个有关地点对患者实施急诊治疗。采取的急救手段多为救生和止痛。但这一模式存在的问题是：如果医师没有接受过良好的培训和监管，就没有英美模式中同样的质量保证，患者急诊治疗时间长、存活率低等。采用此模式的有奥地利、比利时、芬兰、挪威、波兰、葡萄牙、俄罗斯、瑞士、瑞典等。

上述两种急诊医护模式都有其优点，但也还有许多不足之处，还不能满足21世纪急救最新发展趋势的要求。21世纪急诊救治最新的发展趋势是"急救社会化、结构网络化、抢救现场化、知识普及化"。

三、现场急救的"新理念、新模式、新装备、新方法"

1．**新理念**　在各种灾害、重大特发事故或战争中，医疗救护和装备应该与一线战场取同等要求，既能提高救治质量，减少死亡和伤残，又有提高救护的保障条件。所以现场急救的新理念应该是"快速反应、立体救护""快速反应、有效救护""医疗与伤病员同在"，即哪里有伤员，哪里就有医疗。要想实施这些理念，就必须有"新模式、新装备、新方法"。

2．**新模式**　"信息化、网络化、整体化，环环相扣，无缝连接的现场救治"新模式，即建立健全三级急救网，关键在于指挥系统和培训、通信联络、流动便携式"ICU"、配置完善的急救站设备。

3．新装备　包括：具有重症监护功能的救护车、自备电源的多功能除颤仪（包括除颤、心电监护、血氧饱和度监测、血压监测、心电图）、冰帽、自动心肺复苏仪、麻醉机、便携式呼吸机、急救箱（急救药品、开口器、气管插管、输液器、敷料等）、铲式担架、手术器械包、电动吸引器、氧气瓶、消毒物品箱［包括聚维酮碘（碘伏）、酒精棉球、无菌纱布敷料等］、冰盒、液体箱、杂物箱、骨髓腔内输液包。

4．新疗法　岳茂兴教授的"现场急救新疗法"实用、有效、易操作，值得推荐。即"四大支柱"综合疗法，危重病急救13步专用处方、大剂量维生素 B_6 对抗急性中毒、中药解毒固本汤、免疫营养支持等。采用院内整体化治疗模式将急救、手术、ICU融为一体，从接诊危重病伤员即开始急救，同时予以监护和术前准备，快速进行有效复苏和检查，立即进行确定性手术，全程进行重症监护治疗。特重症伤病员的全部治疗过程在急救部完成，这是一种快速、高效、新颖的急救模式。

四、我国矿山一体化创伤医疗救治背景与组织体系建设构想

（一）我国矿山一体化创伤医疗救治背景

严重创伤已成为当今世界公共的健康问题，约占全球死亡率的12%，我国每年有数十万人因创伤而死亡，上百万危重伤员，且在36岁以下人群死因中居第一位。提高严重创伤（尤其是多发伤）的救治水平已是迫切的要求。而由于其伤情严重，常涉及多系统、多脏器和多部位，需要多学科、多专业协作处理。怎样有效、高效地救治是外科临床工作中面临的重大挑战。临床上常见延误处理、漏诊、并发症发生率高、死亡率高等情况，因此，加强严重多发伤救治，提高救治水平，降低死亡率及伤残率是一项较大的系统工程。

近几年创伤救治的突出进展如下：一是"三环理论"，即院前急救、院内急诊科救治和ICU治疗三个环节环环相扣，形成一个整体，从而突出时效性和整体性。二是创伤急救中一个新的"时间窗"理念，即"黄金一小时"——不仅指重度创伤患者从院外转运至急诊科，更强调"在手术室或ICU的创伤患者出现生理极限之前的一段时间"，达到"早期确定性治疗"的目的。三是建设和发展院前院内无缝衔接一体化创伤救治新体系。

2011年10月14日美国加州大学洛杉矶分校创伤中心主任、美国创伤外科协会主席Dr.Cryer在成都举办的全国首届创伤救治高级学习班上说：在美国的大城市，创伤救治的服务质量很高，尤其是伤员的运输途径。创伤救治有独立的运输车辆和专门的医护人员，伤员花费在路上的时间一般不超过20分钟。这可能正是我国和美国的差距所在。而要想缩小这种差距，唯一的方法则是建设和发展一体化创伤救治体系。

创伤一体化救治模式是近几年才提出并明确的一个新概念。最早开展此项研究的是同济大学附属东方医院，其于2007年8月13日召开了"我国创伤救治一体化模式建设研讨会"，他们首创了集急诊、外科手术、重症监护于一体的"创伤救治一体化模式"，使该院严重多发伤抢救成功率由原来的72.60%提高到91.05%；死亡率由24%降至8.74%；院前心搏、呼吸骤停患者出院存活率达12.67%。

四川省人民医院的一体化创伤救治与组织体系建设代表着我国创伤救治的先进水平。在四川省卫生厅和省医院的大力支持下，该院成功建立了集院前急救、多个外科专业（神经外科、胸外科、骨科和普通外科等）、危重病监护于一体的国内首个一体化创伤救治中心。为成都市乃至四川省的创伤患者提供从院前救治到伤后康复的全面服务。2011年10月14日由四川省人民医院主办的全国首届创伤一体化救治高级学习班暨四川省第二届创伤大会成功召开。这是首次全国性的创伤一体化学

术会议。

班宇侠等提出的"院前院内无缝衔接一体化创伤救治新模式"大大缩短了急诊反应时间，提高了创伤后"黄金一小时"的利用率，有利于急诊抢救和术前准备，为院内成功救治赢得了时间与机会。

江西萍乡矿业集团总医院的龙绍华等首次设计了一种"矿山创伤一体化救治模式"，初步证明了实施一体化救治模式，提高了救治的成功率，降低了创伤的致残率和死亡率。

程晓斌等报道的一种具有目的性、稳定性、规定性和特指性的创伤急救高效管理模式，即严重创伤院内救治程序-时间控制模式，从严重创伤院内救治的流程及时间需求上建立规范标准。并对该模式建立的基本原则、基本特点、适用范围进行了明确界定，拟定了该模式运行的保障机制及考评指标。为实现严重创伤院内救治的整体化、系统化、专业化提供了保证。

（二）我国矿山实施一体化创伤救治难度

1. 缩短院前急救时间有难度　速度是多发伤救治的灵魂。应尽量缩短院前急救时间，抓住创伤急救"黄金时间"，诊断治疗是否及时准确往往比伤情本身更影响生存率。可是，由于种种原因，院前急救时间长，往往延误救治时机。

（1）矿山地理位置的特殊性：矿山多位置偏远，山区道路复杂，搬运转运困难，遇上恶劣气候时，急救车辆和药品很难按时到达现场。这导致救治时间延长，救治往往会错过"黄金一小时"。

（2）矿山创伤类型与性质复杂：矿山创伤的类型多样复杂。有电击、中毒、窒息、机械伤、砸伤等；创伤的性质可有多器官多脏器的复合伤，易漏诊，隐蔽或深在损伤容易疏漏，同时病情紧急，全面体检和询问病史受到限制，环境、条件不利于常规检查，另外，创伤常为多人伤，救治时处理顺序易矛盾，往往延误救治时机。

（3）创伤救治的人为因素：参与急救的医务人员能力参差不齐，矿工受教育程度低，自救能力差；另外，少数矿主基于利益的驱动，会干扰或隐藏创伤的一些情况，也会延误救治时机。

（4）创伤救治体系建设有差距：严重创伤院内救治机制不健全，创伤救治模式不规范、不统一，仍处于探索阶段。

2. 专门设立一体化创伤救治组有难度　一体化救治组在时间上比院内专科组要优先，一体化救治组在伤后黄金时间内能够对伤员进行及时有效的治疗。但在没有专项投入的医院，专门设立一个创伤一体化救治组显然是不可能的。

3. 普及"创伤外科"或"创伤医学"专业学科尚需时日　我国目前尚无"创伤外科"或"创伤医学"这一专业学科，从事创伤救治的医护人员分散在医院的各个专科中。专业分工细化虽然促进了本专业的深入研究和进步，但也不可避免地限制了向专科以外发展的能力，造成了对统一的有机整体的分割。由于创伤常累及全身多个系统和器官，在发病过程中经常会出现多个器官和系统甚至全身的病理生理变化，其救治涉及多个学科的知识和技能。面对这种情况，仅精通于本专业的专科医师往往会感到力不从心。

现代创伤医学是跨多学科的新兴的综合性医学，大量的先进设备和仪器正以前所未有的速度和规模进入创伤医学领域，创伤的基础研究也深入到了细胞与分子水平，大量的科研成果应用于创伤医学，掌握和应用这些先进的设备和最新的科研成果，是对从事创伤医学专业人员的要求。运用最新的研究成果和医学观念，以最先进的医疗设备和技术，为创伤患者提供优质、快捷的救治是创伤医学及其专业人员的发展任务。因此，建立并完善创伤医学体系尚需时日。

（三）我国矿山一体化创伤救治体系建设构想

1. 矿山救护队　成立矿山现场自救互救队。

2. 院前医疗救护　院前急救的主要工作是现场患者伤情评估、有限生命拯救和快速安全后送。

(1) 将伤员转移到安全区域。

(2) 紧急救援处理：遵循 ABC 法则，保持气道通畅（airway），保证呼吸（breathing）和循环（circulation）功能的维持。根据医疗救援条件和需要开展不同的生命支持。

1）基本生命支持（BLS）：包括非侵入性干预，如包扎伤口、压迫止血、骨折夹板固定、给氧及徒手心肺复苏（CPR）等。

2）高级生命支持（ALS）：由受过专业训练的人员提供，除 BLS 技术外，还包括气管插管、静脉输液、药物应用、胸腔穿刺引流等侵入性操作。

3）限制性液体复苏：失血性休克应给予少量的平衡盐溶液以维持机体基本需要。如果可触及桡动脉搏动、收缩压在 90 mmHg 左右，在出血控制前可不给创伤患者补液；桡动脉搏动缺失、血压更低者可先补充 250 ml 液体；如果桡动脉搏动消失后又恢复，液体复苏可在密切监护下暂时推迟或暂时中止。

4）其他处理：包括神经系统功能评估、全身检查等。

5）联系上级医疗单位。

(3) 分拣：对于矿难引发的群体伤，如果伤员数量远远超过了现场救治能力和区域性医疗资源，应组建包含煤业集团总医院在内的多个分拣组，基于损伤的严重度和可获得的资料进行分拣，明确有潜在治愈机会的伤员，立即治疗并后送。分拣受多种因素影响，高于 50% 的分拣是允许的。

1）分拣策略：以下两种策略应结合应用。

①最好的（医疗资源）用于最大量的患者。

②最好的（医疗资源）用于最严重的患者，轻中度患者仅等待处理。

2）粘贴分拣标签并填写伤标。

①红：严重损伤，需紧急外科处理和专科治疗。

②黄：较轻的损伤，仍然需要外科治疗。

③绿：无生命和肢体威胁的损伤。

④黑：死亡，或明显的致命损伤。

3）严重损伤（红色标签）的标准：

①生理：脉搏 < 60 次 / 分或 > 100 次 / 分；呼吸 < 10 次 / 分或 > 29 次 / 分；收缩压 < 90 mmHg；GCS < 14 分；②解剖：头、颈、躯干、四肢近端穿透伤；浮动胸壁；2 处以上近侧长骨骨折；骨盆骨折；③瘫痪；肢体毁损；伤前状态；年龄 < 5 或 > 55 岁；④心脏或呼吸系统疾病；糖尿病（特别是使用胰岛素者）；肝硬化或肝病；肥胖；出血病史。

(4) 转运：转运的原则是"安全、快速"。

1）转运顺序：最优先转运的是需要立即治疗的已经危及生命的严重创伤者；其次是需要急诊救治，有可能有生命危险的伤者；再次是需要医学观察的非急性损伤者；最后是不需要医疗帮助或现场已经死亡者。

2）转运方法：应根据病情、到医疗单位的距离、现场情况、交通条件和气候等综合决定。

3）院间转运：接收医院必须再评估伤情。首诊医院可能漏诊创伤，或患者在转运途中恶化。切忌患者转运到第二家医院时不评价伤情而直接到 CT 室检查。院间转运应有专科医师和创伤复苏设备的护送。

3．院内早期救治 "黄金一小时"是从创伤到在手术室内给予确定性处理的"理想"时间。"黄金一小时"不单独指现场急救，也不是到达医院才开始。应努力提高救治中每一环节的速度以缩短确定性手术时间。

（1）诊断：患者到达急诊科后首先重新评价"ABC"状况。

了解受伤机制，按"DEF"进一步诊治，包括神经系统损伤和功能判断（D）、全身暴露避免漏诊（E）和骨折情况（F）检查等。

为避免漏诊和检诊无序，创伤患者的检查可以概括为"CRASHPLAN"，即心脏（cardiac）；呼吸（respiration）；腹部（abdomen）；脊柱脊髓（spine）；头部（head）；骨盆（pelvis）；四肢（limb）；动脉（arteries）；神经（nerves）。

对于其他医院转诊来的危重患者，随行医护人员应迅速汇报受伤机制、发现或怀疑的损伤、生命体征和已给予的治疗。要求对创伤患者进行三次检查：其中前两次均在急诊室内紧急状态下完成，第三次检查可以在急诊室、ICU或病房进行，常能发现在急诊室内遗漏的微小的损伤（有时是大的损伤），这些小的骨折和韧带损伤常是长期功能障碍的主要原因。

1）初次检查：发现气道、呼吸和循环等威胁生命的损伤。

2）第二次检查：有助于明确身体各部位明显的损伤。

3）第三次检查：从头顶到脚趾的检查。

4）危及生命的损伤：颅脑伤、腹部和四肢损伤导致的大出血。

5）颈部损伤或表现：气管移位：提示张力性气胸；颈部是否有伤口威胁气道和循环；颈部皮下气肿提示气道破裂或气胸；喉不完整则气道危险很大；扩张的颈静脉提示张力性气胸或心脏压塞；胸部损伤：分别给予胸腔穿刺、闭式引流和人工辅助通气等。

6）气道梗阻：张力性气胸；开放性气胸；大量血胸；心脏压塞；浮动胸壁。

7）腹部损伤：腹部查体并不可靠。伤员可因不清醒和高位脊髓损伤而缺乏腹部感觉。无腹部症状和体征，但临床高度怀疑者，应密切观察脉搏、血压、呼吸，如果进一步怀疑则应行CT或诊断性腹腔灌洗（DPL）。

阴性剖腹术优于死亡，尽管液体复苏后患者仍处于低血压，但应考虑可能存在未发现的腹腔内出血。没有任何检查是完美的，阴性的DPL和腹部CT扫描结果都不能阻止外科医师对恶化的患者进行剖腹探查术。注意腹部上下的严重伤、男性乳头平面以下的穿透伤可能伤及腹部脏器。

（2）紧急处理：紧急处理程序可按VIPCO程序。

V：保证伤员有通畅的气道和正常的通气（ventilation）及给氧。

I：在纠正缺氧时快速建立多条液体通道（infusion）。

P：监测心脏搏动，维护心脏功能（pulsation）。

C：控制出血（control bleeding）。

O：手术（operation）。

颈椎和气道处理有矛盾时，必须先考虑气道；没有神经系统症状患者可因颈椎固定获益；如果存在症状，损伤已经存在，院前急救和院内早期救治中的手法操作一般不会加重损伤。

上呼吸道梗阻时保持气道通畅的方法是环甲膜穿刺和切开，但12岁以下儿童不推荐，以免术后气管塌陷或狭窄，气管切开术推荐在手术室进行。

失血量超过40%、应用胶体或其他液体10～15分钟不能稳定者可输入O型Rh阴性血（万能供血者），但不能超过4U，以免发生严重溶血反应。

成人尿量超过30～50 ml/h说明液体复苏足够，如果达不到，应怀疑未充分纠正低血容量。

（3）紧急手术

1）缩短严重创伤患者院内确定手术的时间是提高严重创伤的抢救成功率的关键。

2）手术和骨折固定都是复苏的一部分。

3）存在持续出血的创伤患者必须手术，而不是进行不间断的液体复苏。

4）"病情危重不能承受手术"对于创伤并不适用。

5）夹板固定长骨骨折可减轻疼痛和减少血液丢失。

6）骨盆血供丰富，骨盆内侧缘有大血管紧密接触，移位的骨盆环骨折可导致这些血管撕裂（尤其是髂血管），会导致出现威胁生命的大出血，固定骨盆是控制出血的重要措施。推荐使用外固定支架固定骨盆。

（四）其他建议

1．救治组织 一定要服从指挥。创伤救治要有效地开展，就必须有指挥者做出明确的决定。创伤小组的成员必须尊重这种权威，并随时准备执行。

2．接触伤员时的原则 在现场、转运和其他救治过程中应保证所有救护人员的安全。

（1）针对可能的伤情应做最坏的打算并着手准备。

（2）不要只着眼于明显的伤处而忽视了隐蔽的但可能导致严重后果的损伤，如不能只注意到大关节脱位或长骨骨折，而遗漏气道梗阻和（或）张力性气胸。

3．评价和复苏

（1）气道比颈椎、脊髓更重要。

（2）其他控制气道的方法失败后应果断行环甲膜切开术。

（3）未确定脊柱安全前，所有患者均应注意保护脊髓，包括固定颈椎、"平板"搬运。

（4）循环系统的优先治疗是控制外出血。出血的伤口应先压迫止血。

（5）决定液体输注速度的因素主要是静脉通道，其他包括液体的黏度、温度等。

（6）隐性失血将束缚复苏效果。没有明显外出血，但失血体征无明显改善称为隐性贫血。包括面色苍白、大汗、心动过速、呼吸加快、脉压缩小、低血压和减少的尿量等，静脉补液无反应且不能维持血压提示有继续失血。隐性失血可能存在于：

1）C（胸部，chest）：摄胸片。

2）R（腹膜后，retroperitoneum）：尿液检查，CT。

3）A（腹部，abdomen）：腹胀、张力增加、腹膜刺激征，诊断性腹腔灌洗。

4）M（遗漏的长骨骨折，missed long-bone fracture）：可能因为昏迷或脊髓损伤而无感觉或无症状主诉，检查肢体与骨盆。

（7）刺伤物应到手术室再取出。刺伤物可以暂时性阻塞已经损伤的血管，如果在手术室外取出可能导致不能控制的大出血。

（8）给予止痛剂不会导致伤害，所以没有理由不止痛。疼痛可引起儿茶酚胺释放，引起外周和内脏血管收缩，由于低血容量导致同样的儿茶酚胺释放反应，因此疼痛可加重低血容量的病理生理反应。

4．确定性处理 创伤患者拍摄胸片是为了发现气胸、血胸、纵隔加宽、膈下积气等，出现以上征象时需急诊处理，但所有这些在仰卧位的胸片上都看不到。

连续动态的血气监测是复苏道路上的里程碑，每名严重创伤患者都应动态监测血气，在复苏过程中应定期监测。

污染的解决办法是稀释，伤口污染的主要解决办法是大量冲洗（稀释），而不是应用抗生素。可使用消毒液或生理盐水，但应该加热到体温后再应用。

第二节　矿山医疗救护体系特点

一、我国矿山救护三级急救网络系统

国家矿山医疗救护中心、省级矿山医疗救护分中心、各矿山企业总医院；各矿山企业总医院、各矿山的矿医院、井口保健站和井下保健站共同组成了 2 个较为完善的我国矿山救护三级急救网络系统。

安监局矿山医疗救护中心指导协调全国矿山事故伤员的急救工作，必要时派出国家矿山救援技术专家组，为重大、特大矿山事故的应急处理提供技术支持；省级矿山医疗救护分中心根据需要指导、协调省区内矿山事故伤员的救治工作；矿山企业医疗救护机构负责本企业矿山事故伤员的医疗急救。

二、矿山救护队与医疗救护相结合

矿山救护队在前，医疗救护在后（图 3-1、图 3-2）。

图 3-1　矿山救护队全副武装，在严密组织下冲锋在前

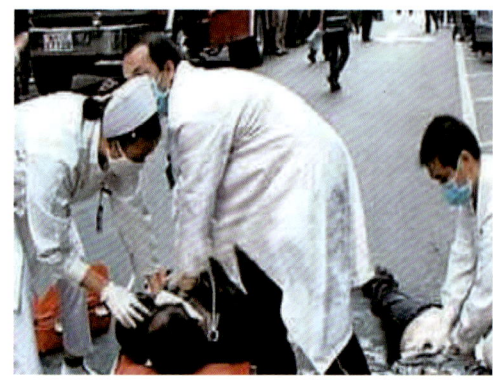 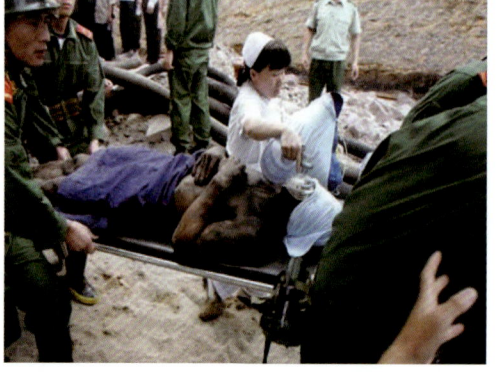

图 3-2　医护人员服从指挥、现场急救

矿山救护队的工作在矿山安全生产中处于十分重要的地位。矿山救护队是处理矿井火灾、瓦斯爆炸、煤尘、水和顶板等灾害的专业队伍，实行军事化、规范化管理。矿山救护人员统一配发和穿着企业专职消防人员服装、训练服和矿山救护服，佩戴矿山救援标志。为了保证救援工作的及时性和有效性，矿山救护队特别强调救护队的独立作战能力，它作为应急救援工作中十分重要的角色，要求队员们必须具有较高的综合素质，有好的体能，具备相关知识，熟练掌握技术，有较强的应变能力等，这是一个救护队具备较强独立作战能力的基础。

矿山救护队的初期职责包括：一线指挥部的设置、人员救助、防止事故的扩大与恶化、灭火、清除障碍物、救助被困矿工、确保进出通道安全、与相关急救机构联系、准备特殊用具（照明、搬运机等）、运出死亡者。

矿山救护队也需要完成保健性医疗服务援助，其中包括：

（1）排除火灾、化学物质、电或其他危险品，开辟安全活动场所并确保进出事故现场的通道畅通。

（2）提供具有照明、防水的避难所，以改善活动现场，为救出被困者开通道路。

（3）为救出被困伤者提供必要的技术和装备。

（4）按照学习到的矿山救护知识、矿山救护设备的使用方法及受灾人员就医前的急救方法，临时固定颈椎，支撑骨折部位，加压止血等。

（5）将伤者从事故现场搬运到井口保健站或现场救护所，然后由医师、护士进行现场救护。

三、井下作业人员的自救与互救

鉴于矿山作业的特殊性，要求每个井下工作人员不仅要知道怎样防止和排除事故，还必须熟练地掌握怎样正确而又迅速地进行自救和互救，使自己和其他人员能安然脱险得救。自救就是井下发生意外灾变时，在灾区或受灾变影响区域内的每个工作人员进行避灾和保护自己的方法。互救是在有效地自救的基础上，去救护灾区内受伤人员的方法。为了达到矿工自救和互救的目的，每个井下工作人员都必须熟悉并掌握所在矿井的灾害预防方案，熟练地使用自救器，掌握发生各种灾害事故的预兆、性质、特点和避灾方法，抢救灾区受伤人员的基本方法以及学会最基本的现场急救操作技术等。每个煤矿的领导者，应有计划地对所有煤矿工作人员进行培训，不能熟练地掌握自救、互救和现场急救操作技术的人员，不能算作是一名合格的矿工，不允许下井工作。

矿井发生事故后，矿山救护队不可能立即到达事故地点进行组织抢救。实践证明，在事故发生初期，矿工如果能够及时采取措施，正确地开展自救互救，可以减小事故危害程度，减少人员伤亡和国家财产损失。

第三节　国有煤炭企业三级工伤急救体系建设

煤炭行业为高危行业。提高工伤急救水平，是企业安全生产的重要保障措施。半个世纪以来，企业形成的以井下（或井口）急救站→矿医院→总医院为基本架构的三级工伤救护体系，为企业的安全生产做出了巨大的贡献。随着企业煤炭生产规模的扩大，新建矿井远离老区，煤层气、煤化工、煤电等产业的不断拓展，为工伤急救提出了许多新的课题。为了适应煤炭行业快速发展的新形势，进一步提高工伤急救水平，促进企业安全、健康、和谐发展，企业的三级工伤急救网络建设需要进一步完善。

三级工伤急救体系在突出矿山创伤特点的基础上，完善了组织、指挥、通信、运输等环节的可操作性。注重一级和二级急救机构的基础建设和功能完善。三级工伤急救网运行体系中，打破单一的行政隶属关系机制，本着就近、从快的原则，突出工伤急救地理位置责任区划分和行政隶属关系相结合的一致性。强化全局一盘棋观念，充分利用企业整体的医疗资源，统一指挥、统一行动，取得最佳效率。在此基础上，提高总医院区域性应急医疗救援的能力，履行国家矿山医疗救护中心及分中心的职能。

一、三级工伤急救网的基本架构

（一）一级医疗急救机构

指各生产矿井和地面企业建立的急救站或医务所。急救站：功能单一，其主要职责为承担生产现场的工伤急救任务，组织、指导工人进行自救互救。医务所：在急救站职能的基础上，同时能为职工提供基本医疗保健服务。

1．一级急救机构的设置规划　各矿井分别设置井口（或井下）急救站、医务所。

2．井下急救站建设标准

（1）设施：面积不少于 $10\ m^2$，具备水、电、暖设备和专线急救电话，有条件的、工作面远的矿井设井下急救车。

（2）装备：抗休克裤1套、多用骨折固定担架1~2个、充气担架1套、充气夹板1套、小夹板数付、颈托1付、腰围1付、胸围1付、外科急救箱（小型氧气筒、吸氧管、注射器、舌钳、开口器、听诊器、压舌板、血压计、三角巾、无菌手套、换药弯盘、剪刀、消毒盒、套管针、绷带、手电筒、胶布、体温表、敷料、小型手术包、愈邦创口敷料）1~2套、气压止血带1~2个、输液器数个、布剪刀1把、绷带数轴、污物桶1个等。

（3）药品：706羧甲淀粉、5%~10%葡萄糖溶液、生理盐水、平衡溶液、去甲肾上腺素、肾上腺素、异丙肾上腺素、洛贝林、尼可刹米、咖啡因、二甲弗林等。

3．井口急救站标准

（1）设施：房间总面积不小于 $200\ m^2$，设抢救室、诊察室、处置室、值班室等，有条件的应装备X线机、B超、心电图机、检验室等。再有条件者设简易手术室，落地照明灯、电风扇、水电暖设备及简易消毒锅（高压灭菌器）、专用急救电力线路。

（2）装备：除具备井下急救站的设备外，还应有简易呼吸机、简易麻醉机、医用吸氧设备、电动吸引器、喉镜、气管插管、一次性输液器、静脉切开包、气管切开包、各种穿刺包、导尿包、胸腔闭式引流包及常用的外科器械包（能完成紧急截肢的器械）。各包应有器械卡、执包人及消毒日期。每周必须查点、保养、消毒一次。

（3）药品：除具备井下急救站装备的药品外，另备中、低分子右旋糖酐及林格溶液、5%碳酸氢钠、多巴胺、间羟胺、氯丙嗪、异丙嗪、乙酰丙嗪、氨茶碱、地西泮、呋塞米、去乙酰毛花苷注射液、普鲁卡因、利多卡因、哌替啶（杜冷丁）、氯化钙、常用抗生素、破伤风抗毒素等。

4．医务所设置标准　应在井口急救站的基础上，增加开展常见病诊断治疗的病床，建立简易手术室和必要的监护设备。

5．井下（井口）急救站工作制度

（1）急救站实行三班8小时工作制，急救员必须坚守岗位，做好交接班，严格执行各项规章制度、技术操作规程和抢救程序。

（2）急救站人员应由医学院校毕业的人员担任，矿医院承担对急救员的业务培训任务。

（3）急救站人员对伤员应以高度的责任心，能够及时、认真、严肃、快捷地奔赴现场实施救治和伤员转运工作，做到"边救边送"。并做好伤情汇报及各项记录。

（4）急救站各类器材及急救药品要准备完善，摆放在固定位置，经常检查，及时补充、更新、修理和消毒，确保其完好和能够随时使用。

（5）对于严重工伤或多人受伤时，能够指挥职工进行现场自救互救及伤员转运工作，同时及时向二级医疗急救机构汇报请求支援。

（6）急救药品应由有执业资质的医护人员使用。

6．急救站负责人岗位职责

（1）在院长（科长）的领导下，负责急救站医疗、行政管理工作。

（2）负责急救站业务技术建设规划、年度工作计划、制度落实、检查和总结。

（3）负责组织并参与伤员的抢救工作。

（4）经常检查急救药品、器材的使用、管理情况，随时处于备用状态。

（5）督促急救人员认真执行各项规章制度和技术操作常规，经常进行安全教育，严防各类事故发生。

（6）负责急救员的日常考核工作。

（7）参加急救员值班，熟知各工作面的地点、距离和路线。

（8）负责各生产队组急救物品日常检查考核工作。

（9）组织急救人员学习业务技术，不断提高急救技术水平。

（10）井口急救站负责人同时负责日常门诊医疗保健工作。

7．急救员岗位职责

（1）在急救站负责人领导和上级医师指导下进行工作。

（2）熟知各工作面的地点、距离和路线。

（3）参加急救站值班工作，工伤发生时携带急救物品第一时间奔赴现场。

（4）负责事故发生时伤员的现场急救和转运工作。

（5）负责伤员登记卡的登记记录和伤情汇报工作。

（6）负责把写有伤员姓名、伤情的登记卡佩戴于伤员腕部。

（7）指导不脱产急救员做好现场自救互救。

（8）做好急救站急救药品、器材、物品的交接登记。

（9）认真学习不断提高急救技术水平，并总结应用到急救工作中去。

8．井下生产队需配置的简单急救器材　工伤事故发生后，工人应能迅速展开自救和互救，或在急救站医务人员的指导下进行自救互救。

需配置以下急救器材：硬板（铲式）担架1付、橡胶止血带2～3条、三角巾5～10包、小夹板4块、10 mm×100 mm×1000 mm、10 mm×100 mm×1500 mm木板各一块、布剪刀一把。

现场急救器材的管理：由专人兼职负责管理，急救器材实行交接班制度，消耗性卫生材料使用后要及时补充。一级医疗机构医务人员对现场急救器材定期进行督导和检查。

（二）二级医疗急救机构

指各矿医院，应当具备二级综合性医院或一级综合性医院的功能和配置，主要任务是指挥和支援辖区内一级工伤急救机构进行现场抢救，以及就近进行手术抢救等措施。

二级急救机构必须具备的工伤急救设施与装备要求如下。

（1）设施：矿医院外科病房必须设有创伤急救监护室，室内面积不得少于 20 m^2，至少设立 2 张以上重症监护床。建立有设施完善的手术室。

（2）装备：数字化 X 线机、B 超、彩超、生化检验设备、血气分析仪、血糖分析仪、监护仪、心脏除颤仪、呼吸机、麻醉机等，具备条件的二级急救机构，可配置全身 CT。具备完成胸腹腔脏器损伤、颅脑损伤和各部位骨折手术条件。

（3）药品：各种抢救药品齐全。

（4）车辆：二级急救机构应配置 2 辆以上救护车辆。

（5）建立有紧急医疗救援物品库和各种应急预案。

（三）三级医疗急救机构

即总医院，其任务是统一指挥、协调煤业集团公司所属各单位的工伤急救工作，能应急成批伤员救治和解决各种疑难伤员，是煤业集团工伤救治中心，隶属于安监局矿山医疗救护中心管理。

二、三级工伤急救网的运行管理机制

三级工伤急救网实行统一领导、分级负责、就近处理、协调配合的管理机制，突出集团公司全局一盘棋，就近、快速、高效的原则，充分利用医疗集团整体的医疗。总医院和矿医院设立由不同规模和标准的应急医疗救援物品库，能够在紧急情况下满足突发事件的医疗救援需要。

总医院（医疗集团）是企业三级工伤急救网的最高指挥和决策机构，全面组织、协调各级医疗机构的工伤急救工作，合理调动和充分利用各级医疗机构的医疗资源，对企业的工伤急救负总责。

矿医院为工伤急救网络的二级医疗急救机构，在总医院的统一领导和指挥下，负责指挥和协调隶属关系或工伤急救责任区内一级医疗急救机构的现场工伤急救工作，承担工伤就近手术、抢救等职能。

各生产矿井或大型高危生产企业设置的医疗急救站或医务所为工伤急救网络的一级工伤急救机构，在二级或三级工伤急救机构的领导和指挥下，开展现场医疗急救工作。

（一）工伤急救地理位置责任区的划分

为了体现集团公司全局一盘棋，就近、快速、高效的工伤急救原则，对生产现场设置的一级工伤急救医疗机构，实行行政隶属关系和工伤急救责任区双重管理机制，划分责任区。

（二）三级急救网的汇报机制

发生工伤时，一级急救机构（急救站或医务所）应首先到达现场对伤员进行现场急救，组织职工进行自救互救，同时向行政隶属关系的二级急救机构和工伤急救责任区关系的二级急救机构进行汇报（划分为总医院责任区的生产企业直接向总医院进行汇报）。

二级急救机构（各矿医院），接到工伤急救信息汇报后，应积极指导一级工伤急救机构进行现场急救或伤员转运，并根据工伤发生的情况酌情派人、派车及时赶赴现场进行支援，凡有休克征象、诊断不明、复杂损伤等伤情较重或多人受伤等情况，必须立即向总医院进行汇报。

总医院接到工伤急救信息后，根据汇报的伤情，及时指导下级医疗机构就近进行急救或伤员转运，决定是否派人、派车赶赴现场或下矿医院参与抢救、手术和转运伤员等。

各级工伤急救医疗机构，向上级医疗机构汇报工伤信息时，实行行政一把手负责制，院（所）长外出时，必须委托有全权代理的负责人，报告信息力求准确。伤情不明或情况紧急时，要坚持"宁左勿右"的原则。一级医疗机构可以越级直接向总医院进行汇报，体现矿工生命高于一切的工伤抢救特权性。确保工伤抢救能在最短的时间内，充分利用医疗集团整体和最好的医疗资源及早进行全力救治。各级医疗机构在工伤急救时，信息沟通、汇报必须以伤情为重，这是一项制度，也是一种责任。坚决杜绝因为行政干预而延误抢救时机的行为。

（三）应急预案和工作制度

各级工伤急救医疗机构均应制定相应的工伤急救应急预案，预案包括组织机构、职责分工、启动条件、物资保障、汇报程序、信息沟通、指挥机制等主要内容，并建立相应的工伤急救规章制度。总医院应全面掌握和熟悉医疗集团各级医疗机构的设施、设备、人员、技术、能力、条件等整体情况。各矿医院应熟悉和掌握行政隶属关系或工伤急救责任区内各急救站（医务所）的设施、设备、人员、技术、能力、条件等详细状况。各医疗急救站（医务所）应熟悉和掌握本企业生产现场的特点和从业人员的基本资料，如人员姓名、性别、出生年月、血型、既往身体状况等，建立健全健康档案资料。各级急救机构必须设立 24 小时畅通的急救专线电话。

（四）工伤信息通报的规定

各级医疗急救机构对工伤急救的信息通报，应遵循逐级上报的原则，并实行院（所）长负责制（一把手外出时应由主持工作的负责人代替），设专人进行信息传递。各级医疗机构承担医疗抢救的职责，并按集团公司安监部门、调度室等主管部门的要求进行伤情及医疗救治情况的汇报。工伤事故的汇报通过矿（处）、公司行政渠道逐级进行上报。未经集团公司有关部门批准，各级医疗机构人员均不得向社会媒体或无关人员发布任何与工伤有关的信息。

三、矿山创伤救治的原则与任务

（一）煤矿事故工伤特点

煤矿井下巷道深远，易出现冒顶、片帮煤或瓦斯爆炸等事故，从而构成了矿山创伤具有发生率高、死亡率高、致残率高和并发症多、复合伤多、多发伤多的"三高三多"的特点。在抢救过程中一定要首先想到是否存在颅脑、胸腹脏器和四肢骨折脱位等复合损伤，从而给予正确的救护措施。

（二）矿山创伤救治原则

（1）统一指挥，统一行动：煤矿伤员救治工作，应根据受伤人数和伤情的轻重，遵循统一组织、统一指挥、统一行动的急救原则。医疗急救人员要有全局观念，自觉服从命令，听从指挥。避免擅自、盲目决断的行为。

（2）分级救治、协作配合：根据事故大小、性质、人员伤亡情况，伤员分别由一、二、三级医疗机构负责救治。应注意前后衔接，密切配合，使伤员能在各个时段均及时得到有效的救治。

（3）有序组织、快救快运：现场救治是抢救成功的首要环节。成批伤员现场急救时，首先要做好伤员的现场分类，优先抢救危重伤员。早期及时正确施救，不仅能拯救伤员的生命，而且为后续各级救治打下基础，因此，必须做到争分夺秒、有序准确。

（4）边送边救：工伤的现场急救条件有限，急救时应抓住重点，主次分明。首先要保障气道通畅和建立静脉输液通道，开放伤口采用加压包扎、结扎等止血。骨折简易固定后即应迅速转运，边救边送，就近抢救。

（三）一级急救机构（急救站）任务

一级急救机构任务：①指挥矿工现场正确自救互救。指导伤员正确使用救生器；②对伤员进行包扎、止血、固定、保持气道通畅等基本救护；③将伤员及时转运出事故现场，到达急救站进一步救治；④通过电话及时向二级或三级医疗机构进行报告。

(四) 二级急救机构 (矿医院) 任务

矿医院是三级工伤急救网的二级急救机构,具有距事故现场较近,到达事故现场较快等优势。主要任务有:①接到事故报告后,根据工伤情况启动相应预案;②电话指挥急救站医务人员采取措施;③迅速派出院前救治小组,携带必备药品和物品在最短时间内到达急救站甚至事故现场;④在急救站迅速采取有效抢救措施,如包扎、止血、固定、保持呼吸道通畅等;⑤迅速将伤员护送到二级急救机构或三级急救机构进一步救治;⑥及时向总医院进行汇报。按照总医院的指示,做好在矿医院进行手术、纠正休克等抢救措施。

(五) 三级急救机构 (总医院) 任务

总医院的任务:①接到工伤报告后,根据工伤情况决定启动相应级别预案;②电话指挥一、二级急救机构采取措施;③迅速派出救护车辆和院前急救小分队,携带库存血等必要器材、设备,赶赴二级急救机构或一级急救机构;④在矿医院进行手术或其他抢救措施;⑤总医院准备接收伤员院内进一步救治;⑥向集团公司报告伤情;⑦请求省级或国家级专家会诊。

四、矿山创伤急救工作的基本程序

矿山创伤急救分院前急救和院内急救两个阶段,事故现场信息、解脱伤员、伤情的判断、基本救护、通信联系、伤员转运等环节应加以程序化管理。时间上突出一个"急"字,技术上突出一个"救"字,争取在最短的时间内有效地完成急救和安全转运任务。

1. 院前急救阶段 院前急救阶段是指外伤现场至伤员到达医院前,对伤员进行伤情确定、治疗的过程。指院前救护小组携带有关抢救器材、设备、药品,将救护任务前移到事故现场。如果伤员需要由二级医疗机构转送到三级急救机构救治,则矿医院的救治也可列入三级医疗机构的院前急救阶段。院前急救应注意以下几个方面。

(1) 事故发生后现场,首先由经过急救训练的班组长指挥解脱伤员,同时用电话向井下(井口)急救站和调度室汇报、呼救。如遇重大或多人事故,应在集团公司和矿行政部门的直接指挥下,组织救护队现场救援。对于肢体压埋时间较长,一时难以解脱,但意识尚清醒的伤员,必要时可施行适当的医疗措施(如临时使用止血带、口服医制饮料、现场截肢等非常措施挽救生命)。

(2) 伤员解脱后,在急救员尚未到达现场之前,应由受过急救训练的工人,立即进行现场急救处置,实行自救互救。

(3) 井下急救员接到电话后,迅速携带急救包奔赴现场,施行确切的初级 ABC 急救和止血、包扎、固定。初步判断伤情严重度,对危及生命的伤员,在进行初级急救的同时,要及时向二级医疗急救机构报告,请求增援,迅速填写"伤员卡"信息,并在严密监护下,安全护送伤员升井。

(4) 在急救站施行紧急 ABC 急救后,迅速安全地向上一级急救机构转送。在途中边送边治(图3-3)。

(5) 当井下发生多人重大事故后,应及时将求救信息报告总医院,总医院根据情况立即下派院前小分队奔赴事故现场,或指挥调动医疗集团整体医疗资源,统一行动。

(6) 凡在矿医院抢救或治疗后,需要向三级医院转送者,应携带病历及有关资料,由医护人员直接护送到总医院相关科室、ICU 或直接到手术室手术,尽量减少搬动次数。

2. 院内急救阶段

(1) 入住科室:首先查阅"伤员卡"。询问受伤机制、时间及院前急救经过。了解止血带使用情况,在完成对生命威胁最大的创伤急救处置后,再详细采集病史,进行全面的体检。多方面权衡和

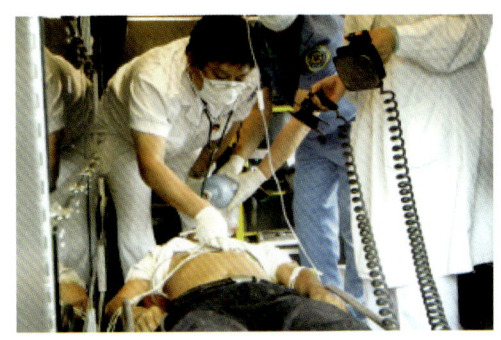 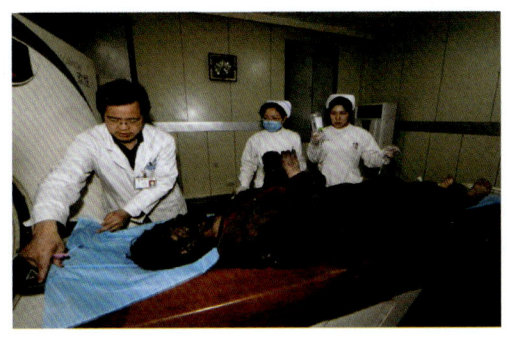

图 3-3　边送边治，送入医院进行确切救治

分析伤员的伤情，以最大威胁生命的创伤作为首入科室条件。有急诊手术指征者，尽快做好术前准备，然后紧急送往手术室施行手术，或直接送手术室手术。特殊情况下，插胃管、尿管、备皮等术前准备可以在手术室进行。对合并伤，首诊科室需与有关专科共同进行计划性协作治疗。

（2）创伤重症监护室：凡危及生命的损伤和严重多发性损伤者，都应放置在创伤重症监护室中进行重症监护和综合救治（图3-4）。

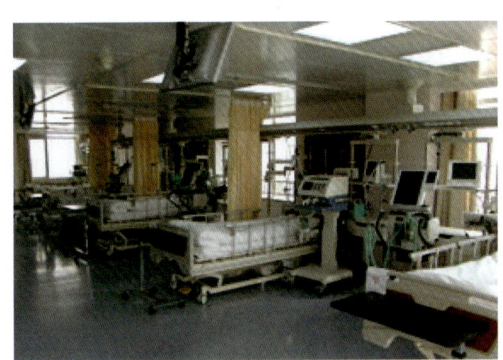 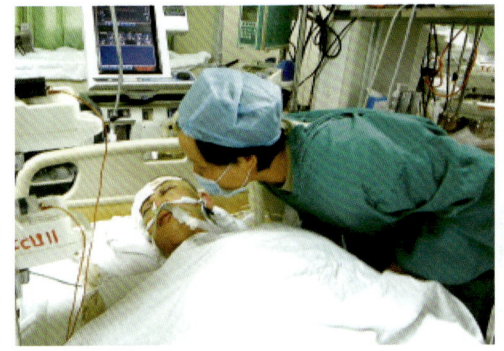

图 3-4　创伤重症监护室

五、成批伤员院前救护的组织管理

矿山发生事故后，通常在第一时间就能启动应急救援机制，组成救灾指挥部。因此，成批伤员的院前救护当由救灾指挥部统一领导、统一指挥。

（一）矿山救护队与医疗救护队的职责与衔接

1．矿井发生人身伤害事故后，现场人员要立即进行自救和互救。急救员和值班医疗救护人员接到通知后，要以最快速度赶往事故现场。同时，必须保证急救器械、医疗救护车、医护人员到位。

2．矿山救护队达到事故现场后，在医疗救护人员没有到达现场之前，或因现场环境不允许医疗救护人员直接到达事故地点，此时救护队必须根据不同的情况，选择适当的急救措施。

一般初级急救常用的规则是：

（1）检查现场是否安全——首先要观察周围环境，以确保抢救人员、伤员的安全，不要轻易移动伤员。

（2）人体隔离防护——在接触伤员以前，要使用合适的个人防护用具。

（3）分析受伤机制——弄清伤员受伤的原因以及查体发现的阳性体征的原因。

（4）确定受伤人数——在现场医疗救护中，依据受害者的伤病情况，按轻、中、重、死亡分类，分别以"绿、黄、红、黑"的伤病卡做出标志，置于伤病员的左胸部或其他明显部位，便于医疗救护人员辨认并及时采取相应的急救措施。

（5）固定脊椎——如果怀疑脊椎受伤，要先固定头部。

（6）技术处理——根据伤情的特点，采取相关的处理技术。

（7）伤员搬运——不同的伤势，应采用不同的搬运方法，按照"先重后轻""先活后死"的原则进行搬运。

（8）救护队要以最快的速度，把伤员移交给到达现场的医疗救护人员，医疗救护人员对伤员进行必要的技术处理后，需提供医疗文书一式二份：一份向救灾指挥部提交；一份向接纳伤员的医疗机构提交。搬运伤员时必须由医疗救护人员护送。

（二）医疗救护

现场的医疗救护人员由矿山救护队接过被解脱出来的伤员后，首先是对伤员进行严重度评价和动态性分类拣选，然后按照"矿山救护体系"的医疗救护原则实施。

1．伤病的严重度（severity of incident）评价 从医疗后续处理的角度，大致可分为四大类。

（1）T_1：危及生命的伤害，需要立即处理。

（2）T_2：非危及生命的伤害，需要医院的处理。

（3）T_3：比较轻的伤害，不一定非要立即送医院处理，可在现场处理完毕后再送医院观察治疗。

（4）DOA：明确死亡或送达医院后死亡的伤员。

其中T_1、T_2需要由较专业的医护人员完成，由救护车运送，必须要住院治疗，一旦延误就有可能造成严重后果。

2．伤病员分类拣选的应变原则 伤病员的分类拣选是指现场的伤病员太多，尤其是急救人员、救护车不足，伤病员无法及时救治、转送时将伤员分类应首先检伤，分清轻、重、缓、急后分别处理，这是现场急救十分重要的一环。通常的现场检伤按伤情一般分为4类，用绿、黄、红、黑不同颜色的"伤标"挂在伤员的胸前或缚在手腕上。4类伤员分别为：①轻度损伤：血压、呼吸、脉搏等基本生命体征正常，可步行者，用绿色伤标；②中度损伤：介于轻伤与重伤之间，用黄色伤标；③重度损伤：收缩压小于60 mmHg，出现意识不清、呼吸困难，脉搏超过120次/分，或有其他严重外伤体征者，用红色伤标；④死亡：意识丧失、呼吸心搏停止、瞳孔散大、面色苍白的伤员，用黑色伤标。救治的顺序按红、黄、绿进行。然而，实际上，即使再大的"矿难"，也不过几百人，而且矿山救护队救出的伤员也不会是成批的，在矿山救护条件日益改善的今天，较少会因为现场的伤病员太多而用到"伤标"。

六、企业对三级工伤急救网的支持保障系统

（一）企业领导指挥系统

1．组织 由企业领导、调度室、总医院及相关处室负责人组成企业工伤急救领导组。矿处（子、分公司）成立相应的急救领导组织机构。

2．任务 在（重大）工伤事故发生后，领导和指挥矿山救护队、医疗救护系统和有关人员进行现场急救及伤员运送工作。

3．要求 事故发生后，各级调度室即为领导指挥中心。根据伤情，通知各级急救机构的值班人员，调动井下及地面的急救运输工具，奔赴现场或基层医疗单位参加急救工作。集团公司总医院根

据伤员情况，指挥、协调、参加急救工作。

（二）信息通信系统

1．组织 由调度专线电话（或移动电话）承担急救通信联系、传递和下达指令。

2．任务 向各级指挥系统汇报以及向各级急救机构呼救，保证信息畅通无阻。

3．要求 急救站、矿医院、总医院三级医疗机构都必须有与集团公司和矿（子、分公司）调度室设置的专用直通电话，一旦井下发生事故后，特别是发生重大事故或集体伤害时，井下、井口急救站应在1～2分钟内接到呼救信息；4～5分钟内各级指挥系统及各专业急救单位应接到呼救信息。各级急救机构应根据伤员的伤情及时逐级向上级急救机构汇报，对伤员存在胸腹部等内脏损伤诊断不明的、可能遗留残疾的、有生命危险的、2人以上多人受伤的工伤事故，应及时（可越级）向集团公司总医院汇报，请求支援，或将伤员转往总医院治疗。各级医疗急救机构院长（负责人）是医疗急救信息传递的第一责任人，负责伤员人数、伤情的核实、汇报和决定伤员的转留。未经集团公司有关部门批准，各级人员均不得向社会媒体或无关人员发布任何工伤急救的信息。

（三）运输系统

1．组织 调用医疗集团各医疗机构配备的各种救护车辆，紧急情况下可使用各矿（队）配置的接送工人的班车或其他车辆。

2．任务 确保急救中运送工具随叫随到，招之即来，畅通无阻，安全、平稳、快速地将伤员运送到医院。

3．要求 为了保障安全地转运或在途中能够施行"边救边送"的效能，集团公司总医院和各矿（子、分公司）医疗机构配置的急救车上的各种急救器材、设备、卫生材料必须齐备和功能完好。

（四）急救组织系统

1．组织 由工人自救互救，矿山救护队、急救站（医务所）、矿医院、总医院等急救机构和人员组成。

2．任务 使伤员能够就地、就近在现场或各级急救机构得到迅速、及时、有效的救治。按照"先救后送、边救边送"的原则发挥其阶梯式急救作用。

3．要求 一级医疗机构的专业急救人员，在事故发生后立即奔赴现场，帮助解脱伤员，进行止血、包扎和固定。对于需要紧急复苏的伤员施行初级ABC急救处置。然后正确转送至上级医院。二级急救机构和三级急救机构急救队伍按指令奔赴急救现场或基层医疗机构，协助基层救护人员完成初期处理，并做好院内接应工作。

七、院前创伤救治小组的组成及任务

院前创伤救治小组以院前急救小分队的形式组成。根据应急情况，总医院及各矿医院院前急救常设若干小分队（兼职）。小分队人员组成主要以医护人员为主，每队7名（不包括急救车司机），其中设队长1名，副队长1名。执行任务时，按照指挥部的命令，以小分队为单位进行人员召集。到达执行任务地点时，如果伤员较多，救护人员不足时，小分队人员可以分解成2个小组，分别由队长和副队长各带一组独立开展工作。

院前创伤救治小组人员的分工和救治工作程序如下。

1．外科专业的院领导或外科主任担任队长指挥抢救工作，负责快速查体、诊断、下达医嘱和填写伤情分级卡。

2．1或2名外科医师，主要任务是协助快速查体、诊断，有效地执行医嘱，如心肺复苏、通畅呼吸道、止血、包扎、固定等救治工作。

3．1名主管护师（或一名护师），主要任务是查体、生命体征监测，有效地执行医嘱、吸氧、建立静脉通道等。

4．1或2名内科医师，主要任务是协助快速查体、诊断，有效地执行医嘱，如心肺复苏、通畅呼吸道等救治工作。

5．入院前创伤救治小组应做到分工明确，相互配合，口述应答，提醒遗漏，紧张有序，简捷轻柔，快速准确，监护转运，边救边送。

八、安全转运伤员的条件

1．昏迷和严重颌面外伤的伤员，如果不能保持良好的呼吸道通畅，不能转运。

2．呼吸、循环停止者，先复苏后转运。

3．有效地控制外出血后才能转运。

4．对休克伤员，经抗休克治疗后收缩压大于 80 mmHg，脉压差大于 20 mmHg，并保持静脉通道通畅，才能转运。

5．内脏损伤、骨盆骨折及下肢骨折的伤员，应就地穿抗休克裤后再转运。

6．开放性气胸、张力性气胸者，须紧急给予相应处理后，取半卧位转运。

7．腹内脏器脱出时，切不可还纳，应用无菌敷料覆盖保护后再转运。

8．骨科患者施行良好的固定措施后再转运：①颈椎骨折：平卧位，以沙袋置于颈的两侧使用颈托固定；②胸腰椎骨折：使用脊柱组合固定夹板、胸围、腰围等固定或多带硬质担架或多用担架固定后搬运；③下肢、骨盆骨折穿着抗休克裤，四肢骨折可用辅木、小夹板或充气夹板、骨科支具等固定骨折的上下两个关节后再转运；④连枷胸出现异常浮动胸壁，用胸壁固定带或毛巾包扎固定后再搬运。

9．伤员要保暖，无禁忌证者，可注射有效的镇痛剂后再转运。

10．凡须转运的伤员，必须有急救人员护送。途中要监测生命体征，执行"边救边送"的原则，随时给予应急处理。

11．重伤员转运前，应用电话通知接受医院，做好接诊救治的准备工作。

九、人员配置及经费来源

（一）医疗急救人员

各级医疗急救机构人员配置齐全，确保正常运转，人员由行政隶属关系的矿处级行政单位负责。急救站（医务所）人员的配置，必须具有医学院校学历背景，应通过医疗统一招聘或审定。避免无医学背景人员从事医疗保健工作。生产班组不脱产急救人员由各单位推选班组长或高素质的员工经过脱产培训、考试合格后担任。

（二）人员配置标准

1．班组急救人员 每个生产班组至少有1名不脱产急救员，不脱产急救员每年培训不少于40学时，建立不脱产急救员培训考核档案。

2．井下急救站 负责人1名、急救员不少于5名。以医学背景为好，每年在矿医院培训1～2个月，建立培训考核档案。24小时有人值班。

3．井口急救站　负责人1名、医师4~5名、护理人员4~5名、其他人员2~3名。以矿医院人员轮值为好，每年在矿医院工作1~3个月。

4．医务所　根据服务范围按国家标准配置。

（三）人员培训

总医院承担各矿医院的人员培训任务和工伤急救责任区医务所人员的培训任务，矿医院承担行政下属各急救站人员的专业培训任务。

（四）管理经费

1．三级工伤急救网设立专项管理经费，确保急救网的正常运转，经费使用包括：设施设备改造、更新；一般急救器材消耗后的补充；急救人员的技术培训、急救演习；通信交通费用、急救人员的补助、奖励等。

2．总医院经费经集团公司领导批准，从安基措资金中予以列支解决。各矿医院、医务所、急救站经费由各单位从安全经费中列支。

十、紧急情况下人员召集预案

（一）总则

1．编制目的　保障紧急情况下能够迅速有序地进行人员召集，在最短的时间，以最快的速度开展对伤员的医疗救治。

2．编制依据　依据《中华人民共和国安全生产法》《突发公共卫生事件应急条例》《国家突发公共事件总体应急预案》《国务院关于进一步加强安全生产工作的决定》《生产经营单位安全事故应急预案编制导则》（GB/T 29639-2013）等法律法规，及重特大事故医疗救治应急预案和医院应急工作实际，制定本预案。

3．适用范围　本预案适用于紧急情况下的人员召集。

（二）紧急情况下的人员召集方式

1．电话召集

（1）指挥中心电话

1）总指挥：院长电话（办公室、家等）。

2）副总指挥：副院长电话（办公室、家等）。

3）指挥部办公室

主任：电话（办公室、家等）。

副主任：电话（办公室、家等）。

当天总值班科长：电话（办公室、家等）。

4）指挥部办公室电话号码：全天候24小时开通。

（2）电话召集程序：指挥部办公室接到应急信息后，应立即向总指挥报告，总指挥决定召集人员层面。总指挥根据应急信息、命令直接召集相关人员，由指挥部办公室人员执行。按指挥部命令，临时确定在车队、门诊大厅或指定地点。

1）紧急情况下需要人员召集时，除随机召集外，另分五个层面。

第一层面：召集决策层。召集指挥部领导组成员，包括总指挥、副总指挥、指挥部办公室成员。

由总值班电话通知。集中地点为院部小会议室。

第二层面：召集指挥层。召集各职能科室负责人，由指挥部办公室成员分头通知。

办公室主任负责通知：医务科、质控科、药剂科、科教科、门诊部、急诊科。

办公室副主任通知：办公室、财务科、信息科、人劳科、设备科、护理部、院感科、防保科、疾控中心、卫生科、职防所。

总值班负责通知：保卫科、总务科、医保办、党办、宣传部、工会、监审科、团委等相关职能科室及后勤中心和车队。

集中地点为小会议室。

第三层面：召集执行层。召集各有关专业组及临床医技科室负责人。

医务科、质控科、科教科负责人通知外科系统科室主任、护士长。

护理部、院感科、人劳科负责人通知内科系统科室主任、护士长。

办公室、防保科、负责人通知医技系统科室负责人。

集合地点为小会议室。

各职能科室、临床科室和医技科室根据情况通知相关人员。

第四层面：全院动员。召集总医院全院职工。

总医院各职能部门、医技科室、临床科室负责人，负责通知本科室全体员工。

集结地点：门诊大厅。或按指挥部命令在门诊广场或学术报告厅。

第五层面：医疗集团总动员。调动医疗集团全部人力资源。总医院所属各矿医院，统一接受总医院应急指挥部的统一指挥和整体调动。指挥部根据情况向相关矿医院院长下达命令，包括人员需求、集结地点、主要任务、联络电话等具体指令。

2）当总指挥、指挥部办公室主任因故不能到达指挥中心时，第一副总指挥代理总指挥行使职权；指挥部办公室第一副主任代理主任行使职权和完成相应任务。

2．现场调动　根据总指挥的命令，指挥部办公室负责具体人员调动。

3．上级指派　上级指派的专家或专业人员参与第一层面或第二层面的人员集中。

十一、监督管理

总医院（医疗集团）对三级工伤急救网运行负总责；各矿医院对各自急救责任区和业务隶属关系的工伤急救负总责；急救站、医务所对各自现场急救工作负责。

1．总医院负责矿医院、责任区域医务所急救人员的进修、培训工作。

2．矿医院负责急救责任区域内急救站、医务所急救人员以及井下不脱产急救员的培训工作。

3．总医院（医疗集团）每年对二级医疗急救机构（矿医院）进行不少于2次检查；每年对一级医疗机构（急救站、医务所）进行不少于1次检查考核。

4．各矿医院对一级医疗急救机构（急救站、医务所）每年进行不少于2次检查考核，检查考核结果报总医院（医疗集团）。

5．各级医疗机构每月（季）对工伤急救工作（报表），总结上报集团公司总医院（医疗集团）。

6．总医院（医疗集团）每年不定期组织2次工伤急救演习。

7．总医院（医疗集团）根据检查结果、工伤急救演习情况进行考核，对成绩好的单位和负责人给以奖励，对考核成绩差的单位和负责人给予处罚。

8．各级医疗机构负责人的任免结果均应抄报总医院（医疗集团）。

9．一级医疗急救机构承担现场紧急救护或伤员转运职能，转送的上级医院应首先选择集团公司所属的各矿医院或总医院，特殊情况下需要就近转送地方医院抢救时，应及时上报业务管理隶属的矿医院，矿医院应及时追踪伤员抢救情况，并及时上报至总医院进行决策。需要技术支援时，必须首先汇报总医院，总医院应及时派出专家进行支援，需要外请省级以上专家时，由总医院进行会诊后决定。

10．企业的工伤急救是一项严肃认真的工作，各级医疗机构应根据集团公司和医疗集团的有关规定认真履行职责，层层责任落实，各级医疗机构的行政一把手是工伤急救的第一责任人，应增强责任心和责任感。对于工伤急救中出现任何推诿、懈怠、瞒报、错报、不报等行为，将严格进行责任追究。对组织不力、失职、渎职或私自决定盲目采取医疗措施，导致病情延误，造成不良后果的，将加重处罚力度，根据管辖权限给予责任人通报批评、警告、记过、降级、降职、撤职、解除劳动合同等处分。触犯法律的追究相应法律责任。

第四节　人员教育与培训

一、各级急救人员的任务及技术要求

（一）一级急救机构

1．井下不脱产的救护员，是指急救员在到达现场前，由现场工人组织进行互救自救的工人。因此，井下干部和工人应懂得自救互救的知识，学会急救方法，使之成为不脱产的急救员。

2．井下急救员，编制4人以上。经过专业训练的、井口保健站的值班急救员，要轮流执行24小时值班制。必须熟悉井下路线和深入到工作面执行急救任务。要求掌握过硬的初级急救技术，能独立完成畅通呼吸道、心肺复苏的初级急救程序（即ABC急救程序）和止血、包扎、固定搬运以及护送伤员安全升井等急救技术。

3．井口保健站，是一级创伤急救系统急救机构的中心，是进行院前急救的重要场所之一。因此，要求选派认真负责、有组织和有工作能力的干部担任保健站站长。同时，由1名有经验的外科医师协助站长具体负责创伤急救工作。保健站应设医师4～5名，要求了解现代急救医学基本理论，掌握常见创伤的诊断和院前急救搬运的原则和方法，熟悉现场CPR高级急救程序，可以完成抗休克、确切止血、建立静脉通道、静脉切开、气管插管、胸腔闭式引流等急救任务。

（二）二级急救机构

在急救机构中，矿医院属于二级急救机构。外科骨干的医护人员均属于急救人员，但应该由高年资的医师主持和指导抢救工作，要求基本掌握创伤急救医学基础理论知识和系统的急救技术，能独立处置各种常见外伤，并能组织和指导下级医师的抢救技术工作，有效地完成危重伤员的抢救任务。

（三）三级急救机构

在急救机构中，总医院为三级急救机构，急救人员应由具有高级专业职称的医师指导，要求通晓现代急救医学理论和专业技术知识以及系统掌握急救技术，熟悉处理各种创伤、多发伤和复合伤；正确施行各种处理程序；独立指导基层急救医师解决复杂的技术问题，做出正确的诊断，制订救治方案，完成各种抢救手术；掌握抢救设备的性能、使用方法和心肺复苏，以及院内有计划地专科救治技术。

二、对各级急救人员的培训要求

矿山创伤急救，是一项"救命、治伤、防残"的工作，要求各级急救人员要有较高地复苏和抢救生命的技术素质，掌握现代急救医学理论和技术技能，做到抢救工作程序化和规范化。为此，煤炭系统应对各级急救人员开展有计划的培训工作。具体应由煤炭管理部门卫生处负责。

1．新工人在到岗之前，必须接受不少于 8 小时的急救知识教育。由矿教育科和保健站站长负责执教。上岗后利用班前班后的一定时间，由班组长负责巩固深化互救自救的知识。

2．矿山救护队员、井下班组长都应懂得初级急救知识，学会急救方法，使其成为不脱产的急救员。由安全矿长和保健站站长负责安排，要求每年培训 1 次，每次不少于 8 小时。

3．对井下急救员定期开办培训班，结合业务学习，每次不少于 3 小时。应由保健站站长和外科医师组织实施。制订专题培训计划，因地制宜地开展单项技术练兵。如：人工呼吸、心脏按压、止血、固定、包扎、搬运以及急救药品的使用等急救技术。每次只选一项，进行专题讲座、模拟实验，达到现场抢救时运用自如的程度。

4．保健站急救医师，应定期到矿或总医院外科轮转进修。由卫生处组织和矿医院负责每年有计划地举办短期急救训练班，每期 10 天，学习现代急救医学知识，使之在急救理论和急救技术方面得到不断提高，达到熟练地完成各类创伤的急救程序和正确使用不断更新的急救器材和药品的水平。

5．矿医院、局总医院的创伤专科医师，应结合专科化业务建设开展培训工作。急救医学知识的更新和业务提高，主要是靠医院有计划的专科轮训和专业进修，参加国内各专科业务短期学习班或组织专题讲座，充分发挥老医师的传、帮、带作用。医院应积极创造条件，建立实验室，运用实验研究手段，开展新领域和重大尖端技术的突破，以取得创伤救治工作的进展。

三、培训内容与方法

社会在前进，科学技术在进步，医学科学更是日新月异，对创伤学的认识以及创伤救护方法也在不断地更新。国家矿山医疗救护中心培训基地每年要举办专业培训班 1～2 期，主要目的是为全国矿山医疗救护分中心培养学科带头人和专家，以便进行规范化的各级培训。

（一）着重讲解的内容

1．我国矿山事故应急救援体系及其应用。

2．现代矿山创伤的特点及其对策。

3．我国的安全生产救援体系建设。

4．矿山医疗救护体系与规范。

5．现场急救的基本技术。

6．院内救治的组织与方法。

7．创伤重症监护室的临床应用。

8．创伤严重度评价及其应用。

9．我国瓦斯爆炸伤害的概念、特点与救治。

10．瓦斯爆炸伤害者心理干预与应激性精神障碍的防治。

（二）培训方法

继续医学教育、培训以讲解现代进展为基础，以视听教学为工具。充分利用临床技能教学中心现代化装备，采用"看—听—练习"的视听教学方式，重点按照新的心肺复苏指南练习现场复苏技术,将初级、高级救生的 A、B、C、D 形成一整体复苏体系。

(三) 基层矿山创伤急救中心或医院培训的内容

1."当遇难者一息尚存,我们能做些什么?"

在我国,一旦发生矿山事故、火灾、中毒等灾害事故,救护工作通常依靠目前极其有限的井口保健站或政府的医疗力量。我们大多唯一能做的事就是设法尽快把危重伤员(尤其是昏迷及停止呼吸者)送往医院,而没有想过第一时间进行现场急救对挽救危重伤者的生命是多么重要。为此,矿山医院的医护人员都有必要掌握一些紧急救援的基本知识,以便在紧急时刻出手拯救垂危的生命。

(1) 爆炸现场中的被困者可能受到的伤害包括:吸入浓烟造成中毒,呼吸道和肺部被炽热浓烟灼伤,一些被困者还可能直接被火烧伤。

被抬出作业场地的伤者若已进入昏迷或半昏迷状态,首先要做三件事:① 解开伤者上衣,暴露胸部,松开皮带以散热;② 急救者把手插入伤者颈后将其向上托起,一手按压伤者前额让其头部后仰,使伤者的呼吸道尽量畅通(做人工呼吸时,务必使呼吸道保持畅通开放);③ 将耳贴近伤者口鼻倾听有无呼吸声,观察胸部是否起伏,瞳孔是否有放大,检查是否有心搏、脉搏,确认有没有出现心跳呼吸停止。

(2) 心搏和呼吸停止时,应立即进行心肺复苏。

首先要使矿山救护医护人员充分理解"时间就是生命"的重要性。在常温下,心搏停止 3 秒后患者感到头晕;10～20 秒患者发生晕厥;30～40 秒瞳孔散大;40 秒左右出现抽搐;60 秒后呼吸停止。脑组织对缺血缺氧十分敏感,在呼吸循环停止 4～6 分钟后,脑组织即可发生不可改变性损害。复苏开始越早,存活率越高。大量资料证明,在心搏呼吸骤停 4 分钟内进行心肺复苏者可能有一半人存活;4～6 分钟开始心肺复苏者可能有 10% 存活;超过 6 分钟开始心肺复苏者可能只有 4% 存活;10 分钟以上开始心肺复苏者几乎无存活可能。

心搏、呼吸停止,是最紧迫的急症,心肺复苏(人工呼吸和胸外心脏按压)便是对这一急症所采取的急救措施。一旦确认伤者心搏、呼吸停止,必须争分夺秒进行急救,时间就是生命。

其次是要在懂得心肺复苏术的原理基础上掌握正确的急救方法。人的心搏停止后,全身血液循环即停止,脑组织及许多主要器官因得不到新鲜氧气和血液供给而将发生细胞坏死。此时,必须在保证肺内有新鲜氧气进行气体交换的情况下行胸外心脏按压。

正常人吸入的空气含氧量为 21%,二氧化碳为 0.04%;肺只吸收所吸入氧气的 20%,其余 80% 的氧从肺呼出。因此,当正常人给患者吹气时,只要有较大的气量,则进入患者肺内的氧气量就是足够的。在患者心搏呼吸停止后,肺处于半萎缩状态,给患者做人工呼吸能在呼吸道畅通的情况下将新鲜空气吹入患者肺内以扩张肺组织,有利于气体交换。

胸外心脏按压是利用人体胸腔及心血管系统的特点起作用的。当做胸外心脏按压时,由于利用外界的压力将心脏压在胸骨与脊柱之间,心脏内的血液自然向动脉流去;放松时,心脏恢复原状,静脉血被吸回心脏。

现代复苏的进展包括气管插管、尽可能避免心内穿刺注射等。

2. 结合矿山创伤的特点进行知识培训

(1) 应激性休克。

(2) 瓦斯爆炸伤后皮下软组织坏死。

(3) 被困井下的生理极限及生命延迟方法。

(4) 危重症监护和救治技术的现场应用(最新版心肺复苏指南)。

(5) 呼吸道管理与肺损伤早期干预。

(6）创伤-失血性休克的救治。

(7）自体压迫伤和自体挤压综合征的早期诊断与防治。

(8）血滤在煤矿井下有害气体中毒救治中的应用。

(9）瓦斯爆炸伤害后脏器衰竭的序惯性及其病理特征。

(10）瓦斯爆炸伤害后肠源性内毒素血症、菌血症的防治。

(11）瓦斯爆炸伤害后免疫力耗竭与低下的防治。

(12）瓦斯爆炸伤害者心理干预与应激性精神障碍的防治。

(13）被困井下工人的精神心理反应及其预防与治疗。

(14）死亡矿工家属的心理干预方法。

第五节 演练与检查

矿山创伤管理工作是一项科学性很强的技术管理工作，必须坚持急救工作的标准化和规范化。应立足于常抓不懈，使急救技术精益求精，不断提高复苏、抢救成功率，降低死亡率。为此，必须加强创伤急救工作的检查和管理。

1. 各企业在企业总经理的主持领导下，成立企业"创伤急救领导小组"，在创伤急救工作中选派有经验的技术人员参加。定期检查、督促各级急救机构完善建设和增购设备，深入各级抢救现场，指导并参加对危重伤员的抢救，评价总结抢救成果和经验教训。

2. 各矿及矿医院的领导应重视井口保健站建设，要求站长制定出创伤急救工作的年度计划，分头落实。定期检查创伤工作的程序化程度。

3. 企业卫生部门会同安监部门在"创伤急救领导小组"的领导下，每年按要求，各矿进行一次评比检查或举行一次创伤急救模拟演习，全面检查调动指挥、急救通信、急救运输、人员装备、岗位责任制等。评出名次给予奖励，找出差距促其改正。

要求各级急救机构，对创伤伤员的抢救过程均应有相应的原始记录。一级机构急救员应填写"伤员卡"，随患者转运。二、三级机构应认真书写病历，由相关部门负责定期进行统计学分析处理。

王家岭"3·28"煤矿透水事故现场医疗救援实例

2010年3月28日下午13点30分，山西华晋焦煤集团发生特大煤矿透水事故，153名矿工被困井下。在经过8天8夜（192小时）的紧急救援，115名矿工成功获救。创造了灾难救援上的奇迹，被美国《时代》周刊评为世界十大救援奇迹榜首。

（一）领导重视，组织健全

2010年3月28日华晋公司山西王家岭在建矿井突然发生重大透水事故，153名建设矿工被困井下。党中央、国务院领导迅速做出批示，由国家安全生产监督管理总局和山西省委省政府直接指挥救援。成立现场救援总指挥部，国家安监总局领导和省政府领导任救援总指挥。指挥部下设多个专业组，其中成立的医疗救援组由省卫生厅厅长亲自担任医疗救援组组长。医疗救援组下设专家组、现场医疗救治组、转运救护组、院内救治组、后勤保障组等组织机构，进行责任分工和任务落实。国家矿山医疗救护中心通过省级分中心及时介入，协助省卫生厅进行医疗救援的组织指挥。

（二）医务人员调集

根据救援需要，按照统一指挥，就近调用的原则，医疗救援指挥部迅速从临汾、运城、太原、晋城、阳泉等地紧急调用各类医务人员千余名，按专业进行编组分工。专家组从卫生部、国家安监总局矿山医疗救护中心和省城各大医院调集。

（三）救护车辆调集

按井下被困矿工的数量，从临汾、运城、晋城三地医院调用153辆救护车，每辆救护车必备设备为生命体征监护仪、吸氧装置、夹板、急救药品、输液物品。要求标准配置增加心脏除颤仪、简易呼吸器、负压吸引装置等。车辆进行现场编号，从1～153号，用红色白底不干胶粘贴于车辆前面右上角。编号一旦粘贴，不得更换，不得调换车辆顺序和位置，同时把每辆车的号码、所到医院的床位号对应编码，要求救护车司机熟悉、熟练并计算出各自车辆从救援现场到达指定医院的时间和路线，以防因矿区山路分支较多，迷失路线，延误治疗。

（四）医疗指挥调度系统

分为三级：一级为医疗救援指挥部（即省卫生厅领导），负责医疗救援的统一指挥、整体工作协调。二级为参加救援的医疗卫生机构（如地市卫生局或某医院），对其所属单位及人员进行负责。三级以每辆救护车及人员和设备配置作为现场医疗救护的一个小分队（或一个单元），为具体任务的执行者。各级各类人员必须确保信息畅通。

（五）预案制定

1. 医疗救治专家组研究制定现场医疗救护技术指南，明确医疗救护程序、要求、注意事项。督导组进行督导各小分队技术培训和相关准备情况。确保每个小分队均具有实战能力。

2. 现场救治组反复查看现场，测量和研究救护车行进路线，进行道路改建，确保整个车辆运输通畅顺利。

（六）井下拣伤

为了保障获救矿工能在第一时间得到救护。医疗救治组设井下拣伤组，医护人员携带血压计、心电图机、听诊器等必备医疗设备和用品深入井下。对现场救出的矿工快速进行生命体征检查和判断，决定出井顺序，进行就地复苏。并将拣伤情况及时向井口急救组进行通报，以使危重伤员能被装运至设备条件较好的救护车上。

（七）设立井口担架引导员

为避免出现慌乱和人员滞留、车辆拥堵等现象，要求担架不落地、车上不离人。在地面井口设立专职担架引导员，引导并进行固定编号。按出井人员顺序，最先出井人员被送至最先行的救护车内，最后出井人员送至离井口最近的救护车内，这样就相互缩短了从出井口到救护车的时间，保证了救援现场车辆以最快速度按顺序出发。

（八）树立必胜信念，坚信救援成功

透水事故不确定性因素多，无论是被困人员还是救援人员都必须有坚定的信念和顽强的精神。本次事故发生后第5天，潜水员下井后仍然未发现生命迹象，这时地面救援的队伍出现了各种思想顾虑，部分医务人员也出现了悲观思想，此时，各级领导及时给大家鼓劲加油，要求现场救援人员树立不抛弃、不放弃的必胜信念，极大地鼓舞了大家的斗志。同时，为避免大量医务人员过度体能消耗，贯彻科学救治方针，现场医疗救治实行了车不离开现场，值班坚守。医务人员有序排班，招之即来的办法，既保存了救援人员的体能，也保证了救援现场的有效和有序。

（张　柳　白俊清）

参考文献

[1] 岳茂兴. 灾害事故伤情评估及救护. 北京：化学工业出版社，2009.

[2] 岳茂兴. 狭窄空间医学. 北京：人民军医出版社，2013.

[3] 班宇侠，舒艳，刘利民，等. 院前院内无缝衔接一体化创伤救治. 北京医学，2012，34（10）：79.

[4] 龙绍华，赵金凤，巫采奕，等. 矿山创伤一体化救治模式的设计与实践. 江西煤炭科技，2010，3（1）：72-74.

[5] 赵金凤，龙绍华，邹子俊，等. 矿山创伤一体化救治模式的效果分析. 江西医药，2012，3（1）：221-222.

[6] 程晓斌，毕玉田，黄坚，等. 严重创伤院内急救程序的建立. 中国医院管理杂志，2012，28（3）：226-228.

[7] 程爱国，张柳，白俊清. 实用矿山医疗救护. 北京：北京大学医学出版社，2007.

[8] 国家安全生产应急救援中心. 矿山医疗救护. 北京：煤炭工业出版社，2009.

第四章

创伤严重程度评价方法

一、概述

在临床医学从直观、感性、经验的"描述医学"演变为客观、理性、量化的"解释医学"的过程中,自20世纪50年代以后,无论是疾病诊断,还是病情判别和疗效评定等都更加注意应用量化的临床医学指标,并建立了许多以相互关联的多项指标为内容的量化方案。创伤评分就是其中的代表之一。

创伤严重程度评估是对大量病例回顾性分析之后,提出的一种创伤严重程度计分法,它可以将伤情严重程度转化为一组数字,帮助临床工作者判断伤情严重程度,对正确诊断、指导治疗及判断预后具有重要的现实意义。1952年De Haven首先提出损伤评分法,引起人们的注意,加快了对这一问题的研究。20世纪70年代初陆续提出了各种不同的评分方法,共同原则是"多参数量化"描述伤势并预测伤员结局,已经成为美国外科医师学院评价全国创伤医疗的一个指标。目前,已经有超过50个创伤评分系统,广泛应用于急诊室、重症监护室中创伤患者的分类。它们不仅是临床医师和急救人员衡量伤情的工具,而且可对创伤预后评估、治疗力量的组织分配,各组治疗效果的对比、急救质量的检查等提供可靠的标准。创伤评分对创伤患者的救治、临床研究、医院管理、专业发展和学术交流等方面有很大促进,它不仅能客观地评价创伤患者损伤的严重程度并判断预后,还可对治疗措施、资源利用和质量控制等方面进行评价。

二、创伤严重程度评分系统的分类

1. 按评分数据来源分类 按评分数据来源分类,创伤评分系统一般可以分为:①解剖学评价方法,主要包括简明损伤定级(abbreviated injury score,AIS)、损伤严重度评分(injury severity score,ISS)、新创伤严重度评分(new injury severity score,NISS);②生理学评价方法,主要包括修订的创伤评分(revised trauma score,RTS)、格拉斯哥昏迷评分(Glasgow coma score,GCS)和急性生理与慢性健康状况评分(acute physiology and chronic health evaluation,APACHE);③综合评价方法,包括创伤与损伤严重度评分(trauma and injury severity score,TRISS)和ASCOT法(a severity characterization of trauma);④基于国际疾病分类编码的生存概率法,如RESP(revised estimated survival probability）指数法和 ICISS 评分（ICD-9 based injury severity score）。

2．按主要用途分类

按用途分类，创伤评分系统一般可以分为：①院前评分：用于入院前的现场急救和伤员分拣、转运并指导复苏，主要包括：CRAMS 评分、格拉斯哥昏迷评分（GCS）、院前指数（PHI）、创伤指数（TI）、创伤评分（TS）、修订的创伤评分（RTS）；②院内评分：用于院内抢救、ICU 和研究之用，主要以量化标准来判定伤员严重程度和预后估测，主要包括：简明损伤定级 -2005 版（AIS-2005）、损伤严重度评分（ISS）、新创伤严重度评分（NISS）；③生存概率（PS）计算：包括 TRISS 法、创伤严重程度评分在严重多发伤伤情及预后评估应用的分析法（ASCOT），以及基于国际疾病分类编码的生存概率法，如 RESP 指数法、ICISS 法。

对创伤严重度评价最科学的方法是创伤评分（TS），它是将伤员的生理指标、诊断名称等作为参数并予以量化和权衡处理，再经过数学计算得出分值以显示伤员全面伤情严重程度的多种方案的总称。任何一种评分都应能够评定单一伤、多部位伤、多脏器伤、多发骨关节伤、多发伤和复合伤的严重程度，预测伤员的预后（生存或死亡），并可作为检验救治质量和临床研究方面的标准。为此，近年来越来越受到人们的重视。

三、格拉斯哥昏迷评分

格拉斯哥昏迷评分（Glasgow coma score，GCS）几乎与简明创伤评分（AIS）同时问世。GCS 是评价中枢神经系统损害的方法，根据睁眼动作、运动反应和语言表现取值，分值范围为 3～15 分，分值越低，神经系统损害越重。但 GCS 法只能反映意识障碍程度，因此评分有一定的局限性。

GCS 首先是由格拉斯哥大学的 Teasdale 等于 1974 年提出并用于定量评估脑外伤程度。用运动反应、语言表现和睁眼动作分别反映中枢神经功能、综合能力和脑干功能。详见表 4-1。

表 4-1　GCS 昏迷记分

睁眼动作（E）	记分	语言表现（V）	记分	运动反应（M）	记分
自动睁眼	4	回答切题	5	能按吩咐活动	6
呼唤睁眼	3	回答不切题	4	刺痛能定位	5
刺痛睁眼	2	答非所问	3	刺痛能躲避	4
不睁眼	1	只能发音	2	刺痛后肢体能屈曲	3
		不能发音	1	刺痛后肢体能过伸	2
				不能活动	1

注：1. 三组之和为GCS评分，＜8分为重度损伤，9～12分为中度损伤，13～15分为轻度损伤；
　　2. 入院时GCS≤9分者与高死亡率密切相关。

GCS 的缺点是未考虑到局灶性或偏侧性脑损伤以及广泛代谢过程或毒性反应。另外，现场抢救时，GCS 评分不能正确判断伤员的预后，因为初步复苏可明显改善现场 GCS 评分值。再者，饮酒和服药史常会影响脑损伤后意识状态的评价，伤后气管插管也限制了 GCS 的使用。因此，GCS 不能用来作为脑损伤时评定意识程度的唯一指标。Offiner 等曾指出，脑外伤后在现场因呼吸困难作气管插管的伤员无法用 GCS 评定脑损伤的程度，建议用最佳运动反应（best motor response，BMR）加上收缩压来替代。如果伤员在 24 小时后仍未清醒，则可评定为"意识丧失"（伤后 24 小时酒精作用消失后，才能明确有无脑损伤的存在）。

近来还有学者用神志状态取代语言表现，将正常、混乱、躁动、嗜睡和昏迷分别赋以5、4、3、2和1分，对脑外伤的严重性进行判断；而Ross提出，单用运动反应一项也能判断脑外伤的严重性。

四、创伤评分

创伤评分（trauma score，TS）：GCS只适用于颅脑损伤的评价。1981年，Champion等报告了一种既适用于颅脑损伤，又适用于其他部位损伤的评价方法，即创伤评分（TS）。TS包括呼吸、循环和中枢神经系统（使用GCS评分）3个方面的生理学改变，分值范围为1～16分，分值越低，损伤越重。由于TS简便易行，徒手就能获得计分所用数据，不仅适用于院内，也适用于院前急救。TS是院前急救人员必须掌握的创伤评价方法（表4-2）。

表4-2 创伤记分（TS）

内容	等级	积分	评分
呼吸（15秒内的次数乘以4）	10～24	4	A
	25～35	3	
	＞35	2	
	＜10	1	
呼吸幅度 　浅：胸部呼吸运动或换气明显减弱 　困难：辅助肌肉或肋间肌均有收缩	正常 浅或困难	1 0	B
收缩压（mmHg）（能听到或仅能扪到）	≥90	4	C
	70～89	3	
	50～69	2	
	＜50	1	
	0	0	
毛细血管回流 正常：压前额或唇黏膜后2秒内再度充盈 迟钝：压前额或唇黏膜后2秒以上再度充盈 无反应	正常 迟钝 无	2 1 0	D
格拉斯哥昏迷评分（GCS）	GCS总分		E
1 睁眼动作 　自动睁眼　　4 　呼唤睁眼　　3 　刺痛睁眼　　2 　不睁眼　　　1 2 语言表现 　回答切题　　5 　回答不切题　4 　答非所问　　3 　只能发音　　2 　不能发音　　1 3 运动反应 　能按吩咐活动　6 　刺痛能定位　　5 　刺痛能躲避　　4 　刺痛后肢体能屈曲　3 　刺痛后肢体能过伸　2 　不能活动　　1	14～15 11～12 8～10 5～7 3～4	5 4 3 2 1	

注：创伤评分=A+B+C+D+E

五、修订的创伤评分

创伤评分（TS）经过几年的临床应用之后，发现其有些许不足之处，即在现场不易测定毛细血管充盈和呼吸幅度，观察误差较大（特别是夜间），且 TS 低估了头部损伤造成的生理紊乱。故 Champion 和 Copes 等对 TS 进行了修正，即修订的创伤评分（revised trauma score，RTS）。RTS 只取 GCS、收缩压和呼吸 3 个变量进行加权，并分别乘以各自的系数。但院前急救时还是 TS 更加简便有效（表 4-3）。

表 4-3　修订的创伤评分（RTS）

格拉斯哥昏迷评分（GCS）	收缩压（SBP）(kPa)	呼吸频率（RR）(次/分)	积分（CV）
13～15	>11.9	10～29	4
9～12	8～11.9	>29	3
6～8	6.7～7.9	6～9	2
4～5	0.1～6.6	1～5	1
3	0	0	0

注：1. RTS=0.9368×GCS+0.7326×SBP+0.2908×RR。式中 GCS、SBP、RR 指的是各自的积分值；
　　2. RTS 值：12 分为正常状态，≤11 分为重伤，0 分为临床死亡；
　　3. 美国华盛顿医学中心（2166 例）和重大创伤结局研究（MTOS）资料库（26 000 例）数据提示，RTS 等于 12、10、8、6、4、2 和 0 分者的死亡率分别为 <1%、12%、33%、37%、66%、70% 和 >99%，即 RTS≤11 分者能正确检出 97.2% 的致死创伤和大部创伤伤员。但单独应用 RTS 有潜在的缺点，如在 64 例假阴性伤员（RTS 为 12 分，但为严重创伤者）中，167 例有单一体区严重创伤，故需补充解剖学指标。

六、CRAMS 评分

1982 年，Gormican 以循环、呼吸、腹部（包括胸部）、运动和语言 5 个参数为基础、以 5 个参数的英文字母开头为名创立了生理指标和外伤部位相结合的院前评分——CRAMS 评分。其内容详见表 4-4。

表 4-4　CRAMS 评分

参数	级别	分值
C 循环	毛细血管充盈正常和收缩压≥100 mmHg	2
	毛细血管充盈延迟或收缩压为 85～100 mmHg	1
	毛细血管充盈消失或收缩压<85 mmHg	0
R 呼吸	正常	2
	异常（费力或浅）	1
	无	0
A 腹部（包括胸部）	腹或胸无压痛	2
	腹或胸有压痛	1
	腹肌强直、连枷胸或有胸、腹有穿透伤	0
M 运动	正常或服从命令	2
	仅对疼痛有反应	1
	固定肢体或无反应	0
S 语言	正常	2
	言语错乱（语无伦次）	1
	无或不可理解	0

注：1. CRAMS 评分为现场测得伤员 5 个参数级别分值之和；
　　2. Gormican 将 <7 分者定为重伤，死亡率为 2%；≥7 分者定为轻伤，死亡率为 0.15%；
　　3. 该评分的灵敏度为 83%～91.7%，特异度为 49.8%～89.8%。

七、院前指数

1986年，Koehler等用收缩压、脉搏、呼吸状态、神志4项生理指标创立了院前指数（prehospital index，PHI），即PHI评分法。其内容见表4-5。

表4-5 PHI评分法

参数	标准	分值
收缩压（mmHg）	＞100	0
	85～100	1
	75～85	2
	0～75	5
脉搏（次/分）	≥120	3
	51～119	0
	≤50	5
呼吸状态	正常	0
	费力或浅	3
	＜10次/分或需插管	5
神志	正常	0
	混乱或烦躁	3
	言辞不可理解	5

注：1. PHI为测得伤员4个参数所得分值之和；
2. 对胸、腹有穿透伤者，在其PHI分值上加4分为最后分值；
3. 0～3分者为轻伤，死亡率为0，手术率为2%；4～20分者为重伤，死亡率为16.4%，手术率为49.1%；
4. 该方法的灵敏度为94.4%，特异度为94.6%，均优于其他院前评分法。

八、简明损伤定级标准

（一）简明损伤定级标准及其修订

1986年美国机动车医学委员会参照Ryan创立的飞行员损伤标准，建立了机动车事故中伤员损伤部位的院内评分标准，它是对单一伤的伤情严重度进行评分的，使用的是损伤的诊断名称。于1971年首次发表了仅包括100多条损伤诊断的简略损伤分级，称为AIS-71版本。随后于1976年、1980年、1985年、1990年对简明损伤定级（abbreviated injury scale，AIS）标准进行了4次修订，使伤情诊断增加到了2000余条。1990年版是将全身分为头、面、颈、胸、腹、脊柱、上肢、下肢和体表9个部位；每个部位中的损伤又按其损伤程度分为轻度、中度、重度（不危及生命）、严重度（危及生命）、危重度（或可存活）和目前尚无法救治6个级别，并相应定为1、2、3、4、5、6分。AIS-90版本已由重庆急救中心译成中文，然后由原华西医科大学制作成了AIS-90版本简化表，以便于查找。在AIS-90简化表中，可以迅速查出每个损伤的AIS分值。

经过多年的实践检验，发现AIS-90在使用过程中尚有不够明确的地方，在国内创伤评分的应用中亦呈现出某些不确切和不规范的现象。为此，在美国机动车医学促进会（Advancement Association of Automotive Medicine，AAAM）领导下的损伤标准委员会（CIS）于1998年又推出了AIS-90的最新修订本AIS-98。AIS-98所修订的主要内容有：①扩大了编码原则，对有些含义不清的条目提出了更加具体的说明，以便使用时有更加具体的规定。如对器官损伤伴有该器官的血管损伤，而血管损伤又包含在器官损伤的编码描述中规定，不得对血管损伤单独编码。但如器官损伤合并有名称的血管损伤（如肝静脉），而此血管损伤的严重度编码值比器官（如肝）要高时，则应对该血管损伤予以编码计算。对如何使用"意识丧失"，规定在伤员受伤 24 小时后仍未清醒者，才能评定为"意识丧失"，因为对那些或许饮酒后受伤的伤员来说，伤后 24 小时酒精的作用才能消失，也才可以明确有无脑损伤的存在；②针对 AIS-90 中对体表损伤在损伤严重度评分计算时的应用不够明确的缺陷，进行了某些特别的明确规定。如对为减少头部损伤而强制性使用安全带法规的有效性评价，AIS ＜ 2 的面部体表伤不宜只归入体表损伤这一区域。另外，在以下两种特定的情况下，体表伤不得单独编码。其一是开放性骨折，因体表裂伤是开放性骨折编码的必要条件；其二是深部穿透伤，要对受累最深的结构编码，不得对覆盖其上皮肤及皮下组织损伤进行编码。因为伤口的入口已在受累最深的结构的 AIS 值中得到了反映，故不再予以单独计算；③ AIS-98 修订版的内容参考了器官损伤分级（organ injury scale，OIS）；④其他：在体表区（第 9 区）中删除了低温所致的损伤。在体表区中虽对吸入性损伤进行了 AIS 编码，但在计算 ISS 时把它归入了胸部伤。对脊椎损伤所致瘫痪均需以伤后 24 小时的状态为依据。另外，还增加了对上肢的筋膜间隙综合征的评估等。

（二）损伤严重度评分

1974 年，约翰斯霍普金斯大学 Baker 等以简明损伤定级标准为基础，创立了一种与损伤严重度呈线性关系的适合多发性损伤的评分方法——损伤严重度评分（injury severity score，ISS）。这一评分系统没有考虑同一解剖区多发性损伤的严重性，是其不足之处。而其最大的长处是结合了解剖区域和损伤程度两个方面的因素，也已列入了评估损伤严重度的国家标准。ISS 属于是评定多部位伤、多发伤和复合伤者全面伤情严重程度的院内评分方案。

ISS 的计算方法是将 AIS-90 中 9 个部位重新组合成头和颈部、面部、胸部（包括胸椎）、腹部（包括腰椎）、四肢和骨盆、皮肤 6 个部位，从中找出 3 个最严重损伤的部位，计算每个部位中最重损伤 AIS 分值的平方和。在临床工作中，常以 ISS ＜ 16 者为轻伤，≥ 16 者为重伤，≥ 25 者为严重伤。

由于 ISS 方法是在 AIS 基础上计算出来的，故通常称为 AIS-ISS 评分法。近来，Osler 又提出了新创伤严重度评分（NISS）法，即计算 3 个最高的评分而不考虑解剖区域的限制，经 Brennerhan 等对 2328 例钝性伤的分析，NISS 判断近期死亡率更为准确。

（三）AIS 与 ISS 的进展

1976 年，美国机动车医学促进会（Advancement Association of Automotive Medicine，AAAM）针对美国国内汽车工业的飞速发展，道路交通伤不断增加的背景发布了第 1 版简明损伤定级标准，它以解剖损伤为依据，用于评定机动车所致闭合性损伤的创伤严重度，其后 20 年中历经 6 次修订，在 1998 年修订的 AIS-90 是目前应用最为广泛的版本，损伤描述非常具体，可操作性很强，此法已得到世界各国从事创伤严重程度评分在严重多发伤伤情及预后评估应用的分析究专家的公认和应用。2005 年机动车医学促进会（AAAM）出版了 AIS-2005，根据损伤严重性及其结局，更新了医学诊断术语，并结合了骨折分类法和器官损伤分级（OIS）。Salottolo 等在做 AIS-05 与 AIS-98 的对比研究时报道，AIS-05 的修订对于损伤严重评分意义重大，ISS 和 NISS 值明显减小，ISS 得分在 16 ～ 24 之间的患者用 AIS-05 评分，结果死亡率、住院时间、住院百分比均明显增加。然而，Palmer 等在统计分析时对损伤严重测量的评估使用配对 t 检验不适合该类型的资料，故仍然无法确定 AIS-98 和 AIS-05 真正数字上的差异，且两者在头部和胸部差异最大，采用 AIS-98 或 AIS-05 会给现有的损伤分级带来重大影响，尤其是在运用 ISS 和 NISS 阈值进行严重创伤命名的情况下。2008 年在 AIS-05 的基础上修订而成的 AIS-08 是最新版本，按照医学专家要求的精确性，针对损伤严重性及其结局的描述，更新了医学诊断和术语，并结合了 OIS 和骨折分类法。

AIS 法有几个基本原则：①以解剖学损伤为依据，每一处损伤只有一个 AIS 评分；② AIS 是对损伤本身予以严重度分级，不涉及其后果；③ AIS 不是单纯预计损伤死亡率的分级法；④ ISS 要求损伤资料确切，否则无法编码确定 AIS 值。AIS 既是一种独立的评分方法也是其他多种评分的基础，它为创伤严重度评分提供了一种比较统一、准确和可接受的方法，为创伤评估标准化做出了重大贡献。

AIS 的不足表现在 AIS 总值与各系统损伤严重度评分之间呈非线性关系，不能将级数简单相加或求平均数，故而无法用于多发伤的评估。Baker 等在应用 AIS 中发现损伤严重度和病死率与 AIS 值的平方和呈线性关系，且此关系在多部位损伤情况下仍存在。在此基础上 Baker 等在 1974 年提出了 ISS。ISS 以 AIS 为基础把身体划分为 6 个区域，在多发伤情况下，计算 3 个最严重损伤区的最高 AIS 值的平方和，即为 ISS 总分，且规定 ISS ≤ 75。ISS 主要用于多发伤的综合评定，是迄今为止应用最广的院内创伤评分系统，可以预测伤员的存活概率。

（四）AIS-ISS 在严重多发伤中的应用

1. 评价创伤严重程度和判断预后　创伤严重程度评分工具无论采用损伤后生理反应指标，还是采用损伤的解剖学指标，都按其程度来赋予权重，损伤重，权重大；损伤的部位或脏器重要，权重相对也大。ISS 与创伤患者脉搏、血压、发生重度休克的可能性、手术风险、住院天数及疾病结局均有联系。随着 ISS 的增加，相应引起如下问题。

（1）脉搏增快，血压（收缩压及舒张压）下降，重度休克发生的可能性增加。

（2）手术相对危险度增大，提示伤情严重，保守治疗不能发挥很好效果。

（3）患者住院天数增加，同时又增加了发生院内感染的可能性。

（4）患者治愈与好转的可能性均减小，疾病结局向恶化的方向发展。

2. 判断创伤严重程度评分与并发症的关系　创伤严重程度的研究表明，腹腔败血症发生率与 ISS 分值呈线性关系，当 ISS 为 1～15 分，腹腔败血症发生率为 3.5%；ISS 为 16～24 分，腹腔败血症发生率为 60%；ISS 为 25～40 分，腹腔败血症发生率为 80%；ISS 为 41～49 分，腹腔败血症发生率为 12%；ISS 为 50～75 分，腹腔败血症发生率为 150%。也有报告显示，在发生多系统脏器衰竭（MSOF）的患者中，仅 20% 的患者 ISS < 20 分，有 80% 的患者 ISS > 25 分。无 MSOF 的患者，60% 患者的 ISS < 25 分，25% 患者的 ISS > 25 分。Sauaia 等研究表明，早在损伤后 12 小时，用创伤评分方法即可预测 MSOF 的发生。在未发生 MSDF 患者中，ISS 为 16～25 分者占 57%，ISS 为 25～40 分者占 34%，ISS > 40 分者占 9%；在发生 MSDF 患者中，ISS 为 16～25 分者占 33%，ISS 为 25～40 分者占 37%，ISS > 40 分者占 30%。因此，他们认为，在所有预测方法中，ISS 是最好的。

3. 对手术与否、手术方式选择的意义　严重多发伤患者经过院前急救处理后，进行 AIS 评分时，亦是对患者进行再次病情评估的机会，每一部位损伤均对应某一 AIS 分值，进行全身各部位评分的同时，亦对该部位的严重程度有了进一步的认识。对于需要急诊手术的患者，AIS 分值亦可在是否需要手术、手术方式的选择上提供参考。有研究表明，在胸腹部多发伤患者中，对于腹部 AIS 评分 < 3 分，ISS 评分 ≤（14.76±4.878）分的患者，可先行保守治疗或根据情况行闭式引流术，以免盲目行腹部手术，但同时要密切观察患者病情变化。而对于明确腹部 AIS 评分 ≥ 3 分，ISS 评分 > 26 分者，应积极做好胸腹联合伤手术准备。

4. 判断创伤严重程度评分与残疾后遗症的关系　许多研究表明，ISS 与残疾关系密切，创伤程度越重，残疾后遗症发生率越高：ISS 为 0～4 分者，其后遗症平均为 0.7 个；ISS 为 5～9 分者，后遗症平均为 1.5 个；ISS 为 10～14 分者，后遗症平均为 2.2 个；ISS 为 15～24 分者，后遗症平均为 3 个；ISS 为 25～75 分者，后遗症平均为 3.4 个。创伤后疼痛、运动障碍、易疲劳、瘢痕增生、心理障碍和精神障碍等后遗症的发生，随 ISS 分值的增高而上升。还有资料显示，ISS < 16 分的创伤患者，出院时有残疾者为 92%，6 个月时有残疾者为 70%，1 年时有残疾者为 54%；ISS > 16 分的创伤患者，出院时有残疾者为 100%，6 个月时有残疾者为 82%，1 年时有残疾者为 71%。但在研究创伤严重程度与残疾后遗症的关系时需要注意，腹、胸等部位伤即使损伤很严重，其残疾后遗症发生率并不一定高，而四肢、五官等损伤时，分值不一定很高，但其残疾发生率会很高。

5．进行创伤流行病学研究　通过对严重多发伤病例进行 ISS 评分并分组比较，可以归纳总结病例的一般情况、受伤部位、暴力性质等流行病学要点，为评估当地的创伤发生情况及救治方向提供依据。

6．医务活动　用创伤严重程度评分控制组间的可比性；用创伤评分研究其与医药费用、住院时间、医疗资源利用、医疗和护理的质和量控制等之间的关系；还可用于医院和科室管理、领导决策，甚至还用于评价继续医学教育的效果。总的说来，应用 AIS-ISS 评分标准对多发伤进行评估，不仅可以为相互交流提供可靠、可比的创伤严重度，亦可衡量本单位的创伤救治水平，提高救治质量。

（五）AIS-ISS 应用中存在的不足

严重多发伤因伤情重，同时合并其他脏器损伤，并不是各种创伤的相加组合，而是一种伤情既彼此掩盖又相互作用的临床综合征或创伤症候群，及时而准确的全面伤情评估，局部与整体的全局观念，能为正确实施抢救程序和遵循优先处理威胁生命的器官损伤提供客观的第一手资料。AIS-ISS 对估计伤情、指导治疗、预测预后及进行创伤流行病学研究有积极的意义，由于其容易计算分值，相对客观，且与创伤严重度有较好的相关性，分值越高、损伤区域越多、死亡率越高，使得其在国内外被广泛应用，为目前应用最广泛的解剖学创伤评分方法。但在临床应用中，亦发现其有一些不足之处：① ISS 评分只从解剖角度出发，未考虑生理因素；②对重型颅脑伤评分偏低，不能充分反映脑外伤的严重度；③不能反映年龄、健康状况对预后的影响，对身体同一区域的严重多发伤权重不足，不能充分反映腹部多脏器伤及多发性骨折的伤情。

九、TRISS 法

Boyd 将生理学评价方法 RTS 和解剖学评价方法 ISS 以及患者年龄因素综合起来考虑，派生出 TRISS (trauma and injury severity score) 法，用来预测患者死亡的概率 (PS)。TRISS 预测严重创伤患者死亡率较以前的方法有明显进步，且对于成人和儿童创伤均适用。

TRISS 法也有一定的局限性：① ISS 采用某一损伤部位最高的 AIS 值，没有考虑到同一解剖区多发性损伤的严重性，不能显示出同一部位多处伤与单一伤的区别。如果这个部位有多发伤，其严重程度就会被低估；②当 ISS 相同，甚至 PS 相同时，损伤程度并不一定相同，如单纯性颅脑损伤（AIS=5 分，ISS=25 分）与桡骨骨折（AIS=3 分）合并输尿管损伤（AIS=4 分，ISS=25 分）患者的病死率绝不相同；③每个部位的权重相同，像肝破裂和具有相同 AIS 分值的肢体损伤患者病死率也不会相同，脑损伤与广泛皮肤损伤的病死率也绝不相同；④年龄的权重太大。

Champion 等针对上述不足，用修订的创伤评分（生理指标评分方案、损伤严重度评分）、解剖指标评分法（ISS）和年龄三者为参数，以美国多发伤结局研究（MTOS）为准绳计算伤员的生存概率（Ps）来表示伤员伤情的严重程度，这种方法称之为 TRISS 法。计算公式为：

$$Ps = 1/(1+e^{-\beta}) \tag{式 4-1}$$

式中：$\beta = \beta_0 + \beta_1(RTS) + \beta_2(ISS) + \beta_3(年龄)$。RTS=0.9364（GCS）+0.7326（收缩期血压）+0.2908（呼

吸频率）。年龄因素中，凡≥55岁列为1，凡≤55岁列为0。公式中的β_0、β_1、β_2和β_3系数按表4-6换算。

表4-6　TRISS系数

	β_0	β_1（RTS）	β_2（ISS）	β_3（年龄）
钝性伤	−1.247	0.9544	−0.0768	−1.9052
穿透伤	−0.6029	1.143	−0.1516	−2.6676

十、国际疾病分类创伤严重度评分法

国际疾病分类创伤严重度评分（international classification of disease injury severity score，ICISS），应用第九次修订的国际疾病分类编码，通过计算机得到所有创伤的ICD-9编码（创伤ICD-9编码范围为800～959.9）相对应的生存概率、住院日和医疗费用等数值，并应用它们来预测某类创伤严重度的一种评分系统。这种分类方法是Rutlege等于1993年首次提出来的。他发现创伤疾病的ICD-9编码所包含的三个方面的信息为：解剖学诊断、手术操作和损伤的外部原因，估计这三者对创伤结局的预测可能具有重要的意义。经过可行性研究、计算方法与应用研究以及与其他评分系统比较性研究，目前认为：ICISS作为一种近几年出现的创伤评分法，具有很好的准确性、灵敏性和特异性，若与年龄和创伤评分合用则预测能力将会更加增强。另外，其操作简便、避免烦琐计算，加之费用低廉，特别适用于发展中国家推广应用。

十一、创伤的严重性特点评分系统

由于TRISS的不足之处，Champion等进一步对TRISS加以改进，形成了创伤的严重性特点评分系统（ASCOT）。ASCOT应用解剖学的指标，分A（头、脑和脊髓）、B（前颈和胸）、C（其余部位的重伤）、D（其余部位的轻伤）四个区域，仅将AIS>3分者列入统计，取其平方和即ASCOT评分值。ASCOT系统按下列公式计算可能的生存率：

$$Ps=1/(1+e-K) \tag{式4-2}$$

式中：$K=K_0+K_1(GCS)+K_2(收缩期血压)+K_3(呼吸频率)+K_4(A)+K_5(B)+K_6(C)+K_7(年龄)$，由于在应用过程中D区者不影响死亡率，故在计算公式中不予列入。年龄值是按表4-7换算的。

表4-7　ASCOT年龄换算值

年龄值	年龄范围（岁）
1	0～54
2	55～64
3	65～74
4	75～84
5	>84

ASCOT 的计算确实很烦琐，可以根据其计算结果，从表 4-8 了解伤员大致的生存可能性。

发展 ASCOT 的目的是对创伤救治水平进行评估。TRISS 和 ASCOT 用于创伤局部研究（MTOS），配有 M、Z 统计检验对最终结果进行定量判断，并以 MTOS 为标准评价一个医疗单位的创伤救治水平和监测；还可用于比较各创伤中心间的救治结局，评比新技术的效果等，但迫切需要建立全国性的 MTOS 大型数据库，但公式复杂，计算烦琐，限制了临床应用。

表 4-8 伤员的生存可能性（%）

组别	钝性伤	穿透伤
AIS 评分 =6，RTS=0	0.0	0.0
AIS 评分 =6，RTS > 0	22.9	22.2
最大 AIS 评分 < 6，RTS=0	1.4	2.6
最大 AIS 评分 =1～2，RTS > 0	99.8	99.9

十二、急性生理和慢性健康评分系统

1978 年，在美国健康治疗财政委员会（U.S Health Care Financing Administration）的资助下，由华盛顿大学医学中心的 Knaus 医师领导的研究小组开始着手开展创伤评分的研究工作。尽管与此同时 Siehgel 在纽约、Shoemaker 在加利福尼亚也进行相似的工作，并相继提出了新的评分系统，但 Knaus 等认为这些系统采用了有创监测指标并且需要使用复杂的计算机系统，使其在方法上难以推广。他们的目标是建立一种既可靠，又简便易行，能够普及和推广的评分系统，这个系统对伤员在接受治疗前，即可对其预后和死亡风险进行推测，并据此评估可能所需的治疗和检测水平，在选择评分项目时，Knaus 等相信，一个急性危重伤员的预后取决于其本身的病情和机体所储备的抗病能力，后者与病员的年龄、原健康状况等有关，而其严重性则由即时的生理紊乱程度来反映。因此，Knaus 等决定以能包括全身主要器官系统的最常用的生理指标和生命体征、血液化验为基础，适当参考年龄、原健康状况制订评分标准。他们经过三年的不懈努力和对 2000 份病例的实践研究，终于在 1981 年正式推出了急性生理和慢性健康评分系统（APACHE Ⅰ）。经在实践中删繁就简，于 1985 年再次推出了新的评分系统，即 APACHE Ⅱ。尽管 1989 年 Knaus 等又再次推出了 APACHE Ⅲ，但由于比较繁杂，至今未得到广泛应用。

APACHE Ⅲ 目前广泛应用于 ICU，并可以评估 ICU 的救治水平。2006 年继续推出了 APACHE Ⅳ，用来预测医院重病患者死亡率、患者 ICU 停留时间，在预测准确性及拟合度检验方面提示优于 APACHE Ⅲ，但其在 ICU 尚未广泛应用，其软件尚未普及，有关其在 ICU 中应用的文献也较少，且 APACHE Ⅳ 数据来源于美国，在其他国家和我国是否也有较好的预测效力尚未进行验证。APACHE 评分系统也存在一些问题，如适用范围、参数获取时间点及在不同国家的应用准确性存在差异等。APACHE 因其应用复杂，且随着多发伤预后相关研究的进展，该评分系统提示会越来越复杂。

APACHE Ⅱ 的计分分为三项内容：

A 项：急性生理评分（acute physiology score，APS）。是由 13 项最常用的生命体征、血常规、血生化和血气指标构成，各项指标依据偏离正常值的程度分别计以 +1～+4 分，正常为 0 分，13 项指标总计最高分为 52 分。在评价肺氧合功能项目中，如 $FiO_2 < 0.5$，直接测定 PaO_2，在血肌酐项目中，如确定为急性肾衰竭则在原计分的基础上加倍。对血液酸碱度的测定仍以动脉血气 pH 表示

最好，如无血气资料则以静脉血 HCO_3^- 代替。此项的评分标准见表4-9。

B项：年龄评分项。是从44岁以下到75岁以上共分5个阶段，44岁以下为0分，75岁以上为6分（≤44为0；44～55为2；56～65为3；66～75为5；≥75为6）。

C项：慢性健康评分项。对有严重器官功能不全或免疫损害，经非手术或急诊手术治疗者为5分，择期手术者为2分，无上述情况者为0分。免疫损害是指接受化疗、放疗、长期或大量地使用激素治疗者，或患有白血病、淋巴瘤、艾滋病等者。严重器官系统功能不全的标准是：①肾功能不全指慢性透析者；②肝功能不全指活检确诊有肝硬化，有门静脉高压症，有上消化道出血的记录，有肝衰竭、肝性脑病等；③心血管系统为纽约心脏学会标准的Ⅳ级者；④呼吸系统为COPD或血管性疾病严重影响活动能力者（不能上楼、做家务），或有继发性红细胞增多，严重肺动脉高压（>40mmHg）或呼吸机依赖者。

表4-9 APACHE Ⅱ评分

A. 急性生理评分	异常升高值				正常值	异常降低值			
指标	+4	+3	+2	+1	0	+1	+2	+3	+4
T（℃）	≥41	39～40.9		38.5～38.9	36～38.5	34～35.9	32～33.9	30～31.9	≤29.9
MAP（mmHg）	≥160	130～159	110～129		70～109		50～69		≤49
心率（次/分）	≥180	140～179	110～139		70～109		55～69	40～54	≤39
呼吸频率（次/分）	≥50	35～49		25～34	12～24	10～11	6～9		≤5
二选一 A-aDO_2（FiO_2>0.5）	≥500	350～499	200～349		≤200				
PaO_2（FiO_2>0.5）					≥70	61～70		55～60	≤55
pH（动脉血）	≥7.7	7.6～7.69		7.5～7.59	7.33～7.49		7.25～7.32	7.15～7.24	<7.15
血钠（mmol/L）	≥180	160～179	155～159	150～154	130～149		120～129	111～119	≤110
血钾（mmol/L）	≥7	6～6.9		5.5～5.9	3.5～5.4	3～3.4	2.5～2.9		<2.5
血肌酐（μmol/L）	≥309	177～308	133～176		53～132		<53		
红细胞压积（%）	≥60		50～59.9	46～49.9	30～45.9		20～29.9		<20
白细胞计数（10^9/L）	≥40		20～39.9	15～19.9	3～14.9		1～2.9		<1

神经系统评分=15-格拉斯哥昏迷评分

B. 年龄						
评分	0	2	3	5	6	
年龄	≤44	45～54	55～64	65～74	≥75	

C. 既往健康评分

有严重器官功能不全或免疫抑制史，且为：①非手术或急诊手术后，加5分；②择期手术后，加2分；③无上述情况，加0分。

注：*或人工呼吸频率，**A-aDO_2 = 713-1.25$PaCO_2$-PaO_2（mmHg）

APACHE Ⅱ总分=A+B+C

APACHE Ⅲ评分（A+B+C+D）见表4-10。

表 4-10 APACHE Ⅲ 评分

A. 急性生理评分

脉搏（次/分）	≤39	40~49	50~99	100~109	110~119	120~139	140~154	≥155
评分	8	5	0	1	5	7	13	17
平均动脉压（mmHg）	≤39	40~59	60~69	70~79	80~99	100~119	120~129	130~139	≥140
评分	23	16	7	6	0	4	7	9	10
呼吸频率（次/分）	≤5	6~11	12~13	14~24	25~34	35~39	40~49
评分	17	8	7	0	6	9	18
动脉血氧分压（mmHg）	≤49	50~69	70~79	≥80
评分	15	5	2	0
动脉血-肺泡气氧分压差（PA-aO$_2$, mmHg）	<100	100~249	250~349	350~499	≥500
评分	0	7	9	11	14
血细胞比容（%）	≤40.9	41~49	≥50
评分	3	0	3
外周血白细胞数（10^9/L）	<1.0	1.0~2.9	3.0~19.9	20~24.9	≥25.0
评分	19	5	0	1	5
肌酐/急性肾衰竭（μmol/dl）	≤43	44~132	133~171	≥172
评分	3	0	4	7
尿素氮（mmol/L）	≤6.1	6.2~7.1	7.2~14.3	14.4~28.5	≥28.6
评分	0	2	7	11	12
尿量（ml/d）	≤399	400~599	600~899	900~1499	1500~1999	2000~3999	≥4000
评分	15	8	7	5	4	0	1
血清钠（mmol/L）	≤119	120~134	135~154	≥155
评分	3	2	0	4
血浆白蛋白（g/L）	≤19	20~24	25~44	≥45
评分	11	6	0	4
胆红素（μmol/L）	≤34	35~51	52~85	86~135	≥136
评分	0	5	6	8	16
血糖（mmol/L）	≤2.1	2.2~3.3	3.4~11.1	11.2~19.3	≥19.4
评分	8	9	0	3	5

续表

B. 酸碱失衡评分

pH	PaCO₂ (kPa)								
	<3.33	3.33~3.99	4.00~4.66	4.67~5.32	5.33~5.99	6.00~6.66	6.67~7.32	7.33~7.99	>8.00
<7.15				12				4	
7.15~7.20				12				4	
7.20~7.25	9			6		3		2	
7.25~7.30	9			6		3		2	
7.30~7.35									
7.35~7.40		5		0				1	
7.40~7.45		5		0				1	
7.45~7.50					2				
7.50~7.55			3				12		
7.55~7.60			3				12		
7.60~7.65	0								
>7.65	0								

C. 神经学评分

疼痛或语言刺激			运动			
			按嘱运动	疼痛能定位	肢体屈曲或去皮质强直	去大脑强直或无反应
语言	能自动睁眼	回答正确	0	3	3**	3**
		回答错乱	3	8	13	13**
		语句或发音不清	10	13	24	29**
		无反应	15	15	24	29
	不能自动睁眼	回答正确	**	**	**	**
		回答错乱	**	**	**	**
		语句或发音不清	**	**	24**	29**
		无反应	16	16	33	48

D. 年龄及慢性健康状况评分

年龄（岁）	分值	慢性健康状况	分值
<45	0	AIDS	23
45~59	5	肝衰竭	16
60~64	11	淋巴瘤	13
65~69	13	转移癌	11
70~74	16	白血病/多发性骨髓瘤	10
75~84	17	免疫抑制	10
>85	24	肝硬化	4

注：1. * A-aDO₂=713-1.25PaCO₂-PaO₂（mmHg）；
2. 机械通气患者通气频率为6~12次/分者不加分；
3. 机械通气者（气管插管），仅限FiO₂≥0.5；
4. ** 表示不常见和不可能的临床组合。

十三、脏器损伤的分级

美国创伤学会于 1987 年成立了脏器损伤分级委员会，其主要的任务是对每一脏器的损伤进行分级，以方便临床医师应用和开展临床研究。历经 8 年的不懈工作，终于制订出了各主要脏器的损伤分级标准。基本上都是基于对损伤解剖学的描述，将脏器的损伤分为 I ~ V 级（个别脏器为 IV 级），I 为最轻伤，V 级为最重伤。

脏器损伤分级较 AIS-90 更适用于临床，且可以与 AIS 进行快速转换，对临床医师诊断的标准化、治疗方案和预后的评价均有指导意义。从表 4-11 ~ 表 4-42，共计 31 个表，罗列了几乎所有重要脏器损伤的分级标准。

表 4-11　脾损伤的分级

级别	伤情		AIS
I	血肿	包膜下，表面积 < 10%	2
	撕裂	包膜撕裂，深度 < 1 cm	2
II	血肿	包膜下，表面积为 10% ~ 50%	2
		实质内，直径 < 5 cm	2
	撕裂	深入实质 1 ~ 3 cm，未累及小梁血管	2
III	血肿	包膜下，表面积 > 50% 或呈扩张性	3
		包膜下或实质内血肿破裂	3
		实质内血肿直径 > 5 cm 或呈扩张性	3
	撕裂	深入实质 > 3 cm 或累及小梁血管	3
IV	撕裂	累及脾段或脾门血管，导致 25% 脾失血供	4
V	撕裂	脾完全破裂	5
	血管	脾门血管断裂致全脾无血供	5

注：III 级以下多处伤者分级增加一级

表 4-12　肝损伤的分级

级别	伤情		AIS
I	血肿	包膜下，表面积 < 10%	2
	撕裂	包膜撕裂，深度 < 1 cm	2
II	血肿	包膜下，表面积为 10% ~ 50%	2
		实质内，直径 < 10 cm	2
	撕裂	深度 1 ~ 3 cm，长度 < 10 cm	2
III	血肿	包膜下，表面积 > 50% 或呈扩张性	3
		包膜下或实质内血肿破裂	3
		实质内血肿直径 > 10 cm 或呈扩张性	3
	撕裂	深度 > 3 cm	3
IV	撕裂	实质撕裂累及 1 叶的 25% ~ 75% 或局限于 1 叶内的 1 ~ 3 段	4
V	撕裂	实质撕裂累及 1 叶的 75% 或 1 叶内多于 3 段	5
	血管	肝后静脉（如肝后下腔静脉，肝中央主静脉）	5
VI	血管	肝完全撕裂	6

注：III 级以下多处伤者分级增加一级

表 4-13　肝外胆管损伤分级

级别	伤情	AIS
I	胆囊挫伤，肝门三角挫伤	2
II	胆囊部分撕脱，未累及胆囊管	2
	胆囊撕裂或穿孔	2
III	胆囊完全撕脱	3
	胆囊管撕裂或横断	3
IV	左、右肝管部分或完全撕裂	4
	肝总管、胆总管部分撕裂（≤50%）	4
V	肝总管或胆总管部分横断（>50%）	4
	左右肝管联合损伤	4
	十二指肠或胰腺内胆管损伤	4

注：III 级以下多处伤者分级增加一级

表 4-14　胰腺损伤分级

级别		伤情	AIS
I	血肿	无胰管损伤的浅表挫伤	2
	撕裂	无胰管损伤的浅表撕裂伤	2
II	血肿	无胰管损伤或组织丢失的较重挫伤	2
	撕裂	无胰管损伤或组织丢失的较重撕裂	3
III	撕裂	远端横断或有胰管损伤的实质损伤	3
IV	撕裂	远端横断（肠系膜上静脉以右）	4
		累及壶腹的实质撕裂	4
V	撕裂	胰头严重毁损	5

注：多处伤者分级增加一级

表 4-15　肾损伤分级

级别		伤情	AIS
I	挫伤	显微或肉眼血尿，无 X 线检查异常	2
	血肿	包膜下，无扩展，无实质撕裂	2
II	血肿	无扩展的肾周血肿，限于腹膜后	2
	撕裂	皮质撕裂，深度 <1.0 cm，无尿外渗	2
III	撕裂	皮质撕裂，深度 >1.0 cm，无集合管系统破裂或尿外渗	3
IV	撕裂	实质撕裂，累及皮质、髓质和集合管	4
	血管	主肾动静脉伤伴局限性血肿	4
V	撕裂	肾完全撕裂	5
	血管	肾门撕裂致全肾无血供	5

注：多处伤者分级增加一级

表 4-16　十二指肠损伤分级

级别	伤情		AIS
Ⅰ	血肿	限于 1 段	2
	撕裂	无穿孔的肠壁部分撕裂	2
Ⅱ	血肿	大于 1 段	2
	撕裂	全层，＜1/2 周径	2
Ⅲ	撕裂	全层，1/2～3/4 周径（第 2 段）	3
		＞1/2 周径（第 1、3、4 段）	3
Ⅳ	撕裂	第 2 段，＞3/4 周径，累及壶腹或胆总管下段	4
Ⅴ	撕裂	十二指肠胰头毁损	5
	血管	十二指肠完全失血供	5

注：多处伤者分级增加一级

表 4-17　小肠损伤分级

级别	伤情		AIS
Ⅰ	血肿	不影响血供的挫伤或血肿	2
	撕裂	肠壁部分撕裂，无穿孔	2
Ⅱ	撕裂	全层，＜1/2 周径	2
Ⅲ	撕裂	全层，＞1/2 周径，但无横断	3
Ⅳ	撕裂	横断	4
Ⅴ	撕裂	横断伴组织缺损	4
	血管	系膜血管损伤，肠管失血供	4

注：多处伤者分级增加一级

表 4-18　结肠损伤分级

级别	伤情		AIS
Ⅰ	血肿	不影响血供的挫伤或血肿	2
	撕裂	肠壁部分撕裂，无穿孔	2
Ⅱ	撕裂	全层，＜1/2 周径	2
Ⅲ	撕裂	全层，＞1/2 周径，但无横断	3
Ⅳ	撕裂	横断	4
Ⅴ	撕裂	横断伴组织缺损	4
	血管	系膜血管损伤，肠管失血供	4

注：多处伤者分级增加一级

表 4-19　直肠损伤分级

级别	伤情		AIS
Ⅰ	血肿	不影响血供的挫伤或血肿	2
	撕裂	肠壁部分撕裂,无穿孔	2
Ⅱ	撕裂	全层,＜ 1/2 周径	2
Ⅲ	撕裂	全层,＞ 1/2 周径,但无横断	3
Ⅳ	撕裂	全层,累及会阴	5
Ⅴ	血管	血管损伤致肠管失血供	5

注:多处伤者分级增加一级

表 4-20　胃损伤分级

级别	伤情	AIS
Ⅰ	挫伤或血肿,部分撕裂	2
Ⅱ	贲门或幽门部撕裂 ≤ 2 cm	3
	胃近端 1/3 撕裂 ≤ 5 cm	3
	胃远端 2/3 撕裂 ≤ 10 cm	3
Ⅲ	贲门或幽门部撕裂 ＞ 2 cm	3
	胃近端 1/3 撕裂 ＞ 5 cm	3
	胃远端 2/3 撕裂 ＞ 10 cm	3
Ⅳ	组织缺失或失血供 ≤ 2/3 胃	4
Ⅴ	组织缺失或失血供 ＞ 2/3 胃	4

注:Ⅱ以下多处伤者分级增加一级

表 4-21　食管损伤分级

级别	伤情	AIS
Ⅰ	挫伤或血肿	2
	部分撕裂	3
Ⅱ	撕裂,＜ 1/2 周径	3
Ⅲ	撕裂,＞ 1/2 周径	4
Ⅳ	组织丧失或失血供 ≤ 2 cm	5
Ⅴ	组织丧失或失血供 ＞ 2 cm	5

注:Ⅱ以下多处伤者分级增加一级

表 4-22　膈肌损伤分级

级别	伤情		AIS
Ⅰ	挫伤		2
Ⅱ	撕裂	≤ 2 cm	3
Ⅲ	撕裂	2 ~ 10 cm	3
Ⅳ	撕裂	＞ 10 cm,致组织缺失 ≤ 25 cm	4
Ⅴ	撕裂	致组织缺失 ＞ 25 cm	4

注:双侧损伤者分级增加一级

表 4-23 腹腔血管损伤分级

级别	伤情	AIS
Ⅰ	肠系膜上下动静脉无名分支	
	膈动静脉	
	腰动静脉	
	生殖腺静脉	
	卵巢静脉	
	其他无名小动静脉	
Ⅱ	左、右肝动静脉	3～4
	脾动静脉	3～4
	胃左右动脉	3～4
	胃十二指肠动脉	3～4
	肠系膜下动静脉主干	3～4
	肠系膜动静脉一级分支（如回结肠动脉）	3～4
	其他有名血管（需修补或结扎）	3～4
Ⅲ	肠系膜上静脉主干	3～4
	肾动静脉	3～4
	髂动静脉	3～4
	髂内动静脉	2～4
	肾下下腔静脉	3～4
Ⅳ	肠系膜上动脉主干	3～5
	腹腔动脉干	3～5
	肾上、肝下下腔静脉	3～5
	肾下主动脉	3～5
Ⅴ	门静脉	3～4
	肝外肝静脉	3（肝静脉） 5（肝及其静脉）
	肝后或肝上下腔静脉	5
	肾上、膈下主动脉	4

注：1. Ⅲ、Ⅳ级损伤者如累及血管周径1/2以上分级增加一级
  2. Ⅳ、Ⅴ级损伤者如累及血管周径1/4以下分级减少一级

表 4-24　胸腔血管损伤分级

级别	伤情	AIS
Ⅰ	肋间动静脉	2~3
	内乳动静脉	2~3
	支气管动静脉	2~3
	食管动静脉	2~3
	半奇静脉	2~3
	无名的动静脉	2~3
Ⅱ	奇静脉	2~3
	颈内静脉	2~3
	锁骨下静脉	3~4
	无名静脉	3~5
Ⅲ	颈动脉	3~5
	无名动脉	3~4
	锁骨下动脉	3~4
Ⅳ	降主动脉	4~5
	胸内下腔静脉	3~5
	肺动静脉，一级分支	3~6
Ⅴ	升主动脉或主动脉弓	5
	上腔静脉	3~5
	肺动静脉主干	3~6
Ⅵ	主动脉完全离断	5~6
	肺门完全离断	5~6

注：1. Ⅲ、Ⅳ级损伤者如累及血管周径1/2以上分级增加一级
　　2. Ⅳ、Ⅴ级损伤者如累及血管周径1/4以下分级减少一级

表 4-25　肺损伤分级

级别	伤情		AIS
Ⅰ	挫伤	单侧，<1叶	3
Ⅱ	挫伤	单侧，1叶	3~4
	裂伤	单纯气胸	3
Ⅲ	挫伤	单侧，>1叶	3
	裂伤	肺撕裂远端漏气>72小时	3~4
	血肿	实质内，无扩展	3~4
Ⅳ	撕裂	大气道（段或叶支气管）漏气	4~5
	血肿	实质内，扩展性	4~5
	血管	肺内血管一级分支	3~5
Ⅴ	血管	肺门血管	5~6
Ⅵ	全肺门撕裂		5~6

注：双侧损伤者分级增加一级，血胸见胸腔血管

表 4-26 心脏损伤分级

级别	伤情	AIS
Ⅰ	钝性伤致轻度 ECG 改变（非特异性 ST 或 T 段改变，房性或室性早搏，持续性室性心动过速）	3
	钝性或穿透性心包伤，无心肌受累、心包压塞或疝	3
Ⅱ	钝性伤致心脏阻滞（右或左束支，左前束支或房室束）或缺血性改变（ST 降低或 T 波倒置），无心功能异常	3
	穿透性心肌切线伤，达心内膜但未穿透，无心包填塞	3
Ⅲ	钝性伤致连续（≥5 次 / 分）或多灶性室性早搏	3～4
	钝性或穿透性损伤致室间隔破裂，肺动脉瓣或三尖瓣功能不全，乳头肌功能不全或远端冠状动脉阻塞，无心功能衰竭	5
	钝性心包撕裂致心脏疝	5
	钝性心脏伤伴心功能衰竭	3～4
	穿透性心肌切线伤，达心内膜但未穿透，伴心包填塞	4
Ⅳ	钝性或穿透性心脏伤致室间隔破裂，肺动脉瓣或三尖瓣功能不全，乳头肌功能不全或远端冠状动脉阻塞，伴心功能衰竭	5
	钝性或穿透性心脏伤致主动脉瓣或二尖瓣功能不全，钝性或穿透性心脏伤累及右室、右房或左房	5
Ⅴ	钝性或穿透性心脏伤致近端冠状动脉阻塞，钝性或穿透性心脏伤致左室穿孔	5
	星状伤致右室、右房或左房组织缺失＜50%	5
Ⅵ	钝性伤致全心脏撕脱	6
	穿透伤致心室或心房组织缺失＞50%	6

注：穿透伤累及一心室或心房的多处伤或多个心室或心房受累者分级增加一级

表 4-27 胸壁损伤分级

级别	伤情		AIS
Ⅰ	挫伤	任何大小	1
	撕裂	皮肤及皮下	1
	骨折	肋骨，＜3 条，闭合性	1
		锁骨，无移位	2
Ⅱ	撕裂	皮肤、皮下、肌层	2
	骨折	肋骨，相邻≥3 条，闭合性	3
		锁骨，移位或开放性	2
		胸骨，无移位，闭合性	2
		肩胛体，开放性或闭合性	2
Ⅲ	撕裂	全层，累及胸膜	3
	骨折	胸骨，开放性或闭合性，浮动胸骨	2
		单侧浮动胸壁（＜3 肋）	2
Ⅳ	撕裂	大量胸壁组织撕脱，合并深部肋骨骨折	4～5
	骨折	单侧浮动胸壁（≥3 肋）	3～4
Ⅴ	骨折	双侧浮动胸壁（两侧均＞3 肋）	5

注：双侧损伤者分级增加一级

表 4-28　肾上腺损伤分级

级别	伤情	AIS
Ⅰ	挫伤	1
Ⅱ	皮质撕裂（＜2cm）	1
Ⅲ	撕裂累及髓质（≥2 cm）	2
Ⅳ	实质毁损＞50%	2
Ⅴ	完全实质毁损，完全撕脱（包括实质内大出血）	3

注：双侧损伤者分级增加一级

表 4-29　输尿管损伤分级

级别	伤情		AIS
Ⅰ	血肿	挫伤，不影响血供	2
Ⅱ	撕裂	＜1/2 周径	2
Ⅲ	撕裂	＞1/2 周径	3
Ⅳ	撕裂	横断，失血供＜2 cm	3
Ⅴ	撕裂	横断，失血供＞2 cm	3

注：多处伤者分级加一级

表 4-30　膀胱损伤分级

级别	伤情		AIS
Ⅰ	血肿	挫伤，壁内血肿	2
	撕裂	部分撕裂	2
Ⅱ	撕裂	腹膜外＜2 cm	2
Ⅲ	撕裂	腹膜外＞2 cm，腹膜内＜2 cm	3
Ⅳ	撕裂	腹膜内膀胱撕裂＞2 cm	3
Ⅴ	撕裂	腹膜内外膀胱撕裂累及膀胱颈部或尿道	4

注：多处伤者分级加一级

表 4-31　尿道损伤分级

级别	伤情		AIS
Ⅰ	挫伤	尿道口出血，尿道造影正常	2
Ⅱ	牵拉	尿道延长，但尿道造影无渗漏	2
Ⅲ	部分撕裂	尿道造影时有外渗，膀胱显影	2
Ⅳ	完全撕裂	尿道造影时有外渗，膀胱不显影	2
		尿道缺损 2 cm	2
Ⅴ	完全撕裂	＞2 cm，或累及前列腺或阴道	3

注：多处伤者分级加一级

表 4-32　卵巢损伤分级

级别	伤情	AIS
Ⅰ	挫伤或血肿	1
Ⅱ	浅表撕裂（深度≤0.5 cm）	1
Ⅲ	深层撕裂（深度＞0.5 cm）	2
Ⅳ	部分失血供	2
Ⅴ	完全撕脱或实质毁损	3

注：多处伤者分级加一级

表 4-33　输卵管损伤分级

级别	伤情	AIS
Ⅰ	挫伤或血肿	2
Ⅱ	撕裂，≤1/2周径	2
Ⅲ	撕裂，＞1/2周径	2
Ⅳ	横断	2
Ⅴ	节段性失血供	2

注：多处伤者分级加一级

表 4-34　子宫（未孕）损伤分级

级别	伤情	AIS
Ⅰ	挫伤或血肿	1
Ⅱ	浅表撕裂（≤1 cm）	2
Ⅲ	深层撕裂（＞1 cm）	3
Ⅳ	撕裂伤累及子宫动脉	4
Ⅴ	全子宫撕脱或失血供	5

注：Ⅱ级以下多处伤者分级增加一级

表 4-35　（妊娠）子宫损伤分级

级别	伤情	AIS
Ⅰ	挫伤或血肿（无胎盘剥离）	1
Ⅱ	浅层撕裂（≤1 cm）或胎盘部分剥离（＜25%）	2
Ⅲ	深层撕裂（＞1 cm，妊娠中3个月）或胎盘剥离25%～50%	3
Ⅳ	撕裂累及子宫动脉	4
	深层撕裂（＞1 cm）伴胎盘剥离（＞50%）	4
Ⅴ	子宫穿孔（妊娠中、后3个月）	5
	完全胎盘剥离	5

注：Ⅱ级以下多处伤者分级增加一级

表 4-36　阴道损伤分级

级别	伤情	AIS
Ⅰ	挫伤或血肿	1
Ⅱ	浅层撕裂（黏膜）	1
Ⅲ	深层撕裂（脂肪、肌肉）	2
Ⅳ	复杂撕裂（累及宫颈或腹膜）	3
Ⅴ	累及邻近脏器（肛门、直肠、尿道、膀胱）	3

注：Ⅱ级以下多处伤者分级增加一级

表 4-37　外阴损伤分级

级别	伤情	AIS
Ⅰ	挫伤或血肿	1
Ⅱ	浅层撕裂（限于皮肤）	1
Ⅲ	深层撕裂（脂肪、肌肉）	2
Ⅳ	皮肤、肌肉、脂肪撕脱	3
Ⅴ	累及邻近脏器（肛门、直肠、尿道、膀胱）	3

注：Ⅱ级以下多处伤者分级增加一级

表 4-38　阴茎损伤分级

级别	伤情	AIS
Ⅰ	皮肤撕裂、挫伤	1
Ⅱ	海绵体撕裂，无组织缺损	1
Ⅲ	皮肤撕脱，阴茎头、尿道口撕裂	1
	海绵体或尿道缺失＜2 cm	1
Ⅳ	部分离断，海绵体或尿道缺失≥2 cm	2
Ⅴ	完全离断	2

注：Ⅱ级以下多处伤者分级增加一级

表 4-39　睾丸损伤分级

级别	伤情	AIS
Ⅰ	挫伤/血肿	1
Ⅱ	白膜亚临床撕裂	1
Ⅲ	白膜亚临床撕裂伴组织缺损＜50%	1
Ⅳ	白膜严重临床撕裂伴组织缺损≥50%	2
Ⅴ	全睾丸毁损或撕裂	2

注：多处伤者分级增加一级

表 4-40 阴囊损伤分级

级别	伤情	AIS
Ⅰ	挫伤	1
Ⅱ	撕裂＜阴囊直径 25%	1
Ⅲ	撕裂≥阴囊直径 25% 或呈星状	2
Ⅳ	撕脱＜50%	2
Ⅴ	撕脱≥50%	2

表 4-41 颈部血管损伤分级

级别	伤情	AIS
Ⅰ	甲状腺静脉，面总静脉，颈外静脉，无名的动静脉分支	1~3
Ⅱ	颈外动脉分支（咽升动脉、甲状腺上动脉、舌动脉、面动脉腮腺动脉、枕动脉、耳后动脉）	1~3
	甲状颈干及其一级分支	1~3
	颈内静脉	1~3
Ⅲ	颈外动脉	2~3
	锁骨下动脉	3~4
	椎动脉	2~5
Ⅳ	颈总动脉	3~5
	锁骨下动脉	3~4
Ⅴ	颈内动脉（颅外）	3~5

注：1. Ⅲ、Ⅳ级损伤者如累及血管周径1/2以上分级增加一级
2. Ⅳ、Ⅴ级损伤者如累及血管周径1/4以下分级减少一级

表 4-42 四肢血管损伤分级

级别	伤情	AIS
Ⅰ	指动静脉，掌动静脉，掌深动静脉，足背动脉，跖动静脉，其他无名分支	1~3
Ⅱ	贵要静脉，头静脉，尺桡动脉	1~3
Ⅲ	腋静脉，股深、浅静脉，腘静脉，肱动脉	2~3
	胫前/后动脉，腓动脉	1~3
	胫腓干	2~3
Ⅳ	股浅/深动脉	3~4
	腘动脉	2~3
Ⅴ	腋动脉	2~3
	股动脉	3~4

注：1. Ⅲ、Ⅳ级损伤者如累及血管周径1/2以上分级增加一级
2. Ⅳ、Ⅴ级损伤者如累及血管周径1/4以下分级减少一级

十四、煤矿院前创伤评分

中国煤矿工业生产的条件非常复杂，有露天开采，也有井下采掘；有机械化作业，也有炮掘肩拉；有井下设备齐全的保健站，也有仅仅是背着保健箱的工人红十字会成员；有的医务人员的救治水平比较高，也有的仅仅是保健员。因此，指制订矿山创伤院前评分标准的原则应该是简单易懂、计测方便、宁重勿轻、保证安全。

中国矿山创伤的院前伤情评分就是根据上述原则在北京矿务局总医院周志道教授倡导下，根据矿山创伤的实际情况开发的，称为煤矿院前创伤评分（mine prehospital score，MPS）。其内容见表4-43。

表4-43 煤矿院前创伤评分

分值	R（呼吸频率）（次/分）	P（脉搏）（次/分）	M（运动反应）
4	15～24	<100	服从语言指挥，正常反应
3	5～35	100～200	对疼痛刺激有躲闪反应
2	>35，10～14	121～140	对疼痛刺激有屈曲反应
1	<10	>140	对疼痛刺激有伸展反应
0	无呼吸	无脉搏	对刺激无反应

注：1. 凡伤员有以下4项中的任何1项均在RPM得分基础上减1分：①高能量伤或因复合因素致伤；②伤及头、胸或腹部；③头或躯干有穿透伤；④老年伤（>50岁以上）；

2. 在急救现场，可参考此评分标准对伤员的伤情做出初级判断。RPM标准最高值为2分，最低值为0分。其分级如下，轻度：12分；中度：11～10分；重度：9～8分；严重：7～6分；危重：5～1分；临床死亡：0分。

十五、瓦斯爆炸伤害院前评分

瓦斯爆炸事故发生后，众多伤员聚集在井口，常常是一片无序状态，井口环境条件差，情况紧急，时间短促，任务繁重，此时的伤情判定不允许采取更多的检查和监测手段。传统做法是医师仅凭对伤员的直观表现，依其经验粗略地估计伤情轻重，不同医师对同一伤病员的伤情判断可能不同，既不规范也不准确。

李世波、李树峰等在实践中，将烧伤（burn）指标纳入到矿山创伤院前评分方案中形成了"瓦斯爆炸伤害院前评分"方案，经反复应用和检验，与AIS-ISS比较，重伤的准确率可以达到95%以上，与其他院前评分比较，其敏感性和特异性均较高，漏判率也较低，且简单、易行。因此，推荐全国矿山医疗应急救护时对瓦斯爆炸伤害的伤工使用"瓦斯爆炸伤害院前评分"对伤情加以评估和判断。根据判断指标"呼吸-脉搏-运动反应-烧伤"英文缩写为R-P-M-B，简称为RPMB方法（表4-44）。

表 4-44　瓦斯爆炸伤害院前评分（RPMB）

分值	R（呼吸频率）（次/分）	P（脉率）（次/分）	M（运动反应）	B（Ⅱ度～Ⅲ度烧伤总面积或Ⅲ度烧伤面积与吸入损伤程度）	
4	15～24	<100	服从语言指挥 正常反应	无烧伤	无吸入性损伤
3	25～35	100～120	对疼痛刺激有 躲避反应	Ⅱ度～Ⅲ度烧伤总面积<10%，或无Ⅲ度烧伤	可疑吸入损伤，面、颈和前胸烧伤 口、鼻周围烧伤
2	>35 10～14	121～140	对疼痛刺激有 屈曲反应	Ⅱ度～Ⅲ度烧伤总面积10%～30%，或Ⅲ度烧伤面积<10%	轻度吸入损伤（病变在鼻、口、咽）鼻毛烧焦，鼻咽干、疼、发红
1	<10	>140	对疼痛刺激有 伸展反应	Ⅱ度～Ⅲ度烧伤总面积31%～50%，或Ⅲ度烧伤面积10%～20%	中度吸入损伤（病变在喉、气管）声嘶、喘鸣、上气道阻塞
0	无呼吸	无脉搏	对刺激无反应	Ⅱ度～Ⅲ度烧伤总面积>50%或Ⅲ度烧伤面积>20%	重度吸入损伤（病变在支气管、肺）缺氧、双肺干、湿啰音

注：1. B栏按烧伤计分，有吸入损伤者减2～4分；
　　2. 伤员有头、胸、腹部伤及中毒之一者减1分；
　　3. 在急救现场参考此评分初步判断。RPMB最高值为16分；最低值为0分。轻度：16分；中度：15～14分；重度：13～11分；严重：10～7分；危重：6～1分；死亡：0分。

（张　柳　程　光）

参考文献

[1] 程爱国．周志道，刑士濂．创伤严重度评价 // 程爱国，等．实用矿山医疗救护．北京：北京大学医学出版社，2007，158-166.

[2] 美国机动车医学促进会（AAAM），重庆市急救医疗中心译，简明损伤定级标准（2005修订本）．重庆：重庆出版社，2005.

[3] 李世波．矿山创伤评分 // 白俊清，李树峰．瓦斯爆炸伤害学．北京：北京大学医学出版社，2013.

第五章

急救的基本技术

在对外伤急救患者或急症急救患者的诊疗过程中，首先最重要的是对全身的检查，通过对胸部的听诊、腹部的触诊、神经系统的检查等，一个部位一个部位、一个脏器一个脏器地进行排除诊断，这才是提高急救成功率的必要程序。

不仅仅是急救医师，所有医师都应该掌握心肺复苏的基本技术。在有些先进国家，电视节目中经常播放心肺复苏以及其他现场急救的方法，使全民都能够懂得使用这些方法的必要性和如何进行操作，以便缩短院前急救的时间。本文主要是介绍急救措施和基本的急救方法，如托起下颌、插入气道、环甲膜穿刺、气管内插管、气管切开、胸腔闭式引流、腹腔灌洗、静脉切开、锁骨下静脉穿刺、心包穿刺、人工呼吸、胸外按压、胸内心脏按压等。

第一节 保持气道畅通的基本技术

保持呼吸道通畅是心肺复苏的第一步抢救技术，具有托起下颌、通气道插入、气管内插管、环甲膜穿刺或切开等方法。但对于矿山井下因片帮、冒顶事故受伤的患者来说，首先应检查并清理口腔内的异物，然后再实行以上的操作。

一、托起下颌

在清除口腔和上呼吸道呕吐物、异物的前提下，保持呼吸道通畅的要点是使甲状软骨和下颌的距离增宽。

意识障碍的患者，其上呼吸道梗阻的原因是形成咽喉前壁的舌根和咽喉盖下垂的结果。在仰卧位时，舌根和咽喉壁是处于由二腹肌、下颌舌骨肌、茎突舌骨肌、颏舌骨肌等肌群悬吊在下颌骨、舌骨、甲状软骨上的状态的。意识障碍时，这些支持肌群松弛，舌根下垂，使咽部闭塞，进而咽喉壁下垂，使咽喉部也闭塞（图 5-1）。因此，确保气道通畅的原理则应该是将支持舌根和咽喉壁的下颌骨拉向前方。对于尚能维持一定程度肌紧张度、仅仅是因舌根下沉而引起的气道闭塞，只将头部后仰使下颌相对向前方移动则可保持气道通畅。如果肌紧张度完全丧失，舌根和咽喉壁同时下垂，则应积极地将下颌向前方推举才能保持气道通畅。实际操作要点如图 5-2 所示。

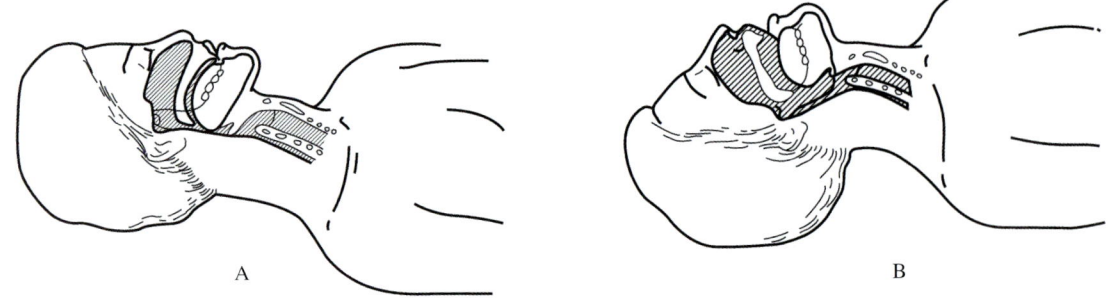

图 5-1　开通气道的原理

A：仰卧位时，舌根和咽后壁下垂，咽部被阻塞；B：使头部后屈，下颌则向前移，舌根和咽后壁向下牵拉抬高，使上呼吸道开通

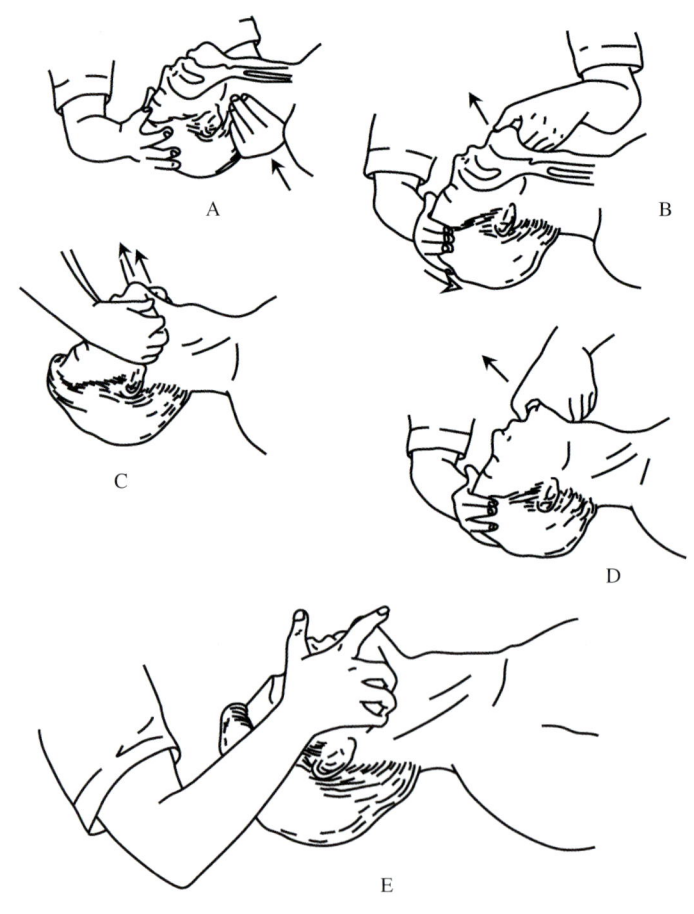

图 5-2　保持下颌前移的方法与要点

A：头部后屈，颈部抬举；B：头部后屈，下颌抬举；C：两手将下颌向上抬举；D：下颌牵引的方法；E：单手将头部后屈、下颌抬举的方法

二、开放气道

(一) 口、鼻咽通气道

适用于自主呼吸良好、中度以上昏迷的意识不清者；利用口或鼻咽通气道，以抵住舌根、舌体使其前移并离开咽后壁，从而解除梗阻。

通气道分为两种：一种是由口腔插到咽部的通气道（oropharyngeal airway），另一种是由鼻腔插入到鼻咽部的通气道（nasopharyngeal airway）。无论是哪一种都是在舌根与咽喉壁之间人工地建立一个间隙以确保上呼吸道的畅通。但值得注意的有两点：其一，由于是将通气道这种异物插入到咽喉部，对于残存着咽反射的患者来说，有可能引起呕吐或喉头痉挛。其二，如果插入方法不当或插入的通气道过粗，通气道则会夹在舌根与咽喉壁之间，有可能加重气道闭塞（图5-3）。

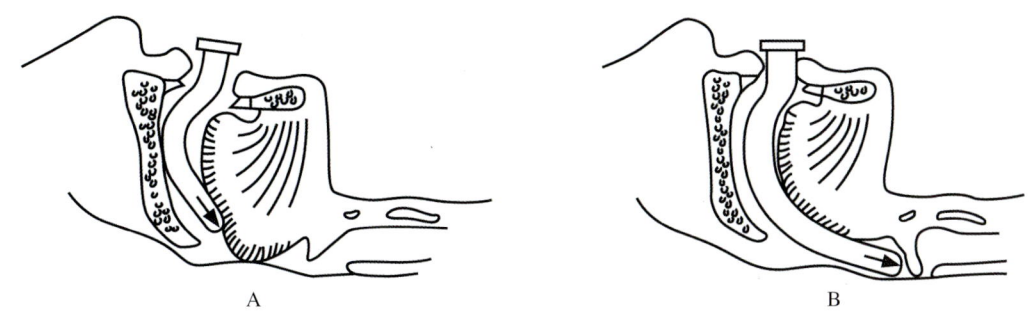

图 5-3 不正确的口腔通气道插入
A：口腔通气道过短，压着舌根顶着咽后壁；B：口腔通气道过长，从后方压迫喉盖，使气道阻塞

1. 口咽通气道 对于自主呼吸良好、意识不清、反应迟钝的瓦斯爆炸伤害患者，口咽通气道能够帮助建立通畅的气道。成人口咽通气道包括80 cm、90 cm、100 cm三个型号，指从通气道管翼至尖端的长度。选择口咽通气道型号应根据所测的患者耳垂至口角的距离。放置口咽通气道时，先迫使患者张口，然后将湿润的口咽通气道送入口内，沿舌上方方向（导管的凸面朝向患者下颌）置入。当导管置入到全长的1/2时，即接近咽后壁时将导管旋转180°，并向前继续推进至合适位置，确认口咽通气道位置适宜、气流通畅后，用胶布将其妥善固定（图5-4）。

2. 鼻咽通气道 当患者口咽反射正常或不能张口时，鼻咽通气道可作为面罩通气的辅助方式。成人型号为6.0～9.0 mm，数值代表通气道的内径，也可以用粗细合适的短气管导管代替。临用前在导管表面涂以润滑剂，通过鼻孔沿鼻腔底部（与硬腭平行）置入，直至感到越过鼻咽腔的转角处，再向前推进至气流最通畅处，并用胶布固定（图5-5）。

(二) 喉罩通气

喉罩是介于气管内插管和面罩之间的一种新型通气工具，不易损伤咽喉组织，对循环功能影响轻微，比面罩通气效果确切，管理方便，故广为临床采用。喉罩插入咽喉部，充气后在喉的周围形成一个密封圈，既可以让患者自主呼吸，也可以施行正压通气。适用于辅助或人工通气，气管插管困难的煤矿瓦斯爆炸伤害患者。

1. 喉罩的选择和准备 喉罩由通气导管和通气罩两部分组成（图5-6）。按其大小，喉罩分为7种型号，供不同年龄、体重和形体的患者选用。喉罩通气罩内的空气抽尽后可进行高压蒸汽消毒（最高温度不得超过134℃），但不能用戊二醛、甲醛或氧化乙烯消毒。临用前，应在喉罩管的下端涂上少许润滑油，以减少其对咽喉的局部刺激。

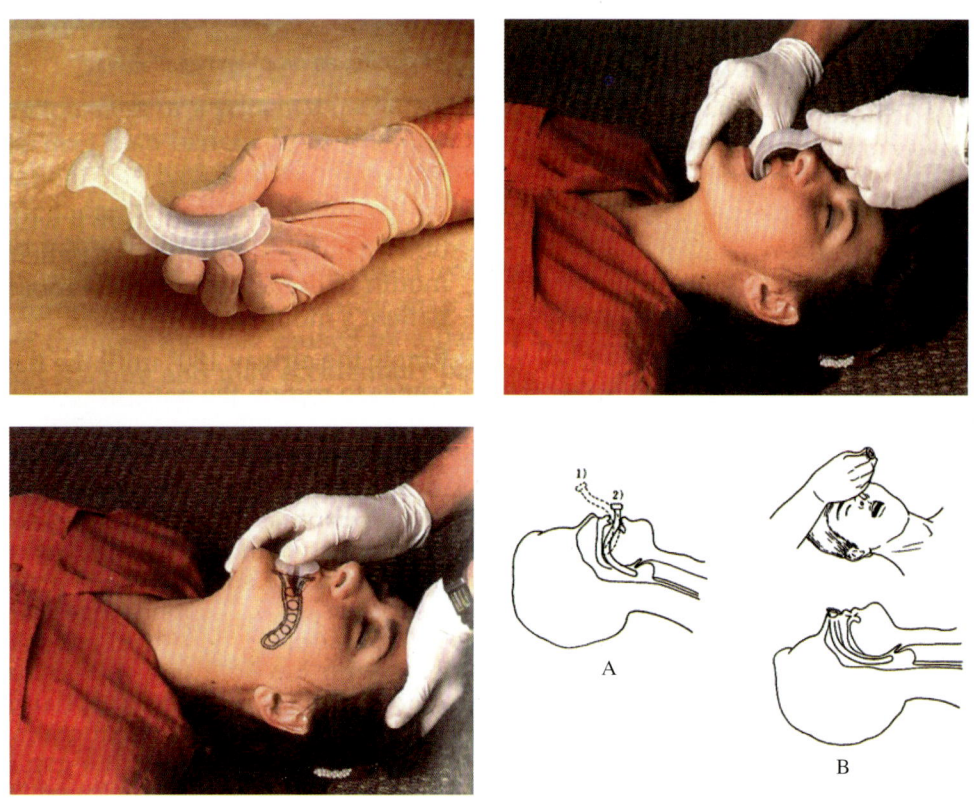

图 5-4 口咽通气道使用与插入方法

A：经口咽部通气道的插入法：①首先在通气道表面涂以水或润滑剂，在越过舌根之前通气道的凹形是向着咽上臂插入的；②头端越过舌根后，使通气道行 180°旋转，凹形弯曲沿舌根插入；B：经鼻咽部通气道的插入法：如果没有鼻咽部通气道，使用短的气管插管也是可以的。先在通气道与鼻腔之间涂置润滑剂，然后沿着下鼻道插入，等听到呼吸音之后再固定

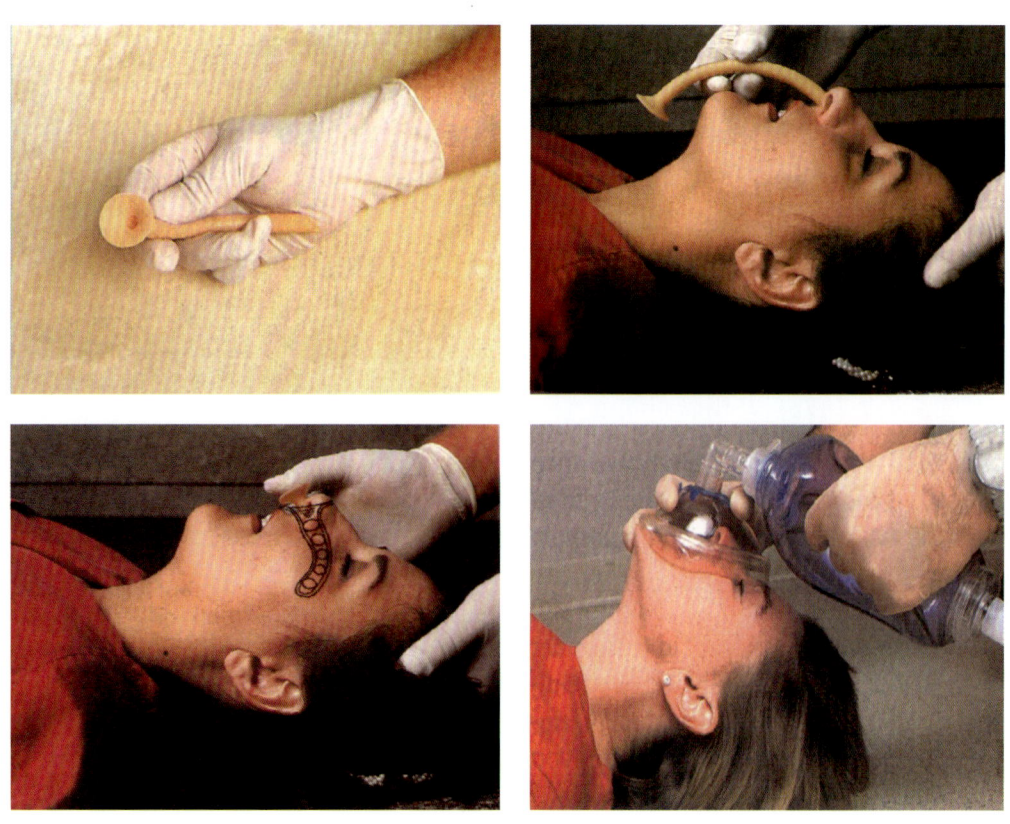

图 5-5 鼻咽通气道使用方法

2. 喉罩通气的实施方法　按气管插管的要求进行麻醉前准备和用药。插入喉罩时不需使用肌松药，但应给予适量静脉麻醉药和（或）吸入麻醉药，也可采用咽喉部表面麻醉和神经阻滞，以消除咽喉反射，避免引起咳嗽或喉痉挛。插入喉罩时可用盲探法，也可借助喉镜明视插入。将喉罩插入到喉部后，手放开喉罩，试行向气囊注气。此时随着充气，喉罩会自动退出少许，以适应咽喉的解剖位置。然后施行加压通气或让患者自发呼吸。喉罩放置合适的标志为气道通畅，可闻胸部清晰呼吸音，喉罩两侧为清晰管状呼吸音，无异常气流音，亦无漏气感。如果发现有呼吸道阻塞，应立即拔出喉罩，重新试插。喉罩置放到位后，加牙垫并用胶布固定。向喉罩充气不宜过多，一般 1 号喉罩充气量为 2～4 ml，2 号充气量为 10 ml，3 号充气量为 20 ml，4 号充气量为 30 ml。

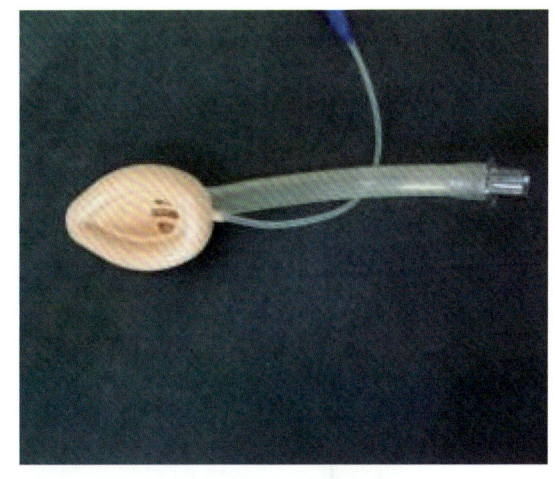

图 5-6　喉罩

3. 喉罩通气的注意事项

（1）喉罩对上消化道反流、呕吐所致的误吸无防止效果，且加压通气可导致气体入胃进而增加呕吐误吸的危险，故应禁用于已插胃管的患者，严重肥胖或肺顺应性低的患者也应忌用。呼吸道分泌物多的患者也不宜用喉罩，因为不易经喉罩吸除过多的分泌物。第三代喉罩分为气管通道与食管通道，易于排除胃内积气、积液，减少了反流误吸的危险。

（2）喉罩不宜过多地重复使用，一般以 10 次左右为宜。每次应用前均应做常规充气试验，以确保喉罩不漏气，无"疝气"形成。

（3）置放喉罩的操作应轻柔、准确；自始至终使用牙垫阻咬；导管只能向下固定在下颌部，不可改变方向以防止喉罩移位；置入喉罩后，不得做托下颌等操作，以防将罩压向喉头而致喉痉挛或移位导致喉梗阻。

（4）正压通气的压力不宜超过 15 mmHg，以防喉罩漏气或大量气体入胃。

（5）喉罩通气期应密切观察其通气效果和气道通畅情况，宜做 $P_{ET}CO_2$ 和 SpO_2 等监测，确保通气良好。

（6）在患者咽喉保护性反射恢复之前不宜移动喉罩或将气囊放气，最好待患者能按指令张口后再拔出喉罩。

（三）气管内插管

将合适的导管插入气管内的操作称为气管内插管，气管内插管是快速建立人工气道、进行有效通气的最佳方法之一。

1. 适应证

（1）患者自主呼吸突然停止，需紧急建立人工气道进行机械通气和治疗。

（2）患者严重呼吸衰竭，不能满足机体通气和氧供的需要，而需机械通气。

（3）患者不能自主清除上呼吸道分泌物，或出现胃内容物反流，或气道出血，随时有误吸可能。

（4）患者麻醉手术需要。

2. 操作要点

（1）气管插管的设备：开放气道和气管内插管基本的工具，包括咽喉镜、气管导管、导管芯、牙垫、开口器、胶布、吸引器、简易呼吸器、注射器、插管弯钳、局麻药、喷雾器及吸氧设备。

咽喉镜供窥视咽喉区、显露声门和明视插管用。其镜片一般有直弯两种。后者对咽喉组织刺激小、操作方便、易于显露声门和便于气管插管,因此,在临床上广为应用。但对婴幼儿及会厌长而大或会厌过于宽而短的成人来说,使用直喉镜片则便于直接挑起会厌而显露声门,少数用弯喉镜片难以显露声门的病例常可显示其优点。在急诊插管盒内,应备齐各种号码的直、弯喉镜片以及异型光纤喉镜,以供不同病例选用。

(2) 气管导管的选择:插管常用的气管导管有塑料制品和橡胶制品两种,应备齐各种号码的专用气管导管,供婴幼儿、儿童和成年人选用。实践证明,橡胶导管耐用,但对喉、气管刺激大,易产生局部组织损伤和近、远期并发症,故已逐渐被淘汰;聚氯乙烯导管则显著优于橡胶制品,已在临床推广使用。一般大龄儿童和成年患者均宜使用带套囊的导管,因套囊充气后不仅能有效防止漏气和口咽腔分泌物流至下呼吸道,而且可减少导管对气道黏膜的直接摩擦损伤。气管导管套囊以低压、大容量型为好,因高压型套囊更易对气管黏膜的血液循环造成障碍,导致局部缺血和坏死等并发症。对成人或儿童患者施行气管插管前,除选择预计号码导管外,还要备好相近号码的大、小导管各一支,以便临时换用。管芯可使软质气管导管弯成所期望的弧度,对某些少见病例,例如短颈、声门的解剖位置偏前或张口受限而无法明视声门的患者,恰当使用管芯可将导管前段弯成鱼钩状,有利于经试探后将导管送入声门。正确使用插管钳或导管钩可提高鼻插管成功率。此外,在已置入气管导管的患者需插鼻导管时,也常借助于插管钳和咽喉镜操作。

气管内插管的选择见表5-1。

表5-1 气管内插管的选择

年龄	体重(kg)	内径(mm)	经口长(cm)
早产儿	0.7～1.0	2.5	7～8
早产儿	1.0～2.5	3	8～9
新生儿	2.5～3.5	3.5	9～10
3个月	3.5～5.0	3.5	10～11
3～9个月	3.0～8.0	5.5～4.0	11～12
9～18个月	8.0～11.0	4.0～4.5	12～13
1.5～3岁	11.0～15.0	4.5～5.0	12～14
4～5岁	15.0～18.0	5.0～5.5	14～16
6～7岁	19.0～23.0	5.5～6.0	16～18
8～10岁	24.0～30.0	6.0～6.5	17～19
10～11岁	30.0～35.0	6.1～6.5	18～20
12～13岁	35.0～40.0	6.5～7.0	19～21
14～16岁	45.0～55.0	7.0～7.5	20～22

(3) 气管插管的方法:

1) 经口气管插管:对于心跳呼吸骤停或深度昏迷的急诊患者,只要条件具备应立即进行气管插管,通常于直视下使用喉镜进行气管插管(图5-7)。

①插管前的准备:准备和检查插管所需的设备。选择合适的气管内导管并准备相邻规格的导管各一根,对套囊做充气和放气实验。如估计声门显露有困难,可在导管内插入导管芯,并将导管前

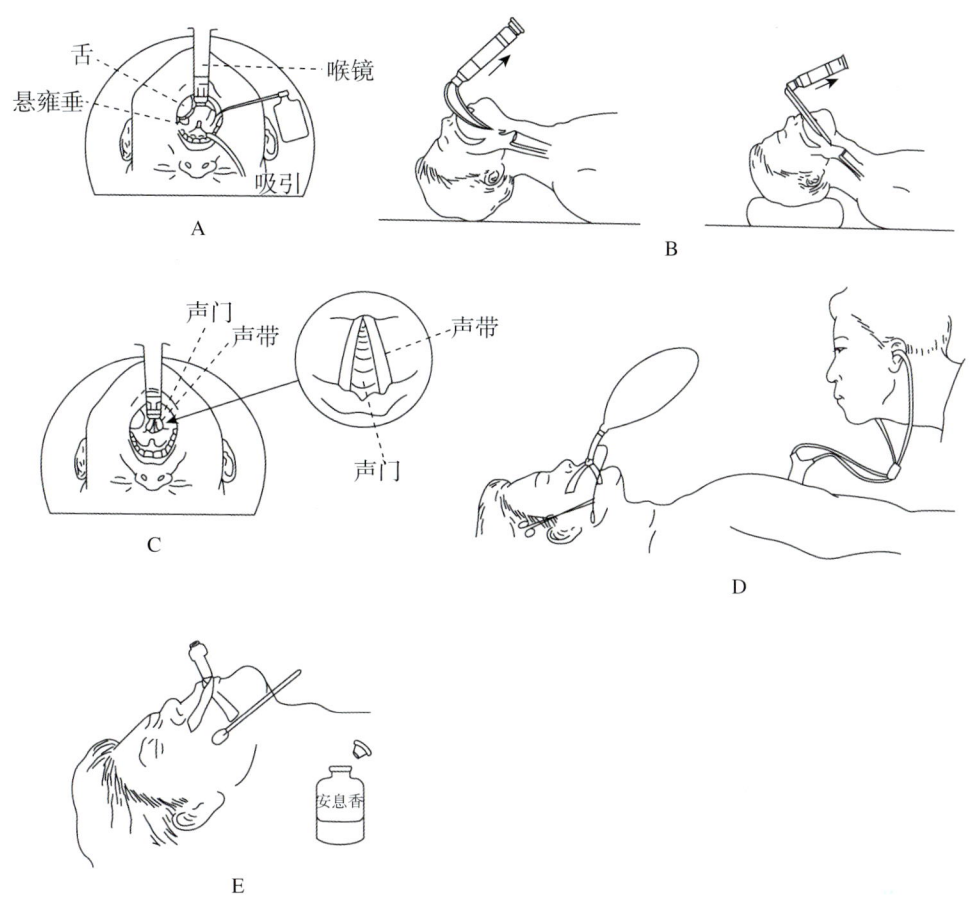

图 5-7 经口插管的要点

A：如果有咽反射，首先将咽部舌根施行表面麻醉，然后用喉镜将舌压向左侧，进而推至舌根；B：弯曲形喉镜金属柄的头端推进至舌根与咽喉壁之间，直形喉镜金属柄的头端推进至咽喉壁，将喉镜向上牵拉。同时将头后仰，下颌向前抬举则更易显露声门；C：确认呈"八"字形的声门后，将气管插管插入；D：插管成功置以牙垫，用呼吸气囊吹气，可闻双肺呼吸音以确认插管不在单侧支气管内；E：将气管插管与牙垫一并用粘膏固定。如果颊部有污物，可用安息香涂擦，这样则可固定牢靠

段弯成鱼钩状。插管前对患者用带密封面罩的简易呼吸器，加压给氧 2 min。

②患者取仰卧位，头后仰，口、咽、喉轴线尽量呈一直线。

③以右手拇指、示指和中指提起患者下颌，并使患者张口，以左手持喉镜沿口角右侧置入口腔，将舌体推向左侧，沿正中线缓慢轻柔通过悬雍垂，至舌根见会厌。如用弯喉镜片，则推进镜片使其顶端抵达会厌谷处，然后上提喉镜，间接提起会厌显露声门。如用直喉镜片，则直接用喉镜片挑起会厌显露声门。

④施行喉及气管黏膜表面麻醉。

⑤右手持气管导管，使气管导管斜口段对准声门裂。沿喉镜走向插入导管，使导管通过声门进入气管。看到充气套囊通过声带，即可退出喉镜，再将导管插深 1 cm 或更多一些。主要在门齿上的导管标记数字，可帮助术者了解导管插入的深度，防止插入过深进入气管分支。

⑥导管插入后立即塞入牙垫，用注射器向气管导管套囊充气约 5 ml，立即检查气管导管的位置，确定是否在气管内。方法如下：气管导管内持续有凝集的水蒸气；按压胸廓，有气体自导管溢出；接简易呼吸器人工通气，可见胸廓抬起；两肺部听诊有对称的呼吸音；上腹部听诊无气过水声。将导管与牙垫用胶布固定，并与患者面部固定。

图 5-8 盲目的经鼻气管内插管要点
A：要选择比经口插管小，内径为 0.5 mm，其头端用钢丝使其变弯；B：选择容易插入的鼻腔，当可疑有颅底骨折、鼻出血的情况下，选择没有损伤一侧的鼻腔，喷以表面麻醉剂；C：当插入到鼻咽部或咽部，听到最强的呼吸音时则暂时停止；D：一边听着呼吸音一边随吸气同步插入，如果插入失败将管退至可以听到呼吸音最强处再插，将颈部略前屈会容易插入；E：如果有自主呼吸反复插入是可以的，一旦插时诱发了呕吐，则应由插管将呕吐物吸出

2）经鼻气管插管（NTI）：通常在行紧急气管内插管时，经口插管是首选方法。但针对张口困难、下颌活动受限、颈部损伤、头不能后仰或口腔内有损伤，难以经口插管等情况，应选用经鼻气管插管。此外，由于经鼻气管插管的患者对导管的耐受性强，所以经鼻气管插管法也适用于需长时间保留导管的患者。

经鼻气管插管分为盲探插管、明视插管或纤维支气管镜辅助插管 3 种方式。危重患者有呼吸时应选用盲探 NTI（图 5-8），在插管过程中可通过探听导管的呼吸音来判断导管是否进入气管。

插管前先检查并选择一通畅的鼻孔，最好是右鼻孔，向患者（尤其是清醒者）的鼻孔内滴或喷少量血管收缩药（如麻黄碱、去氧肾上腺素），以扩大鼻腔气道，减少插管出血；对清醒患者，应再滴入适量局部麻醉药（如 1% 利多卡因）以减轻不适。施行咽、喉及气管表面麻醉后，选一大小和曲度合适、质地柔软的导管，充分润滑后从外鼻孔插入鼻腔。取与腭板平行，最好是导管的斜面对向鼻中隔，在枕部稍抬高、头中度后仰的体位下轻推导管越过鼻咽角。如患者可张口，则可借助于喉镜在明视下用插管钳或插管钩将导管头部引至正确部位后插入声门。在盲目经鼻插管时，捻转导管使其尖端左右转向，或伸曲头部使导管头前后移位，或将头适当左右侧偏改变导管前进方向，趁吸气时将导管向前推进。若听到气流或咳嗽，则表明导管进入声门。确认导管位于气管内后再用胶布固定导管，连接呼吸器进行呼吸支持。

一般认为有头部损伤特别是颅底骨折的患者，不能采用此方法，因为此方法有可能使导管通过颅底骨折处进入颅内。此外，经鼻插管的难度较大、费时，对鼻黏膜损伤大，不作为首选。

3）注意事项

①操作前一定要做好准备工作。

②每次操作时，中断呼吸时间不应超过 30～45 秒。如果一次操作未成功，应立即给予面罩纯氧通气，然后重复上述步骤。

③避免损伤：常见有口腔、舌、咽喉部的损伤、出血、牙齿脱落以及喉水肿。其中初学插管者最常见的失误是用喉镜冲撞上门齿，并以此为杠杆，从而导致牙齿的缺损。

④避免误吸：上呼吸道的插管和手法操作多能引起呕吐与胃内容物误吸，这时可采用 Sellick 手法（即后压环状软骨，从而压塞食管），避免胃内容物反流和误吸。

⑤避免缺氧：通常每次插管操作时间不应超过 30 秒，45 秒是极限。超过 45 秒将导致机体缺氧，因此应熟练操作技术。尽量缩短插管时间并注意给氧，是改善缺氧的主要手段。

⑥避免插管位置不当：由于操作不当，将导管误插入食管内，又不能及时发现，将导致严重后果。这是气管插管最严重的并发症。

⑦避免喉痉挛：这是插管严重并发症，可导致缺氧加重，甚至心搏骤停。此时应使用肌松剂或镇静剂缓解此反应，必要时应立即行环甲膜穿刺或气管切开。

⑧避免插管过深：进入一侧主支气管，导致单肺通气，产生低氧血症。

(四)食管-气管联合导管

这种盲插管设计为食管和气管两条插管合二为一的双腔管,以保证其无论在置入食管还是气管的情况下都可以进行通气。一个腔与传统的气管插管一样,在其通向气管食管的末端开放。当其插入食管时,管腔在其末端堵塞而在喉的部位有许多小孔通气。这样,依据插管的位置不同,远端的气囊可用于封闭食管或气管(图5-9)。

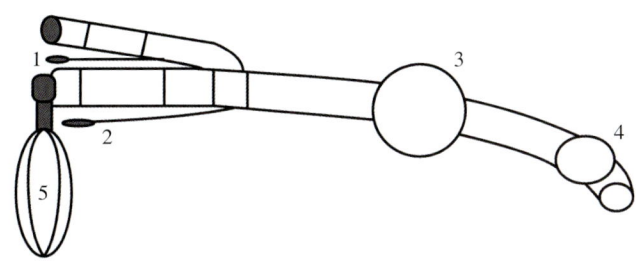

图5-9 食管-气管联合导管
1.食管囊注气管;2.气管囊注气管;3.食管气囊;4.气管气囊;5.皮球附图

1. 食管-气管联合导管插入方法 用左手的拇指和示指拉开舌和下颌,暴露咽喉部,右手将插管轻轻插入至20～22 cm(插管上有一标志线,听诊两肺呼吸音即可)。插管有大小两个囊,大囊位于插管近端,注入100 ml气体用于封闭口鼻通道,远端小囊注入15 ml气体封闭食管或气管(图5-10)。如果插管进入食管,可用长管通气。这时另一管腔可用于吸取胃液或胃内注药,如插管进入气管,则同气管插管一样。

2. 食管-气管联合导管的主要优点

(1)插入食管或气管内都能建立有效的人工通气,而插管的成功率始终是100%,极大地争取了抢救时间。

(2)不用喉镜等附加设备即可插入,尤其适用于院前急救及在狭小的空间(如救护车内)使用。

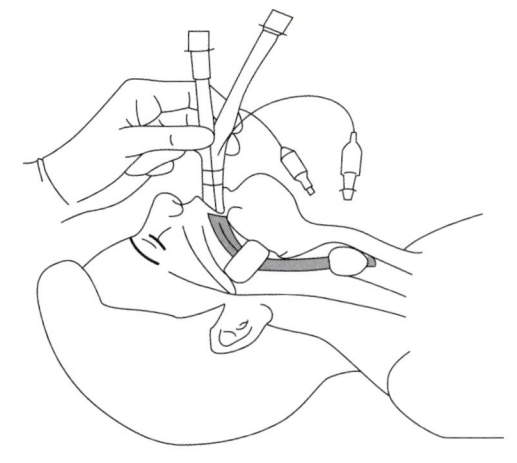

图5-10 食管-气管联合导管插入方法

(3)不需移动患者的头颈部,患者在任何姿势都可插入,对有颈部疾病的患者(如颈椎骨折固定)尤为适宜。

(4)非专科业务人员亦可准确操作,不需特殊训练,在基层医院、卫生所容易普及应用。

(5)用于肥胖、颈部短粗的患者,这类患者普通气管插管的成功率极低。

(6)由于有远、近端两个气囊的保护,可有效地防止误吸和胃液反流入气管。

如果盲插管进入食管,消化道分泌物易堵塞管腔,且在这种情况下,盲插管是通达管壁上的侧孔通气,造成吸痰困难,因而决定了它的缺点——盲插管保留时间短(一般保留1～2天)。

(五)环甲膜穿刺和造口术

环甲膜穿刺和造口术吹氧通气是气道梗阻时开放气道的急救措施之一,可为正规气管造口术赢得时间。

在颌面外伤、颈椎损伤或因异物、喉头水肿而导致上气道阻塞时,迅速而安全地确保呼吸道通畅的方法是环甲膜穿刺或切开。通常也是在气管内插管不能或不适合的情况下所采取的方法。

环甲膜在环状软骨与甲状软骨之间。环甲膜穿刺和造口的具体操作方法如下：先用手指在两软骨之间做好定位，然后做一皮肤切口，在明视下刺透环甲膜并插入导管。该技术用于自主呼吸空气、氧气、人工通气和气管内吸引。必须选用不致损伤喉部的粗套管，一般情况下，成人选用外径为6 mm 的粗套管。紧急时，成人可选用 14 号静脉导管针穿刺环甲膜。若从导管针回抽出气体可确定为进入气管。针芯撤出后，将外套管固定并与喷射呼吸机相连接。临床上也常用喷射呼吸机配备的穿刺喷射针直接穿刺环甲膜进行喷射通气。

1. 环甲膜穿刺 这是一种于环状软骨和甲状软骨之间的膜部刺入一个粗针头或套管针进行换气的方法。尽管这种方法只是临时的，而且不能取得充分的换气，但从可以维持氧气交换这一点来看，它的救命价值是很高的。

2. 环甲膜造口术 要想经环甲膜穿刺得到充分的换气，成人需要插入内径为 5 mm 以上的套管针。因此要想保持较长时间的持续性地换气，有必要施行环甲膜切开术。手法简单、操作时间短、并发症少，因而在紧急状况下比气管切开要好。有人主张在环甲膜穿刺后，随即切开皮肤和气管，然后插入气管切开导管是可能的，但直接施行环甲膜切开需要时间会更短，数十秒即可做到确保气道的畅通（图 5-11）。

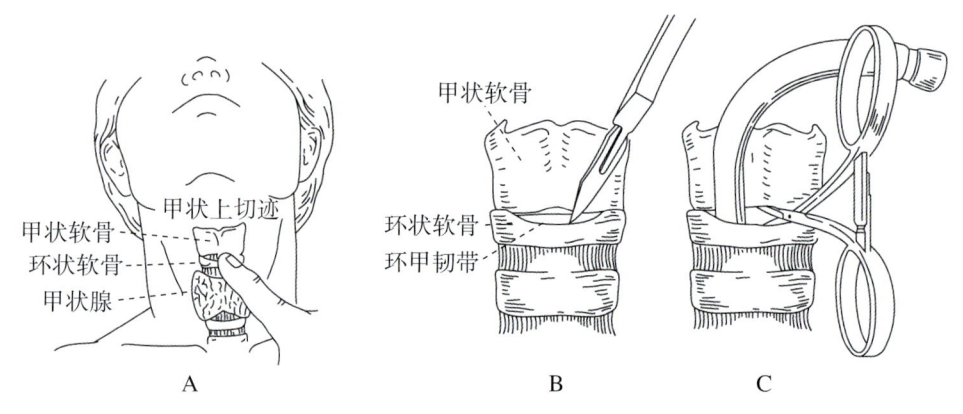

图 5-11 环甲膜切开造口术

A：令患者仰卧位，两肩间垫以枕头使颈后伸。当颈部有损伤时，应将颈部沿脊柱的长轴方向牵引，切不可过伸；B：用示指触摸到甲状软骨，再沿着正中线向下摸到环状软骨隆起，甲状软骨和环状软骨之间的凹陷处为环状甲状韧带，在其表面皮肤上横切一1～2 cm 的小口；C：钝性分离皮下组织显露环状甲状韧带。于环状软骨之上缘，用手术刀将环状甲状韧带横行切开 5 mm；用血管钳横向扩开 5～6 mm，然后插入气管插管；和气管切开一样，将切口包缚，再用带子环绕颈部固定

（六）经皮旋转扩张气管切开术

经皮扩张气管切开术（percutaneous dilatational tracheostomy，PDT）是在导丝的引导下，用一个带有螺纹的锥形扩张器，一次性旋转扩张气管前软组织及气管前壁，再将气管套管沿瘘口直接插入气管内的新技术（图 5-12A～H）。

与常规气管切开术相比，经皮旋转气管切开术具有明显的优越性：创伤小，皮肤切口仅为 1 cm；锥形扩张器在旋转扩张气管的同时，对周围的软组织亦能起到压迫止血的作用，因此出血甚少；操作简单，手术时间短——常规气管切开术在切开皮肤、皮下后，需分离带状肌，上提甲状腺峡部，暴露气管前壁，然后造瘘、插管，再缝合伤口，但气管前壁位置较深，尤其是体胖的患者，在分离肌肉时往往出血较多，加上床旁操作时光线较差，也会增加手术时间，整个手术过程往往需要 10～20 min，而新技术无需分离肌肉，只需在导丝引导下旋入直径约 1 cm 的扩张器，操作过程不超过 5 min；并发症少——由于无需分离周围组织，因此新技术不会损伤胸膜顶、颈侧大血管等重要结

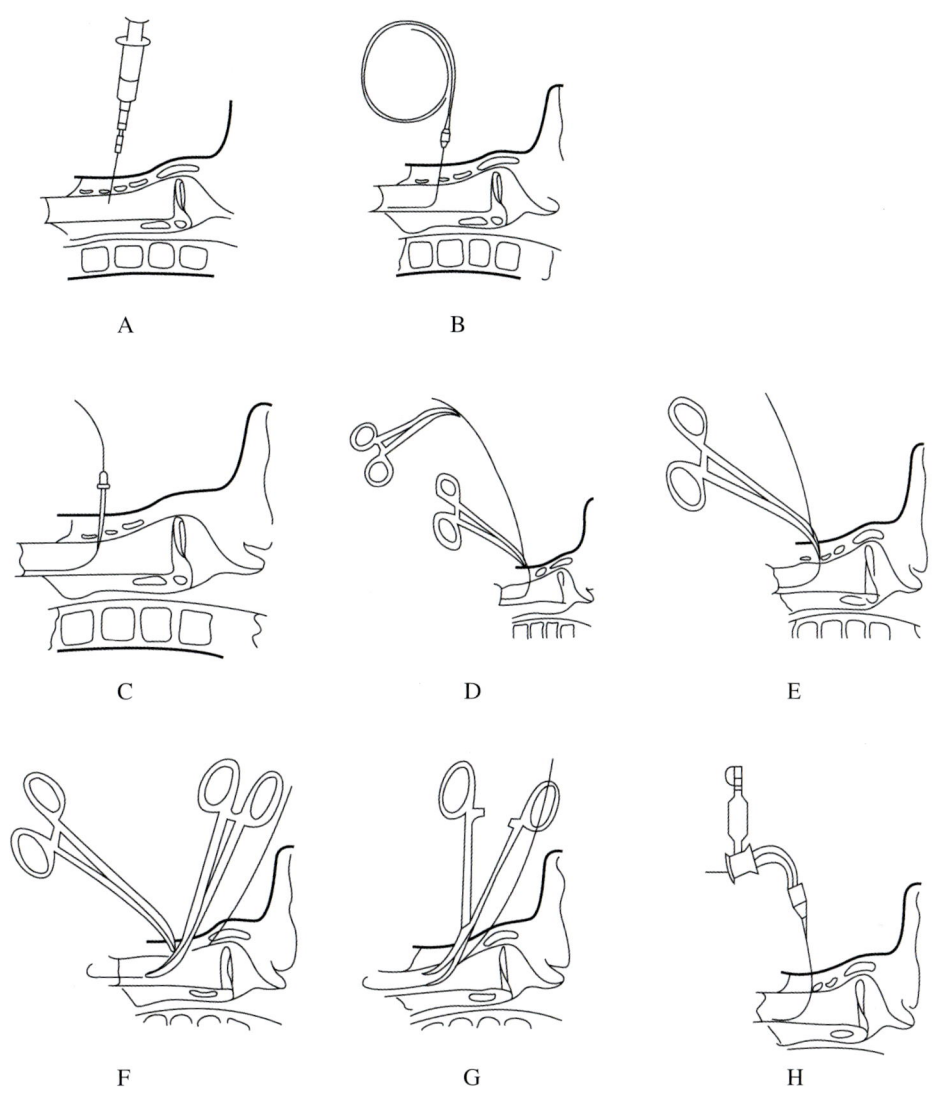

图 5-12 经皮旋转扩张气管切开术

构,不会发生皮下气肿和纵隔气肿。

1. 手术方法

(1) 手术采用 7 号或 8 号 percutwist 气切组套(Rüsch,德国)。该组套主要包括带套管的穿刺针、J 形导丝、旋转扩张器、内径 7 mm 或 8 mm 的气管套管和与之配套的插入器等。其中旋转扩张器和插入器均为中空的,导丝可以插入其中。

(2) 术前患者经静脉给予咪达唑仑(咪达唑仑)5~10 mg,并将呼吸机的氧浓度调为 100%,持续监测患者的血压、心率和氧饱和度情况。

(3) 患者取仰卧位、肩背部垫一薄枕,将患者头向后仰、充分暴露穿刺点。颈前皮肤消毒铺巾。

(4) 消毒颈部皮肤,局部麻醉穿刺点后在第 2~3 气管环间隙插入引导套管穿刺针,若插出空气再进入 0.5 cm 撤出引导套管穿刺针的针芯,保留针套。

(5) 术者位于患者右侧,第一助手位于患者左侧,第二助手位于患者头侧。用 1% 利多卡因 20 ml+4 滴 1‰肾上腺素于第 3、4 气管环处的颈前皮肤行局部麻醉。

(6) 如有气管插管时,吸净咽部分泌物后将气囊放气,再由第二助手将气管插管拔出至距门齿

15～17 cm，并负责固定患者的头部于正中位。

（7）术者持带套管的穿刺针沿中线于第 3、4 环间垂直穿刺进入气管腔，此时有明显落空感，用空针回抽可见气体。此时将穿刺针略指向足端，固定住套管并拔出穿刺针，将 J 形导丝经套管导入气管腔内，去除套管。固定导丝，术者经穿刺点做颈前约 1.5 cm 的皮肤横切口。将旋转扩张器放入生理盐水中 10～15 s 以活化其表面的亲水材料，然后将导丝插入其中。在导丝的指引下，将旋转扩张器与水平面约成 45°、尖端指向足端行顺时针旋转，逐步旋开颈前组织和气管前壁。此时应注意是像拧螺丝一样慢慢旋入，而不是用力向下压入。旋进时第二助手应不时抽动导丝，确认导丝可以自由活动，以免扩张器抵住气管后壁造成损伤。当扩张器螺纹最宽处进入气管腔后，再旋进时阻力减少，此时可以将其逆时针旋出。将插入器在生理盐水中活化后，先插入气管套管中，再沿导丝将气管套管导入气管腔内，当气管切开套管到达位置后，撤出导丝和引导器，气管切开套管充气，固定气管切开套管。

（8）吸痰后接呼吸机。

2．注意事项　气管后壁的损伤是 PDT 技术较为突出的手术并发症之一。为了保证急救时安全性，操作时应特别注意。

（1）一定沿中线穿刺，确认已进入气管（注射器回抽可见大量气体）后再进行下一步操作。

（2）旋入扩张器时，与地面成 45°，尖端指向足端。这样可使扩张器走行于气管腔中，而不是直接朝向气管后壁。

（3）旋入扩张器时，第一助手应不时检验导丝是否能自由抽动，如已抵住气管后壁，则导丝将不能抽动。

（4）在旋进时可不时上提扩张器，不可一味下压；当感觉阻力较大时，可逆时针稍旋出一些，再顺时针旋入，不可使用蛮力。

（5）在操作过程中，助手一定固定好导丝的位置，使其一直处于气管腔内。

第二节　人工呼吸

一、口对口人工呼吸

这是一种医师、护士、急救队员都必须掌握的最基本的救命方法。它的优点在于不需要特殊的器具，即使一个人也可以进行，无论在什么条件下都可以进行，可以边进行人工呼吸边判断效果，术者不易感到疲劳（图 5-13）。

二、面罩式人工呼吸

这是一种用于急救车或医院内急救的方法，如果操作不当是没有效果的。其要点是正确地确保气道通畅和面罩与皮肤的紧密接触（图 5-14）。

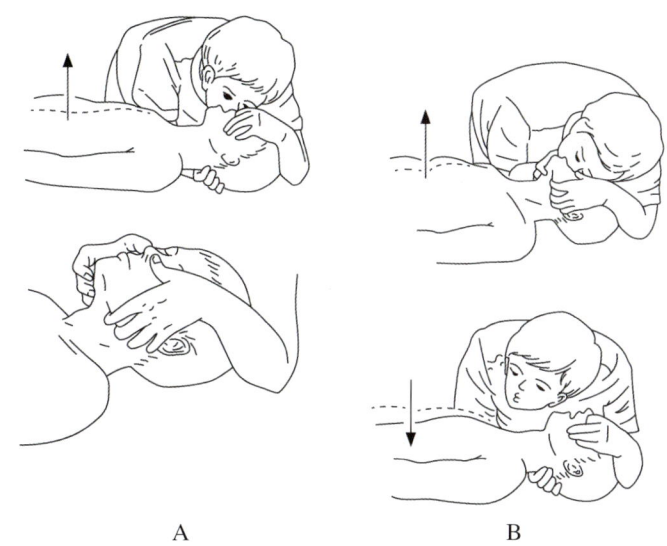

图 5-13 口对口人工呼吸的要点
A．单靠头部后仰大多是不能完全保持呼吸道通畅的，此时必须立即将下颌抬起；B．在口对口吹气时一定要看到患者的胸部鼓起方为有效；对于呼吸已经停止的患者，首先应连续地口对口吹气 3 次，然后每 5 秒吹气 1 次（婴幼儿每 3 秒 1 次）

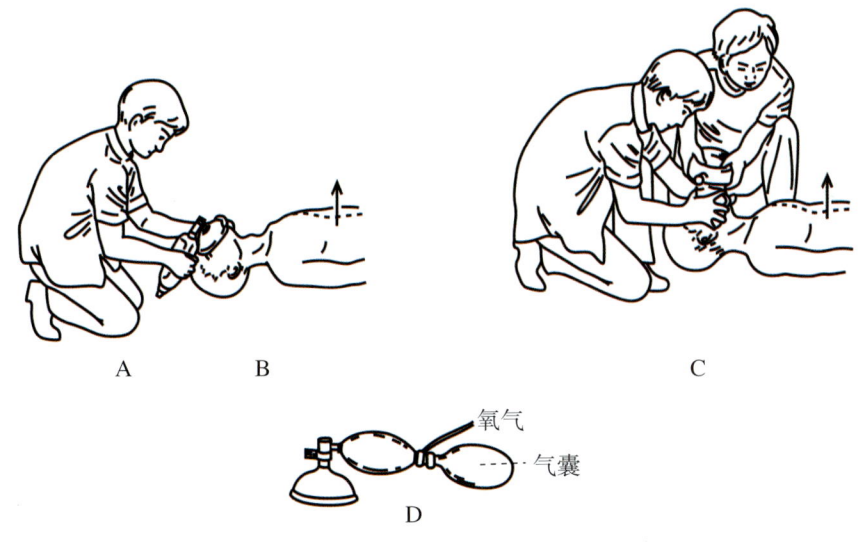

图 5-14 气囊式人工呼吸
A．术者跪或立在患者的头侧，令患者的头后仰，术者用左手的 3、4、5 指将下颌向前上方抬起，用开大的示指和拇指紧紧地将面罩压在口鼻处使之密切接触；B．术者右手持气囊，以 12～15 次/分、吸呼比为 1：2 加压。如果患者气道通畅，加压应该无阻力，患者的胸廓上下活动；C．如果不能保持面罩与口鼻周围的皮肤密切接触，则一人用两手将下颌保持抬举位并保持面罩紧密接触，另一人有节律性地压迫气囊；D．供给氧气和空气的流量应该是每分钟 6 L 左右，即每次的换气量为 500 ml，12 次/分

第三节　心脏按压

一、胸外心脏按压

胸外心脏按压的方法是通过挤压胸骨将位于胸骨与胸椎之间心腔内的血液压出。其原理是根据

提高心脏泵的作用和胸腔内压将血液挤压出胸腔，也叫胸腔泵的作用（thoracic pump mechanism）。因此，没有充分的压迫时间和解除时间就不能有效地压出和回吸血液，冲击压迫是无效的。另外，如果伤员是放置在柔软的垫子上，由于不能使胸腔内的压力得到有效的提高，也是不能收到按压效果的。实际操作要点如图 5-15 所示。

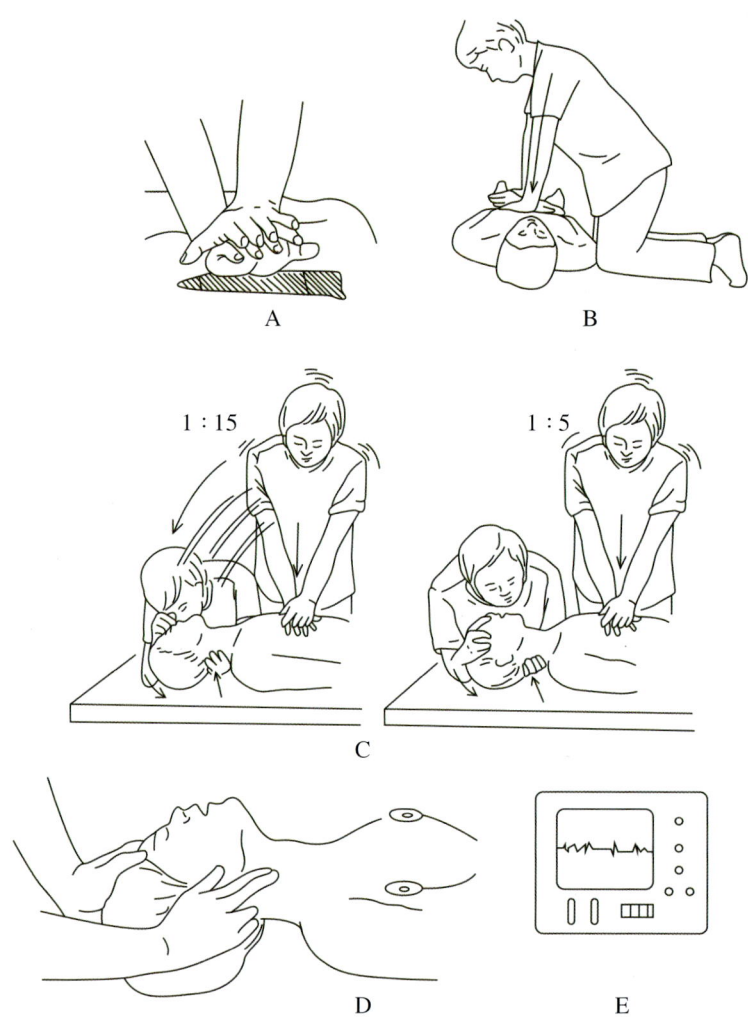

图 5-15　胸外心脏按压的要点

A．按压的部位应该在胸骨的下半部分，将手掌的大小鱼际部位压在此处，另一手重叠在手背上。注意手指切不可直接接触胸壁而应该伸直；B．术者两肘关节不能屈曲，应该保持伸直位，就好像将整个术者的上半身都压在患者的胸骨上一样，否则按压是无效的。按压与放开的时间为 1∶1，不过以按压时间略长一点为宜；C．由一人施行心肺复苏时，可以以 100 次 / 分的速率只做胸外心脏按压，如果同时由 2 人施行心肺复苏，则一人以 100 次 / 分的速率只做胸外心脏按压，另一人以 30∶2 的比例施行人工呼吸；D．只要心脏按压开始就不能中断，为避免因劳累影响心脏按压效果，可以由其他术者交替进行；E．通过触摸颈总动脉以确认心脏按压效果，用心电图确认是心跳停止还是心室纤颤

二、心脏穿刺

只限于在必要的情况下向胸腔内注入时才使用心脏穿刺的方法。在尚没有建立静脉通道而施行心肺复苏时，及早应用肾上腺素是非常必要的，如果向气管内滴入无效也可通过心脏穿刺注入。经皮心内注入的最大危险、也是最常见的并发症是气胸，因为它是正压呼吸时致命的原因。只要正确地掌握穿刺要点，并发症是很少发生的（图 5-16）。

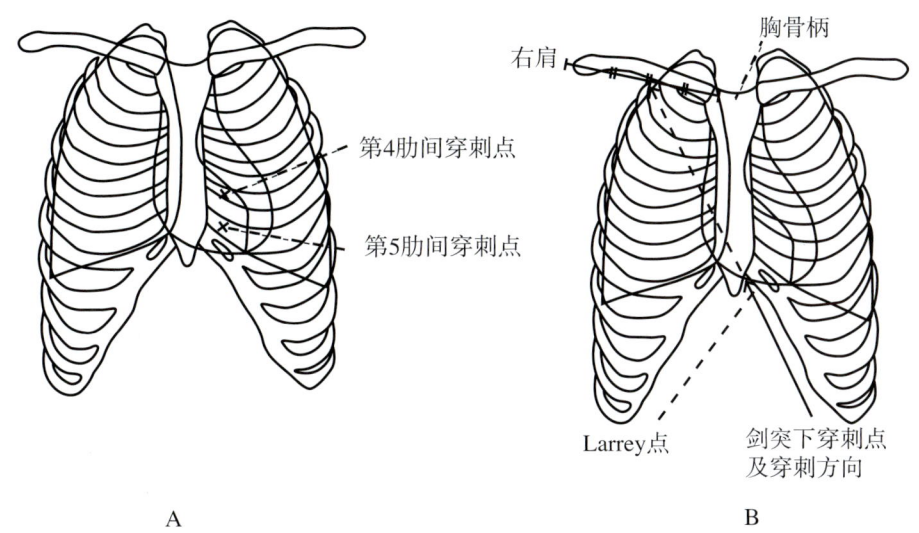

图 5-16 心脏穿刺的要点
A．胸骨缘穿刺法：将带有 9 cm 穿刺针的 2 ml 注射器装满强心药，从第 4、5 肋间胸骨左缘旁 2 横指处，略斜向内侧边抽吸边刺入，确认有回血后注入药物；B．剑突下穿刺法：由剑突左缘与左肋弓交点处向着锁骨中线，与皮肤呈 30°～45° 的角度穿刺

三、胸内心脏按压

当通过胸外按压尚不能期待达到较充足的脑血流时，应施行胸内心脏按压术，其绝对适应证为经过持续性胸外心脏按压 30 min 后仍无心脏再搏、合并有胸外伤的情况、贯通性胸外伤、心包填塞、胸廓变形、多发性肋骨骨折。

由于胸内心脏按压术是非常紧急的一种救命手段，所以不需要多么严密地消毒和铺设无菌巾，如果没有手头备用的手术包，没有消毒的器具也是可以进行的。只需一把手术刀和一把手术钳。实际操作要点见图 5-17。

四、胸骨叩击法

胸骨叩击法也可以看作是一种电流非常低的机械性除颤，因此对于那些因较长时间心跳停止而产生心肌缺血的患者是无效的，对于婴幼儿也是无效的。最佳的适应证是在做心电图扫描过程中突然出现了心跳停止、心室扑动以及 Adams-Stokes 发作性缓脉。

本方法非常简单，用右手握拳的尺侧由 30 cm 的高度叩击胸骨的中央。只可试用 1 次，如若无效，立即进行心肺复苏。

五、直流电除颤

在复苏时，直流电除颤的适应证主要是心室纤颤和心室扑动，一旦确认是心室纤颤，除颤越早，成功率越高。在除颤之前，应不间断地施行心脏按压和人工呼吸以保证心肌的氧供，补充碳酸氢钠以纠正酸中毒。直流电除颤的标准见表 5-2。

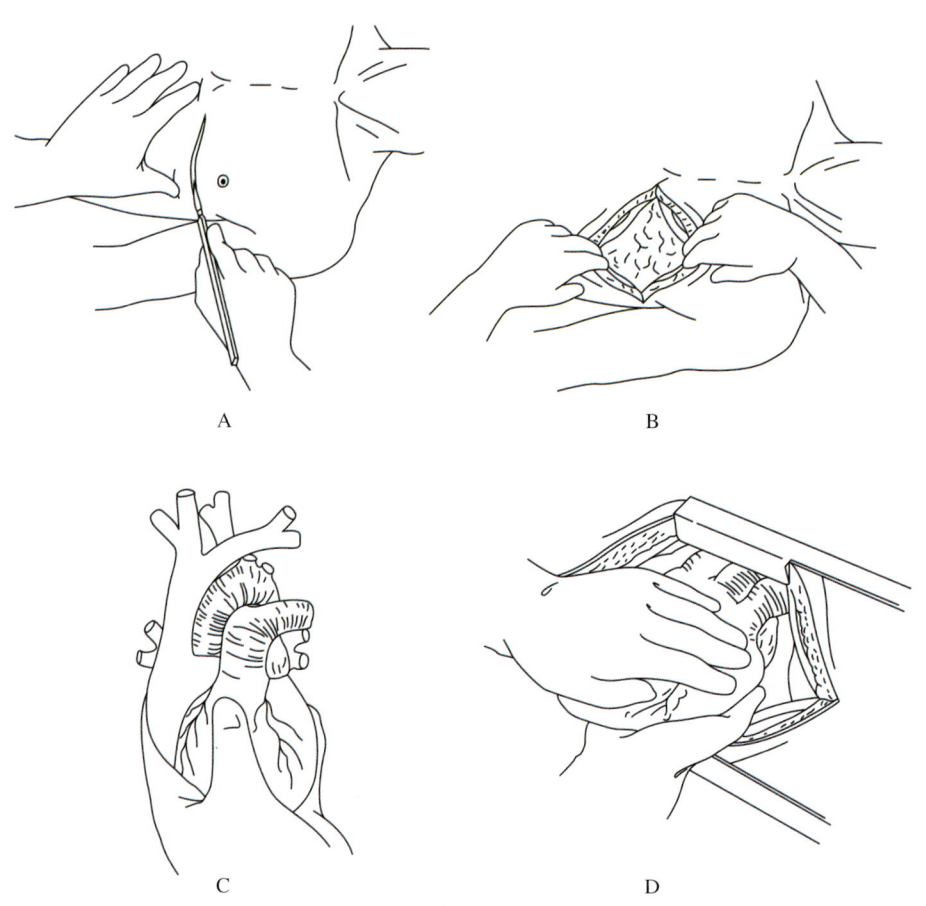

图 5-17　开胸心内按压术的要点

此操作的前提条件是停止胸外心脏按压、完成气管内插管可以进行正压人工呼吸。A．于左侧乳头下（女性为乳房下）第 5 肋间切开皮肤至腋后线，沿皮切方向切断肋间肌，不用止血；B．在不损伤肺组织的情况下于第 5 肋用尖刀剪开肋间肌开胸，然后伸入手指扩大开胸口；C．在不损伤位于心包后面左膈神经的前提下，纵行切开心包的前外侧；D．将心尖放置在左手掌内，左手拇指放在右心室处，其余 4 指伸入到心脏的后面左室后壁处向心底部挤压。也可用两手夹住心室挤压，也可用单手将心室向胸骨后挤压。切不可用指尖持续性强力局部压迫

表 5-2　直流电除颤标准

适用范围		除颤能量
成人	100～300 J （最初用 200 J，无效时再增加至 300 J）	3 J/kg
小儿	10～80 J	2 J/kg
开胸时	>100 J	0.5 J/kg

第四节　静脉通道的建立

对存在不同程度创伤-失血性休克的瓦斯爆炸伤害重伤员，应根据情况建立相应的静脉输液通路，对于创伤-失血性休克较严重的瓦斯爆炸伤害伤员，由于静脉塌陷外周静脉输液通路建立困难，必要时可考虑左、右股静脉、锁骨上、下静脉、颈内、外等深静脉穿刺置管，建立静脉输液通路；

在保证液体复苏的同时，还可以进行中心静脉压监测，指导瓦斯爆炸伤害重伤员的液体复苏。

无论建立何种静脉输液通路，都应避开有明显出血的部位和肢体，以免加重伤处出血并影响液体复苏效果。

对于严重外伤和心肺复苏的患者，应最少建立2个静脉通道，其中一个是中心静脉，另一个是末梢静脉为佳，且必须使用18 G静脉套管针。静脉通道的建立分秒必争，因此通常是选用2～3个静脉同时穿刺。

一、静脉穿刺

1. 浅静脉的穿刺　体表容易进行穿刺的末梢静脉如图5-18所示。原则上应该由末梢进行穿刺，使用可留置的套管针。穿刺时，首先让四肢平放或下垂，然后扎止血带，并叩击穿刺的部位使该静脉怒张，提高穿刺的成功率，注意避开有损伤的肢体。如果疑有骨盆骨折或腹腔内损伤，应从上肢建立静脉通道。当穿刺有困难时，应毫不犹豫地施行静脉切开术。

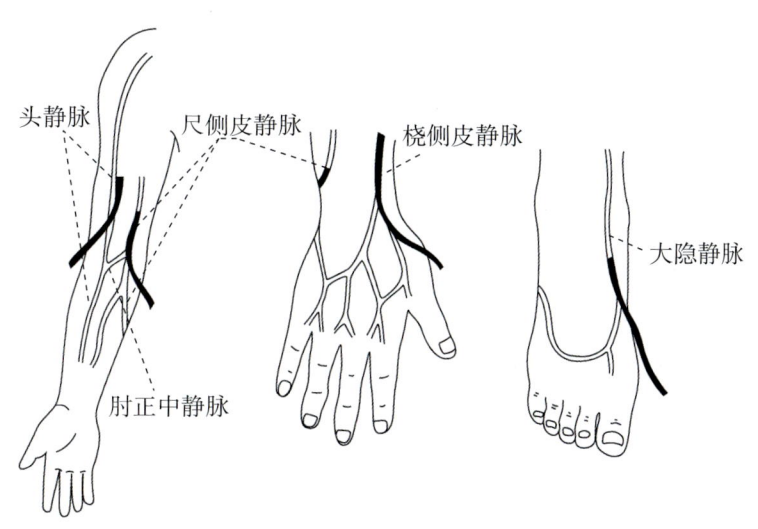

图5-18　表浅末梢静脉穿刺的选择

具体步骤如下：

第1步：协助患者取舒适卧位，选择穿刺静脉，检查并打开静脉留置针包装。

第2步：于穿刺点上方10 cm处扎止血带，常规消毒穿刺部位皮肤，嘱患者握拳。

第3步：去除针套，旋转松动留置针外套管，调整针头斜面，左手绷紧皮肤，右手持针，使针尖斜面向上与皮肤呈15°～30°进针，见回血后，调整穿刺角度为10°左右，沿静脉走向将留置针再推进0.5～1.0 cm。

第4步：右手握住留置针回血室部，使针芯固定，以针芯为支撑，左手将外套管全部送入静脉内。

第5步：松开止血带，嘱患者松拳，用左手环指（或小指）按压导管尖端处静脉防止漏血，拇指和示指捏紧针座，右手抽出针芯，消毒肝素帽，连接输液器。

第6步：输液贴膜固定留置针，注明置管日期、时间，胶布固定留置针管。

2. 大静脉的穿刺　在休克时，由于末梢静脉萎陷，往往穿刺困难，因而有必要进行大静脉的穿刺以确保静脉通道。通常选用锁骨下静脉穿刺，因为此静脉到达中心静脉的距离短，固定牢靠。但锁骨下静脉穿刺的缺点在于有可能产生比较严重的并发症，必须由具有娴熟技术的医师操作。对于外伤患者来说，由于中心静脉为负压，一旦插入的套管开放，极易使大量空气吸入至血管中（图5-19）。

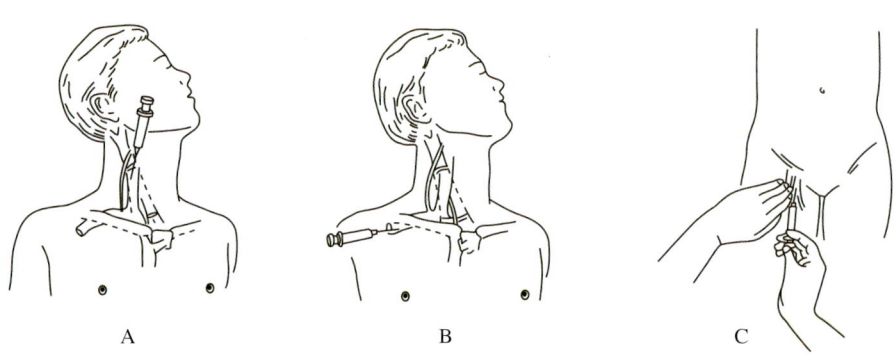

图 5-19 中心静脉的穿刺要点

A．颈内静脉穿刺法：由胸锁乳突肌的胸骨头和锁骨头所成三角的顶点作为穿刺点，朝矢状面略外侧与皮肤呈 30°刺入。穿刺部位至中心静脉距离为 10～15 cm；B．锁骨下静脉穿刺法：分锁骨上穿刺法和锁骨下穿刺法两种，通常使用后者。穿刺点选择在锁骨中点的锁骨下缘，穿过锁骨的后面朝向胸骨切迹。穿刺部位至中心静脉的距离为 10～20 cm；C．股静脉穿刺法：用左手的示指和中指将股动脉压向外侧，穿刺位于其内侧的股静脉。穿刺点选择在腹股沟韧带下外侧 1 cm 处，以使皮下的路径延长。穿刺部位至中心静脉的距离为 45～55 cm

近些年来，对于失血性休克患者更提倡使用颈外静脉留置针穿刺的方法，其优点是：

（1）颈外静脉行径表浅：颈外静脉是颈部最大浅静脉，该血管相对粗直，血管充盈外径最大可达 0.8～1.0 cm，位置较恒定；颈外静脉行径表浅，处于适当体位，稍加压，一般清晰可见，易于穿刺，能增加穿刺者的信心。且该血管为近心静脉，方便快速给药，颈外静脉穿刺后不影响肢体的活动，便于血压的测量。

（2）静脉炎发生率低，留置时间长：临床上影响静脉留置针保留时间的主要原因是静脉炎的发生，而颈外静脉管腔粗大，血流丰富，留置针在其内随血流漂浮于血管中对血管刺激小，可较快稀释药液，减少药物刺激，静脉炎发生率低。另外，颈外静脉留置针的穿刺成功率高，可减少反复穿刺导致的血管内膜损伤，因此保留时间长。

（3）首次穿刺成功率高：失血性休克患者选择颈外静脉留置针穿刺，一次成功率高，能避免重复穿刺造成的痛苦，为抢救患者的大量输液及快速给药提供途径，为抢救患者的生命赢得宝贵时间。

（4）污染机会少：颈外静脉留置针穿刺不仅能节约资源，而且减少了污染机会。在临床工作中，反复静脉穿刺，不仅造成胶布、棉签、消毒剂、留置针等浪费，同时也浪费了人力资源。特别是在抢救患者时，大量的护理工作需要展开，重复穿刺造成护理人员的工作变得被动。重复穿刺、更换留置针、输液管末梢暴露于空气中，也增加了污染机会。

（5）颈外静脉留置针穿刺法易于在临床推广：在护理技术操作中，只要告之其要点，掌握其方法，就可以灵活使用。但在穿刺中要注意选择正确的穿刺部位，取下颌角与锁骨上缘中点连线的上 1/3 处颈外静脉外缘为穿刺点。不可过高或过低，过高因靠近下颌角妨碍操作，并且影响患者颈部活动，过低易损伤锁骨下胸膜或肺尖。穿刺时尽量做到一次成功，在静脉系统内，距心脏越近，静脉压力越低。因此，颈外静脉较四肢静脉压力低，若留置针进入其中无回血，继续穿刺易穿透静脉。因此我们在静脉留置针后接一注射器，可边进针边回抽，及时发现留置针是否已进入血管，撤出针芯前用注射器验证外套管是否在血管内，从而避免重复穿刺的发生。

二、静脉切开

如果经皮静脉穿刺不成功，应该争取时间施行静脉切开以确保静脉通道。成人多选用位于内踝附近的大隐静脉（图 5-20）。

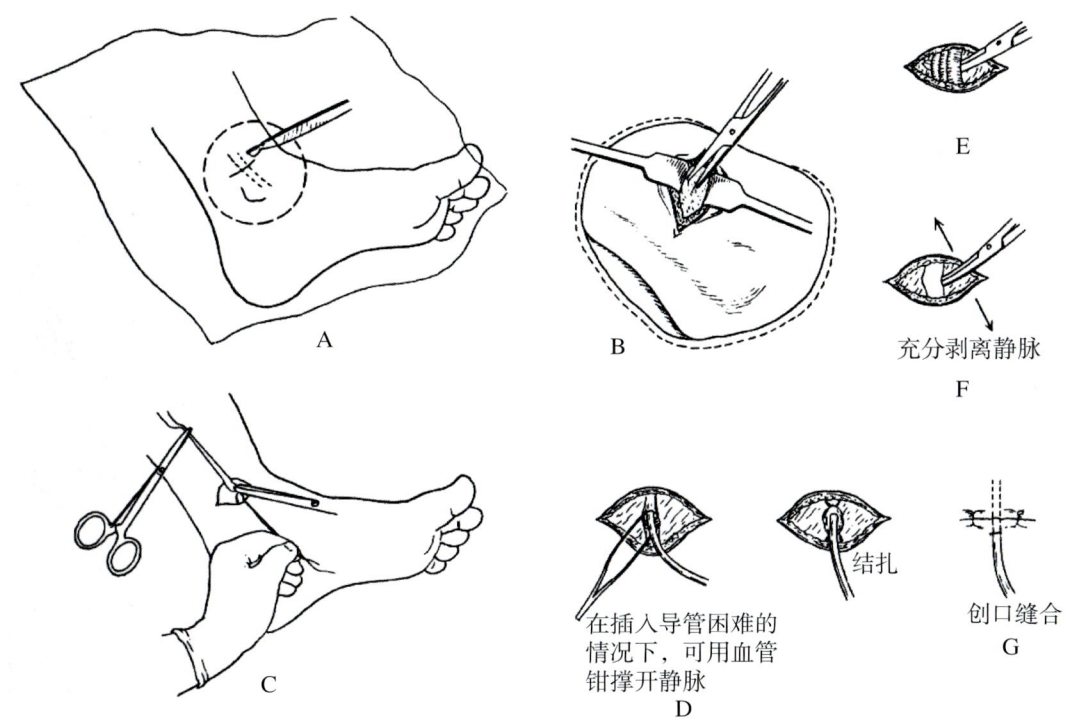

图 5-20 静脉切开术的要点

A．首先将静脉切开部位消毒，铺设无菌巾，然后用 1% 利多卡因局部浸润麻醉；B．与血管走行呈直角切开皮肤，用蚊式血管钳与血管平行钝性分离脂肪组织并寻找静脉。如果难以找到，则扩大切口用血管钳提起脂肪并切除，再寻找静脉；C．找到静脉后，用血管钳分离血管周围的组织，将两根 4 号丝线由血管下穿过，其中一根结扎静脉远端；D．将近端的牵引线和远端的结扎线向上提拉，于血管的中点略靠远端用眼科剪呈 V 字形剪开静脉壁，肉眼可以看到血管腔内；E．松弛牵引线，确定有静脉血液回流后，用蚊式钳撑开切开处的血管腔，将灌满生理盐水的静脉插管送入静脉；F．确定导管插入静脉无误，推注生理盐水无阻力，将近端丝线结扎以固定导管，然后再次用远端丝线固定导管；G．缝合并消毒创口，用无菌敷料覆盖，用粘膏将导管固定在皮肤上，最后与输液器连接

三、无静脉输液条件时的液体复苏救治技术

受到瓦斯爆炸伤害的大多情况能导致致死性低血容量性休克，造成组织细胞代谢障碍和生命脏器功能损害，如不能及时输血输液、补充血容量，伤员可能在短时间内死亡或发生严重的并发症。因此，现场救治创（烧）伤-失血性休克最有效的方法是及时充分地进行液体治疗。液体治疗实施越早，救治成功的概率就越大。但在距离有条件的医院较远的矿山，短时间内常出现批量休克伤员，由于环境恶劣、交通不畅、后送延迟或是夜间无照明等，使常规静脉液体治疗难以实施或延迟实施，病死率或并发症发生率大大增加。因此，采取无静脉输液条件下休克救治技术对于现场休克伤员的救治具有十分重要的意义。

无静脉输液条件时休克救治技术主要包括口服或经胃肠道补液、骨髓腔输液、抗休克裤、抗休克或急性缺氧、生命维持和细胞保护药物。

1. 口服或经胃肠道补液 在常规静脉液体复苏难以实施时，口服或经胃肠道补液，是一种简单易行的救治休克的有效手段。口服液通过胃肠道吸收入血，能扩充血容量、维持血压、延长生命，并为后续治疗争取时间。口服液干粉携带方便，加水即可制成口服溶液，对无菌要求不如静脉输液那样严格，用于大批休克患者的救治时间也要少于静脉补液，这对于战场或现场自救和互救是一个不错的选择。人类通过消化道补液的历史远早于静脉补液，在静脉补液技术出现以前，主要靠保暖和给伤员口服大量盐水自救或互救。早在1905年就有人报告给腹腔大出血的伤员口服或者灌入低温盐水能暂时维持循环功能。二战期间包括在珍珠港战役中，口服或通过胃肠道补液得到广泛应用，成为静脉补液救治烧伤休克的辅助措施。但20世纪50年代以后，由于静脉补液技术的发展，口服补液在临床运用减少。20世纪70年代，世界卫生组织（WHO）推荐将口服补液（oral rehydration solution，ORS）用于儿童严重腹泻和霍乱时的恢复血容量治疗，在不发达国家和地区取得了显著效果。自美国911事件以后，口服补液又重新受到重视。近年来，国内外学者就口服液体复苏失血或烧伤休克进行了一系列研究表明，在维持血容量、减轻脏器损害、降低病死率等方面，它可以达到与静脉补液相似的效果。研究还表明口服液成分以葡萄糖-电解质溶液效果较好；胃动力药、维生素C、高渗盐糖在促进胃对口服液的排空、减轻胃肠组织缺血再灌注损伤以及减少补液量等方面有一定的作用。

口服补液在发挥其部分替代静脉补液的同时，也存在以下问题：①严重烧、创伤休克（>40% TBSA烧伤和40%血容量失血）时胃肠道血流量锐减，能量代谢障碍，对口服液胃排空和肠吸收能力显著降低，导致伤员对口服补液难以耐受，表现为呕吐或腹泻，直接影响口服液体治疗的效果；②口服补液与静脉补液同样受到现场水源的限制；③有腹部或胃肠道损伤时不宜采用口服补液。

2. 骨髓腔输液

（1）骨髓腔输液的理论基础：在大多数的临床急救过程中，建立静脉输液通路，及时给药是急救的关键。但在危重症抢救中由于各种原因，常有建立静脉通道困难发生，导致错过最佳用药时机，抢救失败。战时，由于条件的限制，往往导致伤员抢救延时，或由于伤势较重，失血过多，大批急救伤员静脉通路的建立比较困难。在这种情况下，建立静脉替代途径进行给药是抢救的关键。建立骨髓通道进行骨髓输液作为一种有效的输液方式，被国外急救组织广泛采用。

骨髓腔输液的机制与骨组织的发生和解剖有关。人的骨髓内具有1~2条较大的静脉窦及分布丰富的静脉窦隙网，血窦中的血液通过横向分布的静脉管道流入中央静脉窦，然后汇入全身静脉系统。骨内静脉通道在外周静脉塌陷时依然保持一定程度的开放，且骨内血窦具有较大的通透性，这为骨内输液给药提供了解剖学基础。另一方面，心脏骤停时，大动脉搏动消失、血压测不出、循环停止，静脉无充盈，心、脑及其他重要脏器遭受缺血缺氧损害，最有效的CPR复苏时限为4~6 min。在最短的时间内使复苏药物迅速作用于心脏，是CPR进程中重要的技术环节之一。

（2）骨髓输液发展历史：骨髓输液并不是新技术，早在1992年，Drinker就提出胸骨可作为输血部位的概念，并描述了动物骨髓的解剖特性及其作为输血部位的可行性，为以后骨髓输液技术的应用提供了理论依据。1934年，Josefson首次报告了通过胸骨输注浓缩肝治疗恶性贫血取得了良好效果。1937年曾有报道骨髓内注射的胶体二氧化物，立即出现于下腔静脉和肺血管内。1940年有报道通过胸骨输注血液，治疗粒细胞减少症。1941年，Tocantins将骨髓输液首次在临床用于新生儿急救。次年经丹麦医师介绍，很多西方生物医学杂志报道了骨髓输液在儿科中的应用。1942—1943年，有2位学者分别证实骨髓输液途径给药的效果和外周静脉给药效果相同，并且许多药物可满足吸收而无局部和系统并发症。在1947年的一组报道中，459例患者的982次骨髓输液，除18次外，全部输液成功，其中5例发生骨髓炎。

20世纪50年代早期，更新了骨髓输液的技术和设备，扩大了其适应范围，骨髓输液被广泛应用于包括美国在内的许多国家婴幼儿日常治疗，主要利用胫骨和股骨。1952年，开始采用环钻针技术，防止骨髓血栓的形成。1954年证实髂嵴可以安全输注地高辛、去甲肾上腺素和硫喷妥钠等药物，以及右旋糖酐等胶体液。20世纪50年代末和整个60年代，由于塑料和聚氯乙烯套管的使用，静脉通路很容易维持，同时其他给药途径不断涌现，诸如气管内、心脏内、腹腔内和舌下等，使得人们对骨髓输液兴趣降低。尽管如此，骨髓输液仍然被许多第三世界国家应用于儿童救护。

1997年，骨髓内静脉造影术使人们重新认识骨髓输液。

20世纪80年代以来，北美儿科复苏工作的报道使人们更加重视骨髓输液的应用。目前，它已被列入美国心脏病学会生命支持（ACLS）和儿科生命支持（OALS）的训练课程。

骨髓输液技术的输注部位的选择及输液速度与骨穿刺相似，用腰穿针或骨穿针插入骨髓腔内，有落空感，抽出少量骨髓后，即可外接输液器进行输注。研究最多和临床采用最多的部位是胫骨近端。

大多数的研究认为，6岁以下的儿童适于胫骨骨髓输液，其进针部位为胫骨粗隆下方1～3 cm，可避开骨骺生长板，所覆盖的皮肤和其他组织层薄，也没有大血管、神经和较大肌肉。但成人胫骨骨骼较硬，穿刺时容易滑脱，可选用胫骨中部稍上方处。Warren等研究表明，胫骨远端、股骨远端、肱骨近端也可作为输液部位，其疗效与静脉相似。也可采用富含红骨髓的髂骨、胸骨、锁骨部位，但不如四肢长骨方便和穿刺成功率高，胸骨穿刺有胸骨骨折的致命危险，应尽量不用。研究表明，尽管进液的速率不如儿童，但对于抢救急症是完全足够的。骨髓输液用于低血容量性休克时，除了可以给药，其进液的速度是一个关键的因素。在加压的情况下，骨髓输液的速度达到原速度的几倍，可以成功地用于抢救低血容量性休克患者。对成年人不同部位骨髓输液速率的研究结果认为，在一般压力和加压39.9 kPa情况下，肱骨为11.1 ml/min和41.3 ml/min；股骨下端为9.3 ml/min和29.5 ml/min；内外踝为8.2 ml/min和24.1 ml/min；胫骨为4.3 ml/min和17.0 ml/min，而静脉输液的速率为13.1 ml/min和40.9 ml/min。

此外，经锁骨输液的速率为（11.9±0.68）ml/(kg·h)，经髂骨输液的速率为（32.2±4.48）ml/(kg·h)，经胫骨输液的速率为（18.9±1.28）ml/(kg·h)，经锁骨下静脉输液速率为（15.2±1.48）ml/(kg·h)，统计结果认为锁骨骨内和锁骨静脉输液速率没有统计学差异。更有报道胸骨骨内输液达到每分钟80 ml，加压时达到每分钟150 ml。

（3）骨髓输液的装置比较：骨髓输液通常是使用骨髓穿刺针，依据患者年龄及皮下组织选用不同的骨髓穿刺针及进针深度，进入骨皮质有落空感后，拔出针芯用注射器回抽，有骨髓后将静脉输液器接到骨髓针上即可输液或给药。具有加压半自动功能的骨针输液枪被发明用于急救时大批伤员的处理，该种输液枪可以调整穿刺针的进针深度，以适应不同的输液部位。

目前骨髓输液装置主要有带针芯的10～20号骨穿刺针，还有标准蝶形针、标准腰穿针、笔尖式骨内穿刺针、Sur Fast骨髓穿刺针、Illinois胸骨或髂骨骨髓抽吸针等。也有使用头皮针进行胸骨穿刺实施骨髓输液的病例报告。但即使使用一般的骨髓穿刺针，其平均建立通道的时间也仅在100 s左右，远小于静脉切开插管时间。

国外骨髓输液急救产品，比较有代表性的有4种，即FAST输液器（first access for shock and Trauma）、骨输液枪（bone injection gun，BIG）、手转SurFast骨输液器和Jamshidi直针式骨输液器。这些急救装置中，都配备了皮肤消毒液、注射器、固定胶带等物品，极大方便了野外或事故现场的急救。根据设计的不同，其置入准确率和时间有所不同，FAST置入准确率为94%，时间为（114±36）s；BIG为94%和（70±33）s；SurFast为97%和（90±59）s；Jamshidi针的置入准确率和时间分别为 97% 和（90±59）s。可见其在置入准确率和置入时间上没有太大的区别。其中 FAST 骨输液器专供成年人的胸骨输液，有报道显示其对第一次使用的人员使用成功率为 74%，对于有经验的医护人员其成功率是 95%，总的成功率是 84%，平均置入时间为 77 s。

（4）骨髓穿刺的方法：根据患者年龄大小选用不同的骨髓穿刺针，进入骨皮质后有落空感，拔出管芯后用注射器回抽，发现有骨髓液后将静脉输液器接到骨髓针上即可输液或给药。目前研究最多和临床采用最多的部位是胫骨近端。大多数研究认为，6 岁以下的儿童适于胫骨骨髓输液，其进针部位为胫骨粗隆下方 1～3 cm，可避开骨骺生长板，所覆盖的皮肤和其他组织层薄，也没有大血管、神经和较大肌肉。但成人胫骨骨骼较硬，穿刺时容易滑脱，可采用胫骨中部稍上方处。Warren 等研究表明，胫骨远端、股骨远端、肱骨近端也可作为输液部位，其疗效与静脉相似。用于抢救时的装置由穿刺驱动器（电动或手动）、穿刺针、连通器、腕带等组成，临床 CPR 时操作非常便捷。医师首先要确定置管的位置，比如用触诊的方法确定胫骨粗隆，在其内侧面下 1～3 cm 处，约在胫骨粗隆内下方一横指，常规消毒，再确定穿刺部位将穿刺针经皮刺入。垂直并稍向趾部穿入胫骨近端的骨皮质，用轻而捻转或钻孔的动作进针，当感觉到穿刺针前进阻力突然减低时即停止进针，阻力减低即表示已进入骨髓腔。针头在骨髓腔中的液体流速与 20 G 针头在静脉中的流速相同，药物由针头经骨髓腔能很快到达中央静脉循环，其循环时间较远端肢体静脉更短。美国心脏协会（AHA）、心肺复苏国际指南（ILCOR）均认为，建立骨髓腔内血管通路是抢救心搏骤停患者的标准方法。

（5）骨髓输液的临床应用

1）适应证：凡无法或不能建立静脉通道进行静脉输液者，均可采用骨髓输液方法。如大面积烧伤、严重创伤、严重的低血容量休克、败血症、癫痫持续状态、严重水肿或行为不能控制者、婴幼儿的严重脱水、心脏骤停、大量需抢救的空难或铁路公路遇难者及战场上的伤员救治等。总之，在严重脱水、静脉塌陷、无法建立给药补液通道的情况下，应立即采用骨髓输液进行治疗。血管通路建立之后应停用，使用时间越长则发生感染的机会越多。骨髓输液的成功率一般为 80%～97%。骨髓输液的速度一般没有静脉输液快，因此，在补充血容量时，并非是最佳方法。为了保证输液速度，可加压输入，甚至采用双侧输入。

2）禁忌证：成骨不全、菌血症、骨质疏松症、骨质硬化症、穿刺部位有感染、蜂窝织炎、烧伤感染等以及肢体骨折、胎儿红细胞增多症均列为骨髓输液的禁忌证。但现在并不认为骨质疏松症及骨质硬化症是骨内输液的绝对禁忌证。但后者的致密骨质不易穿刺，不能输注高渗溶液，也不能长期持续输注。禁止在有感染的部位进行骨针穿刺。

3）并发症：骨髓输液并发症不常见。最常见的并发症是穿刺部位以及皮下和骨膜下液体外渗。多见于加压输液或应用时间过长。一般晶体外渗问题不大；若碳酸氢钠或其他细胞毒性物质外渗，应终止骨髓输液或减慢输液速度以减少外渗。若有外渗，应在外渗部位加压。骨皮质有裂缝处均可出现外渗，因此有骨折或因穿刺不成功而骨皮质有小孔者均不宜再做骨髓输液。由于直接进入骨髓腔，有些人担心可能导致骨髓炎的发生。事实上，在骨髓输液几十年的治疗统计中，骨髓炎的发生率从未超过 1%，有学者报道在 4270 例患者中，仅 27 例发生骨髓炎，占 0.6%。因输液外渗和浸润而引起局部蜂窝组织炎和皮下脓肿的发生率为 0.7%。根据输液后骨髓的组织学和放射学变化，高渗溶液可引起骨髓坏死和纤维蛋白沉积。并见骨膜反应增加。输液不良影响实验动物的血气分析和呼吸率，组织学检查显示胸骨骨小梁和骨髓脂肪不受损害。但输注后 1～2 天造血细胞消失或减少。2～6 周取得的注射处骨标本显示少量细胞区域已被纤维组织所替代。上述变化仅见于注射处直径 0.6 cm 的范围内，未见肺栓塞的功能性或组织学证据，生理学影响轻微。此外，偶有发生骨折、胸骨穿破伴发纵隔炎、骨膜下输注、骨髓损伤、误入关节内、局部皮肤感染、骨针松动、骨针断裂、婴儿生长板损伤、脓毒症以及潜在脂肪栓塞等报道。总的来说，骨髓输液并无高比例的严重并发症。

（6）骨髓腔输液方法的优点：骨髓输液技术在国外已是医疗救护人员必须掌握的基本救治内容，运用此技术挽救了大量患者，有效降低了急救死亡率。对于无法进行静脉穿刺和静脉切开插管的患者，不失为一种有效、安全、快速的抢救技术。

1）操作简单、快捷、方便，为抢救争取时间，国内作者也有报告可以在 30～60 s 内建立骨髓输液通路，易于医护人员短时间掌握，其穿刺成功率高达 90% 以上。经骨髓输液比较安全，并发症发生率也低。

2）任何医务人员经过简单的培训均能掌握这种技术。

3）进针准确，用时短，有落空感时取出针芯，用注射器抽吸，见到骨髓液证实在骨髓腔内即可注射药物或与输血器连接。

4）骨皮质对穿刺针有固定作用。这种方法在临床上被广泛应用，成功救治了大量的创伤、失血及各类危重患者，发挥了巨大的作用。

5）骨髓输液通道建立后，可以进行多种治疗，最基本的作用是给予抢救药物和补液。在几种骨髓输液器的选择中，宜用较方便的器械。目前几种骨髓输液器的使用并无根本的不同，用廉价的骨髓穿刺针进行骨髓输液是完全可以在我国基层医疗单位开展的，而配备了皮肤消毒液、注射器、固定胶带等物品的一次性骨髓输液器更可在重大事故现场及战场上广泛使用。

第五节　体腔穿刺

对张力性气胸和血胸施行胸腔穿刺、对心包填塞施行心包穿刺都是救命的措施，既需要争分夺秒，又需要医师对外伤的处理有娴熟的技术。

一、胸腔穿刺

对于胸部外伤的患者来说，不仅需确保其气道畅通、可以充分换气，当胸廓左右活动有差别时，还必须警惕气胸的存在。如果听诊未闻及肺泡音、叩之呈鼓音，基本可以诊断有气胸的存在，则可试穿。

张力性气胸进展非常迅速，如不能及时处理则可致命，因此无需等待 X 线摄影，应立即用 18 G 的胸腔穿刺针由第 4～5 肋间的腋中线刺入胸腔，暂时减压后再施行胸腔闭式引流术。伴有外伤的血气胸多数也需胸腔闭式引流，其操作技术见图 5-21，具体操作步骤详见本章第七节。胸腔闭式引流后，应严密观察，如果以 15～20 cmH$_2$O 的负压吸引，在 15 min 内持续出血超过 100 ml 或有大量的气体溢出，则应考虑手术治疗。

胸腔闭式引流操作要点见图 5-21。

二、心包穿刺

在胸外伤患者没有明显的外出血，而又处于休克状态、脉压差小、中心静脉压高的情况下，应高度怀疑有心包填塞的可能。经 B 超检查确诊后立即施行心包穿刺。（图 5-22）

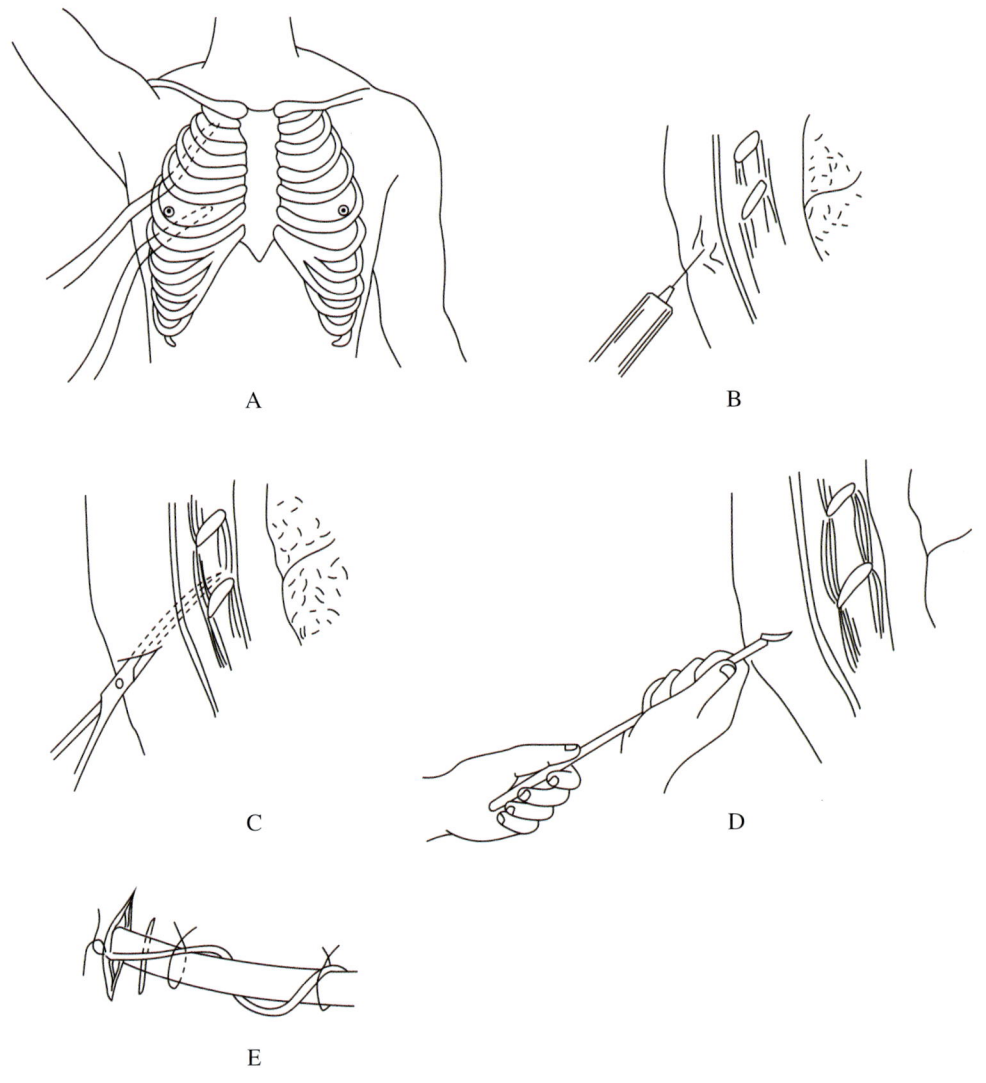

图 5-21 胸腔闭式引流操作之要点

A．通常，排气是由第 2、3 肋间的锁骨中线朝向肺尖插入闭式引流管的；排血或其他液体是由第 4、5、6 肋间腋前、中线朝向肺底插入的。但在紧急情况下，由腋中线的第 5 肋间插入即可；B．令患者取仰卧位或轻度侧卧位，用 7 号针将皮肤、肋间筋膜、胸膜进行浸润麻醉，如果能到达胸膜腔，则抽吸以确认胸内容物；C．选择预定穿刺引流的肋间，皮肤切开 1～2 cm，用直钳子于肋骨上缘充分分离肋间肌；D．用左手使劲捏住距引流管头端 2～3 cm 的部位，沿肋骨上缘滑入胸膜腔，如果没有阻力，拔出内管 2～3 cm，连同外管向要穿刺的方向插入；E．缝合切口并固定穿刺管，与引流瓶连接

三、腹腔穿刺

腹腔穿刺（abdominocentesis）是借助穿刺针直接从腹前壁刺入腹膜腔的一项诊疗技术（图 5-23）。确切的名称应该是腹膜腔穿刺术。

（一）目的

1．明确腹腔积液的性质，找出病原，协助诊断。

2．适量的抽出腹水，以减轻患者腹腔内的压力，缓解腹胀、胸闷、气急、呼吸困难等症状，减少静脉回流阻力，改善血液循环。

3．向腹膜腔内注入药物。

4．注入一定量的空气（人工气腹）以增加腹压，使膈肌上升，间接压迫两肺，减小肺活动幅

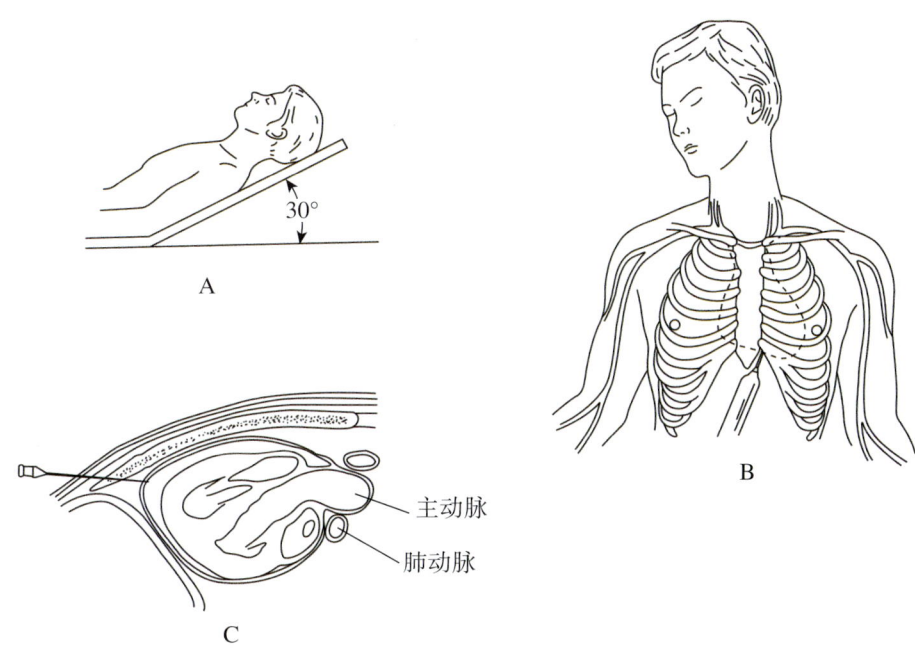

图 5-22 心包穿刺操作要点

A．尽可能使患者取 30°的半坐位，准备好除颤器和复苏的各种器具；B．以剑突与左肋弓交点下 1～2 cm 处作为穿刺点，以与皮肤向外呈 15°～35°角穿刺；C．用 7 号针将皮肤、皮下组织局部浸润麻醉，然后用 12 号穿刺针刺入进针 4～5 cm 直达心包，通过心包时有阻抗。如果确认有心包液后用止血钳夹住固定，然后接针管注射器抽吸

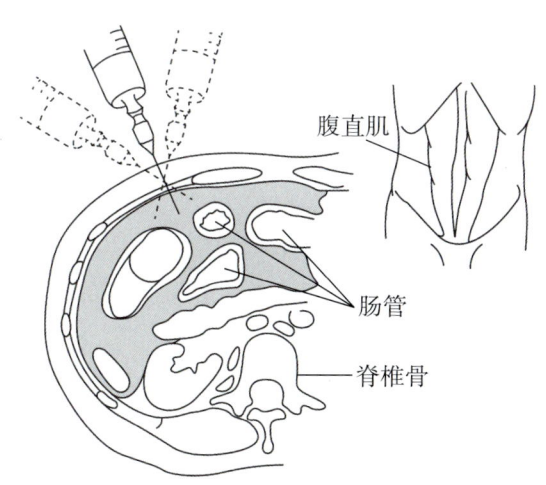

图 5-23 腹腔穿刺技术

度，促进肺空洞的愈合，在肺结核空洞大出血时，人工气腹可作为一项止血措施。

5．施行腹水浓缩回输术。

6．诊断性（如腹部创伤时）或治疗性（如重症急性胰腺炎时）腹腔灌洗。

（二）适应证

1．腹水原因不明，或疑有内出血者。

2．大量腹水引起难以忍受的呼吸困难及腹胀者。

3．需腹腔内注药或腹水浓缩再输入者。

（三）禁忌证

1．广泛腹膜粘连者。

2．有肝性脑病先兆、包虫病及巨大卵巢囊肿者。

3．大量腹水伴有严重电解质紊乱者，禁忌大量放腹水者。

4．精神异常或不能配合者。

（四）方法

1．术前指导

（1）穿刺前排空小便，以免穿刺时损伤膀胱。腹穿一般无特殊不良反应。

（2）穿刺时根据患者情况采取适当体位，如坐位、半坐卧位、平卧位、侧卧位，根据体位选择适宜穿刺点。

（3）向患者解释一次放液量过多可导致水盐代谢紊乱及诱发肝性脑病，因此要慎重。大量放液后需束以多头腹带，以防腹压骤降、内脏血管扩张而引起休克。放液前后遵医嘱测体重、量腹围，以便观察病情变化。

（4）在操作过程中若感头晕、恶心、心悸、呼吸困难，应及时告知医护人员，以便及时处理。

2．术前准备

（1）操作室消毒。

（2）核对患者姓名，查阅病历、腹部平片及相关辅助检查资料。

（3）清洁双手（双手喷涂消毒液或洗手）。

（4）做好患者的思想工作，向患者说明穿刺的目的和大致过程，消除患者顾虑，争取充分合作。

（5）测血压、脉搏，量腹围、检查腹部体征。

（6）术前嘱患者排尿，以防刺伤膀胱。

（7）准备好腹腔穿刺包、无菌手套、口罩、帽子、2% 利多卡因、5 ml 注射器、20 ml 注射器、50 ml 注射器、消毒用品、胶布、盛器、量杯、弯盘、500 ml 生理盐水、腹腔内注射所需药品、无菌试管数只（留取常规、生化、细菌、病理标本）、多头腹带、靠背椅等。

（8）戴好帽子、口罩。

（9）引导患者进入操作室。

3．操作步骤

（1）部位选择：

1）脐与耻骨联合上缘间连线的中点上方1 cm、偏左或右 1～2 cm，此处无重要器官，穿刺较安全。此处无重要脏器且容易愈合。

2）左下腹部穿刺点：脐与左髂前上棘连线的中与外 1/3 交界处，此处可避免损伤腹壁下动脉，肠管较游离不易损伤。放腹水时通常选用左侧穿刺点，此处不易损伤腹壁动脉。

3）侧卧位穿刺点：脐平面与腋前线或腋中线交点处。此处穿刺多适于腹膜腔内少量积液的诊断性穿刺。

（2）体位参考：根据病情和需要可取坐位、半卧位、平卧位，并尽量使患者舒服，以便能够耐受较长的操作时间。对疑为腹腔内出血或腹水量少者行实验性穿刺，取侧卧位为宜。

（3）穿刺层次：

1）下腹部正中旁穿刺点层次：皮肤、浅筋膜、腹白线或腹直肌内缘（如旁开 2 cm，也有可能涉及腹直肌鞘前层、腹直肌）、腹横筋膜、腹膜外脂肪、壁腹膜，进入腹膜腔。

2）左下腹部穿刺点层次：皮肤、浅筋膜、腹外斜肌、腹内斜肌、腹横肌、腹横筋膜、腹膜外脂肪、壁腹膜，进入腹膜腔。

3）侧卧位穿刺点层次：同左下腹部穿刺点层次。

4．穿刺术

（1）消毒、铺巾：①用碘伏在穿刺部位自内向外进行皮肤消毒，消毒范围直径约 15 cm，待碘伏晾干后，再重复消毒一次。②解开腹穿包包扎带，戴无菌手套，打开腹穿包（助手），铺无菌孔巾，并用无菌敷料覆盖孔巾有孔部位。③术前检查腹腔穿刺包物品是否齐全：8 号或 9 号带有乳胶管的腹腔穿刺针、小镊子、止血钳、输液夹子、纱布、孔巾。

（2）局部麻醉：术者核对麻醉药名称及药物浓度，助手撕开一次性使用注射器包装，术者取出无菌注射器，助手掰开麻醉药安瓿，术者以 5 ml 注射器抽取麻醉药 2 ml，自皮肤至腹膜壁层用 2% 利多卡因作局部麻醉。麻醉皮肤局部应有皮丘，注药前应回抽，观察无血液、腹水后，方可推注麻醉药。

（3）穿刺：术者左手固定穿刺部皮肤，右手持针经麻醉处垂直刺入腹壁，待针锋抵抗感突然消失时，示针尖已穿过腹膜壁层，助手戴手套后，用消毒血管钳协助固定针头，术者抽取腹水，并留样送检。诊断性穿刺，可直接用 20 ml 或 50 ml 注射器及适当针头进行。大量放液时，可用 8 号或 9 号针头，并于针座接一橡皮管，用输液夹子调整速度，将腹水引入容器中计量并送化验检查。

（4）术后处理：①抽液完毕，拔出穿刺针，穿刺点用碘伏消毒后，覆盖无菌纱布，稍用力压迫穿刺部位数分钟，用胶布固定，测量腹围、脉搏、血压、检查腹部体征。如无异常情况，送患者回病房，嘱患者卧床休息，观察术后反应。②书写穿刺记录。

（5）进针技术与失误防范：①对诊断性穿刺及腹膜腔内药物注射，选好穿刺点后，穿刺针垂直刺入即可。但对腹水量多者的放液，穿刺针自穿刺点斜行方向刺入皮下，然后再使穿刺针与腹壁呈垂直方向刺入腹膜腔，以防腹水自穿刺点滑出。② 一定要准确，左下腹穿刺点不可偏内，避开腹壁下血管，但又不可过于偏外，以免伤及旋髂深血管。③进针速度不宜过快，以免刺破漂浮在腹水中的乙状结肠、空肠和回肠，术前嘱患者排尿，以防损伤膀胱。进针深度视患者具体情况而定。④放腹水速度不宜过快，量不宜过大。初次放腹水者，一般不要超过 3000 ml（但有腹水浓缩回输设备者不限此量），并在 2 h 以上的时间内缓慢放出，放液中逐渐紧缩已置于腹部的多头腹带。⑤注意观察患者的面色、呼吸、脉搏及血压变化，必要时停止放液并及时处理。⑥术后卧床休息 24 h，以免引起穿刺伤口腹水外渗。

5．腹腔灌洗术

（1）用 18 号粗针在腹直肌外侧，腹部四个象限内或脐至耻骨联合连线上的 1/3 处穿刺，如能抽出不凝血液，即为阳性。

（2）如抽不出血液，即用细导管经穿刺针插入腹腔内，进行抽吸。

（3）如仍抽吸不出，则用无菌等渗盐水或林格乳酸盐溶液 1000 ml（每次用量 10～20 ml/kg）经导管注入腹腔内，适当摇动伤员腹部，使溶液均匀散布腹腔，2～3 min 后，再将液体吸出，进行检查。若液体完全澄清，为阴性。若红细胞 > 0.1×10^{12}/L，胆红素 > 2.73 μmol/L，白细胞 > 0.5×10^9/L 者为阳性，说明有腹腔内出血可能。

（4）注意事项：

1）穿刺前排空膀胱。

2）灌洗法阳性，少量的腹腔内出血，仅为一种诊断方法，并不是手术适应证，是否有手术适应证，还需结合外伤、临床表现和其他检查的综合分析而定。

3）非特异性，且诊断标准不一，有时红细胞数在（2～5）× 10^9/L 也可能已有内脏损伤。

4）存在假阴性，尤其是合并外伤性膈疝、腹膜后损伤。

5）医源性损伤可能，有 1%，其中包括肠管、膀胱和腹内血管损伤等。

6．注意事项

（1）术中密切观察患者，如有头晕、心悸、恶心、气短、脉搏增快及面色苍白等，应立即停止操作，并进行适当处理。

（2）放液不宜过快、过多，肝硬化患者一次放液一般不超过 3000 ml，过多放液可诱发肝性脑病和电解质紊乱。放液过程中要注意腹水的颜色变化。

（3）放腹水时若流出不畅，可将穿刺针稍作移动或稍变换体位。

（4）术后嘱患者平卧，并使穿刺孔位于上方以免腹水继续漏出；对腹水量较多者，为防止漏出，在穿刺时即应注意勿使自皮肤到腹膜壁层的针眼位于一条直线上，方法是当针尖通过皮肤到达皮下后，即在另一手协助下，稍向周围移动一下穿刺针头，尔后再向腹腔刺入。如遇穿刺孔继续有腹水渗漏时，可用蝶形胶布或火棉胶粘贴。大量放液后，需束以多头腹带，以防腹压骤降；内脏血管扩张引起血压下降或休克。

（5）注意无菌操作，以防止腹腔感染。

（6）放液前后均应测量腹围、脉搏、血压、检查腹部体征，以视察病情变化。

（7）腹水为血性者于取得标本后，应停止抽吸或放液。

第六节　动脉导管插入技术

对于危重病和严重外伤的患者经常需要持续监测动脉内压力、获取心血管和肺血管系统的资料、抽取血液标本以追踪生理参数：血液气体、血细胞比容、电解质等，因此，就必须进行动脉导管穿刺。临床上常穿刺的动脉有股动脉、桡动脉和肺动脉。

一、股动脉导管插入技术

首先于腹股沟区备皮、消毒并铺设无菌单。在腹股沟褶皱下约 1～2 cm 处触到脉搏。紧靠脉搏尾端用利多卡因行局部浸润麻醉，用 11 号手术刀片通过表皮和真皮作一个 1～2 mm 的穿刺口。将动脉穿刺针与大腿前面呈 45°角，斜面朝上，分别经皮肤、皮下组织、动脉前，直达股动脉腔。抽出针芯，更换为导丝并向前推进至动脉腔。然后拔出穿刺针，沿导丝插入动脉导管于股动脉腔。取出导丝，把导管与监测线连接好，并缝合固定。

1．经皮插管技术　实施经皮桡动脉插管，应使腕背屈 60°后，放于一卷纱布上。然后将手和前臂固定在一个臂板上，经无菌消毒后，在距腕部褶皱近端 1～2 cm 处触到桡动脉搏动，以识别桡动脉的解剖关系。用 1% 的利多卡因局部注射形成一个皮丘，再用一 18 号针将皮肤刺破一个小口，以便导管进入并减少切断或阻塞。与皮肤呈 15°角沿着桡动脉的方向插入动脉导管。当见到鲜血喷出时则表明导管已进入桡动脉腔。退出针头，将导管与压力监测管连接。固定导管，覆盖以无菌敷料。

2．切开技术　只有当桡动脉搏动消失或触及不清楚以致不能经皮插管时，才选用切开技术。首先使手腕背屈，固定、备皮、消毒、铺巾。在局部浸润麻醉下，从桡骨茎突开始伸向尺骨方向作一皮肤横切口，长约 2 cm。用一把止血钳沿与桡动脉平行的方向钝性分离皮下组织。把动脉牵引到皮肤水平，将动脉导管针刺入桡动脉腔，拔出针头，将导管缝合固定在皮肤上，创口缝合并用无菌敷料覆盖。与静脉切开不同，桡动脉切开穿刺置入动脉导管，是不用将桡动脉扎紧的。

二、肺动脉导管插入技术

由导流的肺动脉导管插入而完成右心导管的插入。从 Swan-Ganz 导管获得对心血管和肺血管系统评价的资料（表5-3）。

1．途径 颈内动脉、锁骨下动脉、股静脉都可以作为入路，最好选择经皮血管入路，但可能需要作切开。

2．操作 局部备皮、消毒和铺单后，将肺动脉导管（黄色）和中心静脉压管（蓝色）的管口接到压力管上并冲洗。校对监测器，用一个 3 ml 注射器注入 1.5 ml 空气以检验气囊。再用一个 16 号或 18 号标准规格的 Jelco 针管插入静脉。插入导丝，抽回针管。紧邻着导丝，用 11 号刀片作一个 3 mm 的皮肤切口。用持续加压和旋转的方法插入导器（即为扩张管，黑色，然后白色），抽出导丝。为了进一步证实扩张管在血管内的位置，可用一个注射器连接到白色扩张管上并抽吸。将 Swan-Ganz 导管插入扩张管内并向前推进。

在连续监测可见的压力波形和心电图下，将导管向前推入胸部。这时波形出现明显的呼吸波动。当从右肘前静脉向前推进 40 cm 或从左肘前静脉推进 50 cm，从右颈内静脉或锁骨下静脉前进 15 cm 或从左侧进 20 cm，从股静脉前进约 30 cm 时，末端位于在或接近右心房。此时，将 1 ml 空气注入气囊内使之膨胀，并将导管通过右心房、右心室、肺动脉，进入楔形部位。从导管进入胸部直到右心室大约长 10 cm，从右心室到达肺动脉楔形部位大约长 10 cm。压力波形有助于鉴别不同的血管腔隙。当导管进入右心室时，振幅和均值明显升高。当导管进入肺动脉时，均值压改变极小，但振幅却明显减小，当导管进入楔形部位时，均值压通常下降，波形绝振幅减小。注意绝不要抽出气囊内充气的导管。如果经一定距离不能达到右心室时，放出气囊内的气，抽出导管，再重新插管。在导管按妥后，抽出白色扩张管，将导管缝在皮肤上，并盖上一块抗生素敷料。

表 5-3 由漂浮心导管所测得的项目及其正常值

项目	正常值	项目	正常值
右心房压	1～7 mmHg	每搏心脏搏出量	60～90 ml
肺动脉压	18～30/5～14 mmHg	心脏搏出量指数	40～60 ml/m^2
肺动脉嵌入压	5～14 mmHg	总外周阻力	150～2000 dyn·L^{-1}·min·m^2
周围动脉压	140～90/60～90 mmHg	肺循环阻力	150～250 dyn·L^{-1}·min·m^2
中心静脉压	5～12 cmH$_2$O	左心室做功指数	51～61 J/m^2
心输出量	5～6 L/min	右心室做功指数	8～12 J/m^2
心脏指数	2.5～4.5 L/(min·m^2)		

第七节　胸腔闭式引流术

一、经肋间隙插管胸腔闭式引流术

（一）适应证

1．外伤性血气胸，影响呼吸、循环功能者。
2．气胸压迫呼吸者（单侧气胸肺压缩在50%以上时）。

（二）手术器材

手术包、消毒大头（蕈状）导尿管或直径8～10 mm的前端多孔硅胶管、消毒水封瓶一套。穿刺闭式引流时需直径4 mm、长30 cm以上的前端多孔硅胶管、直径5 mm以上的穿刺套管针、水封瓶等，消毒备用。

（三）操作原则方法

1．术前先做普鲁卡因皮肤过敏试验（如用利多卡因，可免做皮试），并给予肌内注射苯巴比妥钠0.1 g。

2．患者取半卧位（生命体征未稳定者，取平卧位）。积液（或积血）引流选腋中线第6～7肋间进针，气胸引流选锁骨中线第2～3肋间。术野皮肤以碘酊、酒精常规消毒，铺无菌手术巾，术者戴灭菌手套。

3．局部浸润麻醉切口区胸壁各层，直至胸膜；沿肋间走行切开皮肤2 cm，沿肋骨上缘伸入血管钳，分开肋间肌肉各层直至胸腔；见有液体涌出时立即置入引流管。引流管伸入胸腔深度不宜超过4～5 cm，以中号丝线缝合胸壁皮肤切口，并结扎固定引流管，敷盖无菌纱布；纱布外再以长胶布环绕引流管后粘贴于胸壁。引流管末端连接于消毒长橡皮管至水封瓶，并用胶布将接水封瓶的橡皮管固定于床面上。引流瓶置于病床下不易被碰倒的地方。

（四）具体操作步骤

1．局部浸润麻醉达壁层胸膜后，进针少许，再次行胸膜腔穿刺抽吸确诊。
2．沿肋间作2～3 cm的切口，依次切开皮肤及皮下组织（图5-24A）。
3．用2把弯止血钳交替钝性分离胸壁肌层达肋骨上缘，于肋间穿破壁层胸膜进入胸膜腔（图5-24B）：此时可有明显的突破感，同时切口中有液体溢出或气体喷出。
4．立即将引流管顺止血钳置入胸膜腔中（图5-24C）。其侧孔应位于胸内2～3 cm（图5-24D）。
5．切口间断缝合1～2针，并结扎固定引流管，以防脱出（图5-24E）。引流管接于水封瓶，各接口处必须严密，避免漏气（图5-24F）。
6．也可用套管针穿刺置管。切开皮肤后，右手握套管针，示指固定于距针尖4～5 cm处，作为刺入胸内深度的标志，左手固定切口处皮肤（图5-24G）。穿刺针进入胸膜腔时，可有明显的突破感（图5-24H）。
7．退出针芯，置入导管（图5-24I），然后边置管边退出套管针。要防止退出套管针时将引流管同时带出（图5-24J）。

（五）注意事项

1．如大量积血（或积液），初放引流时应密切监测血压，以防患者突然休克或虚脱，必要时间断施放，以免突发危险。

第五章 急救的基本技术　　101

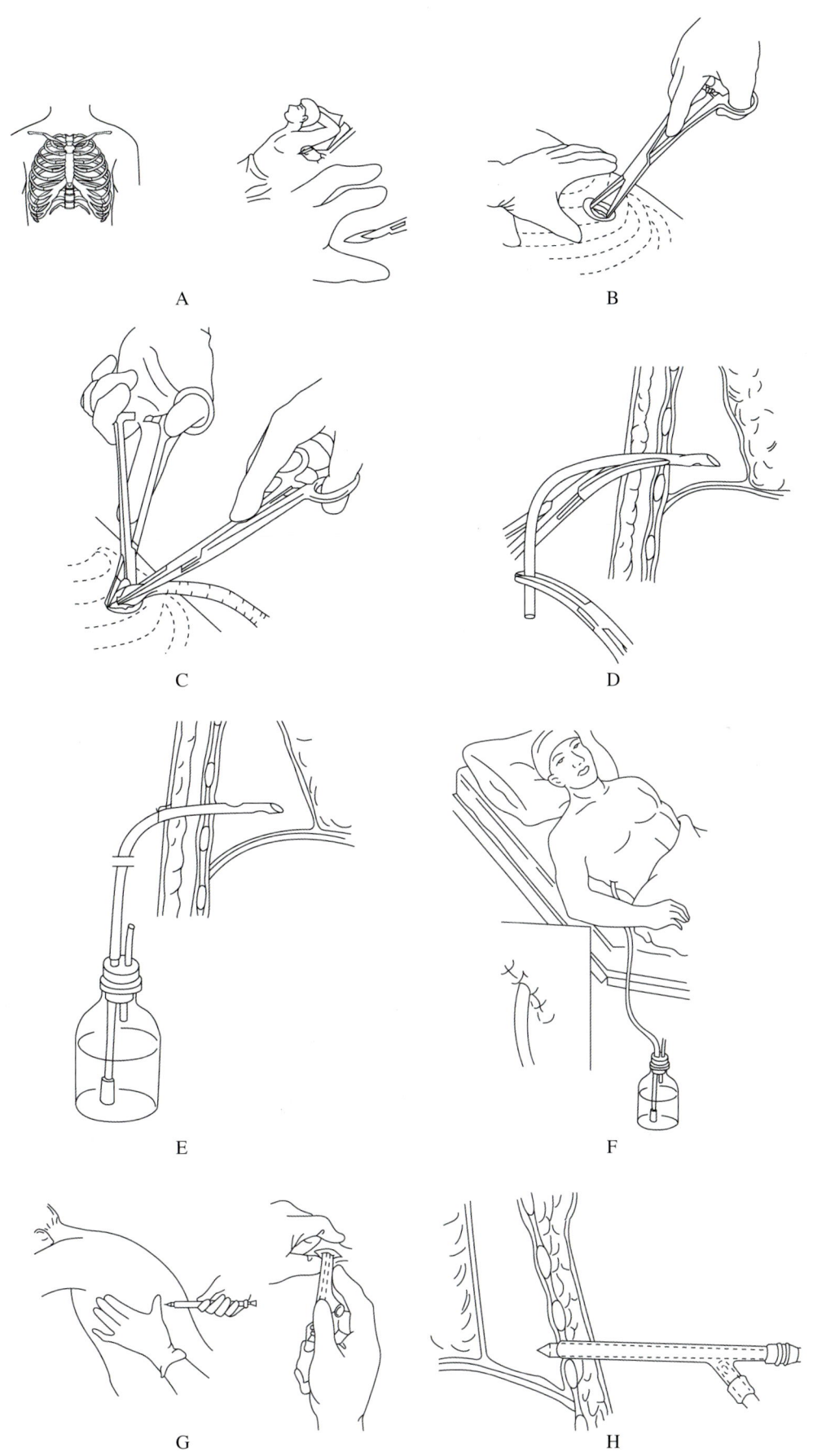

图 5-24　胸腔闭式引流术

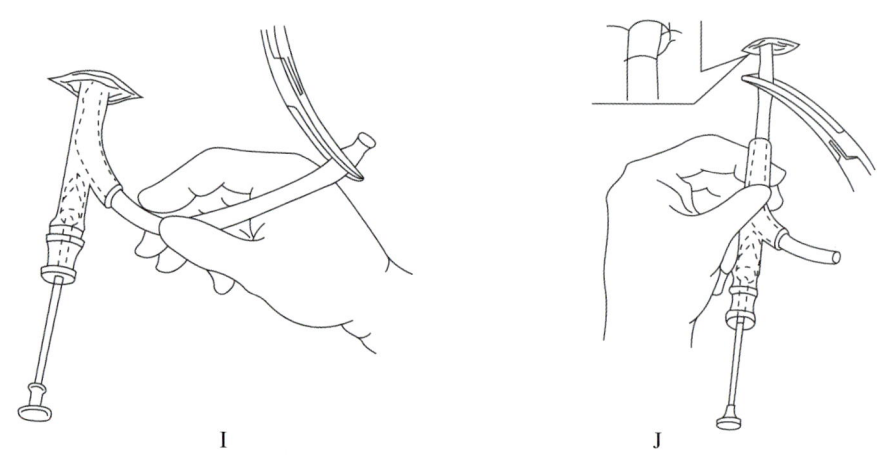

图 5-24（续） 胸腔闭式引流术

2．注意保持引流管畅通，不使其受压或扭曲。

3．每日帮助患者适当变动体位，或鼓励患者做深呼吸，使之达到充分引流。

4．记录每天引流量（伤后早期每小时引流量）及其性状变化，并酌情 X 线透视或摄片复查。

5．更换消毒水封瓶时，应先临时阻断引流管，待更换完毕后再重新放开引流管，以防止空气被胸腔负压吸入。

6．如发现引流液性状有改变，为排除继发感染，可作引流液细菌培养及药敏试验。

7．拔引流管时，应先消毒切口周围皮肤，拆除固定缝线，以血管钳夹住近胸壁处的引流管，用 12～16 层纱布及 2 层凡士林纱布（含凡士林稍多为佳）覆盖引流口处，术者一手按住纱布，另一手握住引流管，迅速将其拔除。并用面积超过纱布的大块胶布，将引流口处的纱布完全封贴在胸壁上，48～72 h 后可更换敷料。

二、胸膜腔穿刺引流术

（一）适应证

主要适用于张力性气胸或胸腔积液。

（二）操作方法

1．咳嗽较频者，施术前需口服可待因 0.03～0.06 g，以免操作时突然剧烈咳嗽，影响操作或针尖刺伤肺部。

2．穿刺部位同胸腔闭式引流术入口处。

3．皮肤常规消毒，铺无菌手术巾，常规局部麻醉直至胸膜层。

4．入针处皮肤先用尖刀做一 0.5 cm 的小切口，直至皮下；用套管针自皮肤切口徐徐刺入，直达胸腔；拔除针芯，迅速置入前端多孔的硅胶管，退出套管；硅胶管连接水封瓶；针孔处以中号丝线缝合一针，将引流管固定于胸壁上。若需记录抽气量时，需将引流管连接人工气胸器，可记录抽气量，并观测胸腔压力的改变。

（三）注意事项

1．整个操作应该严格无菌程序，以防止继发感染，穿刺引流处应以无菌纱布覆盖。

2．严格执行引流管"双固定"的要求，用胶布将接水封瓶的胶管固定在床面上。

3．其他注意事项同胸腔闭式引流术。

第八节　清创缝合术

一、概述

清创术是对新鲜开放性污染伤口进行清洗去污、清除血块和异物、切除失去生机的组织、缝合伤口，使之尽量减少污染，甚至变成清洁伤口，达到一期愈合，有利于受伤部位的功能和形态的恢复。

开放性伤口一般分为清洁、污染和感染 3 类。严格地讲，清洁伤口是很少的；意外创伤的伤口难免有程度不同的污染；如污染严重，细菌量多且毒力强，8 h 后即可变为感染伤口。头面部伤口局部血运良好，伤后 12 h 仍可按污染伤口行清创术。

清创术是一种外科基本手术操作。伤口初期处理的好坏，对伤口愈合、受伤部位组织的功能和形态的恢复起决定性作用，应予以重视。

二、适应证

8 h 以内的开放性伤口应行清创术，8 h 以上而无明显感染的伤口，如伤员一般情况好，亦应行清创术。如伤口已有明显感染，则不做清创，仅将伤口周围皮肤擦净，消毒周围皮肤后，敞开引流。

三、术前准备

1．清创前须对伤员进行全面检查，如有休克，应先抢救，待休克好转后争取时间进行清创。

2．如颅脑、胸、腹部有严重损伤，应先予处理。如四肢有开放性损伤，应注意是否同时合并骨折，摄 X 线片协助诊断。

3．应用止痛和术前镇痛药物。

4．如伤口较大，污染严重，应预防性应用抗生素，在术前 1 h，术中术毕分别用一定量的抗生素。

5．注射破伤风抗毒素，轻者用 1500 U，重者用 3000 U。

四、麻醉

上肢清创可用臂丛神经或腕部神经阻滞麻醉；下肢可用硬膜外麻醉。较小较浅的伤口可使用局部麻醉；较大复杂严重的则可选用全身麻醉。

五、手术步骤

1．清洗去污　包括清洗皮肤和清洗伤口两步。

（1）用无菌纱布覆盖伤口。

（2）剪去毛发，再用肥皂水、松节油或乙醚擦去伤口周围皮肤的油污。

术者按常规方法洗手、戴手套，更换覆盖伤口的纱布，用软毛刷蘸消毒皂水刷洗皮肤，并用冷开水冲净。然后换另一只毛刷再刷洗一遍，用消毒纱布擦干皮肤。两遍刷洗共约 10 min（图 5-25）。

（3）用外用生理盐水清洗创口周围皮肤。

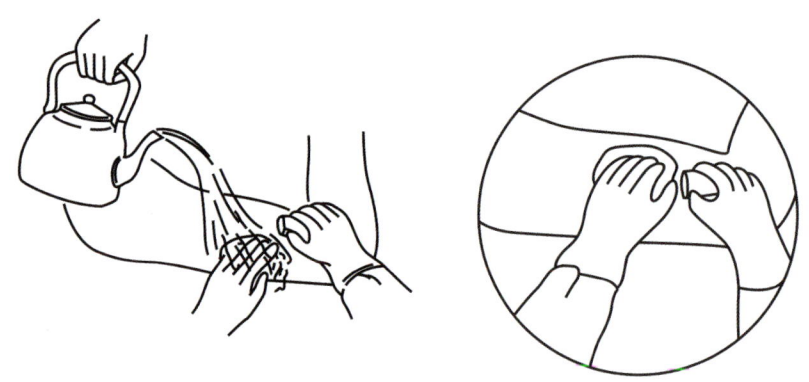

图 5-25　刷洗伤口周围皮肤

2．伤口的处理

（1）局部麻醉后，用碘伏消毒伤口周围的皮肤（清洁伤口从中心向四周消毒，感染伤口从四周向中心消毒），取掉覆盖伤口的纱布，铺无菌孔巾。

（2）术者重新消毒双手，换手术衣，戴手套后即可检查和清理伤口。

（3）检查伤口，用消毒镊子或小纱布球轻轻除去伤口内的污物、血凝块和异物。

（4）清理伤口（图 5-26）。

对浅层伤口，可将伤口周围不整皮肤缘切除 0.2～0.5 cm，切面止血，消除血凝块和异物，切除失活组织和明显挫伤的创缘组织（包括皮肤和皮下组织等），并随时用无菌盐水冲洗。

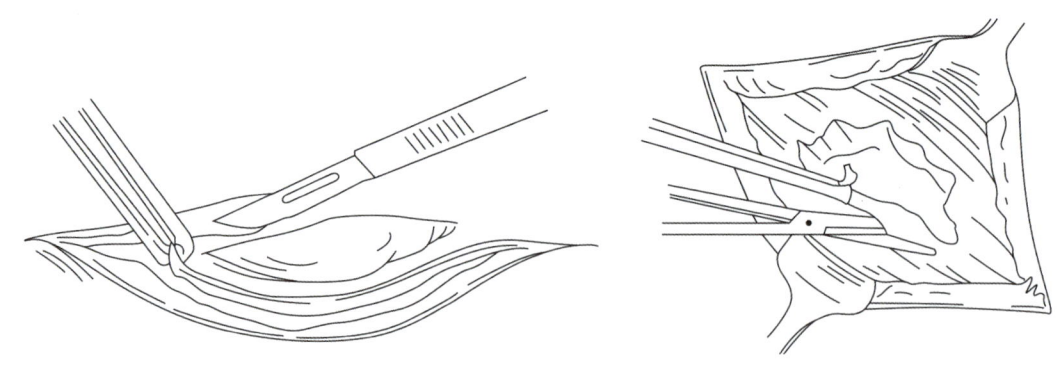

图 5-26　修剪皮缘与深层失活组织

对深层伤口，应彻底切除失活的筋膜和肌肉（肌肉切面不出血，或用镊子夹不收缩者，表示已坏死），但不应将有活力的肌肉切除，以免切除过多影响功能。为了处理较深部伤口，有时可适当扩大伤口和切开筋膜，清理伤口，直至显露比较清洁和血循环较好的组织。

如同时有粉碎性骨折，应尽量保留骨折片；已与骨膜游离的小骨片则应予清除。

浅部贯通伤的出入口较接近者，可将伤道间的组织桥切开，变两个伤口为一个。如伤道过深，不应从入口处清理深部，而应从侧面切开处清理伤道。

伤口如有活动性出血,在清创前可先用止血钳钳夹,或临时结扎止血。待清理伤口时重新结扎,除去污染线头。渗血可用温盐水纱布压迫止血,或用凝血酶等局部止血剂止血。最后再次用无菌生理盐水冲洗伤口。

(5)缝合伤口(图 5-27):清创后再次用生理盐水清洗伤口。再根据污染程度、伤口大小和深度等具体情况,决定伤口是开放还是缝合,是一期缝合还是延期缝合。未超过 12 h 的清洁伤口可一期缝合;大而深的伤口,在一期缝合时应放置引流条;污染重的或特殊部位不能彻底清创的伤口,应延期缝合,即在清创后先于伤口内放置凡士林纱布条引流,待 4~7 日后,如伤口组织红润,无感染或水肿时,再作缝合。

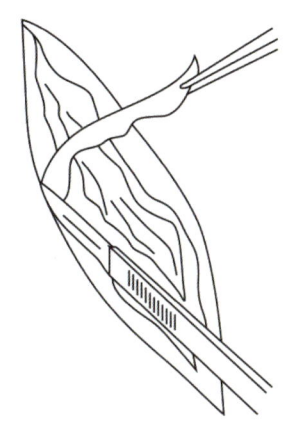
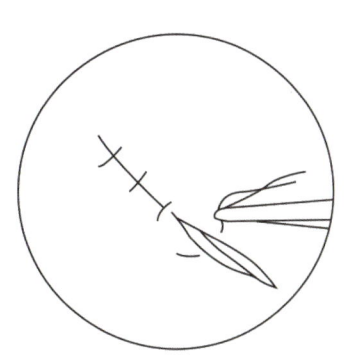

图 5-27　创口的缝合

头、面部血运丰富,愈合力强,损伤时间虽长,只要无明显感染,仍应争取一期缝合。

缝合伤口时,不应留有无效腔,张力不能太大。对重要的血管损伤应修补或吻合;对断裂的肌腱和神经干应修整缝合。显露的神经和肌腱应以皮肤覆盖;开放性关节腔损伤应彻底清洗后缝合;胸腹腔的开放性损伤应彻底清创后,放置引流管或引流条。

污染严重或留有无效腔时应置引流物或延期缝合皮肤。

(6)伤口覆盖无菌纱布,以胶布固定。

六、术中注意事项

1．伤口清洗是清创术的重要步骤,必须反复用大量生理盐水冲洗,务必使伤口清洁后再作清创术。选用局部麻醉者,只能在清洗伤口后麻醉。

2．清创时既要彻底切除已失去活力的组织,又要尽量爱护和保留存活的组织,这样才能避免伤口感染,促进愈合,保存功能。

3．组织缝合必须避免张力太大,以免造成缺血或坏死。

七、术后处理

1．根据全身情况输液或输血。

2．合理应用抗生素,防止伤口感染,促使炎症消退。

3. 注射破伤风抗毒素；如伤口深，污染重，应同时肌内注射气性坏疽抗毒血清。
4. 抬高伤肢，促使血液回流。
5. 注意伤肢血运、伤口包扎松紧度是否合适、伤口有无出血等。
6. 伤口引流条，一般应根据引流物情况，在术后 24～48 h 内拔除。
7. 伤口出血或发生感染时，应立即拆除缝线，检查原因，进行处理。

（李晓强　刘　勇）

参考文献

[1] 白俊清，张柳，刘英杰，等. 院前急救 // 程爱国等. 实用矿山医疗救护. 北京：北京大学医学出版社，2001，58-93.

[2] 程爱国，常贵. 急救的基本手法 // 程爱国. 矿山创伤学. 北京：中国科学技术出版社，2002，57-69.

第六章

外伤现场救护基本技术

对创伤人员的现场急救，对于抢救伤者生命、提高伤者的生活质量、降低伤者的致残率、减轻伤者的家庭负担及社会负担、缓解社会矛盾具有重要的意义。

对矿山事故受伤人员的现场急救是急救的第一步骤，急救措施采取得越快越好。抢救人员在对受伤者伤情进行初步判定后，要根据具体情况采取止血、包扎、固定和搬运等现场急救措施。

第一节　现场救护的基本技术

外伤的现场救护的基本技术包括：止血、包扎、固定和搬运。

一、止血技术

成人的血量为 4300～5000 ml，以重量计约相当于体重的 1/13，若出血量达 1000 ml 以上，则会危及生命。对现场救护出血的伤员，首先需迅速采用暂时止血法，以免失血过多。

止血是现场急救者首先要掌握的一项基本技术。止血的方法有局部压迫止血、动脉压迫止血及止血带止血三种。

局部压迫止血是最简单有效的方法，对于绝大多数伤口的出血均可达到良好的止血效果。方法是使用纱布、绷带、三角巾对伤口进行加压包扎。如果现场无上述材料，可以使用清洁的毛巾、衣物、围巾等覆盖伤口、包扎或用力压迫。对肢体的加压包扎，加压量达到止血目的即可，不宜过大，否则会影响肢体的血液循环。

对于局部压迫仍无法达到止血目的的伤者，可以采用动脉压迫止血的方法，简单地说就是压迫出血部位近端的大动脉，阻止出血部位的血流供应以达到止血的目的。

如果采用局部压迫止血无法达到目的，而压迫动脉止血又不便于伤者转运时，可以使用止血带止血。现场无止血带时可用绷带、绳索、毛巾、围巾、衣物等代替，切忌使用铁丝作为止血带。使用止血带过程中，应注意力量要足够，同时要注意使用止血带的时间。

1. 包扎止血法　指用绷带、三角巾、止血带等物品，直接敷在伤口或结扎某一部位的处理措施。

(1) 加压包扎止血法：适用于小动脉、静脉及毛细血管出血。用消毒纱布垫敷于伤口后，再用棉团、纱布卷、毛巾等折成垫子，放在出血部位的敷料外面，然后用三角巾或绷带紧紧包扎起来，以达到止血目的（图6-1）。

(2) 加垫屈肢止血法：在上肢、小腿出血，在没有骨折和关节损伤时，可采用屈肢加垫止血。如上臂出血，可用一定硬度、大小适宜的垫子放在腋窝，上臂紧贴胸侧，用三角巾、绷带或腰带固定胸部；如前臂或小腿出血，可在肘窝或腘窝加垫屈肢固定（图6-2）。

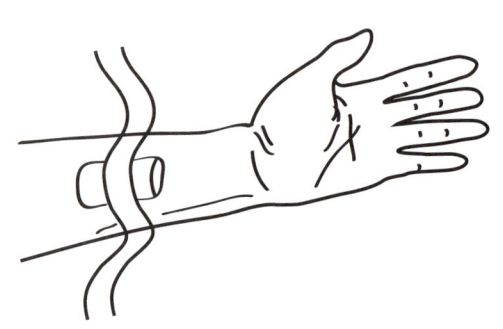

图 6-1　加压包扎止血法

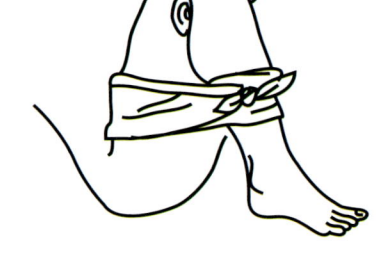

图 6-2　加垫屈肢止血法

(3) 止血带止血法：材料取弹性的橡皮管、橡皮带（图6-3）。上肢结扎于上臂上1/3处。下肢结扎于大腿的中部。结扎时应先将伤肢抬高，局部垫上敷料或毛巾等软织物，将止血带适当拉长，绕肢体两周，在外侧打结固定。要标明扎止血带时间，每40分钟放松一次。现场可以用就便材料充当止血带止血（图6-4）。

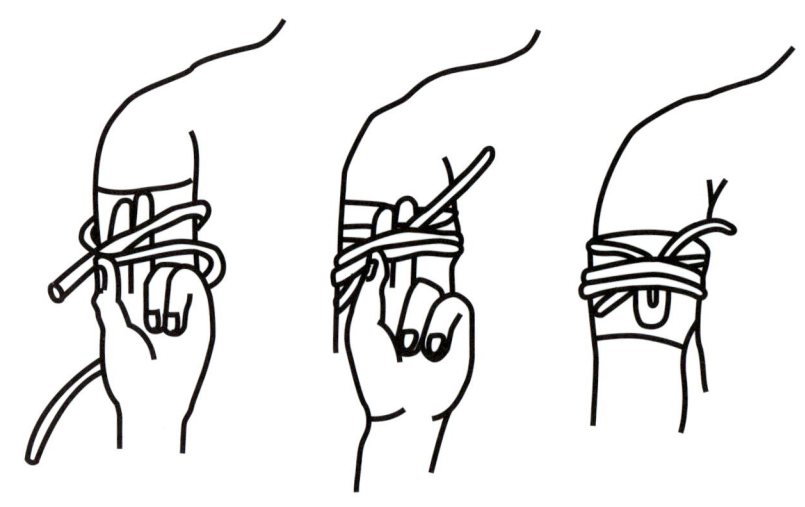

图 6-3　橡皮止血带止血法

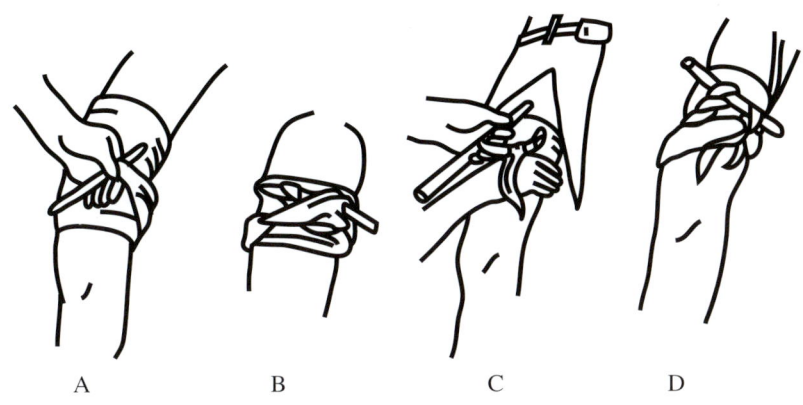

图 6-4　就便材料当止血带止血法

（4）注意事项：如伤处有骨折时，须另加夹板固定；用止血带止血，一定要扎紧，如果扎得不紧，深部动脉仍有血液流出。

2．指压止血法　指压法是用手指压住经过骨骼表面动脉的部分，以达到暂时应急止血的目的。但是，因为动脉存在有丰富的侧支循环，故指压法一般只限于暂时性的应急止血，而且效果有限，不能持久。所以，通常是在紧急情况下在动脉投影部位先用指压止血（图 6-5），然后依具体部位和伤情再改用其他方法。

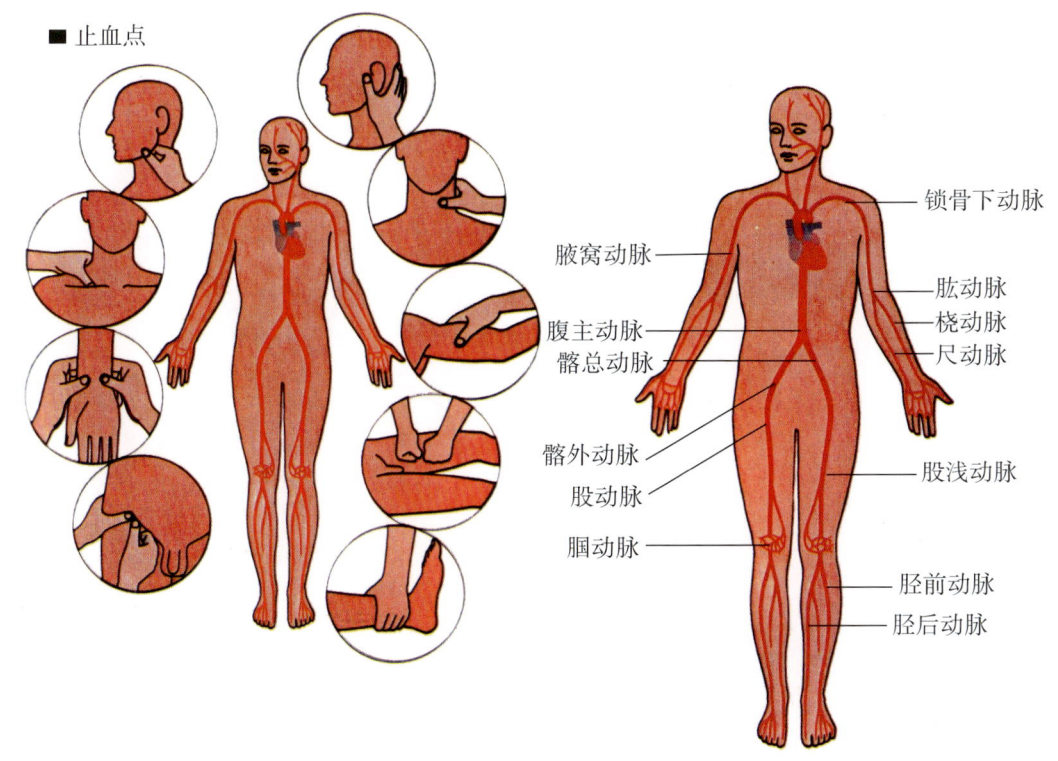

图 6-5　动脉投影部位及指压止血

（1）头部出血：压迫面动脉或颞浅动脉可以止头面部的出血（图 6-6）。

（2）颈部出血：通常指压第 5 颈椎横突水平的一侧颈总动脉，可以止头面部的出血，但不可同时压迫双侧颈总动脉，这样会导致脑缺血（图 6-7）。

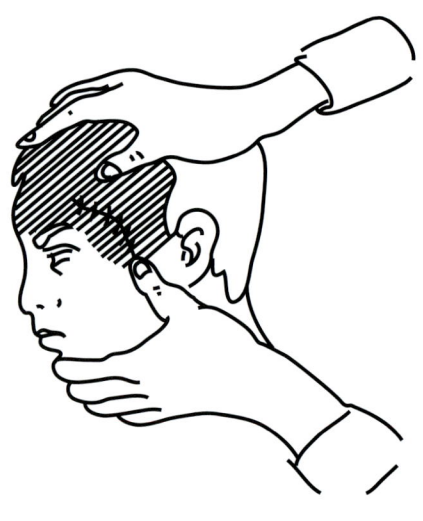

图 6-6 颞浅动脉指压止血

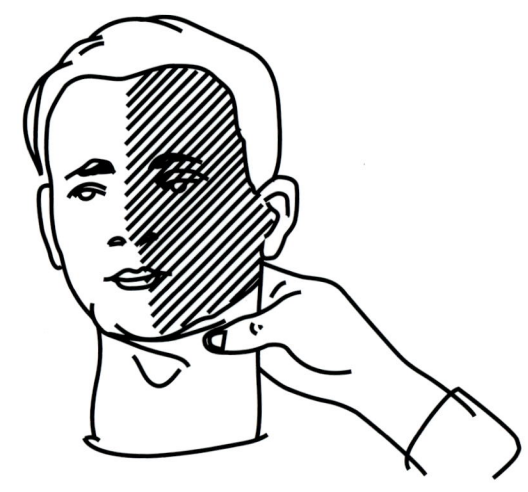

图 6-7 颈总动脉指压止血

（3）肩部出血：肩部的血供来自锁骨下动脉的分支，所以指压点位于锁骨上窝、胸锁乳突肌锁骨头的外侧，向后对准第 1 肋骨则可压迫锁骨下动脉（图 6-8）。

（4）上肢出血：根据损伤的部位可以压迫腋动脉或肱动脉以达到上肢止血的目的。指压腋动脉可以从腋窝的中点压向肱骨头，指压肱动脉可以从肱二头肌内侧压向肱骨干（图 6-9）。

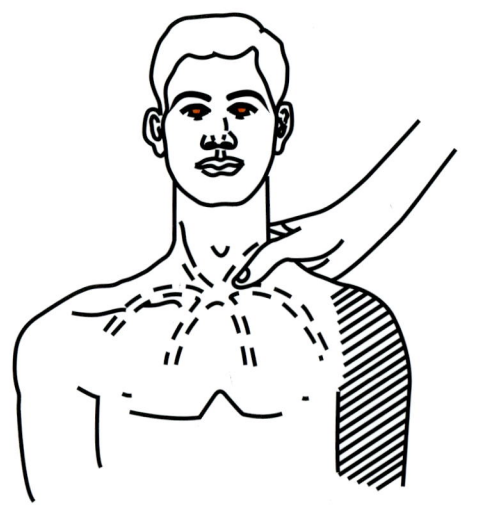

图 6-8 锁骨下动脉指压止血

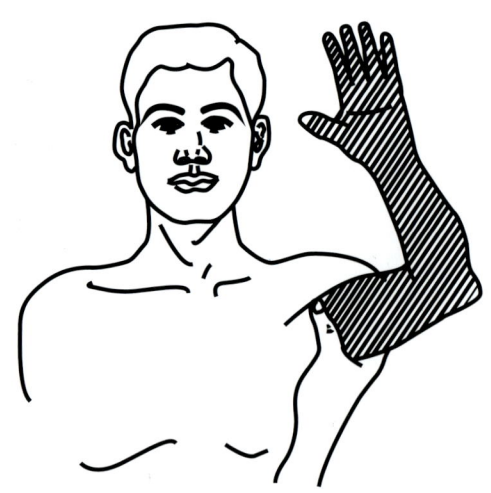

图 6-9 肱动脉指压止血

（5）手掌及手指出血：用双手拇指分别压迫在腕横纹稍上处的内侧（尺动脉）和外侧（桡动脉）处压迫止血（图 6-10）。

（6）足部出血：用双手拇指分别压迫在足中部脚腕处（足背动脉）和足跟内侧与内踝之间的胫后动脉上止血（图 6-11）。

（7）下肢出血：可以指压股动脉以止血，压迫部位以腹股沟韧带下方为常用（图 6-12）。

第六章 外伤现场救护基本技术　111

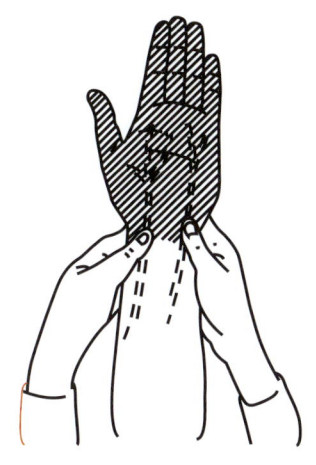
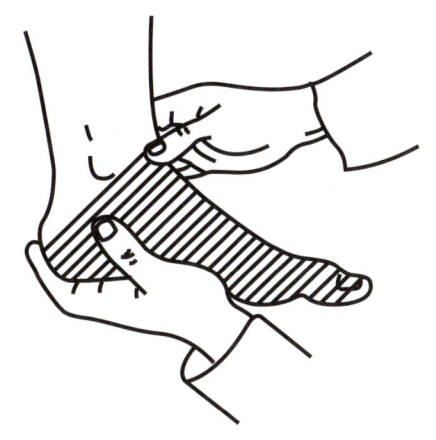
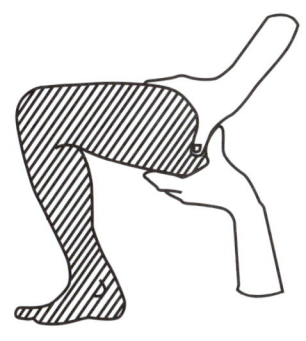

图 6-10　尺桡动脉指压止血　　　　图 6-11　胫后动脉指压止血　　　　图 6-12　股动脉指压止血

二、包扎技术

包扎的主要目的是简易止血、保护伤口和固定。使用的材料主要有绷带、三角带等，如无上述物品，可以用清洁的毛巾、围巾、衣物替代，包扎时力量以达到止血目的为准。在包扎过程中，如发现伤口有骨折端外露，切忌将骨折端还纳，否则可导致深部感染。腹壁伤致肠管外露时，应使用清洁的碗等物扣住外露肠管，达到保护目的，严禁将流出的肠管还纳。

1. 绷带包扎法　系用绷带包扎伤口，目的是固定盖在伤口上的纱布，固定骨折或挫伤，并有压迫止血的作用，还可以保护患处。

（1）环形法：此法多用于手腕部，肢体粗细相等的部位。首先将绷带做环形重叠缠绕。第一圈环绕稍作斜状；第二、三圈作环形，并将第一圈之斜出一角压于环形圈内，最后用粘膏将带尾固定，也可将带尾剪成两个头，然后打结（图6-13A）。

（2）蛇形法：此法多用于夹板之固定。先将绷带按环形法缠绕数圈。以绷带之宽度作为间隔斜行上缠或下缠（图6-13B）。

（3）螺旋形法：此法多用于肢体粗细相同处。先按环形法缠绕数圈。上缠每圈盖住前圈1/3或2/3呈螺旋形（图6-13C）。

（4）螺旋反折法：此法用于肢体粗细不等处。先按环形法缠绕。待缠到渐粗处，将每圈绷带反折，盖住前圈1/3或2/3。依此由下而上地缠绕（图6-13D）。

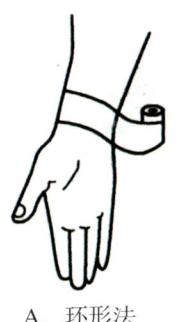  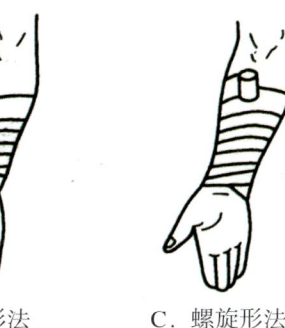 

A．环形法　　　　B．蛇形法　　　　C．螺旋形法　　　　D．螺旋反折法

图 6-13　前臂绷带包扎法

(5)"8"字包扎法：此法用于肢体直径不一致的部位，或屈曲的关节，如肩、髋、膝等部位。以重复的"8"字形在关节上下作倾斜旋转，每周遮盖上周的 1/3～1/2（图 6-14A）。

(6)回返包扎法：大多用于包扎没有顶端的部位，如指端、头部或截肢的残端（图 6-14B）。

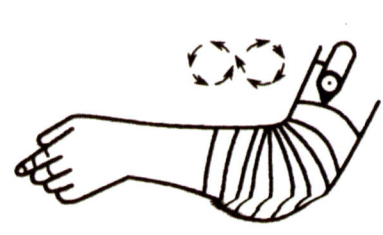
A."8"字包扎法

B.回返包扎法

图 6-14　其他部位绷带包扎法

(7)不同部位的包扎法：由于身体不同部位的特殊形状，需要将上述 6 种包扎方法组合，采用不同的包扎方法。具体来说有帽式包扎法、额枕部包扎法、颈后"8"字包扎法、眼部"8"字包扎法、耳部"8"字包扎法、下颌"8"字包扎法、肩部包扎法、腋部包扎法、前臂包扎法、单指包扎法、拇指包扎法、手部麦穗包扎法、无指手套式包扎法、肩部包扎法、膝关节包扎法、足跟包扎法、腹部包扎法、小腿及足包扎法等（图 6-15A～O）。

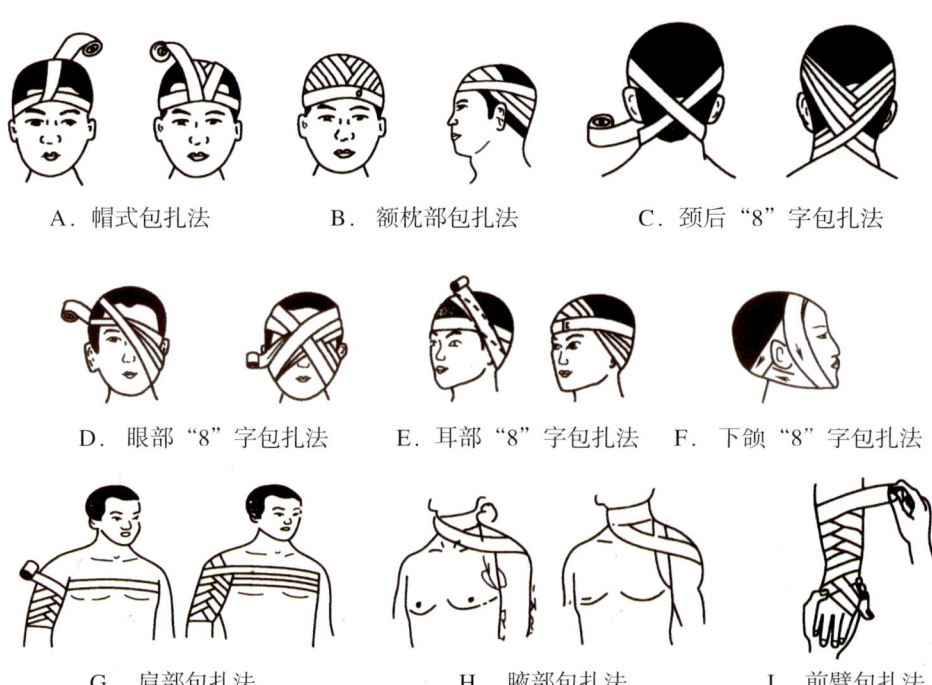

图 6-15　不同部位的包扎法

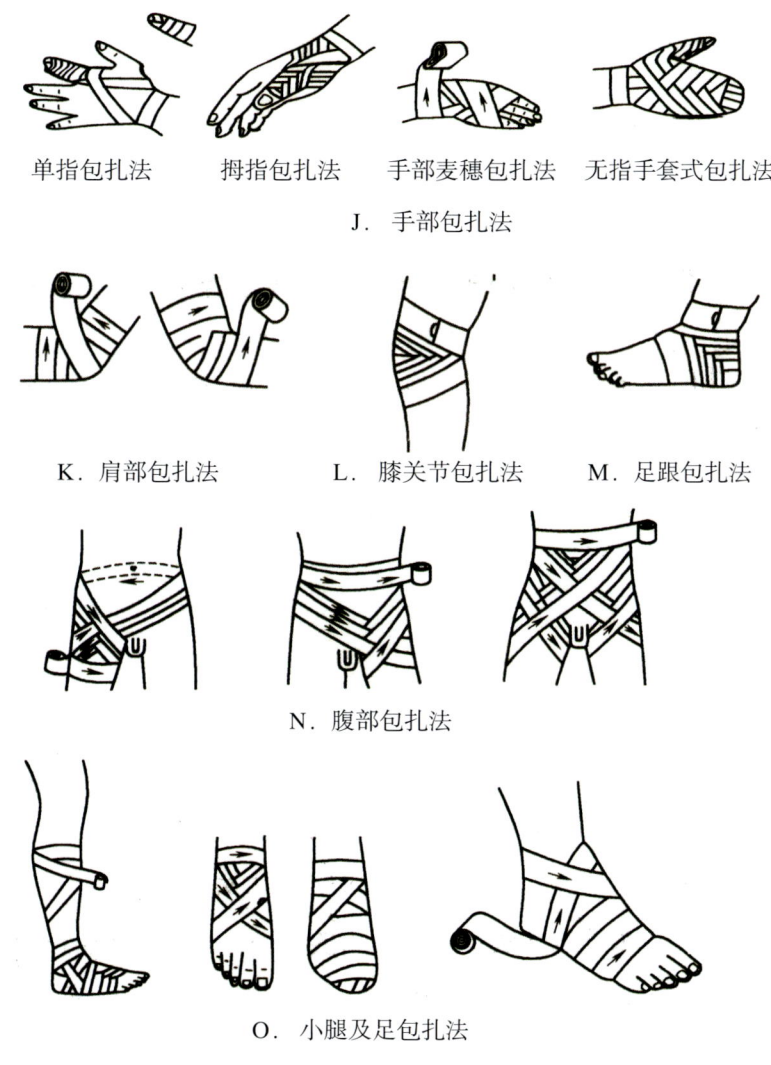

图 6-15（续） 不同部位的包扎法

注意事项：①打好绷带的要领是，不要过紧，也不能过松。不然会引起血液循环不良或固定不住纱布。如果没经验，打好绷带后，看看肢体远端有没有变凉、水肿等情况。②打结部位不要在伤口上方，也不要在身体背后，免得睡觉时压住不适。③在没有绷带而必须急救的情况下，可用毛巾、衣服等代替绷带包扎。

（8）腹部内脏脱出的包扎不能将脱出的内脏送回到腹腔，以避免加重腹腔内感染。应该先使伤员仰卧屈膝，使腹肌放松，用较大块的清洁布单或毛巾盖住脱出的内脏（如果有较清洁的食品袋覆盖更好），再用一个干净、大小合适的容器（如饭碗、小盆等）扣在上面，以保护脱出的脏器，最后用腹带、布单或衣服在容器外包扎固定。需要注意切勿使容器的边缘压住脱出的脏器，以免发生压迫坏死（图 6-16）。

（9）脑膨出的包扎：发生脑膨出的一般都是严重的颅脑外伤，伤员大部分都处于昏迷状态。因此，首先应使伤员侧卧或侧俯中间位，解开领口和腰带，保持呼吸道通畅。对于脑膨出，先用纱布、手帕、衣服条等做成一个大小适中的保护圈，放在膨出脑组织的上面，再用清洁的敷料、布单等覆盖脑组织，然后再用干净容器（如小饭碗）扣在上面，再用三角巾或其他材料包扎。注意包扎时动作要轻柔，以免损伤脑组织（图 6-17）。

图 6-16　腹部内脏脱出的包扎　　　　　　图 6-17　脑膨出的包扎

（10）开放性骨折骨折端外露的包扎：先用一块干净纱布或其他材料覆盖在外露的骨折端上，再用纱布或三角巾等作成一个环形垫。垫放在骨折断端的周围，其高度以略高于骨折断端的高度为宜。最后用绷带或三角巾呈"8"字或对角线包扎（图 6-18）。

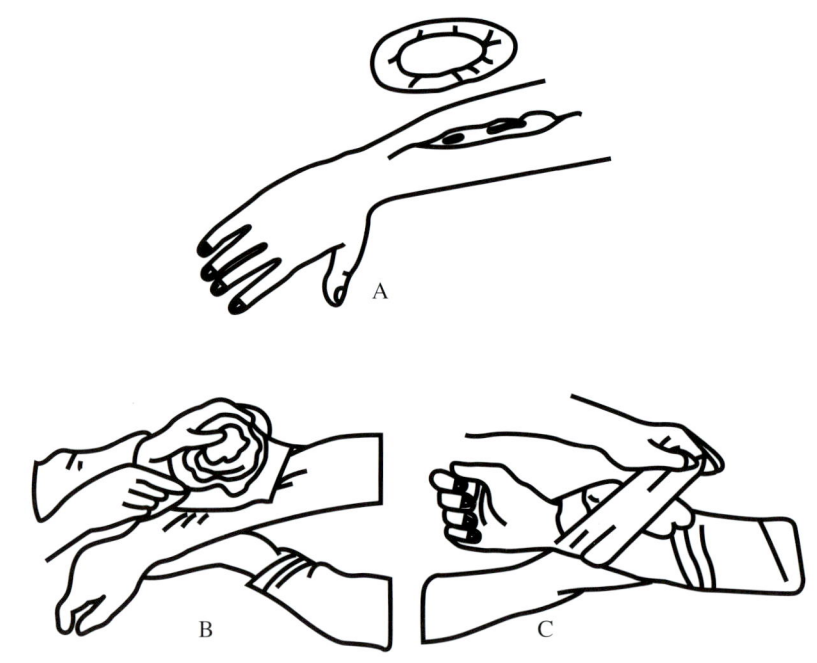

图 6-18　开放性骨折骨折端外露的包扎

三、临时固定技术

当发生骨折之后，为了使断骨不再加重对周围组织的损伤，为了减轻患者的疼痛和便于医师诊治，在运送患者去医院的途中，应进行必要的固定。现场急救中的固定均为临时性的，一般以夹板固定为主，也可以用木板等替代，固定范围必须包括骨折邻近的关节。如现场无上述材料，可以用伤者自身进行固定，上肢骨折，可将伤肢与躯干固定，下肢骨折，可将伤侧肢体与健侧肢体固定。

（一）夹板固定

1．锁骨骨折及肩锁关节损伤（图 6-19）

（1）单侧锁骨骨折：患者取坐位，将三角巾折成燕尾状，将两燕尾从胸前拉向颈后，并在颈部的一侧打结；伤侧的上臂屈曲 90°，用三角巾兜起前臂，三角巾顶尖放在肘后，再向前包住肘部并用安全别针固定。

（2）双侧锁骨骨折：背部放丁字形夹板，两腋窝放衬垫物，用绷带做"8"字形包扎，其顺序为左肩上→横过胸部→右腋下→绕过右肩部→右肩上斜过前胸→左腋下→绕过左肩，依次缠绕数次，以固定牢固夹板为宜，腰部用绷带将夹板固定好。

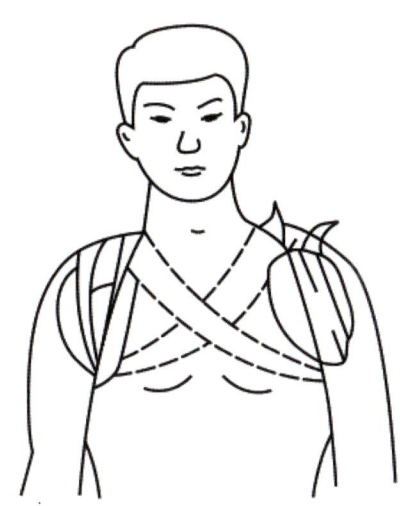 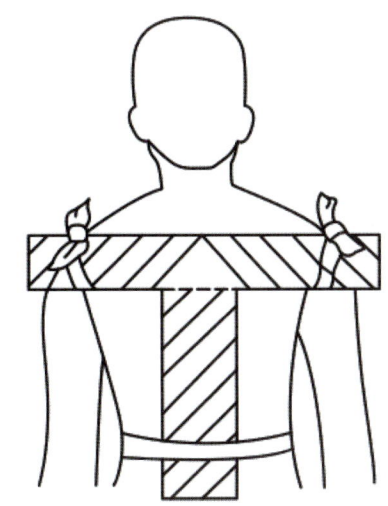

图 6-19　锁骨骨折固定

2．前臂及肱骨骨折

（1）前臂骨折：患者取坐位，将两块夹板（长度超过患者的前臂肘关节至腕关节的距离，放好衬垫物，置前臂掌背侧；用带子或绷带将夹板于前臂上、下两端扎牢，再使肘关节屈曲 90°，用悬臂吊带吊起夹板（图 6-20）。

（2）肱骨骨折：患者取坐位，将两个夹板放在上臂内、外侧，加衬垫后包扎固定；将患肢屈肘后，用三角巾悬吊于前臂，做贴胸固定（图 6-21A）；如无夹板，可用两条三角巾，一条中点放于左臂越过胸部，在对侧腋下打结，另一条将前臂悬吊（图 6-21B）。

3．踝、足部及小腿骨折

（1）踝、足部骨折：患者取坐位，使患肢呈中立位，踝周围及足底衬软垫，足底、足跟放夹板；用绷带沿小腿做环形包扎，踝部做"8"字形包扎，足部做环形包扎固定（图 6-22）。

（2）小腿骨折：患者取卧位，伸直伤肢；用两块长夹板（从足跟到大腿），做好衬垫，尤其是腘窝处，将夹板分别置于伤腿的内、外侧，用绷带或带子在上、下端及小腿和腘窝处绑扎牢固。如现场无夹板，可将伤肢与健肢固定在一起，需注意在膝关节与小腿之间空隙处垫好软垫，以保持固

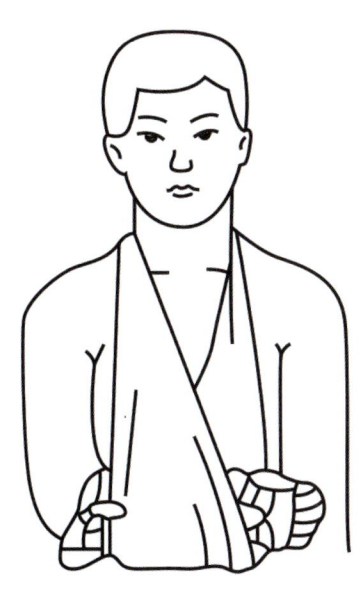

图 6-20　前臂骨折固定

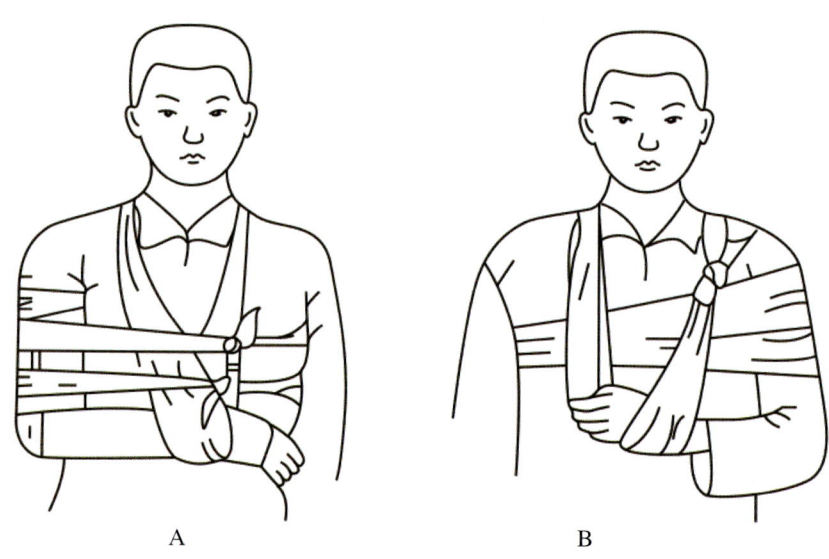

图 6-21 肱骨骨折固定

定稳定（图 6-23）。

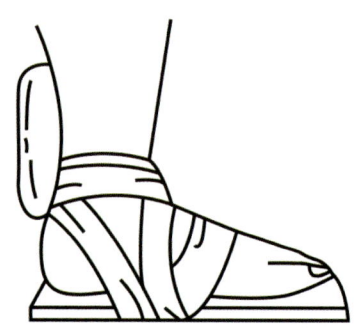

图 6-22 踝、足部骨折固定

图 6-23 小腿骨折固定

4. 大腿骨折固定法 将伤腿拉直，夹板长度上至腹股沟，下过脚跟。两块夹板放于大腿内、外侧；用绷带或三角巾缠绕固定（图 6-24）。

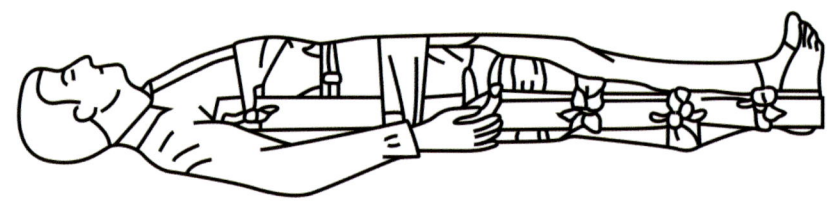

图 6-24 大腿骨折固定

5. 脊柱骨折固定法 病情多较严重。严禁乱加搬动，应轻巧平稳地在保持脊柱稳定状况下，移至硬板担架上，用三角巾固定后，及早转运。切勿扶持患者走动，或躺在软担架上，这样会使脊柱骨折加重对神经损伤，引起终生截瘫（图 6-25）。

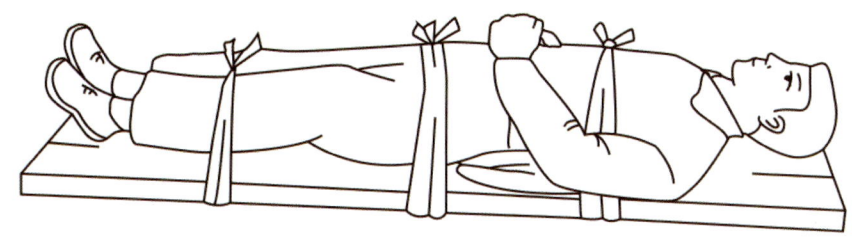

图 6-25　脊柱骨折固定

注意事项：①有出血时应先止血和消毒包扎伤口，然后固定骨折。如有休克，应同时进行抢救。②对于大腿、小腿和脊椎骨折，一般应就地固定，不要随便移动患者。③固定力求稳妥牢固，要固定骨折的两端和上下两个关节。④上肢固定时，肢体要弯曲在屈肘状。下肢固定时，肢体要伸直。

（二）负气压式骨折固定保护气垫

此气垫是采用真空成型原理，将气垫内空气抽出，形成硬性固定的一种成型体。分为躯体、肢干和颈椎固定，以对不同体形骨折、骨伤患者提供固定支撑保护作用，适用于现场和群体骨伤骨折的急救护理及转送医院前的骨折处理，具有快速简便、无压迫感、不影响末梢循环、减轻伤体肿胀及疼痛感等优点，在送院途中可预防受伤部位再次受伤（图6-26）。

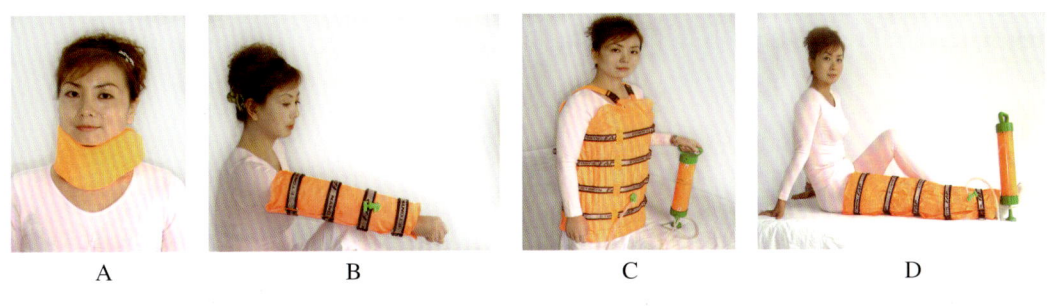

图 6-26　空气负压夹板

1．使用方法

（1）打开包装箱，按照伤员身材，选取相应尺寸的固定气垫。

（2）将气垫缠于伤员的受伤部位后锁紧固定带，再接好尼龙搭扣。

（3）用抽气筒通过抽气嘴抽出空气。

（4）待固定气垫固定后，检查有无过松或过紧（以患者无压迫感为度，对无意识者以能够在气垫下伸入一指为度），然后送往医院。

2．使用注意事项

（1）防止尖锐物品扎伤固定气垫表层的复织物。

（2）使用时防止漏气，如发现气垫变软，应立即抽出空气。

（3）在进行X线透视或照相时不必松解固定气垫。不用时可松开气门，待气垫松软后即可取下。

（4）可以多次使用，但为防止交叉感染，每次使用后必须消毒处理。

四、转运技术

伤病员在现场进行初步急救处理和随后送往医院的过程中，必须要经过搬运这一重要环节。正确的搬运术对伤病员的抢救、治疗和预后都至关重要。从整个急救过程来看，搬运是急救医疗不可分割的重要组成部分，仅仅把搬运看成简单体力劳动的观念是错误的。大量的教训证明，及时正确的转运可挽救伤者生命，不正确的转运可导致前功尽弃。

一般来说，伤员是不可以轻易搬动的；先把伤员从事故现场搬开，是急救的大忌。如果危险可能继续发生，确实需要搬动则要特别注意技巧。

骨折患者在搬动前要确定伤肢不会移动，否则会导致血管和神经在搬动时受到伤害。

如果颈椎和腰椎受到冲击，则最好让专业医护人员搬动或采取多人平托法搬运，因为脊柱中有很多神经，不当搬动有可能造成永久性伤害，甚至瘫痪。对于有脊柱伤或怀疑有脊柱伤者，搬动必须平稳，防止出现脊柱弯曲，严禁背、抱或二人抬（图6-27）。

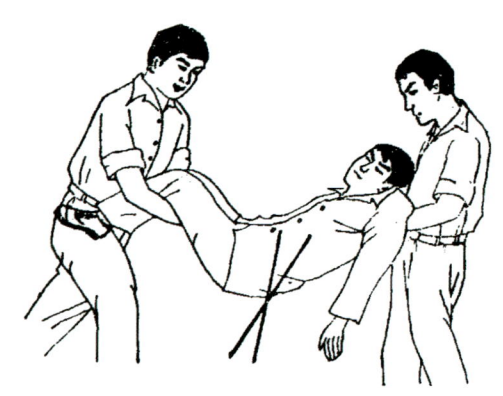

图6-27 错误搬运方法

对于颈椎受伤者，必须固定其头部。

昏迷伤者的转运，最为重要的是保持伤者的呼吸道通畅，伤者应头侧向一侧，要随时观察伤者，一旦出现呕吐，应及时清除呕吐物，防止误吸。

对于使用止血带的伤者，应及时松开止血带，再重新固定。

1．徒手搬运

（1）单人搬运：由一个人进行搬运。常见的有扶持法、抱持法、背法。

（2）双人搬运法：椅托式、轿杠式、拉车式、椅式搬运法，平卧托运法（图6-28）。

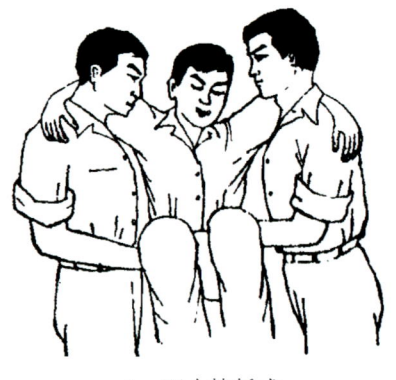 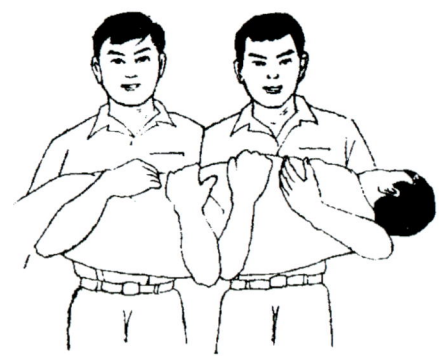

A．双人椅托式　　　　　　B．平卧托运法

图6-28 双人搬运法

2．器械搬运法　将伤员放置在担架上搬运，同时要注意保暖。在没有担架的情况下，也可以就地取材制作简易担架搬运。

3．危重伤病员的搬运

（1）脊柱损伤：硬担架，3～4人同时搬运，固定颈部不能前屈、后伸、扭曲（图6-29）。

（2）颅脑损伤：半卧位或侧卧位。

（3）胸部伤：半卧位或坐位。

（4）腹部伤：仰卧位、屈曲下肢，宜用担架或木板。

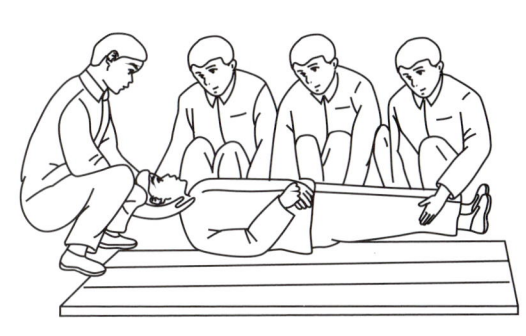
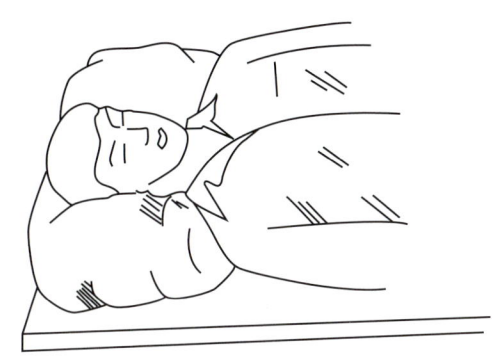

A. 颈椎损伤上下担架　　　　　　　　　B. 即使在担架上也用沙袋固定

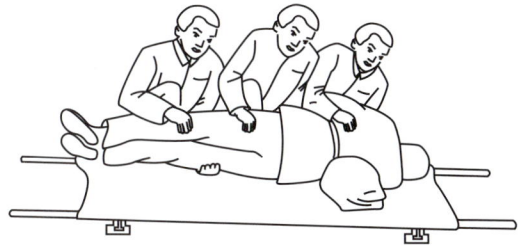
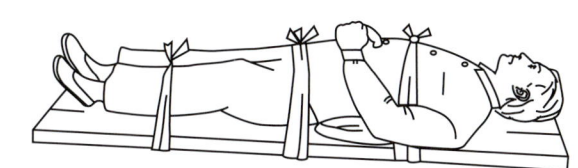

C. 胸腰椎伤员上下担架　　　　　　　　D. 将胸腰椎伤员固定在担架上

图 6-29　脊柱损伤的搬运方法

（5）呼吸困难患者：坐位。最好用折叠担架（或椅）搬运。
（6）昏迷患者：平卧，头转向一侧或侧卧位（图 6-30）。
（7）休克患者：平卧位，不用枕头，脚抬高。

图 6-30　昏迷或有窒息危险的伤员搬运时取侧俯卧位

第二节　现场急救常见骨折的固定方法

　　煤矿最常见的骨折是四肢骨折和脊柱骨折。根据骨折的不同部位，可采用相应的临时固定方法固定。有条件的采用传统的小夹板固定法。

一、临时固定法

　　1．上肢肱骨骨折固定法　用两块夹板分别放在上臂内外两侧，用绷带或布带缠绕固定，然后把前臂屈曲固定于胸前。也可用一块夹板放在骨折部的外侧，中间垫上棉花或毛巾，再用绷带或三角巾固定。

2．前臂骨折固定法 选取长度与上臂相当的夹板，夹住受伤的前臂，再用绷带或布带自肘关节至手掌向进行缠绕固定，然后用三角巾将前臂吊在胸前。

3．股骨骨折固定法 用两块夹板，其中一块的长度与腋窝到足跟的长度相当，另一块的长度与伤员的腹股沟到足跟的长度相当。长的一块放在伤肢外侧腋窝下并和下肢平行，短的一块放在两腿之间，用棉花或毛巾垫好肢体，再用三角巾或绷带分段绑扎固定。

4．小腿骨折固定法 取长度与大腿中部到足跟的长度相当的两块夹板，分别放在受伤的小腿内外两侧，用棉花和毛巾垫好，再用绷带或三角巾分段固定。也可用绷带或三角巾将受伤的小腿和另一条没有受伤的腿一起固定起来。这时，没有受伤的腿实际上就起着夹板的作用。这种固定方法又叫自身健肢固定法。

5．脊柱骨折固定法 确定伤员是脊柱骨折后，就不能轻易搬动，应该依照伤员伤后的姿势固定。用三块夹板架成工字形，其中一块约 75 cm，另两块约 60 cm。把长的一块顺着人体，放在紧贴脊柱处，并在板和背部之间用毛巾或衣服垫好。把短的两块横压在竖板的两端，分别放在两肩后和腰骶部，然后用绷带或三角巾固定在两肩和腰骶部。先固定上端的横板，再固定下端的横板。

二、小夹板固定方法

小夹板（small splint）是我国中西医结合治疗骨折的外固定材料。小夹板一般用厚 3～5 mm 的柳木、椴木、杉木或竹片制成。小夹板外固定取材方便、简便易行、费用低，不需固定上下关节，便于早期功能锻炼。

1．小夹板固定操作方法 小夹板固定所常用的材料有小夹板、固定垫（棉垫或纸垫）、横带（扁布带）、绷带、棉花、胶布等。

（1）小夹板：根据骨折的不同部位，选用不同类型的夹板。小夹板的宽度的总和，应略窄于患肢的最大周径，使每两块小夹板之间有一定的空隙。最常见的有超肩肱骨干夹板、前臂尺桡骨夹板、桡骨远端夹板、股骨干夹板、胫腓骨超踝夹板、踝关节夹板等。

（2）固定垫：常用的有平垫、大头垫、坡形垫、空心垫、分骨垫等。在小夹板内的作用是防止骨折复位后再发生移位，但不可依赖固定垫对骨折段的挤压作用来代替手法复位，否则将引起压迫性溃疡或肌肉缺血性坏死等不良后果。根据骨折的不同部位和移位情况，选用不同类型的固定垫。其中平垫常用的有两垫、三垫及四垫固定法。

（3）小夹板固定的包扎方法：骨折复位后，垫好固定垫。将几块小夹板依次安置于骨折处四周，外用 3～4 根横带捆扎，松紧适度。以绷带上下活动各 1 cm 为度。

2．小夹板固定的适应证

（1）不全骨折。

（2）稳定性骨折。

（3）四肢闭合性管状骨骨折。但股骨骨折因大腿肌较为丰富，肌拉力大，常需结合持续骨牵引。

（4）四肢开放性骨折，创口小，经处理后伤口已闭合者。

（5）陈旧性四肢骨折仍适合于手法复位者。

（6）用石膏固定的骨折虽已愈合，但尚不坚固，为缩小固定范围可用以代替石膏固定。

三、断肢的急救

（一）脱离现场

1. 患者如被运转的机械卷入，立即停止机械的运转，设法将患者解脱。
2. 如果肢体有一部分组织轧在机械中，不可急躁地将组织割开或撕下，以致造成无法弥补的损失。判断有无致命的合并伤：在严重的损伤中，有时不仅是肢（指）体离断，还可合并头、胸、腹等损伤，应快速判断有无呼吸道阻塞、心肺功能、血压等异常，并进行相应的急救。

（二）止血与固定

1．止血

（1）指压法

1）上肢止血：上肢止血时在锁骨上窝凹陷处向下向后摸到搏动的锁骨下动脉，用拇指按压。前臂出血，在上臂肱二头肌中段内侧压迫肱动脉。手掌部出血，压迫手腕内外侧的尺、桡两动脉。

2）下肢出血：下肢出血时在腹股沟韧带中点股动脉走行处，用拇指或手掌垂直压迫。足部出血，压迫踝关节外下侧的胫后动脉和足背的胫前动脉。填塞止血法：用消毒的纱布或敷料、棉垫等填塞在伤口内，再用绷带紧紧包扎，也能起到止血作用。此法的缺点是止血不够彻底，且增加感染的机会。加压包扎止血法：用无菌纱布、敷料或干净毛巾、布料等折成比伤口略大的衬垫，盖住伤口，再用绷带、三角巾等适当加压包扎，以压迫止血。此法多用于静脉出血的止血。加垫屈肢止血法：前臂出血时，在肘窝部加一棉垫，屈肘；上臂出血时，在肘窝部加一棉垫，上臂紧贴胸壁；小腿出血时，在腘窝部加垫，屈膝；膝部或大腿出血时，在大腿根部加垫，屈髋。然后用绷带或三角巾将位置固定，即可止血。此法会使伤员产生较大痛苦，不宜首选。怀疑骨折时忌用。

（2）止血带止血法：用止血带止血法虽然能有效地制止四肢出血，但用后可能引起或加重肢端坏死、急性肾功能不全等并发症，因此要慎重使用。主要用于经其他方法不能控制的出血。

1）止血带的选择：气囊止血带最佳，其压迫面积大，对组织损伤小，可以调节控制压力，定时放松也较方便。其次为橡皮管、带，它具有弹性好，易勒闭血管，对肢体组织损伤小等特点。其他还可以用较宽的布带、绷带、皮带做止血带。忌用铁丝、电线、绳索等代用。

2）缚扎前的准备：先将受伤肢体抬高，使血液回流，然后在缚扎止血带处的肢体外加1~2层布垫或衣服保护皮肤。不要将止血带直接缚扎在皮肤上，也不要扎在棉衣棉裤外面，衬垫太厚使止血带达不到止血目的。

3）缚扎部位：止血带尽量靠近出血的伤口，以减少组织缺血的范围。上臂避免扎于中下1/3处，以免损伤桡神经。大腿宜扎在上2/3处。前臂和小腿因是双骨骼部位血管在两骨骼间走行，止血带起不到勒闭血管的作用，故不宜扎在前臂和小腿。如一部位已缚扎1~2h后，应换在稍高2~3cm处缚扎。

4）注意事项：①松紧适度：适当勒紧，以出血停止为度。②缚扎时间：扎止血带的时间越短越好，一般不超过1h，如必须延长，应每隔40分钟放松1次。放松时间以恢复局部血流，组织略有新鲜渗血为止。③缚扎标记：凡是缚扎止血带的伤员必须挂上有色的标记，并加强交接班，如缚扎时间、部位等，防止因缺血时间长而发生严重并发症。

2．固定

（1）固定方法：对尚未完全断离的肢体，伤口包扎后应用夹板妥善固定，以免在搬运时增加患者的疼痛，引起再度损伤。夹板的形式不一，可就地取材，只要达到制动的目的即可。下肢有骨折时一般用直木板，上肢有骨折时可用直角夹板，维持肘关节屈曲于90°。

（2）固定时注意事项：①应先进行有效止血和伤口包扎后再行固定。对戳出伤口的骨端不可送回。②尽可能就地固定而不移动伤肢，以免增加伤员痛苦。③固定器材不能直接与皮肤接触，应用柔软的衬垫垫好，确保固定效果，避免损伤皮肤。④固定时注意捆扎松紧要适度，松则起不到固定作用，紧则影响血液循环。

(三) 迅速转移

用最快速的交通工具将患者转移到有条件的医院治疗。转移前后注意与有关医疗单位联系，以便他们做好准备工作。

第三节　现场急救注意事项

1．在矿工实施互救时，应是在有效自救的前提下，妥善地救助他人及伤员，防止扩大灾情。

2．进行急救时，不论伤者还是救援人员都需要进行适当的防护，这一点非常重要。特别是把伤者从严重灾区救出时，救援人员必须加以预防，避免成为新的受害者。

3．将受伤人员小心地从危险的环境转移到安全的地点时，应至少2～3人为一组集体行动，以便互相监护照应，所用的救援器材必须是防爆的。

4．因为瓦斯是一种无色、无臭、无味、易燃、易爆的气体，一旦瓦斯的浓度在5.5%以上时，遇明火即能发生爆炸。瓦斯爆炸会产生高温、高压、冲击波，并放出有毒气体。因此，在现场急救时，应倍加注意二次爆炸的发生。当听到或看到瓦斯爆炸时，应背对爆炸地点迅速卧倒，如眼前有水，应俯卧或侧卧于水中，并用湿毛巾捂住鼻口。

5．急救处理程序化，遵守"先救后送，边救边送"的原则。

6．要沉着冷静。首先迅速、正确地佩好自救器，保证呼吸道不受伤害，保存生命，切不可惊慌失措、坐以待毙。

第四节　现场救护不当的后果

在各种灾难性事件的急救过程中，对于各种损伤很多人由于缺乏相关的知识，加之救人心切，使用了一些错误的方法对伤者进行止血、包扎、固定、搬运，或者为减轻疼痛，习惯用手揉捏并按摩受伤部位，结果导致了十分严重的后果。

1．导致截瘫　脊柱部位的骨折、脱位，随意搬动可以造成骨折脱位加重而导致截瘫。颈椎部位的骨折可以造成四肢高位瘫，胸腰部骨折，不恰当的搬运可以损伤腰脊髓神经，发生下肢截瘫。比如，煤矿井下工人受伤后，工友们为了及早使伤者升井得到妥当的救治，常常把伤者从低矮的掌子面背负着进行搬运，结果导致了原没有神经症状的脊柱骨折者发生了截瘫。

2．加重出血　对于骨盆、锁骨或四肢骨折者，随意乱搬动会刺破局部血管导致出血，甚至是危及生命的大出血。或者可以使已经停止出血的骨折断端再次出血。锁骨粉碎性骨折：揉捏可以伤及锁骨下动脉；肋骨骨折：随意搬动可致骨折断端刺破肺脏，发生血胸、气胸、纵隔及皮下气肿等；肱骨外科颈骨折：揉按可以伤及腋动脉；肱骨髁上骨折，揉压可以伤及肱动脉；股骨下段骨折：乱动可损伤股动脉。

3．损伤神经　四肢的长骨干骨折，其骨折断端会像刀子一样锋利。在此状态下，揉捏按压除可造成出血外，还可以使骨折端刺伤或切断周围神经，从而造成神经麻痹，导致肢体局部功能丧失。

4．加重休克　严重的骨折，如大腿、骨盆或多发性肋骨骨折合并内脏损伤时，由于失血和疼痛，患者可发生休克。如果再施以搬运颠簸就会进一步加重休克，甚至造成伤者死亡。也有的长时间被困井下的工人，虽说没有任何外伤，但一旦被解救出来，由于精神倒垮或应激反应，也会出现休克，这时如果继续让其行走，会使休克加重，甚至发生心搏骤停。

5．导致肢感染　不管是身体什么部位的开放伤，如四肢开放性骨折、胸腹开放伤，如果用不洁净的衣物、敷料盲目包扎，会将细菌带入伤口中，导致伤口感染，甚至产生败血症、脓毒血症、骨髓炎等，造成严重后果。

6．引起二便障碍　对于骨盆骨折，特别是耻骨坐骨支的骨折，如果搬运不当，扭转肢体，骨折端很容易造成男性尿道的断裂或挫伤，甚至直肠挫伤，从而引起排便、排尿困难。

7．引起合并伤　脱位后随意按捏也是危险的，比如肩关节脱位，有些人企图自行复位，或寻求非专业医务人员帮助复位。由于他们不了解复位的机制，没有麻醉药物的辅助，复位不仅不正确，甚至容易合并局部肱骨外科颈骨折和血管神经损伤。

8．造成骨坏死　如果股骨颈、腕骨骨折后翻动搬抬，可能损伤仅存的关节囊血管和骨干的滋养血管，从而导致股骨颈的血运严重破坏，不仅造成骨折愈合困难，而且可能导致股骨头无菌性坏死。

9．导致肢体坏死　肢体受伤后，特别是合并骨折后，局部肿胀非常严重。此时如果固定不当，使用大量敷料包扎，虽可暂时止血，但时间较短，并且会导致肢体麻木，超过 2 h 可能导致肢体缺血性坏死。如临床上称为"筋膜间隙综合征"和"Volkman 挛缩综合征"的情况出现。

（梁春雨　刘　昊）

第七章

院内救治程序与原则

第一节 院内救治三环节技术

概括起来，创伤救治系统有三个阶段（院前抢救、院内救治、康复治疗），三个要素（通信联络系统、交通运输系统、抢救治疗组织），三个环节（急诊室、创伤手术室、重症监护室）。在院内救治的三个环节中，首先建立一个专业化的急救中心；其次，无论是在急诊室、手术室，还是在重症监护室，VIP 程序和 COFT 技术（vip procedure and coft technic）都是程序化规范化的创伤急救系统工程中的重要技术内容。而且现代创伤的伤员由现代救治系统到转入康复期治疗之间几乎无一例外地大致要经历三个阶段、九个步骤。

一、建立专业化急救中心与队伍

现代创伤特点是由于致伤因子具有惊人的高能量，瞬间作用到人体可伤及多个部位多个脏器，而造成既有局部损伤，又有全身反应的不停演变和进行性发展的复合临床表现。尤其在局部伤害同时可伴发遍及心、脑、肺、肠道等诸多脏器的远致伤。加之应激反应和内毒素的释放，免疫机制遭受激惹，介质、内分泌紊乱，神经、血管、呼吸、循环各系统均难免遭到反复打击，细胞内外环境完全紊乱，乃至表现为"全身炎症反应综合征"（system inflammatory response syndrome，SIRS）严重休克，若不及时救治，将会导致死亡。

若从创伤死亡病例分析，依死亡时间可分成三类：一是现场来不及转运的主要死于严重的颅脑、脑干、高位颈髓损伤、心脏或大血管破裂；二是伤后 7~14 天，主要死于感染、中毒、继发多脏器功能衰竭（MOFS）；三是伤后 3~4 h，这是占死亡伤员比重最大的一类，主要是多发伤，失血性休克。这类伤员存在严重窒息、呼吸功能障碍、循环功能不全、低血容量、低氧血症、心律失常乃至心包填塞等进行性失血。这三种可导致死亡的倾向在早期及时处理应是可逆转的。针对以上现代创伤的特点及严重性，在医院内建立一个专业性创伤急救中心，采取多学科一体化，在实践中培养与造就新一代创伤专业队伍，逐步取代会诊制、临时组合制是非常必要的。

二、VIP 程序

VIP 程序的内涵是从时间顺序上对创伤重症抢救强调与明确三个关键要害。

V（通气，ventilation）：医护人员需首要注意伤员的呼吸，必须即刻保证伤员有效的通气，充足的潮气量及氧气的吸入。应迅速清理口鼻腔内异物杜绝误吸。必要时可施行气管切开或气管插管，进行辅助呼吸，吸氧的同时对有胸部创伤者要迅速依损伤类型而分别即刻施行封闭胸腔、开放伤口，行胸腔闭式引流，有效固定浮动胸壁，减少肺挫伤等措施。

I（输液，infusion）：即开放静脉（静脉穿刺）灌注液体，迅速扩张有效血容量，止血同时要依照"快、足、稀"原则补液扩容。除对老年人、心、肺情况存在问题者要注意及时输血及补充胶体、注意合理用量及速度外，一般要依照晶体液（平衡盐液）与全血比例 2∶1 为患者输液。补液量可达失血量的 3 倍，严重低血容量伤员开始半小时要输入晶体液 2000 ml。

P（心跳，pulsation）：即监测及恢复血压、心泵功能，在迅速扩容提升血压过程中，不提倡应用升压药物，但要密切注意动静脉压及心脏状况，遇有心包填塞者要行心包穿刺，对心脏创伤、心律失常者要有针对性地应用药物及手术手段。

三、COFT 技术

COFT 技术是指止血、手术、固定和搬运技术。

1．止血（control bleeding） 在抢救重症创伤中常遇见失血性休克，低血容量患者对此尤应注意的是在补液同时更要注意控制出血，如加压包扎伤口，上止血带，应用抗休克裤，直至紧急手术处理血管及脏器损伤。

2．手术（operation） 手术技术在创伤救治中仍占重要地位，且必须争分夺秒尽早实施。从气管切开、静脉切开、清创、减压到胸腹部急症手术，均应有备无患，一旦明确指征就要尽早开始。为减少不必要的二次打击，手术宜简捷，手术创伤宜小不宜大，有条件可开展介入外科手术减少创伤及出血。

3．固定（fixation） 固定可避免创伤后再损伤，故从现场搬运到病房护理均要求合理科学地固定以便搬运转移患者过程中以及患者自身活动时均不会造成再次继发损伤。这就要求研制轻便有效的临时固定器材和治疗用内外固定器材，改进牵引方式，如现场及搬运中可采取负压定型衬垫，开发新型内外固定器具，为早期活动关节创造条件。特别是在近年来"浮肩""浮肘""浮腕""浮髋""浮踝""浮盆""浮椎"（所谓"浮椎"损伤理论上是指单一椎体或数个相邻椎体的远近侧椎间盘及椎间韧带损伤或断裂，致使其间单一或数个椎体发生浮动的现象。实际上常常伴有单一或相邻数个椎体的远近两端同时移位或旋转性脱位）病例的增多，合理而科学地固定就显得特别重要。

4．搬运（transition） 运送转移伤员不仅在战地、在车祸现场及工伤现场是非常重要的环节，从开始接触、搬运伤员就应考虑到如何保持气道通畅，防止误吸，怎样才能杜绝对可能存在的脊柱脊髓的再次损伤，怎样有利于维持心肺功能，保持肢体骨折合理固定等。同样在院内抢救中，从救护车上搬至抢救室，再至手术室、ICU、病房乃至做各项必要检查时均要无一例外地注意上述诸多原则及要领。

总之，COFT 止血、手术、固定、转运这些急救基本功、基本技术，医护人员尤其是急诊科、创伤科医护人员不仅要知其然，还应知其所以然。这样才会养成习惯，训练有素。

四、"三个阶段、九个步骤"

每个阶段与步骤各有不同的内容和目的。

（1）第一阶段，基本生命支持（basic life support，BLS）：目的是立即恢复组织氧合。其中包括三个步骤。

1）解除呼吸道梗阻，用手法或器械保持气道开放。

2）呼吸支持（breathing support）：如口对口呼吸或用各种器械辅助呼吸。

3）循环支持（circulation support）：如控制外出血及胸外按压等。

（2）第二阶段，进一步生命支持（advanced life support，ALS）：目的是恢复血液循环。包括三步骤。

1）静脉通道给药及各种液体（drug sand fluids）。

2）心电监测（electrocardiography，ECG）。

3）除颤（defibrillation）。

（3）第三阶段，后期生命支持（prolonged life support，PLS）：目的是脑复苏及复苏后加强治疗，包括三步骤。

1）寻找原发病（ganging）：按照"crashplan"撞击方案的思维程序，各级医师都要依次反复检查以减少漏诊、误诊。

"crashplan"是指：cardia 心脏；respiratory 呼吸；abdomen 腹部；spine 脊柱；head 头部；pelvis 骨盆；limb 肢体；arterise 动脉；nerves 神经。

1）脑复苏（cerebral resuscitation）：注意头降温，应用皮质诱发电位密切监测。

2）重症监护治疗（intensive care unit，ICU）：进行重要脏器的支持。

五、院内救护中的特殊性

院内急救主要发生在急诊科与重症监护室（ICU）。急诊科和 ICU 的设备、人员配备与急救规范都已成型，并且随着社会的进步也在不断提高。下文重点指出的是创伤救治的一些特殊性问题。

1．急救医疗小组的基本成员至少包括 1 位 ICU 医师和 1 位 ICU 护士，24 小时提供服务。这些医师护士需要接受过全面高级复苏培训，内容不仅包括心肺复苏，还包括开放气道、人工呼吸、开放外周及中心静脉、胸腔插管、科学固定、安全转送等。

2．创伤，特别是多发伤往往需要多学科一体化的救治。在一个理想的创伤救治体系里，患者在现场能够迅速得到救助，并立即开始复苏，随后被运送到创伤中心。在创伤中心，创伤抢救小组成员能够在最短的时间内被召集到患者身边，然后在统一组织下，开展积极的复苏救治，研究制定切实可行的合理的治疗方案和计划。

3．在决定创伤救治方案的同时，还必须考虑到伤员的康复治疗问题和对生活质量的影响。如在临床上"浮肩""浮肘""浮腕""浮髋""浮踝""浮盆""浮椎"损伤在当前各类车祸及交通伤中最具代表性，呈普遍现象，治疗相对复杂，早期若未得到及时救治，必然影响关节功能。随着社会的进步和经济状况的日益好转，临床医务工作者尤其是骨科医师对大关节邻近损伤累及关节功能康复的严重性认识已得到明显提升。

4．严重创伤必然并发创伤性休克，复苏的要点是把严重创伤性休克的病程分为活动性出血期、强制性血管外液体扣押期和血管再充盈期三个阶段，根据各阶段的病理生理特点采取不同的复苏原则与方案。特别是输液的质、量与速度等。

第二节 成批伤员院内救护的组织管理

突发性灾难性事故造成的成批伤员的发生率在逐年增高，医院急诊科对成批伤员抢救是否成功，不仅可以检验医院的急救能力，更重要的是可以反映医院对成批伤员救护的组织管理是否严密。成批伤员救护的组织管理方案应从以下几方面着手，即缩短检诊的时间，加强救护配合，做好后援工作，强调救护工作要有严密的组织管理，从而提高抢救成功率。

急诊科在救护过程中由主管院长、科主任或医教部负责人到急诊科现场指挥救治工作，采用检诊分类－抢救观察－分流后送为一体的救护方案，争分夺秒。充分合理地发挥医护人员力量，保证救治工作顺利开展。

一、检诊分类

缩短预检分诊时间和提高检诊准确率是最初救护的目的。而急诊科是缩短伤员受伤至得到有效救治时间的关键场所，要使伤员到达后在几分钟内对伤情做出初步准确的判断，及时按轻、中、重、危进行分类、分诊是首要的。

1. 按部位分类 一般伤势、颅脑损伤、胸部伤、腹部伤、四肢与骨盆伤。

2. 严重程度

轻度：轻度撕裂挫伤、无意识丧失、轻度胸壁擦伤、腹肌挫伤、趾、指擦伤，全身1%～10%的Ⅱ°Ⅲ°烧伤、头面部擦伤、腹壁擦伤、骨折或脱位等。

中度：广泛挫伤或撕脱伤、意识丧失＜15分钟、单纯肋骨骨折、腹壁大面积挫伤、开放性骨折、全身11%～30%的Ⅱ°Ⅲ°烧伤、骨折无移位、胸骨骨折或胸壁挫伤、骨折无移位或骨盆骨折。

重度：大面积撕脱伤、意识丧失＞15分钟、多根肋骨骨折、腹内脏器伤、长骨骨折移位或骨盆骨折、全身31%～50%的Ⅱ°Ⅲ°烧伤、颅骨骨折、气胸、肺挫伤、腰椎骨折、大关节脱位神经血管损伤。

严重：严重撕脱伤合并大出血、意识丧失＞24分钟、开放性胸部伤、腹内脏器撕脱伤、多处长骨骨折、全身51%以上的Ⅱ°Ⅲ°烧伤、开放性颅脑伤、浮动肋壁纵隔气肿、腰椎骨折合并截瘫、肢体离断伤、心脏或心包损伤。

危重伤：特大面积的Ⅲ°烧伤、意识丧失、严重呼吸困难、腹内血管或脏器内破裂、颅内出血、心肌破裂、循环衰竭等。

预检分诊工作按传统常规的方法应为一看、二问、三检查、四分诊的步骤，对成批伤的预检采用出迎伤员，边看、边问、边检查、边分类、边处理、边护送至相应救治区的方法检诊。

二、抢救观察

紧急救治生命体征五项指标。

（1）呼吸＜12次/分、呼吸＞30次/分或明显呼吸困难者。

（2）血压不稳定，心率＞110次/分或明显休克者。

(3）有明显内出血症或大血管损伤活动性外出血者。
(4）神志模糊或昏迷。
(5）出现神经系统定位体征。

熟练掌握上述"伤情分类指标"和"紧急救治"的五项指标是加快检诊速度，达到简捷分类的重要方法。伤员到达急诊科后，检诊护士可在较短的时间内根据创伤程度、损伤部位以及伤员主要生命体征的变化迅速对伤员做出初步准确的伤性判断，确定和处置严重创伤和多发伤伤员，对有生命危险的伤员采取紧急救护措施，同时，根据"五项指标"的标准，密切观察伤员生命体征的变化，反复评估伤员的伤情，防止遗漏主要损伤。

三、成批伤员救护的组织管理

1．救护准备工作包括以下内容

(1）传呼有关人员（包括医技、行政、后勤、科室抢救小组人员及待班人员）组成医疗抢救组、护士相对分为检伤分类组（预诊组）、抢救组、观察巡回组（给轻伤员需输液者，建立静脉通道，测量生命体征，协助指导患者拍片、做 B 超、化验等）；后勤供应组（补充抢救治疗物资，往病房手术室送患者，陪护患者作检查，清理污物）等。工作组织要严密，合理分工，密切协作，真正做到人在其位，各尽其责。

(2）准备抢救床、输液椅、留观床，抢救室的患者尽快转移至病房，准备输液区使大批伤员尽量集中，观察室也尽快准备床位、抢救物品和药品。

(3）通知住院部转移和调整原有住院患者，腾出足够空床。

(4）准备血液及血液制品，静脉用液体、药品、手术器械以及其他各种医疗和生活必需品，其中血液、血容量扩张剂、静脉用液体、敷料、胸腔插管、吸引器等用量可能很大，应及时补充。

(5）安全保卫设施，控制参观和新闻报道。

2．紧急救护程序与合理分工　急诊科在成批伤的救治过程中，最重要的是避免抢救中的混乱局面。因此，事先拟定科学的规范的紧急救护程序，医护人员进行合理的分工是抢救工作忙而不乱、有条不紊进行的必要条件。

紧急救护程序体现了集护理管理、护理急救技能及护士职业责任心为一体的组织实施工作，要求检诊护士在 10 分钟内做好以下工作。将患者分清危重伤员、重伤员、轻伤员，组织现有在班护理人员进行抢救分工，这要求护士不仅要有熟练的急救技能，还应具备相应的组织指挥管理能力及灵活机动的救护技术。

(1）成批伤抢救护理分工

护士长：组织协调指挥管理。合理安排救护力量，负责物品准备，协调各科工作。

预检护士：检诊分类，安置伤员登记挂号。出迎伤员，按轻、中、重安置相应救治区，实施初期救治。

抢救护士：配合抢救，协助处置。对伤员实施救护措施，遵医嘱配合医师救治，观察病情变化，及时登记反馈，负责后送分流。

(2）急诊科改变了以往首诊医师逐个请会诊的方法，在急诊主任统一指挥下，各科医师通力合作，同时还要与急诊护士密切配合。急诊主任通过电话与各科室、急诊 ICU、院中心 ICU 联络，除组织急诊在班各科医师外还可呼叫各科负责医师及 2 名 ICU 的医师投入抢救，并护送病员入手术室、ICU 及各病房。

3．成批伤员抢救的后勤保障工作是救护工作顺利展开的有力保证，应该在主管院长的指挥下有条不紊地做好救援，并及时补充抢救治疗的物资，保证供应。

四、安全后送

在成批伤员的救护中，如果伤员过多且一个医院无法容纳和完成，则应在抢救的同时安排好伤员的收治和分流。对危重伤员的抢救，在生命体征稳定后应尽快按其伤情决定下一步去向。在搬动伤员前其血压必须稳定在 98～120 mmHg（13～16 kPa），呼吸通畅，输送途中保持输血补液通道的通畅，并应由后勤组护士负责护送至手术室、ICU 或病房。

（梁春雨　刘　昊）

第八章

外伤患者的检查与诊断

外伤患者，特别是矿山工业伤、坠落伤患者的特征，不仅只涉及局部损伤，还常常会涉及其他部位、其他脏器的损伤。因此，在对此类患者进行诊断时，眼睛不要只盯着局部，而应该在努力发现其他部位损伤的同时，注意因外伤而引起的全身状况的变化。尤其是胸腔内损伤、腹腔脏器损伤、颅内损伤等，从外部是不能直接观察到损伤的，因此极容易漏诊。本节主要介绍在外伤患者的诊断与检查过程中应该注意的最基本事项。

第一节 外伤患者首诊时的必检项目

一、生命体征检查

外伤是一种不得不及时做出处理的疾病，应该注意对其紧急度和严重度的判别。即，所谓紧急度高的病态可以认为是一种"及时、恰当地处置之后会很快恢复，如若延迟治疗，短时间内可导致死亡的外伤"，主要包括显著的呼吸循环异常：呼吸道梗阻、张力性气胸、心包填塞、急性大出血等。外伤的紧急度与伤情的严重度不一定一致，无论是多么轻的外伤，只要合并呼吸道梗死，都认为紧急度高。不过，通常严重度高的外伤一般也包括紧急度高的伤情，因此严重度高的外伤也可以说是紧急度高的外伤。在对外伤患者的诊断过程中，首先是对紧急度的判定，在做出适当地紧急处置后再进行其他检查，然后在进行确切诊断的同时再进行严重度的判定。为了对外伤的紧急度和严重度做出正确的判断，最基本的诊断方法应是生命体征的检查和体格检查等。

生命体征的检查：

1. 意识状态 意识是人类特有的反映自然的能力，是高级神经中枢的重要功能。神经精神病学所指的意识是人们对客观环境、自身状态的认识，其活动内容包括思维、情感、记忆与定向的能力，并通过语言、视听、感情反应及行为运动而表达。

意识障碍是指意识清晰程度下降和意识范围的改变，许多意识活动会产生不同程度的丧失，所以意识障碍是中枢神经系统损害的客观指标。临床上是通过语言对话、疼痛刺激、声音刺激以及检查生理反射、自主神经功能等方法，观察患者的思维能力、反应能力、情感表达、表情姿态和反应动作等，由此判断其意识障碍的程度。关于意识障碍状态的分类、意识障碍程度的分级，由于标准不一，各家的意见各有差别。1974 年，B．Jenmett 根据患者的睁眼动作（E）、语言表现（V）、运动反应（M）3 项指标，建立了判断意识状态的客观方法，即为著名的格拉斯哥昏迷记分法（Glasgow coma scale，GCS）（表 8-1）。

表 8-1　GCS 昏迷记分

睁眼动作（E）	记分	语言表现（V）	记分	运动反应（M）	记分
自动睁眼	4	对话判断正确	5	按吩咐活动	6
呼唤睁眼	3	交谈错乱	4	对疼痛能定位	5
疼痛睁眼	2	用词错乱	3	躲避疼痛	4
不睁眼	1	语义不明	2	刺激时肢体屈曲	3
		不能语言	1	刺激时肢体过伸	2
				不能活动	1

2．血压　血压下降常见于失血性休克和创伤性休克。通常因失血而导致血压降低时，估计患者的循环血量至少损失在 10% 以上。创伤性休克可因心包填塞、血气胸、肺挫伤、脊髓损伤及精神性因素造成。当血压下降时应该进行中心静脉压的测定（CVP）和血细胞压积（Ht）的检查。

3．脉搏　当脉搏快而弱的情况下，可考虑已进入休克状态，通常伴有血压下降，其原因多为失血性休克或创伤性休克。在血压降低、脉率快、脉压差减小、中心静脉压升高的情况下，可考虑为心包填塞，有必要紧急处置。当发现脉率不齐的时，可考虑为低氧血症所致，应该倍加注意胸部外伤和咽、喉部的损伤。当然，也有必要进行胸部 X 线、心电图的检查。

4．呼吸　当发现有呼吸快、叹息样呼吸、气管牵拉样感时，首先应该考虑到胸部外伤，特别是气管损伤、多发性肋骨骨折、血气胸等。在对胸部听诊的同时，应该拍 X 线胸片检查，以确认有无胸部的损伤。因骨盆骨折、股骨干骨折、上臂骨折等继发性肺脂肪栓塞也可产生呼吸困难。即使是腹部损伤，也可因腹痛和出血而招致呼吸困难。另外，还应注意因外伤性膈疝，脊髓损伤，咽、喉、气管、支气管损伤，纵隔损伤等而导致的呼吸障碍。当发生呼吸障碍时，除拍摄胸部 X 线片之外，还应进行动脉血气的分析检查，测定 PaO_2、PCO_2、pH 等。

5．体温、尿量　对于外伤患者来说，测定体温和尿量也是检查生命体征的重要项目之一。特别是单位时间尿量的测定，可以作为判定失血性休克或创伤性休克的重要指标。

二、体格检查

1．问诊　向患者询问受伤的原因、受伤时的状况、受伤后的时间、疼痛部位、有无呼吸困难和四肢能否活动。如果患者意识有障碍，则向负责人、搬运者、事故方及家属询问。通过这些问诊，以推测损伤的严重程度。

2．视诊　当患者被搬入病房时，应细心观察患者的表情、有无外出血、四肢活动度、四肢的变形等，以考虑损伤的部位和损伤的程度。

3．触诊　用两手触摸头部有无头皮下血肿，被动活动手足之时有无疼痛和变形，用手扪压胸腹部时有无疼痛，用手触摸胸部时有无握雪样皮下气肿，触摸手足时有无感觉异常等。

4．叩诊 叩诊胸部看有无疼痛和胸腔积液，叩诊腹部看有无疼痛和移动性浊音，将下肢伸直足背屈时叩击足底看有无下肢或骨盆处的疼痛。

5．听诊 通过对肺部呼吸音的听诊和腹部肠鸣音的听诊，以确认有无胸、腹部的损伤。

需要特别紧急处理的外伤有：气道阻塞（气管、支气管损伤，颅脑外伤，血液、呕吐异物引起的窒息，口腔内损伤，咽、喉部损伤）、心包填塞、急性外伤性气胸、血管损伤、腹腔内实质性脏器损伤（破裂）、失血性休克等。

三、外伤判断

通常，严重度高的外伤有：

1．**头部外伤** 颅内出血、开放性颅骨骨折、脑挫裂伤。
2．**颈部外伤** 颈髓损伤。
3．**胸部损伤** 血胸、气胸、肺挫伤、心包填塞、气管、支气管损伤、多发性肋骨骨折和连枷胸。
4．**腹部外伤** 腹腔内实质性脏器损伤（肝、脾、胰腺）。
5．**四肢外伤** 血管损伤、开放性骨折、肢（指）离断、骨盆骨折、肺脂肪栓塞综合征等。

通过以上的检查和综合判断，确定是哪个部位、哪一种外伤的紧急度最高，外伤的严重度达到了何种程度。

四、紧急处置与严密观察

确保气道通畅和建立静脉通道。

在对外伤患者的紧急度和严重度做出初步判断的情况下，为了维持生命体征的稳定，有必要采取适当的措施确保气道的畅通并建立静脉通道。

对于外伤患者，特别是交通伤、坠落伤来说，初诊时可能没有什么变化，但不可放置不管。就如颅内损伤、腹腔内损伤一样，伤后短时间内多数是用肉眼发现不了损伤的，但又可能随时发生变化。比如颅内硬膜外血肿、外伤性肠管破裂等，有时在初诊时是没有什么临床表现的；即使不超过循环血量10%的失血性休克，也多半不表现临床症状，这些都是在严密的临床观察中发现的。同时也应该注意在伤后1～2周内，破伤风、气性坏疽、细菌感染等的发生。

五、现病史确认

现病史的确切与否直接关系到诊断的结果，也是决定检查种类的指针。因此，正确地掌握受伤的现病史是非常重要的。包括受伤的原因、受伤的机制、受伤时患者的状态、外伤的方向、伤口的大小、种类、数目、形状、深度等。同时询问既往病史也是必要的。

六、损伤部位确认

在对外伤患者的诊疗过程中，首要是损伤部位的确认。为此，在体格检查的同时，应该进行X线摄影、超声波检查、CT扫描等。另外应该特别注意的还有：

1. 是否漏诊 具有意识障碍的患者和卧床不能动的患者，损伤部位容易漏诊；有大的外伤患者，由于常常只注意了大的外伤，而漏诊了其他外伤。对此应加以注意。

2. 内出血 颅内出血、胸腔内出血、腹腔内出血等，其损伤部位从外部是看不见的，故极容易漏诊。对此，除严密观察生命体征的变化外，还应认真地进行体格检查。

七、出血量确认

几乎所有的外伤患者，或多或少都伴有出血。如果出血量少（循环血量的 10% 以内，体重 70 kg 的人出血量在 500 ml 以内），临床上不会出现严重的问题。如果超过了上述的出血量，则会出现严重的症状。为此，必须根据 Ht 值、中心静脉压、血压值、脉搏等指标较准确地推测其出血量（表 8-2）。

表 8-2 出血量与中心静脉压、临床症状的变化

出血量	临床症状	中心静脉压	休克程度
循环血量的 15% 以下（750 ml）	精神不稳，站立头晕，皮肤发冷，血压接近正常，脉搏略快	略低下	
循环血量的 15%～25%（750～1250 ml）	四肢末梢发冷、苍白，血压降低（90～100/60～70 mmHg），脉搏加快（100~120 次/分），尿少	下降	轻度休克（mild shock）
循环血量的 25%～35%（1250～1750 ml）	四肢末梢冷厥，面色苍白，冷汗，呼吸加快，血压下降（60～90/40～60 mmHg），脉压差减小，脉搏快而弱（20 次/分以上），尿少（20 ml/h 以上）	明显下降	中度休克（moderate shock）
循环血量的 35%～50%（1750～2500 ml）	意识模糊，四肢厥冷，发绀，呼吸浅而速，血压低下（40～60/40 mmHg），脉搏触及不清（120 次/分以上），无尿	接近 0	重度休克（severe shock）

八、昏迷患者的紧急检查与观察

昏迷是脑功能受到高度抑制所引起的严重意识障碍，是常见的急危重症。此时患者危在旦夕，但如能积极有效地抢救，可使不少患者转危为安。现谈谈昏迷患者的紧急检查和诊断。

1. 意识状态

（1）病因：严重感染、糖尿病酮症酸中毒、尿毒症及肝性脑病都可能由于毒素作用于大脑皮质及皮质下网状结构而致昏迷。颅脑外伤、颅脑病变，如脑震荡、颅内出血、颅骨骨折、颅内肿瘤、脑血管意外、高血压脑病、药物或化学品中毒、严重休克、阿-斯综合征、电击、中暑、溺水等等均可使神经细胞受损而昏迷。

（2）昏迷程度：临床上一般将昏迷分为三个阶段，即浅昏迷、中度昏迷、深昏迷。昏迷程度的判别主要是根据意识障碍、疼痛刺激、瞳孔对光反应及呼吸、血压、脉搏的变化，见表 8-3。

表 8-3 昏迷程度的判别

	浅昏迷	中度昏迷	深昏迷
意识	丧失	丧失	丧失
疼痛刺激	尚有反应	迟钝	无反应
对光反应	存在	减弱	消失

2．瞳孔变化

（1）瞳孔形状：正常为圆形，双侧等大，生理直径为 3～4 mm。青光眼或眼内肿瘤时可呈椭圆形；虹膜粘连时形状可不规则。瞳孔缩小见于虹膜炎症、中毒（有机磷类农药、毒物中毒）、药物反应（毛果芸香碱、吗啡、氯丙嗪）等。瞳孔扩大见于外伤、颈交感神经刺激、绝对期青光眼、视神经萎缩、濒死状态、药物影响（阿托品、可卡因等）。

大脑半球肿块或广泛性脑水肿所致的中央疝，在间脑受压时，双侧瞳孔中度缩小。在钩回疝早期，由于压迫动眼周围的副交感纤维，致疝侧瞳孔散大。入院时检查双侧瞳孔散大，如静脉注射脱水剂后见一侧瞳孔缩小，则瞳孔散大侧常存在幕上肿块。两侧瞳孔忽大忽小，为动眼神经时而受刺激，时而轻微受压所致，是脑疝的先兆。后颅窝病损累及延髓时，由于下行交感纤维破坏，瞳孔缩小。累及脑桥时常见针尖样瞳孔。深昏迷，如双侧瞳孔显著散大，属濒死表现。

（2）瞳孔大小不等，常提示颅内病变，如脑外伤、脑肿瘤、中枢神经梅毒、脑疝等。双侧瞳孔不等大，且变化不定，可能为中枢神经和虹膜的神经支配障碍；如瞳孔不等大且伴有对光反应减弱或消失及神志不清，往往为中脑功能损害的表现。

（3）对光反射：是检验瞳孔功能活动的检测。对光反应迟钝或消失，见于昏迷患者。

3．眼球运动　昏迷者常见有自发性眼球运动。一侧半球急性病损，两眼背离偏瘫侧而转向病灶侧。一侧中脑或桥脑病损，两眼将背离损伤侧而转向偏瘫侧。双侧脑干病损时，可通过转头试验和冰水刺激试验，可引出反射性眼球运动。如病损已累及脑桥，则冰水刺激试验无眼球运动反应。

4．呼吸改变　半球病变累及间脑，早期呼吸可能正常，晚期常出现潮式呼吸。而病损自间脑侵及中脑时，潮式呼吸消失，代之深快而均匀的呼吸，称为中枢神经元性过度换气，是天幕疝形成的一种常见的呼吸改变。当病损进一步累及脑桥时，中枢神经元性过度换气消失，代之以更正常的呼吸，易误认为病情改善。当累及脑桥下部及延髓时，则出现呼吸不协调或呼吸暂停。

5．运动功能　检查时除应注意有无扑翼样震颤、肌阵挛及偏瘫外，应特别注意去皮质强直和去脑强直两种运动障碍。前者是两半球病损所致；后者是中脑病损所致。

不典型去脑强直是间脑病损的特征。当中脑破坏，继而损及脑桥时，去脑强直随之消失，四肢弛缓，疼痛刺激无运动出现，属濒危阶段。

经上述五方面紧急检查，可确定昏迷的程度、类型及脑部受损水平。

第二节　入院后的必检项目

外伤愈重愈应重视物理检查，包括各种临床检查、超声波扫描、CT 扫描等。表 8-4 提示了外伤患者基本的必检项目。表 8-5 提示了各种外伤最低限度的必检项目。

表 8-4 外伤患者基本的必检项目

临床检查

血气分析（pH，PaO_2，$PaCO_2$，HCO_3^-，BE）

电解质测定（Na^+，K^+，Cl^-）

白细胞计数，Ht，红细胞沉降率

血糖值，血清蛋白，BUN，GOT，血淀粉酶

血型，交叉配血试验

尿检（比重、蛋白、糖、沉渣）

心电图，脑电图

脑脊液检查（压力、颜色、细胞数）

其他检查

单纯 X 线摄影，血管造影，气道造影，消化道造影

CT 扫描，超声波检查，内镜检查

表 8-5 各种外伤的必检项目

- 头部外伤→单纯 X 线摄影，Ht，动脉血气分析，CT 扫描，脑电图，腰椎穿刺，MRI
- 颜面外伤→单纯 X 线摄影，Ht
- 颈部外伤→单纯 X 线摄影，Ht
- 胸部外伤→单纯 X 线摄影，Ht，动脉血气分析
- 腹部外伤→单纯 X 线摄影，Ht，动脉血气分析，超声波检查，腹腔穿刺，CT 扫描，GOT，尿检查
- 四肢外伤→单纯 X 线摄影，Ht，血管造影，尿检查
- 多发性外伤→单纯 X 线摄影，Ht，动脉血气分析，超声波检查，腹腔穿刺，CT 扫描，GOT，尿检查，BUN、K^+、Na^+、Cl^- 血淀粉酶

第三节 各种外伤的诊断与检查

一、头部外伤

在对头部外伤的诊疗过程中，应该注意以下各点：

（1）意识状态（表 8-1）。

（2）随时间推移意识状态的变化。

（3）神经系统检查（瞳孔大小、左右差，眼球的活动度，四肢活动度及左右差）。

（4）其他损伤部位（胸部、腹部、四肢等）。

在上述 4 点中，最重要的是意识障碍的进行性恶化与神经系统的动态性阳性所见。如果发现意识障碍在不断的恶化，则需进行头颅 CT 或 MRI 检查。特别是在对神经系统进行动态性的观察过程中，发现瞳孔的大小有变化、左右不等、四肢活动左右有差别时，则应想到颅内出血的可能性。这

时，施行头颅 CT 或 MRI 扫描检查是完全有必要的。一旦发现进行性意识障碍、双侧瞳孔大小不等、一侧肢体偏瘫以及生命体征恶化，应立即实行开颅探查术。

二、颜面损伤

在对颜面损伤的诊疗过程中，应注意以下几点：
（1）有无合并头部外伤。
（2）有无眼外伤。
（3）估计出血量。
（4）可否进行咀嚼运动。

以上各点中，最重要的是头部外伤的检查。值得注意的是以眼部为中心的神经症状、脑脊液耳漏和脑脊液鼻漏。熊猫眼（眼周皮下淤血）有可能意味着前颅窝底骨折。

眼外伤应注意眼球破裂、泪腺损伤、贯通性骨折等。面部的血液循环非常丰富，即使小的外伤其出血量也可能比想象的多。口腔内损伤时应注意因血肿、呕吐而误咽、窒息。

除神经系统和眼科的常规检查外，还应该进行的辅助检查有头、胸部 X 线摄影、CT 扫描等。

三、颈部外伤

在对颈部外伤的诊疗过程中，应注意以下几点：
（1）颈髓损伤。
（2）有无臂丛神经损伤。

其中，应该特别注意颈髓的损伤。如果有颈髓损伤，应将颈部固定，并注意呼吸有无抑制。

四、胸部外伤

在对胸部外伤的诊疗过程中，应注意以下几点：
（1）胸壁的损伤。
（2）胸廓运动、呼吸类型、呼吸音、是否存在反常呼吸。
（3）血气胸、心包填塞、有无连枷胸。

胸部外伤中首先应该注意的是紧急度。在紧急情况下，即使通过观察胸廓的运动也可以推测胸部外伤的紧急度。在进行 X 线摄影前，必须根据胸廓的运动、呼吸音、叩诊等确诊有无张力性气胸的存在。连枷胸由胸廓的反常呼吸来推测。心包填塞根据血压降低、脉压差减小、脉搏快、中心静脉压升高加以判断。另外，作为紧急度高的胸部外伤还有外伤性横膈疝、气管断裂、纵隔损伤等。这些通过单纯胸部 X 线就可以做出诊断。如果怀疑有气管断裂，则应进行支气管镜检查。胸部 CT 扫描、血管造影对于诊断肺挫伤、肺内血肿是有用的。作为临床检查方法，心电图、动脉血气分析、Ht 值的测定等也都是必要的。

五、腹部外伤

在对腹部外伤的诊疗过程中，应注意以下几点：

(1）腹壁的损伤。
(2）腹部膨隆、腹肌紧张、肠鸣减弱或消失、生命体征有变化。
(3）有无腹腔实质性脏器的损伤。

在腹部损伤时，最应该引起注意的是肝、脾、胰腺等实质性脏器的损伤。这些损伤常因大出血而危及生命。以肠损伤、肾损伤为主的腹部损伤多表现有肠蠕动减弱或消失、腹部膨隆。当然腹腔内出血也是腹部膨隆胀满的原因之一。辅助诊断的方法包括：单纯 X 线摄影、腹腔穿刺、腹腔灌洗、腹部超声、CT 或 MRI 扫描等。实验室检查的方法包括尿常规、血常规、胰淀粉酶、GOT、DIP 等。

六、四肢外伤

在对四肢外伤的诊疗过程中，应注意以下几点：
(1）因血管损伤而出现的缺血和失血性休克。
(2）伴骨盆骨折、股骨骨折而产生的失血性休克。
(3）伴骨折而发生的脂肪栓塞症。
(4）继外伤后而发生的细菌感染，特别是破伤风、气性坏疽等。

四肢外伤是外伤中发生率最高的一种损伤，从轻度到重度表现不一，但最应该注意的是血管损伤和伴有骨折的出血以及开放性骨折后的继发感染。常规的检查方法有两个方向的 X 线摄影、必要时的血管造影、血常规、尿常规 + 脂肪滴、Ht 值、CPK、GOT 等。

第四节　外伤的分类

顾名思义，外伤是指在物理性外力的作用下机体所受到的损伤。受伤的外力不同和外力的种类不同，外伤的形态也自然是不相同的。因此，外伤的分类一般是根据损伤的形态、损伤部位、受伤机制等进行分类的。

一、外伤的一般分类

1．按损伤的形态分类
(1）锐性损伤和钝性损伤
锐性损伤——因锐性物体造成的损伤，如：刺伤、切割伤、枪击伤等。
钝性损伤——因钝性物体所造成的损伤，如：交通事故伤、高空坠落伤、重物压挫伤等。
(2）开放性损伤与闭合性损伤
开放性损伤——系指皮肤裂开或伴有缺损的外伤，包括所有的锐性损伤和部分钝性损伤。
闭合性损伤——系指不伴有皮肤裂开或不伴有缺损的外伤，大多数为钝性损伤。

2．依损伤部位分类
(1）单发伤与多发伤
单发伤——大多数有锐性损伤和比较轻的钝性损伤，常位于头、胸、腹、四肢等部位。
多发伤——是一种机体两个部位以上的严重外伤，大多数是由高空坠落、交通事故及严重的钝性外伤所引起。

(2) 依损伤部位和损伤脏器分类

根据受伤的解剖部位，分别命名为头部外伤、颜面部外伤、胸部外伤、腹部外伤、四肢外伤等。由于胸、腹部内包含有许多脏器，故又可分为特定的脏器损伤，如心脏损伤、肝损伤、脾损伤、空腔脏器损伤等。

3．依受伤机制分类　临床中经常使用受伤机制分类法，对于形容外伤的性质和理解外伤的生物力学是有益的。在受伤机制中，被分为刺伤、切割伤、枪击伤、凶器伤等。在钝性损伤中，被分为交通事故伤、高空坠落伤、重物压挫伤等。另外，当某一特定的外伤发生之后，也有时称之为汽车防护带损伤、方向盘性损伤等。

二、锐性损伤与钝性损伤

在外伤的领域内，常使用的分类法为锐性损伤和钝性损伤，其病理形态和治疗方法都是不相同的，有必要单独重点加以说明。

1．锐性损伤　锐性损伤是由刃性物、枪弹、尖棒等锐性物体所损伤的，所以其损伤的部位是一目了然的。锐性损伤的严重程度因致伤物的种类及损伤部位不同，具有很大的差异，但一般来讲，枪击伤较刺伤更为严重。

（1）枪击伤：枪弹对于组织的破坏力，因枪的口径、子弹的重量及射速的不同而不同。例如，以 32 口径的柯尔特式自动手枪（子弹的重量为 98 g，枪口速度为 235 m/s）的能量为基准，高速来复枪（口径 32，子弹重量为 170 g，枪口速度为 630 m/s）的破坏力是前者的 12 倍。枪弹伤与刺伤的根本差别在于前者较后者的损伤范围大。这是因为弹道周围所产生的冲击波会造成脏器和组织的破坏。

（2）刺伤或切割伤：由于刺伤或切割伤后一定合并有出血，因此常会给人以伤情非常严重的印象。但是，除心脏或大血管损伤在短时间之内会导致失血性休克外，一般来说对生命影响不大。对于刺入躯干内的利刃，切不可随意拔出，否则会导致大出血乃至死亡，故必须在手术直视下取出。

（3）戳伤：被木棒、铁棍等棒状物刺伤身体的外伤谓之戳伤。虽然戳伤和刺伤相似，但和利刃伤相比刺入物较粗大，多数情况下会合并感染，故较刺伤严重。从受伤的机制来看，多数是由于坠落在棒状物体上所引起，但爆炸时也可因飞起的棒状物被戳伤。

2．钝性损伤　钝性外伤多数是交通事故伤、高空坠落伤、工伤、运动性损伤以及各种不可预测的事故伤。由于多不伴有创口和外出血，所以对其严重度往往很难做出正确估计。然而，钝性损伤较锐性损伤面积大，常合并广泛地软组织损伤，多引起多发性损伤。压挫、打击可致钝性损伤，而内压的急剧升高可致空腔脏器破裂、加速或减速可致脏器的撕裂伤。由于此类损伤的面积大，一时很难确切地判定损伤的部位和严重程度，因此往往较晚才得到正确的治疗，这也是影响生命预后的重要原因之一。对于那些从受伤机制来看是一种高能量性钝性外伤者，即使暂时全身状况良好，也必须认真对待，严密观察。

（张　柳　顾定伟）

第九章

创伤与输血

第一节 输血的意义和适应证

血液具有重要的生理意义,医疗临床用血在临床治疗、战备中都起着重要作用。输血是现代医疗的重要手段,是人类认识自己、征服伤病的伟大发现,它在临床医学领域中有着拯救生命、治疗疾病的重要作用。但是,如果没有安全有效、科学合理的管理,它便会成为邪恶和死亡的载体。因此,血液作为一种复杂的维持生命的物质,在采集、储存、使用过程中,必须确保质量,避免污染,防止经血液传播疾病。

一、血液的组成与功能

血液是一种流体组织,充满于心血管系统中,在心脏搏动的推动下不断循环流动。人类的血液由血浆和血细胞组成,即人体内血液的总量是血浆量和血细胞量的总和,正常成年人的血液总量约相当于体重的7%~8%,或相当于每公斤体重70~80 ml,其中血浆量为40~50 ml,幼儿体内的含水量较多,血液总量占体重的9%。

1. 血细胞的组成与功能 血细胞包括红细胞(erythrocyte)、白细胞(leukocyte)和血小板(platelet)三类细胞。其中红细胞是血液中数量最多的一种血细胞,正常男性每微升血液中平均约有500万个(5.0×10^{12}/L),女性较少,约为420万个(4.2×10^{12}/L)。红细胞中含有血红蛋白,因而血液呈红色。红细胞的主要功能是通过血红蛋白携带氧气的能力的能力向全身器官组织运输氧气并带走代谢产生的二氧化碳。在血液中由红细胞运输的氧约为溶解于血浆的70倍;运输二氧化碳的能力约为溶解于血浆的18倍。红细胞在血液中所占的容积百分比,称为红细胞比容(hemocrit volume),或红细胞压积(hematocrit)。正常成年人的红细胞压积值,男性为40%~50%,女性为37%~48%。

白细胞是一类有核的血细胞。正常成年人白细胞总数是$(4 \sim 10) \times 10^9$/L。白细胞不是一个均一的细胞群,根据其形态、功能和来源部位可分为粒细胞、单核细胞和淋巴细胞三大类。粒细胞占白细胞总数的60%。白细胞的主要功能是参与机体的细胞及体液免疫过程和炎性反应,是机体抵御病原体侵入和异体的重要防卫系统。

血小板是从骨髓成熟的巨核细胞胞浆裂解脱落下来的小块胞质。血小板对机体的止血功能极为重要，并有维护血管壁完整性的功能。正常成年人的血小板数量为 $(150 \sim 350) \times 10^9/L$。

2. 血浆的组成与功能　血浆的 90%～91% 为水分，6.5%～8.5% 为蛋白质，2% 是低分子物质。低分子物质中有多种电解质和小分子有机化合物，如代谢产物和其他某些激素等。由于这些溶质和水分都很容易透过毛细血管与组织液交流，这一部分液体的理化性质的变化与血管外组织间隙液（简称组织液）平行。在血液不断循环流动的情况下，血液中各种电解质的浓度基本代表了组织液中这些物质的浓度。

血浆与组织液组成的主要区别在于，血浆中含有多种蛋白质，即血浆蛋白。血浆蛋白的分子很大，不能透过毛细血管壁。血浆蛋白可分为白蛋白、球蛋白和纤维蛋白三大类。不同血浆蛋白具有不同的生理功能。

（1）营养功能：白蛋白具有营养储备功能。体内的某些细胞，特别是单核-吞噬细胞系统，吞饮完整的血浆蛋白，然后由细胞内的酶类将血浆蛋白分解为氨基酸。这样生成的氨基酸扩散进入血液，随时可供其他细胞合成新蛋白质之用。

（2）运输功能：蛋白质巨大的表面上分布有众多的亲脂性结合位点，它们可以和脂溶性物质结合，使之成为水溶性，便于运输。

（3）缓冲功能：血浆白蛋白和它的钠盐组成缓冲对，和其他无机盐缓冲对一起，缓冲血浆中可能发生的酸碱变化，保持血液 pH 的稳定。

（4）形成胶体渗透压，调节血管内外的水分。

（5）由球蛋白构成的免疫抗体、补体在实现机体的免疫功能中起重要作用。

（6）参与凝血和抗凝血功能：绝大多数的血浆凝血因子、生理性抗凝物质以及促进血纤维溶解的物质都是血浆蛋白。

在对创伤合并急性失血患者的补血、补液的液体种类选择和用量方面，应充分考虑到对血液诸多功能（氧和二氧化碳运输功能、形成胶、晶体渗透压功能、凝血和止血功能以及酸碱平衡调节功能）的正常维持，防止盲目扩容或因输血成分不当而造成的顾此失彼，部分血液功能不全的现象。并且，应当充分了解血液各成分以及晶、胶体血液增量剂的功能，做到有针对性地补充血容量，以达到最佳临床治疗的效果。

二、输血的适应证

1. 输血的目的　输血（blood transfusion），包括输入全血（whole blood）和成分血（blood component），是治疗外伤失血引起的血液成分丢失及血容量下降的重要手段。如上所述，血液具有多种重要生理功能，尤其是其向各器官组织输送氧气和排走二氧化碳的功能。如脑、心、肝、肾等重要脏器，如数分钟内停止血液供应，则可能造成不可逆的损害和功能丧失，甚至危及生命。输血作为一种替代性治疗，不但能直接挽救患者的生命，输入的多种血液有效成分还能改善循环并维持器官组织正常功能，增加对损伤的耐受性和修复能力，提高血浆蛋白含量，增进免疫力和凝血、止血功能。

2. 输血适应证　判断创伤患者是否需要输血、输多少血以及输何种成分血的依据是正确估计伤员的失血量和血液丢失机制。对伤员失血量的估计，要结合临床表现，包括脉搏、血压、中心静脉压、尿量及神志表现等来综合分析。创伤患者的失血量判定见表 9-1。

表 9-1　创伤患者失血量的判定

	小量出血	中度出血	大量出血	严重出血
估计失血量（L）	1	1~2	2~4	>4
失血占血容量的百分比（%）	<20%	20%~40%	40%~80%	>80%
休克指数	0.5	1	>1	>1
脉搏（次/分）	正常或稍快	100~120	>120	触不到
脉压（kPa）	正常	<4.0	更少	0
收缩压（kPa）	正常	<12.0	<8.0	0
中心静脉压（kPa）	正常	降低	明显降低	0
尿量	正常或稍少	少尿	无尿	无尿
末梢循环	尚正常	差	衰竭	不可逆

　　急性出血凡一次失血量低于总血容量的10%者，可通过机体自身组织间液向血循环的转移而得到代偿；此时，临床上常无容量不足的表现，故并不需要输血。《中华人民共和国献血法》规定：凡出血量在10 ml/kg以下者，原则上不输血；当失血量小于总血容量的20%（500~800 ml）时，应根据有无血容量不足的临床症状及其严重程度，同时参照血红蛋白和血细胞比容（Hct）的变化选择治疗方案。患者可表现为活动时心率增快，可出现直立性低血压，但Hct常无变化。此时可输入适量晶体、胶体液或少量血浆增量剂。若失血量达总容量20%（1000 ml）时，患者除有较明显的血容量不足的症状和血压不稳定外，还可出现Hct下降。通常以Hct下降30%作为出现缺氧的临界值。此时，除输入晶体或胶体溶液补充血容量外，还应输入浓缩红细胞（concentrated red blood cells, CRBC）以提高血液携氧能力。原则上，失血量在30%以下时，不输全血；超过30%时，可输全血与CRBC各半，再配合晶体和胶体液及血浆以补充血容量。当失血量超过50%且大量输入库存血时，还应及时发现某些特殊成分如血清蛋白、血小板及凝血因子的缺乏，并给予补充。

　　输血的临床经验见9-2。

表 9-2　输血的临床经验

失血量占血容量的百分比	处理
<20%	血浆代用品
20%~40%	红细胞（RBC）
40%~80%	RBC+新鲜冰冻血浆（FFP）
>80%	RBC+FFP+血小板（PLT）

注：FFP，新鲜冰冻血浆

第二节　成分输血

一、概念

　　成分输血就是将血液中的各种有效成分，如有形的细胞成分或无形的血浆、凝血因子等分离出来，分别制成高纯度和高浓度的成分制品，然后根据患者的具体情况，选择性地输给患者。RBC+PLT+FFP ≠ 全血，2008 年 Holcomb 等通过 446 例接受大量输血患者的资料分析认为，以 1∶1∶1 的比例输入红细胞、血小板和血浆是有益的。成分输血已成为现代输血发展的必然趋势。

二、成分输血的优点

成分输血与输全血相比有以下优点：

1．纯度高，疗效好 血液通过提纯得到高浓度、高效价、容量少、疗效高的有关成分。例如：每立方毫米全血中含血小板 10 万～30 万，对血小板减少引起的出血至少需输入新鲜血 3000 ml，才能使血小板提高到 1 L 血所需水平。而成分输血可使这 3000 ml 全血中的血小板浓缩到 300～350 ml 血小板浓缩液中，并能起到止血的效果。这 3000 ml 全血中的其他成分可用于其他患者。

2．输用安全，副反应少 成分血有效成分浓度高，其他成分少，成分血比全血含钾、氨和枸橼酸盐低，更适合于肝、肾、心功能障碍的患者。传染性肝炎、艾滋病、梅毒和巨细胞病毒等传染病的机会也低于全血，不易引起超负荷反应和较低的免疫反应。

3．稳定性好，便于保存和运输。

4．综合利用节约用血 提高了血液的利用价值。

三、成分输血的原则

1．白细胞、血小板 不是非输不可（如感染失血无法控测）的情况下一般不输，不宜少量多次，应一次足量，以达到预期效果。

2．对于非贫血患者急性失血的输血：

失血量低于血容量的 30% 一般不需要输血，只补充胶体和晶体溶液。

失血量达血容量的 30%～50% 输代浆血或浓缩红细胞+晶体、胶体溶液。

失血量达血容量的 50%～80% 输全血+白蛋白液。

失血量达血容量 80% 以上：输全血+白蛋白液+新鲜冰冻血浆+血小板浓缩液。

3．对于其他患者的输血应要根据患者对失去血液成分的恢复能力和所输成分的寿命，掌握缺什么成分补什么成分的原则，绝不可千篇一律输全血。

四、常用的血液制品

1．全血（whole blood） 全血是指将献血者的血液采入含保存液的容器中，不作任何加工的血制品。从理论上讲，全血应含有血液的全部成分，但实际上目前所有的保存液，仅为红细胞而设，并未考虑其他血液成分。在常用的 ACD 保存液中，4℃ 条件下 24 h 保存，粒细胞已无功能，血小板明显破坏，第Ⅷ因子活性下降 50%。因此，输全血不仅不能提升上述血液成分，起不到应有的治疗作用，反而因残存的白细胞、血小板作为致敏原输入而引发输血反应，或导致今后血小板输注无效等不良后果。因此，我国及许多发达国家已经很少使用全血。即便使用也几乎都是新鲜的全血，因为新鲜全血与成分血相比，前者能够更有效地改善凝血障碍，还能够增加战地 48 h 和 28 d 的生存率。在《临床输血技术指南》中规定：急性大量血液丢失可能出现低血容量的患者，凡休克的患者或患者存在持续活动性出血，估计失血量超过自身血容量的 30% 时，应输全血。在创伤 - 失血性休克的使用中一般仅限于失血量大于患者总血量50%的严重失血者。输全血的副作用主要有：①引起血源性疾病的机会高于成分血；②全血中含有氨、过量的钾、枸橼酸及细胞代谢产物等有害物质，同时，所含白细胞、血小板及大量血浆，可使受血者产生免疫反应。

2．浓缩红细胞（concentrated red blood cells，CRBC） 全血移除大部分血浆即为浓缩红细胞（Hct=70%）。1单位的浓缩红细胞具有与200 ml全血相同的运氧能力（红细胞数），但容积只有全血的1/3～1/2。与全血比较，浓缩红细胞的优点在于可避免或减少由血浆引起的发热、过敏等不良反应，减少输入抗凝剂、电解质的数量。对于创伤性失血患者，当血红蛋白＞100 g/L，或出血量＜总血量的10%者，可不考虑输血。当血红蛋白＜70 g/L，或出血量＞总血量的30%时，则应给予浓缩红细胞加晶、胶体液。这种浓缩红细胞、晶体液或并用胶体液扩容的方法也适用于出血量占总血量50%以上的大量出血的患者。当患者的血红蛋白在70～100 g/L之间，或出血量占总血量的10%～30%时，应根据患者的全身贫血状况，心肺代偿功能以及年龄等因素决定。在输注浓缩红细胞时如黏稠度过高可加少量（15～30 ml）注射用生理盐水稀释。但不允许用葡萄糖、葡萄糖盐水、林格液等注射液稀释，并严禁向血袋内加入任何药品。

3．冰冻血浆（frozen plasma，FP） 冰冻血浆分为新鲜冰冻血浆（Fresh Frozen Plasma，FFP）和普通冰冻血浆（Normal Frozen Plasma NFP）。FFP是由采集的新鲜血浆6 h内速冻而成，在-20℃以下冷冻条件下可保存1年。FFP含有鲜血浆的全部成分，包括凝血因子、补体、血浆白蛋白、球蛋白和纤维蛋白原。适用于严重创伤出血的患者、合并有活动性出血、肝功能不全、凝血因子缺乏者。它即可以补充血浆蛋白，又有利于血液的凝血止血。使用FFP前应提前1 h通知血库将冰冻血浆融化成液体血浆。融化后的新鲜血浆可暂存于4℃冰箱中，保存时间不超过24 h。FFP储存超过1年继续储存，或新鲜冰冻血浆经分离出冷沉淀后，或从过期5天以内的全血分离出的血浆，贮存于-18℃以下，为普通冰冻血浆NFP。NFP含有各种稳定的凝血因子，而不稳定的凝血因子Ⅴ、Ⅷ含量很少。NFP保存期5年。FP有传染血源性疾病的危险，偶有发热、过敏反应、细菌污染、溶血等反应。

4．血小板浓缩液（platelet concentrate）

（1）血小板浓缩液的制备：我国通常采用的制备浓缩血小板的方法是先用全血制备富含血小板的血浆（PRP），然后用PRP经重离心制备血小板，这种血小板制成时血小板沉积于袋底即压积血小板浓缩液（PPC），需静置1～2 h后方可混匀使用。

（2）血小板输注适应证：

1）由疾病、化疗或放疗引起的骨髓抑制或衰竭患者，凡血小板数低于20×10^9/L伴自发性出血者应输血小板。血小板数低于50×10^9/L，某些患者也可发生小量出血，一般止血措施无效也可输注血小板。

2）血小板功能异常，如血小板无力症、尿毒症、严重肝病、某些药物等引起血小板功能异常伴有出血者。

3）大量输血所致稀释性血小板减少，血小板数低于50×10^9/L者。

4）心肺旁路手术：常有血小板功能损伤和某种程度的血小板减少，血小板数低于50×10^9/L且有伤口渗血不止者。

5）特发性血小板减少性紫癜（ITP）：由于患者体内存在自身抗血小板抗体，输入的血小板很快被破坏，故不轻易输注血小板。下列情况除外：①血小板数在20×10^9/L以下，伴有无法控制的出血危及生命者；②可用脾切治疗本病的术前或术中有严重出血者。

6）新生儿同种免疫性血小板减少症：本病有自限性，最长3～4周痊愈。如有皮肤及黏膜出血者可输注血小板。

(3) 血小板输注不良反应：

1) 血小板输注无效（PTR），反应症状为畏寒、发热等，患者血小板计数不仅不升高，有时反而下降。

2) 血小板紫癜（PTP），常在输血小板后 1 周左右突然发生，大部分患者有突发性血小板减少和紫癜，主要表现为淤点、淤斑和黏膜出血，严重者有内脏和颅内出血等，可持续 2～6 周，绝大多数为女性，有输血史或妊娠史。

(4) 血小板输血反应的预防和治疗

1) 注意血小板保存方法与时间：用单袋制备的血小板必须当日输用；用联装制备的血小板浓缩液储存于 PVC 塑料袋内，并在袋上注用期限，在（22±2）℃，平床振荡器（60 次 / 分）条件下可保存 1～3 天，用血小板特殊袋保存可保存 5～7 天。

2) 对已发生 PTP 或 PTR 的患者应做血小板（HLA）抗体检查。

3) 交叉配型试验：选择 HLA 和 HPA 配合的献血员单采采集血小板输注，用血小板交叉配合（SEPSA）试验方法选择与受血者 HPA 型和 HLA 型配合的供体血小板。

4) 输注血小板数量及周期因病情而异。一般血小板半衰期 3～4 天，成人一般 10 单位 / 次（单采血小板 1 袋为 10 单位），预计可提高血小板（2.0～2.5）×10^{10}/L。

5) 输注中应密切观察输血反应，及时处理，防止发热引起血小板消耗。对轻度的过敏反应如全身皮肤瘙痒、红斑、荨麻疹、血管神经性水肿，应严密观察，减慢输注速度，口服或肌注抗组织胺类药物或类固醇类药物。对重度过敏反应，立即停止输注血小板，保持静脉通道通畅，有支气管痉挛者，皮下注射肾上腺素 0.5～1mg；有喉头水肿者，立即行气管插管或气管切开，以免窒息；有过敏性休克，应积极抗休克治疗。

5. 人体白蛋白制剂　白蛋白是由健康人血浆或血清，用低温乙醇法制备的。该制剂含有 95% 以上白蛋白，pH 值为中性，不含防腐剂，可供静脉使用。白蛋白溶液经 60℃ 10 h 的处理灭活病毒以确保使用安全。它不含 ABO、Rh 血型物质及抗 A、抗 B 抗体，因此输用时不需行检验血型和交叉配合实验。白蛋白溶液相当稳定，于 2～6℃ 保存有效期为 5 年。可用于外伤失血性休克患者，以补充丢失的白蛋白，提高血浆胶体渗透压，扩充血容量。一般成人用量为一次 30～50 ml（人血白蛋白 4～10 g）。同时根据患者年龄、体重及休克严重程度增减用量。但应避免过多使用。因血浆白蛋白浓度高于 50 g/L 可引起高渗状态。输注白蛋白溶液时必须用带有专用滤网装置的输血器单独滴注，或用生理盐水稀释后滴注，不宜与氨基酸、红细胞（包括全血、粒细胞、血小板）悬液混合使用。白蛋白引起的不良反应极少，偶有荨麻疹、发热、发冷等。

第三节　输血过程中的注意事项

一、依照《中华人民共和国献血法》规范输血

无偿献血的最终目的是将血液应用于临床，以挽救患者的生命，维护其健康。为确保血液质量，保证献血者和临床用血者的身体健康，《中华人民共和国献血法》对输血工作的各个环节进行了严格的规定。第一，规定了血站对献血者必须免费进行必要的健康检查，规定了每次采集血液量和两次采集间隔期；第二，规定血站采集血液必须严格遵守有关操作规程和制度，对采集的血液必须进行

检测，未经检测或者检测不合格的血液不得向医疗机构提供；第三，规定临床用血的包装、储存、运输必须符合国家规定的卫生标准和要求；第四，医疗机构对临床用血必须进行核查，不得将不符合国家规定标准的血液用于临床。

建立医疗机构临床用血核查制度是确保用血者身体健康，预防和控制经血液传播疾病的重要环节。根据本法规定，血液质量的检测是由血站来完成的，医疗机构对血站提供的血液不再进行检测，但必须进行核查。核查的主要内容应包括：

（1）确认患者的资料，包括患者姓名、住院号、病房病床号等，可通过询问患者或患者亲属的方式进行确认。确认患者的资料还包括核对病历、核对血型配型标签以及定血单，以确认血液（血液成分）的血型和患者是否相符。

（2）核查血液（血液成分）外包装上国家规定的内容，核对血液的有效期。

（3）核对后应在患者病历中记录输血日期、输血时间、输注的血液（血液成分）的单位、输注的血液（血液成分）编号，以备查对。

（4）在患者病历上签字。经核查，上述内容有不相符的，医务人员不得将血液用于患者。

二、输血的技术操作要求

创伤患者往往需要紧急输血治疗，以争分夺秒，抢救生命。但血液为生物制品，如在使用过程中出现差错则可造成严重后果以致危及生命。因此，在血液制品的管理和使用上有严格的技术要求和法律制约。对创伤-失血性休克患者抢救性输血和急诊手术的输血应严格做好以下几项工作：

1．输血申请　首先，主管医师向患者家属或随行人员说明输同种异体血的不良反应和经血液传播疾病的可能性，征得其同意后，在《输血治疗同意书》上签字并存入病历。由主管医师填写《临床输血申请单》，由医务人员将申请单连同患者血样送至输血科（血库）。

2．交叉配血　输血科（血库）要逐项核对输血申请单。受血者和供血者血样，复查受血者和供血者ABO血型，如果时间允许，应常规检验受血者Rh血型，正确无误时进行交叉配血。操作完毕后再次复核，并填写配血试验结果。

3．发血　配血合格后，由医护人员到输血科（血库）取血。取血与发血双方必须共同查对患者姓名、性别、病历号、病室、床号、血型、血的外观、血液有效期及配血试验结果。准确无误时，双方共同签字后方可发出。血液发出后不得退回。

4．输血　输血前由两名医护人员核对交叉配血报告单及血袋标签各项内容，检查血袋有无渗漏，血液颜色是否正常，准确无误方可输血。输血时，由两名医护人员携带病历到患者床旁，核对患者姓名、性别、年龄、病案号、病室、床号、血型等，再次核对血液后，用符合标准的输血器进行输血。输血过程中应严格无菌操作，严密观察输血中的异常情况。如疑为输血反应需立即停止输血，对症处理。并查找原因。输血完毕后，医护人员应认真填写输血记录，有输血反应者填写患者输血反应回报单，并返还输血科（血库）保存。

三、输血的不良反应

1．发热反应　是最常见的早期输血并发症之一，发生率约为2%。多发生于输血开始后1~2 h内。主要表现为畏寒、寒战和高热，体温可升至39~40℃，同时伴有头痛、出汗、恶心、呕吐及皮肤潮红。症状持续15 min~1 h后逐渐缓解，血压多无变化。少数反应严重者还可出现抽搐，呼吸困难，血压下降，甚至昏迷。其原因为：①免疫反应；②致热原；③细菌污染和溶血。

2．过敏反应　多在输血将结束时或刚开始时发生，表现为皮肤局限性或全身性瘙痒或荨麻疹。严重者可出现支气管痉挛，血管神经性水肿，会咽水肿，表现为咳嗽、喘鸣、呼吸困难、腹痛、腹泻，甚至过敏性休克、昏迷和死亡。

针对以上两种反应的治疗原则为：症状轻微者不必停止输血，肌注或静脉用抗过敏药（如苯海拉明、异丙嗪或地塞米松等）、解热镇痛药，减慢输血速度等进行对症处理。病情严重者应立即停止输血，静脉滴注氢化可的松 100 mg+500 ml 0.9% 氯化钠溶液，或皮下注射肾上腺素 0.5～1 mg，并注意呼吸循环的改变，及时进行抢救和处理。

3．溶血反应　是最严重的输血并发症。虽然很少发生，但后果严重，死亡率高。以输入 ABO 血型不合者的症状最重（10～15 ml 即可出现症状），临床表现为沿输血静脉出现红肿、疼痛、寒战、高热、呼吸困难、胸闷、心悸乃至血压下降。随之出现因血红蛋白尿、溶血性黄疸以及因免疫复合物在肾小球沉积或因休克发生的弥散性血管内凝血（DIC）而继发出现的少尿、无尿及急性肾衰竭。而 Rh 血型不合者则可在输血后数小时（1～10 h）乃至数天后出现症状，且表现轻微，如不明原因的发热、贫血、黄疸、血红蛋白尿及血红蛋白降低。

治疗原则：立即停止输血，并抽取静脉血 5 ml 离心后观察血浆颜色，若为粉红色即证明有溶血。尿潜血阳性也有诊断意义。此时还应测定尿中血红蛋白含量。同时，应进一步核查供血者、受血者的血型报告。治疗方法包括：

（1）抗休克治疗：应用晶体、胶体液及血浆扩容，输入新鲜同型血液或浓缩血小板，凝血因子和糖皮质激素，以控制溶血性贫血。

（2）保护肾功能：5% 碳酸氢钠 250 ml 静脉滴注以碱化尿液，促使血红蛋白结晶溶解，防止肾小管阻塞。在充分扩容，尿液正常的基础上，应用甘露醇等利尿剂以加速游离血红蛋白的排出。若有少尿，无尿或氮质血症、高钾血症时，则应考虑行血液透析治疗。

（3）若 DIC 明显，应考虑肝素治疗。

（4）血浆交换治疗：以彻底清除患者体内的异型红细胞及有害的抗原-抗体复合物。

4．疾病传播　经输血可传播以下病毒和细菌性疾病。

（1）肝炎：主要因输入含肝炎病毒的血制品所致，以乙型和丙型肝炎为主，潜伏期为 30～60 d。

（2）艾滋病（AIDS）是由人免疫缺陷病毒（HIV）引起的疾病。该病毒破坏人 T 淋巴细胞而损伤免疫功能，继而引发一系列感染及恶性肿瘤，从而导致死亡。迄今尚无有效的治疗方法。输血是传播该病的重要传播途径之一。据报道，1 单位（400 ml）血制品引起 HIV 感染的危险性为 1/225 000，在高流行区则可增至 1/60 000～1/40 000。

此外，人 T 淋巴细胞白血病病毒 I 型、梅毒螺旋体、疟原虫亦有经血液传播的可能。因此，应严格掌握输血适应证，避免不必要的输血并鼓励自体输血。

第四节　大量输血

一、概念

大量输血（massive transfusion protocol，MTP）是一个预先制定好的血液成分的投递方案，在患者出现无法控制的出血的急性复苏阶段，有一系列的成分输血方式，以特定比例发送血液成分。

大量输血的定义是：①24 h 内需要输注 10 单位以上浓缩红细胞；②一次连续输血超过患者血容量的 1.5 倍；③短时间内输入库存血达到循环量的 3/4 或者在 24 h 内输入的血量超过 5000～7000 ml。大量输血常用于急性大出血、重创伤、大手术（如器官移植）等情况。

对于创伤-失血性休克、创伤手术中大量失血或渗血以及活动性出血未能有效止血之前，常需不断大量补充血容量。大量输血是抢救生命和保证手术成功的重要措施。尤其是对于心脏、血管外伤大出血的患者，争分夺秒地快速补充血容量是关键性抢救措施。但大量输血常带来与常规输血不同的特殊问题，如心血管并发症。凝血异常、低温、枸橼酸中毒、酸碱平衡紊乱、高钾血症、肺功能不全等。因此，输血前应全面衡量患者的身体状况，做好安全用血，方能防止各种并发症的发生。

二、大量输血治疗方案

严重创伤大出血的患者往往需要大量输血（massive transfusion），针对此类患者许多学者建议制定规范化的流程来指导输血及相关的治疗，称为大量输血治疗方案（massive transfusion protocol，MTP）。

1. 美国斯坦福大学医学中心 MTP 流程见图 9-1。

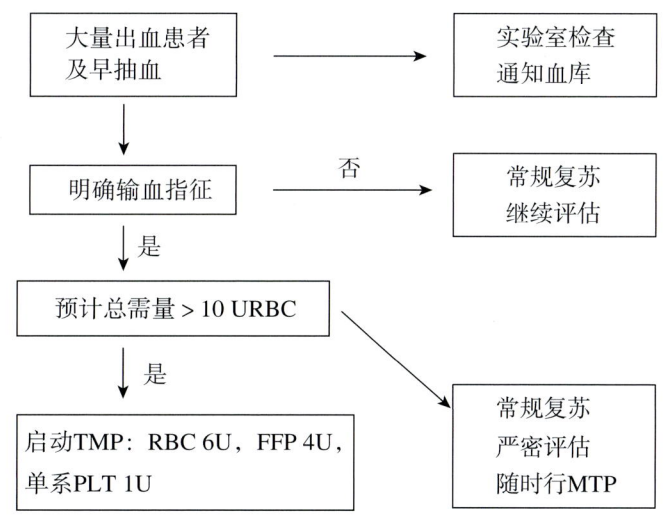

图 9-1　美国斯坦福大学医学中心 MTP 流程图

2. 得克萨斯州大学西南医学中心 MTP 方案　输血的基本成分：红细胞 5U+ 新鲜融化血浆 2U；每 30 min 自动发送，每个 1 次加入单采血小板；每隔 2 次加入冷沉淀（10 汇集单位）；在送第 3 批和第 6 批时加入 rFⅦa。根据生命体征及血气分析评估：交替输注 RBC+FFP 直到各自达到 10U，紧接着输注 PLT 1U，当输注 RBC 20U 时，成分输血比为：1∶1∶1。

冷沉淀是将新鲜冰冻血浆置于 4℃ 条件下融化，待其融化至尚剩少量冰渣时取出，重离心，移出上层血浆，剩下不易融解的白色沉淀物即为冷沉淀。冷沉淀与最后剩下的少量血浆（25 ml 左右）即刻置于 -30℃ 条件冰冻，有效期为从来血之日起 1 年。各地血站均能制备。

冷沉淀含有 5 种主要成分：丰富的凝血因子Ⅷ（理论上使新鲜冰冻血浆中的因子Ⅷ浓缩 10 倍）、纤维蛋白原、血管性血友病因子（vWF）、纤维结合蛋白（纤维粘连蛋白）以及凝血因子ⅩⅢ（表 9-3）。

表 9-3　冷沉淀主要成分及其含量

主要成分	含量
凝血因子Ⅷ（FⅧ）	≥ 80 U
血管性血友病因子（vWF）	≥ 60 U
纤维蛋白原（FⅠ）	200 ~ 300 mg
凝血因子（FXⅢ）	> 80 U
纤维结合蛋白（FN）	60 mg

注：血管性血友病因子（vWF）是FⅧ在血浆中的载体

三、MTP 的启动

据统计，3% ~ 4% 的创伤患者需要接受大量输血，MTP 正是适用于这些伴有活动性出血的严重创伤患者。但目前各创伤中心尚无客观而统一的 MTP 启动标准，一般是由临床医师做出判断。初步的经验认为，需急诊手术、血流动力学不稳定的患者是 MTP 潜在的获益人群。Como 等回顾了 5645 名创伤患者的资料，发现损伤严重者的输血需求明显增高；接受输血的患者中有 30% 早期输注的浓缩 RBC > 10 U，其平均损伤严重度评分（ISS）为 32，而输注 10 U 以下者平均 ISS 值为 21；并发现多处损伤和腹部、骨盆或四肢简化创伤评分（AIS）> 4 的创伤患者接受大量输血的概率增高。

有学者提出可以使用评分系统来预测伤员是否需要接受大量输血，目前有创伤相关的严重出血（trauma-associated severe hemorrhage，TASH）评分和 McLaughlin 评分两种，虽然准确率较高，但需要参照实验室结果且计算过程繁琐。

为快速简便地识别需要实施 MTP 的严重创伤患者，Nunez 设计了 ABC（assessment of blood consumption）评分，包括损伤机制是否为穿透伤，收缩压是否 < 90 mmHg、心率是否 > 120 次/分、创伤超声重点评估（focused assessment for the sonography of trauma，FAST）结果是否阳性 4 项，根据每项有无分别记为 1 或 0 分，4 项结果相加得出 ABC 评分，如评分 ≥ 2 认为需要大量输血。多中心研究证实 ABC 评分是预测入院早期的患者是否需要大量输血的有效方法，但对于住院时间较长的患者是否需要接受大量输血的预测效果还有待于进一步的研究。

MTP 的原则：

（1）输注 RBC 时强调 ABO 血型相容即可，无需交叉配血。通常患者到达急诊室后，从抽取血样本进行血型鉴定和交叉配血，到根据结果输注 RBC 和 FFP 大约需要 40 min，这对致命性大出血的创伤患者而言显然是不合适的。因此，MTP 强调可以抢先输注 O 型或者 ABO 血型相容的 RBC 4 ~ 8 U。如果输血量 > RBC 4 U/h 或输血量已大于自身血容量，可以不经过交叉配血而直接使用 O 型或 ABO 血型相容的 RBC。

（2）血液制品的提供由被动的"补救"模式转为主动的"积极"模式。要求创伤复苏室中常规存有 4 ~ 12 U 未交叉配血的 O 型 RBC，随时供临床紧急应用。考虑到可能收治妊娠的创伤患者，因此，其中 2 ~ 4 U 须为 O 型 Rh 阴性。该预存 RBC 主要用于交叉配血之前的紧急输注。

（3）血库以组合的形式供给血液制品。通常血库每轮提供的血液制品组合有以下几种：6 U RBC + 4 U FFP、5 U RBC + 2 U FFP、10 U RBC + 10 U FFP、10 U RBC + 8 U FFP。在两轮之间根据具体情况补充血小板和（或）冷沉淀。每完成一轮输送组合，血库都要联系医师确定是否准备下一轮组合。

（4）复苏液体输注的顺序和比例。一般是按照晶体、RBC、FFP、血小板、冷沉淀的顺序进行。交替输注 RBC 和 FFP，在两者都已输注 10 U 以后，再输注 6～11 U 血小板。MTP 要求在输注 20 U 以上 RBC 后，尽量使已输注的 RBC、FFP、PLT 比例达到 1∶1∶1。

（5）输血的同时监测凝血功能。但常规的凝血功能测定需要 30～40 min，对于正在出血的患者，凝血功能数据并不能真实反映当前的凝血状态。而 MTP 以预定比例输注血制品，能避免根据不精确的实验室结果而做出不当的决策。

（6）MTP 包含的血制品输注目标：① RBC：受伤后最初 24 h 内应输注 RBC，尽量维持血红蛋白（Hb）> 100 g/L。有研究显示，对重度颅脑外伤的患者来说，Hb < 90 g/L 会增加病死率。② FFP：强调在输注 RBC 的同时补充足够的 FFP。FFP 和 RBC 的比例一般为 4 U FFP/6～8 U RBC，如果出血明显可将 FFP/RBC 提高到 6～8 U FFP/8 U RBC。一旦凝血酶原时间（PT）和部分凝血活酶时间（APTT）> 1.5 倍正常值，应立即输注 4 U FFP 进行纠正并复查。③ PLT：保证血小板计数 > 50×10^9/L。在输注 10 U RBC 后补充 PLT，建议输注剂量为 1 U/7 kg。④冷沉淀：冷沉淀含有纤维蛋白原、FⅧ 及 FXⅢ 等凝血因子和血管性血友病因子（vWF）。输注 18～20 U RBC 后应检查纤维蛋白原水平，如果低于 1 g/L，应给予 10 U 的冷沉淀。如果治疗过程中出血表现仍明显，也可以使用冷沉淀。⑤纤维蛋白原：一般在患者纤维蛋白原低于 1～2 g/L 时输注纤维蛋白原。⑥ rFⅦa：如果常规治疗（输注 10 U RBC、8 U FFP、8 U PLT 和 10 U 冷沉淀）后还存在明显出血倾向和凝血功能紊乱，可以考虑使用 rFⅦa，剂量为 60～100 μg/kg。一旦出血控制、血流动力学稳定，应通知血库终止 MTP，下一步重点监测并维持血液系统的稳定。建议在出血控制后的 12 h 内每 6 h、每 12 h 复查实验室指标，结合临床表现来指导输血治疗。如果存在渗血，应输注 FFP 使 PT 控制在正常值的 1.5 倍以内，并维持血小板计数 > 50×10^9/L。出血控制后的 24 h 内建议维持 Hb > 10 g/L，随后结合患者的临床表现采取严格的输血指征（维持 Hb 在 70～90 g/L）。

四、大量输血的不良反应

（一）不良反应

1. 凝血功能障碍 近 10 年来大量研究表明严重创伤容易并发凝血功能障碍，称为创伤性凝血病（coagulopathy of trauma），其显著增加了严重创伤患者的病死率。因此，早期纠正凝血病在创伤复苏中至关重要。对于严重创伤的活动性出血，在积极手术止血的同时，应尽早使用血液制品以补充凝血因子和血小板。大量输库存血后可出现明显的出血倾向，手术创面渗血。引起凝血功能障碍的主要因素是血小板数目急性减少，因为库存血中几乎没有血小板，而大量输入库存血即可使受血者的血小板被稀释，血小板计数相对减少，导致出血。同时，受血者的凝血因子也被稀释从而加重出血倾向。大量输血的患者，常伴有严重的创伤性低血容量性休克，可能发生 DIC，引起凝血功能障碍。但 DIC 发生原因复杂，很难归咎于大量输血，必须根据化验结果来确诊。

2. 生化及代谢的改变

（1）枸橼酸中毒和低钙血症：大量输 ACD 或 CPD 库存血后，输入体内的枸橼酸盐很快进入三羧酸循环，产生碳酸氢钠，90% 的枸橼酸盐在 10 分钟内就可从血循环中清除。肝功能异常或输入库存血过多，枸橼酸盐在体内积存，和钙结合，使血钙降低，即为"枸橼酸中毒"。临床表现为缺钙性神经肌肉功能障碍，伴强直性抽搐。循环系统呈心肌抑制和心律失常。ECG 出现 QT 间期延长。临床体征有低血压，脉压变小，左室舒张末期压增高和中心静脉压上升。值得注意的是，需要大量输血的患者，大多处于低血容量性休克、酸中毒、肝功能衰竭以及低温状态，而且失血时丢失的是大量游离钙，补充的则是少钙的血，这些不利因素均加重枸橼酸中毒的发生。

（2）血钾改变：由于红细胞在库存血中不断溶血，致库存血中血钾含量高于正常值数倍。这种含有高钾的库存血，少量输给血钾不高的患者，不致引起恶果；若大量输用，特别是高钾血症者，将引起严重的心脏意外。然而大量的临床观察表明，低钾血症更为常见。其原因为：输入体内的枸橼酸盐在代谢中产生碳酸氢钠，引起代谢性碱中毒，使细胞外的钾进入细胞内；而原在贮存中丢失钾的红细胞输入体内后，重新排钠进钾，也使血浆中钾离子大量移入红细胞内。重新大量输血时，血钾由起初的偏高逐渐下降，呈现低钾血症，应密切注意。

（3）酸碱紊乱：ACD 和 CPD 保存液的 pH 分别为 5.0 和 5.6。血液一经进入保存液，其 pH 即从 7.4 降至 7.0～7.1，加上代谢的酸性产物，使 pH 值更低，所以，大量输血时起初表现为代谢性酸中毒。但随着枸橼酸盐的代谢产物——碳酸氢钠的不断累积，可引起代谢性碱中毒。大量输血后，须行动脉血气分析，根据结果进行相应的处理。

（4）红细胞 2,3- 二磷酸甘油酸盐（2,3-DPG）减少：库存血中的红细胞 2,3-DPG 逐渐下降。2,3-DPG 下降，使氧离曲线左移，血红蛋白和氧的亲和力增加，血液经过组织时，氧不易释放，呈现组织缺氧。2,3-DPG 对氧离曲线的影响与下列因素有关：①血液贮存的时间和输血速度；②输血后患者体温下降程度；③患者动脉血 pH；④血内无机磷酸盐的含量；⑤全身氧合状况等。

3．物理因素的影响

（1）对体温的影响：大量快速输血（100 ml/min 连续输血 1000 ml）时，如果依靠体温血液自 4℃上升到 37℃则需 12.56×10^5 J 的能量，这对患者来说是很重的负担，特别是有体腔暴露的麻醉手术患者，以及新生儿和未成熟儿。在此种情况下，很可能会使体温明显下降。20 分钟后体温降至 34～32℃，为相对危险的临界温度，若体温继续下降至 30℃以下，可导致心律失常，甚至心脏停搏。低温使枸橼酸盐及乳酸在体内代谢降低，引起代谢性酸中毒及低钙，使病情愈趋复杂。

（2）对微循环的影响：库存血中形成的微聚物，可通过普通滤网于大量输血时进入患者血循环内，加上大量输血的患者本身可能已有微循环功能障碍或血液黏滞度增高，可使微循环障碍加重。最易受累的器官是肺，引起肺毛细血管阻塞和肺栓塞，导致肺功能不全或成人呼吸窘迫综合征（ARDS）。此外，视网膜血管受累，发生一过性失明；内耳微血管栓塞，引起术后内耳性重听。

（3）心血管系统负担加重：对心功能不全、老年、幼儿患者，易致肺水肿、心力衰竭。多在输血后 1 小时发生。患者突发呼吸困难，咳泡沫痰，颈静脉怒张，脉率快，血压下降等。

（二）防治措施

1．不良反应的处理 大量输血后发生出血倾向时，应首先排除溶血及细菌污染。然后根据检验结果分析凝血因子、血小板计数及纤维蛋白原降解产物等，进行鉴别诊断。因凝血物质缺乏形成的出血，可输新鲜血、新鲜冰冻血浆、浓缩血小板等治疗。一般库存血超过 5000～7000 ml 时，即应改用输新鲜血，多能防治出血。输入 10 U 的浓缩血小板，可使血小板计数增加 100×10^9/L（100 000/mm³），但其止血效能仅相当于输 1 U 的新鲜血。如确诊为 DIC，应积极治疗原发病因，维持正常血容量，然后再纠正凝血障碍。切勿盲目过度滥用止血药，加重 DIC。

一旦出现枸橼酸中毒，应减慢输血速度，或暂停输血，钙剂补充应慎重。近年来不主张常规使用钙剂，只有在某些应用过 β- 受体阻滞药的患者且有心肌功能不良史、大量输血后由于低钙血症而致血流动力学紊乱者，才需补充钙剂。

2．不良反应的预防

（1）输血前准备：首先了解受血者的病情，心、肺、肝、肾等重要脏器的功能状态。一旦明确患者需大量输血时，应迅速采集血液标本做必要的实验室检查。首先鉴定 ABO 血型，有条件者或时间允许应加做 Rh 血型和抗体筛选，做好配血。除受血者与各供血者进行交叉配血外，各供血者之间也应进行交叉配血。

（2）血源的选择：选择合适的血液成分，以库存 5 天以内的 ACD-B 和 10 天内的 CPDA-1 全血或浓缩红细胞为主。为了预防凝血功能异常，每输 3 U 库存血加输 1 U 新鲜血，每输 4 U 血还应补充 1 U 血小板。因库存血中血小板功能降低先于其数量的减少，故输血后患者血小板计数正常，并不能说明不需补充血小板，应根据临床及详细的实验室检查结果，来确定输血指征。

（3）血液加温：输血量少不必加温血液。如果大量输血超过 5 U 或输血速度过快（> 50 ml/min）时或给婴幼儿输血时，需加温库存血。血液加温的方法有很多，可用专用的血液加温器，或自行设计制备的简易加温装置，或将血袋用塑料袋密封后直接浸入 35℃ 水中，加温血液的温度不能超过 38℃，以防止红细胞因热伤而溶血。创伤后低血容量性休克时，采取加温输血可以降低输低温库存血后寒战、低体温等的发生率，改善微循环。

（4）加强监测：持续监测患者生命体征，包括心率、呼吸、血压、中心静脉压等。密切监测循环血中酸碱和电解质变化情况，每输注 2000 ml 血，宜做一次血小板计数、出血时间、血气分析等检查。

五、大量输血后的并发症

（一）供氧能力降低

血液贮存后，其向组织释氧的能力下降。1954 年，Valtis 和 Kenendy 首次描述了血液在体外出现的氧离曲线左移的现象，其程度与在 ACD 保存液中的时间成正相关。在输入保存 7 天以上的库存血后，所有的患者均出现氧离曲线的左移，一般要持续 24 h 以上，且程度与输血量及库存血贮存的时间相关。目前大多数理论认为，此种现象的发生与库存血中 2,3-二磷酸甘油酸（2,3-DPG）的减少有关。2,3-DPG 减少后，血红蛋白对氧的亲和力增强，向组织释氧减少，可能导致组织缺氧，临床上也有证据证实此方面的推测。Marik 和 Sibbard 发现，输注贮存 15 天以上的库存血后，胃黏膜的 pH 下降，推测有内脏器官的缺氧发生。多数情况下，2,3-DPG 下降对重要脏器的功能并不产生影响，因为输注库存血后可使心排出量增加，使单位时间内通过脏器毛细血管的红细胞数量增加，从而代偿了由于红细胞释氧能力下降带来的影响。故对于术前脏器功能良好的患者无需有此方面的顾虑，但对于一些器官功能处于代偿边缘的患者，必须考虑到此方面的影响，尤其是冠心病患者。

（二）出血倾向

大量输血后的出血倾向非常多见，这是一个多因素诱发事件，但主要与输血量、低血压及低灌注持续的时间有关。如果患者术中血压维持良好，灌注充沛，则即便输入较多的异体血，也不至于引发凝血功能障碍。如果患者术中存在长时间低血压，同时又输入了大量的异体血，则有可能造成凝血系统异常，这种异常可由两个方面组成，一是弥散性血管内凝血（DIC），另一个是输注大量库存血造成的凝血因子稀释（包括凝血因子 V、Ⅷ 的缺乏和稀释性的血小板减少症）。如患者术前没有凝血机制障碍，输血后出现术区渗血、血尿、齿龈出血，尤其是静脉穿刺点的出血和皮下淤斑须考虑是否存在凝血系统异常。

1. 稀释性血小板减少症 血小板在贮存的条件下破坏得很快，4℃ 条件下，保存 6 h，血小板活力则会下降到原来的 50%～70%，24～48 h 以后，活力仅保存 5%～10%。被破坏的血小板进入体内后会迅速地被网状内皮系统吞噬清除，残余的血小板存活期也大大缩短。故大量输注库存血，会导致机体内血小板被稀释。一般认为急性条件下，血小板计数 < $75×10^9$/L 时，出血的危险性显著增

加,而慢性的血小板减少症,即便血小板计数达到 $15×10^9/L$ 以下,也未出现出血倾向。此种现象尚未得到满意的解释。不少学者认为仅根据血小板计数而预防性使用血小板并无益处,而另一部分学者认为,由于手术创伤的存在,有必要将术中的血小板计数维持在 $75×10^9/L$ 以上,以充分满足创面止血的需要。

2. 凝血因子Ⅴ、Ⅷ的水平降低 除了凝血因子Ⅴ和Ⅷ之外,大部分凝血因子在库存血中较稳定。故大量输用库存血会导致这两个因子被稀释。但先前的研究表明只需正常水平 5%～20% 的凝血因子Ⅴ和 30% 的凝血Ⅷ即可满足外科手术凝血的需要。输血很少造成该两种凝血因子水平降到上述水平以下。临床研究发现,在输红细胞 5000 ml 后,补充 500～1000 ml 的新鲜冰冻血浆,虽然 APTT 恢复正常,但术区的出血仍无明显减少,只有在输注了血小板后,出血才明显趋于停止,表明凝血因子Ⅴ、Ⅷ的减少在输血后的出血倾向中并不占主导地位,其更有可能是由血小板减少引发的,而该两种因子的减少只是加重了出血倾向。

3. 弥散性血管内凝血(DIC) 是一组血液在血管内异常凝固,同时又造成凝血因子过度消耗和纤溶亢进引发出血的临床征候群。其具体成因尚不清楚。组织缺氧造成酸中毒和血流缓滞可以直接或间接地促使组织凝血活酶的释放。在感染性休克和器官衰竭的终末期,DIC 多见,考虑与肿瘤坏死因子、外毒素激发外源性凝血程序有关。DIC 可以由休克、感染、创伤、肝疾病以及恶性肿瘤引发,这些情况下往往有输血的指征,当在输血时出现出血倾向时,应加以鉴别,以明确是否存在 DIC。现代对 DIC 的总体评价为:DIC 是少见的疾病,DIC 同时伴有微血管血栓的机会很少,DIC 很少引起器官损坏和梗死,合并有大血管血栓的机会较大,但并非 DIC 引起;发生 DIC 时,出血常见,但出血的主要来源仍是局部的创伤;肝素治疗对一部分患者有效,但会引起更严重的出血;DIC 的病死率较高,主要是因为引发 DIC 的原发病均较重;DIC 的出现预示患者预后不良。

4. 急性溶血反应 输血过程中的出血倾向也是急性溶血性输血反应的重要临床表现之一。

(三)枸橼酸中毒

枸橼酸中毒并非枸橼酸离子本身的毒性,而是枸橼酸结合钙离子引发低钙血症的相关症状,包括低血压、脉压减小、心脏舒张末期容量增加、CVP 升高。这与心肌的电生理特性有关,低钙血症,使心肌动作电位Ⅲ相缩短,钙内流减少,兴奋-收缩耦联作用减弱,心肌收缩力下降。多数情况下,如果循环血量维持稳定,枸橼酸的中毒症状并不常见,只有当 ACD 保存的红细胞输注速度高于 150 ml/min,才会出现上述症状,用改良后的含枸橼酸较少的保存液的血制品时,中毒发生的概率就大大减少。如果患者在输血后出现低心排出量的表现时,可以考虑补充钙离子(主要是氯化钙),剂量为 0.5～1.0 g,给药速度为 1.5 mg/(kg·min),并严密监测血清钙离子的变化,以决定是否需要追加剂量。这里须指出的是,出现低心排出量的表现,治疗的首要重点是纠正低血容量,而非补钙,因为低血钙状态在停止输血后会很快会得到纠正,其机制是输入体内的枸橼酸很快被肝代谢从而释放出钙离子,并且机体能够调动内源性钙储备来维持血清钙的水平。当然,有些特殊情况可以增加枸橼酸中毒的可能性,包括肝疾病、肝移植手术、低温、过度通气等。前三者主要干扰了枸橼酸的代谢,过度通气则通过使血的 pH 升高,血清游离钙离子减少,从而加重了枸橼酸的中毒反应。低温和过度通气在临床可以迅速解决,而肝疾病和肝移植手术中大量输血后,补钙应成为常规。多数情况下由输血造成的血钙降低并不足以造成出血,故临床上出现输血后的出血倾向不应首先考虑低钙血症。

(四)高钾血症

保存 21 天的库存血,其血清钾的含量可高达 19～30 mmol/L,但临床上因大量输血造成的高钾血症并不多见,因为库存血输入体内后,钾离子可以通过红细胞的摄入、向血管外间隙的扩散以及肾的排泌离开血管腔,从而使血清钾的水平维持正常。只有当输血速度超过 120 ml/min 时,才会出现明显的血钾升高。处理此种高钾的主要措施是补充钙离子,但预防性使用钙离子无必要,一般只有临床上出现典型的高钾表现时(T 波高尖),才有必要补钙。对抗高钾的钙制剂必须是氯化钙而非葡萄糖酸钙。

(五)低体温

库存血保存于 4℃ 的环境中,如果拿来直接给予患者输注,会造成患者的体温下降。低温可以对人体的生理带来很多不利的影响,尤其是对循环系统和凝血系统的影响,另外由于术中低温,患者在苏醒期往往出现严重的寒战,造成氧耗量急剧上升,心肺负荷加重,对心肺功能不全的患者造成威胁。简单的解决办法是在使用前将每一袋库存血放入 38～39℃ 的水浴中加热,适当的加热还可降低红细胞制剂的黏滞度,有利于输注。需要快速输血时应采用快速输液系统,并配合其他的物理加温手段如变温毯、充气加温被(air forced warmer system)等。

(六)酸碱平衡紊乱

血液的保存液是酸性的,红细胞在保存过程中的代谢产物及生成的二氧化碳不能被排除,所以库存血都是呈酸性,保存 21 天的库存血 pH 仅为 6.9,PCO_2 为 150～220 mmHg。对通气量足够的患者来说,库存血中的高二氧化碳并不会对患者产生影响,但大量输注库存血,造成的患者体内代谢性酸碱变化则是多变的,库存血的大量代谢性酸性产物的输入不仅可以造成受血者的代谢性酸中毒,库存血中所含的枸橼酸进入体内后还可以通过肝迅速转化为碳酸氢根,有可能造成代谢性碱中毒。故凭经验给予输注碳酸氢钠治疗是不可取的,应在动脉血气分析结果的指导下,对酸碱平衡进行调整,同时应掌握宁酸勿碱的原则,因为轻度的酸血症有利于氧向组织的释放。

(七)微小血栓的输入

1970 年代,Moseley 就报道了库存血中小的血凝块和碎片随着血液贮存时间延长而增多。这些凝血块和碎片可以通过普通输血管道的过滤网进入受血者体内。有相当多的学者认为,出血和创伤后的急性肺损伤与输血过程中大量微小血栓进入肺循环造成肺毛细血管阻塞有关。理论上讲,使用孔径更小的过滤器可以避免微小血栓的进入,但临床应用效果并不理想。或许将来对保存液的改进有利于解决库存血保存过程中微小血栓的形成。

第五节 临床输血技术

一、临床输血新认识与新观念

近些年来,由于各种高新技术不断向输血领域渗透,已使输血医学发展成为一门独立的学科,通过开发、应用与研究,使得临床输血领域更新了许多新观念。

(一)全血不全

血液保存液是针对红细胞设计的,在 (4±2)℃ 条件下只对红细胞有保存作用,而对白细胞、血小板以及不稳定的凝血因子毫无保存作用,血液离开血循环,发生"保存损害";血小板需要在 (22±2)℃ 振荡条件下保存,4℃ 静置保存有害;白细胞中对临床有治疗价值的主要是中性粒细胞,后者在 4℃ 的保存时间最长不超过 8 h;凝血因子中 FⅧ 和 FV 不稳定,要求在 -20℃ 以下保存。全血中除红细胞外,其余成分浓度低。

(二)保存血与新鲜血

现代输血不仅提倡成分输血,而且提倡输注保存血。某些病原体在保存血中不能存活。梅毒螺旋体在(4±2)℃保存的血液中存活不超过48 h,疟原虫则保存2周可部分灭活。输保存血以便有充分时间对血液进行仔细检测。根据输血目的不同,新鲜全血(fresh whole blood)的含义不同:补充粒细胞,8 h内的全血视为新鲜血;补充血小板,12 h内的全血视为新鲜血;补充凝血因子,24 h内的全血视为新鲜血;ACD保存液保存3 d内的血以及CPD或CPDA保存7 d内的血视为新鲜血。

某些患者宜用新鲜血,新鲜血主要用于:①新生儿,特别是早产儿需要输血或换血者;②严重肝肾功能障碍需要输血者;③严重心肺疾病需要输血者;④因急性失血而持续性低血压者;⑤弥散性血管内凝血需要输血者。这些患者需要尽快提高血液的运氧能力且不能耐受高钾,故需输注新鲜血。需要强调的是,输注新鲜血的患者未必要输全血,应以红细胞制剂为主。

(三)需要输新鲜血者未必要输全血

1. 输全血不良反应多 全血中细胞碎片多,"保存损害产物多",输注越多,患者的代谢负担越重;全血与红细胞相比更容易产生同种免疫,不良反应多;保存期太长的全血中微聚物多,输血量大可导致肺微血管栓塞。

2. 输红细胞能减少代谢并发症 红细胞中细胞碎片少,保存损害产物少。

(四)尽量减少白细胞输入

"尽量减少白细胞(尤其是淋巴细胞)输入患者体内"已成为现代输血中的新观点。白细胞是血源性病毒传播的主要媒介,一些与输血相关的病毒也可通过白细胞的偶然输入而传染,如巨细胞病毒(cytomegalovirus,CMV)、人类免疫缺陷病毒(human immunodeficiency virus,HIV)、人类T淋巴细胞病毒(human T-cell lymphotropic virus,HTLV)等。保存全血中的白细胞尽管已经部分死亡,但残余的细胞膜仍有免疫原性,可以致敏受血者。临床上输注含白细胞的全血或血液成分,常可引起多种不良反应,包括非溶血性发热性输血反应(febrile non-hemolytic transfusion reactions,FNHTR)、急性呼吸窘迫综合征(acute respiratory distress syndrome,ARDS)、血小板输注无效(platelet transfusion refractoriness,PTR)和输血相关性移植物抗宿主病(transfusion-associated graft-versus-host disease,TA-GVHD)等。很多临床研究资料表明,非溶血性输血反应发生率的高低直接与输入的白细胞含量多少有关。目前普遍认为,白细胞含量小于5×10^6/L时,即能有效防止非溶血性输血反应的发生。

(五)输血有风险

输血有风险,尽管血液经过严格程序的筛查、检测等处理,但依然存在发生输血传播疾病及其他输血不良反应的可能。

1. 输血可能传播多种疾病

(1)可经输血传播的病原体包括病毒、梅毒、疟疾(malaria)和细菌,近年来还证实有一种仅由蛋白质组成的朊病毒(prion)。目前经输血传播的病毒包括HIV、肝炎病毒[乙型肝炎病毒(hepatitis B virus,HBV)、丙型肝炎病毒(hepatitis C virus,HCV)、丁型肝炎病毒]等、微小病毒B19(parvovirus B19,B19V)、CMV和EB病毒等。由于我国人群中肝炎病毒感染者和携带者比例高,因此,肝炎病毒是威胁我国输血安全的主要病原体。

(2)血液病毒标志物的检测中存在着窗口期(window period):所谓窗口期是指病毒感染后直到可以检测出相应的病毒标志物(病毒抗原或抗体)前的时期。处于窗口期的感染者已存在病毒血症,但病毒标志物检测阴性。目前HIV、HCV等常规仅检测抗体。因此,常规筛选检测不能检出处于窗口期的病毒携带者。

另外，试剂灵敏度的限制也可造成漏检，试剂不可能全部检出抗原、抗体阳性的标本。对于世界公认的优质试剂，其灵敏度也不可能达到100%。目前我国要求试剂灵敏度在95%以上。

决定窗口期长短的一个重要因素是试剂中包含的病毒相应抗原或抗体的组成。根据国外报道，目前应用的最新试剂的窗口期如下：抗HIV，22 d；抗HCV，82 d；HBsAg，约50 d。处于窗口期的血液检测结果阴性，但实际上已被病毒污染，如果输注给患者将会导致感染。因此，用于检测病毒标志物的试剂的窗口期长短将是决定输血传播病毒危险性大小的一个重要因素。目前，我国对献血者常规执行的传染病检查项目包括丙氨酸氨基转移酶（alanine aminotransferase，ALT）、乙型肝炎表面抗原（hepatitis B surface antigen，HBsAg）、HCV抗体、HIV-1/2抗体和梅毒。受血者经输血后是否发生输血相关的传染病，除与病原体的输入数量有关外，还与受血者的免疫状态有关。

2. 输血可能发生输血不良反应 它是指输血过程中或输血后发生的不良反应。由于人类的血型复杂，同型输血实际上输的是异型血，可能作为免疫原输入而在受血者体内产生相应抗体，导致输血不良反应。常见的输血反应包括免疫性溶血反应、非免疫性溶血反应、非溶血性发热反应、过敏反应（allergic reactions）、输血相关性急性肺损伤（transfusion-related acute lung injury，TRALI）和TA-GVHD等。

二、临床输血新技术

临床输血医学发展迅速，其新技术包括：自身输血、白细胞过滤、血液辐照、治疗性血液成分置换术、微柱凝胶技术以及冰冻保存稀有血型红细胞等。

（一）自身输血

自身输血（autologous transfusion）是指采集患者自身的血液或血液成分，经保存和处理后，当患者手术或紧急情况需要时再回输给患者的一种输血疗法。自身输血可以节约血源，减少同种异体输血，还可以避免输血传播性疾病和同种异体免疫性输血反应。

1. 自身输血的优点

（1）避免经血液传播的疾病，如肝炎、艾滋病、梅毒、巨细胞病毒、疟疾等。

（2）可避免同种异体输血产生的同种免疫反应，如非溶血性发热反应、荨麻疹、过敏反应、溶血性反应等。

（3）反复放血可刺激红细胞再生，使患者术后造血速度比术前加快。

（4）避免了异体血液对受血者免疫功能的抑制，降低围术期感染的发生率。

（5）自身输血可缓解血源紧张的矛盾。

2. 自身输血的种类 自身输血根据血液来源和保存方法主要可分为：①贮存式自身输血；②稀释式自身输血；③回收式自身输血；④其他血液成分自身输注或移植。

（二）贮存式自身输血（predeposit autotransfusion）

贮存式自身输血就是将自己的血液预先贮存起来，以备将来自己需要时应用。目前应用最为广泛的是术前预存自己的血液，以备在择期手术时使用。

通常，只要心血管状况稳定，有良好的肘前静脉提供穿刺，自身贮血无年龄、体重限制，不管是老人还是小孩，都可耐受放血的生理变化；只有当患者由于患病或营养不良导致体重下降时，才予酌情考虑。一般情况下，要求患者采血前血红蛋白浓度：男性≥120 g/L，女性≥110 g/L；血细胞比容≥0.34。

1. 适应证

(1) 身体状况良好，准备行心、胸、腹、血管外科、整形外科、骨科等择期手术，而预期术中出血多需要输血者。

(2) 对输注异体血液有不良反应者，如多次输血后产生多种红细胞抗体者、血小板输注无效者、IgA 缺乏者等。

(3) 避免分娩或剖宫产时输异体血的孕妇。

(4) 稀有血型者。

(5) 有过严重输血反应病史者。

2. 禁忌证

(1) 充血性心力衰竭、主动脉瓣狭窄、房室传导阻滞、心律失常、严重高血压患者。

(2) 服用抑制代偿性心血管反应药物的患者，如 β- 受体阻滞剂等。

(3) 有严重的献血反应史患者，如献血后迟发性昏厥。

(4) 疑有细菌感染或正在接受抗生素治疗者。

(5) 贫血、出血、或血压偏低者。

(6) 肝肾功能不全者。

3. 血液的采集与保存

(1) 全血采集与保存：对择期手术患者，采血次数一般每周不超过 1 次，每次采血 400 ml，最好采至手术前 3～5 d，置于 4℃保存，并于术中或术后分批返输。

(2) 采血量：采血量可按患者的体重核定，每次采血量应掌握在 8 ml/kg 左右，一般控制在循环血量的 12% 以内。

(3) 方法：

1) "蛙跳"式采血可储存较大量的自身血液，适用于预计术中出血量较大的患者（表 9-4）。

表 9-4 "蛙跳"法采血日程表

采集时间	采集单位	回输单位	留存单位
第 1 日	第 1 单位		
第 8 日	第 2、3 单位	第 1 单位	第 2、3 单位
第 15 日	第 4、5 单位	第 2 单位	第 3、4、5 单位
第 22 日	第 6、7 单位	第 3 单位	第 4、5、6、7 单位
第 29 日	第 8、9 单位	第 4 单位	第 5、6、7、8、9 单位

2) 直接采血储存少量自身血液，适用于预计出血量和需要备血量较小的患者。由于 4℃ 红细胞保存期可达到 35 d 或 42 d，对符合采血条件的患者可在术前 4～5 周开始，每间隔 1～2 周采血一次，直接置于 4℃冰箱储存备用，手术过程中或术后需要时进行回输。

(三) 稀释式自身输血（hemodilutional autotransfusion with short-term storage，HAT）

在术前采集患者一定量的血液，同时输注晶体液和胶体液来补充血容量。患者处于血容量正常的血液稀释状态下施行手术，减少了术中红细胞的丢失。采出的血液于手术后期或结束时再回输给患者。稀释式自身输血最初的尝试开始于心脏直视手术，现在已广泛地应用于各类手术。临床实践提示，实施稀释式自身输血后，心脏手术中肺动脉高压、肺淤血等症状减轻；术中、术后的肺、骨、脑并发症的发生率降低；髋关节成形术患者术后静脉栓塞发生率减低；对于各类手术均有助于防止术后血栓形成或局部水肿的发生。

采血量根据患者的体重、血细胞比容（Hct）及预期失血量确定。一般按总血容量的 10%～15% 计算；身体情况较好的患者则可达 20%～30%。一般认为，采用稀释式自身输血时，血细胞比容不宜低于 0.25，血容量要维持正常或稍高于正常，血红蛋白应维持在 80～100 g/L。通常成人采血量不超过 1200～1500 ml。

1．适应证 预计手术期间失血较多，可能需要输血的患者。

2．禁忌证

（1）局部感染及有菌血症可能的患者。

（2）肺部有严重疾病或肺功能衰竭的患者。

（3）严重肾病或肾衰竭的患者。

（4）严重高血压、糖尿病、凝血功能障碍者。

（5）冠心病、心功能不全、脑血管疾病及贫血属相对禁忌证，部分症状较轻患者可由临床医师酌情、选择性接受稀释式自身输血。

（四）回收式自身输血（salvaged blood autotransfusion）

用严格的无菌操作技术与适当的医疗器械将患者在手术中或创伤后流失在术野或体腔内的血液回收，经机器过滤和处理后，于术中或术后回输给患者自体。回收式自身输血可分为外伤时回收式自身输血、术中回收式自身输血和术后回收式自身输血。目前自身血回输装置（血液回输机）已在临床上广泛应用。实施回收式自身输血的前提条件是：患者丢失的自身血液中红细胞基本正常，没有被破坏、污染，回收后可重新利用。

1．适应证

（1）胸腔外伤性出血患者。

（2）某些突然发生的体腔内大量出血，如大动脉瘤破裂、肠系膜血管破裂、宫外孕、脾破裂等患者。

（3）某些择期手术，如心内直视手术、骨关节置换术、大血管外科手术、肝肾移植术及其他失血较多的手术患者。

2．禁忌证

（1）恶性肿瘤，术中癌细胞污染血液者。

（2）内脏穿孔、胃肠道内容物、胆汁、尿液污染血液的患者。

（3）污染性创伤患者。

（4）用肝素作抗凝剂，疑有脑、肺、肾损伤或大面积软组织损伤者。

尽管回收式自身输血无菌操作、过滤洗涤条件要求十分严格，但仍可能存在血液被污染、过滤不彻底而引起感染、微栓塞等不良反应。

（五）其他血液成分自身输注或移植

除红细胞外，其他自身血液成分也能被采集、保存与回输，其中包括自身血小板、外周血造血干细胞、新鲜冰冻血浆、冷沉淀、纤维蛋白原等，尤其是自身血小板输注与自身外周血造血干细胞移植临床应用比较广泛。

三、白细胞过滤

1. 白细胞过滤的机制 白细胞过滤的原理是通过机械的阻滞作用以及依赖白细胞的黏附特性使血液通过特殊材料制成的滤膜后将白细胞黏附在其上。白细胞过滤器多是以尼龙纤维、棉花纤维、醋酸纤维、聚酯纤维、玻璃纤维、聚乙烯醇多孔板等为原料制备的扁平结构。根据其化学吸附原理可分为阳离子型、阴离子型和中性白细胞过滤器。优质的白细胞过滤器，可以使每单位血液中残留的白细胞数低于 10^6 个，红细胞回收率 $>90\%$，血小板回收率 $\geq 85\%$。由于 $5\times10^6/L$ 白细胞可以引起临床输血白细胞抗体的产生，因此血液经白细胞过滤后可使白细胞抗体产生的概率可以大大降低。白细胞滤除效果除与所使用的过滤器有关外，还与血液制剂的制备方法、种类等相关。低速离心法制备的红细胞滤过后含有高于 $1\times10^6/L$ 的残留白细胞；而采用高速离心法制备的红细胞制剂滤过后则均含有低于这个限度的残留白细胞。同时，滤除方式也对白细胞的去除效果有明显影响。采用浸润过滤器方式过滤血液后可使残存白细胞数有降低的趋势，有助于提高白细胞的滤除效率。采用血浆浸润滤材后再过滤可使溶血现象的发生率明显降低。

2. 白细胞过滤的作用

（1）预防非溶血性输血发热反应：非溶血性输血发热反应是最常见的输血反应，发生率为 $4\%\sim37\%$。主要临床表现为在输血中或输血后 4 h 内发热，体温较输血前升高 1℃以上，多伴有寒战、头痛、恶心、胸闷、呼吸困难、皮疹等症状，极少数可发生血压下降或过敏性休克。非溶血性输血发热反应发生的主要原因是一次或多次输入的供者血液或血液成分中的白细胞与受血者发生了同种免疫反应，产生了白细胞抗体而导致发热等症状。据报道，此类输血反应与输血次数和受血者的性别（女性多于男性）和有无过敏体质（过敏体质多于非过敏体质）有密切关系，尤其是接受输血次数越多，受血者白细胞抗体的检出率越高，输血前使用抗组胺和糖皮质激素等药物均不能预防其发生。国外的调查结果认为，一次输入血液或血液成分中的白细胞含量少于 $5\times10^8/L$，即去除 90%的白细胞，就能有效地防止非溶性输血发热反应的发生。输血、妊娠、器官移植等同种免疫均可产生白细胞抗体。抗体的产生与抗原强度、输注次数和数量、间隔时间以及受血者的免疫反应敏感性有关。目前临床输血一般不做人类白细胞抗原（HLA）配型，因此绝大多数供受者之间 HLA 不合，产生 HLA 抗体的机会较多。输用去白细胞的血液成分可以有效地防止 HLA-Ⅰ类抗原的同种免疫。

（2）预防输血相关移植物抗宿主病发生：输血相关移植物抗宿主病（transfusion association-graft versus host disease，TA-GVHD）是一种少见但非常严重的输血并发症，其发病机制是输入的血液或血液成分中带有大量具有免疫活性的淋巴细胞，而受血者免疫功能低下，未被宿主识别为外来物而植入，即引起极为严重的反应，主要表现为高热、全身皮疹、腹泻、肝功能损害等，因无特效治疗患者可于 30 天内死亡，死亡率高达 90%。美国、德国报告其发病率约为 1/28 000，日本约为 1/5000，一般认为输注血液中残留的白细胞数低于 $10^7/L$，可使发生输血相关移植物抗宿主病相关的危害大大降低。

（3）预防某些输血相关病毒的传播：巨细胞病毒（cytomegalovirus，CMV）、人类嗜 T 淋巴细胞性白血病Ⅰ型病毒（human T-cell leukemia virus，HTLV-Ⅰ）和克雅病（Creutzfeldt-Jakob disease，CJD）病毒与白细胞呈高亲和性，无法从感染的供血者血浆中分离，而去除白细胞则可防止这些病毒通过输血传播。我国 CMV 阳性率达 83%，CMV 对器官和骨髓移植、反复输血和免疫功能低下的患者感染最为严重，并有潜伏、复发和致癌的倾向。HTLV-Ⅰ主要流行于日本、非洲和加勒比海沿海地区，受血感染率可达 60%。我国已有零星报道。日本、美国等国家早已将 HTLV-Ⅰ列入对献血者血液的必检项目。CJD 是一种死亡率极高的疾病，主要流行于英国，据报道英国可能有 8 万名献血者携带此种病毒，难以保证输血安全，故英国政府已于1998年决定，所有临床用血都必须去除白细胞，尽可能防止CJD传播。

（4）预防HLA同种异体免疫反应：现已证明，引起血小板输注无效的主要原因为同种异体免疫反应，其中80%以上是由HLA抗体所致（血小板特异性抗体仅占8%）。国外研究认为，一次输入的白细胞总数不超过5×10^7/L，即可延缓HLA同种免疫反应出现的时间，也就是去除了血小板制剂中99%以上的白细胞，可明显降低血小板输注无效的发生率。美国血库协会（AABB）的血液质量标准指出：预防同种异体免疫反应，输注的血液或血液成分中所残留的白细胞总数应少于5×10^6/L。

四、血液辐照

20世纪70年代，国外已经开始使用射线辐照血液。血液辐照技术目前已经越来越多地应用于骨髓移植后患者的输血以及预防输血相关性移植物抗宿主病的发生。由于异体血液中含有大量的淋巴细胞及NK细胞等免疫活性细胞，它们可以发动针对受体靶器官的免疫反应，导致GVHD的发生。有报告证实，4×10^4/L的淋巴细胞就可以使严重复合免疫缺陷症（severe combined immunodeficiency disease，SCID）患者发生GVHD，而去除淋巴细胞的方法（包括使用白细胞过滤器），并不能将其减少到足以预防GVHD的程度。灭活血液制品内淋巴细胞的最常用及有效的方法是射线辐照，射线辐照可以阻止淋巴细胞的胚样细胞转变和分裂活性。引起TA-GVHD常见的是全血（新鲜）、白细胞（粒细胞）、红细胞和血小板，其次是新鲜液体血浆。新鲜冰冻血浆、冷沉淀及冻融红细胞因制备冻融过程可能无完整的淋巴细胞，不会导致TA-GVHD。目前国际推荐的辐照血液是预防TA-GVHD的最适宜方法。一般应在使用前即刻进行辐照，血制品辐照后不宜长期保存（<3 d）。

1. 血液辐照的作用机制　用于血液制品辐照的射线一般有γ射线和X射线两种。前者的放射源一般是^{137}Cs（铯）、^{60}Co（钴），后者一般由射线加速器远距离放射操纵并加速电子达到很高的速度产生冲击效果。两种射线辐射物理性能和损伤淋巴细胞的方式相同。放射性同位素衰变过程中产生射线，以电子粒子或次级电子形式，具有敏捷、快速地穿透有核细胞，直接损伤细胞核的DNA或间接依靠产生离子或自由基的生物损伤作用杀伤淋巴细胞的作用。低剂量的放射性可导致单股DNA损伤，高剂量时可使细胞核DNA产生不可逆的损伤并干涉其正常修复过程，造成淋巴细胞丧失有丝分裂的活性并停止增生。辐射作用只发生于辐照的瞬间。在辐照完成后这种杀伤作用就不存在了，辐照后的血液及其成分并没有放射活性，因此对受血者无任何放射杀伤作用。血液经辐照处理后对红细胞、血小板在体内的正常存活影响不大，但对粒细胞的影响有许多争议，研究结果的差异可能与粒细胞研究的方法学不同有关。

2. 血液辐照的适应证　辐照的对象可以是全血、红细胞、血小板、粒细胞等血液有形成分，目前主要应用于TA-GVHD高危人群，极大地提高了临床输血的安全性。

（1）儿科输血尤其是先天性免疫缺陷小儿和早产儿。

（2）获得性免疫抑制的人群（自体、异体骨髓或外周血干细胞移植患者），从放疗、化疗开始接受辐照血液的治疗，直到移植后3～6个月后以CD4细胞恢复为特征。实体瘤或器官移植、AIDS、再生障碍性贫血没有必要输注辐照血，但当强化疗、放疗使其免疫功能严重抑制，白细胞减少时应考虑使用辐照血。

（3）接受Ⅰ、Ⅱ级亲属血液的患者，前者提供的各种血液制品输注前必须辐照。

3. 辐照剂量　目前用于血液辐照的设备有标准辐照仪和直线加速器两种。对血液制品的辐照剂量以其对被辐照物质的吸收量来计算。吸收量取决于照射量。一般吸收量以Gy为单位。血液制品的最佳辐照剂量的选择应使淋巴细胞达到最大的灭活而对其他血液成分的损伤为最小。FDA 在 1993 年把辐照中心剂量定为 25 Gy，其他部位不低于 15 Gy；欧洲学术委员会制定的辐照剂量范围是 25～40 Gy，英国为 25～50 Gy。国内一般推荐为 25～30 Gy。

五、治疗性血液成分置换术

治疗性血液成分置换术（therapeutic blood components exchange，TBCE）是去除患者血液中病理性成分的一种治疗技术，通过手工或机器运转程序进行患者血液成分的采集、病理性成分的分离、去除，对患者进行正常血液成分的回输或适当溶液（置换液）的补充，以去除和减少病理性成分对患者的致病作用，同时恢复和调节患者的生理功能。

治疗性血液成分置换术强调个性化原则，强调对治疗原理的理解掌握和灵活应用，应根据具体病情、具体疾病的病理特征和治疗目的确定方案，既可以选择单一的单采（去除）某种血液成分，也可以进行组合。

1．病理性红细胞单采去除术　主要适用于原发性红细胞增多症患者，其目的在于迅速去除患者体内过多的红细胞，改善病情。通常外周血红细胞 $> 6 \times 10^{12}$/L、血红蛋白 > 180 g/L，且有明显临床症状时应考虑进行红细胞去除治疗。对原发性红细胞增多症的患者，应积极跟进化疗，否则可能在红细胞去除后数天内出现"反跳"现象，红细胞计数迅速回升甚至更高。对继发性红细胞增多症患者，应注意掌握治疗时机。

2．细胞置换术　主要适用于红细胞功能异常或丧失的患者，如一氧化碳中毒、镰状细胞贫血急性危象等，目的在于用供者功能正常的红细胞进行置换。患者的红细胞计数可能正常或减少。置换红细胞的量应根据具体病情确定，以改善组织供氧为主。

3．病理性血小板单采去除术　治疗性血小板单采去除术，适用于外周血血小板计数 $> 1000 \times 10^9$/L 的原发性血小板增多症及其他骨髓增生性疾病的患者；血小板异常增高，计数 $< 1000 \times 10^9$/L，但伴有严重并发症或需要阻止并发症的发生时，也需要进行治疗性血小板单采治疗。

4．病理性白细胞单采去除术　主要适用于各种高白细胞性的白血病，也适用于其他白细胞异常增高的情况。通常以下情况需要立即进行单采去除：①外周血白细胞计数 $> 50 \times 10^9$/L，有脑、肺等重要器官严重并发症者；②外周血白细胞计数 $> 100 \times 10^9$/L，有血液高黏滞综合征者；③外周血白细胞计数 $> 200 \times 10^9$/L 者，不论临床有无明显的并发症或其他情况；④外周血白细胞计数 $(50 \sim 100) \times 10^9$/L 需要进行化疗和预防肿瘤细胞大量破坏引起的并发症者。

5．免疫治疗　白细胞单采技术不仅可以应用于去除治疗，同样可根据治疗目的采集细胞用于其他治疗目的。例如，单采获得白血病细胞，用于肿瘤疫苗的制备，注射于白血病患者自身皮下，起到肿瘤免疫治疗作用。单采肿瘤患者的淋巴细胞，在体外培养过程中，用细胞因子激活起细胞毒活性后，回输给患者自身，起到杀灭肿瘤细胞的作用。淋巴细胞单采技术还可用于治疗不明原因的习惯性流产。通过采血分离获得男方的白细胞或淋巴细胞，小量多次在女方皮下、皮内或静脉注射，刺激母体产生对 HLA、TLX 抗原的适当免疫反应，产生保护性封闭抗体，维持妊娠正常进行。

6．外周血造血干细胞移植　自体外周血干细胞移植，临床应用范围广，主要用于进行大剂量化疗、放疗的实体瘤患者，在骨髓造血功能被严重抑制或破坏时，起到恢复骨髓造血功能的作用。对于肿瘤细胞已浸润扩散到骨髓、外周血的患者，须实施净化处理。根据干细胞的多能分化特性，自体外周血干细胞还被应用于局部组织器官促进血管、神经、成骨细胞再生等临床研究。异体外周血干细胞移植，则主要适用于各种骨髓造血功能异常的疾病。

7. 血浆置换和血浆淋巴置换 血浆置换是机械性地将血浆单采去除，从而迅速降低血液中病理性物质含量的方法。血浆淋巴置换则是在血浆置换的同时去除淋巴细胞。血浆中的病理性物质主要有异常增高的抗原、抗体、免疫复合物及其他蛋白成分，以及某些过量使用的药物、毒物及其他有害物质。

1993 年美国单采学会，按取得疗效的情况将疾病分为 4 类：①疗效较确定的疾病，如高黏滞综合征、血栓性血小板减少性紫癜、溶血性尿毒综合征、ABO 血型不合的骨髓移植、凝血因子抑制物、中毒（结合蛋白的毒素）、重症肌无力、急性多发性神经根炎（吉兰 - 巴雷综合征）、结缔组织病（系统性红斑狼疮和类风湿性关节炎）、肺出血肾炎综合征和家族性高胆固醇血症等；②有一定疗效的疾病，如特发性血小板减少性紫癜、输血后紫癜、母婴血型不合妊娠、冷凝集素病、单纯红细胞再生障碍性贫血、急进性肾小球肾炎、肾移植排斥、特发性肌炎和多神经炎型遗传性运动失调症等；③疗效有待确定的疾病，如自身免疫性溶血性贫血、再生障碍性贫血、红细胞同种抗体、甲状腺危象、艾滋病、帕金森病和银屑病等；④没有疗效的疾病，如慢性白血病、暴发性肝衰竭和精神分裂症等。各种疾病进行血浆置换时机、患者的个体差异及跟进治疗措施等因素均可直接影响到疗效，因此临床应根据具体病情和血浆置换所需要达到的目的进行选择。

六、微柱凝胶技术

微柱凝胶技术作为一种新的血型血清学技术，目前已经应用于血型免疫学的相关检测。微柱凝胶技术的基本原理是利用微柱凝胶的微孔过滤作用和免疫化学抗原抗体特异性反应，通过离心技术将发生凝集反应的红细胞阻滞于凝胶之内，而未凝集的单个红细胞则穿过微孔运动至柱底，从而区分有无凝集。同传统方法相比，这种方法的主要优点为：操作简便，不需洗涤，所用时间短；结果清晰、稳定，易于判读，易于保存；实验步骤标准化，自动化程度高，灵敏度高，特异性强，重复性好，减少标记、避免错误，所需标本量少。它可应用于 ABO 血型和 Rh 血型鉴定、交叉配血、新生儿溶血病的血清学检查、不规则抗体的筛选及鉴定、血小板同种抗体筛选等血清学试验。但微柱凝胶法成本偏高是限制其推广的主要原因，试剂国产化将为其推广提供充分条件。

人类血型不规则抗体是指除 ABO 血型系统的抗体（抗 A，抗 B 和抗 A、B）以外的所有抗体。抗体筛选是利用 2～3 人份表现型已知的 O 型红细胞（标准细胞）与被检者血清进行反应，以判断被检者是否含有临床有意义的不规则抗体。微柱凝胶抗球蛋白技术（MGCT）是一种在微柱凝胶介质中的抗球蛋白实验，它基于生物化学凝胶过滤技术和免疫化学抗原抗体特异反应技术原理，能极其敏感地检测出不完全抗体。

红细胞与不完全抗体结合，形成致敏红细胞，是体内发生免疫性溶血的证据之一，它对新生儿溶血病、溶血性输血反应、自身免疫性溶血性贫血等疾病的临床诊断及其他疾病的鉴别诊断具有重要的意义。微柱凝胶抗球蛋白技术（MGCT）灵敏度高、特异性强、操作简单方便，可取代抗人球蛋白法和 MPT 法，用于致敏红细胞的检测和筛查及相关疾病的研究。MGCT 也用于新生儿溶血病的血清学检查，具有快速、简便、灵敏度高以及特异性好的优点。

临床血小板输血前进行的配型试验的目的是检测患者血清中抗体与供者血小板抗原的相容性，筛选与患者血型相容的血小板。血小板细胞膜上主要有三种同种异体抗原，主要有 ABO 抗原、HLA-Ⅰ类抗原和血小板特异抗原（HPA）。ABO 血型的相容性可由检测红细胞确定，检测 HLA 和血小板血型的方法都比较复杂，这些抗原物质都可以刺激机体产生相应的抗体，引起血小板输注无效。采用微柱凝胶法做血小板抗体检测和交叉配合试验是一个实用、简易的方法，能较好地选择合适的血小板输注，而且不需要特殊的仪器设备，是一般实验室都能推广开展的方法，对提高血小板输注疗效有重要价值。

七、冰冻保存稀有血型红细胞

红细胞低温冷冻保存首先被英国学者 Smith 发明。Millison 曾用解冻红细胞输血获得成功。随着我国输血医学事业的不断发展和进步，冰冻保存技术逐渐受到广大医务工作者特别是输血工作者的普遍重视。利用高浓度甘油作红细胞冷冻保护剂，在 –80℃ 条件下冰冻保存红细胞，能阻断所有酶的活性作用和细胞代谢途径。

红细胞在 –79℃ 时酶的代谢停止，采用红细胞 –80℃ 冰冻保存有利于红细胞停止正常的生理代谢；冰冻红细胞经 37℃ 解冻复苏后，酶的活性恢复，红细胞的代谢也随之恢复。由于各种原因，目前认为冰冻红细胞解冻后的有效期一般为 12 h。红细胞在冷冻保存期间，虽有少量的红细胞发生损伤，但保存完好的红细胞其回收率符合 AABB 标准。因此，冰冻保存红细胞技术将成为 Rh 阴性血液长期保存的新技术。但是冰冻保存红细胞依然存在以下问题：①冰冻保存时保存血液袋的破损问题。②解冻的红细胞有效期限短。③操作复杂。

冰冻红细胞制备的注意事项：

（1）检查红细胞袋上的所有标签是否完好，核对无误后出库。

（2）红细胞的分离、甘油化和洗涤过程均应在无菌条件下进行。

（3）甘油化和洗涤实验开始时要严格控制溶液的注入速度。

（4）冰冻红细胞应在血液采集后 6 d 内冷冻。

（5）冰冻解冻去甘油红细胞容量为 200 ml ± 10% 或 400 ml ± 10%。

（刘英杰　杨德久）

参考文献

[1] 张小平. 创伤与输血 // 程爱国等. 矿山创伤学. 北京：中国科学技术出版社，2002，204-213.

[2] Levi M, Fries D, Gombotz H, et al. Prevention and treatment of coagulopathy in patients receiving massive transfusions. Vox Sang, 2011, 101（2）：154-174.

[3] 王斌，赵光锋，吴晓燕，等. 优化的输血策略在创伤救治中的应用评价. 输血杂志，2011，12（1）：1068-1070.

第十章

创伤重症监护室的建设与监测技术

危重症医学作为一门独立的学科成立于 20 世纪末期。重症监护室（intensive care unit，ICU）作为危重症医学的主要实践基地在国内有条件的医院已逐渐普及。其主要意义在于集中医院的优势力量和资源，使死亡率极高的危重症患者得到集中的管理，提高救治的成功率，为临床医学向纵深发展提供最为有力的支持，做到资源与效益的最佳结合。为适应实际需要，除了面向临床各科的综合 ICU 外，许多临床专科也建立了具有本科室特点的专科 ICU，如外科重症监护室（SICU），烧伤重症监护室（BICU），神经科重症监护室（NICU），呼吸病重症监护室（RICU），冠心病重症监护室（CCU）等。时至今日在正式出版的著作中尚少见到创伤重症监护室（创伤 ICU）的说法。实际上严重创伤特别是多发伤患者在病情的复杂性方面常明显超过一般的专科危重症和择期大手术。这不仅因为创伤本身的损害是广泛而严重的，更是由于创伤因素作用于机体时的随意性、个体反应的差异性和可能原已存在的慢性病及创伤诱发慢性病急性发作的严重性。另外，严重感染与毒素吸收也是严重创伤者难以摆脱的魔影。因此，与其他一般专科危重症相比，创伤患者更有必要入住 ICU 以接受动态系统的监控，从而及早、全面、准确地判断病情。毫无疑问，这是正确的治疗决策和深入研究的必备条件，是一项具有丰富全科知识的 ICU 医师而非一般专科医师才能胜任的艰苦复杂的工作。

第一节 创伤重症监护室的组织与建设

据统计，严重创伤致死人员中有 5% 以上是因并发症所致，在 ICU 中充分发挥专职医护人员及各监测仪的优势，加强全身各系统重症监护的力度，在重要脏器功能出现障碍的早期，及早发现并予以纠正，抢救患者的生命，减少高分值 ISS 患者的病死率，这在普通病房是无法办到的。因此，为了有效救治创伤后的并发症，提高治愈率，降低死亡率，对严重创伤患者进行重症监测治疗及护理是非常必要的。

一、创伤 ICU 的模式

作为一个独立的专业，目前 ICU 更倾向于向综合性的、专业化的方向发展。但在起步阶段，如果条件不成熟也不妨先从专科或非全时服务 ICU 开始。在我国，各地区、各医院的条件差别悬殊，因此，各类 ICU 均有其合理存在的基础，很难而且也不应当强求某一固定模式。无论何种模式的 ICU，必须以实践危重症医学为己任。

二、人员训练

ICU 内的医护人员要求具有强健的体魄、有较高的业务素质、较强的责任感和无私奉献的精神。在许多国家，医护人员在入岗前均需接受专业培训并取得资格证书。目前，不少 SICU 主要由麻醉医师管理，这与 SICU 形成的历史和 SICU 内大量处理与复苏、循环和呼吸的问题有关，而这些问题无疑是麻醉医师所擅长的，但并非由此即可以说麻醉医师完全可以胜任 SICU 的工作。危重症医学毕竟不是麻醉学，所涉及的问题更为复杂和广泛。目前在先进国家已专门设有危重症医学教育课程，一代新的专业化 ICU 专家已经出现，并承担着 ICU 的重任。

三、ICU 与其他专科间的关系

专业化的 ICU 是完全独立的科室，ICU 医师将全权负责患者的医疗工作。但同时 ICU 又是高度开放的、与专科联系最广泛和最密切的科室，因此专科医师应参与并协助 ICU 的治疗，特别是对专科问题，后者负有直接和主要的责任。一般要求专科医师每天至少巡视 1 次本专科的患者，并向 ICU 医师提出要求和建议；ICU 医师也有义务将病情和治疗计划详细向专科医师报告，以取得理解和支持。无论何时，ICU 医师请求专科医师会诊时，专科医师均应及时到场。对待 ICU 切忌两个极端：一是缺乏信任，指手画脚，事事干预；二是完全依赖，将患者弃之不管。这两种态度都源于对 ICU 的功能缺乏了解。

四、ICU 的常用物品

（1）常备抢救物品：各种缝合包、穿刺包及包扎物品，完好的氧气设备，心电监护仪，吸引器，抢救车，除颤起搏器，呼吸机，输液泵等。

（2）ICU 的抢救床，应设有护架。

（3）无菌物品必须有醒目的标识，摆放的位置必须绝对固定。

（4）ICU 的抢救药品必须编号、定量、定品种、定位、专人管理。

（5）ICU 备有各种型号的电源插座，并有定期消毒设备。

（6）ICU 的任何仪器设备均处于应急备用状态，如仪器的调节阀均在使用指数位置上，使之接通电源后可立即使用。

第二节 创伤 ICU 程序化护理管理

一、护理成员的要求及分工

在创伤 ICU 工作的护理人员要求动作轻快，思维敏捷，责任心强，能胜任各项复杂的护理工作。创伤 ICU 成员要相对固定、分工明确、配合默契。

1．创伤 ICU 护士主要负责循环系统的复苏，呼吸道管理及病情观察。
（1）首先建立静脉通道。
（2）保持呼吸道通畅。
（3）给氧或应用人工呼吸机。
（4）配合医师完成各种检查，如导尿等。
（5）做好病情观察及重症记录。
（6）执行口头医嘱时，护士要重复一遍，医师确认后方可执行。

2．辅助护士由护士长担任，负责抢救的现场指挥，并协助抢救护士完成各项治疗，负责与有关部门取得联系。

3．机动护士主要负责抢救的联系工作，如与血库、家属联系，请会诊，术前准备，护送至手术室、CT 室、MRI 室进行特殊检查等。

二、创伤 ICU 程序化护理管理

1．**建立静脉通道**　各种危重创伤患者，有效循环血量不同程度地减少，颅脑损伤导致颅内压升高，应迅速建立静脉通道。

2．**保持呼吸道通畅**　立即给氧 2～4 L/min，呼吸道有血块或异物堵塞时，应彻底清除，若遇昏迷伴舌后坠的患者应用舌钳拉舌；对严重呼吸困难或呼吸衰竭者应立即行气管插管或气管切开，加压给氧或使用人工呼吸机，在给氧过程中要严密观察给氧效果。

3．**病情观察**　对重型脑损伤的患者必须严密监护生命体征；意识、瞳孔、体温、脉搏、呼吸、血压、中心静脉压等。

4．**监测意识与瞳孔的变化**　意识与瞳孔的变化是脑损害程度与病情发展趋势的重要标志。如患者有意识障碍、喷射性呕吐、双侧瞳孔不等大，提示有颅内血肿的存在；如患者意识障碍进行性加重，一侧瞳孔明显散大，对光反射消失，血压升高、脉搏缓慢、呼吸不规则，提示有脑疝发生。应立即给予 20% 甘露醇 250 ml 静脉滴注，报告医师处理。

5．**体温、脉搏、呼吸、血压的监测**　严密观察生命体征的变化是掌握病情变化的主要手段。

6．**全面监测**　皮肤色泽、温度，瞳孔，神志，四肢与躯干的活动等。

7．**尿量、尿比重及尿 pH 监测**　尿量的多少反映肾功能的情况。正常尿量为 1 ml/(kg·h)，小儿 ≤ 400 ml/24 h。

8．**中心静脉压测定**　是监测血容量简单准确的方法，指导补液量及补液速度。

第三节　基本生命体征监测

一、心电监测

（一）监测系统

完整的心电监测系统由床边监测仪和中心监测台两部分组成，两部分可以通过"有线"或"遥测"方式加以联系，这种监测系统可同时供多个患者使用。供单个患者使用者，一般采取由心电监测、除颤和起搏等组合而成的心脏监测仪或者手术麻醉中常用的全自动多功能血压、心电监护仪。

1. 床边监测部分　床边监测部分的基本结构是心电示波器，在此基础上可以附加心率上、下限报警（光和声）装置和热笔记录装置。除颤器与起搏器可以单独组装，亦可和上述结构混合组装，供监护室或麻醉期间监测者多采用混合组装"心脏监测急救仪"。患者与仪器的连接方式有二：一种是采用导联线连接，称为"有线监测"，此法简单可靠，使用方便，是临床上最常用的方法；另一种是给患者安置心电信号发射机，通过无线电接收后反映出来，即遥控心电监测仪，称为"遥控监测"，此法比较适用于已可起床活动的患者，例如心肌梗死急性期后的患者，可使用床边遥控心电监测仪，心电信号可直通中心监测台。床边心电监测仪的示波器，多数采用长余辉示波管或长余辉显像管。它的缺点是：①医护人员长时间地注视着屏幕上的光点很易引起视觉疲劳；②屏幕上的余辉留存时间短暂，难以对心电图波形进行仔细的分析；③即使是很有价值的图形亦无法再现，不能制成永久性的记录。因此，目前新产品均已采用记忆示波器，其特点是可以处理并贮存信息。当心电信息在不断变化时，示波器屏幕上的心电图形亦不断显示。若心电图图形无新的变化时，图像就被"冻结"在屏幕上，以便仔细观察分析。与此同时，热笔记录仪可加以描记而成为永久性资料。记忆示波器还可进一步配有趋势图显示装置，具有这种装置的示波器可以显示一定时间内（l5 min ~ 32 h）心电图的变化过程，亦可通过热笔记录仪加以复制保存。

2. 中心监测台　每一个中心监测台可管辖 4 ~ 6 张床，如果要管辖 6 张床位以上，其设计与管理要更加复杂。比较完备的中心监测台应包括以下几个部分：

（1）输入部分：可以通过导线、遥测和电话线输入。

（2）心率显示和报警装置：心率显示一般采用心率平均值，瞬时心率则很少采用，定时计数已淘汰。显示装置有表头式和数码显示两种，两者差别不大。报警装置中最普通的是当心率超过预定值时报以声和光（灯），并自动启动热笔描记，记录报警后一定时间内的心电图形。当中心台配有记忆示波器时，还可描记出报警前 45 分钟或 85 分钟的心电图形（贮存信息）。应当注意的是，当发生室颤时，若室颤波幅较小，则报警为"停搏"；若波幅较大，则报警为"过速"。遇此情况，应立即分析，紧急处理。

（3）心律失常分析仪：采用模拟电路时，因只能识别 QRS 波，所以仅能对室性早搏、"R on T 现象"、房性早搏、QRS 波脱落或Ⅱ度房室传导阻滞等心律失常做出判断，而且抗干扰性能较差。目前已利用由集成电路制成的微机来处理心电信号，它不仅能识别 P、QRS 及 T 波，还能测出振幅、间期以及 ST 移位等参数。据报道，有的产品能对近 30 种心律失常做出诊断。

（4）记忆示波器（memorysope）：已于前述。

（5）磁带记录器：采用磁带记录可以节省大量的心电图记录纸，或者说可以便于心电图纸发挥更大的效益。当磁带上的心电信息重现时，不仅可以示波观测，而且可以选取有价值的部分加以描记。此外，在中心监测台配备磁带记录器亦比较简易，对教学、医疗和科研均有益。

(6) 热笔记录仪：其结构与普通心电图机相同，其启动方式可有手动、定时自动、报警自动等多种方式。

(7) 趋势图描记仪：趋势图的电信号可直接来自心律失常分析仪，例如可以记录心率（R-R间期）、早搏次数（次/分）、ST移位等。亦可来自其他换能器所提供的电信号，例如呼吸、血压、尿量、生化检验等。由于趋势图反映了较长时间内人体各种生理或病理参数的变化，因而对诊断及病情发展趋势、预后判断甚有价值。

(二) 导联系统

1. 常规心电图检查导联

(1) 标准肢体导联：Ⅰ导联：左上肢(+)→右上肢(-)；Ⅱ导联：左下肢(+)→右上肢(-)；Ⅲ导联左下肢(+)→左上肢(-)；Ⅱ导联P波易辨认。

(2) 加压单极肢体导联：aVL、aVR、aVF分别代表左上肢、右上肢和左下肢的加压单极肢体导联。

(3) 胸前导联：有V_1、V_2、V_3、V_4、V_5、V_6等6个胸前导联，V_1、V_2、V_3代表右心室壁的电压，V_4、V_5、V_6代表左心室壁的电压。V_1能较好显示P波和QRS波，是监测和诊断心律失常的表面导联。V_4、V_5、V_6能监测左前降支及回旋支冠状动脉的血流，提示心肌是否缺血。

2. 胸前心电监测导联

(1) 综合Ⅰ导联：正极放在左锁骨中点，负极放在右锁骨中点下缘，地线放在右侧胸大肌下方。其心电图波形类似标准Ⅰ导联。

(2) 综合Ⅱ导联：正极放在左腋前线第4肋间或第6肋间（常规心电图V_5上一肋或下一肋处），负极放在右锁骨中点下缘，地线放在右侧胸大肌下方。其心电图波形近似V_5导联。

(3) 综合Ⅲ导联：正极放在左锁骨中线最低肋处，负极放在左锁骨中点外下方，地线置于右侧胸大肌下方。

(4) 改良监护胸导联（MCL1）：正极放在右锁骨中线最低肋间，负极放在左锁骨下外1/3处，地线置于右锁骨中点下方。MC1波形类似V_1导联，P波显示较清楚。

(三) 心电图

1. P波 为心房除极波，一般呈钝圆形，时间<0.11 s，振幅<0.25 mV。正常额面P环电轴在+40°~+60°之间。因此，aVR倒置，Ⅰ、Ⅱ、aVF直立，Ⅲ、aVL和V_1、V_2导联可直立、倒置或双向，V_3~V_4直立。

2. P-R间期 在0.12~0.20 s之间。

3. QRS波 代表全部心室除极的电位变化。

(1) 时间：代表全部心室肌激动过程所需要的时间，正常成人为0.06~0.10 s。室壁激动时间：由QRS波群起始到R波峰至基线之间的垂直水平距离。正常人V_1、V_2<0.03 s，V_5<0.05 s。

(2) 波形和振幅：肢导联上QRS波形虽不相同，但各导联波形之间是有一定规律的，aVR导联的QRS波基本向下，呈QS、rS、rSr'或QR型，RaVR一般<0.5 mV；aVL及aVF中的QRS波的形状可呈qR或Rs型，也可能是rS，RaVL<1.2 mV；aVF<2.0 mV。

胸导联正常人V_1、V_2导联呈rS，r波振幅多在0.2~0.3 mV之间，一般<1 mV，V_5、V_6呈qR、qRs、RS或R型，R波多在1.2~1.8 mV之间，最高不超过2.5 mV。在V_3导联R和S波振幅大致相等，所以正常人胸导自右至左，R波逐渐增高、S波逐渐变浅，R/S自右至左逐渐增大，一般V_1<1，V_5>1，V_3近于1。

(3) Q波：正常人的 Q 波振幅<同导联 R/4，时间< 0.04 s。在正常情况下，V_1（V_2）导联不应有 Q 波，但可以呈 QS 型；V_3 导联亦极少有 Q 波；V_5、V_6 多可见到正常范围的 Q 波。

4．J 点　QRS 波群的终末部分与 ST 段起始的交接点，称为 J 点。

5．ST 段　自 QRS 波的终点至 T 波起点的线段。正常 ST 段为一等电位线，可以轻微向上或向下偏移，但在任一导联 ST 段向下偏移不应超过 0.05 mV，向上偏移，在肢导与胸导 $V_4 \sim V_6$ 均不超过 0.1 mV。

6．T 波　代表心室复极时电位的改变，呈圆钝形。

（四）常见的心电图异常

1．心肌缺血　心电图 QRS 综合波代表心室除极过程的电位变化，ST-T 代表心室复极过程的电位变化。正常情况下，ST 段应在等电位线上，有时受心房复极过程电位（T 波）的变化影响，ST 段可发生向上或向下偏移，但 ST 段上升不超过 0.1 mV（$V_1 \sim V_3$ 可达 0.3 mV），下降不超过 0.05 mV。T 波方向与 QRS 综合波主波方向一致（V_1 导联例外），T 波高度应大于 1/10R 波高度。当心肌缺血或损伤时，缺血和损伤的心肌仍保持有生物电活动，只是与正常心肌不同。它影响心肌的复极过程，在心电图上表现为 ST 段和（或）T 波的变化。心肌缺血引起的 ST 段降低常为整段平行下移（水平型），或为低垂下降（下垂型或下斜型，下移的 ST 段与 R 波的夹角 < 90°），ST 段呈上斜型下降一般认为意义较小。T 波的改变常表现为左室面导联（$V_3 \sim V_6$、I、aVL 导联）的 T 波低平、负正双向、倒置。当心肌严重缺血损伤心外膜时，可表现为异常高尖的 T 波或出现一过性异常 Q 波，U 波倒置等。

2．急性心肌梗死（AMI）　将探查电极置于 AMI 后不同程度的缺血区，可分别描记出 QS 波或 Q 波（坏死型），ST 段抬高或压低（损伤型），T 波倒置（缺血型）三种改变。往往探查电极下心肌坏死区、损伤区和缺血区同存。

（1）病理性 Q 波或 QS 波：电生理学上的坏死心肌不能除极与复极，不能产生电力。若室壁某处全层坏死时，该处除极化过程的心电向量背离坏死区，从而使面对坏死区的探查电极所测得的电位为负电位，因而描记出 QS 波或病理性 Q 波（时限达 0.045 s，深度 > 1/4R 波高度）。

（2）ST 段抬高：心外膜下心肌受损表现为 ST 段抬高，病理基础为损伤细胞间出现一个负极在后，正极向前的电穴，向着损伤区的负向电流引起基线的连续下降。

（3）T 波倒置：面向损伤区周围心肌缺血区的导联上出现。

背向 MI 区导联则出现相反的改变：R 波增高，ST 段压低和 T 波直立并增高。非 Q 波型心肌梗死无病理性 Q 波，呈普通型 ST 段压低，但 aVR（有时是 V 导联）导联 ST 段抬高。

3．常见心律失常

（1）窦性心动过缓：由于窦房结冲动减慢而出现的心房除极频率降低，可发生于窦房结疾病；副交感兴奋或药物作用如洋地黄、普萘洛尔、维拉帕米等。心电图诊断要点是：心率 < 60 次 / 分；心律规则；I、II 及 aVF 导联中 P 波直立。

（2）窦性心动过速：由于窦房结冲动发出加速所致，可发生于多种生理或病理因素，如运动、紧张、发热、低血压等。心电图诊断要点：心率 > 100 次 / 分；心律规则；I、II、aVF 导联的 P 波直立。

（3）房性早搏：房性早搏起源于心房（接近窦房结）中的异位激动，发生在一个正常窦性搏动前的过早搏动，可通过房室结和心室正常传导，并导致窦房结除极，因此房性早搏后的正常窦性搏动的间隔短于正常 R-R 间期的 2 倍，即呈现不完全代偿间歇。房性早搏的心电图诊断要点是：心律不规则，早搏（P'）提前出现，P-P' < P-P 间期；P' 形态与窦性 P 波不同；PR 间期正常，但当房

性早搏伴房室传导阻滞时，PR 间期可延长，如果房性早搏完全不能传导下去，P′后可无 QRS 综合波；QRS 波一般亦正常，但当有室内差异性传导时，QRS 波可增宽，形成类似左或右束支传导阻滞的图形。

（4）房性心动过速：房性心动过速在临床上有两种类型。

1）阵发性房性心动过速：这种房性心动过速通常从伴有 PR 间期延长、配对时间很短的房性早搏开始，由于房室结传导延长，其结果可致激动折返到心房（即在房室结水平折返），这种情况不断反复，结果导致室上性心动过速，因此阵发性房性心动过速与交界性心动过速之间就很难区分，故习惯上统称为"阵发性室上性心动过速"。

2）非阵发性房性心动过速：这种节律常继发于一些原发因素，例如洋地黄中毒，而纠正这些原发因素即可终止发作，其发生机制是心房中的异位节律点自律性增高。

对房性心动过速的心电图诊断要点是：心房率常为 160～220 次/分，心房律规律。当心房率在 200 次/分以下时，心室律规则并伴 1∶1 房室传导，当心房率超过 200 次/分时，可见 2∶1 房室传导阻滞；P 波可因埋藏在 T 波中而难以辨认，若见 P 波，则其形态与窦性 P 波不同，PR 间期可能正常或延长；QRS 波宽一般是正常的。

（5）心房扑动：心房扑动可能是由于心房折返传导的结果。由于心房除极常发生在上方，因此以 Ⅱ、Ⅲ 或 aVF 导联最易见到。心电图诊断要点是：心房率在 200～350 次/分；心房律规则；心室律当房室传导比例固定时（一般为 2∶1）是规则的，不固定时则不规则；P 波呈锯齿状，称为扑动波（F 波）。

（6）心房纤颤：心房纤颤是由心房内多处折返或存在多源性异位节律点所引起的，其结果是要整体心房无规则的同步收缩活动，因而没有 P 波而代之以大小形态不一、节律不规则的 f 波，由于激动通过房室结是随机的，快速的心房冲动毫无规律地进入房室结，其后一冲动可落在前一冲动的有效不应期、相对不应期等不同兴奋性阶段，还常引起"隐匿性传导"，结果导致部分冲动能下传，部分冲动虽能下传但速度延缓。大多数心房冲动则因不能下传而被阻滞在房室结，从而导致心室律绝对不规则。因此，心房纤颤时的室率比心房扑动伴 1∶1 房室传导室率要慢。

（7）交界性早搏（结性早搏）：交界性早搏又称结性早搏，起源于房室连接处的电激动，在下一个预期的窦性搏动前发生逆行性心房除极，因此在 Ⅱ、Ⅲ 及 aVF 导联中 P 波是倒置的逆行 P 波，P 波与 QRS 波的关系取决于异位激动的部位，即取决于异位节律点到心房及到心室的相对传导时间，因此逆行 P 波可出现在 QRS 波前（房室结以上发生激动）、QRS 波中或在 QRS 波后（房室结以下发生激动，如希氏束）。其心电图诊断要点是：心律不规则；P 波在 Ⅱ、Ⅲ、aVF 导联中倒置，P 波与 QRS 波关系不定；P 波出现于 QRS 波前，PR 间期常小于 0.12s，但亦可以延长，甚至出现完全性传导阻滞；QRS 波基本正常，当有室内差异性传导时可增宽。

（8）室性早搏：室性早搏是心室中提前发生除极，起源于自发性异位激动或折返激动。由于室性早搏发生在某一心室，因此其除极过程由两个心室先后除极代替正常的左右心室同时除极，这就导致出现增宽的形态异常的 QRS 波，由于复极过程亦有改变，故常引起与 QRS 波方向相反的 T 波。当室性早搏由同一个兴奋灶所引起时，前一个正常的心搏与心室性早搏的间隔（称配对时间）通常是固定的，因此称单源性室性早搏。

当室性早搏由心室内多个兴奋灶发出，或起源于单一节律点但伴有心室传导改变时，其配对时间将不固定，而 QRS 波的形态亦各异，称为多源性室性早搏（或称多形性室性早搏），每间隔一个正常搏动出现一个室性早搏（室性二联律）或一个正常搏动二个室性早搏（室性三联律）。当室性早搏的发生时间正好落在前一个搏动的 T 波上，即称为"R on T"现象，由于 T 波代表了心室复极的易损期，特别是当 R 波落在 T 波的上升支和顶峰，这种早搏常可诱发室性心动过速甚至心室纤颤，但是，落在 T 波降支的室性早搏亦可诱发室性心动过速或心室纤颤。室性早搏的心电图诊断要点是：①心律不规则；②P 波被掩盖，有时仅能从 ST 或 T 波上的切迹加以辨认；③QRS 波提早、增宽、形态异常；④ST 段和 T 波的极性常与 QRS 波相反。

（9）室性心动过速：连续出现 3 个或 3 个以上的室性早搏且其频率超过 100 次 / 分时，称为室性心动过速，室性心动过速对血流动力学的影响程度主要取决于心肌原有功能和心室率，或可被耐受，或可严重威胁患者生命。这种心律失常可出现房室脱节。窦房结频率等于或慢于心室率，但心房除极正常，在 QRS 综合波之间有可能发现窦性 P 波，除非心房率与心室率相等，P 波与 QRS 波之间无固定关系，从心房到心室的传导常被阻止，且偶尔亦可出现室性夺获，此时可发现有一室上性形态的 QRS 波，前面有一较短的 R-R 间期，或可见 QRS 波形态介于室性和室上性之间且有一固定的 R-R 间期，此称室性融合波。

（10）心室纤颤：心室纤颤是心室内有很多区域发生程度不同的除极与复极所致，此时心室已失去正常的整体收缩，因此停止心脏泵血，是心脏停搏的常见原因之一，心电图特点是出现振幅、波形（大小与形态）及节律均无规律的室颤波。按振幅的高低又分为"粗颤"与"细颤"两种。

（11）心室停搏（心室静止）：心室停搏是指心室电活动全部停止，心电图上呈一直线，有时偶尔可见 P 波。

（12）房室传导阻滞：房室传导阻滞系指心房与心室间的传导延缓或中断，一般见于传导通路的病理性改变（如钙化、坏死、结扎等），不应期延长（如洋地黄可使房室结不应期延长）和室上性周期缩短，但房室结不应期正常者。

房室传导阻滞的分类方法有两种：①按阻滞的程度分类：Ⅰ度房室传导阻滞（Ⅰ型）、Ⅱ度房室传导阻滞（Ⅱ型）、Ⅲ度房室传导阻滞（完全性房室传导阻滞）。②按阻滞部位分类：房室结、房室结下（希氏束、束支）。

不同的阻滞程度在各阻滞部位均可发生。

一度房室传导阻滞：通常发生在房室结，亦可发生在结下，其心电图诊断要点是：心律规则；每个 P 波均伴随有正常波形的 QRS 波；PR 间期 > 0.20 s。

二度Ⅰ型房室传导阻滞：几乎都发生在房室结，副交感兴奋性增高及药物的作用是其主要原因，特征是 PR 间期进行性延长，提示激动被完全性阻断前发生传导速度减慢，心电图诊断要点是：心房率不受影响，心房律亦规则。因有脱漏，故心室率少于心房率，心室律不规则；QRS 波正常；PP 间期进行性延长，终致脱漏，以后周而复始。

二度Ⅱ型房室传导阻滞：发生部位在结下水平，以束支多见，希氏束较少见，均以器质性损害为病因，因此预后较差，并容易发展成完全性房室传导阻滞。其心电图诊断要点是：常有一个以上的连续脱漏，而脱漏前的 PR 间期可不延长或略有延长，但将保持固定；由于这类阻滞常发生在束支，通常是一侧束支完全阻滞而对侧束支呈间断性传导中断，因此 QRS 波增宽，若阻滞部位在希氏束，因心室传导无障碍，则 QRS 波可正常。

三度房室传导阻滞：若发生在房室结，交界逸搏起搏点将启动心室除极，这一起搏点的频率是比较稳定的，约 40 ~ 60 次 / 分，此外由于阻滞部位在希氏束分支的上方，所以心室除极顺序亦是正常的，QRS 波亦正常。房室结传导障碍的病因除器质性改变外，多数是功能性（副交感张力增加）或受药物（如洋地黄、普萘洛尔）的影响，因此预后较好。如发生在结下水平，常提示结下传导系统有广泛的器质性病变，例如钙化、纤维化和广泛的前壁心肌梗死等。此时唯一启动心室除极的逸搏机制位于阻滞部位以下的心室，因而心室的除极顺序受到影响，结果使 QRS 波增宽，形态变异，而频率低于 40 次 / 分。此外，由于心室中的起搏点是不稳定的，因此，尚可出现室性停搏。室性心律失常与伴有差异性传导的室上性心律失常的鉴别有重要临床意义，因为室性快速心律失常需要尽快得到处理，否则后果严重，在紧急情况下，其鉴别应注意到以下特点：房性早搏伴差异性传导时可有 P 波继以宽大的 QRS 波，早搏波 P 有时与 T 波重叠而难以辨认，但可发现 T 波有些变形。但结性早搏常不能认出 P 波；差异性传导常以束支阻滞形式出现；伴有差异性传导的房颤，其特点是在一个相对较长的 R-R 间期后，出现一个正常的 QRS 波，继之出现具有右束支传导阻滞特征（RSR'）的 QRS 波，此称 Ashman 氏现象。

（13）室内传导阻滞

1）完全性右束支传导阻滞：V_1 导联呈 rsR' 型，r 波狭小，R' 波高宽；V_5、V_6 导联呈 qRs 型或 Rs 型，s 波宽；I 导联有明显增宽的 S 波，aVR 导联有宽 R 波；QRS 时限为 0.12 s 或以上；T 波与 QRS 主波方向相反。

2）完全性左束支传导阻滞：左束支传导阻滞引起室间隔右侧和右室心肌先激动。心电图可见：V_5、V_6 导联出现增宽的 R 波，其顶端平坦、模糊或带切迹（R 波里 M 型），其前无 q 波；V_1 导联多呈 rS 或 QS 型，S 波宽大；I 导联 R 波宽大，或有切迹；QRS 时限为 0.12 s 或以上；T 波与 QRS 主波方向相反。

3）不完全左或右束支传导阻滞：QRS 图形同完全性左或右束支传导阻滞，但 QRS 时限为 0.10～0.11 s。

以上为常见的心律失常心电图表现的简要描述，应强调，不要埋头于心律失常的辨认而忽视对患者的整体病情，特别是血流动力学的观测，心律失常固然可对血流动力学造成影响，但是血流动力学的稳定亦是治疗心律失常的必要条件，辨认的最终目的是为了治疗。

二、血压监测

血压是估计心血管功能的最常用方法，准确和及时监测血压，对于了解病情、指导心血管治疗和保障急危重症患者安全具有重要意义。根据方法不同，血压监测分无创和有创血压监测。

（一）无创血压监测

1. 监测方法

（1）人工袖套测压法

1）指针显示法：用弹簧血压表测压，袖套充气使弹簧血压表指针上升，然后放气，指针逐渐下降，当出现第一次指针摆动时为收缩压（SBP），但舒张压（DBP）不易确定。

2）听诊法：袖套充气后放气，听到第一声柯氏音即为 SBP，至柯氏音变音（第 4 相）音调变低或消失为 DBP。

3）触诊法：袖套充气使桡动脉或肱动脉搏动消失，再放气至搏动出现为 SBP，但 DBP 不易确定。在低血压、休克或低温时，听诊法常不易测得血压，可用触诊法测量 SBP。

4）超声多普勒法：根据多普勒效应，通过晶体超声换能器，传递动脉搏动，信号到达微处理机后发送反射频率，间接测量血压，第一次听到多普勒响声为 SBP，DBP 测定较困难，最适用于新生儿和婴儿测量血压。

（2）电子自动测压法

1）振荡测压法：用微型电动机使袖套自动充气，袖套内压高于 SBP，然后自动放气，当第一次动脉搏动的振荡信号传到仪器内的传感器，经放大和微机处理，即可测得 SBP，振荡幅度达到峰值时为平均动脉压（NBP），袖套内压突然降低时为 DBP。本法可按需自动定时或手动测压，脉率和血压（SBP、DBP、MBP）可显示或打印，并可设定上下限警报。

2）指容积脉搏波法：根据 Penaz 技术，应用带有微弱光源的无创指套，套在示指上，利用波动性血流的密度改变，相应发生光强度变化，由光传感器接受不同光，经处理后测压。手指动脉血压测定仪，是按红外线的原理，指套自动充气和放气，将动脉搏动压力传递到微机处理，自动显示血压和波形。其频响和线性较好，外界干扰也少，与动脉直接测压比较，相关性较好。

3）动脉张力测量法：将一种多成分压力换能器的复杂伺服系统放在桡动脉上，可自动传感桡动脉壁的压力，测量每次搏动血压和显示脉搏波形，同时每 3～10 min 由振荡测压法定标一次，属于连续无创血压监测。

2．适应证　无创血压是常规监测项目。但重症患者如低血压、休克等，应改用有创测压法。

3．临床意义　动脉血压与心排血量（一氧化碳）和总外周血管阻力有直接关系，反映心脏后负荷，心肌耗氧和做功，周围组织和器官血流灌注，是判断循环功能的有用指标，但不是唯一指标。因组织器官灌注除取决于血压外，还取决于周围血管阻力。若周围血管收缩，阻力增高，虽血压不低，但组织血流仍不足。因此，不宜单纯追求较高血压。

（1）正常值：动脉血压的正常值随年龄、性别、精神状态、活动情况和体位姿势的变化而变化。各年龄组的血压正常值见表 10-1。

表 10-1　各年龄组的血压正常值

年龄（岁）	收缩压（mmHg，男）	舒张压（mmHg，男）	收缩压（mmHg，女）	舒张压（mmHg，女）
16～20	115	73	110	70
21～25	115	73	110	71
26～30	115	75	112	73
31～35	117	76	114	74
36～40	120	80	116	77
41～45	124	81	122	78
46～50	128	82	128	79
51～55	134	84	134	80
56～60	137	84	139	82
61～65	148	86	145	83

（2）动脉血压组成成分

1）收缩压（SBP）：主要代表心肌收缩力和心排血量，其主要特性是克服脏器临界关闭压，以维持脏器血流供应。SBP ＜ 90 mmHg（12 kPa）为低血压；SBP ＜ 70 mmHg（9.3 kPa），脏器血流减少；SBP ＜ 50 mmHg（6.6 kPa）易发生心脏停搏。

2）舒张压（DBP）：主要与冠状动脉血流有关。

3）脉压：脉压 =SBP-DBP。正常值为 30～40 mmHg（4～5.3 kPa），代表每搏量和血容量。

4）平均动脉压（MAP）：是心动周期的平均血压，MAP=DBP+1/3（SBP-DBP）。

4．注意事项　无创血压监测时应注意袖套规格和测压方法。

（1）袖套宽度要恰当，袖套过大，血压偏低；袖套过小，血压偏高。袖套松脱时血压偏高，振动时血压偏低或不准确。袖套的宽度一般应为上臂周径的 1/2，小儿需覆盖上臂长度的 2/3。放气速度以每秒 2～3 mmHg（0.27～0.4 kPa）为宜。快速放气时收缩压偏低；放气太慢，柯氏音出现中断。高血压、动脉硬化性心脏病、主动脉狭窄、静脉充血、周围血管收缩、收缩压 > 220 mmHg（29.3 kPa）以及袖套放气过慢，易出现听诊间歇。肥胖患者即使用标准宽度的袖套，血压读数仍偏高，与部分压力作用于脂肪组织有关。血压计的零点须对准腋中线水平，应定期用汞柱血压计作校正，误差不可大于 3 mmHg（0.4 kPa）。

（2）收缩压 < 60 mmHg（8.0 kPa）时，振荡测压仪失灵，即该仪器不适用于严重低血压患者。自动测压需 2 min，无法连续显示瞬间的血压变化。因此，它适用于血压不稳定的危重症患者，显然不够理想，特别是不能及时发现血压骤降的病情突变。因此，需同时监测心率、SpO_2 和 ECG 等项目以作弥补或改用有创血压监测。

（二）有创血压监测

早在 18 世纪，Hales 就使用导管插入马的股动脉，测定血柱的平均高度为 9 英尺，以后又有许多无创血压测定的研究。1890 年，Roy 和 Adami 描述的振荡监测血压技术逐渐成熟，为当今自动无创血压监测奠定了理论基础。近 20 多年来，应急救医学、心血管外科及重症监护室（ICU）发展的需要，有创血压已是危重症患者的血流动力学监测的主要手段。由于血压是估计心血管功能的最常用方法，准确和及时监测血压，对于了解病情、指导心血管治疗和保障危重症患者安全具有重要意义。

1. 动脉穿刺插管方法 动脉穿刺途径常用桡动脉，也可选用肱动脉、足背动脉、股动脉及腋动脉。

（1）桡动脉穿刺插管法

1）掌弓侧支循环估计：腕部桡动脉位于桡侧屈肌腱和桡骨下端之间的纵沟内。桡动脉构成掌深弓，尺动脉构成掌浅弓。两弓之间存在侧支循环，掌浅弓的血流 88% 来自尺动脉。桡动脉穿刺前常用 Allen's 试验法判断来自尺动脉掌浅弓的血流是否足够。具体方法为：抬高前臂，用双手拇指分别摸到桡、尺动脉搏动，嘱患者做 3 次握拳和松拳动作，压迫阻断桡、尺动脉血流，直至手部变得苍白。放平前臂，只解除尺动脉压迫，观察手部转红的时间。正常时间 < 5～7 s；0～7 s 表示掌弓侧支循环良好；8～15 s 属可疑；> 15 s 属掌弓侧支循环不良。禁忌选用尺动脉穿刺插管。

2）工具

a．聚四氟乙烯套管针，成人用 20G，小儿用 22G。

b．固定前臂用的短夹板及垫高腕部用的垫子（或纱布卷）。

c．冲洗装置，包括接压力换能器的圆盖（DOM）、三通开关、延伸连接管、输液器和加压袋等。用含肝素 2～4 U/ml 的生理盐水冲洗，以便保持测压系统通畅。

d．电子测压系统。

3）操作方法：常选用左手，固定手和前臂，腕下放垫子，背曲或抬高 60°。定位：腕部桡动脉在桡侧屈肌腱和桡骨下端之间的纵沟中，桡骨茎突上下均可摸到搏动。术者左手中指触及桡动脉搏动，示指在其远端轻轻牵拉，穿刺点在搏动最明显处的远端约 0.5 cm 左右处。常规消毒、铺巾，用 1% 普鲁卡因作皮丘。套管针与皮肤呈 30°，对准中指摸到的桡动脉搏动方向，当针尖接近动脉表面时刺入动脉，直到针尾有血溢出为止，抽出针芯，如有血喷吐，可顺势推进套管，血外流通畅表示穿刺置管成功。如无血流出，将套管压低呈 30°，并将导管徐徐后退，直至尾端有血流为止，然后将导管沿动脉平行方向推进。排尽测压管道通路中的空气，边冲边接上连接管，装上压力换能器（调整好零点）和监测仪，加压袋压力保持在 200 mmHg（26.6 kPa）左右。用粘贴纸固定以防滑出，除去腕下垫，用肝素盐水冲洗一次，即可测压。肝素生理盐水每 15 分钟冲洗一次，保持导管通畅，覆盖敷料，即可测压。

4）并发症防治：预防血栓形成。动脉栓塞的预防方法为：Allen's 试验阳性及动脉有病变者应避免桡动脉穿刺插管；注意无菌操作，尽量减轻动脉损伤；排尽空气；发现血块应抽出，不可注入；末梢循环不良时应更换测压部位；固定好导管位置，避免移动；经常用肝素盐水冲洗；发现血栓形成和远端肢体缺血时，必须立即拔除测压导管，需要时可手术探查，取出血块，挽救肢体。

（2）适应证

1）严重创伤和多脏器功能衰竭，以及其他血流动力学不稳定的患者。

2）各类休克（低容量、心源性和感染性休克等）。

3）心脏大血管手术（体外循环心内直视手术及其他心脏血管手术等）。

4）大量出血患者手术（脑膜瘤等可能有大出血的手术）。

5）低温麻醉和控制性降压。

6）严重高血压、危重症患者。

7）急性呼吸衰竭需经常做血气分析者，可反复抽取动脉血标本作血气分析及 pH 测定。

8）嗜铬细胞瘤手术。

9）心肌梗死和心力衰竭抢救时。

10）液体过量或自身输血时从动脉放血。无法用无创法测量血压的患者。

（3）禁忌证

1）试验阳性者禁行同侧桡动脉穿刺。

2）局部皮肤感染者应更换测压部位。

（4）临床意义

1）提供准确、可靠和连续的动脉血压数据。

2）正常动脉压波形：可分为收缩相和舒张相。主动脉瓣开放和快速射血入主动脉时为收缩相，动脉压波迅速上升至顶峰，即为收缩压。血流从主动脉到周围动脉，压力波下降，主动脉瓣关闭，直至下一次收缩开始，波形下降至基线为舒张相，最低点即为舒张压。动脉压波下降支出现的切迹称重搏切迹（dictotic notch）。身体各部位的动脉压波形有所不同，脉冲传向外周时发生明显变化，越是远端的动脉，压力脉冲到达越迟，上升支越陡，收缩压越高，舒张压越低，但重搏切迹不明显。

3）压力上升速率（dp/dt）：通过动脉压波测量和计算，压力上升速率是一个心肌收缩性的粗略指标，方法简单易行，可连续测量。心功能正常的患者 dp/dt 约为 1200 mmHg/s（159.98 kPa/s）。

4）异常动脉压波形：

a．圆钝波：波幅中等，上升和下降支缓慢，顶峰圆钝，重搏切迹不明显，见于心肌收缩功能低落或血容量不足。

b．不规则波：波幅大小不等，早搏波的压力低平，见于心律失常患者。

c．高尖波：波幅高耸，上升支陡，重搏切迹不明显，舒张压低，脉压宽，见于高血压及主动脉瓣关闭不全。主动脉瓣狭窄者，下降支缓慢，坡度较大，舒张压偏高。

d．低平波：上升和下降支缓慢，波幅低平，见于低血压休克和低心排血量综合征患者。

三、血氧饱和度的监测

脉搏血氧饱和仪（pulse oximetry）是监测脉搏血氧饱和度（SpO_2）的重要工具，是根据血红蛋白的光吸收特性而设计的。自 20 世纪 80 年代初应用于临床以来，由于能无创伤连续经皮测定 SPO_2，应用方便、数据可靠，为早期发现低氧血症提供了有价值的信息。

（一）生理学和物理学原理

脉搏血氧饱和度仪包括光电感应器、微处理机和显示部分。其基本原理有二：①氧合血红蛋白与还原血红蛋白在两个波长的光吸收作用不同；②在两个波长的光吸收作用都有一个脉搏波部分。

根据 Beer 定律，溶质浓度与通过溶质的光传导强度有关，如果一个已知的溶质程序设计放在已知容积的透明容器的纯溶液里，就可通过测定已知波长的入射光强（Iin）和透过光强（Itrans）来计算溶质浓度（C）。即，

$$Itrans = Iin \cdot e-A$$
$$A = D \cdot C \cdot e$$

（式 10-1）

其中，A 为光吸收部分，D 为光在溶液中的传导路程，e 为常数即溶质在某一特定波长时的光吸特性。

血氧饱和度仪根据分光光度计比色原理，利用不同组织吸收光线的波长差异设计而成，氧合血红蛋白和还原型血红蛋白的分子可吸收不同波长的光线，并有别于其他不同的组织。氧合血红蛋白吸收可见红光，波长为 660 nm，而还原型血红蛋白吸收红外线，波长为 940 nm，一定量的光线传到分光光度计探头，通过动脉床，即搏动性组织，在光源和探头之间，随着动脉搏动吸收不同的光量，而没有搏动的皮肤和骨骼不起作用。光线通过组织后转变为电信号，传至血氧饱和度仪，由模拟计算机放大，数字微处理机将光强度数据算成搏动性 SpO_2 百分比值。

为确保 Beer 定律正确，溶剂和容器在所采用的波长必须透明（不吸收光），光传导距离必须确定，而且除了已知溶质外，溶液中不能有其他可吸收光的成分存在，但在临床上很难完全满足这些条件。

脉搏血氧饱和度仪在光传导途径上，除了动脉血内血红蛋白外，还有其他可吸收光的物质，如皮肤、软组织、骨、静脉血和毛细血管内血液。早期的血氧饱和度仪是通过对组织加压，减少组织内血液从而限制了组织对光的吸收，并将无血组织的光吸收情况作为基线，同时还对组织加热以获得一个与动脉有关的信号。脉搏血氧饱和度仪则以完全不同。当两束入射光经过手指或耳郭时，被血液及组织部分吸收，这些被吸收的光强度除搏动性动脉血的光吸收因动脉压力波的变化而改变外，其他组织成分所吸收的光强度（DC）都不会随时间改变，并且保持相对稳定。动脉床的搏动性膨胀使光传导路程增大，因而光吸收作用增强，形成光吸收脉搏（AC）。通过光电感应器可测得穿过手指或耳郭的通过光强度，搏动时测得的光强度较小，与每两次搏动之间测得的光强度比较，减少的数值即是搏动性动脉血所吸收的光强度，这样，就可计算在两个波长的光吸收比率（R）。R 与 SpO_2 成负相关，当 R 为 1 时，SpO_2 大约为 85%，标准曲线根据正常志愿者的数据建立，贮存在微处理机内，各计算步骤均通过计算机处理，在显示屏上显示。因为血红蛋白氧饱和度与氧分压成相关，故测定 SpO_2 可以代表相应的 PaO_2。PaO_2 在 99 mmHg（13.2 kPa）以下时，SaO_2 可以灵敏地反映 PaO_2 的变化，特别是当缺氧时，PaO_2 在 60 mmHg（8 kPa）以下，此时氧解离曲线在陡直部，SpO_2 已急剧下降，比 PaO_2 下降更为灵敏。

（二）ICU 患者血氧饱和度的监测

ICU 中的创伤患者及其他危重症患者常由于各种原因伴有呼吸功能不全，氧合障碍，发生低氧血症。

1. 呼吸衰竭患者监测 使用血氧饱和度仪能确切调节 FiO_2，尤其是 ARDS 患者，减少发生氧中毒机会，是正确使用吸气末正压的良好指标。

2．机械通气调节　随时可调节 FiO_2 而取得适当氧合，可减少血气分析次数。必要时再调节呼吸频率、潮气量以及 PEEP、IMV 等通气方式，使用镇静剂的患者可及时发现呼吸抑制造成的低氧血症。停用呼吸器时监测是否存在低氧血症，以及使用高频通气、T 形装置及气管内吸引时的氧合情况，并提供心理保障。

3． 在 ICU 中的其他治疗，如血液透析、胸部物理治疗、药物喷雾吸入、支气管镜检查以及患者体位改变等，均可发生低氧血症，用 SpO_2 连续监测十分必要。

4． 对危重症患者经皮插入肺动脉导管，用光导血氧饱和度仪持续监测混合静脉血氧饱和度（SvO_2），发现，SvO_2 与 PaO_2 和 SpO_2 无关，但 SvO_2 与一氧化碳相关，即 SvO_2 下降，一氧化碳也降低，用血氧饱和度仪测定 SvO_2 有 3 个目的：① SvO_2 迅速下降，说明需氧和供氧不平衡，SvO_2 下降与 Hb、氧合量和一氧化碳减少与氧耗增加有关，此时应作血气分析，以便了解 Hb 和 PaO_2，及时调节 FiO_2 并纠正低氧症。②提示氧输送是否正常。③可以避免其他一些更复杂的检查。

脉搏血氧饱和度仪，其实际应用上还存在一些工程学和生理学上的局限性。该仪器只能测定氧合血红蛋白和血红蛋白。在病理情况下，高铁血红蛋白（MetHb）和碳氧血红蛋白（COHb）浓度异常增加会引起 SpO_2 读数错误。COHb 在波长 660 nm 时的光吸收作用与 HbO_2 相似，而在波长 940 nm 时相对可被光透射，这与一氧化碳中毒患者表现为樱红色唇的现象是一致的。动物实验表明，在有 COHb 存在时，SpO_2 大约呈如下关系：

$$SpO_2 = HbO_2 + 0.9 \times COHb \times 100\% \quad (式10-2)$$

MetHb 的光吸收在波长 660 nm 时与 Hb 几乎相等，而在波长 940 nm 对此其他几种血红蛋白都强，这是高铁血红蛋白血症患者的血液呈深褐色的原因。随着 MetHb 浓度增大，SpO_2 与实际 SpO_2 无关，因 MetHb 在两个波长都引起光吸收脉波，因而同时增大了分子和分母，并使 R 值趋向于 1。即在有高水平的 MetHb 存在时，如患者 $SaO_2 > 85\%$，则 $SpO_2 < 85\%$ 是错误的假象，反之如 $SaO_2 < 85\%$，而 SpO_2 的高值也是错误的假象。在新生儿血液中尚存在胎儿血红蛋白（HbF），但 HbF 对 2 个波长的吸收影响甚微，因而不会改变 SpO_2 的读数。此外，存在于搏动性血液中的可吸收 660 nm 和 940 nm 光的任何物质，都会影响 SpO_2 的正确性。如静脉内注射染料亚甲蓝及靛胭脂可引起 SpO_2 呈高度相关（$r=0.99$），其精确度与设计方案中标准曲线的精确度以及用于建立标准曲线的实验室血氧测定仪的精确度有关，因此，不同型号的脉搏血氧饱和度仪其精确度不尽相同。

四、体温监测

危重患者的体温常有变化，感染、创伤或手术后，患者体温多有升高，极度危重的临终患者体温下降。体温过高或过低对病程发展不利，轻则延迟康复，重者可危及生命。因此，加强体温的监测，便于根据情况及时采取有效措施，以确保危重患者尽快转危为安。

（一）测温方法

临床上常用的方法有三种：

1．玻璃内汞温度计　目前仍常用。

2．电温度计　常用的为电阻温度计及温差电偶温度计（又称热电偶温度计）。

3． 红外线温度探测器。

（二）测温部位

1．皮肤温度　皮肤温度比体内温度低，欲使测得皮肤温值具有临床意义，必须测定 10 个或更多的测温点，并取其平均值。但若定期定点动态观察肢体远端皮温，有助于了解肢体血流情况。在环境温度恒定的条件下，皮温降低提示血流减少，反之为血流增多，可用以观察外周灌注状态。平均皮肤温度（℃）=0.3×（胸部温度 + 上臂温度）+0.2×（大腿温度 + 小腿温度）；平均体温（℃）=0.66×体内温度 +0.33×平均皮肤温度；平均体 = 平均体温 ×0.83×4.12× 体重（kg）。

2．口腔温度 对危重患者需连续监测体温或昏迷不能合作者不适用。

3．直肠温度 经肛门测试直肠温度故亦称肛温。直肠温度比深部温度相差1℃左右。体温表置入肛门深度以 5～10 cm 为宜。直肠温度的准确性受肠腔内粪便影响，体温变化快时，直肠温度的反应较慢。

4．腋窝温度 是传统常用的测温部位，一般来说该温度比口腔温度低 0.3℃左右，但用热敏电阻探头置于腋动脉部位，则测出温度可近似于中心温度。

5．食管温度 探头位置以置于食管的下 1/3 为宜，位置邻近心房平面，所测温值与心脏及主动脉血温接近，这是心脏手术人工降温和复温过程中监测体温的常用方法。

6．鼻咽温度和深部鼻腔温度 此种测温能迅速反映体温变化，操作简便，但受呼吸气流温度影响。

7．耳鼓膜温度 监测耳鼓膜温度可作为脑温的指标，以此法测得鼓膜温与脑温变化是一致的。但需特别的探头。

（三）体温升高

体温超出正常范围，称为发热（fever）。

1．发热的原因

（1）感染性发热：各种病原体，如病毒、细菌、螺旋体、真菌、寄生虫等所引起的感染，不论是急性、亚急性或慢性，局限性或全身性，原发性或继发性，均可出现发热。其原因是病原体的代谢产物或其毒素，作用于单核 - 巨噬细胞系统而释放出致热原。

（2）非感染性发热：危重症患者主要由下述原因引起：

1）无菌性坏死物质的吸收：①机械性、物理性或化学性损害，如大手术后组织损伤、内出血、大血肿及大面积烧伤等；②因血管栓塞或血栓形成而引起的心肌、肺、脾等内脏梗死或肢体坏死；③组织坏死与细胞破坏如癌、白血病、溶血反应等。

2）抗原抗体反应：如风湿热、血清病、药物热、结缔组织病等。

3）内分泌与代谢障碍：可引起产热过多或散热过少而导致发热，前者如甲状腺功能亢进，后者如重度失水等。

4）体温调节中枢功能失常：①物理性：如中暑；②化学性：如重度安眠药中毒；③机械性：如颅内出血、颅骨骨折等。上述各种原因可直接损害体温调节中枢，致使其功能失常而引起发热。

2．发热的处理原则

（1）对一般发热不急于解热：由于热型和热程变化可以反映病情变化，并可作为诊断、评价疗效和估计预后的重要参考，而发热不过高或不太持久不致有过大危害，故在疾病未得到有效治疗时，不必强行解热。发热的治疗，最根本的是针对病因进行治疗。解热本身不能导致疾病康复，且药效短暂，药效一过，体温又会上升。相反，疾病一经确诊而治疗奏效，则热自退。

（2）下列情况应及时解热：①体温过高（如40℃以上）使患者出现明显不适、头痛、意识障碍和惊厥者；②恶性肿瘤患者（持续发热加重病体消耗）；③心肌梗死或心肌劳损者（发热加重心肌负荷）。应立即采取降温措施，最好用物理降温法，可用酒精擦浴、温水或凉水擦浴、冰袋等，必要时可用人工冬眠。退热药物，无论口服或注射，以少用为宜，免得使体温骤降，大汗淋漓，容易引起虚脱。

(3) 加强对高热患者的护理：对高热患者必须充分补充液体，并给予充足的易消化的食物，包括大量维生素，加强对心血管功能和呼吸功能的监测。降温必须平稳，不宜忽高忽低，频繁波动，尽可能使体温波动在1℃以内。

（四）体温过低

人体温度在 34～36℃时为轻度低温，低于 34℃则为中度低温。在低温状态下，应激反应、免疫和造血、循环呼吸以及肝肾功能都发生明显障碍。严重创伤等危重患者低体温发生率较高，而创伤严重程度与中心和平均体温呈负相关，同一创伤级别，体温越低，死亡率越高。危重患者失去控制热丢失和产生足够热量的能力，低体温死亡率显著升高。低体温对机体极为不利，故应严密监测体温，采取积极的限制热丢失和保暖措施。同时应严密监测呼吸循环变化，加强对症支持疗法。

五、床旁血流动力学监测

血流动力学监测是对危重患者进行抢救时的一种很重要的循环功能监测方法。其有助于了解疾病的严重性，指导治疗的选择以及估计疗效和预后。

（一）血流动力学监测的适应证

1．急性心肌梗死（AMI） ① AMI 合并有严重的泵衰竭时（包括心源性休克、心力衰竭）；② AMI 合并机械并发症时；③对右心室梗死的诊断与治疗有决定性作用时；④ AMI 进行各种复杂的和有潜在危险的治疗时。

2． 各种原因所致的严重休克。

3． 各种心脏病发生严重心力衰竭，需进行血管扩张剂治疗时。

4． 低排综合征或低排高阻的患者，需要血流动力学数据来指导补液及血管活性药的应用。

5． 严重大面积烧伤，指导大量迅速补液。

6． 肺栓塞与急性呼吸衰竭。

7． 心脏直视手术后患者的监测与治疗。

8． 评价新药对心血管系统的作用，并保证安全用药。

（二）Swan-Ganz 心导管

Swan-Ganz 心导管即气囊漂浮导管（balloon flotation catheter），早期的气囊漂浮导管有三个内腔，简称三腔管。导管顶端和距顶端 20～30 cm 处开孔，近顶端处还有通气囊的开孔。三处开孔经相互隔离的管腔分别开口于导管尾端。四腔管是在距导管顶端 4 cm 处安装热敏电阻，由导线经另一隔离的管腔与尾端接头的气囊漂浮导管相通。在距四腔管顶端 25 cm 与 26 cm 处各安装一个环状电极，或再在 17 cm 与 18 cm 处各安装环状电极，分别由导线经隔绝的管腔通向尾端的气囊漂浮导管，称为多功能气囊漂浮导管。三种漂浮导管的共同特点是导管经静脉进入心腔后，充气的气囊有导向作用，使导管顺血流方向漂浮，在较短时间内自动地由右房经右室进入肺动脉，并嵌顿在肺动脉较小的分支内，提供床旁监测右房、右室、肺动脉和肺微楔嵌压指标的可能。充气的气囊包围了导管的顶端，从而显著减少或避免了导管顶端碰撞右室壁引起的室性心律失常，四腔管的热敏电极提供了用温度稀释法监测每搏血量与心排血指数的可能。多功能漂浮导管在上述基础上外加两对电极，经适当滤波后可分别监测右房与右室腔内的心电改变，因而应用同一导管不仅能监测心腔内压力和心排血指数，还有可能同时监测心率和心律失常。必要时还可应用该组电极进行右房、右室或房室顺序心脏起搏，治疗缓慢型或快速型心律失常。

(三) 操作步骤与注意事项

1. 全部操作按外科无菌手术要求进行。

2. 检查漂浮导管 ①检查气囊的完整性，向球囊内注入 1～1.5 ml 气体，看球囊是否充气，有无偏心等，然后放入无菌生理盐水中，观察其完整性。②检查导管是否通畅：可用肝素生理盐水冲洗管腔，然后严密关闭三通接头，以保证空气绝对不能进入管腔。

3. 确定导管进入的部位 导管尖端插至右心房所需要送入导管的长度与导管插入不同部位的浅表静脉有关（见表 10-2）。

4. 当导管顶端进入右心房后，将气囊充气，立即将开关关闭，使气体保持在气囊内。应注意注入气体总量不能超过气囊的容量，以防止气囊破裂。将导管末端连接测压器，以观察压力的变化，若示波器所示的压力波形随呼吸运动而明显移动，则证实已达右心房。此时静注利多卡因 1 mg/kg，3 min 后再送导管入右心室，可明显减少导管通过时室性心律失常的发生率。气囊充气后在血液中漂浮前进，一般能在 1 min 内从右心房经右心室进入肺动脉，最后到达肺动脉分支楔嵌的位置。

表 10-2 漂浮导管插入途径及至右心房的距离

插入途径	至右心房的距离
右侧颈内静脉→锁骨下静脉→上腔静脉→右心房→右心室→肺动脉	约 25 cm
肘部贵要静脉→肱静脉→锁骨下静脉→上腔静脉→右心房→右心室→肺动脉	左侧 50 cm 右侧 40 cm
股静脉→髂外静脉→髂总静脉→下腔静脉→右心房→右心室→肺动脉	约 35～45 cm
颈外静脉→锁骨下静脉→上腔静脉→右心房→右心室→肺动脉	约 25 cm
锁骨下静脉→上腔静脉→右心房→右心室→肺动脉	约 25 cm

5. 当漂浮导管插入右心房时，示波器上显示右心房压力曲线；进入右心室时，显示右心室压力曲线；入肺动脉时，出现肺动脉压力曲线波形；当往前再推数厘米导管顶端楔嵌在肺动脉分支时出现肺微楔嵌压曲线，此时，肺动脉压力曲线消失；将气囊放气后，肺动脉压力曲线再度出现，说明导管位置正确。如气囊充气 < 1 ml 时已能记录到肺微楔嵌压，则指示气囊进入肺小动脉可能太深了；如充气量 > 1.5 ml 才显示肺微楔嵌压，则提示气囊进入肺小动脉的深度不够。漂浮导管右侧心腔测压时压力曲线改变见图 10-1。

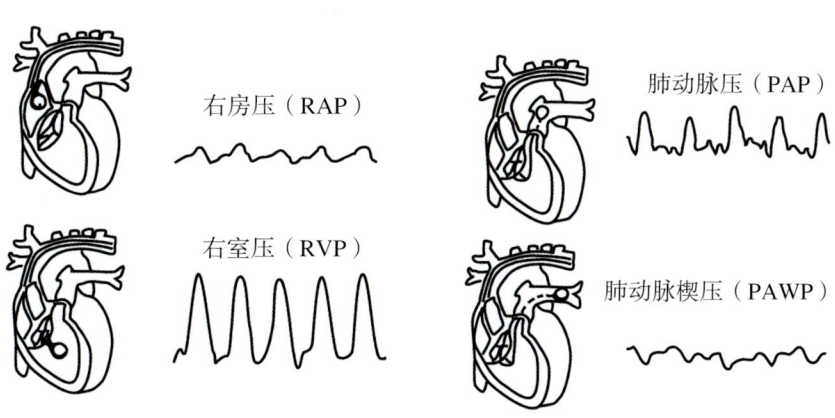

图 10-1 漂浮导管插入右心各部位的压力波形

6．应用热稀释法测定心排血量 应用四腔气囊漂浮导管连接心排血量测定仪，可间断监测心排血量及心脏指数。事先准备冰冻无菌 5% 葡萄糖溶液 1 瓶，插入心排血量测定仪的温度测量探头，与测定仪连接。再将已送达肺动脉的气囊漂浮导管尾端的热敏电阻接头与测定仪连接，测定仪的电脑装置即能连续显示注射液温度和患者的血温。启动测定仪，用无菌注射器抽取冰冻无菌 5% 葡萄糖溶液 5 ml，立即用最快速度自导管尾端右房孔开口推入（短于 4 s）。冰注射液随血流进入右室，与血充分混合，凉血于心室收缩时进入肺动脉，该处热敏电阻测得系列血温改变，由心排血量测定仪绘制成温度 - 时间曲线，测定仪同时显示心排血量和（或）心脏指数。2 min 后可重复测定，一般取 3 次测定值的均值作为心排血量和（或）心脏指数值。

7． 在某些大心脏（如右心扩大）、急性心排血量降低、二尖瓣病变和肺动脉高压等患者中，有时插导管较困难。此时嘱患者深吸气，作 Valsalva 动作，用 5～10 ml 冰盐水冲洗导管或在导管内插入细导引钢丝，使导管变硬，均有助于插入肺动脉。导管插妥，导管鞘退出，导管用缝线固定，且覆盖无菌敷料。

8．导管保留时间依病情而定 一般为 1～4 d。在导管保留期间，导管心房孔与肺动脉孔，要用含肝素的液体缓慢持续点滴，以防导管内凝血。每次测定肺楔嵌压后务必立即放气，以防肺血管受损或肺梗死。在导管保留期间可酌情使用抗生素以预防感染。

（四）并发症及其防治

1．气囊破裂 ①原因：多见于肺动脉高压患者或导管重复多次使用及气囊充气过多的情况。②预防：插管前仔细检查导管，应注意充气量不超过 1.5 ml，充气速度不宜过快。

2．肺栓塞 ①原因：漂浮导管在肺动脉中多次移动，气囊过度扩张等均可促使血栓形成并引起栓塞。②预防：气囊应间断缓慢充气，充气量宜少，置管时间尽量缩短。对时间超过 48 h 者，可预防性应用抗凝剂。

3．局部感染及静脉炎 ①原因：消毒不严，无菌操作技术不佳。②预防：严格消毒，注意无菌操作，定期更换敷料。置管时间尽量缩短，一旦发生感染，要积极应用抗生素治疗，必要时予以拔管。

4．心律失常

（1）原因：导管前端接触到心肌壁或瓣膜。

（2）预防：插入导管前可预防性地注入利多卡因。在插管过程中出现心律失常时，应改变导管位置，同时给予抗心律失常药物。

5．导管扭曲打结

（1）原因：导管软或插入过久所致。

（2）预防：插管前应注意选择好导管，应避免心导管插入过长。发生扭曲时，应退出或调换导管，打结应将导管轻送轻抽使之松开。

6．气胸 在锁骨下静脉插管时，较易因误伤胸膜而致气胸；注意进针部位与针尖方向可预防气胸的发生。

（五）床旁血流动力学监测的指标

直接测定的指标包括周围动脉压、右房压（RAP）、右室压（RVP）、肺动脉压（PAP）、肺微楔嵌压（PCWP）和心排血量（一氧化碳）。按公式还可根据上述参数计算出平均动脉压（MAP）、心室每搏做功指数以及周围循环阻力、肺循环阻力等指标（见表 10-3）。此外，以 PCWP 为横坐标，心排血量（或心脏指数、或每搏做功指数）为纵坐标，可绘制 PCWP 增减时心排血量变化曲线，即心肌做功曲线。

表 10-3　血流动力计算公式与正常值

监测指标	计算公式	正常值
平均动脉压（MAP）	=1/3（收缩压－舒张压）+舒张压	70～105 mmHg（9.3～14.0 kPa）
平均肺动脉压（MPAP）	=1/3（肺动脉收缩压－舒张压）+肺动脉舒张压	9～16 mmHg（1.2～2.1 kPa）
心脏指数（CI）	=心排血量（一氧化碳）/体表面积	2.6～4.0 L/(min·m^2)
每搏量（SV）	=心排血量（L/min）×1000/心率（HR）	70～130 ml
左室每搏做功指数（LVSWI）	=CI×(MAP-PCWP)/HR×13.6	30～60 gm·m/(每搏·m^2)
右室每搏做功指数（RVSWI）	=CI×(MPAP-CVP)/HR×13.6	(6.2±3.5) gm·m/(每搏·m^2)
肺循环阻力（PVR）	=80×(MPAP-PCWP)/心输出量	150～250 dyn/(s·cm^{-5})
体循环阻力（SVR）	=80×(MAP-RAP)/心输出量	1300～1800 dyn/(s·cm^{-5})

1．右心房压（RAP）　正常为 1～7 mmHg（0.13～0.93 kPa），其中收缩压为 3～7 mmHg（0.40～0.93 kPa），舒张压为 0～2 mmHg（0～0.27 kPa）。RAP 升高可见于右心衰竭、二尖瓣狭窄或关闭不全，以及任何可影响心室舒张期充盈的情况，如缩窄性心包炎、心肌病、肺动脉高压、阵发性心动过速等。

2．肺动脉压（PAP）和肺微楔嵌压（PCWP）　PAP 正常值为 15～30/5～14 mmHg（2.0～4.0/0.67～1.87 kPa），其升高可见于左心衰竭、二尖瓣病变、慢性肺部疾病、肺动脉高压等。PCWP 正常为 5～12 mmHg（0.67～1.60 kPa）。PCWP 在一定程度上反映了肺静脉压，由于肺动脉与左心房之间无瓣膜，并且正常血管床的阻力低，故也能间接反映左心房压。在心室舒张末期，二尖瓣开放，肺静脉、左心房与左心室呈共同腔室，此时 PCWP 与左心室舒张终末压近似，故 PCWP 可作为反映左室舒张末期压（LVEDP）的指标，是了解左心室功能的确切指标（在无二尖瓣狭窄存在时）。肺动脉舒张压与 PCWP 密切相关，在无严重肺部病变的患者，肺动脉舒张压略高于 PCWP，较稳定地高出后者 1～4 mmHg（0.13～0.52 kPa），因而常以连续肺动脉舒张压监测取代 PCWP 连续监测，以避免 PCWP 监测时充气的气囊长久楔嵌引起肺动脉分支管壁损伤甚至穿破，以及肺梗死等并发症。

六、呼吸功能监测

监护病房的呼吸功能监测在于了解肺与外界的气体交换，以及由此引起的血液和组织中氧与二氧化碳浓度的改变，在自主呼吸或行通气支持的患者，通过监测吸入或呼出气体的量、血液或组织中气体浓度，来了解有无肺功能障碍以及肺功能障碍的严重程度，或是肺功能障碍能否改善。在大多数 ICU 中呼吸监测措施不如心血管监测复杂。新技术的应用使得连续监测可在临床中使用，这不仅帮助加深了人们对肺功能不全机制的认识，也改善了通气支持的标准及安全性。

（一）呼吸类型监测

1．正常呼吸　正常人通气类型主要是由吸气时间与呼气时间的比例来决定的。正常吸/呼比为 1/4～1/2，如果每分钟呼吸 12 次，吸/呼比是 1/4，则每个周期为 5 s，其中吸气相 1 s，呼气相 4 s，在观察正常人呼吸时可见吸气或呼气间常有短暂的停顿。精确的呼吸类型描记常需肺功能测定仪，以描记随时间变化的容量改变。正常通气类型比较规则，吸气末与呼气末可见短暂停顿。

2．限制性通气类型　在严重肺不张、胸腔积液、ARDS 或上腹部手术等情况下，肺容量通常减少，功能性残余气量减少，而肺的弹性阻力增大。患者常需付出更大的努力以达到正常人的通气量。

呼吸类型的改变主要是增加呼吸频率，减少潮气量。这样可以维护或增加每分通气量，但呼吸做功增加，且无效通气比例亦会增高。吸气末和呼气末的暂停随着呼吸频率的增加而逐渐消失，最终使低氧血症加剧并出现高碳酸血症。

3. 阻塞性通气类型　在阻塞性肺疾病，如肺气肿、慢性支气管炎、哮喘等情况下，由于支气管痉挛以及分泌物的阻塞，使得患者呼气困难。气体潴留肺中，呼气相明显延长，只有在梗阻解除，才有助于恢复至正常通气类型。在由于支气管痉挛以及分泌物造成的下气道阻塞中，使用气管扩张药、胸部理疗以及呼吸操锻炼，通气类型可有一定改善。

4. 潮式呼吸（Cheyne-Stokes respiration）　特征是潮气量递增继之递减并出现呼吸暂停，如此周期循环出现，每一周期历时 30～40 s。其原因主要是由于中枢神经异常、脑供血及氧供不足所致，提示预后不良。

5. 库斯莫氏呼吸（Kussmal respiration）　这种通气改变特征是深而慢的呼吸，此类呼吸改变常由于中枢神经原因或代谢性酸中毒引起。酸中毒患者以此方式清除体内的二氧化碳，提高血 pH 水平。在糖尿病酮症酸中毒患者以及中枢神经疾病患者中可见。

（二）肺功能监测

1. 肺容量及肺通气量

1）呼吸率（RR）：正常人每分钟的呼吸次数为 14～18 次，约为心率的 1/4。新生儿呼吸频率约为 40 次/分，随年龄增长而递减。在自主呼吸的患者中，呼吸频率的增加可以是肺部感染、肺栓塞、呼吸窘迫综合征的最早症状。术后患者呼吸频率超过 24 次/分常提示呼吸功能不全。

2）潮气量（Vt）：指每次呼吸的平均吸入气量，可用肺活量计直接测定其容量，或以叶轮式呼吸流量计接于呼气道测定。按体重计算正常人潮气量约为 8～10 ml/kg。潮气量增大多见于中枢神经疾病或酸血症所致的过度通气。而肺纤维化、间质性肺炎、肺梗死等会使潮气量减少。每分通气量是指每分钟平均吸入气量，可用潮气量与呼吸频率的乘积算出，正常人静息时约为 6～8 L。

3）最大通气量（MMV）：是指单位时间内最大努力主动过度通气所能呼出的气量，正常人可达 80～100 L/min。最大通气量可用占预计值的百分比表示。MMV 是重要的术前呼吸功能评价指标。在胸外科，当最大时通气量占预计值 70% 以上时，手术无禁忌；低于 50% 时，则预后甚差。

4）肺活量（VC）：肺活量是在深吸气后做深呼气时所能排出的最大气量。正常值为 60～70 ml/kg。肺活量受呼吸肌、肺及胸廓的弹性、呼吸道的通畅程度的影响。定期对肺活量进行动态观察可以反映呼吸器官病理变化的程度。

5）第一秒用力呼气量（$FEV_{1.0}$）　在充分深吸气后用力呼气，第一秒内呼出的气量称第一秒用力呼气量，需用肺量计测定。采取用力呼气方法测定肺活量往往比用较慢呼气排出的气量少，这样测定的值称用力肺活量（FVC）。呼气期的气流速率是估计气道阻力的重要方法。正常情况下，第一秒内可排出肺活量的 70% 以上。用力呼气量在阻塞性肺疾病与限制性肺疾病均减少，但 $FEV_{1.0}$/FVC 在阻塞性肺疾病中明显降低，而限制性肺疾病中这一比值较正常高。$FEV_{1.0}$ 主要测定气道阻力，在支气管痉挛患者使用气管扩张药后，$FEV_{1.0}$ 与 FVC 均可增加。

这两项测定广泛用于接受肺叶切除手术患者的术前评估。一般公认肺叶切除术后患者其 FVC 至少为 1 L，而 $FEV_{1.0}$ 至少为 800 ml 才能维护基本需求。如果右肺提供肺总容量的 55%，而左肺提供 45%，则可据此计算出肺切除后残存的肺总容量占术前肺总容量的百分率；再以此百分率乘以术前测定的 FVC 与 $FEV_{1.0}$ 则可对术后情况有一定了解。

6）功能性残余气量（FRC）　在正常呼气末肺内残存的气量。功能残气在气体交换中起着稳定肺泡气体分压的作用。防止了每次吸气后空气进入肺泡对肺泡气体浓度改变过大的影响。残余气量过少时，呼气末肺泡将陷闭，流经肺泡的血液失去与肺泡气进行气体交换的机会而出现肺内分流。功能残气过多亦会影响有效气体交换。正常呼气末肺内残存的气量为 2～2.5 L。当肺功能不全，特别是肺不张、肺泡塌陷时功能残余气量减少；呼吸道阻力增高，如哮喘患者残余气量增多。在使用呼气末正压通气的情况下，FRC 增大，提示肺泡扩张。该项测定使用仪器多，耗时较长，很难作为常用监测项目。

2. 二氧化碳清除及无效测定

1）动脉血二氧化碳分压（$PaCO_2$）：动脉血二氧化碳分压可作为通气是否适当的重要指标，正常值 $PaCO_2$ 为 35～45 mmHg（4.7～6.0）kPa，是反映通气功能与酸碱平衡的重要参数。$PaCO_2 >$ 45 mmHg（6.0 kPa）提示通气不足或呼吸性酸中毒；而 $PaCO_2 <$ 35 mmHg（4.7 kPa）提示过度通气或呼吸性碱中毒。

在行通气支持的患者，改变机械通气的水平后，动脉血 $PaCO_2$，应在 15 分钟之内测定，以了解通气支持改变的作用能否达到要求，或作进一步的调整。

2）呼出气二氧化碳分压：采用红外线或质谱分析技术可快速测定二氧化碳浓度，可用于连续监测呼出气二氧化碳浓度。

二氧化碳气体对特定波长的红外线有吸收作用，运用红外线分析技术可快速测定二氧化碳浓度改变，并将其连续变化以曲线显示在记录仪上。呼出气二氧化碳浓度在连续监测时显示规律性的变化，在呼气初迅速上升，并维持一平台，当开始吸气时又迅速回降。呼气末二氧化碳分压（$PaCO_2$）可通过上述方法测定。在正常情况下 PET CO_2 与 $PaCO_2$ 有着稳定的关系，两者相差 5 mmHg（0.7 kPa）。

呼出气二氧化碳连续监测有以下几个用途：①在自主呼吸患者中，可迅速发现过度通气、通气不足、呼吸停止以及周期性呼吸；②确保 $PaCO_2$ 维护在所需水平，不致下降过速；③ $PaCO_2$ 的改变可提示呼吸机松脱、泄漏、阻塞或机械障碍；④在脱机过程中 $PaCO_2$ 稳定提示病情好转，而进行性上升或下降提示脱机困难，或呼吸衰竭再发；⑤ $PaCO_2$ 可代表肺泡 $PaCO_2$，$PaCO_2$ 增高常是肺栓塞最敏感的指标之一。

二氧化碳还可采用质谱仪测定，质谱仪还可同时监测氧气、氮气及水蒸气，并可计算出氧耗量与二氧化碳生成量，这类仪器因价格因素尚未能广泛使用。

3）混合呼出气二氧化碳分压：主要用于计算生理无效腔等。以吸活瓣接通呼出气道，即可在一定时间内收集混合呼出气，并以化学分析法（Heldane 气体分析仪）或其他方法测出其中二氧化碳浓度，计算二氧化碳分压需注意的是收集呼出气不应混有吸入气体或环境空气，在用高流量通气支持的患者，测定常有较大误差。

4）生理无效腔通气量：正常肺每次吸气时约有 2/3 左右的吸气量可到达肺泡，这些肺泡为混合静脉血灌注，因而参与了气体交换。这种到达肺泡并参与气体交换的气体量就是有效通气量或肺泡通气量；其余不参与气体交换的气体量称无效腔通气量。无效腔通气量可分成两部分：一部分流动于气道内，称解剖无效腔通气量；另一部分到达肺泡而未参与气体交换，称肺泡无效腔通气量，无效腔的总和称为生理无效腔。生理无效腔可用 Bohr 公式计算。

5）解剖无效腔通气量：即从口鼻腔、气管、支气管直至终末细支气管的空腔。解剖无效腔的测定需同时测定动脉血二氧化碳分压、混合呼出气二氧化碳分压以及呼气末二氧化碳分压（RT CO_2）。解剖无效腔通气量在正常成年人约为 150 ml。

6）肺泡无效腔通气量：肺泡无效腔通气量可以从总无效腔通气量（即生理无效腔）减去解剖无效腔通气量而间接求得。

7）生理无效腔通气量/潮气量（V_D/V_T）：测得生理无效腔通气量即可算出 V_D/V_T 的比值。正常为 0.3。V_D/V_T 愈高，肺泡通气愈少，通气效率愈低。在 V_D/V_T 显著升高的情况下，需考虑做气管切开，减少解剖无效腔，或插管、通气支持治疗。监测 V_D/V_T 对使用呼吸机有指导作用。

3．呼吸力学

1）气道压力：在所有接受不同类型通气支持的患者中，气道压力应该作为常规监测。测定装置是经气管导管以一中空导管连接至压力换能器，并连接至监视仪上，气道压力常以厘米水柱表达。压力监测范围校正调节至最高为 5 kPa 左右。压力波形图在自主呼吸患者可显示吸气压与呼气压，而在机械通气时显示呼吸道通气峰压。连续监测 30～60 s 气道压力可精确测定平均气道压力。

2）顺应性：胸廓与肺组织都有弹性，在受到呼吸肌或其他应力作用时，能够扩张或收缩。在单位压力作用下胸廓或肺容量的改变，称胸廓或肺的顺应性（Compliance）。

由于肺顺应性测定需用侵入性方法，穿刺置管测定胸膜腔压力，因而较少应用。最常用的是测定总顺应性，即肺 - 胸壁顺应性。测定方法是以特制的 1000 ml 有机玻璃"超级注射器"，经气管导管注入以改变肺容量，同时气道压力的变化则经压力换能器系统测定。

正常人胸壁与肺组织顺应性很接近，约为 0.22 L/cmH$_2$O；而总顺应性约为 0.1 L/cmH$_2$O。在病理情况下，如肺间质纤维化、肺水肿、肺充血时，肺组织较为坚实，弹性阻力变大，顺应性下降。此时，应用机械呼吸治疗，需较大压力才能使容量扩张。

第四节　动脉血气与酸碱平衡的监测

一、概述

人体的体液环境必须具有适宜的酸碱度，才能维持正常的代谢和生理活动。正常血浆 pH 波动于 7.35～7.45 之间，这一 pH 的维持主要依靠三方面的调节：

（1）通过体液和细胞内的化学缓冲系统，中和外来的或体内产生的强酸或强碱。体内缓冲系统是由一种弱酸和它的盐所构成的，主要有以下 4 对：①碳酸氢盐 - 碳酸缓冲系统（BHCO$_3$-H$_2$CO$_3$）：在细胞外液中 B 代表 Na$^+$，在细胞内 B 代表 K$^+$，是体内量最大、作用最强的缓冲系统。②磷酸盐缓冲系统：它是红细胞和其他细胞内的主要缓冲系统，特别是在肾小管内它的作用更为重要，原尿中的碱性磷酸盐能与小管上皮细胞分泌的 H$^+$ 结合，生成酸性磷酸盐由尿中排出。③蛋白质缓冲系统：它主要存在于血浆及细胞中。④血红蛋白缓冲系统：存在于红细胞内。

（2）通过呼吸，调节体液中二氧化碳的浓度。

（3）通过肾排泄酸性尿来维持体液的 pH。若体内酸和（或）碱发生过多或不足，引起血液氢离子浓度的改变，使正常酸碱平衡发生紊乱，谓之酸碱平衡失调。临床上许多危重病症都可引起或加重酸碱平衡失调，而酸碱平衡失调的及时发现和正确判断又常常是治疗成败的关键。

血液气体系指氧和二氧化碳。动脉血气分析能客观反映肺呼吸功能，了解肺功能损害的性质和程度，以及酸碱平衡失调程度，对指导氧疗、机械通气的参数调节，以及补充酸碱缓冲药物和电解质均有重要作用。

二、pH 值

体液的酸碱度决定于所含活性 H^+ 的浓度即 $a[H^+]$，人们习惯于用 $a[H^+]$ 的负对数 pH 作符号。

1. 哈德逊（Henderson）方程　1908 年，Henderson 提出了碳酸（H_2CO_3）、碳酸氢根（HCO_3^-）和 H^+ 的有效浓度（即 $a[H^+]$）之间的关系，列出了计算方程，即 Henderson 方程：

$$a[H^+]=K_a^1 \times \frac{[H_2CO_3]}{[HCO_3^-]} \tag{式 10-3}$$

2. 哈德逊 - 哈塞尔巴尔奇（Henderson-Hasselbalch）方程　Hasselbalch 将 Henderson 方程作了负对数处理，并采用了 pH 作为符号，成为有名的 Henderson-Hasselalch 方程：

$$pH = pK_a^1 + \log\frac{[H_2CO_3]}{[HCO_3^-]} \tag{式 10-4}$$

在体液中，由于二氧化碳绝大多数呈物理性溶解状态，仅有微量的（1/800）二氧化碳呈 H_2CO_3 状态，所以上式宜写为

$$pH = pK_a^1 + \log\frac{[HCO_3^-]}{\alpha \cdot PaCO_2} \tag{式 10-5}$$

上式中，K_a^1 是 H_2CO_3 的一次离解常数，正常值是 800；pK_a^1 是 K_a^1 的负对数，正常值为 6.1；α 是二氧化碳的溶解系数，正常值为 0.03（当 $PaCO_2$ 用 kPa 表示时改为 0.23）；$\log\frac{[HCO_3^-]}{\alpha \cdot PaCO_2}$ 的正常值是 $\log\frac{24}{1.2}=\log\frac{20}{1}=1.3$，所以，pH 的正常值是 6.1+1.3=7.40。

3. 改良的 Henderson 方程　应用 $\alpha \cdot PaCO_2$，略去 H_2CO_3，即为改良的 Henderson 方程，列式如下：

$$\alpha[H^+] = K_a^1 \times \frac{\alpha \cdot PaCO_2}{[HCO_3^-]} \tag{式 10-6}$$

代入上述正常值，则：

$$\alpha[H^+] = 800 \times \frac{0.03 \times 40}{24} = 24 \times \frac{40}{24} = 40 \text{ nmol/L}$$

可见，$a[H^+]$ 的正常值为 40 nmol/L（相当于 pH 7.40）。上式中的 K_a^1 和 α 均是常数，因此，由 $K_a^1 \times \alpha$ 所得的 24 也是常数。平时在临床工作中，只要利用血气分析报告的 $PaCO_2$ 和 $[HCO_3^-]$（即 AB），就可以很快计算出实际的 $\alpha[H^+]$。

4. 临床意义　根据 Henderson-Hasselbalch 方程，当 $[HCO_3^-]$（由肾脏调节）与 $\alpha \cdot PaCO_2$（由肺调节）之比值维持在 20∶1 时，pH 为 7.40。正常血浆 pH 为 7.35～7.45，动脉血液 pH 比静脉血液 pH 高约 0.01～0.02，组织间液 pH 值近似于血浆的 pH 值，细胞内液比细胞外液 pH 值低。当发生酸碱平衡失调时，机体启动代偿机制，使 $[HCO_3^-]/\alpha \cdot PaCO_2$ 比值仍保持为 20∶1，pH 值维持在正常范围，称之为代偿性酸中毒或碱中毒；当比值不能保持为 20∶1 时，pH 可＜7.35 或＞7.45，则为失代偿性酸中毒或失代偿性碱中毒。pH 的变动，仅是酸碱失衡的总体结果，并不能区分酸碱失衡为代

谢性还是呼吸性，是单纯性还是混合性。

三、二氧化碳分压

二氧化碳分压（partial pressure of CO_2，PCO_2）是指血浆中物理溶解的二氧化碳所产生的张力（压力），是酸碱平衡中反映呼吸因素的指标。常用的指标为动脉二氧化碳分压（$PaCO_2$），正常值为 35～45 mmHg（4.7～6.0 kPa），平均值为 40 mmHg（5.3 kPa）。$PaCO_2$ > 45 mmHg（6.0 kPa）表示呼吸性酸中毒或代谢性碱中毒代偿期；$PaCO_2$ < 35 mmHg（4.7 kPa）表示呼吸性碱中毒或代谢性酸中毒代偿期。

四、二氧化碳结合力

二氧化碳结合力（CO_2 combining power，CO_2CP）是指静脉血浆中 HCO_3^- 及 H_2CO_3 所含二氧化碳的总量，故同时受代谢性和呼吸性因素的影响。正常值为 23～31 mmol/L（50%～70%），平均值为 27 mmol/L。CO_2CP 增加可能是代谢性碱中毒或代偿后的呼吸性酸中毒；减少则可能是代谢性酸中毒或代偿后的呼吸性碱中毒。但若临床上能除外原发性呼吸性因素，则其数值表示代谢性因素变化。

五、标准碳酸氢盐和实际碳酸氢盐

标准碳酸氢盐（standard bicarbonate，SB）或标准碳酸氢根（SBC）指血浆在标准条件下（38℃、$PaCO_2$ 5.33 kPa、血红蛋白完全氧合）所测得的血浆 HCO_3^- 含量，因已排除了呼吸因素的影响，故为判断代谢性因素的指标。正常值为 22～27 mmol/L，平均值为 24 mmol/L。实际碳酸氢盐（actual bicarbonate，AB）或实际碳酸氢根（ABC）是血浆中实测的 HCO_3^- 含量，它同时受呼吸与代谢两种因素的影响。正常情况下，AB=SB。AB 与 SB 的差值反映了呼吸因素对酸碱平衡的影响程度：AB > SB，表示有二氧化碳蓄积，见于呼吸性酸中毒；AB < SB，表示有二氧化碳过度呼出，提示呼吸性碱中毒；AB=SB，两者数值均低示代谢性酸中毒，均高示代谢性碱中毒。

六、二氧化碳总量

二氧化碳总量（total CO_2，TCO_2）指在 37～38℃ 和大气隔绝的条件下，所测得的二氧化碳含量。它包括血浆内 HCO_3^-、Na_2CO_3 等所含的二氧化碳和物理溶解的二氧化碳（即 $PaCO_2$）。正常值为 24～32 mmol/L（平均 28 mmol/L），其中绝大部分是碳酸氢盐，而溶解的二氧化碳量仅有 1.2 mmol/L，所以它主要反映血浆碳酸氢盐水平。当 TCO_2 降低时，表明有代谢性酸中毒或慢性呼吸性酸中毒或二者均有；升高时表明有代谢性碱中毒或慢性呼吸性酸中毒或二者均有。

七、缓冲碱

缓冲碱（buffer base，BB）是指血中一切具有缓冲作用的碱性物质的总和，即血液中全部缓冲负离子的总和，如碳酸氢盐、磷酸氢盐、血红蛋白等，反映代谢性因素。BB 可分为血浆缓冲碱（buffer base of plasma，BBp）和全血缓冲碱（BB of blood，BBb），BBb 也即是 BB。正常人的 BBp=[HCO_3^-]+[Pr^-]=24 mmol/L+17 mmol/L=41 mmol/L。每克血红蛋白有 0.42 mmol/L 缓冲能力，如正常人 Hb 以 15% 计算，则有 0.42 mmol/L×15=6.3 mmol/L 的缓冲能力，故正常人的 BBb=24 mmol/L+17 mmol/L+6.3 mmol/L=47.3 mmol/L（45～55 mmol/L，平均值为 50 mmol/L）。BB 降低为代谢性酸中毒；增高见于代谢性碱中毒。

八、碱剩余

碱剩余（base excess，BE）是指在标准条件下（38℃、$PaCO_2$ 为 40 mmHg、Hb 为 150 g/L、SpO_2 为 100%），用酸或碱将 1 L 全血或血浆滴定至 pH=7.40 时所用的酸或碱的量。能较真实地反映 BB 的增加或减少，为观察代谢性酸碱失衡的指标。若用酸滴定则表示血液的 BB 过多，即碱剩余，用正值表示（+BE），提示代谢性碱中毒存在，正值越大提示代谢性碱中毒越严重；若需用碱滴定，表示 BB 不足，即碱缺失（base deficit，BD）用负值表示（-BE），提示代谢性酸中毒存在，负值越大提示谢性酸中毒越严重；若被测血液 pH 为 7.40，则不需要滴定，BE=0。BE 的正常值为（0±3）mmol/L。但应注意：呼吸性酸中毒与呼吸性碱中毒在经过肾代偿之后，BE 亦可因 HCO_3^- 回收增加或减少，而出现正值增高或负值增高，故在判断慢性呼吸性酸碱失衡时应加注意。

九、阴离子间隙

阴离子间隙（anion gap，AG）是一项近年引起广泛重视的酸碱指标。正常人体细胞外液的阴阳离子总量各为 148 mmol/L。阳离子主要有 Na^+、K^+、Ca^{2+}、Mg^{2+} 等，其中 Na^+ 占 140 mmol/L，为可测定阳离子。其他阳离子合称为未测定阳离子（unmeasured cation，UC），共占 8 mmol/L。阴离子主要有 Cl^-、HCO_3^-、SO_4^{2-}、PO_4^{3-}、有机酸、带负电荷的蛋白质等，其中 Cl^-、HCO_3^- 为可测定阴离子，共占 128 mmol/L，其余阴离子合称为未测定阴离子（unmeasured anion，UA），共占 20 mmol/L。血清中 UA 与 UC 之差值即为 AG，正常 AG 值为 8～16 mmol/L，平均为 12 mmol/L，机体为了保持电中性，细胞外液阴、阳离子总量必须相等，故 Na^++UC=（Cl^-+HCO_3^-）+UA，亦即 Na^+-（Cl^-+HCO_3^-）=UA-UC=AG。临床上即采用 Na^+、Cl^- 与 HCO_3^{2-} 三个测定值接上式来计算 AG，但实际上 AG 是反映 UA 与 UC 含量变化的。一般情况下，UC 含量相对较小且较稳定，故 AG 高低主要取决于 UA 含量的变化。AG 增高常见于以下和代谢性酸中毒发生有关的情况：①肾功能不全导致氮质血症或尿毒症时，引起磷酸盐和硫酸盐的潴留；②严重低氧血症、各种原因的休克时，组织缺氧引起乳酸堆积；③糖尿病时体内乙酰乙酸、β-羟丁酸、丙酮酸等堆积；④饮食过少致酮症酸中毒。AG 值增高还可见于其他一些与代谢性酸中毒无关的情况：①代谢性碱中毒时由于以下原因可使 AG 值增高：碱中毒时糖酵解加速，致体内乳酸积聚；为中和代谢性碱中毒时血内过多的 HCO_3^- 以缓冲碱血症，血浆蛋白释放 H^+，导致带负电荷的蛋白质增多；代谢性碱中毒常伴脱水、血容量减低，使带负电荷的蛋白质浓度增加。②各种原因引起的低钾血症、低镁血症和低钙血症。③应用大量含有钠盐和（或）阴离子的药物，如青霉素钠、枸橼酸钠（随大量输血时输入）、乳酸钠及含有硫酸与磷酸的药物等。

AG 的临床意义主要为确定和区分代谢性酸中毒及其类型：可根据 AG 值正常或升高将代谢性酸中毒分为高 AG 型代谢性酸中毒（或正常血氯性代谢性酸中毒）和正常 AG 型代谢性酸中毒（或高血氯性代谢性酸中毒）；计算 AG 值也有助于诊断混合型酸碱失衡。

十、动脉血氧分压

动脉血氧分压（PaO_2）指血液中物理溶解的氧分子所产生的压力，PaO_2 除与肺泡氧分压（P_AO_2）有关外，还受肺泡与其毛细血管的肺泡膜气体交换的影响。PaO_2 与肺泡通气量（$\overline{V}_A$）、每分钟氧耗量（$\overline{V}O_2$）、以及收入氧浓度（FiO_2）有关，即 $PaO_2 = FiO_2 - 0.863 \times \dfrac{\overline{V}O_2}{\overline{V}_A}$。$PaO_2$ 较 P_AO_2 为低，其差称肺泡-动脉血氧分压差 [$P_{(A-a)}O_2$]，此值受肺泡通气与血流比例、弥散和静动脉分流等换气功能的影响。由此可见 PaO_2 受吸入氧分压、肺泡通气与血流比例、氧耗量和换气功能的影响。由于提高 PaO_2 有助于克服 O_2 的弥散障碍；而降低 PaO_2 可减少静动脉的氧分压差，缩小静动脉分流对 PaO_2 影响，故高低氧浓度吸入可以鉴别分流和弥散功能障碍所致的低氧血症。100% 氧气吸入是检测静动脉分流（解剖和肺内分流）的简便方法。吸入纯 O_2 20 min 以上，当肺泡内氮气被氧气充分冲洗排尽时，就不存在气体在肺内分布不匀所致的通气/血流比例失调和弥散功能障碍，故产生的 $P_{(A-a)}O_2$ 与静动脉分流有关。

PaO_2 与血氧饱和度（SaO_2）的关系呈"S"形曲线，此即氧解离曲线。PaO_2 在 10～50 mmHg（1.33～6.7 kPa）之间的曲线较陡，PaO_2 在 70～100 mmHg（9.3～13.3 kPa）之间的曲线较平坦。该特性对血液在肺循环血流中结合 O_2，和在组织中解离释放 O_2，都非常有利。因此，作为铁氧指标，PaO_2 远较 SaO_2 敏感，PaO_2 受年龄和其他生理因素（如体位）影响。坐位：$PaO_2 = 104.2 - 0.27 \times$ 年龄；卧位：$PaO_2 = 103.5 - 0.42 \times$ 年龄。卧位低于坐位，主要是体位改变使血流在肺内的分布变化而影响通气/血流比例和换气效率。随着年龄增长，闭合容积相应增加，老年闭合容量大于功能残气量，尤其在肺底部，潮气未呼尽前，部分小气道已陷闭，引起肺泡通气量减少，其后果是通气/血流比例减少，生理静动脉分流增加，弥散功能亦随年龄的增加而减少，使 PaO_2 随之下降。一般 PaO_2 正常值为 85～100 mmHg（11.3～13.3 kPa），平均值为 95 mmHg（12.6 kPa）。PaO_2 低于正常值，提示机体缺氧：①轻度缺氧：PaO_2 为 80～60 mmHg（10.7～8.0 kPa），位于氧解离曲线平坦部；②中度缺氧：PaO_2 为 60～40 mmHg（8.0～5.3 kPa），位于氧解离曲线肩部；③重度缺氧：PaO_2 < 40 mmHg（5.3 kPa），位于氧解离曲线陡峭部。PaO_2 高于正常值多是在吸氧和（或）使用呼吸机过程中出现。

十一、血氧饱和度

血氧饱和度（SaO_2）是指动脉血氧合血红蛋白占总血红蛋白量的百分数。

$$SaO_2 = \dfrac{Hb\ 含量（HbO_2）}{Hb\ 容量（HbO_2 + Hb）} \qquad (式\ 10\text{-}7)$$

可见 SaO_2 与血红蛋白的多少无关，而与血红蛋白和氧的结合能力（或称亲和力）有关。此种结合与 PO_2 直接有关，二者之间形成"S"形曲线关系，即氧离解曲线（ODC）。氧离解曲线可因各种因素而产生左移或右移，当 pH 降低、PCO_2 增高、体温上升、红细胞内 2,3-二磷酸甘油酸（2,3-DPG）增加时均可使氧离解曲线右移，因此在同样的氧分压条件下，SaO_2 降低多些，HbO_2 可释放更多 O_2 供给组织。贫血患者及高原居民红细胞内 2,3-DPG 含量增加，借以代偿组织缺氧；而库存血 2,3-DPG 含量逐日下降，会削弱它在组织中的释氧能力。相反，pH 升高、PCO_2 降低、体温下降、2,3-DPG 减少，碳氧血红蛋白（HbCO）增加均使氧离解曲线左移，则不利于组织的供氧。SaO_2 正常值为 95%～97%，混合静脉血氧饱和度（SvO_2）为 75%。从上述知，SaO_2 不表示氧含量本身，仅反映了 Hb 与 O_2 结合的程度，因此，当 SaO_2 降低时，血液含氧量可以并不低；当贫血时，SaO_2 正常，但含氧量可能降低。

十二、血氧饱和度 50% 时的氧分压

血氧饱和度 50% 时的氧分压（P_{50}）指 SaO_2 为 50% 时测得的氧分压，它反映了血液转运氧的能力和血红蛋白对氧的亲和力。正常人在 pH=7.40，PCO_2=40 mmHg（5.33 kPa）、BE=0、37℃时的 P_{50} 为 26.6 mmHg（3.54 kPa）。P_{50} 降低表明氧解离曲线左移，Hb 与 O_2 亲和力增强，氧合 Hb 不易释放 O_2 供组织利用，此时 SaO_2 虽高，但仍难免有组织细胞缺氧；P_{50} 增大，氧解离曲线右移，Hb 与 O_2 亲和力降低，其在肺内氧合不全，但在组织细胞处释放 O_2 较容易，此时虽 SaO_2 偏低，但组织细胞仍可能无明显缺氧。据研究，P_{50} 增加 3 mmHg（0.4 kPa）血液供应组织的 O_2 可增加 2%。

十三、血氧含量

血氧含量是指每 100 ml 血液中所含氧量的总和，其中包括 Hb 结合氧和血浆中物理溶解氧。动脉血氧含量 =0.003×PaO_2+34×SaO_2×Hb，正常值为 150～230 ml/L。

第五节　肾功能的监测

肾是调节体液的重要器官，它担负着保留体内所需物质，排泄代谢废物，维持水、电解质平衡以及细胞内外渗透压平衡，以保证机体内环境相对恒定的作用。然而，肾也是最易受损的内脏器官之一。最常见的原因是休克、低血容量、低氧血症或心功能不全所致的绝对或相对的有效循环不足，在此种情况下，血液重新分配优先供应心、脑等更重要的脏器，导致肾缺血性损伤；其次是各种有毒的物质对肾的直接损伤，较严重的情况是发生在合并有大块肌肉组织坏死的挤压综合征或缺血肢体在血流重建以后；由血型不合所致的急性溶血性肾损伤已不多见，但多种人工合成药物造成的肾中毒却急剧增加。因此，在危急重症的诊治过程中，加强肾功能的监测是有重要的意义。

一、肾小球功能的监测

肾小球的主要功能为滤过功能，反映其滤过功能的主要客观指标是肾小球滤过率（glomerular fuiltration rate，GFR）。正常成人每分钟流经肾的血液量为 1200～1400 ml，其中血浆量为 600～800 ml，有 20% 的血浆经肾小球滤过后，产生的滤过液约为 120～140 ml/min，此即单位时间内经肾小球滤出的血浆液体量，即肾小球滤过率。

（一）肾小球滤过率测定

1. 菊粉清除率测定　菊粉是由果糖构成的一种多糖体，静脉注射后，不被机体分解、结合、利用和破坏。因其分子质量较小，可自由地通过肾小球，既不被肾小管排泌，也不被其重吸收，故能准确地反映 GFR。正常参考值为 200～230 ml/min。由于本法操作步骤较繁杂，既需要持续静脉滴注菊粉和多次抽血，又需置导尿管，因而不够方便；同时菊粉有时可引起发热反应，故目前临床上

仅用于实验研究。

2. 尿素清除率测定 血液中的尿素通过肾时，经肾小球滤过而进入肾小管，大部分排出体外，小部分经肾小管又重吸收回血。在同一时间内测定血中尿素含量和 1 h 整尿中尿素的排出量，计量出每分钟由肾所清除的尿素相当于多少毫升血液中尿素被完全消除。正常参考值为 40 ~ 65 ml/min，低于 60% 时，表示肾功能开始损害；低于 50% 表示损害已较明显；低于 10% 则表示有严重损害。但是，尿素代谢过程中的有些因素限制了它用作估价 GFR 的标志。尿素氮在肝内由蛋白质及氨代谢合成，它与肌酐不同，肌酐的产生较稳定，尿素的合成多变。它受进食蛋白质的影响，受肝实质病变的影响。尿素又可被肾小管回吸收，故不能作为一个非常基本的 GFR 的指标。尿素的再吸收与利尿情况有关，在抗利尿或钠再吸收旺盛时，如充血性心力衰竭，接近 70% 已滤过的尿素可被再吸收；在利尿情况下再吸收则不到 40%，这些情况使尿素清除率不可能作为 GFR 的标志，但在严重肾衰竭时，尿素清除率仍可作为 GFR 的标志。

3. 内生肌酐清除率测定 临床上常用测定内生肌酐清除率（Ccr）或血清肌酐代替菊粉清除率来估价 GFR。因为肌酐基本不被肾小管重吸收及分泌，仅由肾小球滤出，且不与蛋白质结合，测定方便。由于计算 Ccr 需同时测定尿中肌酐浓度，故对无尿患者并不适用。正常肌酐清除率的参考值为 80 ~ 120 ml/min。肾轻度损伤 Ccr 为 70 ~ 51 ml/min；中度损伤为 50 ~ 31 ml/min，重度损伤则在 30 ml/min 以下。

二、血清尿素氮和肌酐的监测

（一）血清尿素氮

血中非蛋白氮（non-protein nitrogen，NPN）系指血中蛋白质以外的含氮化合物如尿素氮、氨基酸、尿素、肌酐、嘌呤、胆红素及氨的含量，其中任何一项含量变动均会对血 NPN 产生影响，故 NPN 升高不一定是肾功能排泄的障碍。NPN 中尿素氮（blood urea nitro-gen，BUN）占 50%，在肾功能不全时，BUN 增加比 NPN 快而明显，其主要是经肾小球滤过进而随尿排出，当肾实质受损害时，GFR 降低，致使血中浓度增加，因此 BUN 反映肾小球滤过功能较 NPN 敏感。但 BUN 作为反映 GFR 的指标有其局限性（见前述），应予以重视。正常参考值成人为 3.2 ~ 7.1 mmol/L（9 ~ 20 mg/dl）。肾功能轻度受损时，BUN 可无变化；当其高于正常值时，说明有效肾单位的 60% ~ 70% 已受损害。因此，BUN 虽不能作为肾疾病的早期功能测定指标，但对肾功能不全，尤其是尿毒症的诊断有特殊价值。其增高的程度与病情严重性成正比，故对病情的判断和预后的估价有重要意义。

（二）血清肌酐

血中的肌酐（creatinine）由外源性和内生性两类组成。机体每 20 g 肌肉每天代谢产生 1 mg 肌酐，如身体肌肉容积没有明显改变，每天肌酐的生成量则是相对恒定的。血中肌酐主要由肾小球滤过排出体外，而肾小管基本上不吸收且分泌也较少。在外源性肌酐摄入量稳定的情况下，其血中的浓度取决于肾小球滤过能力。但由于肾的储备力和代偿力很大，故在肾小球受损的早期或轻度损害时，血中浓度可正常；当血中浓度明显增高时，常表示肾功能已严重受损。当患者发生肾功能障碍时，早期 GFR 减少较多而血清肌酐升高不显著；肾病晚期 GFR 明显降低，血清肌酐亦随之上升。因此，肾病早期必须同时测肌酐清除率及血清肌酐，以作对照；后来就以血清肌酐的升降来观察肾功能的变化，偶尔重复查一次肌酐清除率，尤其是一些血清肌酐值变动较快时，必须同时测定肌酐清除率。

三、肾小管功能的监测

(一) 昼夜尿比重试验 (Mosenthal test)

1. 方法

(1) 试验日正常进食,每餐含水量限制在 500～600 ml 左右;

(2) 上午 8 时排尿弃去,8 时至 20 时,每隔 2 h 留尿 1 次,共 6 次(为昼尿)。自 20 时至次日 8 时收集全部尿量,共 7 个尿标本。分别测定尿量和比重。

2. 临床意义 正常人 24 h 尿量为 1000～2000 ml;昼尿量与夜尿量之比为 (3～4):1;12 h 夜尿量不应超过 750 ml;尿液最高比重应在 1.020 以上,最高与最低尿比重之差不应少于 0.009。夜尿量 > 750 ml,为肾功能受损早期表现;若各次尿比重固定在 1.010～1.012 之间表示肾功能严重损害。

应注意:尿比重一般以 15℃ 为准,每增减 3℃,比重相应加减 0.001;尿内每含 10 g/L 蛋白质或 2.7 g/L 葡萄糖,比重也应减去 0.003 或 0.001。

四、尿渗透压测定

1. 晨尿渗透压测定 试验前一日正常进食,留取晨间第一次尿液,以渗透压计测定。正常成人晨尿渗透压为 700～1500 mOsm/L;如 < 700 mOsm/L 提示肾浓缩功能不全,并需进一步作禁水 12 h 尿渗透压测定。

2. 禁水 12 h 尿渗透压测定 18 时后禁水、禁食,直至次日晨 7 时。次日晨 6 时排尿弃去,7 时再排尿留于干净容器内并作渗透压测定。禁水 12 h,尿渗透压 > 800 mOsm/L,低于此值则为肾浓缩功能不全。

五、自由水清除率

自由水清除率 (free water clearance, C_{H_2O}) 是目前最理想的肾浓缩与稀释功能测定的指标。

$$C_{H_2O} = 尿量（ml/h）\times \left(1 - \frac{尿渗量}{血滤量}\right) \quad \text{(式 10-8)}$$

C_{H_2O} 正常范围为 −30～−100 ml/h。C_{H_2O} 越接近 0,肾功能越差。−25～−30 说明肾功能已开始有变化;−25～−15 说明肾功能轻、中度损害;−15～0 说明肾功能严重损害。正常人,C_{H_2O} 的正值代表肾的稀释功能;负值代表肾的浓缩功能。若某一患者尿少,而 C_{H_2O} 并不出现负值,提示该尿为肾损害所致;相反,若少尿同时 C_{H_2O} 为极高的负值,则提示少尿可能系血容量不足所致。

六、酚红排泄试验

酚红又名酚磺肽 (phenolsulfonphtha lein, PSP) 是一种对人体无害的染料,经静脉注射后,大部分与血浆白蛋白结合,除 20% 被肝清除、经胆道排出外,其余则由肾排出。在肾的排泄过程中,94% 由近曲小管上皮细胞主动排泌,小部分不与白蛋白结合者可从肾小球滤过,尿中排出 4% 左右,2% 通过胆汁到大肠由粪便排出。

试验方法为：空腹饮水 300～400 ml，20 min 后排尿弃之，并立即静脉注射 0.6% 酚红溶液 1 ml。酚红注射后于 15 min、30 min、60 min、120 min 分别收集尿液 1 次（每次均需尽量排空膀胱），并分别测定其酚红的百分率。

正常成人 PSP 试验 15 min 排泄率＞25%，120 min 总排泄率应达 55%～75%。15 min 排泄率＜12%，120 min 总排泄率＜55%，提示肾功能不全；120 min 总排泄率 40%～45% 为轻度肾功能不全，25%～39% 为中度肾功能不全，11%～24% 为重度肾功能不全，≤10% 为严重肾功能不全。

第六节　胃肠黏膜功能监测

组织氧合程度监测是对危重患者监测的重要内容，临床上如能对器官组织的氧合状态进行连续监测，就有可能了解器官功能是否正常和预测病情的变化。因此，一种安全有效的动态监测组织氧合的方法具有十分重要的意义。临床和实验研究证明，败血症和低血容量引起的组织低灌注和氧合不足，最先受影响的器官是消化道，其原因是胃肠黏膜对低灌注和低氧特别敏感。黏膜 pH 与低氧或败血症引起的无氧代谢密切相关，长期低氧将导致多器官衰竭。目前临床应用的无创胃肠张力监测仪（Tonometry），可以测量胃肠黏膜内的 PCO_2 和 pH，能及时准确地反映全身器官组织灌注和氧合情况，因此，临床上已将此项技术作为危重患者重要监测项目。

一、测定原理

Bergofsky（1964）将盐水注入空腔器官如膀胱和胆囊，测定腔内液体的 PO_2 和 PCO_2。作者假定液体的 PO_2 和 PCO_2 与黏膜的 PO_2 和 PCO_2 相平行，由此便可测知黏膜的氧合情况。该设想在以后的 18 年中得到反复验证。Green 等于 1982 年将此理论推进了一步，提出用胃肠张力计测定气体分压和胃肠黏膜内 pH（pHi），其依据是：①张力计测出的肠腔 PCO_2 与黏膜内 PCO_2 相近似；②组织 HCO_3^- 浓度与动脉血 HCO_3^- 浓度完全相同。因而，便可应用 Henderson-Hasselbalch 平衡方程式计算出 pHi。

$$pHi = 6.1 + \lg 10 \cdot [HCO_3^-/\alpha PCO_2] \quad \text{（式 10-9）}$$

α 为二氧化碳上在血浆中的溶解系数（α=0.03）。

Grum 等根据以上的生理概念研制出用于胃和乙状结肠的张力测定仪。胃张力测定仪由一根标准鼻胃管和一个硅胶球囊组成，球囊可以透过二氧化碳。插入胃内后，向球囊灌注生理盐水，灌满盐水的球囊紧靠胃黏膜。由于球囊对二氧化碳的通透功能，二氧化碳自由地从黏膜弥散入盐水中，60～90min 后达到平衡，盐水中的 PCO_2 即为胃黏膜内的 PCO_2。然后将球囊中盐水抽出，并立即抽取动脉血样品（两种操作都需在严格无氧条件下进行），送入仪器分析，测出盐水样品中 PCO_2 和动脉血的碳酸氢盐（HCO_3^-）。仪器按 Henderson-Hasselbalch 方程式，自动测定和显示胃 pHi 值。

（一）评价病情（表 10-4）

胃肠黏膜内 PCO_2 和 pH 监测可以评价消化道是否得到足够的灌注和氧合情况，了解危重症患者的病理生理情况。pHi 正常值为 7.38 ± 0.03（$\bar{x} \pm s$），＜7.32 被视为存在酸血症。在临床中，pHi 降低与持续时间综合分析更为重要，即 pHi 降低时间愈长，消化道缺血愈严重。

（二）指导治疗

胃和乙状结肠 pHi 测定已广泛用于监测胃肠灌注和氧合状态，尤其在危重患者，可指导液体和血管活性药物的应用；也可作为撤离呼吸机的指标。大手术期间低血容量常常是胃肠组织低灌注的主要原因，胃肠 pHi 监测往往较全身血流动力学监测如血压、心排出量和尿量监测更为敏感。危重症患者进行 pHi 动态监测，可以维持充足的组织灌注和氧合，改善患者的生存率，减少器官衰竭的发生，最终达到缩短患者在 ICU 的时间和住院天数的效果。

（三）并发症的早期预警

在与其他创伤性或非创伤性监测比较研究中发现，当病情恶化时，其他生命体征参数发生改变前数小时至数天，胃肠 pHi 已发生变化。因此，它可用于危重患者并发症的预测。

二、注意事项

1．张力计测试前的准备 先将张力计球囊系统近端的三通开关打开，将装满 3 ml 生理盐水的注射器连接上，缓慢注入球囊内，并进行重复灌注和吸引，直至空气被完全排出后方可将盐水吸出，使球囊塌陷，关闭管腔。然后像插普通胃管一样插入胃张力计，证实位置正确后，向球囊内注入 2 ml 生理盐水。注射器留在三通接口上。

2．样品的采集 当达平衡时间（60～90 min）后，先从三通接头另一开口处抽出 1 ml 盐水去掉，然后再从原来的开口处抽出 1 ml 盐水作为样品。抽取过程不能有漏气吸入空气，否则将影响二氧化碳分析的准确度。

3．确保平衡时间 平衡时间是测定准确度的重要因素，系指盐水灌注入张力计球囊至抽出的时间，护士或助手应做好记录并输入到监测仪器内。

4．禁忌证 与插普通鼻胃管相似，胃出血、食管、静脉曲张、胃穿孔患者禁忌此项操作。测试前 90 min 进食的患者会影响肠腔内 PCO_2 水平，应暂缓进行测试工作。

表 10-4　胃 pHi 测定对病情的评价

黏膜内代谢的估计
心脏手术患者胃 pHi 和内脏缺血的相关性
消化道缺血和感染的相关性
胃溃疡的预测
慢性胃缺血与腹痛的关系
餐后疼痛与慢性肠系膜缺血的预测
败血症患者胃缺血的进展
肠系膜内 pH 和肠系膜阻塞的相关性
治疗效果的估价
中毒性休克
低血容量性休克
强效血管活性药物治疗败血症综合征
重症患者危险因素的预测

第七节　肝功能监测

肝是人体代谢的枢纽，物质在肝内的代谢是通过复杂的酶促反应实现的，质量正常的肝细胞和充足的能量供应是其正常工作的必要条件，故在重大手术、麻醉及各种危重情况下，监测肝脏的功能是具有重要意义的。

一、血清胆红素测定

1. 血清总胆红素测定　血清胆红素正常范围为 4～20 μmol/L。17.1～34.2 μmol/L 视为隐性黄疸；34.2～170 μmol/L 视为轻度黄疸；170～340 μmol/L 视为中度黄疸；340 μmol/L 以上则视为重度黄疸。

血清胆红素测定对于测知肝细胞的损害，并不是一个灵敏的指标。但是，在肝疾病时，胆红素浓度明显升高常常反映了较严重的肝细胞损害。如急性酒精性肝炎时，血清胆红素大于 85.5 μmol/L，提示预后恶劣。病毒性肝炎时，血清胆红素愈高，肝细胞损害往往愈严重，病情愈长。但是，在急性重型肝炎时，血清胆红素可仅中度升高，少数亚急性肝炎病例，可无黄疸出现。胆汁淤积性肝炎，肝细胞受累较轻，但血清胆红素却可甚高。肝炎合并溶血时，血清胆红素又往往超过预期的数值。

2. 血清直接胆红素测定　血中胆红素分为结合胆红素和非结合胆红素，结合胆红素通过直接偶氮反应测定，又称直接胆红素测定。

正常值 0～0.2 mg%（0～3.4 μmol/L），少数可达 4.3 μmol/L，超过此值认为有临床意义。

临床意义：①诊断"非结合胆红素"增高的疾病，如肝前性黄疸的疾病（此类疾病出现黄疸时，血清总胆红素浓度增高，直接胆红素基本正常）。②早期诊断某些肝胆疾病。直接胆红素升高（超过 5.1～6.8 μmol/L），而总胆红素正常。可见于：病毒性肝炎黄疸前期或无黄疸型肝炎、代偿期肝硬化、胆道部分阻塞、肝癌等。③协助鉴别肝细胞性和阻塞性黄疸。

从理论上讲，肝细胞性黄疸时，直接胆红素在总胆红素中所占比例低于阻塞性黄疸；一般认为肝细胞黄疸时比值为 40%～60%，而阻塞性黄疸时应在 60% 以上。

二、尿胆红素、尿胆原测定

1. 尿中胆红素定性　正常人尿中无胆红素存在。如尿中出现胆红素，一般即表明有肝胆疾病存在。尿中胆红素全部为结合胆红素。

临床意义：①怀疑有黄疸的病例，本试验可立即得出结果，为迅速有效的筛选试验之一。②急性病毒性肝炎的黄疸前期，在血清胆红素甚至直接胆红素升高前，尿中即可查到胆红素，故可用于病毒性肝炎的早期诊断。③因为只有结合胆红素才能排泄入尿中，故在黄疸病例中，如果尿中缺乏胆红素，提示为非结合胆红素血症。④有些肝病可见血清中直接胆红素甚高，但尿胆红素为阴性的分离现象，如黄疸性肝炎的恢复期。

2. 尿内尿胆原测定　正常大肠腔内尿胆原大部分经粪便排泄，每天约排泄 40～250 mg，平均为 100 mg。经肠黏膜重吸收的尿胆原被肝重新排入胆汁，仅少量从尿中排泄，约为 0.2～3.5 mg。

正常值：用半定量法为 1:20 稀释度以下。

临床意义：阳性见于肝细胞性黄疸、溶血性黄疸、发热、心功能不全等。

在除外肝胆以外原因的情况下，测定尿中尿胆原的变化，有助于了解肝功能状况和黄疸的区别：①在急性病毒性肝炎时，尿胆原增高。②急性肝炎，第 4 周后仍持续阴性或强阳性，有可能转为迁延性肝炎或慢性肝炎。③在阻塞性黄疸时，如尿中尿胆原持续阳性 1 周以上，应高度怀疑恶性胆道梗阻可能。④在胆石症时，其阻塞往往是不完全的，故尿中尿胆原可间歇性出现。

三、BSP 试验和 ICG 试验

肝是人体重要的排泄器官之一，许多内源性物质（如胆红素、胆汁酸、胆固醇等）和外源性物质（如某些药物、毒物、染料等），均在肝内进行适当代谢后，由肝细胞排泄至胆汁，从而排出体外。

在肝细胞损害时，上述物质的排泄功能减退，据此原理，人为地给予受检者某些外源性色素（染料），来测定肝排泄功能的变化，可作为灵敏的肝功能试验的方法之一。

1．BSP 试验（酚四溴钠试验） 从一侧肘静脉注入 BSP（5 mg/kg 体重）后 30 分钟或 45 分钟后从另一侧肘静脉抽血 3 ml，分离血清比色。

正常人 BSP 潴留率在 30 分钟小于 10%，在 45 分钟小于 5%。如 45 分钟潴留率在 20%～40%，表示轻度肝功能减退；50%～80%，表示中度肝功能减退；超过 90% 则表示为严重肝功能不全。

本试验十分敏感，在其他肝功能试验出现异常之前，即可显示血中 BSP 潴留，因此，对无黄疸型病毒性肝炎或肝炎的黄疸前期有早期诊断的价值，在应用对肝有潜在损害的药物时，可用 BSP 试验来监测肝的状况，以便及时发现肝损害迹象而停药或减量。

2．ICG（吲哚氰绿）试验

（1）15 分钟血中潴留率（R15 ICG）：早晨空腹，取 ICG 0.5 mg/kg 体重，用注射用水稀释成 5 ml，从一侧肘静脉迅速注入。15 分钟后，从另一侧肘静脉取血 3 ml，用分光光度计作比色定量（C15），按下列公式计数 R15 ICG。

$$R15\ ICG\% = \frac{C15\ (mg\%)}{1.0\ (mg\%)} \times 100\% \qquad (式 10\text{-}10)$$

正常值：7.87%±4.31%，上限为 12.1%，

年龄大者，潴留率增加，每增加 5 岁，潴留率可增加 0.2%～0.6%，一般在 10% 以下为正常。

（2）ICG 血中消失率（KICG）

$$K = \frac{0.693}{T_{1/2}} \ (0.693\ 为 2\ 的自然对数) \qquad (式 10\text{-}11)$$

正常值为 0.168～0.206。K 值表示 1 分钟内肝清除血浆中 ICG 含量的百分数。

（3）肝最大移除率：正常值为（3.18±1.62）mg/（kg·min）。肝实质损害时 R15 ICG 升高，KICG 降低。ICG 试验较 BSP 试验更敏感，但价格昂贵。

四、血清蛋白试验

肝合成的蛋白质主要为白蛋白，大部分 α、β 球蛋白也由肝产生。肝尚能合成酶蛋白和凝血因子，如纤维蛋白原、凝血酶原、V、Ⅷ、Ⅸ、Ⅹ因子等。

1．总蛋白　血清总蛋白正常值为 60.0～80.0 g/L，肝病时，肝合成白蛋白减少，但由于免疫刺激作用，γ球蛋白产生增加，故血清总蛋白一般无显著变化。

急性重型肝炎时，多数病例血清总蛋白减少。但因白蛋白的半衰期长达 17～21 天，即使白蛋白的合成完全停止，如患者在一周内死亡，血浆总蛋白的减少也尚不能反映出来。

在亚急性肝炎时，总蛋白常减少，且随病情的恶化而相应加重，因此，在肝炎时，如有血清总蛋白减少，且有进行性加重，应警惕肝坏死的发生。如血清总蛋白减至 60 g/L 以下，提示预后不良。

肝硬化患者如伴有腹水或食管下段静脉曲张破裂反复出血时，总蛋白也倾向于低值。其原因是：①肝硬化蛋白合成减少；②腹水时，血浆容量有变化，血管外液的蛋白池扩张，血管内蛋白池相应减少，引起血浆内蛋白下降。肝硬化病例中，总蛋白低于 60 g/L，其 5 年生存率小于 20%；总蛋白大于 60 g/L，其 5 年生存率可达 54.8%，因此，在肝硬化患者动态测定血清总蛋白量，对其预后的判断有一定的指导意义。

2．血清蛋白电泳

（1）白蛋白（A）：正常值为 35～50 g/L，肝损害时，若蛋白质的摄入量大且吸收正常，尿和其他排泄物又没有蛋白质丧失，则血清白蛋白的降低，几乎全为肝细胞损害所致。

白蛋白增高见于失水及血液浓缩；降低见于肝疾病如肝硬化、慢性肝炎、肾病综合征、慢性肾炎等。

白蛋白减少是肝硬化的特征，在代偿良好的肝硬化患者，γ球蛋白可以显著增高，而白蛋白仅轻度减少，但在肝硬化的失代偿期，白蛋白显著减少。当肝硬化患者白蛋白减少到 30 g/L 以下时，若给以合理的内科治疗后，白蛋白不能回升或进一步减至 20 g/L 以下时，则预后极为险恶。

在急性重型肝炎或亚急性肝炎时，如果病情未控制，不仅白蛋白减少，且随病情恶化有进行性降低的倾向，提示预后恶劣。

（2）球蛋白（G）：正常值：20～30 g/L。增高见于肝疾病如肝硬化、慢性肝炎、结缔组织疾病、多发性骨髓瘤等，降低较少见，如γ球蛋白缺乏症。

（3）血清蛋白电泳：正常值 A：0.57～0.68；α_1：0.01～0.06；α_2：0.06～0.10；β：0.07～0.15；γ：0.1～0.2。

临床意义：①肝病时如α_1球蛋白增高，提示病情较轻，α_2球蛋白减少常标志病情较重。②α_2球蛋白在病毒性肝炎初期（如病后 1 周内）多数保持正常，以后逐渐增加。在亚急性肝炎和急性重型肝炎时常减少。α_2球蛋白在肾病综合征、糖尿病时增加。急性血吸虫病、肝脓肿、肝癌、胆汁淤积及血脂增加时，α_2球蛋白升高。③β球蛋白同α_2球蛋白一致。在急性重型肝炎时下降。④γ球蛋白在慢性肝炎、肝硬化时增高。

（4）A/G 比例：正常值为 1.5～2.5。

五、血清脂质测定

1．血清胆固醇测定

正常值：3.4～5.2 mmol/L，其中胆固醇酯量约 50%～70%，其他为游离胆固醇，两者的比例较稳定。

临床意义：①肝细胞病变时，血中胆固醇酯所占比例下降，常小于 70%。一般认为在严重肝实质疾病时，血浆总胆固醇含量也是降低的。②阻塞性黄疸时，血浆胆固醇含量升高，大部分病例常超过 7.8 mmol/L，如并发肝细胞损害，则胆固醇酯的绝对含量也降低。

2．血清三酰甘油测定

正常人血清三酰甘油浓度为 0.44～1.7 mmol/L，各种肝病时血清三酰甘油往往升高，尤其在急性病毒性肝炎时；此外，在原发性胆汁性肝硬化，肝外阻塞性黄疸等亦升高。

六、血清酶的测定

1．谷丙转氨酶（ALT）和谷草转氨酶（AST）

（1）谷丙转氨酶（ALT 即 SGPT）：正常值为 5～35 U/L，在肝等脏器组织损伤或坏死时，细胞内酶释放入血流，引起血清内酶活力增高。其增高见于：急性病毒性肝炎、病毒性肝炎的隐性传染、慢性肝炎、胆道疾病、肝硬化、血吸虫病、原发性肝癌、肝结核、心肌梗死、心力衰竭。其特点为：① ALT 增高是诊断急性病毒性肝炎最敏感的指标之一，但需依赖肝炎病毒特异性免疫检查才能鉴别甲、乙、丙、丁型。②急性肝炎时，ALT 升高的持续时间往往比 AST（即 SGOT）为长，一般说其高低与临床上的病情轻重相平行。③肝炎患者如果血清 ALT 活力持续升高或反复波动在 6～12 个月以上者，多半患者已演变为慢性肝炎。④在慢性胆囊炎、胆石症的急性发作期或慢性支气管炎、阻塞性肺气肿患者的急性发作时，都可出现 ALT 的显著增高（>200 U/L），这不是肝炎或肝细胞崩溃坏死的反映，而是胆道炎症或严重缺氧使肝细胞膜的通透性发生改变，ALT 逸入血浆所致，乃是一过性的，而非肝的实质性病变，随着病情的控制，血清 ALT 迅速降至正常。

（2）谷草转氨酶（AST 即 SGOT）：正常值为 13～36 U/L，增高见于心肌梗死急性期、急性肝炎、肝坏死、慢性肝炎活动期、肝硬化活动期、肝癌、心肌炎等。

2．血清乳酸脱氢酶（LDH）

LDH 活力的测定，大都采用比色法，正常人血清中的 LDH 主要来自红细胞、肝和骨骼肌，正常人血清 LDH 为 55～135 U/L。

急性肝炎或慢性肝炎活动期 LDH 可显著升高，其临床意义大致与 ALT、AST 一致，肝癌时血清 LDH 活力明显升高，肝硬化患者，在病程中如发现 LDH 升高，应怀疑肝癌的发生；血清 LDH 测定对肝病缺乏特异性，心肌梗死、肺梗死、进行性肌营养不良、肌炎、溶血性贫血、恶性贫血、白血病、肝外恶性肿瘤等 LDH 也会升高。

3．LDH 同工酶测定

LDH 同工酶共有 5 种，即 LDH_1～LDH_5 同工酶的分布具有相对的特异性，故测定 LDH 同工酶有助于病变器官的定位，如心肌梗死、恶性贫血、溶血时以 LDH_1 升高为主；肺梗死、白血病时主要为 LDH_3 明显升高，肝病时以 LDH_5 升高为主。在排除了肌病的情况下，LDH_5 升高提示肝病的存在。不少慢性肝病如肝硬化病例，其他肝功能试验可正常，而仅 LDH_5 升高，提示部分肝病患者 LDH_5 测定比其他肝功能试验敏感。

4．血清碱性磷酸酶（ALP、AKP）

正常值：50～172 U/L。正常人血清中 ALP 主要为肝、骨、肠 ALP 同工酶，但在同一个人血清中，同时存在上述几种 ALP 同工酶的可能性很小。血清 ALP 测定为诊断肝胆疾病的重要方法之一，以肝癌和胆道阻塞时阳性率最高，升高幅度也较大，肝实质疾病较低。

临床上，血清 ALP 主要用于鉴别肝细胞性黄疸和阻塞性黄疸，协助诊断肝占位性或浸润性病变，协助判断肝病预后。血清 ALP 活性不断下降，胆红素逐渐升高，表示肝有较严重而弥漫性的损害；反之，表示肝细胞有再生现象。

5．血清γ谷氨酰转肽酶（GGT）

正常值：0～40 U/L，正常人血清 GGT 主要来自肝。增高见于：①原发性或转移性肝癌，呈中度或高度增加，多数在正常值的10倍以上。②慢性肝炎、慢性迁延性肝炎时增高不显著，稍超过正常值的上限，而慢性活动性肝炎时常为成倍性增高。③肝硬化早期 GGT 增高，晚期患者 GGT 反而很低。④在血吸虫病患者中，GGT 有较高的阳性率，随着药物治疗病情好转，GGT 可降低，有诊断和鉴别诊断的价值。⑤用于诊断阻塞性黄疸。

七、血氨测定

肝病时测定血氨浓度可用来估计肝损害程度及其预后，肝炎时血氨正常或轻度升高，而重症肝病患者，尤其合并肝性脑病的病例可显著增加，血氨超过 118 μmol/L 的病例，常伴有程度不同的意识障碍。纳氏试剂显色法测得血氨正常范围为 3.5～5.9 μmol/L，酚一次氨盐酸法测得血氨正常范围为 27～80 μmol/L。

八、凝血酶原时间测定

在严重的肝细胞疾病和阻塞性黄疸中，都可有凝血酶原的缺乏，前者由于肝内合成障碍，而后者则是由于肠道内没有胆汁溶入而使脂溶性维生素 K 吸收不良所致。

正常值：(12±1) 秒（活动度 80%～100%）。肝病时 PT 延长者占 82.7%，有报告指出，肝细胞损害愈严重，PT 延长愈明显。PT 量仅及正常的 20% 者，可发生自发性出血；降至 10% 以下者预后不良。

第八节　脑功能监测

图 10-2　神经外科重症监护病房

重症监护室（intensive care unit，ICU）是由高水平的医护人员，应用专业设备对疾病进行严密监测和有效治疗的场所。近年来，大型神经外科中心建立配套的神经外科重症监护病房（neuro-surgical intensive care unit，NSICU），可针对神经系统疾病的变化特征，对中枢神经系统进行一体化的监护、治疗和护理，可避免一般 ICU 不能及时发现的神经系统损害，降低神经重症的死亡率（图 10-2）。与一般 ICU 不同的是 NSICU 在颅脑创伤的早期处理中，颅内压（ICP）监测、脑氧代谢状态的监测、脑血流量（CBF）监测、脑电活动监测、脑温监测、颅脑影像学监测等脑功能及代谢状态指标的监测已成为重要的诊治手段。

一、颅内压的监测

（一）颅内压监测的意义

ICP 的正常范围为 8～16 cmH$_2$O（0.80～1.6 kPa），达到 20 cmH$_2$O（2.0 kPa）即被认为是 ICP 增高，达到 27 cmH$_2$O（2.67 kPa）是临床必须采取降压措施的最高临界，这时脑容量微小的增加即可造成 ICP 急剧上升。对具体患者来说，容积 - 压力关系可以有所不同，并取决于脑容量增加的速度和颅内缓冲代偿能力。作为对这种脑顺应性测试的方法，可以向蛛网膜下腔内注入或抽出 1 ml 液体，ICP 变化 4 cmH$_2$O（0.4 kPa），即表示颅压缓冲机制已经衰竭，必须给予处理。正常的颅内压波形平直，在 ICP 升高的基础上可以观察到两种较典型的高 ICP 波形。一种为突然急剧升高的波形，可达 68～136 cmH$_2$O（6.67～13.33 kPa）并持续 5～20 min，然后突然下降，此称 A 型波。A 型波可能与脑血管突然扩张，导致脑血容量急剧增加有关。A 型波具有重要的临床意义，常伴有明显临床症状和体征变化。一种为每分钟急剧上升到 27 cmH$_2$O（2.67 kPa）的波形，称为 B 型波。B 型波的确切意义还不十分清楚，可能为 A 型波的前奏，提示脑顺应性降低。但也有人认为 B 型波可能与呼吸有关，而无特殊重要意义。

在临床上，可将 ICP 增高的发展过程分作 4 个阶段：①代偿期：此期颅腔内容物体积或容量的增加未超过其代偿能力，临床上可无症状。其持续时间，取决于病变的性质、部位和发展速度。严重缺氧、缺血、急性颅内血肿等多为数分钟到数小时；而慢性颅内压增加如脑脓肿、肿瘤等可长达数天、数周乃至数月；②早期：此期颅内容物的体积已超过代偿能力，颅内压在 20～37 cmH$_2$O（2.00～3.67 kPa），脑灌注压和脑血流量为平均动脉压和正常脑流量的 2/3，有轻度脑缺血和缺氧的临床表现。此时如果及时去除病因，脑功能容易恢复；③高峰期：病情发展到较严重阶段，颅内压几乎与动脉舒张压相等，脑灌注压、脑血流和脑细胞生物电停放。临床表现为深昏迷、一切反射均消失、双瞳孔散大、去大脑强直、血压下降、心跳微弱、呼吸不规则甚至停止。此期虽经努力抢救，但预后恶劣。脑灌注压和脑血流量仅为平均动脉压和正常脑血流量的 1/2，脑组织有较重的缺血和缺氧表现，并明显地急剧发展。此期如不及时采取有效治疗措施，往往出现脑干功能衰竭；④晚期：此时颅内压接近平均动脉压，脑组织几乎无血液灌流，脑细胞活动停止。

1951 年，Guilaume 通过侧脑室穿刺导管首先进行了颅内压的测量，1960 年，Lundberg 对颅内压进行了连续监测，开始了颅内压监测的临床应用。随着颅内压监测的应用，多种压力转化器应运而生，出现了可用于脑室、硬膜下、硬膜外、脑实质内等多种类型的转换器，由于光纤系统的运用和动功能探头的研发推动了转换器的小型化发展，Zwienenberg 对脑室内、脑实质内及脑池内光纤导管的监测进行了对比研究，认为脑室内监测可靠性大，脑实质内监测损伤性较大，而脑池内监测结果明显偏低。

颅内压监测有助于实时判断颅内压力改变，帮助判断颅脑损伤的程度，指导降低颅内压措施的选择和使用。对减少脑继发性损害，促进恢复、改善预后有重要用。Miller 指出，在无颅内压监测下盲目地使用甘露醇有害无益，颅内压监测是判断颅内高压的可靠措施，是应用脱水剂的良好指标。Mc Grow 认为 ICP > 25 mmHg 时持续 10 分钟是紧急应用脱水剂的重要指证，颅内压的监测可以对颅内小血肿的手术提供指导。

（二）颅内压监测的方法

1. 临床特征的观察与判断 颅内压增高的基本临床特征是头痛、呕吐、视神经盘水肿、意识障碍和脑疝等。然而由于不同的发病原因，根据其起病和临床经过可分为急性和慢性颅内压增高。

（1）头痛：慢性颅内压增高所致头痛多呈周期性和搏动性，常于夜间或清晨时加重，如无其他体征常易误诊为血管性头痛。如在咳嗽、喷嚏、呵欠时加重,说明颅内压增高严重。急性颅内压增高多是由外伤所致的颅内血肿、脑挫伤、严重脑水肿等引起脑室系统的急性梗阻,因此患者头痛剧烈,而且不能被缓解,常很快发生意识障碍,甚至脑疝。

(2) 呕吐:恶心和呕吐常是颅内压增高的征兆,是慢性颅内压增高唯一的临床征象。伴剧烈头痛的喷射状呕吐则是急性颅内压增高的表现。

(3) 视神经盘水肿:视神经盘水肿是诊断颅内压增高的准确依据,但视盘无水肿却不能否定颅内压增高的诊断。由于急性颅内压增高病情进展迅速,一般很少发生此种情况。反之,慢性颅内压增高则往往有典型的视盘水肿表现,首先是鼻侧边缘模糊不清、乳头颜色淡红、静脉增粗、搏动消失;继而发展为乳头生理性凹陷消失,乳头肿胀隆起,其周围有时可见"火焰性"出血。

(4) 意识障碍:它是急性颅内压增高最重要的症状之一,是由中脑与脑桥上部的被盖部受压缺氧或出血所致,使脑干网状上行激活系统受损。慢性颅内压增高不一定有意识障碍,但随着病情进展,可出现情感障碍、兴奋、躁动、失眠、嗜睡等。

(5) 脑疝:由于颅内压增高,脑组织在向阻力最小的地方移位时,被挤压入硬膜间隙或颅骨生理孔道中,发生嵌顿,称为脑疝。

有实验证明:颅内压高达 29~40 cmH$_2$O 持续 30 min 就可发生脑疝。脑疝发生后,一方面是被嵌入的脑组织发生继发性病理损害(淤血、水肿、出血、软化等),另一方面是损害邻近神经组织,阻碍和破坏脑脊液和血液的循环通路和生理调节,使颅内压更为增高,形成恶性循环,以致危及生命。

临床常见的脑疝有小脑幕裂孔疝和枕骨大孔疝。前者多发生于幕上大脑半球的病变,临床表现为病灶侧瞳孔先缩小后散大、意识障碍、对侧偏瘫和生命体征变化,如心率慢、血压高、呼吸深慢和不规则等;后者主要由于增高的颅内压传导至后颅凹或因后颅凹本身病变而引起。早期临床表现为后枕部疼痛,颈项强直。急性的枕骨大孔疝常表现为突然昏迷、明显的呼吸障碍(呼吸慢、不规则或呼吸骤停),心率加快是其特征,也有心搏随呼吸并停者,而血压增高则不如前者明显。

2. 有创 ICP 监测 虽然临床症状和体征可为 ICP 变化提供重要信息,但在危重患者中,ICP 升高的一些典型症状和体征,有可能被其他症状所掩盖,而且对体征的判断也受检测者经验和水平的影响,因此是不够准确的。判断 ICP 变化最准确的方法是进行有创的 ICP 监测,实施的指征为:①所有开颅术后的患者;②CT 显示有可以暂不必手术的损伤,但 GCS 评分 < 7 分,该类患者有 50% 可发展为颅内高压;③虽然 CT 正常,但 GCS < 7 分,并且有下列情况两项以上者,该类患者发展为颅内高压的可能性为 60%:①年龄 > 40 岁;②收缩压 < 82.5 mmHg(11.0 kPa);③有异常的肢体姿态。

实施有创 ICP 监测的方法有四种,ICP 监护的内容包括适应证、持续时间和压力、波形、振幅等。不同的波形等常提示一定的临床意义。

(1) 脑室内测压:在颅缝与瞳孔中线交点处行颅骨钻孔并行脑室穿刺,或在手术中置入细硅胶管,导管可与任何测压装置相连接(图 10-3)。也有人习惯通过 DOME 与血流动力学监测仪的测压系统相连接,结果非常令人满意。为便于引流脑脊液,可在 DOME 前端连接一个三通。如果没有电子测压装置,则改用玻璃测压管测压。

脑室内测压最准确,且可通过引流脑脊液控制颅内压,但有损伤脑组织的风险,在脑严重受压而使脑室移位或压扁时也不易插管成功。此外,导管也容易受压迫或梗阻而影响测压的准确性。脑室内测压最严重的并发症是感染,因此管道内必须保持绝对无菌并防止液体反流。

(2) 硬膜下测压:即将带有压力传感器的测压装置置于硬脑膜下、软脑膜表面,可以避免脑穿

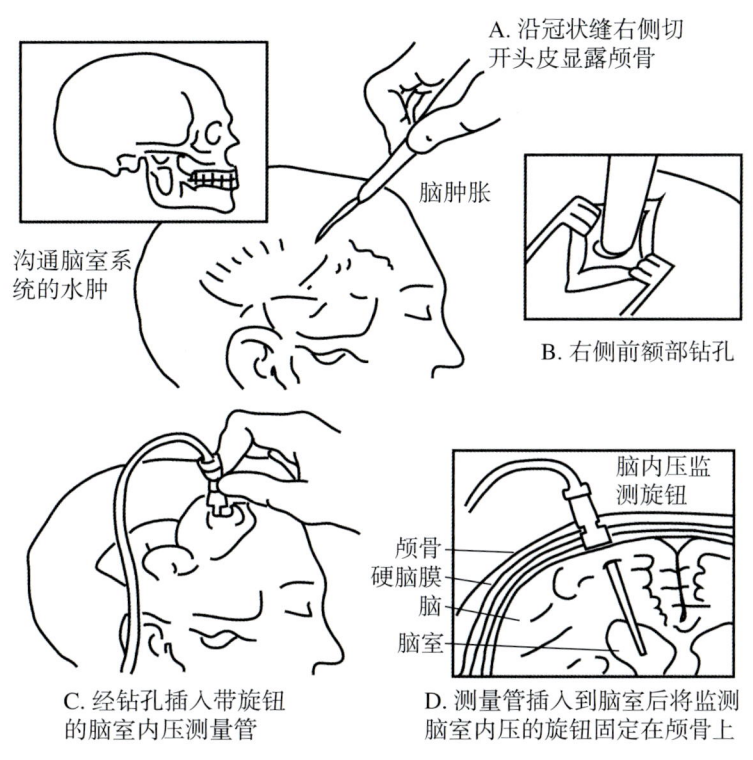

图 10-3 脑室内测压操作技术

刺而损伤脑组织，但准确性较脑室内测压差，感染仍是主要风险。

（3）硬膜外测压：将测压装置放在内板与硬膜之间，无感染风险，但准确性最差。

（4）腰穿测压：在急性 ICP 升高，特别是未做减压术的患者不宜采用，因有诱发脑疝形成的可能。一旦脑疝形成，脊髓腔内压力将不能准确反映 ICP。

3．无创颅内压监测 无创 ICP 监测没有上述操作复杂，也没有感染等并发症，但其准确性有待进一步研究，临床使用的主要方法为闪光视觉诱发电位监测、视网膜静脉压监测、鼓膜移位法和前囟测压法等，但目前已很少用。

（1）闪光视觉诱发电位（flash visual evoked potentials，f-VEP）：f-VEP 是指由弥散的非模式光源刺激诱发出的视觉诱发电位，它可以反映 ICP 的改变，其原理是神经元及其纤维的兴奋与传导需要不断地从血液循环得到能量。颅脑创伤继发 ICP 升高时，神经元及其纤维发生缺血缺氧和能量代谢障碍，脑脊液 pH 下降，乳酸浓度增高，神经传导发生阻滞，电信号在脑内的传导速度减慢。这一减慢的电信号可被 f-VEP 捕捉，f-VEP 波峰潜伏期延长，延长时间与 ICP 值成正比。f-VEP 反映的是从视网膜到枕叶皮质视通路的完整性，受视敏感度影响较小，不论患者合作与否均能完成检查，因此适合重症患者，特别是昏迷患者的监测。周翼英等对 f-VEP 和有创 ICP 监测的测量值进行比较，发现两者有良好的相关性。f-VEP 可以较准确、无创地监测 ICP，指导临床治疗，但目前尚存在许多不足：① f-VEP 主要通过 N2 波潜伏期的长短来计算 ICP 值，但脑水肿、血肿、局部缺氧缺血和乳酸堆积等多种因素均可引起 N2 波潜伏期延长，故 f-VEP 不能区分颅内高压的原因；② f-VEP 监测仪操作者选择 N2 波潜伏期的准确程度直接影响测量结果，而目前对 N2 波潜伏期的选择还没有统一的科学标准；③目前 f-VEP 的参数方程是基于脑积水患者建立起来的，但不同的疾病，如颅内感染、脑水肿、脑挫裂伤、脑积水和脑肿瘤等对神经传导速度的影响是否一致尚不可知；④年龄对神经传导速度也有影响，60 岁以上患者随着年龄的增高潜伏期会延长；⑤ f-VEP 也不适用于监测儿童 ICP 增高患者。

(2) 前囟测压法（anterior fontanel pressure，AFP）：早在 1959 年，Davidoff 首次经前囟测得 ICP，但与有创监测相比精度较差。随后 Wealthall、Salmon 等对其仪器进行了改进，一定程度上降低了前囟软组织弹力的影响。鹿特丹遥测传感器（Rotterdam teletransducer，RTT）是较可靠的测前囟压的仪器，它和有创 ICP 监测的相关性较好。AFP 主要用于新生儿和婴儿的 ICP 监测，但仍存在以下问题需要解决：① AFP 多以压平前囟为测压条件，仅适用于突出骨缘的前囟，对前囟凹陷的新生儿无效；②测压时压平外凸的前囟缩小了颅腔容积，在一定程度上会增高 ICP，对患儿不利，且测得的 ICP 值偏高。

(3) 鼓膜移位法（tympanic membrane displacement，TMD）：90% 正常人群在 40 岁前耳迷路导管是开放的，鼓膜周围的液体压力直接反映颅内脑脊液的压力。ICP 变化时，外淋巴液的压力随之产生变化，使原本处于静止状态的镫骨肌和前庭窗的位置发生改变，继而影响听骨链和鼓膜的运动，通过计算 ICP 改变前后的 TMD 值差别可估算 ICP。TMD 值的正常范围是 -200～200 nl，超过 200 nl 为颅内高压。Samuel 等比较了 8 例脑积水患儿 TMD 和有创 ICP 监测的测量值，TMD 诊断颅内高压的准确性为 80%，特异性为 100%。Frank 等亦发现耳声发射，尤其是有颅内畸变产物的耳声发射可作为一种无创监测 ICP 的方法。TMD 法的优点是能在一定范围内较精确地反映低颅压，区分高颅压和低颅压所引起头痛等症状；还可以将 ICP 增高与梅尼埃病、迷路病变导致的眩晕、耳鸣等症状相鉴别。但 TMD 也有许多缺陷：①不能用于连续监测；②周围环境过于嘈杂时，由于患者暂时性音阈改变而影响测量值；③因镫骨肌反射缺陷，不能用于脑干和中耳病变者；④老年人由于耳迷路导管已闭合，不能进行 TMD 监测。

(4) 视网膜测压法（ophthalmodynamometry pressure，ODP）：生理状况下，视网膜静脉经视神经基底部回流到海绵窦，视网膜中央静脉压 ≥ ICP。颅脑创伤患者 ICP 增高时，视神经基底鞘部受压，导致视盘水肿和视网膜静脉搏动消失。Firsching 等和 Motschmann 等分别对两组患者用负压式视网膜血管血压仪测量视网膜中央静脉压，并同时进行有创 ICP 监测，发现两种监测方法有良好的线性相关。ODP 测定 ICP 方便、实用、适用范围广且可重复测定，但不适合长期监测。

二、脑氧代谢状态的监测

1. 组织氧饱和度（regional oxygen saturation，rSO_2） 近红外线光谱仪（infrared cerebral oximeter）可利用 650～1100 nm 波长红外线，透过颅骨测出皮质的静脉血氧饱和度，是一种非侵袭性监测手段。动态观察局部脑组织皮质静脉血氧饱和度可监测颅内疾病的进展，但在梗死、坏死的脑组织中，由于脑部已经没有新陈代谢，脑氧饱和度有可能接近正常，有关临床方面的大规模试验仍有待开展。

2. 局部脑组织氧分压 通过微探头置入脑内的方法可监测到局部脑组织的氧分压（PaO_2）、二氧化分压（$PaCO_2$）及酸碱度（pH）。当局部脑组织发生缺血时，在其他监测数据尚无改变（如 ICP 正常）时已可通过脑组织监测 PaO_2 而早期发现缺血。目前认为局部脑组织 PaO_2 < 10mmHg 时，即提示存在局部缺血。

3. 脑内微透析技术 微透析技术（microdialysis）是一种微创、连续的研究细胞间液生化和神经递质等活性物质变化的动态监测方法。20 世纪 80 年代已被用于动物实验。微透析技术也应用于神经外科临床。国内外的研究表明，对于重型颅脑创伤患者，微透析技术监测脑细胞间液一些活性物质的变化，是一种安全有效先进的监测手段，可指导临床治疗。具体实施方法是将微透析导管分别插入患者脑创伤病灶相邻的半暗带区、相对正常区和腹部皮下组织，收集微透析液。灌流速度为 0.3

μl/min。每小时1管透析液，平均收集时间为17 d。收集的透析液用生化分析仪测定谷氨酸（Glum）、葡萄糖（Glu）、乳酸（Ac）、丙酮酸（Pym）和甘油（Gly）。目前也有床边微透析技术设备应用于临床，具有方便、快速等优点，如LPR和Gly等升高提示在11～23 h会出现由于血管痉挛导致的迟发性缺血性损伤。

4．颈静脉窦氧饱和度（jugular bulb oxygen saturation，$SjvO_2$） 将导管从颈静脉逆向置入颈静脉窦，经X线定位后，连续监测颈静脉窦氧饱和度，反映脑部代谢情况。颈静脉窦氧饱和度代表整体性的脑组织氧饱和度，正常值为55%～75%，<50%提示脑组织缺血。

三、脑血流量监测

在脑损伤后，脑组织血液循环发生改变，如灌流不足或过度充血。颅内压升高、脑水肿、血管痉挛等都可能是灌流不足的原因。经颅多普勒超声（TCD）利用低频超声波穿过颅骨较薄的地方检测颅底大动脉血流速度，可根据动脉平均流速（mean velocity，MV）、搏动指数（pulsatility index，PI）的大小及波型改变判断低脑血流、高脑血流、血管痉挛及脑死亡等情况。正常人大脑中动脉平均血流速度为（65±17）cm/s，重型颅脑伤患者大脑中动脉初始速度通常低于正常水平。脑损伤越重，低血流速度持续时间越久。高血流速度、颈静脉氧饱和度（$SjvO_2$）增高提示脑充血。高血流速度也是脑血管狭窄、大脑中动脉痉挛的反映。蛛网膜下腔出血患者平均血流速度可达250～300 cm/s，在脑损伤后脑血管痉挛，血流速度增加则不甚显著，通常为100～200 cm/s。TCD是全脑血流监测，有报道也可用于ICP无创监测，但其准确性不佳。也可运用激光多普勒，采用有创性颅内探头，持续监测局部脑血流（rCBF）变化情况。正常成人的平均脑血流量约为（50±5）ml/（100g·min）。静息状态下脑灰质的平均脑血流量为（76±10）ml/（100 g·min），而白质仅为（20±4）ml/（100 g·min）。重度颅脑损伤患者在早期可见脑血流量减少，若恢复期见脑血流量增加，提示脑损伤康复可能有利。

四、脑电活动监测

1．脑电图（electroencephalogrphy，EEG） 重型颅脑损伤患者脑功能恢复情况与脑电图变化的严重程度有关。通过脑电图的监测能够较正确地估计预后。EEG的记录通常采用国际标准10-20电极导联法。可记录具有解剖、生理意义的脑的各个部分电活动变化。1937年首次应用于麻醉过程监护。在重型颅脑损伤患者中，EEG对颅内高压、昏迷、外伤性癫痫以及判定脑死亡等有重要价值。近年来已有56导联、24 h脑电动态描记仪（EEG Holter）等设备监测。利用自动处理脑电活动监测技术提高颅脑损伤的诊断和处理水平。目前可用的技术包括：脑功能监测（cerebral function monitor，CFM）、脑功能分析监测（cerebral function analysis monitor，CFAM）、脑电周期分析法、频谱分析法（spectrum analysis，SA）等。轻型颅脑损伤在24 h内的描记大部分正常，少数有弥漫性θ波或δ波。重型颅脑损伤时，少数病例在受伤后不久，甚至在昏迷状态可有正常的基础节律。若为完全和持久的电活动减少，则预后不佳。在受伤后不久若有持续的12～15 Hz电活动，亦提示预后较差。在重型颅脑损伤时基本节律可减慢至4～6 Hz，它出现的早晚具有预后意义。如在48 h内出现，则预后较差；若出现较晚，则预后较好。脑电双频谱指数监测是一种经处理的EEG参数，可对颅脑损伤后患者的镇静、意识丧失及催醒程度等进行监护。由于颅脑损伤后常有颅骨骨折和开颅手术等，EEG监测受到一定限制，脑磁图（MEG）监护的优势便突显出来，MEG对人体完全无接触、无侵袭、无损伤，故诊断方便。MEG 记录的是神经元的突触后电位所产生的电流所形成的脑磁场信号。对脑功能测定、损伤判断、脑损伤评估和癫痫定位等有重要的参考价值。

2．脑干诱发电位（evoked potential，EP） 可用以检查昏迷患者的中枢神经系统的功能水平，其波形与特殊解剖结构之间关系紧密，诱发电位监测不会受镇静药、甚至全身麻醉的影响，体感诱发电位（somatosensory evoked potential，SSEP）最常使用，依照振幅、时程的改变，可监测到脑部缺血的发生，并可作为脑电图的补充。脑干听觉诱发反应（brain stem auditory evoked response，BAER）主要用以监测脑桥及中脑的病变，BAER 的消失往往提示预后较差。视觉诱发电位（visual evoked potential，VEP）是在闭合的眼睑上用强闪光刺激后于枕部头皮记录到电信号。在 VEP 复合波中，P100 振幅大，由视觉神经元产生，波形清晰，可作为视觉传导功能的指标。重型颅脑损伤患者多表现为各潜伏期及振幅的异常。可判断脑外伤及昏迷，对诊断及预后判断有重要的参考价值。

五、脑温监测

一般认为脑温与机体核心温度接近。有许多部位可用来测定核心温度，如中耳、直肠、口腔、膀胱、食管、肺动脉或颈静脉等。但近年来的研究发现，脑温常高于核心温度，尤其是在异常温度范围时，其差距更大。对重型脑损伤患者的脑温和肛温进行持续监测研究发现，伤后脑温和肛温均明显升高，肛温比脑温大约低 0.3~1.2℃，持续高体温可增加脑氧代谢，加重脑损伤。临床上采取亚低温治疗重型颅脑损伤时，早期肛温低于脑温约1℃，达到亚低温标准后，温差基本一致。

六、颅脑影像学监测

CT、MRI 和核医学检查可对颅脑损伤后的形态进行监测。尤其是 CT 更具有方便快速等优越性。而放射性核素脑显像、单光子发射断层扫描（PET）等方法还可对脑代谢等进行监护。而上述监护多数为无创性，尤其是 PET 的使用，对新的治疗措施和患者预后判断相对于 MRI 等更具优越性。

第九节　呼吸机的临床应用

一、机械通气的目的

1．维持适当的通气量，使肺泡通气量满足机体的需要。
2．改善气体交换功能，维持有效的气体交换。
3．减少呼吸肌做功。
4．肺内雾化吸入治疗。
5．预防性机械通气，用于开胸术后或败血症、休克、严重创伤情况下的呼吸衰竭预防性治疗。

二、呼吸机治疗的适应证

1．自主呼吸频率大于正常的 3 倍或小于 1/3 者。

2. 潮气量小于正常值 1/3 者。
3. 生理无效腔 / 潮气量 > 60% 者。
4. 肺活量 < 10～15 ml/kg 者。
5. $PaCO_2$ > 50 mmHg。
6. PaO_2 < 正常值 1/3 者。
7. $P_{(A-a)}O_2$ > 50 mmHg（FiO_2=0.21，吸空气者）[FiO_2=21+4×氧流量（L/min）]。
8. $P_{(A-a)}O_2$ > 300 mmHg（FiO_2=1.0，吸纯氧者）。
9. 最大吸气压力 < 25 mmHg 者。
10. 肺内分流 > 15% 者。

三、呼吸衰竭患者呼吸机治疗选择的时机

1. 上呼吸道梗阻引起的呼吸衰竭，解除梗阻是关键，然后再根据自主分钟通气量决定是否应用呼吸机。
2. 由于吸入气体氧浓度不足而致的低氧血症，主要表现为呼吸频率增快，MV 增加，治疗关键是提高吸入氧气浓度。如果发生继发性的中枢及肺功能障碍，应给予呼吸机治疗。
3. 由 ARDS、充血性心力衰竭、肺炎、肺气肿、支气管哮喘等所致的呼吸衰竭，主要表现为进行性缺氧、进行性呼吸性酸中毒、气体交换障碍。在吸入氧气浓度达到 60% 的条件下，PaO_2 仍低于 60 mmHg 或 $PaCO_2$ 大于 45 mmHg，pH 小于 7.3，应使用呼吸机治疗。
4. 由于过量应用镇静剂、脑外伤、脑水肿等所致的中枢性呼吸衰竭，在呼吸中枢抑制尚不严重时，为防止呼吸突然停止，应积极保证呼吸道通畅，早期开始呼吸机通气治疗。
5. COPD 或慢性神经肌肉疾病所致的急性呼吸衰竭，在吸氧情况下，患者呼吸性酸中毒进行性加重，PaO_2 < 45 mmHg，RR > 30 次 / 分或 pH < 7.25，应开始机械通气。
6. 神经肌肉疾病引起的呼吸衰竭，主要特点是呼吸肌驱动力不足，如果最大吸气负压不足 25 cmH_2O 或肺活量 < 15 ml/kg，或 RR > 30 次 / 分，均应开始应用呼吸机。

四、呼吸机治疗的相对禁忌证

1. 大咯血或严重误吸者。
2. 伴有肺大泡的呼吸衰竭。
3. 张力性气胸者。
4. 心肌梗死继发的呼吸衰竭。

五、呼吸机与患者的连接方式及调节方法

（一）呼吸机与患者的连接方式
这关系到机械通气的效果，如连接欠佳，管道漏气，则气道压力下降。发生通气不足，可造成各种并发症。

1. 接口和鼻夹
（1）适应证：适用于神志清楚，能够合作，短时间用呼吸机者。

(2) 方法：将接口放置在齿唇之间，外端接呼吸机。用鼻夹夹住两个鼻翼，封闭双侧鼻孔，以防止漏气。

(3) 优点：体积小、机械无效腔小、容易固定、使用方便。缺点是气流从口腔通过，有刺激作用；舌后坠或舌大时通气阻力增加；口腔护理、吸痰不方便；可能造成胃肠胀气。

2．紧闭面罩

(1) 适应证：适用于神志清楚，能够合作，短时间用呼吸机者。

(2) 方法：用四头带将面罩紧闭固定在口鼻，呼吸机接于面罩。

(3) 优缺点：优点是使用方便。缺点是容易漏气；增加了一定的机械无效腔；舌后坠时可能造成通气量不足；可能造成胃肠胀气；对面部有压迫作用，患者有幽闭恐惧感，患者感不适；口腔护理、吸痰不方便。

3．喉罩

(1) 适应证：适用于安静、合作、短时间应用的成人呼吸机治疗。

(2) 方法：选择合适的喉罩，将喉罩从口腔放入，罩于喉头，将密封套囊充气。

(3) 优缺点：优点是使用方便，可避免胃肠胀气，有利于吸痰。缺点是对咽喉部有刺激作用；容易脱出。

4．经口气管插管

(1) 适应证

1) 因严重低氧血症或高碳酸血症，或其他原因需要长时间的机械通气治疗，暂不考虑气管切开的患者；

2) 不能自主清除上呼吸道分泌物、胃内反流或出血，随时有误吸危险者；

3) 下呼吸道分泌物过多或出血反复吸引者；

4) 存在上呼吸道损伤、狭窄、气管食管瘘等影响正常通气者；

5) 患者自主呼吸突然停止，紧急建立人工气道行机械通气和治疗者。

(2) 优点

1) 插管容易，适合于急救场合；

2) 减少无效腔量；

3) 管腔相对较大，吸痰容易，气道阻力小；

4) 气道密封较好，呼吸机治疗效果较好。

(3) 缺点

1) 下颌活动及口腔分泌物容易造成导管移位、脱出；

2) 清醒患者不宜长时间耐受，一般 3～7 d；

3) 口腔护理不方便；

4) 可产生牙齿、口咽的损伤。

5．气管切开插管

(1) 适应证

1) 需要长时间使用呼吸机者；

2) 已经使用气管插管，但仍不能顺利排出支气管内分泌物者；

3) 因上呼吸道阻塞、狭窄、头面部外伤等，无法进行经口鼻插管的患者；

4) 已经插管一段时间，患者自觉难受或需要经口进食，并且仍需要呼吸机治疗者。

(2) 优点

1）明显减少无效腔，因而减少呼吸功能的消耗；

2）气管切开导管短、口腔大，气流阻力小；

3）便于吸痰；

4）患者可以进食；

5）患者容易耐受，可长时间使用，可保持数月或数年，便于口腔护理。

（3）缺点

1）创伤较大，可发生切口出血；

2）需要特殊护理，经常更换敷料；

3）操作复杂，不适用于紧急抢救；

4）痊愈后形成瘢痕，可能造成气管狭窄。

(二) **呼吸机的调节方法**

1. 呼吸频率、潮气量和每分通气量 通常可按机械呼吸常数列线图（图10-4）来调节呼吸频率和潮气量。COPD患者，呼吸频率可选择8～12次/分；限制型通气功能障碍患者，呼吸频率可为12～18次/分。机械通气时，潮气量较大，一般为600～800 ml，每分通气量为10000～15000 ml，这与呼吸机有较大的无效腔有关。机械通气时，部分气体被压缩在管道中而不能释放给患者，这部分气量受吸气峰压、管道、湿化器水位的影响，一般0.098 kPa（1 cmH$_2$O）的气道压力损失3～8 ml潮气量。临床上以每分通气量可以实际监测到的数据为准。

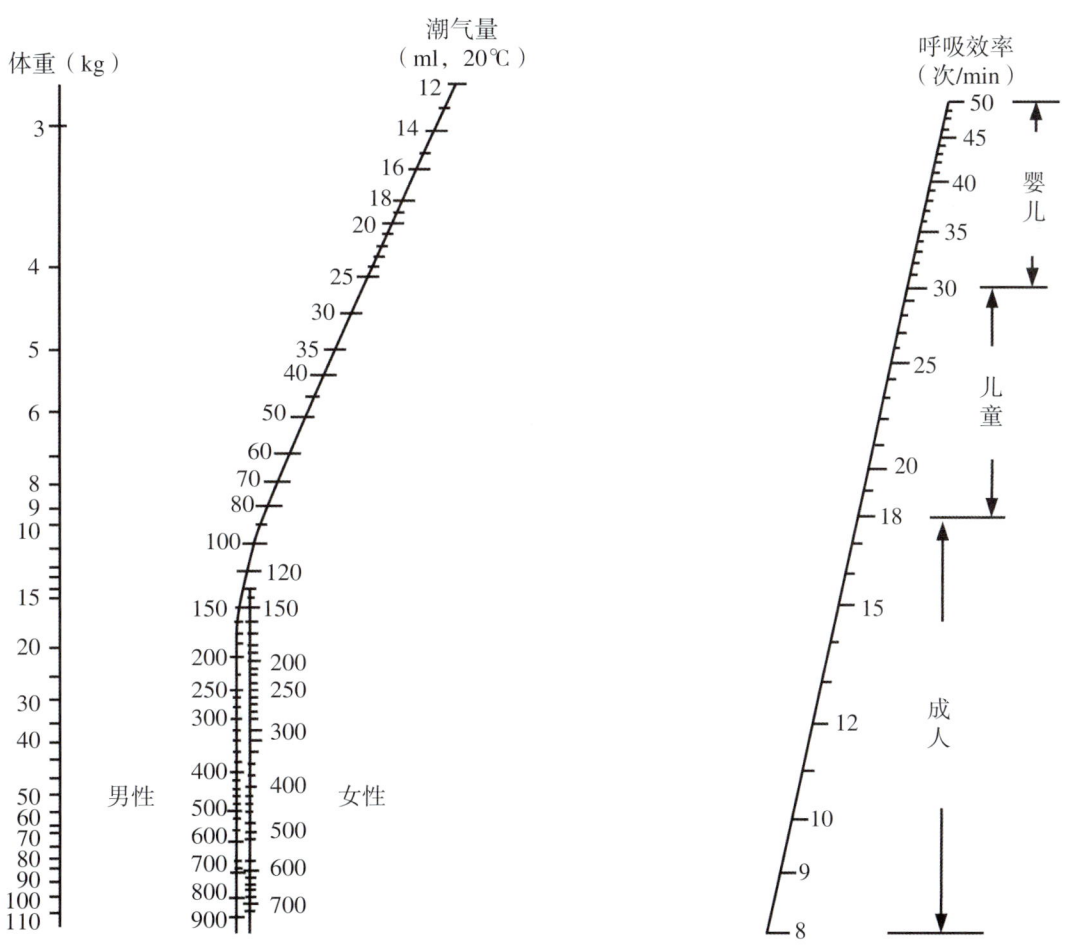

图10-4　机械呼吸常数列线图

2．吸氧浓度　机械通气开始时，吸氧浓度应为100%，以防止任何可能出现的低氧血症，测定血气分析后可降低吸氧浓度，使PaO_2低于60 mmHg（8.0 kPa）。

3．吸/呼时间比　该比值的调节，要考虑呼吸和循环两方面，既要使吸气在肺内分布均匀，肺泡气能充分排出，又不增加心脏循环的负担。通常吸气时间为0.5～1.5 s，很少超过2 s。吸/呼比为1:2，COPD患者可为1:3到1:5，限制型通气障碍患者可为1:1到1:1.5。

4．通气压力　定压型呼吸机，气道压力决定呼吸机吸气相和呼气相的交换及潮气量的大小。该参数应根据气道阻力和肺顺应性而定，肺内轻度病变时为12～20 cmH_2O（1.18～1.96 kPa），中度病变为20～25 cmH_2O（1.96～2.45 kPa），重度病变为25～30c mH_2O（2.45～2.94 kPa），对严重肺部疾病或支气管痉挛的患者可达40 cmH_2O（3.92 kPa）。定容型呼吸机，通气压力取决于潮气量、流速、气道阻力、肺部顺应性等因素。这类呼吸机设有压力限制，达到一定压力时，停止吸气并开始呼气，以防止产生肺部气压伤。通常这一压力限制应高于正常通气压力，即15～20 cmH_2O（1.47～1.96 kPa）。造成压力过高的原因有：分泌物阻塞、管道扭曲或受压、患者与呼吸机发生抵抗等。

5．高峰流速率（peak flow rate，PFR）　呼吸机释出潮气量时的最大流速率。通常呼吸机释出一个方形流速波，流速迅速上升，在整个吸气时期内维持该流速（某些呼吸机也用逐渐下降的流速波）。流速率应与迅速释出的潮气量相匹配，如潮气量或呼吸频率增加时，高峰流速率也应增加，以维持适当的吸/呼比。使用常规潮气量和频率时，高峰流速率一般为40～60 L/min较为合宜。

6．灵敏度（sensitivity）　有的呼吸机也称触发水平（trigger）。该参数用来决定呼吸机对患者自主呼吸的反应。灵敏度是指在该触发水平上，呼吸机能被患者自主呼吸所触发，以AMV或IMV的形式协同呼吸。降低灵敏度，则患者需要做出较大努力来触发一次呼吸；如灵敏度太敏感，患者很易触发呼吸机，造成实际呼吸频率的增加，导致通气过度。CMV时灵敏度钮关闭，这样呼吸机对自主呼吸无反应。有的呼吸机（如Servo 900 B）应用PEEP时，灵敏度应做相应调整，实际灵敏度为PEEP与调节值的差值。

7．叹气功能（sigh）　正常自主呼吸时潮气量为5～7 ml/kg，如果机械通气也选用该潮气量作为标准，则会产生气道陷闭及微小肺不张，使肺内分流增加。而健康人常有偶尔叹气（为潮气量的2～4倍），可避免此类并发症的发生。现代呼吸机备有叹气功能，模仿正常人的呼吸，一般每小时为10～15次叹气样呼吸，叹气的气量为潮气量的2～2.5倍，可预防肺不张。但一般呼吸机所用的潮气量较大，故叹气功能常不需要。

8．吸气末停顿（end-inspiratory pause，EIP）　又称吸气屏气或吸气平台（图10-5）。EIP占吸气时间的5%～15%，或占整个呼吸周期的30%左右，有血流动力学损害或患心血管疾病者，可设在5%～7%。EIP的主要作用使气道压力提供最佳的吸入肺泡气分布，减少无效腔量。现在机械通气时，常把EIP作为常规，EIP尤其对肺部顺应性明显下降或气道阻力显著增加的患者有效。

阴影部分表示向气道释出一定潮气量后的吸气时间，气道压力的迅速下降，是因为气流从上气道分布到肺的缘故，压力平台可维持到呼气开始。

（三）湿化（humidification）

气管插管或切开后，患者丧失了呼吸道天然的湿化功能，加上使用呼吸机，通气量增加，呼吸道丧失大量水分，可造成分泌物干结，纤毛运动减弱，易发生肺部感染。为克服这一缺点，可采用加热湿化、喷雾湿化或超声湿化等方法来湿化吸入气体。湿化的程度与温度、气体与水接触面积以及时间成正比。现较理想的是恒温湿化器，每日湿化水量为500～600 ml。至于吸入气体的相对湿度应达到100%，而温度则接近32℃即可。吸入气温度太高可影响肺功能，也可产生呼吸道灼伤，高

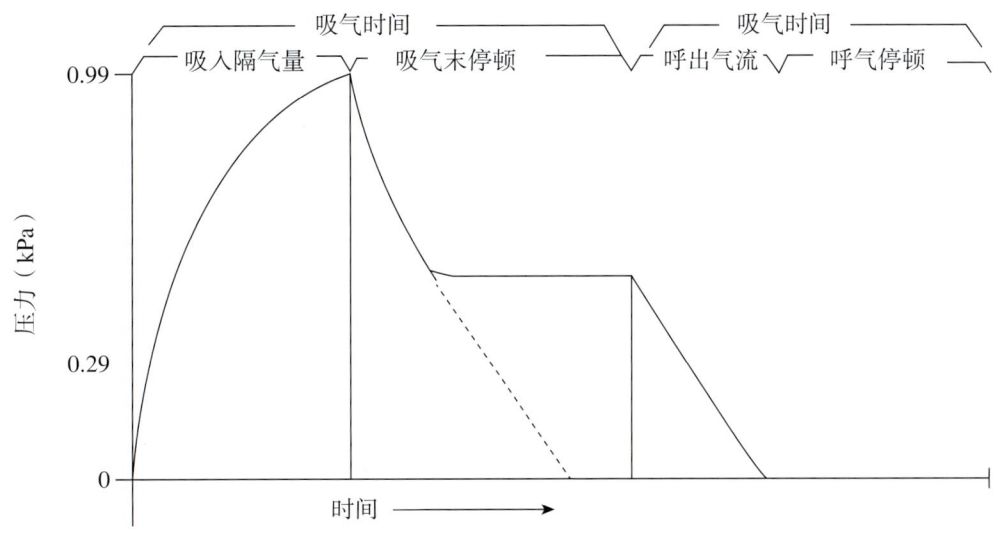

图 10-5　正压通气和吸气末停顿的压力曲线

于 41℃时纤毛活动可停止。另外，湿化过度可导致水潴留、心力衰竭、肺不张及肺部感染。近来推荐使用一种热和湿气交换过滤装置（如 Eedith），过滤装置放在气管切开套管（或插管）与呼吸机管道的连接处，用来湿化吸入气体，并且作细菌过滤器，一次性使用。一般现代呼吸机上还设有药物雾化器，利用射流及虹吸原理，将药液喷击成细小的雾状颗粒，随吸入气流进入肺部。

（四）自主呼吸和呼吸机的同步

机械通气时，有时自主呼吸和呼吸机会发生抵抗，可导致每分通气量下降、气道压力增加、呼吸功增加并可加重循环系统负担，这样非但不能达到机械通气的目的，反而可引起休克和窒息。

呼吸机抵抗的原因有：①呼吸机调节不当，通气不足；②痰液阻塞气道或管道漏气；③患者咳嗽、疼痛或体位不当；④气管插管滑入右主支气管、气胸、支气管痉挛及病情恶化（并发心力衰竭、肺栓塞等）。

临床上可采取下列措施，处理自主呼吸和呼吸机的抵抗：①必要的体格检查：观察胸廓扩张情况，听诊呼吸音，做血气分析，摄床旁胸部 X 线片明确气管插管位置及肺部情况；②手控气囊法：机械通气前可先用简易呼吸器过渡，逐渐增大压力及通气量，待缺氧缓解，$PaCO_2$ 降到一定水平时，自主呼吸消失或减弱，再使用呼吸机；③适当调节呼吸机的灵敏度：患者的吸气在呼吸道内产生的负压（-0.74～-1.5 mmHg）可触发呼吸机，从而达到同步化；④必要时应用药物抑制自主呼吸：如地西泮、吗啡等；⑤处理管道漏气、吸引气道分泌物，如有气胸应及时治疗。

六、机械通气方式及临床应用

（一）间歇正压通气（IPPV）

也称作机械控制通气（CMV），不管患者自主呼吸的情况如何，呼吸机均按照预调的参数为患者间歇正压通气。主要用于无自主呼吸的患者。

1. 定容 IPPV 特点

（1）吸入潮气量恒定；

（2）预定 IPPV 频率；

（3）一般需要预定吸气时间及吸气平台时间；

(4) 呼气向吸气的转换常采用时间切换；

(5) 在 IPPV 期间若患者的胸肺顺应性或气道阻力（PEEPi）发生变化，也能够保证通气量的供给，但容易产生气压伤；

(6) 有漏气时，可产生通气不足。

2．定压 IPPV 的特点

(1) 预定 IPPV 频率，呼气向吸气的转换常采用时间切换；

(2) 一般无吸气平台；

(3) 有 IPPV 吸气峰压，当达到这个压力时，转向呼气；

(4) 需要调节吸气流速，流速越快，吸气时间越短；

(5) 在 IPPV 期间，若患者的胸肺顺应性或气道阻力（PEEPi）发生变化，则不能够保证通气量的供给。

3．优点 呼吸机构造简单、容易操作、使用方便。主要用于无自主呼吸或自主呼吸很微弱的患者及手术麻醉期间应用肌肉松弛剂者。

4．缺点 患者若有自主呼吸，可发生人机对抗，若调节不当可发生通气不足或通气过度，尤其是定压 IPPV。不利于自主呼吸的锻炼。

5．吸气平台的应用 又称为吸气末停顿，含义是：在 IPPV 时，于吸气末呼气前，停留一个间期（0.3～3 s），在此期间不再供给气流，但肺内的气体可发生再分布，使不易扩张的肺泡充气，气道压从峰压下降，形成一个平台压。其意义和用途是：①吸气平台时间为吸气时间的一部分；②有利于气体在肺内的再分布；③吸气平台时间有利于吸入雾化药物在肺内的弥散；④有利于静脉的回流；⑤主要用于肺泡萎陷或肺顺应性较差的患者。

6．叹息的应用 在 IPPV 期间，每隔一定的 IPPV 或时间，供给一个 1.5～2.0 倍的潮气量。目的在于预防长时间 IPPV 时肺泡萎陷造成的肺不张。仅用于长时间 IPPV 通气。对肺大泡的患者要谨慎。

（二）同步间歇正压通气（SIPPV）

用患者自主吸气触发 IPPV 通气，在没有患者自主呼吸触发时，在 IPPV 周期末给予一次 IPPV 通气。由于 SIMV 和 MMV 通气方式的应用，SIPPV 已经被淘汰。

（三）间歇指令性通气（IMV）

1．定义 患者自主呼吸的同时，间断给予 IPPV 通气，即自主呼吸 +IPPV。自主呼吸的气流由呼吸机的持续大流量恒流供给（70～90 L/min）。IPPV 由呼吸机按预设的频率、潮气量、吸气时间等供给。总分钟通气量 = 机械 MV+ 自主呼吸 MV。IPPV 可是定容的（常用），也可是定压或定时的。

2．分类

(1) 单纯 IMV：自主呼吸的频率和 TV 均由患者自己控制，间隔一定时间（可以调节）给予 IPPV。由于不同步可能出现人机对抗，现在已经不常应用。

(2) 同步 IMV（SIMV）：自主呼吸的频率和 TV 均由患者自己控制，间隔一定时间（可以调节）给予同步 IPPV。若在等待触发时期（称同步触发窗）内没有自主呼吸，在触发窗结束时呼吸机自行给予 IPPV，就消除了人机对抗。触发窗的时间一般设置为 IPPV 周期的 1/4。

3．优点

(1) 由于自主呼吸和 IPPV 有机结合，可保证患者的有效通气；

(2) 有利于锻炼呼吸肌功能；

(3) 在缺乏血气监测的情况下，当 PaCO₂ 过高或过低时，患者可以通过自主呼吸加以调整，从而减少通气不足或过度通气。

4．缺点

(1) 若病情恶化，自主呼吸突然停止时，可能发生通气不足和缺氧；

(2) 由于自主呼吸存在，在一定程度上增加了呼吸功的消耗，若应用不适当，会导致呼吸肌疲劳。

（四）分钟指令性通气（MMV）

MMV 设计的初衷是为了解决 IMV 在撤机中遇到的困难，在 IMV 撤机过程中，由于患者的自主呼吸不稳定，患者不能保证获得恒定的通气保证，故设计一种能够保持每分通气量恒定的系统，以保证通气不稳定的患者安全撤机。当患者的自主呼吸降低时，该系统会自动增加机械通气水平。当患者恢复自主呼吸能力，在没有改变呼吸机参数的情况下会自动将通气水平越降越低。

1．原理 根据患者状况调节分钟通气量（MMV），呼吸机能够自动监测自主分钟通气量（MVs）、机械分钟通气量（MVm）、自主潮气量（TVs）、自主呼吸频率（fs）、机械潮气量（TVm）和机械呼吸频率（fm）。

$$MMV = MVs + MVm = TVs \times fs + TVm \times fm \qquad (式 10\text{-}9)$$

若在单位时间内自主通气量小于应该达到的通气量时，呼吸机自动机械辅助一个预调的潮气量、预定压力或吸气时间的机械通气。这样不论患者自主呼吸如何变化，总能够获得大于或等于预调分钟通气量的通气。

2．优点

(1) MMV 与单用 IMV 相比，能够使某些患者的 PaCO₂ 得到更大的控制；

(2) 应用 MMV 患者，发生急性通气不足或呼吸暂停时不会导致突然的高碳酸血症和急性缺氧；

(3) 对接受 MMV 的患者，不必顾虑因疼痛、焦虑或激动而服用镇静剂、止痛剂或地西泮所引起的通气不足；

(4) 对于药物过量或麻醉状态中恢复的患者，MMV 保证从机械通气平稳过渡到自主呼吸；

(5) 由于呼吸机自动补给，减少了人工监测和调节的次数；

(6) 使用 MMV，利于呼吸肌的锻炼和呼吸机的撤离。

3．缺点

(1) 自主呼吸浅而快；

(2) 呼吸暂停。

（五）呼气末正压通气（PEEP）

1．概念 吸气由患者自发或呼吸机产生，而呼气终末借助于装在呼气端的限制气流活瓣等装置，使气道压力高于大气压力。

2．作用

(1) 呼气末正压的顶托作用，呼气末小气道开放，有利于二氧化碳排放；

(2) 呼气末肺泡膨胀，功能残气量（FRC）增加，有利于充分氧合。

3．适应证

(1) 低氧血症，尤其是 ARDS，单靠提高 FiO₂ 氧合改善不大，加用 PEEP 可以提高氧合量；

(2) 肺炎、肺水肿，加用 PEEP 除增加氧合外，还有利于水肿和炎症的消退；

(3) 大手术后预防和治疗肺不张；

(4) COPD，加用适当的 PEEP 可支撑小气道，防止呼气时小气道形成"活瓣"作用，有利于二氧化碳排出。

4．PEEP 的缺点　胸腔内压力增高、压迫心脏和神经体液反射对血流动力学产生影响，但也取决于平均气道压、肺顺应性、右心前负荷、右心后负荷、胸腔压力升高、门静脉回流受阻、胃肠道淤血等。故一般情况下，成人 PEEP ≥ 15 ~ 20 cmH$_2$O，儿童 PEEP ≥ 12 cmH$_2$O 可引起不良反应。

5．禁忌证

(1) 严重的循环衰竭；

(2) 低血容量；

(3) 肺气肿；

(4) 气胸和支气管胸膜瘘。

(六) 持续气道正压 (CPAP)

1．定义　患者通过按需活瓣或快速、持续正压气流系统进行自主呼吸，正压气流＞吸气气流，呼气活瓣系统对呼出气流给予一定的阻力，使吸气期和呼气期气道压均高于大气压。呼吸机内装有灵敏的气道压测量和调节系统，随时调整正压气流的流速，维持气道压基本恒定在预调的 CPAP 水平，波动较小。

2．功能

(1) 吸气期由于恒定正压通气＞吸气气流，TV 增加，吸气省力；

(2) 呼气期气道内正压，起到 PEEP 的作用：防止和逆转小气道闭合和肺萎缩，增加功能残气量，降低分流量，PaO$_2$ 增高。但同时胸内压增高。

3．注意事项

(1) 只能用于呼吸中枢功能正常、有自主呼吸的患者。作为辅助呼吸，可锻炼呼吸肌功能。凡是主要因肺内分流量增加引起的低氧血症都可应用 CPAP，但同时有呼吸道梗阻、通气不足者效果差。

(2) 插管患者可从 2 ~ 5 cmH$_2$O 开始，根据需要可增加 10 ~ 15 cmH$_2$O，最高不超过 25 cmH$_2$O)。未插管的患者可用面罩或鼻塞间断使用 CPAP，一般用 2 ~ 10 cmH$_2$O，最高不超过 15 cmH$_2$O，若超过 2 天呼吸功能仍未恢复应行气管插管。

(3) 未插管的患者使用 CPAP，应防止胃扩张、呕吐、恶心、腮腺炎、鼻腔炎、泪囊炎等。

(4) CPAP 可以和 SIMV、MMV、PSV 等方式合用。

(七) 压力支持通气 (PSV)

1．概念　自主呼吸期间，患者吸气相一开始，呼吸机即开始送气并使气道压迅速上升到预置的压力值，并维持气道压在这一水平。当自主吸气流速降低到最高吸气流速的 25% 时，送气停止，患者开始呼气。

2．特点

(1) 患者完全自主呼吸，呼吸频率和吸/呼比由患者决定；

(2) TV 的多少，取决于 PSV 压力高低和自主吸气的强度：压力＜20 cmH$_2$O 时，大部分 TV 由患者自主获得；压力＞30 cmH$_2$O 时，TV 多由呼吸机提供，相当于同步正压通气 IPPV。患者可根据 PaCO$_2$ 的高低自行调节呼吸频率、吸气量大小和时间长短来调整通气量的多少。

(3) 吸气压力辅助，能有效地克服通气管道产生的阻力，患者呼吸做功减少，自觉舒服。有利于呼吸肌疲劳的恢复。

3．临床用途

(1) 用于呼吸肌功能减弱者，可减少患者呼吸做功；合理应用 PSV，可减少呼吸频率；

(2) 可作为一种撤机的手段；

(3) 可与 CPAP、SIMV、MMV 合用，以保证患者通气量和氧合；

(4) 对于人机对抗者，应用 PSV 易于使呼吸协调，可以减少镇静剂和肌松剂的用量。

4．不足之处 PSV 作为一种辅助通气方式，预置压力水平较困难，TV 依患者吸气力量变化，MV 依据 TV 和自主呼吸频率而定。若患者自主呼吸的频率、力量和吸气时间改变，有可能发生通气不足或过度。呼吸中枢、呼吸运动或肺功能不稳定者不宜单独使用，可与 SIMV、MMV 合用。

（八）双水平气道正压通气（BiPAP）

1．概念 分别调节两个压力水平和时间。两个压力均为压力控制，气流速度可变。为较新的通气方式，开发前景较大。

2．特点

(1) 当吸气压力，吸气时间均设定，而呼气压力为零；或 PEEP，呼气时间设定，相当于 IPPV；

(2) 吸气压力等于 PEEP，吸气时间无穷大，呼气时间和呼气压力为零，即相当于 CPAP；

(3) 当呼气压力为零或 PEEP，呼气时间 = 期望的控制呼吸周期 - 吸气时间，即相当于 IMV 或 SIMV。

（九）辅助/控制模式（A/C）

1．概念 应用 A/C 模式的机械通气，呼吸机以预先设定的频率释放出预先设定的潮气量。在呼吸机触发呼吸的期间，患者也能触发自主呼吸，当呼吸机感知患者的自主呼吸时，呼吸机可释放出一次预先设定的潮气量。患者不能自己改变自主呼吸触发呼吸的潮气量。患者所做的呼吸功仅仅是吸气时产生一定的负压，去触发呼吸机产生一次呼吸，而呼吸机完成其余的呼吸功。CMV 和 A/C 模式之间的区别在于：A/C 模式时，患者自主呼吸能为呼吸机感知，并产生呼吸。

2．应用指征

(1) 呼吸中枢的驱动力正常，但是呼吸肌衰竭以至不能完成呼吸功；

(2) 呼吸中枢的驱动力正常，但是由于所需要的呼吸功增加，使呼吸肌不能完成全部呼吸功；

(3) 允许患者自己设定的呼吸频率，因而有助于维持正常的 $PaCO_2$。

3．优点 A/C 模式的机械通气允许患者控制呼吸频率，并且能保证释放出最低的潮气量，维持最低的呼吸频率。A/C 模式也允许患者使用呼吸肌做呼吸功。但是适当设定触发的灵敏度，患者所作的呼吸功是相当少的。如果临床医师认为呼吸机应该做大量呼吸功的机械通气对患者来说较为合适，则 A/C 模式最合适。

4．缺点 患者在接受机械通气治疗时常常有焦虑、疼痛或神经紧张，可能会导致呼吸性碱中毒。

七、人机对抗的处理

发生人机对抗时，首先查明原因，然后再给予处理。

（一）争取患者的积极合作

对于神志清醒的患者，在应用呼吸机前应详尽说明治疗的目的、意义、方法及合作的要求，力争患者积极配合治疗。

（二）逐渐过渡

对于呼吸急促、躁动不安、不能充分合作的患者，可采取以下两种方法之一，逐渐过渡到机械通气。

1．利用简易呼吸器接于患者，按其自发呼吸的频率及幅度手动辅助呼吸，并逐渐增大挤压的气量。待缺氧和高 $PaCO_2$ 渐渐缓解，$PaCO_2$ 降到一定程度时，通过肺的黑-伯反射，使呼吸中枢受到抑制，自发呼吸减弱至消失。然后接用呼吸机，并调整到适当的参数。

2．将呼吸机接于患者后，先用慢频率（3～5次/分），低潮气量（5～6 ml/kg）辅助呼吸，随着患者的适应，逐渐增加频率和潮气量，最后达到预定的参数。一般开始应用呼吸机时先不加用PEEP，可用100%氧吸入5～10 min，以利于抑制自主呼吸。

（三）排除患者以外的原因

包括安装错误、接口是否禁闭、呼气活瓣是否开放灵活、PEEP 是否放在清零等。

（四）针对原因处理

1．对于机体耗氧增加及二氧化碳产生增多引起的人机对抗，可通过适当增加呼吸机通气量和 FiO_2、调节吸气速度、吸呼比、PEEP 值等来解决。

2．对于烦躁、疼痛、精神紧张引起的对抗，可给予镇静剂、止痛剂。如地西泮 0.2～0.4 mg/kg 静脉注射、吗啡 5～10 mg 静脉注射等。

3．对于痰堵塞、管道不畅者，应给予吸痰处理。

4．对于气胸、肺不张引起的人机对抗，应对症处理。

5．对于气管内刺激性呛咳反射严重的患者，除了给予镇静剂外，可向气管内注入1%丁卡因1～2 ml 或2%～4%利多卡因1～2 ml，行表面麻醉。

6．对于自主呼吸频率过快、潮气量较小的患者，用上述方法未见好转时，可给予呼吸抑制剂，如芬太尼0.1～0.2 mg，必要时可给予非去极化肌肉松弛剂。

7．选用适当的通气方式：SIMV、SIMV+PSV、CPAP 不容易产生人机对抗，而 IPPV 容易发生。

8．选用同步性能好的呼吸机：流速触发比压力触发灵敏度高，不宜发生人机对抗。

八、呼吸机的撤离

（一）撤机指征

（1）患者一般状况好转和稳定，神志清楚，感染控制，循环平稳，能自主摄入一定的热量，营养状态和肌力良好。

（2）呼吸功能明显改善

1）自主呼吸增强，常与呼吸机对抗；

2）咳嗽有力，能自主排痰；

3）吸痰等暂时断开呼吸机时患者无明显的呼吸困难，无缺氧和二氧化碳潴留表现，血压、心率稳定；

4）降低机械通气量，患者能自主代偿。

（3）血气分析在一段时间内稳定，血红蛋白维持在10 g/L 以上。

（4）酸碱失衡得到纠正，水电解质平衡。

（5）肾功能基本恢复正常。

（6）向患者讲明撤离呼吸机的目的和要求，患者能够给予配合。

（二）撤机的方法

①直接撤机；②T形管撤机；③SIMV 过渡撤机；④PSV 过渡撤机；⑤SIMV+PSV 过渡撤机；⑥CPAP 撤机；⑦MMV 过渡撤机。

撤机期间的饮食也非常重要，碳水化合物、脂肪、蛋白质的呼吸商为1.0、0.7、0.8。混合食物为 0.85，脂肪产生的呼吸商最小，所以在撤机期间要合理给予营养搭配，即要产生的二氧化碳最少，又要能使患者得到必要的营养和能量支持。

（张军伟　付爱军　顾定伟）

参考文献

[1] 程晓明，张斌. 创伤ICU.// 程爱国等. 实用矿山医疗救护，北京：北京大学医学出版社，2007，125-157.

[2] 付爱军，闫宏伟，朱军，等. 脑外伤的ICU监护与治疗.// 李建民，李树峰. 脑外伤新概念，北京：人民卫生出版社，2013，122-134.

第十一章

影像学技术在创伤外科中的应用

第一节 颅脑损伤的影像学诊断

一、概述

颅脑损伤的影像学诊断包括头颅平片（X线）、计算机断层扫描（computed tomography，CT）、磁共振成像（magnetic resonance imaging，MRI）等。

头颅平片简单易行，可发现骨折，但不能了解颅内情况。CT能在一个横断解剖平面上，准确地探测各种不同组织间密度的微小差别，是观察骨、关节及软组织病变的一种较理想的检查方式。MRI是利用人体组织中氢质子在磁场中受到射频脉冲的激励而发生磁共振现象，产生磁共振信号，经过电子计算机处理，重建出人体某一层面图像的成像技术。磁共振具有多参数、多序列、多方位成像的特点，具有较高的软组织分辨力，目前已广泛用于人体各系统和各部位疾病的诊断。尤其是在中枢神经系统，有其特有的优势，脑灰白质对比度明显优于CT。另外，由于无骨伪影干扰，后颅窝结构显示非常清楚。

X线、CT、MRI可称为三驾马车，三者有机地结合，使当前影像学检查既扩大了检查范围，又提高了诊断水平。对于颅脑损伤的检查，三者各具优势，选择好适应证且有机结合，可以对颅脑损伤患者做出准确的诊断。

近些年来，PET-CT、PET-MRI以及脑磁图的临床应用，对于脑外伤后并发症及远期功能性改变亦具有诊断价值。

二、电子计算机断层扫描

（一）CT图像特点

1. CT图像是人体断面图像，通常是以横断面图像为主，解剖结构清晰，无影像重叠。为了显示整个器官，需要多个连续的层面图像（图11-1）。此外，通过CT设备上图像重建程序的应

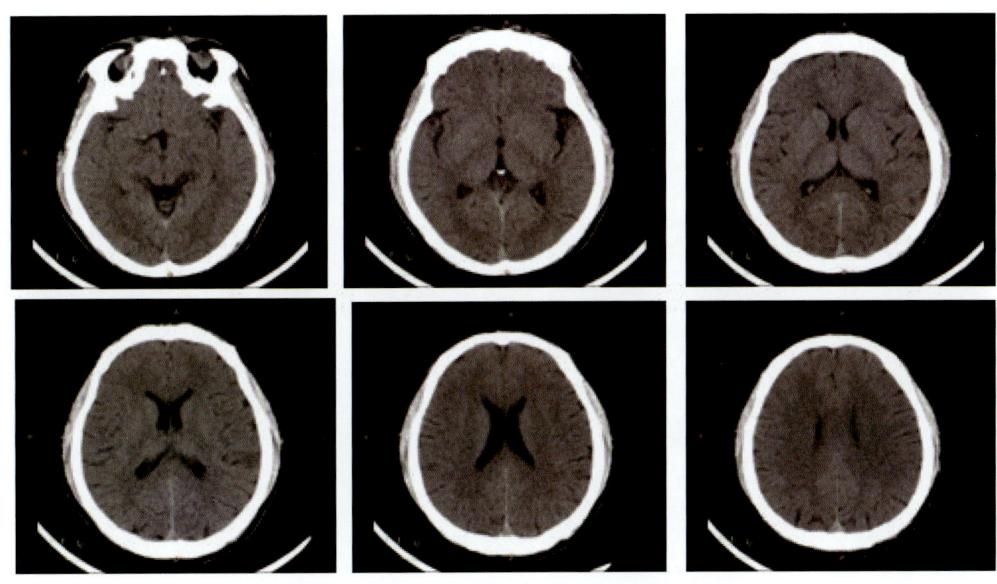

图 11-1 颅脑 CT 连续横断面

用，还可重建冠状面及矢状面图像（图 11-2、图 11-3），能够更好地观察细微结构及病变。

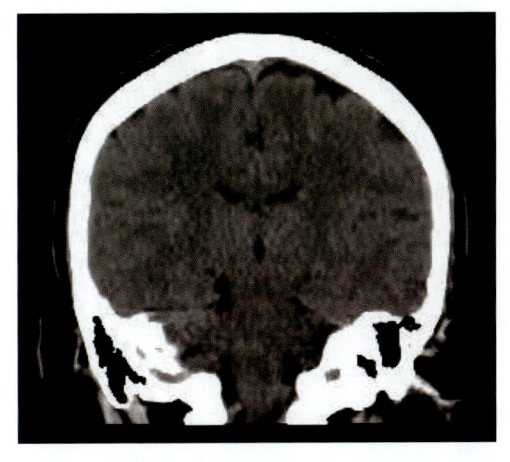

图 11-2 颅脑 CT 冠状面

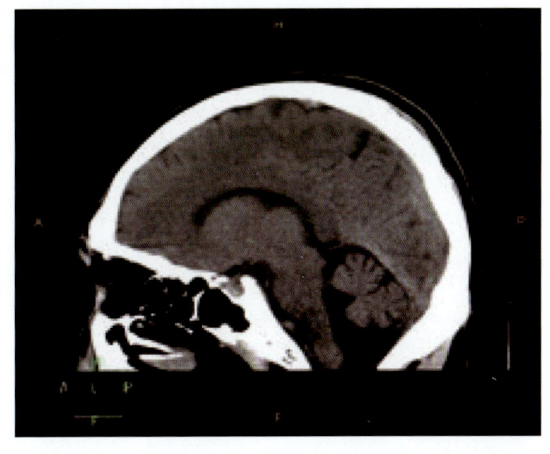

图 11-3 颅脑 CT 矢状面

2．CT 图像是由一定数目不同灰度的像素按矩阵排列构成。像素是构成 CT 图像的最小单位，其黑白度反映该像素的 X 线吸收数值。不同 CT 装置所得 CT 图像的像素大小及数目不同。大小可以是 1.0 mm×1.0 mm，0.5 mm×0.5 mm 不等；数目可以是 256×256，即 65 536 个，或 512×512，即 262 144 个。像素越小，数目越多，构成图像越细致，即空间分辨力（spatial resolution）越高。CT 图像的空间分辨力不如 X 线图像高。

3．CT 图像以不同的灰度来表示，反映器官和组织对 X 线的吸收程度。因此，与 X 线黑白图像一样，CT 影像的黑白代表密度的高低。CT 图像上的黑影表示低密度区，如肺组织；白影表示高密度区，如骨骼。但是 CT 的密度分辨力远高于 X 线，可区分密度差异极小的不同组织结构，这是 CT 的突出优点。所以，CT 可以更好地显示由软组织构成的器官，如脑、脊髓、纵隔、肺、肝、胆、胰以及盆部器官等，并在良好的解剖图像背景上显示出病变的影像。

（二）CT 在颅脑损伤诊断中的临床应用

CT 扫描可准确显示出颅脑损伤的病理变化，且安全无损伤、无痛苦，能对患者的预后做出评估，对提高颅脑损伤的诊治水平起着十分重要的作用。目前，CT是诊断颅脑损伤的首选检查方法。

1．颅骨骨折　颅骨骨折在脑外伤中较为常见。CT可以判断骨折的性质，精确测量出凹陷骨折移位的深度，准确地显示骨折片的大小、数目和位置，发现颅底骨折的征象以及有无颅内并发症的存在（图11-4）

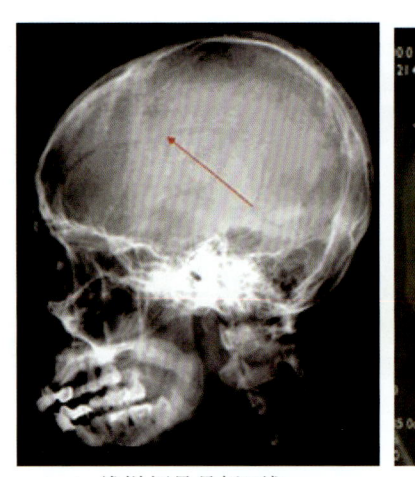
A. 线样颅骨骨折X线

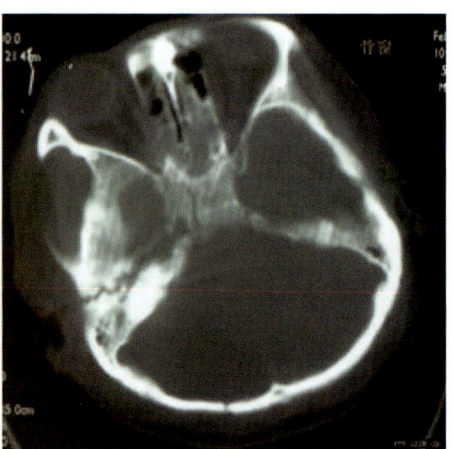
B. 颅底骨折CT

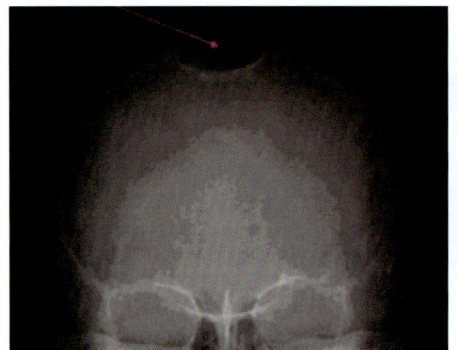
C. 额顶骨凹陷性骨折X线正切线位

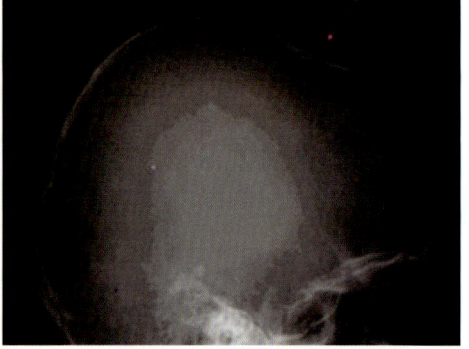
D. 额顶骨凹陷性骨折X线侧切线位

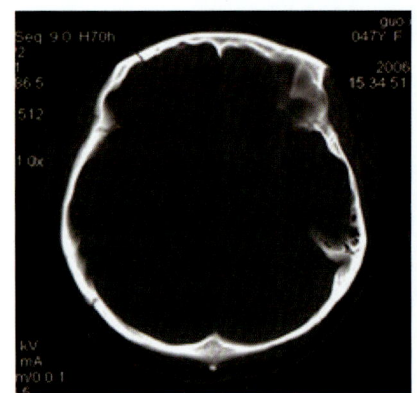
E. 右额骨线性骨折CT

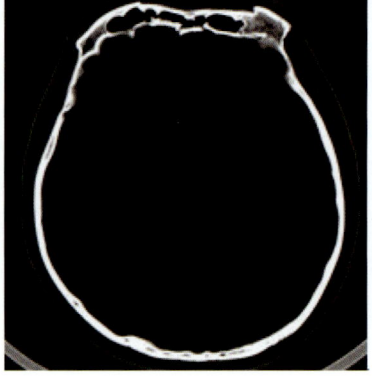
F. 两额骨粉碎性骨折CT

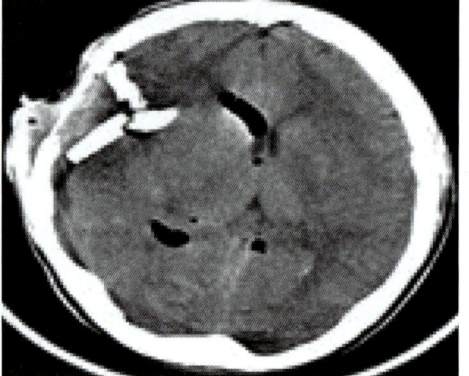
G. 颅骨凹陷性、粉碎性骨折CT

图11-4　颅骨骨折的 X 线与 CT 比较

2．硬膜外血肿　硬膜外血肿是指外伤后血液聚集在颅骨内板与硬膜间隙内所形成的血肿。CT可以直接显示血肿的形态，确定其位置、大小、范围及有无并发症的存在。通过对血肿密度和部位的观察，不仅能确定血肿的分期，而且可推断其出血来源。

平扫表现为颅骨内板下梭形或双凸形高密度区，密度较均匀，CT 值为 40～100 HU。内缘光整锐利，常位于骨折部位的下方，范围一般不超越颅缝，周围水肿及占位效应较轻（图 11-5）。

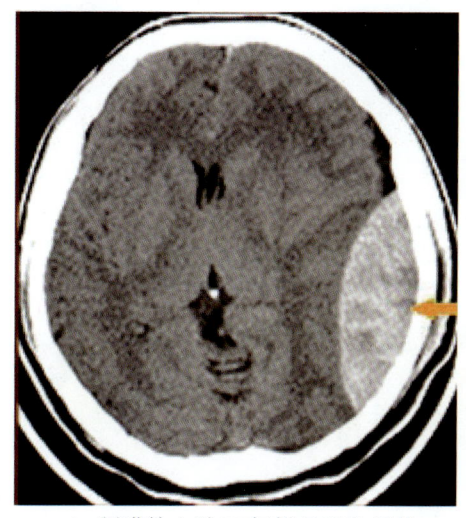 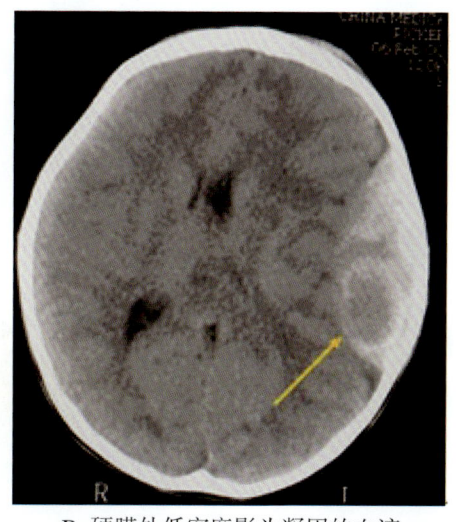

A. 硬膜外血肿CT扫描呈双凸透状　　　　B. 硬膜外低密度影为凝固的血液

图 11-5　硬膜外血肿 CT 表现

3．硬膜下血肿　硬膜下血肿是指发生在硬脑膜与蛛网膜间隙内的血肿，是最常见的颅内血肿之一。约占各类颅内血肿的 1/3。根据血肿形成的时间，临床分为急性、亚急性及慢性硬膜下血肿三类。

CT 平扫表现为颅骨内板下新月形或带状高密度区，CT 值约为 70～80 HU，范围较广，可跨越颅缝，常伴有脑挫裂伤，占位效应较显著（图 11-6）。

4．硬膜下积液　CT 表现为新月形水样（CT 值约为 7 HU）低密度影（图 11-7）。以两侧额区多见，常深入前侧列池。硬膜下积液可因并发出血而成为硬膜下血肿。

5．脑内血肿　脑内血肿是指外伤所致的脑实质内出血形成的血肿。多由对冲性脑挫裂伤出血所致，也可为着力点区脑实质血管损伤出血引起，约占颅内血肿的 5%（图 11-8）。CT 表现为：

（1）脑内形成不规则的肿块（CT 值 40 HU），周围常有低密度水肿带环绕而显得锐利、清晰，周围可合并脑挫裂伤，可见程度不等的占位征象。

（2）直径≥ 2 cm 为血肿，直径＜ 2 cm 为出血点。

（3）发生在大脑深部或靠近脑室的血肿可破入脑室形成脑脊液 - 血液平面或脑室铸型。

（4）脑室如靠近脑表面、正中裂、外侧裂可破入蛛网膜下腔而密度增高。

（5）有的外伤性血肿可在 48 h 后延迟出现，预后差。

6．脑挫裂伤　指在一钝性外力作用下形成的局部或大范围脑组织的静脉淤血、脑水肿、脑肿胀、坏死、液化及散在多发性小灶性出血（图 11-9）。CT 表现：脑实质低密度水肿区内出现多发、散在的点状高密度出血灶。有人比作撒盐或胡椒面改变。

7．颅内血肿量的计算方法　关于颅内血肿量的计算方法有很多版本，最初是日本的多田明等于 1981 年首先报道了 T（ml）= π/6×L×S×Slice 的计算方法，随后又相继报道了潘道明氏方法、多田氏改良法（T=2/3× 长 × 宽 × 层面）、陆晓氏计算法等。

（1）对于急诊可以采用以下最简单的计算方法：

1）根据 CT 片上的长度标准，在出血量最多的那个层面上，量出 X（宽度）和 Y（高度）。例如：

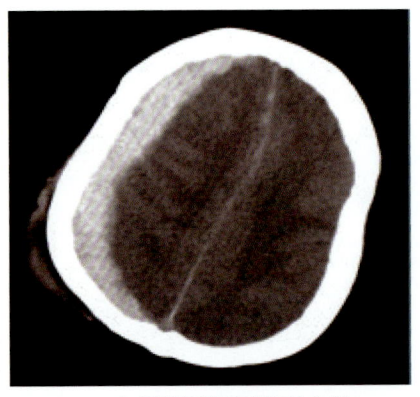 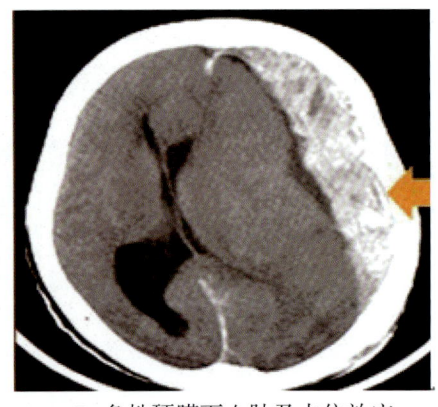

A. 右额颞顶部硬膜下血肿　　　　　　B. 急性硬膜下血肿及占位效应

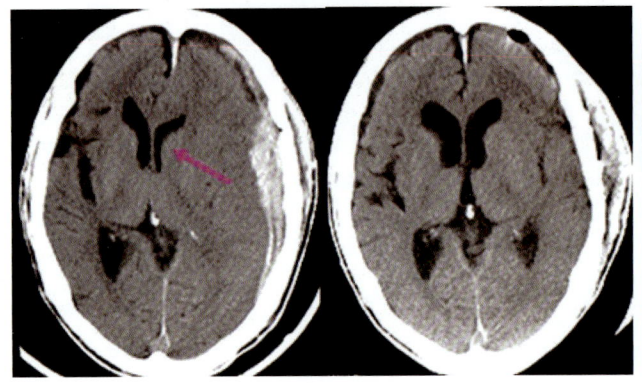 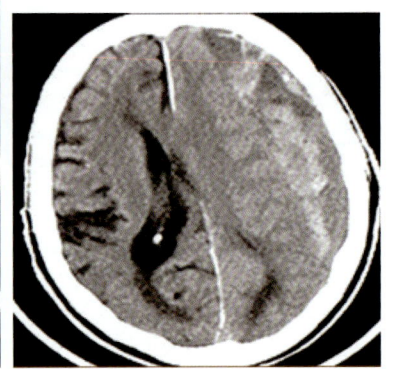

C. 急性硬膜下血肿及占位效应术前及术后对比　　　　　　D. 慢性硬膜下血肿

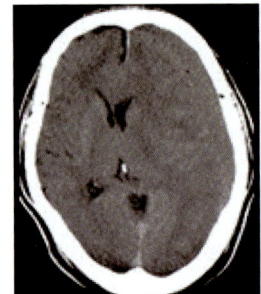 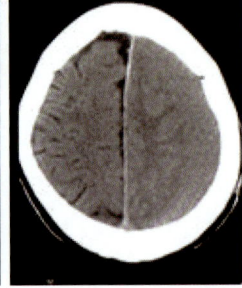 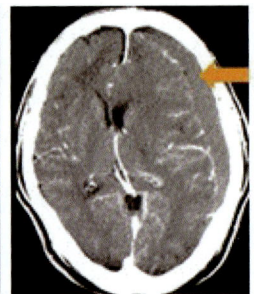 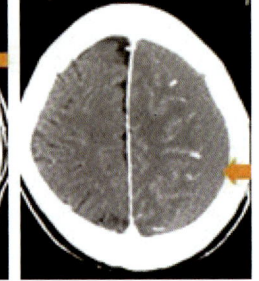

E. 对于移位不明显的患者的增强扫描

图 11-6　各类硬膜下血肿的 CT 表现

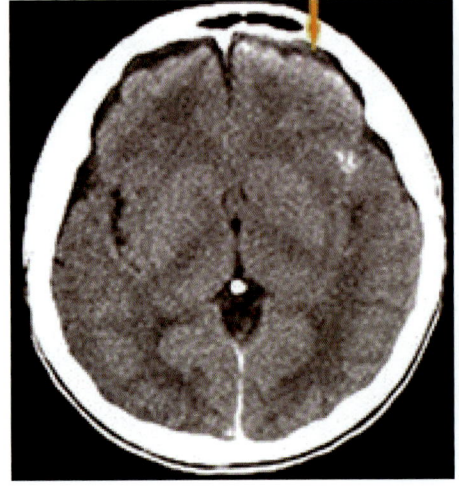 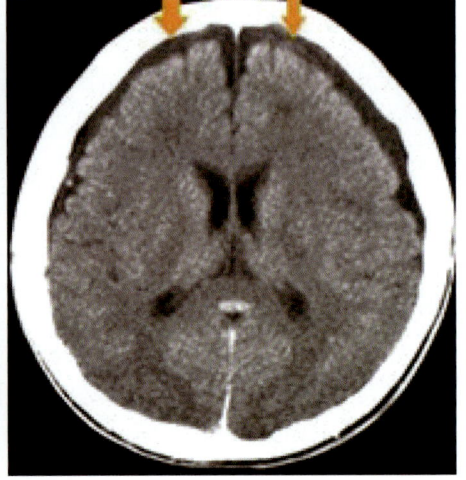

图 11-7　硬膜下积液

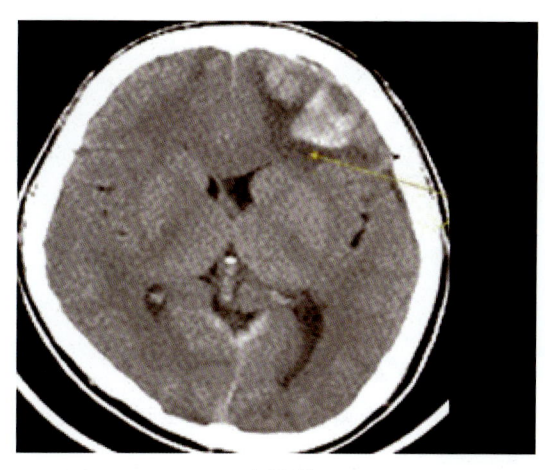

A. 水肿带　　　　　　　　　　B. 破入脑室

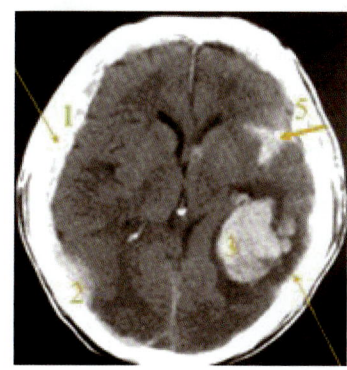 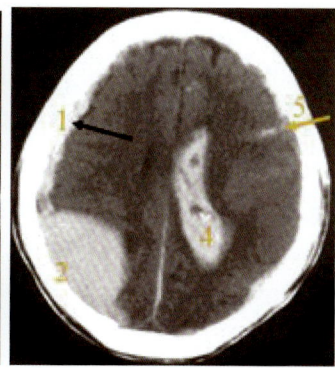 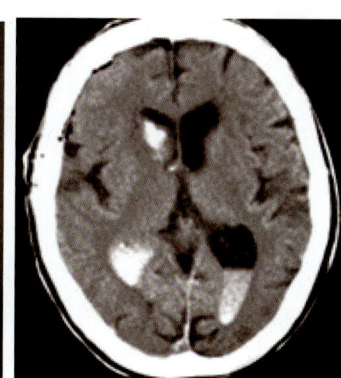

C. 硬膜下血肿、脑内血肿伴脑室内积血

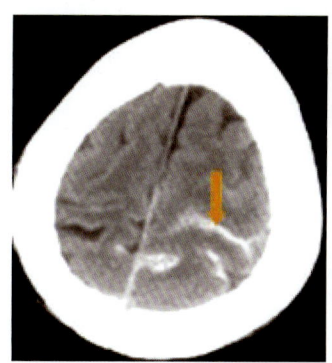 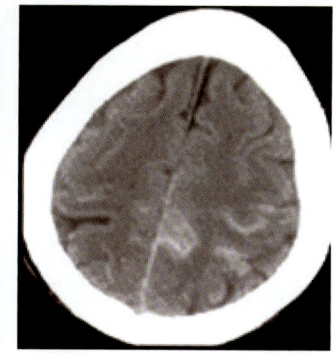

D. 破入蛛网膜下腔

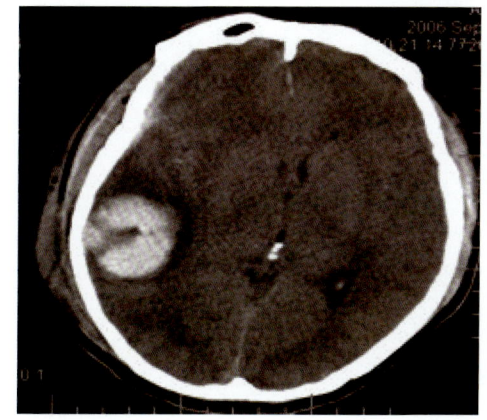 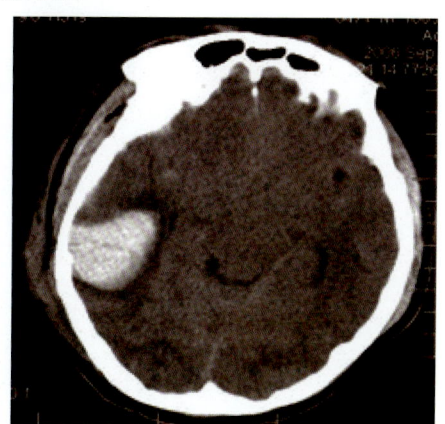

E. 脑内血肿

图 11-8　脑内血肿 CT 表现

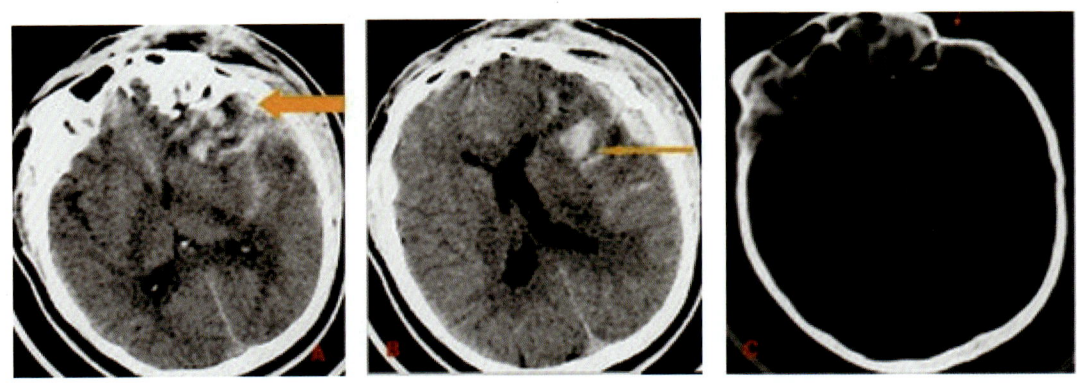

图 11-9　脑挫裂伤伴骨折、蛛网膜下腔出血及硬膜下血肿

X 为 4 cm，Y 为 5 cm。

2) 在 CT 片上看有多少个出血层。

3) 公式：X×Y× 层面数 ÷2，即为出血量，单位 ml。例如：4×5×4÷2=40 ml。

（2）利用卡瓦列里（Bonaventura Francesco Cavalieri，1598-1647）原理，按照等距离抽样方法，在任何一方向通过特证物作若干（n 个）等距随机平截面，界面间距（h）事先确定，特征物的所有截面积的总面积乘以截面积间距即为该特征物的体积。利用卡瓦列里原理测量颅内血肿体积，可以采用最简单的测量工具——测格（图 11-10）。测格中的直线交叉点成为测点，方格中的所有直线称为测线，小方格的边长为 d，整个大方格为测面，测点、测线之间有相互关联的关系，测点被赋予特定的意义，代表一定的面积，在此为 d^2。

具体的测量方法为：将测格图放大复印在透明胶片上，按照头部 CT 比例尺的单位长度，测格边长（d）就是 CT 片上比例尺的 1 个厘米刻度的长度。测点代表一定的面积，在此为 1 cm^2，将测格随意叠放在 CT 片的血中图像上，计算测点数。根据计算体积的卡瓦列里原理，估计血肿体积（V）的公式为：$V=\Sigma p \times d^2 \times h$，$d^2$ 为测点相关联的侧面面积 1 cm^2，Σp 为落于血肿上的测点总数，h 为厚度，头部常为 1 cm。因为单位统一为厘米，实际上只要累加每层面血肿上的测点数即可获得血肿体积数值（cm^3）。

测格的优点是：只计算预测图像中的测点数 P，就可计算位于该图像中的测面的面积 A。计算方法为：$A=d^2 \times P$。

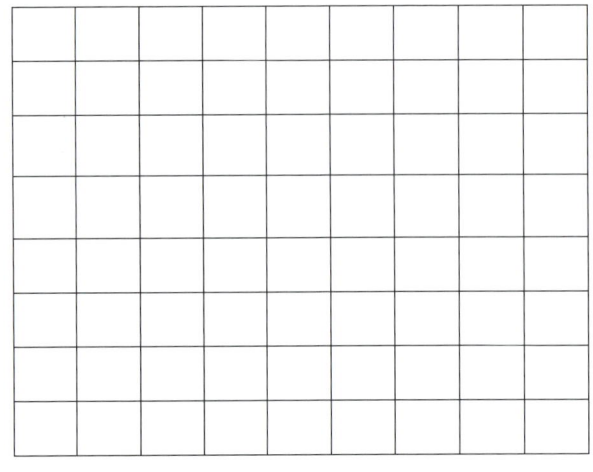

图 11-10　测格

(3) CT 定量法：在 CT 操作台上按 Crsr 键，再按 Trace 键，滚动轨迹确认血肿边缘将游标置于血肿中，按 Roi 键，便可以显示层面血肿面积（cm^2）。因为层厚常为 1 cm，故每层面的面积数值即为体积值，每层面按照上述方法操作，然后相加便得此血肿体积（cm^3）。

(4) 对于牵涉到司法鉴定的计算方法，建议采用司法部司法鉴定科学技术，根据球缺体积公式推导出的计算颅内血肿体积的改良公式，准确性会更高。

(5) 辅助临床推测脑损伤严重度

1）颅脑血肿：不管是硬膜外血肿、硬膜下血肿、颅内血肿，都是颅内占位病变，性质是一样的。按数量定性为：特重型幕上 80 ml 以上，幕下 20 ml 以上（图 11-11A）；重型幕上 50～79 ml，幕下 11～19 ml（图 11-11B）；中型幕上 20～49 ml，幕下 3～10 ml（图 11-11C）；轻型幕上 19 ml 以下，幕下 2 ml 以下（图 11-11D）。

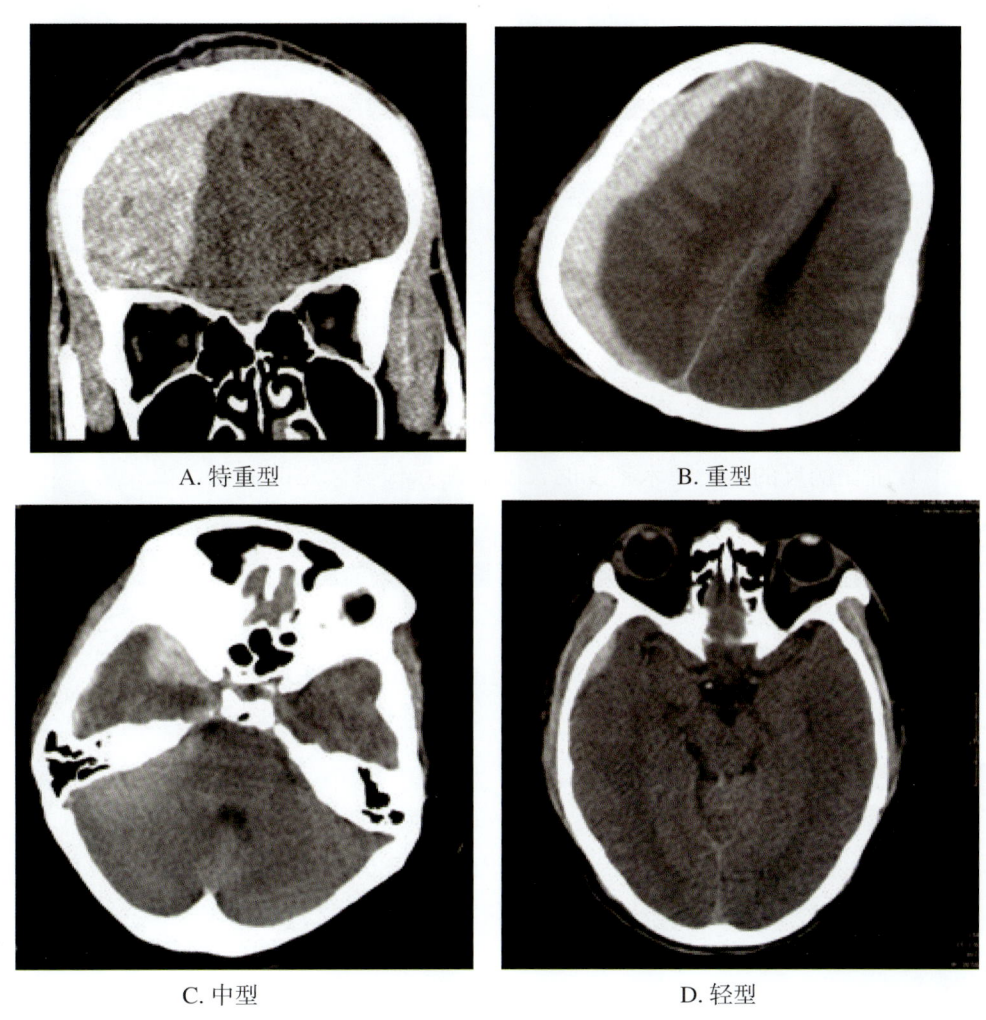

A. 特重型　　B. 重型

C. 中型　　D. 轻型

图 11-11　颅脑血肿严重度 CT 表现

2）外伤性蛛网膜下腔出血：是指由于外伤所致颅内血管破裂后，血液进入蛛网膜下腔。多伴有严重的颅内损伤。

CT 平扫，少量蛛网膜下腔出血表现为局部脑沟、脑池、脑裂内高密度影；出血量多时，则脑沟、脑池、脑裂内高密度影形成铸型。发病后 48 h 内 CT 显示蛛网膜下腔出血的准确率最高。出血量少者，一周后 CT 复查血液吸收；大量出血则需要 2～3 周才能吸收消失。

按部位定性：①特重型：蛛网膜下腔出血破入脑室系统（图 11-12A）；②重型：侧裂池出血（图 11-12B）；③中型：纵裂及分散性出血（图 11-12C）；④轻型：局限性小出血（纵裂后部出血）（图 11-12D）。

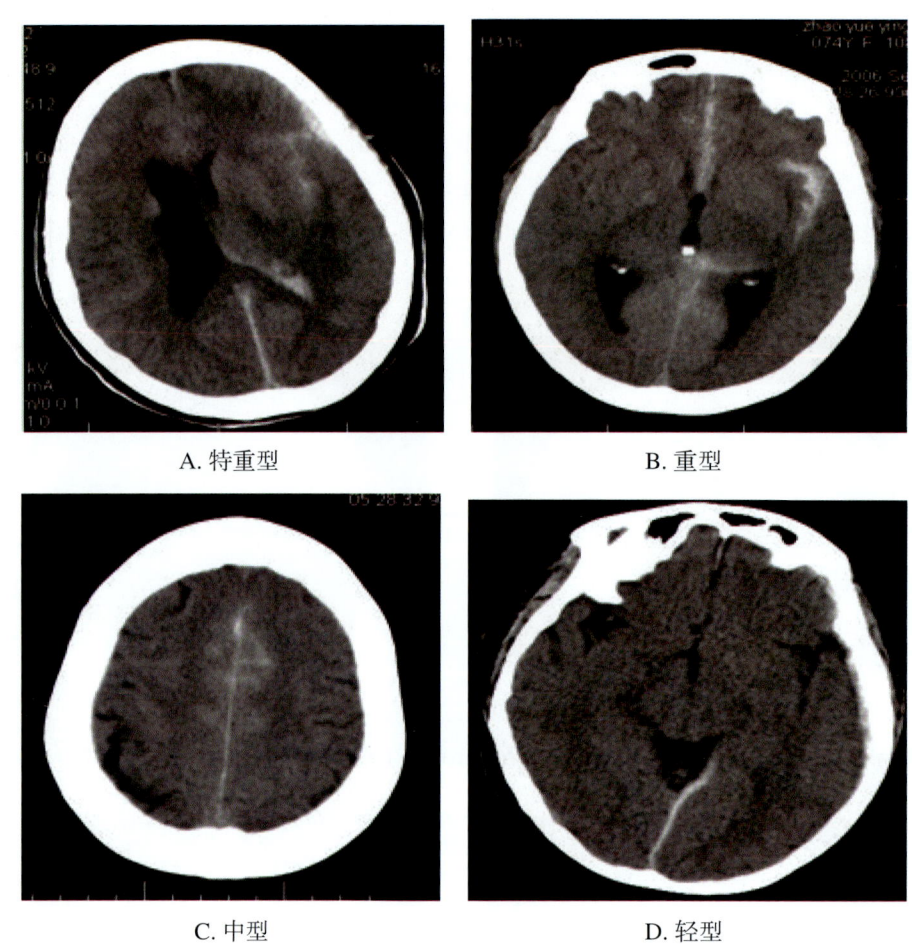

A. 特重型　　　　　　　　　　B. 重型

C. 中型　　　　　　　　　　D. 轻型

图 11-12　蛛网膜下腔出血严重度 CT 表现

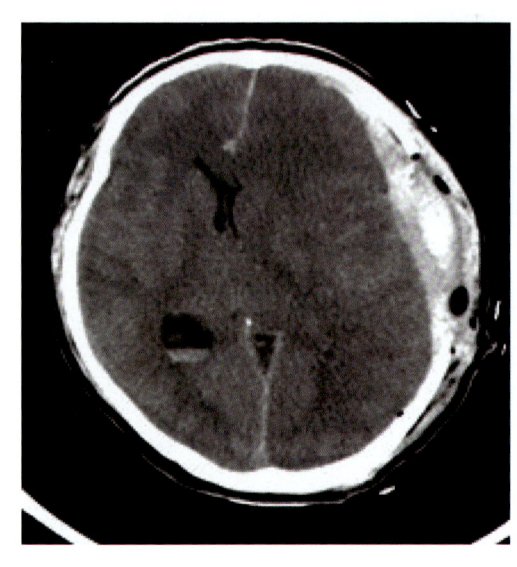

图 11-13　大脑镰下疝

3）大脑镰下疝：以中线移位距离脑疝定量分类：①特重型：中线移位 16 mm 以上；②重型：中线移位 10～15 mm；③中型：中线移位 4～9 mm；④轻型：中线移位 3 mm 以下。（图 11-13）

4）挫裂伤：脑挫裂伤系颅脑外伤所致的脑实质器质性创伤，属原发性闭合性颅脑损伤。CT 表现为：①局限性低密度灶；②散在点片状出血；③占位效应与脑萎缩；④其他征象：较重的脑挫裂伤常合并蛛网膜下腔出血、脑外血肿、颅骨骨折等（图 11-14A、B）。

脑挫裂伤的皮层区弥漫性肿胀并出血，大部分出血是在脑实质的血管周围。在 CT 平片上，挫伤似乎表现为皮质及皮质下白质的水肿区与代表出血的高密度区混合。CT 平扫发现的骨性隆起附近出血性挫伤区域出血点可融合，看起来像皮质及皮质下白质的血块。这些病变好发于脑冠，即可证明其起源（脑组织抛向颅骨），并可据此将脑挫伤与脑血管疾病和其他大脑损伤区别开来。

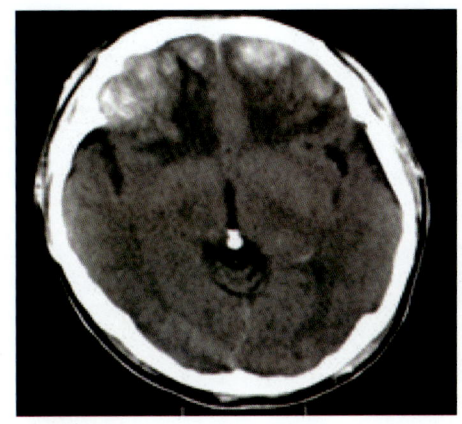
A. 两额部脑挫裂伤

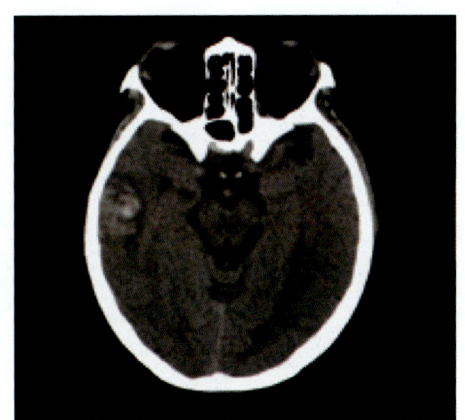
B. 右顶部脑挫裂伤

图 11-14　脑挫裂伤 CT 表现

5）弥漫性轴索损伤：弥漫性轴索损伤是指颅脑在受到加速旋转暴力作用后，脑实质及中线结构被撕裂，造成神经轴索弥漫性断裂，是一种严重的致命伤。

几乎所有严重的脑外伤均由于大脑镰撞击而有胼胝体损伤，CT 片常能看到坏死及出血，并可扩散到相邻的白质。从受力点沿作用力方向范围内也可见白质内散在出血。Strich 描述的白质变性区也可以出现。根据学者的病理资料，这些白质病变区倾向于灶状，有些位于出血、挫伤及缺血区周围，其他则有一定距离。病变沿胼胝体下行的传导束分布并使传导束中断。白质变性也可明显呈弥漫性，而与局灶性破坏性病变无明显关系。这普遍认同了弥漫性轴突损伤、胼胝体和中脑损伤等一些严重脑外伤的主要病理变化（图 11-15，图 11-16）。

三、磁共振成像

磁共振成像（magnetic resonance imaging，MRI）是通过对静磁场中的人体施加某种特定频率的射频脉冲，使人体组织中的氢质子受到激励而发生磁共振现象，当终止射频脉冲后，质子在弛豫过程中感应出 MR 信号，经过对 MR 信号的接收、空间编码和图像重建等处理过程而得到的一种数字图像。

随着磁共振成像系统硬件及软件的不断发展，MRI 图像质量不断提高，各种新技术层出不穷，在临床上的应用日益广泛。

（一）磁共振影像的特点

1．磁共振成像的优势

（1）无 X 线电离辐射，对人体安全无创；

（2）多方位成像，便于显示解剖结构及病变的空间位置关系；

（3）多参数成像，为明确病变性质提供更丰富的影像信息；

（4）软组织结构显示清晰；

（5）与 CT 相比，无骨性伪影，对颅底结构显示清晰；

（6）除了可以显示形态变化，还能进行功能成像和生化代谢分析。

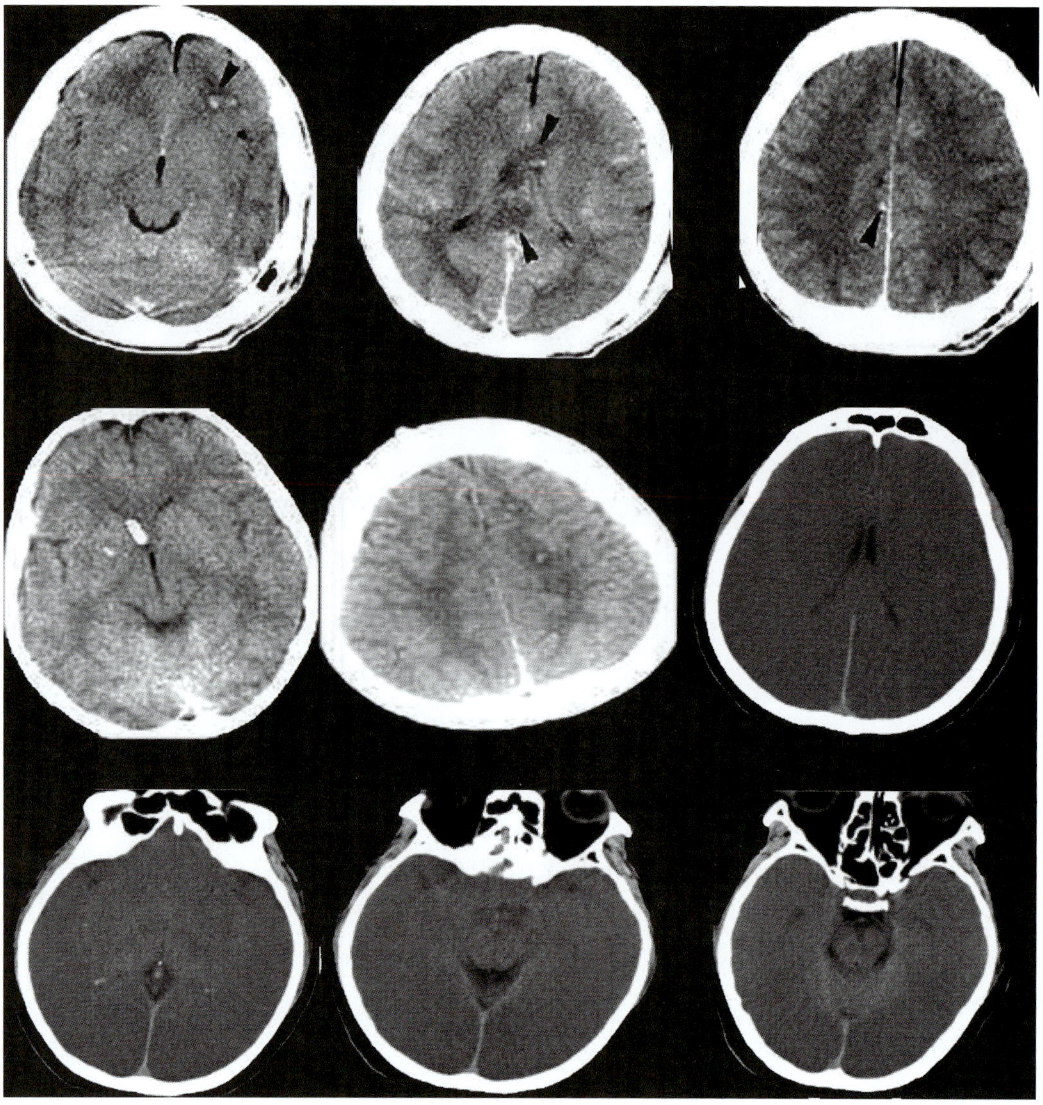

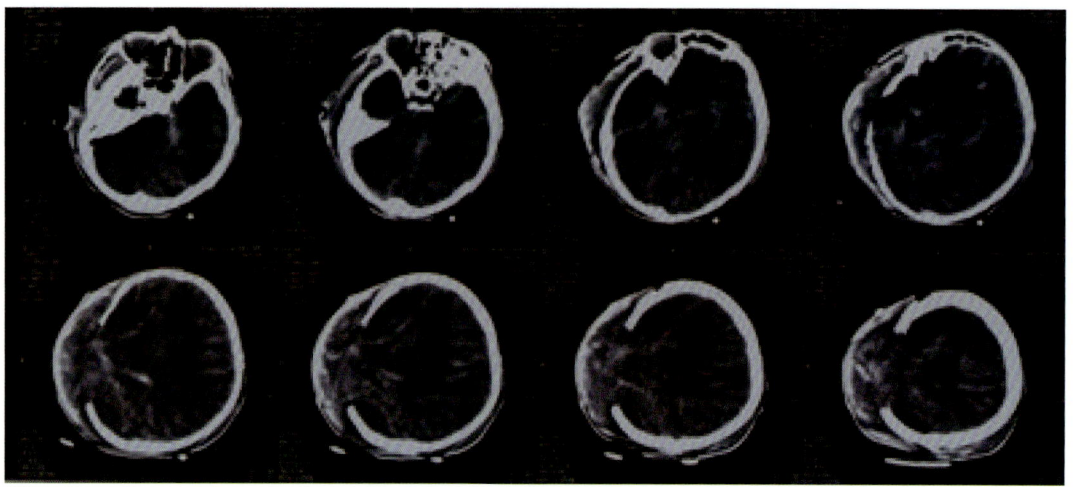

图 11-15 弥漫性轴索损伤 CT 表现

图 11-16 弥漫性轴索损伤晚期瀑布样改变

2．磁共振成像的缺陷

（1）对钙化显示不如 CT；

（2）对胃肠道显示欠佳；

（3）对骨皮质显示不如 X 线或 CT；

（4）对呼吸系统病变显示不如 CT；

（5）信号变化解释相对复杂，病变定性诊断仍存在困难；

（6）检查时间相对较长；

（7）价格相对比较高；

（8）体内留有心脏起搏器或其他金属物品者、危重症患者不宜做 MRI 检查；妊娠 3 个月内者除非必须，不推荐进行 MRI 检查；

（9）多数 MRI 设备检查空间较为封闭，部分患者因恐惧不能配合完成检查。

（二）常规 MRI 在颅脑损伤中的临床应用

颅脑位置比较固定，不受呼吸、胃肠蠕动及大血管搏动的影响，运动伪影少，而 MRI 又具有很高的软组织分辨率，因此，MRI 在颅脑病变方面应用的效果最具优势。由于无骨性伪影，MRI 在显示颅底、脑干及后颅窝病变上明显优于 X 线和 CT。

在颅脑损伤诊断中，MRI 较 CT 有很大的优越性，它可以提高颅脑损伤的检出率、早期发现脑实质损伤。另外，MRI 在显示脑出血、判断出血原因以及估计出血时间方面有独特的优势，可以动态观察颅内血肿的演变过程。

1．弥漫性轴索损伤（diffuse axonal injury，DAI） DAI 也称剪切伤，主要发生于皮髓质交界区的脑白质、胼胝体以及上部脑干背外侧。

MRI 是本病的首选检查。多发小出血灶在 T_1WI 呈高信号，T_2WI 常显示皮髓质交界区及胼胝体的多发高信号，出血后期的含铁血黄素在 T_2WI 上呈低信号并可长期存在。另外，MRI 可以发现更多 CT 不能显示的病变，尤其是非出血性、小于 1.5 cm 病灶以及位于脑干、胼胝体的病灶。

2．硬膜外/下血肿（图 11-17，11-18，11-19） MRI 可以清楚地显示血肿的部位、形态、范围、对临近脑组织的压迫情况，并可计算血肿容积，为手术治疗提供详尽的资料。对血肿清除后效果的观察也有较好的应用价值。另外，还可以根据 MRI 信号的变化大致判断血肿形成的时间。

急性期血肿首选 CT，但 MRI 对于亚急性或慢性期血肿显示优于 CT。另外，CT 对少量积液或积血难以显示，而 MRI 在液体很少时也能分辨出来，同时还可以通过多序列推断是积液还是积血。

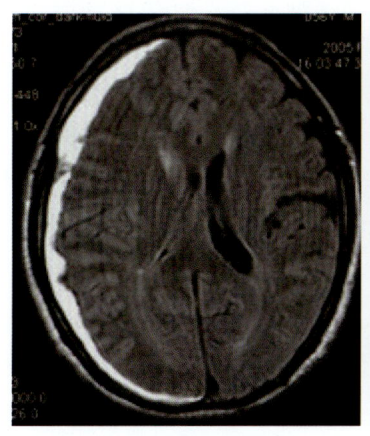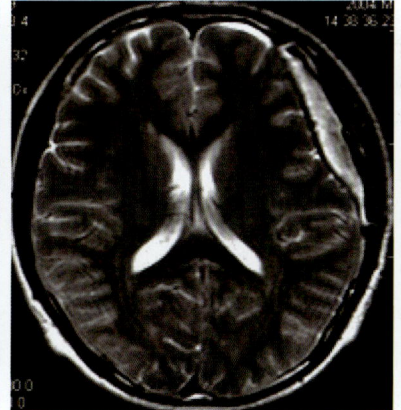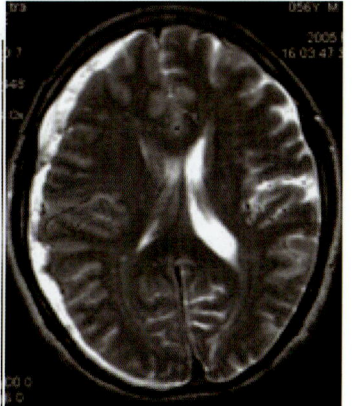

A. 横断面T_1WI　　　　　　　　　　B. 横断面T_2WI

图 11-17 急性期硬膜外血肿

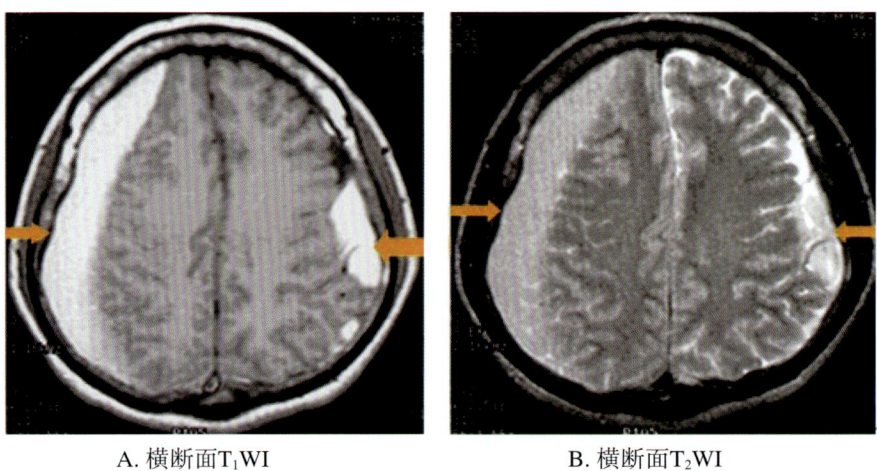

A. 横断面T_1WI　　　　　　B. 横断面T_2WI

图 11-18　急性硬膜下血肿

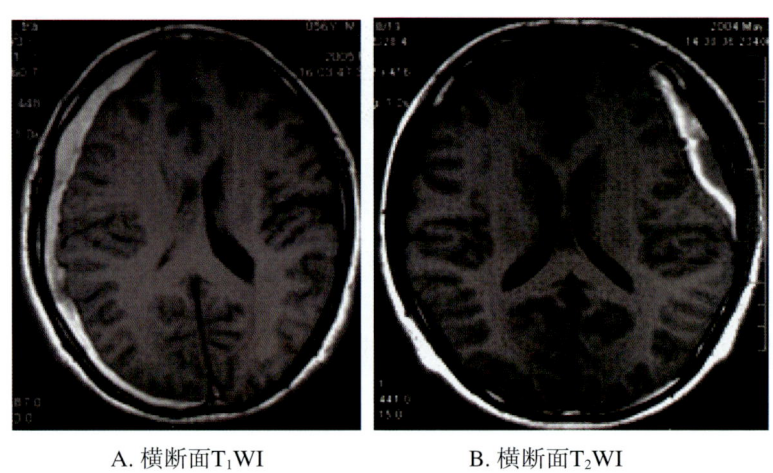

A. 横断面T_1WI　　　　　　B. 横断面T_2WI

图 11-19　亚急性期硬膜下血肿

3．脑挫裂伤　脑挫裂伤早期 CT 可不敏感，MRI 对诊断非出血性挫裂伤敏感度大大超过 CT，主要用于亚急性期及慢性期病变的评价。水肿及其中散在的小灶性出血是脑挫裂伤 MRI 信号变化的基础。MRI 所显示的脑挫裂伤的范围要比 CT 大，且有可能显示其中较小的出血灶。

4．外伤后脑梗死　外伤后脑梗死是颅脑损伤常见且易忽略的并发症之一，容易被其他颅脑损伤病变症状掩盖，MRI 有助于早期发现缺血性改变。

5．脑疝　MRI 可以较 CT 更清楚地显示各种脑疝类型及程度。

6．蛛网膜下腔出血　蛛网膜下腔出血时，由于出血与脑脊液相混合，使凝血过程受影响，又由于脑脊液中磷脂酶的作用，使红细胞被迅速溶解，过早释放了红细胞内的脱氧血红蛋白，即使在急性期也不能显示细胞内外磁化率差异所致的 T_2WI 低信号。因此，MRI 不能显示急性蛛网膜下腔出血。对于亚急性蛛网膜下腔出血，由于存在正铁血红蛋白，无论是在 T_1WI 还是 T_2WI 均可以显示脑沟、脑裂、脑池内的高信号。

7．硬膜下积液　MRI 分辨是积液还是积血较 CT 更有优势。但若蛋白含量较高，与硬膜下血肿不易鉴别。

8．颅骨骨折　CT 为颅骨骨折的首选检查。MRI 主要通过间接征象来诊断，漏诊率高，主要用于显示颅内并发症。

9. 脑外伤后遗症　颅脑损伤的结局因部位和程度而异。轻损伤可完全修复，重者常遗留不同的后遗症，如脑萎缩、脑软化、脑积水、脑穿通畸形囊肿、蛛网膜囊肿等。MRI 均可清楚地显示这些改变。

（三）功能性磁共振成像的临床应用

功能性磁共振是利用功能变化来形成图像，以达到早期诊断的目的。

1. 磁共振波谱成像（magnetic resonance spectroscopy，MRS）　MRS 是一种无创性研究活体组织代谢及生化指标测定的技术，能测出不同化合物在强磁场作用下所产生的不同化学位移（通常以 PPM 表示）峰值，从而对脑内多种不同化合物进行相对定量分析，如 N-乙酰天门冬氨酸（NAA）、胆碱类化合物（Cho）、肌酸（Cr）、乳酸（Lac）等。当前主要用 ^{1}H-MRS。资料表明，NAA、Cho、Cr 等代谢物在健康成人脑内浓度基本恒定，与年龄无显著相关性，在正常人脑左右半球镜像区的浓度无显著差异，在同一种族的不同性别间无显著差异，这些特性是 ^{1}H-MRS 应用于临床的基础。

在很多疾病的发生和发展过程中，代谢改变往往早于形态学改变，因此，MRS 能提供的代谢信息有助于疾病的早期诊断。^{1}H-MRS 临床应用可以明确脑损伤后脑组织病理生理变化的神经生化机制，可以在分子水平为超早期颅脑损伤的临床诊断、药物治疗效果的评价、神经功能恢复的评估、损伤的严重性及预后提供新的线索。

2. 磁共振弥散张量成像（diffusion tensor imaging，DTI）　DTI 是利用脑组织中水分子扩散运动沿着脑白质纤维走行的特性，使脑白质束成像的技术。DTI 不仅可以提供人体组织微观结构、神经纤维走向和受损情况等信息，还可重建纤维束走行的立体结构，从而揭示白质纤维之间的联系和连续性。DTI 技术是目前唯一能在活体中显示神经纤维束的走行、方向、排列、髓鞘等信息的技术，通过观察脑白质束的形态、走行、有无中断及破坏等，可以检查脑白质束病变。

DTI 的基本原理：水分子在不均质组织具有扩散各向异性的特征，脑组织的髓鞘白质纤维中由于轴突膜与髓鞘的存在作为扩散的屏障，在平行于纤维方向的扩散速度远远大于垂直方向的扩散，这种方向依赖性的扩散就是各向异性。DTI 通过观察随扩散梯度脉冲方向改变而发生波动的扩散值大小来标记和描绘水分子弥散的各向异性。部分各向异性（FA）是描述脑白质纤维各向异性特征的主要参数之一，其大小与髓鞘的完整性、纤维致密性及平行性有密切关系，能够反映白质纤维是否完整，与预后有密切关系。FA 值表示各向异性与整个扩散的比值，其范围在 0～1 之间，1 表示最大各向异性，FA 值越大，神经传导功能越强。正常情况下白质组织排列紧密，水分子沿白质纤维束走行方向扩散最快。

脑外伤后出现系列微观环境的改变，如神经元肿胀或萎缩、组织结构损伤导致细胞外间隙及水分子扩散屏障改变等，这些均可导致水分子弥散各向异性改变，因此，DTI 对确定脑损伤的范围和程度有一定价值。通过分析可以推断白质纤维束的完整性，可以预示颅脑损伤好转。

DTI 可显示外伤对白质纤维束移位、变形及破坏等情况，为诊断弥漫性轴索损伤提供更多信息，是目前活体观察轴索病变最直观的影像方法。FA 值是 DTI 成像中最常用的观察参数，被称为"髓鞘损伤的指针"。FA 与临床相应指标的关联性较常规序列及 ADC 值好。有研究发现脑损伤后高的 FA 值与较好的功能预后相关联。DTI 很有希望成为颅脑损伤患者白质损伤程度的鉴定和量化的有用工具。

3. 弥散张量纤维束成像（diffusion tensor tractography，DTT）　使用 1.5T Twin-speed with Exite Ⅱ 超导型磁共振成像系统，先常规进行 MRI 检查（包括横轴位 T_1WI、T_2WI、FLAIR 和矢状位 T_1WI 扫描），然后进行头部轴面弥散张量成像（DTI）扫描，及配合使用 AW4.2 工作站 Functool 2 软件对 DTI 图像做分析。由软件自动重建出部分各向异性（FA）图、相对各向异性（RA）图、表观扩散系数（ADC）图。

在 FA 图和 ADC 图中重点测量内囊前肢、内囊后肢、胼胝体膝部、胼胝体压部的 FA 值、ADC 值。

(1) DTI 的 FA 图可提供很好的灰白质对比度。在 FA 图上，白质表现为高信号。脑外伤后损伤灶白质呈低信号改变，FA 值明显降低；可见白质结构的紊乱、移位、变形，其连续性和完整性消失。

(2) 基于 DTI 技术获得的三维重建 DTT 图，可使脑内主要白质纤维束可视化，直观地显示主要白质纤维的位置、立体形态、走行及相互之间的空间位置关系。

(3) 三维 DTT 图，可提供脑外伤后白质纤维束损伤的确切信息，显示脑外伤患者白质纤维束移位、变形及破坏情况，反映白质纤维束与外伤病灶的关系，有助于临床医师对患者脑外伤的严重程度和预后评估做出正确判断。

1) 正常成人 FA 图像。

在 FA 图上，白质表现为高信号，可辨认出脑白质内主要的纤维束，如胼胝体、内囊、外囊等。半球内的白质左右对称，白质束位置、结构及相互关系显示清楚（图 11-20）。

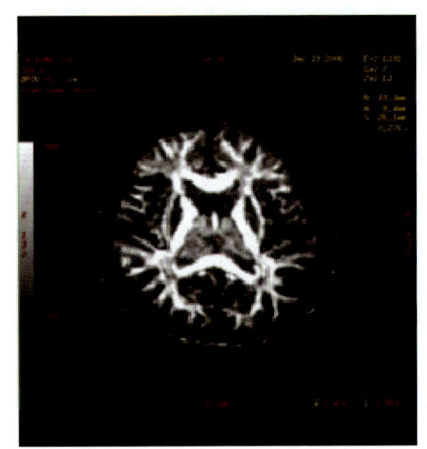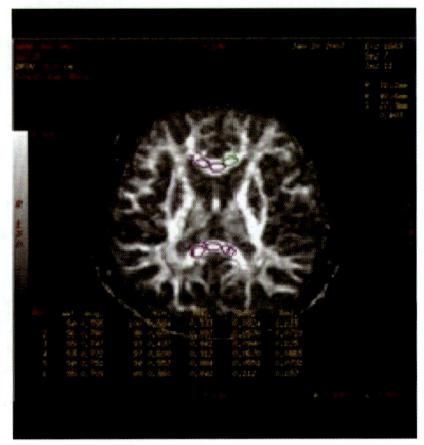

图 11-20　正常成人 FA 图像

2) 正常成人脑内主要白质纤维束的三维显示。

对称显示脑内主要白质纤维的走行、立体形态以及相互之间的空间关系。DTT 图与 MRI 断面图像融合后，侧面观，胼胝体可分为嘴、膝部、体部和压部四部分。可见胼胝体嘴、膝部纤维弯向前内，并有纤维与额叶前部相连。胼胝体体部纤维主要联系额叶、顶叶和颞叶。胼胝体压部纤维联系双侧枕叶（图 11-21）。

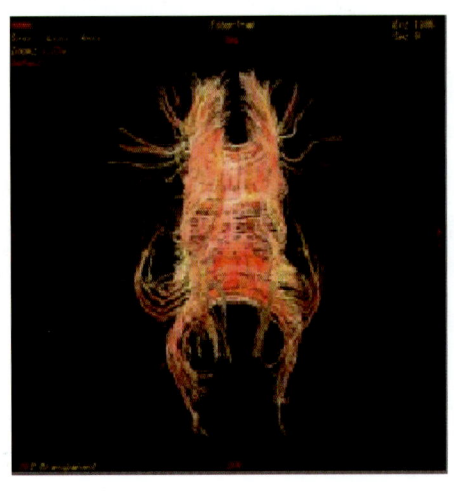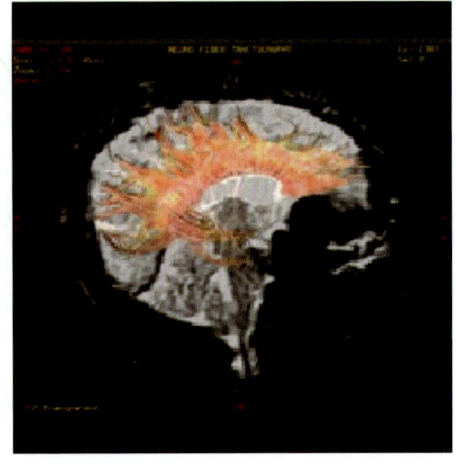

图 11-21　正常成人脑内主要白质纤维束三维显示图

3）DTT 图侧面观还可见联系枕叶与额叶皮质的下枕额束、桥横纤维、小脑中脚等白质结构（图 11-22）。

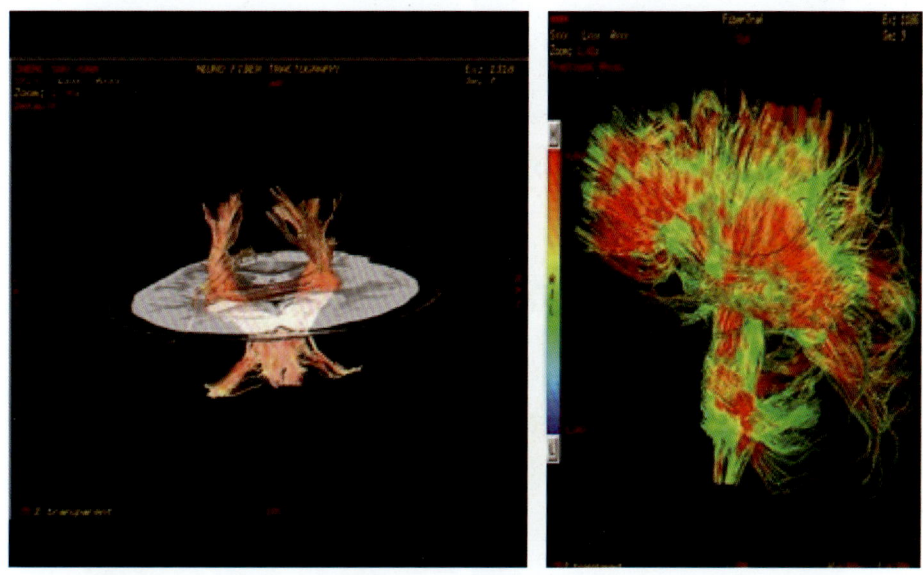

图 11-22　DTT 图侧面观

【典型病例】

脑外伤后 3 周头部 MRI 扫描（图 11-23A ～ D）。

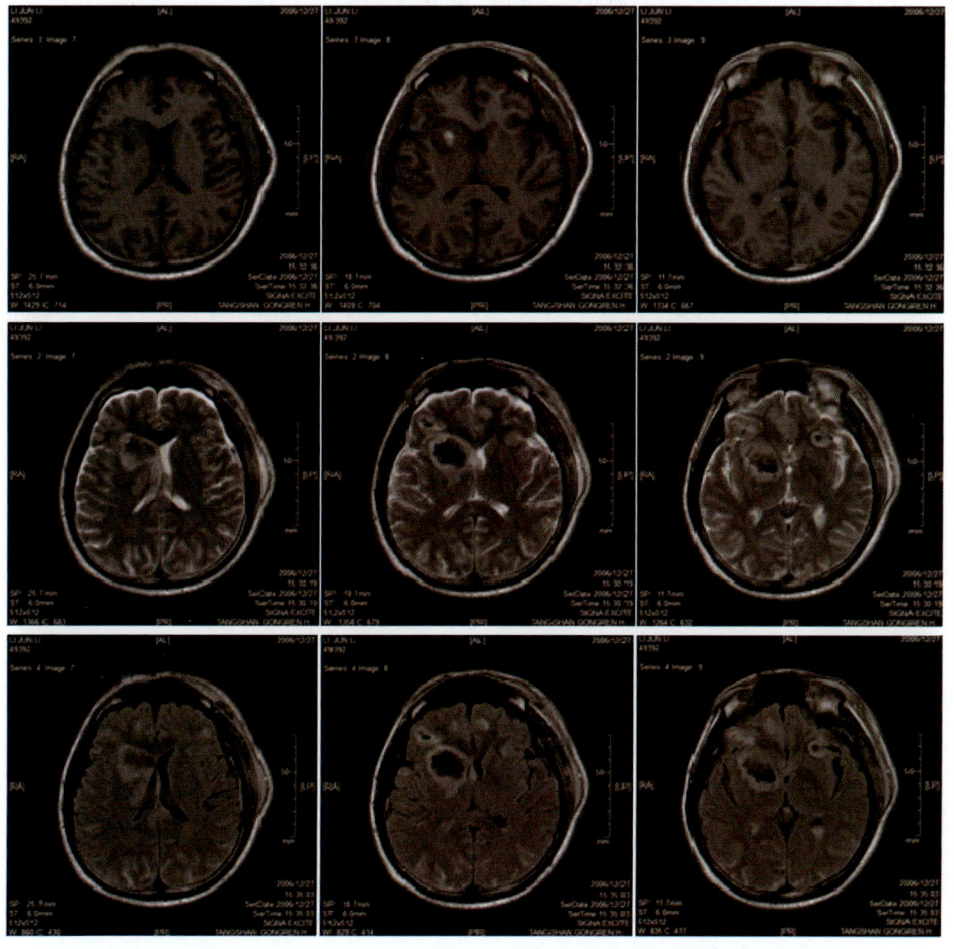

图 11-23A　轴位 T_1、T_2、FLAIR 主要提示右侧基底节区血肿

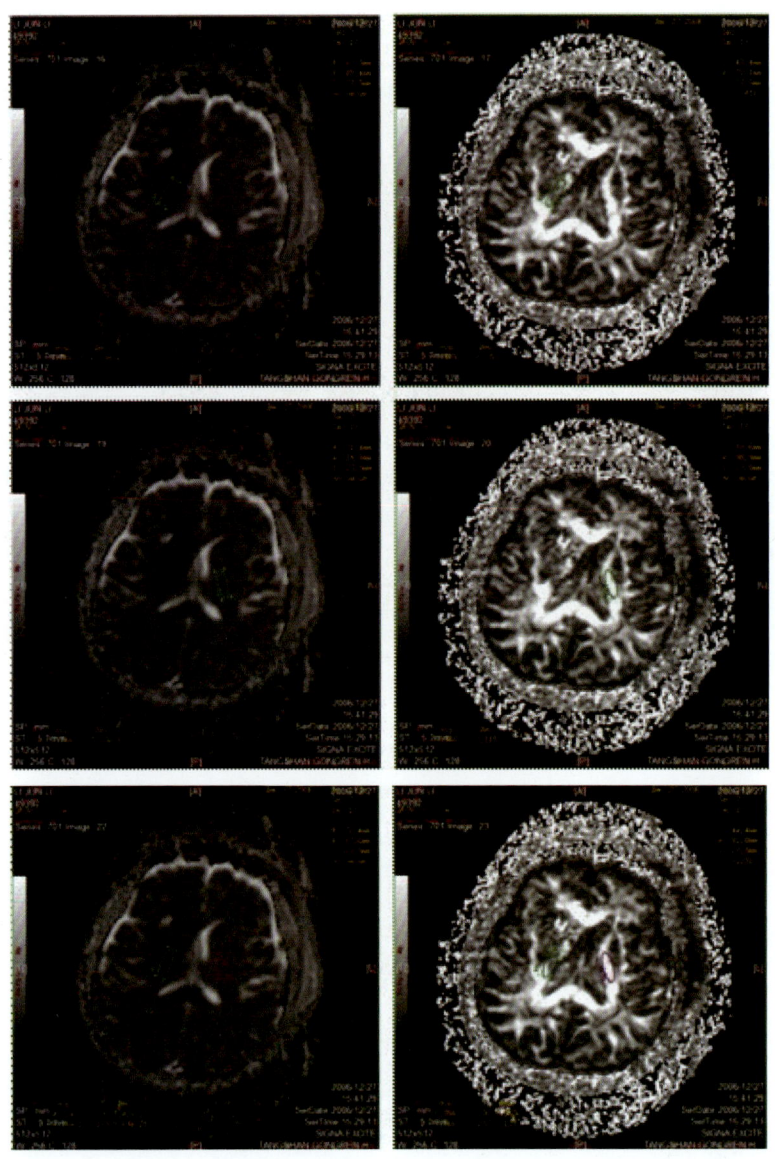

图 11-23B　左纵列为 ADC 图，右纵列为 FA 图

二者均提示右侧内囊前肢、内囊膝、内囊后肢前份白质纤维呈断续状，结构的连续性及完整性消失，右侧侧外囊完整性破坏，结构外移

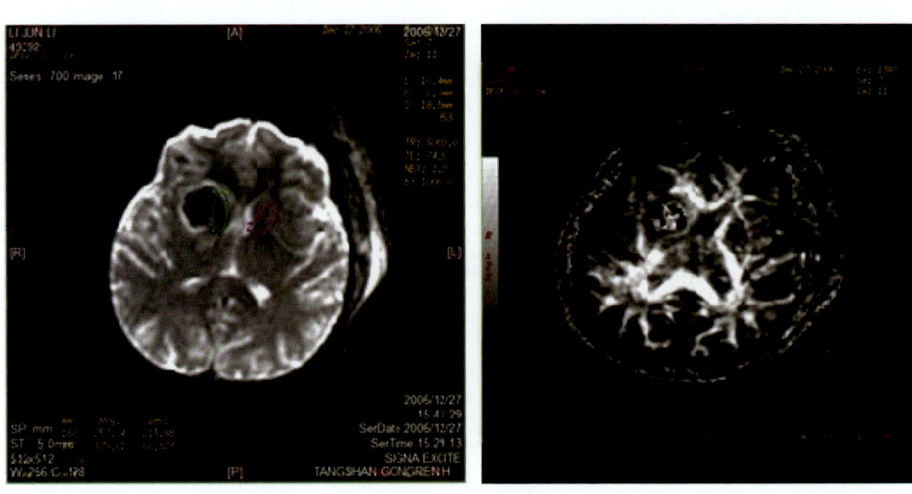

图 11-23C　病例存在右侧基底节区急性出血，病变可能会累及内囊，FA 图证实，患者的确存在右侧内囊损伤。将该典型病例的 DTI 原始图像资料传递到工作站，进行弥散张量纤维束成像

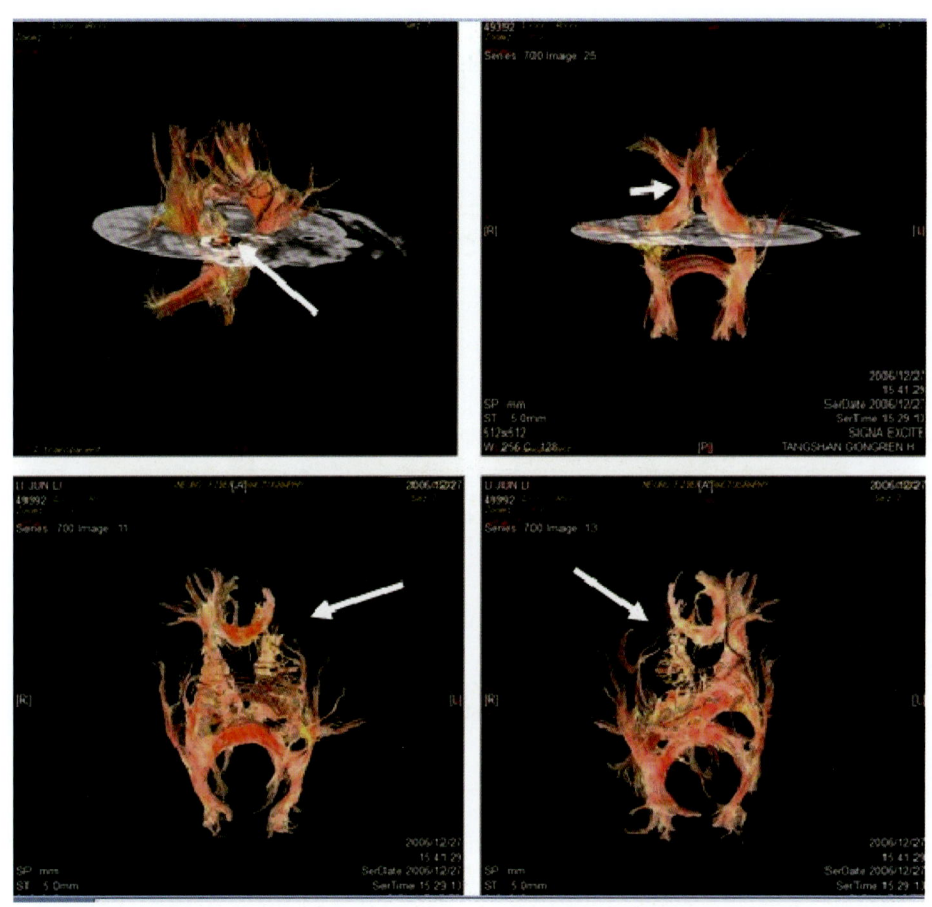

图 11-23D DTT 图可见，右侧基底节血肿区内囊受损处白质纤维中断，无完整纤维束通过，纤维数量较健侧明显减少；这正是对侧偏瘫的有力证据

由于此典型病例存在右侧基底节区急性出血，病变可能会累及内囊和胼胝体等白质结构，故对患者另加 DTI 序列观察（图 11-23B）。

4. 磁共振血氧水平依赖性成像（blood oxygen level dependent magnetic resonance imaging，BOLD MRI） 磁共振血氧水平依赖性成像是通过一定的刺激使大脑皮质各功能区在磁共振设备上成像的方法，它结合了功能、影像和解剖三方面的因素，是一种在活体人脑定位各功能区的有效方法。

血流动力学反应与脑神经活动间存在着密切的联系，这是脑功能磁共振成像的基础。脑组织被激活时，伴随着一系列的局部脑血流、脑血容量、氧摄取和局部脑葡萄糖利用的动力学改变。如脑组织的活跃可引起局部脑血流量增加，局部葡萄糖利用仍与其匹配，但氧摄取量只有轻微的增加，故使血管内的氧合血红蛋白量增加，而脱氧血红蛋白减少。脱氧血红蛋白是顺磁性物质，产生局部梯度磁场，使质子快速去相位，因此具有缩短 T_2 的作用，而在脑区激活时，脱氧血红蛋白量减少，其缩短 T_2 的作用亦减小，同静息态相比，局部脑区的 T_2 或 T_2^* 相对延长，在 T_2WI 或 T_2^*WI 上脑激活区信号相对升高，通过磁共振成像系统采集到的图像上可见到激活脑区的信号强度增加，从而获得激活脑区的功能成像图。成像时，将激活区高信号以不同颜色叠加于 T_1WI 解剖图像上，即可获得相应脑区的功能成像。BOLD 效应与 MR 场强有关，场强越大，该效应越强。

感觉、运动以及认知性神经功能成像实验已在世界范围内广泛开展，它主要研究关于脑的感觉、运动、记忆、认知、幻觉、听觉以及视觉等过程，并取得了巨大的进展。神经手术计划的制订是 MR 脑功能活动成像应用的主要领域。由于病变的影响，具有重要功能的解剖结构常发生变形或移位，功能皮质的定位与正常解剖结构的功能区分布有一定的差别。术前 MR 脑功能成像对患者脑解剖功能关系的显示有助于神经外科医师制定手术计划，在微创伤性的操作中也起着十分重要的作用。

四、PET

（一）PET 简述

正电子发射断层成像（positron emission tomography，PET）是一种"核素示踪影像技术"。由于 PET 显像技术利用的是生理生化活动机理，所以 PET 显像技术又被称作生化显像或功能分子显像技术。PET 的出现使医学影像技术达到了功能分子影像水平，能够无创、动态、定量评价活体组织器官在生理状态下及疾病过程中细胞代谢活动的生理、生化改变，从而使获得分子水平的信息成为可能，在疾病的早期诊断、治疗方案选择、疗效判定等方面起到独特作用，尤其对肿瘤的良恶性判定、临床分期、治疗方案选择、疗效判定有独特的优势。

正是因为 PET 是能够反映人体功能、生化代谢及进行分子影像研究的先进的分子影像技术，随着各类新型神经系统受体显像剂的出现，PET 不仅可以提供大脑血流灌注和葡萄糖代谢情况，还可以特异性地观察各种受体结合情况，是诊断中枢神经系统疾病的有效方法，在帕金森病（Parkinson's disease，PD）、阿尔茨海默病（Alzheimer's disease，AD）等神经变性疾病，癫痫（epilepsy，EP）、脑肿瘤等各类疾病的诊断中有着广泛应用。

（二）PET-CT（图 11-24）

PET-CT 是将 CT 和 PET 两种不同成像原理的设备有机、互补地结合在一起，各自发挥优点、弥补不足，从而获得一种反映人体解剖图像与反映人体分子代谢情况的功能图像完全融合的全新影像学图像。可以提供病灶精确解剖定位和详尽的功能与代谢方面的融合信息，实现了优势互补。具有灵敏、准确、特异及定位精确等特点，一次显像可获得全身各方位的断层图像，可一目了然地了解全身整体状况，达到早期发现病灶和诊断疾病的目的。

PET-CT 通过测定 F-FDG 在脑细胞的代谢率，能准确、客观地反映脑细胞的功能状况，这对于受到损伤的脑细胞更敏感，可以得到脑损伤区域的脑组织代谢情况。因此，PET-CT 能作为评价持续植物状态预后和判定疗效的指标，其敏感性比脑干听觉诱发电位及体感诱发电位更高，具有很高的临床价值。

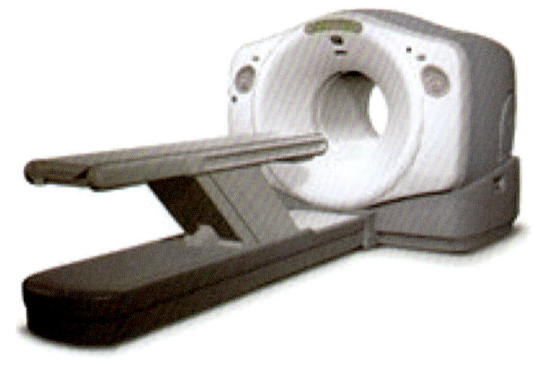

图 11-24　PET-CT 机

（三）PET-MRI

PET-CT 作为一种新的多模式显像技术，将分子影像技术的发展推向了新的高度。但是，随着

PET-CT 的普及，CT 与 PET 结合的局限性也逐渐暴露出来，如软组织分辨率差、高剂量 X 线辐射等，这些局限性在很大程度上归咎于 CT。随着磁共振技术的迅速发展，PET-MRI 一体机应运而生，在图像采集上实现了全身 MR 和 PET 数据的同步采集（图 11-25）。

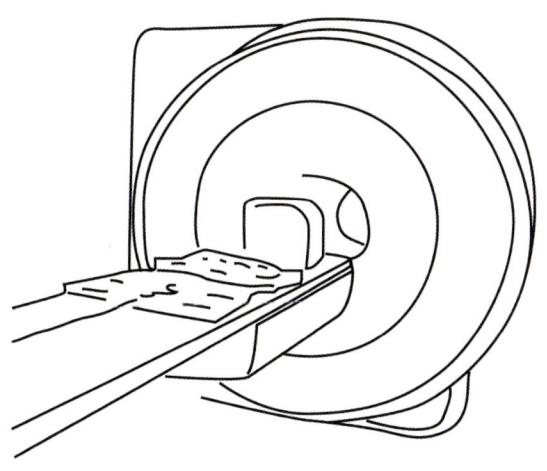

图 11-25　PET-MRI 一体机

对于颅脑损伤患者，PET-MRI 可检出一般影像检查易漏诊的小血肿，对脑损伤不但有特异性，而且可以对脑损伤后（如植物人）进行脑代谢状况评估，判断是否有脑死亡，对治疗及唤醒意义重大。PET-MRI 可对脑缺血性疾病进行早期诊断，其通过脑血流灌注和脑血容量测定反映脑血流和血脑屏障的破坏情况，并检测脑血流的通透性。

五、脑磁图

将脑细胞自发的神经磁场探测并描记下来形成曲线数据资料，称之为脑磁图（magnetoencephalography，MEG）。脑磁图是一种应用脑功能图像检测技术对人体实施完全无侵袭、无损伤的大脑研究和临床应用设备（图 11-26）。MEG 磁场主要来源于大脑皮质神经细胞树突产生的兴奋性突触后电位。脑神经电流所产生的生物磁场非常弱，MEG 检测过程中测量系统不会发出任何射线、能量或机器噪声，而只是对脑内发出的极其微弱的生物磁场信号加以测定和描记。在实施 MEG 检测时，

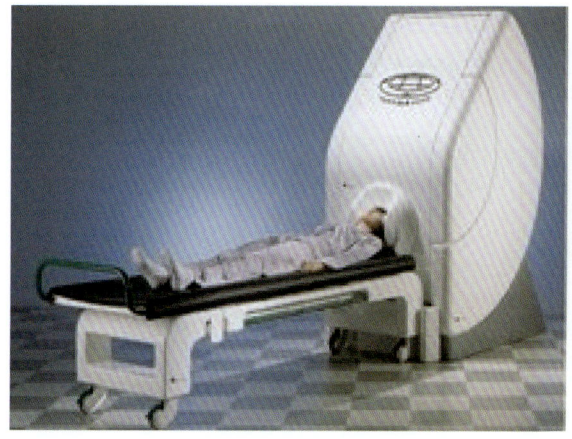 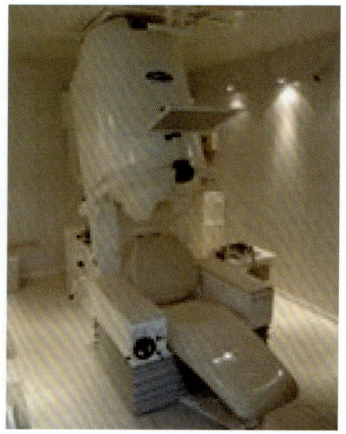

图 11-26　Vectorview306 通道全头型生物磁仪

MEG探测器不需要固定于患者头部，对患者无须特殊处置，所以测试准备时间短，检测简便安全，对人体无任何副作用及其他不良影响。

脑磁图包括自发脑磁图及诱发脑磁图，其中诱发脑磁图应用较为广泛。脑磁图检测的是大脑神经元顶树突正切方向的细胞内电流，不受头皮软组织与颅骨等结构的影响，具有良好的空间分辨力及时间分辨力。

MEG主要反映神经细胞在不同功能状态下所产生磁场的变化，因此能相对直接反映神经元的活动状态，为了解脑功能瞬时情况提供信息；随着设备的更新换代，现在的脑磁图在整个头部的探测位点已达306个，可同时快速收集和处理整个大脑的数据，并将采集到的脑磁信号转换成脑磁曲线图或等强磁力线图；而且还可与CT或MRI等显示大脑神经结构解剖图的影像信息叠加整合，从而将生理功能和解剖结构融合在一起，这一技术又称为磁源成像（magnetic source imaging，MSI）。MSI不但给出了脑功能的即时信息，而且能够进行功能区的定位。这种解剖和功能的结合及互补能够同时提供精确、适时的三维神经功能活动的立体定位解剖图像，无论对基础研究和临床应用均具有特殊意义。

（一）MEG和MSI在颅脑中的应用

1．术前脑功能区定位　随着神经外科技术和伦理学的提高和发展，微创神经外科的理念已被普遍接受，降低手术死亡率已不再是唯一目的，保留神经功能完整和提高术后生存质量已成为现代神经外科追求的重要目标。虽然CT、MRI在神经外科诊断和治疗的历史进程中产生了革命性贡献，但MEG和MSI在功能定位中则显示了前者不可替代的作用。MEG可以在MRI影像上明确标记脑主要功能区，实现无创脑功能成像，同时与计算机导航系统融合，为手术入路方案制定、术中选择最佳入路而避免损伤脑功能区提供可靠依据。目前MEG的诱发磁场（evoked magnetic field）可以对皮质感觉区、视觉中枢、听觉中枢、嗅觉中枢、运动中枢及语言中枢等功能区进行定位。

2．癫痫外科　众所周知，癫痫外科的目标是去除致痫灶和阻断癫痫传导径路，从而达到癫痫停发或减少发作的目的。MSI可以把大脑皮质神经元电活动产生的磁信号在颅外采集处理后，将磁信号空间位置融合对应于MRI图像相应的解剖部位，直接客观地显示局部神经元活动情况。由于MEG具有极高的时间和空间分辨率，因此对癫痫的术前定位具有特殊优势。

癫痫外科术前评估和致痫灶的精确定位是手术成功的关键。长期以来，头皮EEG和视频EEG及MRI对开展癫痫外科虽有帮助，但仍远远不够。创伤性植入电极描记技术虽然提高了定位精确度，但其风险性不宜被接受而难以推广。MSI的优势不仅是无创伤性，还是可以勾画出脑的重要功能区与癫痫灶之间的解剖关系，如与计算机导航手术系统相结合，则更能准确地切除致痫灶而不损伤重要功能结构。MEG由于灵敏度高，不仅在癫痫发作间期有较高阳性率，而在发作期定位更为可靠。MSI与侵入性电极定位符合率可达80%以上。

颅脑损伤后发生癫痫，颅内还可能有其他病理改变。而MSI则不受脑组织解剖改变等因素影响，仍然能够进行精确定位。因此，MSI在癫痫外科治疗中已成为术前诊断、手术方案制定、手术入路选择和术后疗效评估的突破性技术。

【典型病例】

患者，冯某，间断癫痫发作5年，术前头MRI检查未见明显异常，脑磁图（MEG）（图11-27）显示：左颞棘波放电，手术切除左颞前叶及左海马，术后恢复情况良好，随访8个月，无癫痫发作。

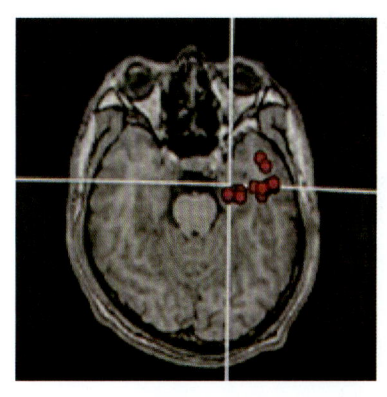 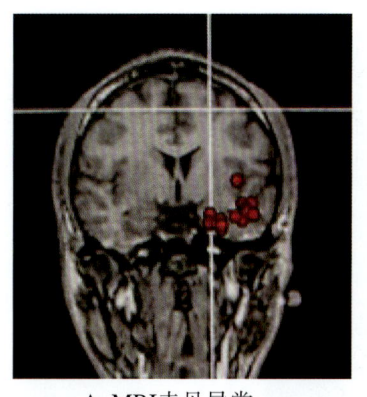 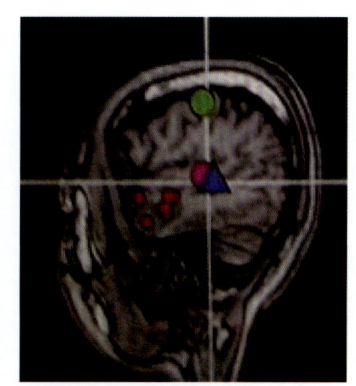

A. MRI未见异常

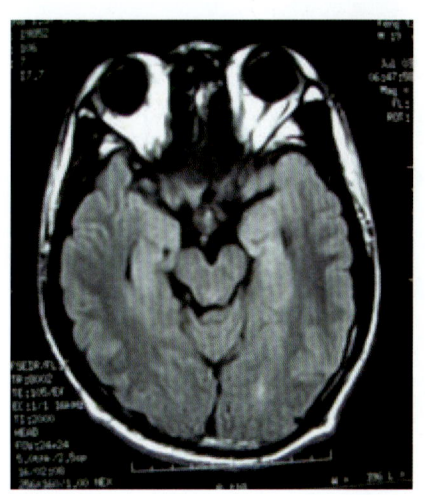 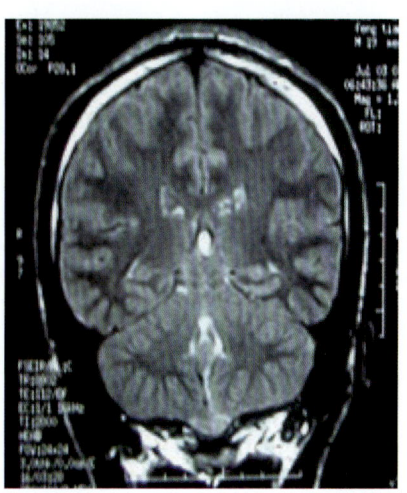

B. MEG显示异常放电

图 11-27　脑磁图癫痫异常放电

3. 颅脑损伤　MEG 可用于脑外伤神经病理及功能性缺损的判定。MEG 主要反映细胞在不同功能状态下产生磁场的变化，因此，相对直接地提供了脑神经组织的功能信息，MEG 不但给出了脑功能的即时信息而且能够进行功能性组织的定位。研究发现，脑缺血、脑外伤时多出现异常 EEG 慢波活动，且较弥漫，使用 MEG 则能在初期的脑缺血时观察到有定位意义的异常低频磁场活动（ALFMA），而这些初期脑缺血的 ALFMA 活动在 CT 和 MRI 的解剖影像学上是无法显示的。

轻型创伤性颅脑损伤患者尽管传统的影像学检查如 CT、MRI 或脑电图缺乏异常，但患者常表现出明显的神经生理障碍，如头痛、头昏、恶心、认知下降、个性改变等。磁源成像在鉴别脑震荡后遗症患者是否存在脑功能障碍中优于 MRI 或 EEG，在轻型颅脑损伤中提供的客观依据更敏感。ALFMA 能证实脑震荡后遗症病理生理学异常并能评估其恢复进程。约 60%～70% 的脑外伤后综合征患者有 ALFMA 表现。在脑外伤中，ALFMA 的存在随临床症状的改善而发生变化甚至消失，这提示 ALFMA 可能是可逆性脑组织损害的标志。将来有可能使用 MEG 评价脑损害程度，尤其可作为评估意外事故造成的颅脑损伤状况的重要鉴定手段。MSI 诊断轻型颅脑创伤的异常敏感性远高于 MRI 及 EEG。

重型颅脑损伤患者昏迷后可生存相当长的时间，通常由于弥漫性脑损伤导致脑功能恢复不完全。对这样的患者，功能评估较为困难，诱发电位则可以提供一个脑功能障碍的客观检测（图 11-28）。近来研究对严重颅脑损伤后长期昏迷的患者用 MEG 测量刺激双侧正中神经引起的躯体感觉磁场区域

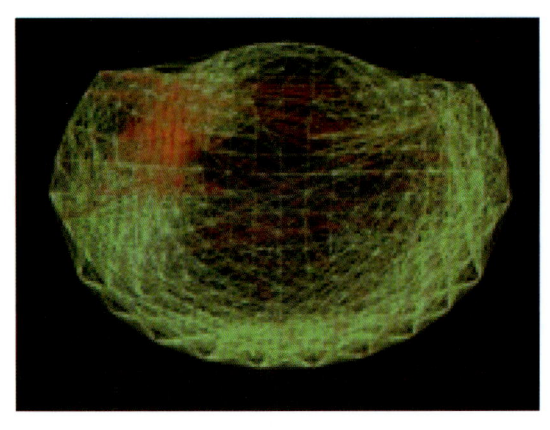

图 11-28 脑磁图对创伤后的应激障碍进行诊断

来评估皮质体感功能，认为弥漫性脑损伤导致躯体感觉传入冲动在原躯体感觉皮质减少与延迟，并引起代偿性反应扩张。通过 MEG 测定的体感诱发区域的中潜伏期对严重颅脑损伤患者的皮质功能测定是有用的，也可应用 MEG 对脑创伤后植物生存状态患者的脑功能情况进行评估。

第二节　胸部损伤的影像学诊断

随着社会的发展，交通事故等意外所致的胸部损伤逐渐增加。胸部外伤可分急性外伤和慢性外伤。以胸部急性外伤为多见，如车祸、挤压伤、锐器伤、火器伤、爆炸伤等。可以造成不同程度的胸壁软组织损伤，构成胸壁的骨组织（肋骨、胸骨等）、胸膜、肺、气管、支气管、纵隔及横膈的损伤。

一、肋骨骨折

肋骨骨折（rib fracture）在胸部外伤中最常见，约占胸部创伤的 60% 以上。肋骨骨折多发生在第 4～7 肋。仅有 1 根肋骨骨折称为单根肋骨骨折。2 根或 2 根以上肋骨骨折称为多发性肋骨骨折。肋骨骨折可以同时发生在双侧胸部。每肋仅 1 处折断者称为单处骨折，有 2 处以上折断者称为多处骨折（图 11-29）。

肋骨骨折可以是完全骨折，也可不完全骨折（图 11-30），后者可对合良好，也可对合不良、有明显移位。若多根肋骨多处骨折时可以引起胸廓塌陷，需引起高度重视。

单纯肋骨骨折，骨折处疼痛是最明显的症状，且随咳嗽、深呼吸或身体转动等运动而加重；有时患者可同时听到或感觉到肋骨骨折处有骨摩擦感，骨折处明显压痛；胸廓挤压试验阳性；严重的胸部损伤造成多根、多处肋骨骨折，因肋骨前后端均失去骨性连接，受累胸壁失去支持而不稳定形成胸壁软化，出现反常呼吸运动，称为"连枷胸"。反常呼吸运动可使两侧胸腔压力不平衡，纵隔随呼吸左右来回移动，称为"纵隔摆动"，影响血液回流，造成循环功能紊乱，这是导致和加重休克的重要因素之一。

影像学表现如下。

1. X 线　胸片常可以明确诊断。肋骨骨折的形态多为横断形，亦有斜形，表现为肋骨局部不规则透亮线影。通常约有 50% 的急性肋骨骨折在 X 线胸片上表现为阴性，因此，X 线检查应常规包括至少有正位和斜位两个体位的检查片。对有明确胸部外伤病史而 X 线检查肋骨阴性者，应嘱患者 3～5 日内复查或 CT 检查，以防漏诊隐匿性骨折。

2. CT　与常规 X 线相比，CT 扫描更易发现隐匿性肋骨骨折和肺内早期创伤的改变。多层 CT

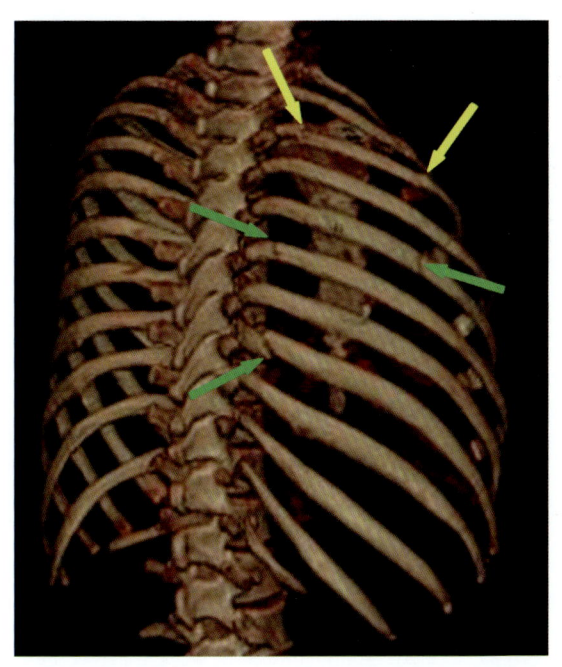

图 11-29　VR 三维重组图像，见右侧多根肋骨骨折（绿箭），其中右侧第 3 肋骨多处骨折（黄箭）

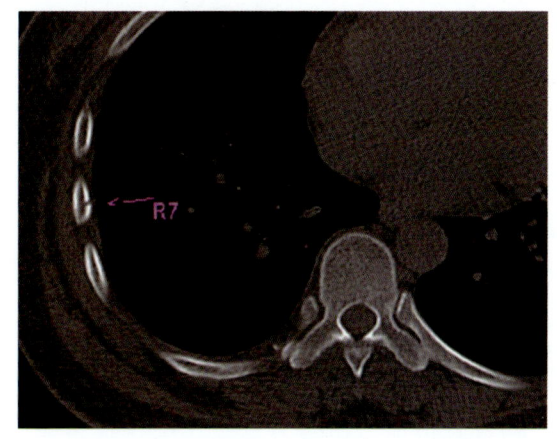

图 11-30　横断位骨窗图像，右侧第 7 肋骨不完全骨折（内侧骨皮质骨折），断端对位良好

由于其图像处理和重建速度快，尤其是薄层 CT 肋骨三维重组图像有助于隐匿性肋骨骨折和骨折线与扫描平面平行的肋骨骨折的诊断，观察肋骨骨折有无成角或错位以及骨折肋骨断端向胸腔内突入情况更有优势（图 11-31）；还可显示肋软骨骨折。此外，CT 检查还能同时发现肺、胸膜腔及软组织的外伤后情况。

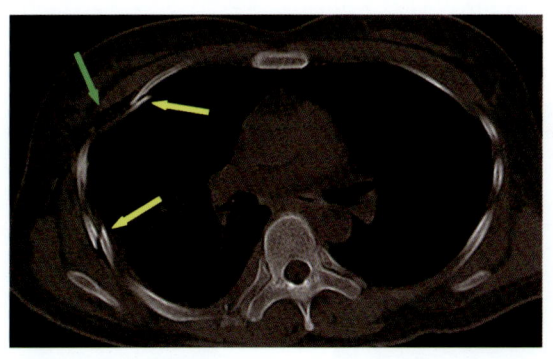

图 11-31　横断位骨窗图像，见右侧多根肋骨骨折，断端错位，并突向胸腔（黄箭）；右侧胸壁软组织积气（绿箭）

另外，肋骨的外伤也可不表现为骨折，而表现为脱位，多见于第 12 肋与脊椎的关节，包括肋椎关节及肋横突关节。

值得注意的是存在急性肋骨骨折在 CT 首次检查时表现为阴性的情况，复查时才显示骨折或可较初诊时发现的肋骨骨折数目多，故应嘱患者 1 周内复查 CT（图 11-32A、B）。

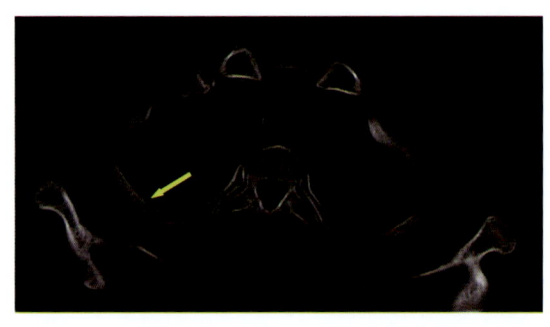

图 11-32A　横断位骨窗图像，外伤后右侧第 3 后肋内侧骨皮质不光滑

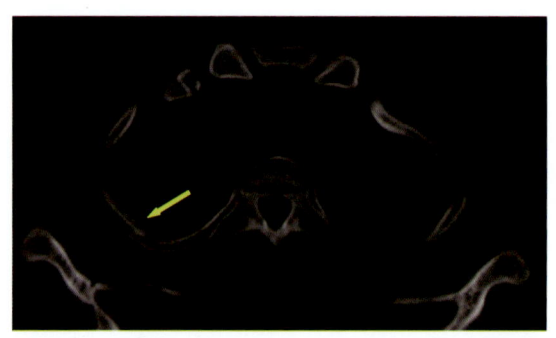

图 11-32B　横断位骨窗图像，外伤后 1 周复查见右侧第 3 后肋骨折，断端错位

二、胸骨骨折

胸骨骨折通常由暴力直接作用导致胸壁遭受猛烈撞击或受到挤压而造成。最常见的是交通事故中驾驶员胸部撞击方向盘，亦可是挤压及钝器直接打击造成的损伤。

临床上有胸痛、胸闷、呼吸困难等症状。查体局部肿胀、压痛，可摸到骨擦感，局部可有伴随呼吸的异常活动或隆起、凹陷畸形。若胸骨骨折旁多根肋软骨骨折，可能发生胸骨浮动导致连枷胸，易合并钝性心脏损伤、气管、支气管和胸内大血管及其分支损伤。

影像表现：

胸骨各处均可发生骨折，但最常见部位是胸骨柄、体交界处及胸骨体部。胸骨骨折多为横行骨折（图 11-33A、B），由于第 1 或第 2 肋骨骨折机会又较少，骨折上断端因锁骨和肩胛骨支撑和缓冲作用，移位的机会很少；而下部骨折端如伴双侧肋软骨或肋骨骨折，可向上方移位。如果胸骨体下部同时骨折，即胸骨双骨折与其相连接的两侧肋骨或肋软骨均发生骨折，可引起反常呼吸运动。

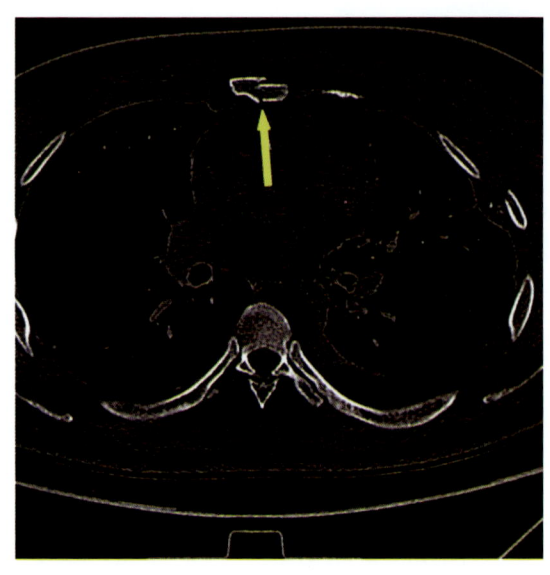

图 11-33A　胸骨体部骨折横断位

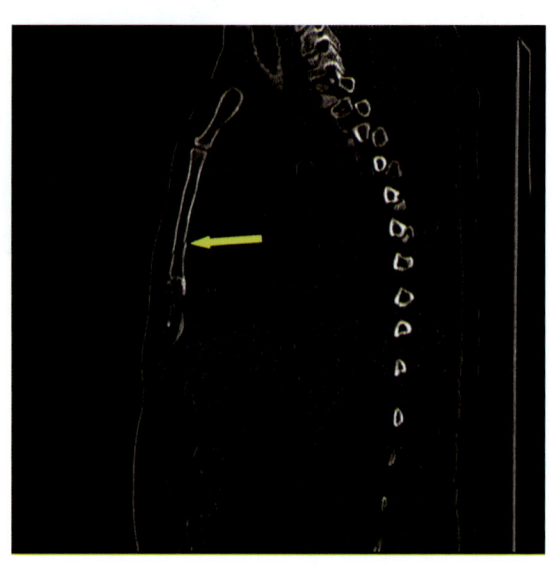

图 11-33B　胸骨体部骨折矢状位

三、胸部异物

胸部异物（foreign body of chest）常见于火器伤或与之类似的其他外伤。胸部异物分金属异物与非金属异物。

影像表现：

金属异物一般行常规胸部摄片则可直接观察到。在透视下胸壁异物多与肋骨活动同步，若异物与心影不能分离且随心影搏动，应考虑位于心包或心肌内，需行 CT 检查。非金属异物在胸片中常难以直接显示，需行 CT 检查。

四、创伤性气胸及血胸

（一）创伤性气胸

胸壁外伤累及胸膜，气体进入胸膜腔称为外伤性气胸；若创伤引起的气胸伴有胸腔出血及渗出则称为血气胸。

根据空气通道的状态以及胸膜腔压力的改变，分为闭合性、开放性和张力性气胸三类。

1. 闭合性气胸（closed pneumothorax） 多数是由于肋骨骨折断端刺破肺表面，空气漏入胸膜腔引起的，也可由于细小胸膜腔穿透伤引起，肺破裂或空气经胸壁小创口进入胸膜腔，随即创口闭合，胸膜腔仍与外界隔绝，进入胸膜腔的空气不再增多，但胸膜腔内仍为负压。这种类型的气胸病理生理变化及临床表现与胸腔内积气多少有关。

根据胸膜腔积气量及肺萎陷程度，可分为小量、中量和大量气胸。小量气胸指肺萎陷在 30% 以下，患者可无明显呼吸与循环功能紊乱。中量气胸肺萎陷在 30%~60%，而大量气胸肺萎陷在 60% 以上，后两者均可出现胸闷、气急等低氧血症的表现，除因有效肺泡呼吸面积减少外，肺萎陷后导致肺内右向左分流增加，也是造成患者缺氧的重要原因。

临床表现为胸痛，是由于胸壁损伤及积气对壁层胸膜的直接刺激引起的。胸闷和气促，大量积气患者还会出现呼吸困难；查体可见气管向健侧偏移，患侧胸部叩诊呈鼓音，呼吸音明显减弱或消失，少部分患者可出现皮下气肿。

X 线胸片是诊断闭合性气胸的重要手段。

2. 开放性气胸（open pneumothorax） 由锐器、枪弹或爆炸物造成胸壁伤口与外界大气直接相交通，空气可随呼吸自由进出胸膜腔，形成开放性气胸。在胸部创伤中，开放性气胸是早期死亡的主要原因之一，且易并发脓胸。胸壁开放性创口越大，所引起的呼吸与循环功能紊乱越严重。当创口大于气管直径时，如不及时封住，常迅速导致死亡。

临床上开放性气胸患者常出现显著的呼吸困难、发绀。检查时，可见胸壁有明显创口通入胸腔，并可听到空气随呼吸进出的声音。检查伤口可见随呼吸有血性气泡溢出。

3. 张力性气胸（tension pneumothorax） 胸壁、肺、支气管或食管上的伤口呈单向活瓣状，与胸膜腔相交通，吸气时活瓣开放，空气进入胸膜腔，呼气时活瓣关闭，空气不能从胸膜腔排出，因此随着呼吸，患侧胸膜腔内压力不断增高，以致超过大气压，形成张力性气胸。

临床表现上常在伤后迅速出现严重的呼吸困难、惶恐不安、脉搏细弱或神志不清、出汗、心率增快、血压下降、发绀和休克。检查时，纵隔向健侧移位，患侧胸廓饱满、肋间隙增宽、呼吸活动度减弱、叩诊呈鼓音，呼吸音消失，并可发现胸部、颈部和上腹部有皮下气肿，扪之有捻发音，严重时，皮下气肿可扩展至面部、腹部、阴囊及四肢和纵隔。

（二）创伤性血胸

胸膜腔内积血称为血胸（hemothorax），可与气胸同时存在。几乎所有的穿透性胸部创伤都有血胸。闭合性胸部创伤 25%～50% 有血胸，合并气胸者占 50%；多根、多处肋骨骨折有 95% 以上合并血胸。

出血的来源为心脏、胸内大血管及其分支，如胸壁血管，包括肋间血管和胸廓内动脉，以及肺组织、膈肌、心包血管等。由于肺循环的压力仅为体循环的 1/6～1/5，一般出血缓慢，加之损伤局部的肺泡萎陷以及血胸（或血气胸）引起的肺受压，可使肺裂口变小并可使通过肺血管的循环血量较正常减少，故出血多可自行停止。来自肋间动脉和乳内动脉的出血常呈持续性大出血，不易自然停止，往往需要开胸手术止血。心脏或大血管及其分支的出血，量多而猛，多在短时间引起患者死亡，仅少数得以送达医院。

临床表现取决于出血量和速度，以及伴发损伤的严重程度。急性失血可引起循环血容量减少，心排血量降低。大量积血可压迫肺和纵隔，引起呼吸和循环功能障碍。

影像表现：

1．X线 首选行后前位胸片，必要时于呼气时摄片，以加强气胸带和肺组织的对比。表现为患侧被压缩的肺纹理向肺门处聚集并形成类似肿块的高密度影，而被压缩肺的外周则形成无肺纹理的气胸带，被压缩肺的表面脏层胸膜显示为一纤细的弧线影（气胸线）；气胸也可仅表现为肋膈角或心膈角边缘异常锐利、心尖部脂肪垫异常清晰等。血气胸 X 线表现为患侧肋膈角变钝和横贯半侧胸腔的气液平面，常常同时伴有患侧腋部、前胸壁或颈部软组织内气肿，表现为局部带状、线状或网状透亮气影。

2．CT 通常约有 20% 的外伤性气胸 X 线检查表现为阴性，而 CT 检查发现少量气胸则较胸片敏感，同时显示胸部其他外伤后改变。气胸在 CT 图像上表现为无肺纹理的气胸带和相邻肺纹理异常聚集两部分。一般，胸腔积液量大于 300 ml 时，胸片上才能显示肋膈角变钝或消失而被发现，CT 则能较敏感地显示微量胸腔积液或积气（图 11-34）。纵隔少量积液或积气和心包少量积液因心影等结构重叠胸片不易显示，但 CT 检查则易于发现微量纵隔积液或积气以及微量心包积液。

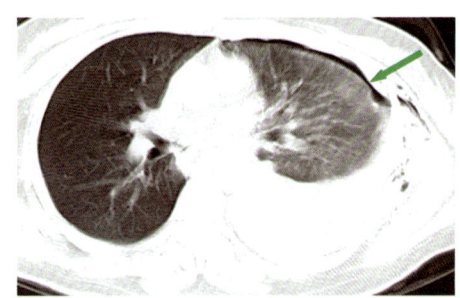 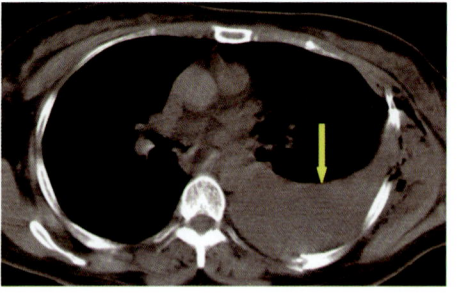

图 11-34　肺窗、纵隔窗，外伤后左侧胸腔积气（黑箭）、积液（白箭）

五、肺实质损伤

肺在胸腔占据大部分空间，无论哪一种创伤均容易引起肺的损伤，包括肺挫伤和肺撕裂伤。

（一）肺挫伤

肺挫伤（contusion of lung）是肺部钝性胸外伤中最常见的外伤性改变。是由于强大暴力作用于胸壁，使胸壁缩小，增高的胸内压力压迫肺，引起肺实质的出血、水肿。外力消除后，变形的胸廓弹回，在产生胸内负压的一瞬间又导致原损伤区的附加损伤。可以发生于外伤的着力部位，亦可发生在对冲部位。

肺挫伤主要病理改变为肺间质及肺泡内的液体或血液渗出，以肺外围部多见。多在外伤后 6 h 内出现，24～48 h 开始吸收，3～4 d 可以完全吸收，较慢者可于 1～2 周后吸收。

局限轻微的肺挫伤，其症状多被合并的胸部损伤所掩盖。严重者出现呼吸困难、发绀、心动过速、血压下降，咯血亦为常见症状。血气分析可早期发现低氧血症。

影像表现：

1．X 线 最常见的是肺的浸润，呈斑片状、边缘模糊的阴影，病变可不按肺段或肺叶的范围分布。24～48 h 后浸润阴影渐见清晰，可确诊为肺挫伤。

2．CT 能更早、准确地检出病变。X 线检查常因大量胸腔积液的掩盖或气胸所致肺萎缩而易导致肺挫伤或肺撕裂伤的漏诊，CT 以其断面成像而易于诊断。表现为肺纹理增多、增粗和模糊，肺内边界模糊的斑片状、絮状阴影或大片状磨玻璃样阴影，病灶常好发于直接外伤部位或对侧肺，亦可见于双肺，常跨肺叶或肺段分布。肺挫伤的吸收较快（图 11-35），一般单纯的肺挫伤吸收后不留任何痕迹。CT 同时可显示轻微的胸壁外伤。

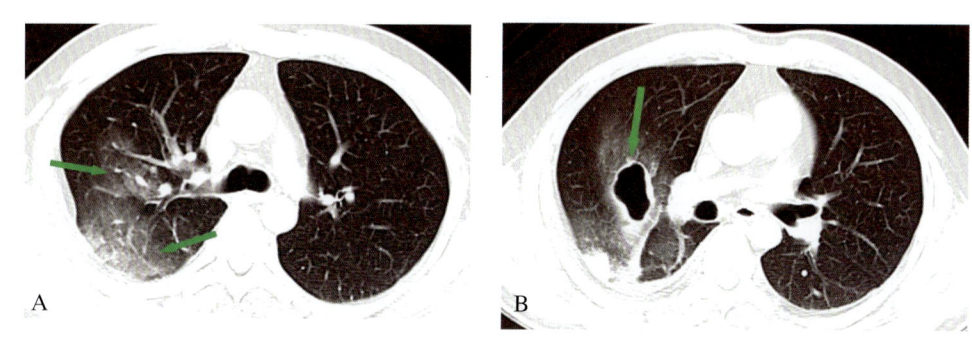

图 11-35　右肺上叶挫伤
A 肺窗，胸部外伤后右肺上叶见片状高密度影，边界模糊；B 肺窗为 1 周后复查，右肺上叶高密度影基本吸收

（二）肺撕裂伤

肺撕裂伤是外界暴力直接或间接作用于正常肺组织所引起的肺组织撕裂与血肿形成。重于肺挫伤，主要病理改变为肺局灶性出血和肺气囊形成。肺实质或小支气管破裂，空气局限聚积在肺实质内形成创伤性肺气囊。由于撕裂肺组织周围的肺组织回缩，留有腔隙充满血液，即形成肺血肿。血肿和肺气囊本质相同，都是肺撕裂伤，区别在于前者主要积聚血液，后者主要积聚气体。

临床上可有不同程度的呼吸困难和咯血。较小的肺气囊临床上多无症状。

影像表现：

1．X 线 早期肺撕裂伤常因肺挫伤阴影遮盖而不能发现，约数小时至数日肺挫伤阴影逐渐吸收后才能显示。常见以下几个方面的表现：①胸壁其他外伤的表现（如肋骨骨折，气胸等）。②受伤相关部位的肺挫伤改变。③肺气囊：一个或多个单房或多房圆形或椭圆形的薄壁囊腔，囊内可有液平面，体积一般缓慢缩小。④肺血肿：圆形或半圆形高密度结节影，直径 2～6 cm 或更大，边锐利光滑，有时可酷似肺肿瘤。

2．CT 显示肺撕裂伤及肺血肿较胸片敏感。表现为圆形、椭圆形或半圆形透亮囊腔（图 11-36A）或气液囊（图 11-36B）；也可表现为圆形或椭圆形密度均匀的高密度结节影（肺血肿），边界不清楚（图 11-37）。

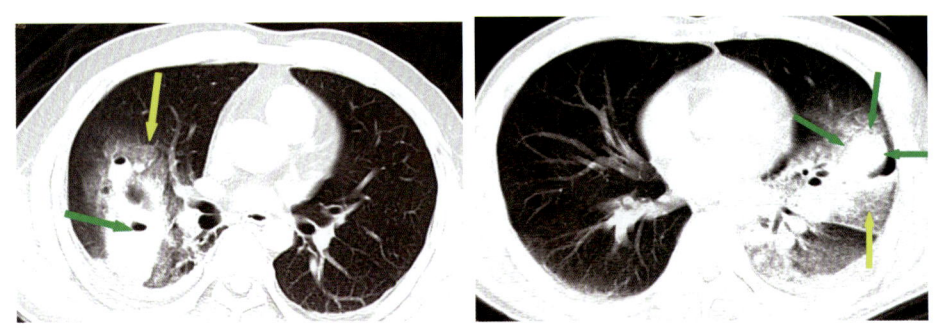

图 11-36 肺气囊

A．肺窗横断位显示右肺可见肺气囊（绿箭）；B．显示囊内可见液平面（绿箭），肺气囊周围可见肺挫伤呈斑片状高密度影（黄箭）

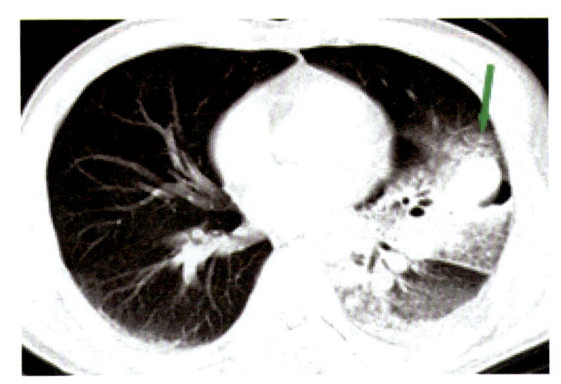

图 11-37 左肺挫伤、撕裂伤

肺窗横断位显示左肺挫伤呈大片磨玻璃及片状高密度影（黄箭），左肺上叶舌段见类圆形高密度血肿（绿箭）

六、气管和支气管损伤

在胸部创伤中较为少见。但气管、支气管损伤往往病情危重且容易漏诊。对此类患者早期正确诊断和选择适当的手术方式是影响预后的关键。

气管及支气管损伤有气管及支气管穿透伤和气管及支气管裂伤。胸段气管穿透伤甚为罕见，因其解剖位置紧邻心脏和大血管等重要脏器，故遭受穿透伤时常因伴有心脏大血管损伤而死于现场。

可以发生于气管及支气管各部，但以隆突附近多见，多在隆突下 1~2cm 处发生，左侧多于右侧。主要表现为胸痛、呼吸困难、咳嗽、咯血等。

影像表现：

1. X 线 气管及支气管裂伤使少量气体可从支气管断端逸出而停留在其附近的结缔组织内，X线上可见支气管外周有气体影，也表现为纵隔或皮下气肿等间接征象，晚期可出现支气管阻塞及肺不张改变。气管及支气管断裂最常见的X线表现为气胸，多为张力性，气体逸入纵隔可引起纵隔气肿及皮下气肿。张力性气胸并发纵隔气肿而无胸腔积液时为气管、支气管裂伤的重要征象。支气管断端如有移位则表现为含气的支气管腔不连续、成角变形，可有明显的断裂表现，若摄片时增加曝光条件则征象显示更为清楚。若支气管完全断裂较容易诊断，一侧完全肺不张由于失去主支气管的支持和因重力的关系而常常坠落到内下侧，称为肺坠落征。晚期气管及支气管断裂可引起支气管阻塞及肺不张，肺不张常发生于伤后 2~3d，可发生于受伤同侧或对侧肺。早期支气管内镜检查，对诊断气管、支气管断裂是最可靠的方法。

2. CT 气管、支气管断裂 CT 表现为肺不张性实变，纵隔向同侧移位，气管或支气管形态改变或阻断，少数患者可仅显示纵隔或皮下气肿。可有气胸和同侧肺萎陷。多层面螺旋 CT 检查并进行图像多平面重组和透明三维处理可清晰显示气管或支气管壁连续性中断、管腔变窄及其继发性改变。

七、纵隔气肿与血肿

纵隔气肿（mediastinal emphysema）即纵隔内气体积聚，胸部外伤是常见原因之一。

纵隔气肿的产生取决于胸部外伤的类型及程度，尤其是纵隔的直接穿透伤可以直接导致纵隔气肿、甚至血肿。胸部闭合性外伤，气体经破裂的肺泡进入肺间质，进而至纵隔而产生纵隔气肿，气管及食管等含气结构的破裂亦可以引起纵隔气肿及血肿。

临床表现主要取决于气量及血量的多少，如果量少则多无明显临床表现，仅可因气体进入颈部皮下而出现皮下气肿，若量多则可以压迫纵隔内结构而产生相应症状。

影像表现：

1. X 线 X 线正位片可见纵隔两旁平行于纵隔的气带，侧位片胸骨后见条样气体影。纵隔血肿量少时无异常表现，量多时可见纵隔对称性增宽或局限性软组织影。

2. CT 可以观察到少量纵隔内气体、皮下气肿（图 11-38）。纵隔内血肿表现为团块状或片状等/稍高密度影，边界多不清楚，对比增强无强化。CT 增强扫描对纵隔血肿的诊断有重要的价值。显示血肿的同时可以观察心脏和主动脉有无损伤。

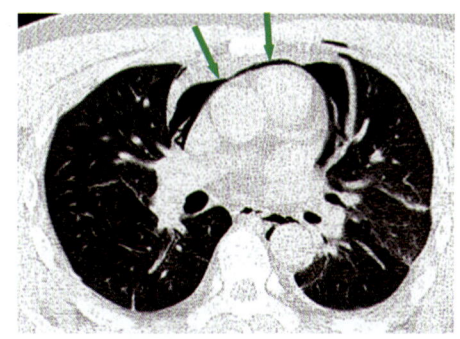 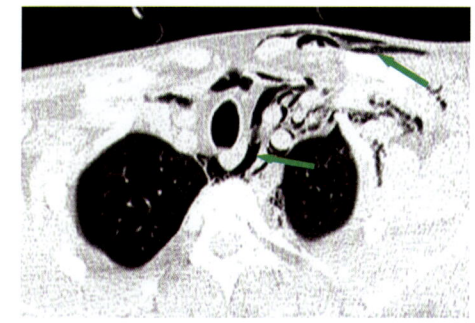

图 11-38 纵隔气肿、皮下气肿，纵隔内及皮下可见气体影

八、膈肌损伤

膈肌损伤（diaphragmatic injury）可分为穿透性或钝性膈肌损伤。穿透伤多由火器或刀器致伤，伤道的深度与方向直接与受累的胸腹腔脏器有关，多伴有失血性休克。钝性伤的致伤暴力大，多伴有多部位损伤，机制复杂，部分患者伤后漏诊，数年后发生膈疝才明确诊断。

创伤性膈疝系钝性伤或锐器伤所致。胸腹腔存在压力阶差，腹腔高于胸腔压力，能骤然增加二者压力阶差的任何暴力，可使腹腔内压力向上冲击，作用于膈肌，超过膈肌的弹性时而引起破裂。膈肌破裂绝大多数为左侧，少数为右侧或双侧。

膈肌损伤的临床表现取决于膈肌破裂口的大小、进入胸腔内脏器的种类及多少，以及是否发生梗阻及绞窄等并发症。破口小时可以无症状。

影像表现：

1. X线 膈疝X线表现为伤侧横膈面部分或全部轮廓消失、模糊不清，患侧胸腔内可见大片状含气的密度不均匀阴影或含气的胃肠影，可有气液平面；由于外压作用，肺门及肺纹理不清或异常聚集。胃泡位置明显升高，纵隔向对侧移位，患侧横膈运动减弱或横膈假性矛盾运动。

2. CT CT扫描判断疝入胸腔脏器与横膈关系较X线胸片敏感。可见腹部结构位于膈肌的侧缘或胸腔内，偶尔显示膈肌的撕裂口。矢状位和冠状位图像重建有助于显示膈肌的撕裂口（图11-39）及疝入胸腔的组织结构（图11-40）。

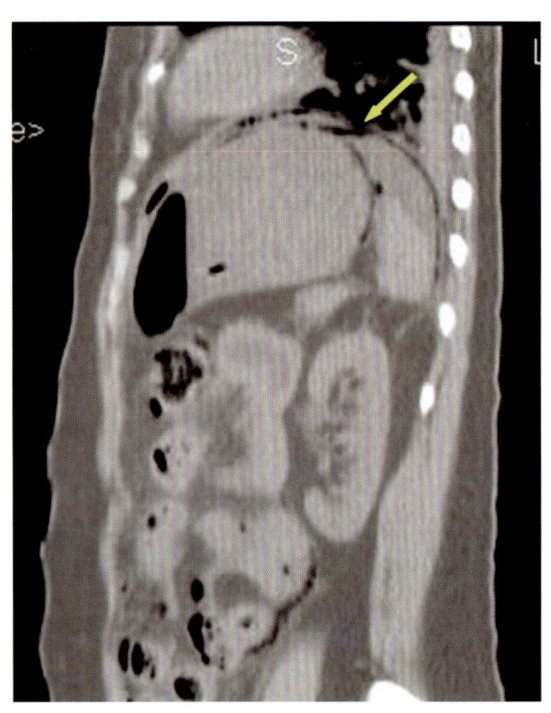

图11-39 矢状位显示膈肌的撕裂口

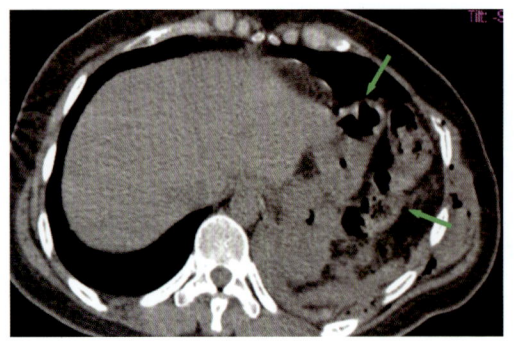 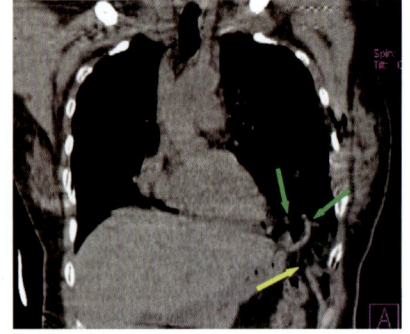

图11-40 显示左侧胸腔可见肠管影（绿箭），冠状位见左腹部肠管经左侧膈肌撕裂口（黄箭）疝入左侧胸腔

九、胸腹联合伤

胸腹联合伤是指同一致伤因素造成胸部和腹部脏器以及膈肌同时受到损伤。钝性伤和穿透伤均可引起，但以穿透伤最为多见。如只有胸部伤或（和）腹部伤而无膈肌破裂，称为胸腹复合伤，应与胸腹联合伤相鉴别。

由于胸部脏器及腹部脏器均遭受损伤，除腹腔内脏器可经膈肌裂口进入胸腔，引起严重的呼吸、循环功能障碍外，大出血、胃肠穿孔及腹腔污染等均可使伤情更加严重和复杂，常伴有休克，死亡率达 10%～20%。穿透性胸腹联合伤伤情更为严重，严重的大出血可迅速导致患者死亡。

胸腹联合伤患者的临床表现甚为严重，休克的发生率高，患者多有胸、腹部损伤的双重临床表现，如胸痛、呼吸困难、腹痛、腹肌紧张、压痛、反跳痛、咯血、皮下气肿以及呼吸、循环功能障碍等。

影像表现：

X 线或 CT 检查可以确立血胸、气胸、纵隔气肿、肺萎陷的程度，腹腔有无游离气体，胃肠进入胸腔及实质脏器损伤的情况（图 11-41）。X 线检查最好在床旁进行，可重复动态观察。

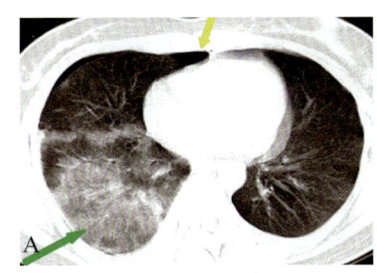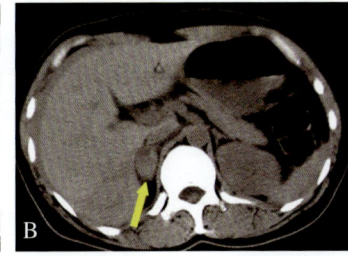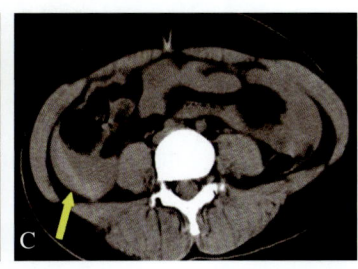

图 11-41　胸腹联合伤

A 右肺挫伤（绿箭）、右侧气胸（黄箭）；B 与 A 为同一病例，右侧肾上腺见血肿呈稍高密度；C 与图 A 和图 B 为同一病例，右下腹结肠旁沟可见积血呈高低混杂密度

十、胸部血管损伤

无论是闭合性或穿透性胸部损伤，均可伤及胸内大血管，包括胸主动脉及其分支、肺动脉和腔静脉等。在闭合性损伤中，主动脉最常见的损伤部位为邻近左锁骨下动脉的降主动脉，其次为升主动脉根部。

主动脉损伤有以下几类：①主动脉部分或全部横断，伤员多在数分钟内大出血死亡。②主动脉损伤出血后，由于主动脉外膜及纵隔胸膜的阻挡，局部形成血肿，伤员可短暂生存，但常在数天内因再次大出血死亡。③主动脉内膜及中层损伤而外膜完整，形成假性动脉瘤，伤员可无明显症状，常在 X 线检查中发现。

升主动脉损伤者多可引起心包填塞、胸痛、压迫症状、失血表现等。降主动脉破裂者可出现胸痛、背痛、血压下降、脉搏加快、呼吸困难等，出血量多者可引起失血性休克。若降主动脉中膜层损伤形成部分剥离或纵隔内血肿增大压迫降主动脉引起动脉腔狭窄时，可引起上肢血压高而下肢血压低。胸膜腔同时损伤者，可形成血胸。同时损伤气管或支气管时，可引起大咯血、窒息等。

影像表现：

胸部 X 线平片检查显示上纵隔阴影增宽，气管受压移位，肺动脉与主动脉间出现阴影、左侧胸腔积液等。

CT 检查：可显示纵隔内出血范围、气管及食管移位、血管情况等。胸主动脉造影可明确主动脉及其分支损伤的部位及范围（图 11-42）。主动脉损伤的最直接可靠的征象是 CT 增强扫描显示血管腔内对比剂外溢。对比剂外溢的数量与血管内压与周围组织压力差值不等、破口的大小有关。主动脉旁血肿形成（图 11-43），表现为纵隔内巨大软组织影，增强扫描可见软组织影有对比剂积聚。主动脉披挂征，表现为主动脉后壁与邻近的结构分界不清或者与紧接邻近的椎体分界不清（图11-44）。主动脉钙化，血栓连续性中断，多提示该处为破口部位。

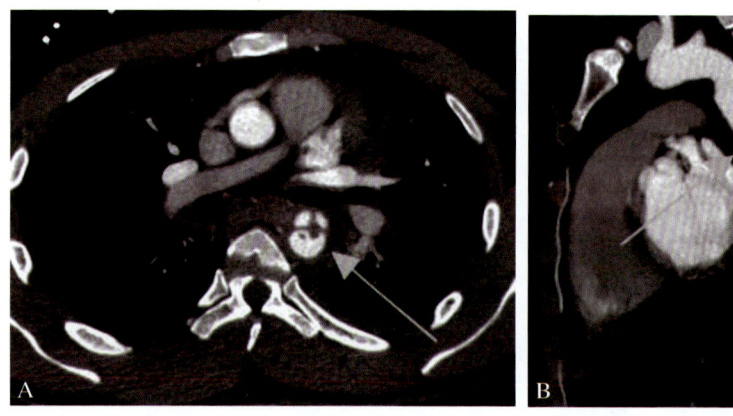

图 11-42　胸主动脉 CT 造影图像
A．MIP 横断位；B．MIP 矢状位显示主动脉内膜破口位于降主动脉近端，并见内膜片

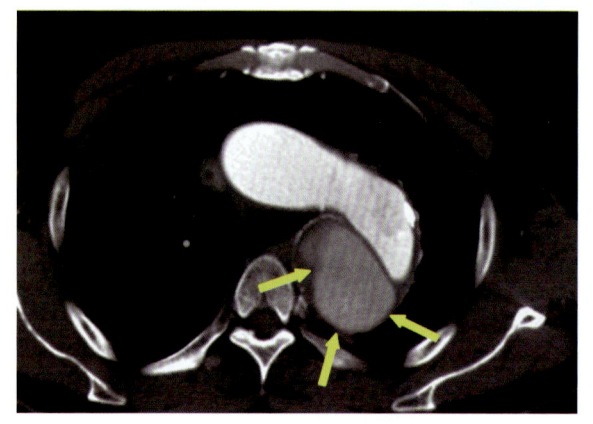

图 11-43　主动脉旁血肿形成

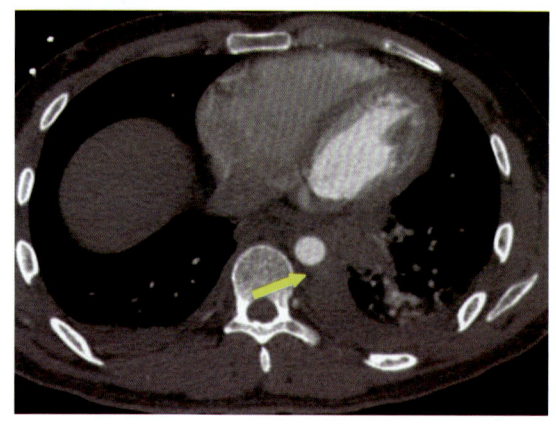

图 11-44　主动脉披挂征，主动脉后壁与邻近的椎体分界不清

第三节　腹部损伤的影像学诊断

一、概述

近年来，随着工业和交通事业的迅速发展，工矿交通事故时有发生，腹部损伤的发生率也随之增加。腹部脏器的严重损伤可导致大出血，若诊断和治疗稍有延误，其后果是严重的，因此，应对腹部损伤有足够的重视。

腹部损伤是指各种致伤因素作用于腹部，导致腹壁、腹腔脏器和组织的损伤。按照损伤程度分为单纯腹壁损伤和腹部脏器损伤，后者又分为空腔脏器损伤、实质脏器损伤和血管破裂。按照腹壁是否破损可分为开放性损伤和闭合性损伤两类，另外还有医源性损伤，发生在内镜、穿刺、腹腔镜等。开放性损伤又可分为穿透伤和非穿透伤两类，前者是指腹膜已经穿通，多数伴有腹腔内脏器损伤，后者是腹膜仍然完整，腹膜腔未与外界交通，但也有可能损伤腹膜腔内脏器。闭合性损伤是指腹壁皮肤未破损，损伤范围可仅局限于腹壁，也可同时兼有内脏损伤。闭合性损伤系由挤压、坠落、冲击、碰撞和爆震等钝性暴力之后等原因引起，与开放伤比较，闭合性损伤具有更为重要的临床意义，如果不能在早期确定内脏是否受损，很可能贻误手术时机而导致严重后果。

多层螺旋 CT 具有检查速度快、分辨率较高的优点，可以用于腹部损伤的早期诊断、了解损伤范围，为制订治疗方案提供重要依据。也用于对非手术患者的随访。

二、实质脏器损伤

腹部占体表面积大，无骨架保护，故腹部损伤中常常合并腹部实质脏器的损伤。由于肝脾质地脆，管道丰富，容易破裂出血，常见的腹部实质脏器损伤是脾、肝，胰较少见。CT 能确定实质脏器损伤的存在及其损伤范围，提供正确的诊断和分类，明显减少了不必要的手术治疗和术后并发症。

（一）脾破裂

脾是一个血供丰富而质脆的实质性器官。外伤暴力很容易使其破裂引起内出血。发生率几乎占各种腹部损伤的 20% ~ 40%。

根据脾破裂的程度可分为完全性破裂、中央破裂和被膜下破裂。完全性破裂，又叫真性破裂，脾被膜与实质同时破裂，发生腹腔内大出血。中央破裂，破裂在脾实质深部，表浅实质及脾包膜完好，而在脾髓内形成血肿。被膜下破裂，脾被膜下脾实质周边部分破裂，被膜仍完整，致血液积聚在被膜下。脾破裂临床分为四级：Ⅰ级：脾被膜下破裂或被膜及实质轻度损伤，手术所见脾裂伤长度 ≤ 5.0 cm，深度 ≤ 1.0 cm；Ⅱ级：脾裂伤总长度 > 5.0 cm，深度 > 1.0 cm，但脾门未累及，或脾段血管受累；Ⅲ级：脾破裂伤及脾门部或脾部分离断，或脾叶血管受损；Ⅳ级：脾广泛破裂，或脾蒂、脾动静脉主干受损。

临床表现以内出血和血液外溢后腹膜刺激征为主，病情与出血量和出血速度密切相关。出血量少而慢者症状轻微，除左上腹轻度疼痛外，无其他明显体征，不易诊断。出血量大、速度快的很快出现低血容量性休克，伤情危急。血液对腹膜的刺激出现腹痛，始于左上腹，慢慢涉及全腹，仍以左上腹明显，同时腹部有压痛、反跳痛和腹肌紧张。有时因血液刺激左侧膈肌而出现左肩牵涉痛，深呼吸时疼痛加重。实验室检查发现红细胞、血红蛋白和血细胞压积进行性降低。

CT 表现：

1. 局限性被膜下积血 脾周围新月形或半月形略高密度影或等密度影（图 11-45），相邻脾实质受压扁平或呈内凹状，对比增强扫描无强化，而脾实质强化。

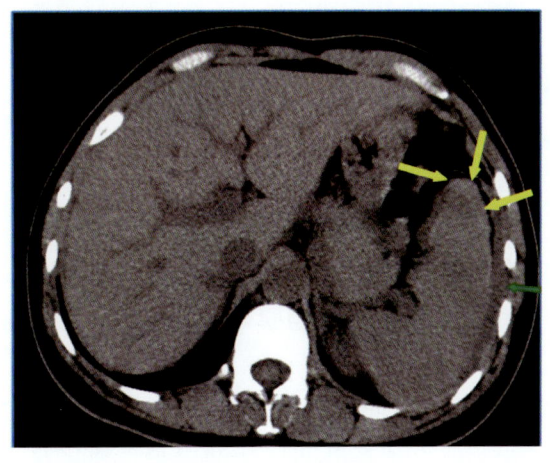

图 11-45 脾被膜下积血
脾脏周围见新月形略高密度血肿（黄箭），局部腹腔可见弧形低密度积液（绿箭）

2. 脾内血肿 视血肿形成时间，呈圆形或椭圆形略高密度影（图 11-46）、等密度或低密度影，如果脾被膜破裂，可见腹腔积血征象。对比增强扫描，脾实质强化，血肿不强化。

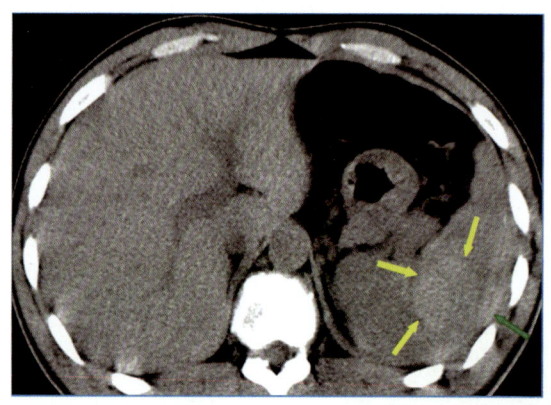

图 11-46 脾内血肿、脾被膜下积血
脾内见椭圆形略高密度血肿（黄箭），脾被膜下见新月形略高密度血肿（绿箭）

3. 单一脾撕裂 平扫常为阴性。对比增强扫描显示脾实质内见线样低密度影，急性期边缘不清；治愈时或破裂后期，可形成边缘清楚的裂隙，与脾切迹相似。

4. 多发性脾撕裂 又称为粉碎性脾破裂，表现脾内广泛多发小片状或团块状高密度影及周围低密度水肿影，增强扫描后显示清楚（图 11-47）。严重者全脾碎裂、分离，并可与脾蒂断离，同时伴有被膜破裂、腹腔积血征象。

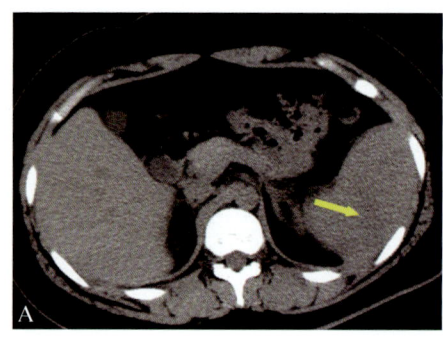 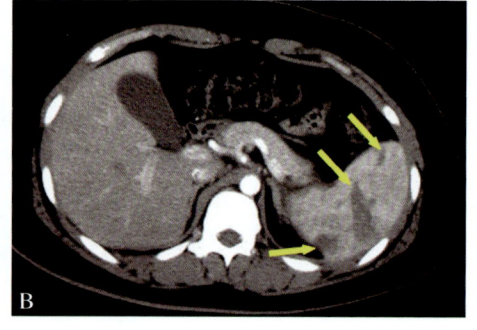

图 11-47 多发性脾撕裂
A. 平扫显示脾内见多发小片状低密度影，边界模糊；B. 对比增强后显示脾撕裂表现为多个线样、楔形低密度无强化区

5. 脾周血肿 是脾损伤常见的伴发征象。表现为脾周层状或片状略高密度、等密度或低密度影，呈哨兵血征。脾周呈低密度影表现较常见，原因是由于呼吸运动和肠蠕动，使得腹腔内脾周血块迅速溶解，CT 值降低。

（二）肝损伤

肝损伤是仅次于脾损伤的常见腹部创伤。由于肝体积大、质地脆弱加上血运丰富、结构和功能复杂，发生损伤往往伤情较重。肝损伤还可因胆管破裂，胆汁外溢致化学性腹膜炎患者可有贫血，乃至发生休克，甚至死亡。

临床表现为右上腹痛或全腹痛，有时向右肩放射，严重时可出现失血性休克。

肝损伤增强检查同样很重要，通过观察肝的损伤部位是否强化及强化程度判断损伤程度，估计愈后情况，并且评价创伤患者进行非手术治疗的可能性，减少不必要的剖腹检查。

肝损伤的 CT 表现与脾相似，可分为肝被膜下血肿、肝实质内血肿和肝破裂。

CT 表现：

1. 肝被膜下血肿　表现为肝周围等密度或低密度区（图 11-48），相应部位的肝实质受压变平，血肿密度随时间推移而减低。对比增强扫描血肿无强化。

2. 肝实质血肿　表现为肝内圆形或不规则略高密度或低密度血肿区，边缘多模糊，病变随时间推移而缩小并密度减低。血肿吸收过程中血肿周围可出现低密度带环绕（图 11-49），增强扫描时此带可强化，血肿不强化。

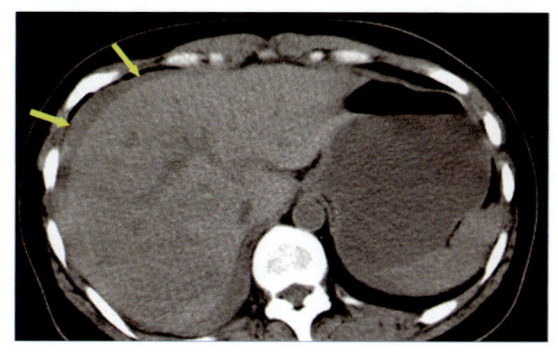

图 11-48　肝被膜下血肿
外伤后见肝周围弧形低密度区

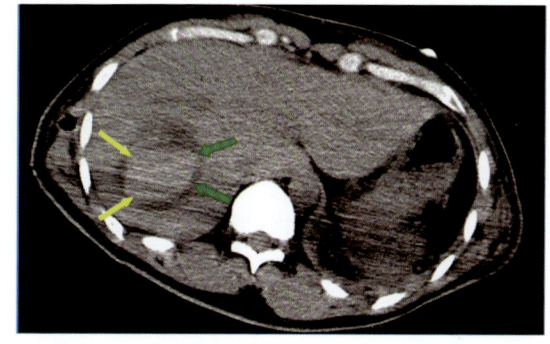

图 11-49　肝实质血肿吸收期
外伤后肝右叶见圆形高密度血肿（黄箭），周围可见低密度带（绿箭）

3. 肝破裂

（1）肝单一撕裂：表现为线样低密度区，常不规则，边缘不清，随时间推移边缘清楚。对比增强线样低密度不强化。

（2）肝多发性撕裂：即粉碎性肝破裂，表现为肝变形，撕裂边缘模糊，部分病例合并高密度血肿或肝被膜下血肿。增强扫描应作为常规检查，病变区有强化，提示血供良好，该区域肝可存活；如果与正常肝区域强化程度一致，提示能很快愈合；若病变区不强化，说明血供不良，提示有动脉断裂或栓塞，易出现肝坏死（图 11-50A）。偶见破裂区合并小气泡影。若肝外伤后 2～3 天 CT 上见肝被膜下及实质积气，多因为肝坏死所致而与感染无关。

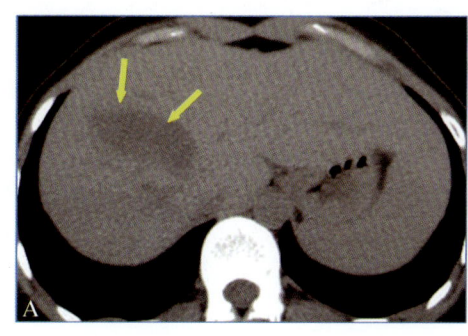
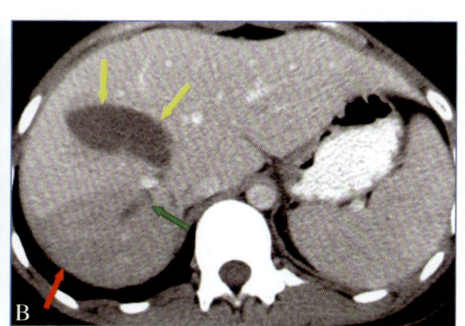

图 11-50　肝右叶撕裂

A. 外伤后两周，肝右叶见椭圆形低密度影，边界较清（黄箭）；B. 增强扫描门静脉期显示病变区不强化，提示该处肝坏死囊变（黄箭），肝右叶后段灌注减低、血供不良（红箭），提示有血管损伤。门静脉轨迹（绿箭），增强显示门静脉周围见低密度带

4. 门静脉轨迹　即门静脉周围的低密度带（图 11-50B），可能是肝外伤在 CT 上的征象，并可能是唯一征象，被认为是由于门静脉周围出血或门静脉淋巴回流受阻所致。

肝损伤根据 CT 表现可分为 5 级：Ⅰ级：肝被膜撕裂，表面撕裂小于 1 cm 深，被膜下血肿直径小于 1 cm，仅见肝静脉血管周围轨迹；Ⅱ级：肝撕裂 1～3 cm 深，中央和被膜下血肿的直径为 1～3 cm；Ⅲ级：肝撕裂深度大于 3 cm，实质和被膜下血肿直径大于 3 cm；Ⅳ级：肝实质和被膜下血肿直径大于 10 cm，肝叶组织破坏或血供中断；Ⅴ级：两叶肝组织破坏或血供中断。

有关提高外伤性肝脾破裂 CT 诊断准确性的几个要点如下：

（1）运用窄窗技术观察：采用窄窗（W120～150），则可提高实质内破裂显示率。

（2）采用薄层放大图像技术：更有利于观察破裂的征象。

（3）增强扫描：只要情况允许，应将 CT 增强扫描列为常规。CT 平扫对破裂的形态及范围较难显示，而增强扫描，实质强化而血肿不强化，使肝脾破裂和被膜下血肿更清楚，对等密度血肿更有价值，还可显示较小的破裂，还有助于肝脾破裂的临床分型。但注意要做静脉期扫描，脾的动脉相呈不均匀的斑片状易误诊。

（4）脾缩小的意义：脾破裂时脾可以肿大，也可缩小。肿大原因是脾内破裂积血、血肿形成。脾缩小是因在大量失血情况下，脾血作为外周血液补充后脾收缩所致，因此，脾缩小提示出血量大、病情危重。脾缩小的标准：常以脾门区厚度 < 3 cm 作为脾缩小的标准。

（三）胰腺损伤

胰腺是腹膜后器官，位置深，受到良好的保护，故损伤机会较少。但胰腺损伤的死亡率较高，约为 10%～20%。

根据胰腺损伤的部位可分为胰头部损伤、胰颈体部损伤和胰尾部损伤。胰腺损伤多伴有邻近脏器的损伤，如十二指肠、胆道、胃、结肠、脾、肾及邻近大血管损伤。

损伤的程度直接影响愈后。小的挫伤仅导致相当轻的胰腺炎。若有广泛或比较粗的胰管破裂可致大量胰液外溢，若消化酶腐蚀胰周的大血管破裂，可引起严重的内出血。若胰液外溢比较缓慢，且被周围组织所包裹，可形成胰腺假性囊肿。胰管断裂部位越接近胰头侧，胰液外溢越多，其所导致的继发性自身组织消化和感染也越严重。

胰腺损伤后由于症状和体征往往被其他脏器的损伤所掩盖，早期诊断较为困难，许多病例需要手术探查明确诊断。胰腺损伤多为多脏器损伤，应注意其他脏器的损伤情况。轻度胰腺损伤，多数症状轻，可有轻度上腹不适，轻微的腹膜刺激症状；或起先无任何症状，而数周、数月或数年后出现上腹肿块或胃肠道梗阻症状（胰腺假性囊肿所致）。严重胰腺损伤，大多出现上腹部剧痛、恶心、呕吐、呃逆、腹膜刺激症状，是由胰液溢入腹腔所致。疼痛及内出血可引起休克。

CT 表现：因其不受肠胀气的影响，CT 对胰腺损伤的诊断有很高的价值。但伤后即刻做 CT 检查，其表现可为阴性。若怀疑胰腺损伤，应在 12～24 h 内行 CT 复查，因为胰腺损伤的征象可能延迟出现。

CT 表现为胰腺弥漫性或局限性肿大，胰腺边缘不清，周围可见积液（图 11-51A、B），CT 值在 20～50 HU，肾前筋膜增厚，若合并十二指肠损伤者还可见腹腔积气。对比增强可见断裂处呈低密度的线状或带状无强化区。

（四）肾损伤

肾位于腹膜后，受周围组织的保护，对于暴力具有一定的缓冲作用，因此不易受伤。若肾区受到激烈的暴力打击，如车祸、打击伤、跌倒时肾区碰及硬物或坠落伤等可致使肾实质损伤。由于肾血运丰富，一旦损伤极易引起出血及尿液外渗到组织间隙，发生休克和感染。

临床上表现为腹部疼痛和血尿。轻度损伤表现为显微镜下血尿，重度肾损伤可出现肉眼血尿，若输尿管、肾盂断裂或肾蒂血管断裂时可无血尿。严重肾损伤尤其合并有其他脏器损伤时，可出现休克，甚至危及生命。

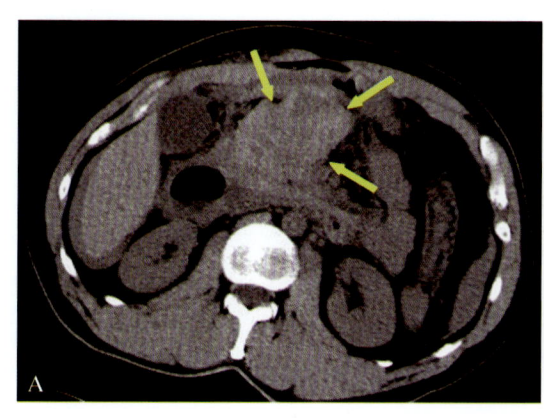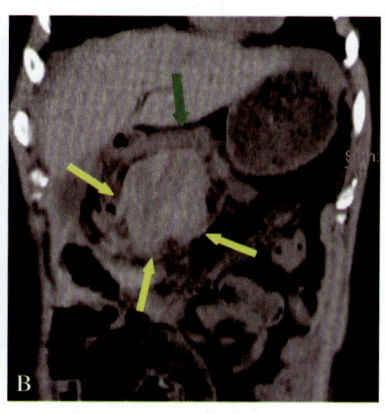

图 11-51　胰头部损伤、血肿形成
A．横断位、B．冠状位，胰头局限性肿大，可见高低混杂密度影（黄箭）；胰腺边缘不清，周围可见积液（绿箭）

CT 表现：CT 为无创性检查，它不仅可以准确了解肾实质损伤的程度、范围以及血、尿外渗的情况，还可同时明确有无其他腹腔脏器的损伤。在患者全身情况允许的情况下，应作为首选的检查方法。增强检查能更好地显示肾撕裂伤的形态和节段性肾梗死，判断动脉及其分支是否有损伤。

根据肾损伤的程度可分为：肾包膜下血肿、肾挫伤、肾内血肿、肾周血肿、肾撕裂伤和粉碎性肾损伤。

肾包膜下血肿：表现为肾包膜下新月形或半月形高密度区，压迫肾实质（图 11-52A、B）。对比增强扫描后无强化，边界清晰。

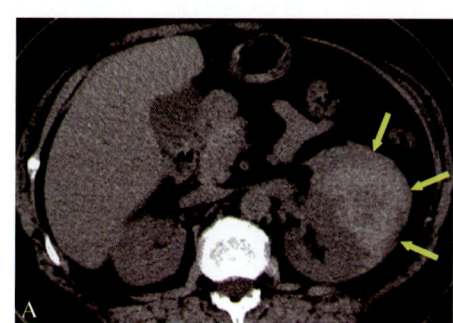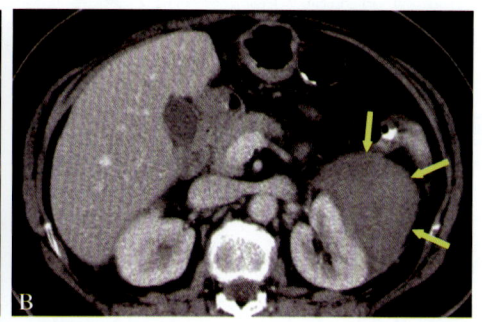

图 11-52　左肾被膜下血肿
A．平扫横断位显示右肾肾包膜下见半月形高密度区；B．增强扫描显示局部肾实质受压变平，血肿无强化

肾挫伤：CT 上常被遗漏，仅表现为肾实质内片状或斑片状稍低密度灶，边界模糊不清。对比增强扫描有助于诊断，表现为边界不清的低密度区。

肾内血肿：多呈圆形或类圆形高密度影（图 11-53），边缘不清，CT 值为 60～70 HU，对比增强扫描后不强化。

肾周血肿：肾周高密度影，边界清晰，肾受压移位、旋转（图 11-54）。对比增强后不强化。

肾撕裂伤：表现为肾实质内线条状/不规则低密度影或高密度影，对比增强呈线条状或不规则低密度裂隙，边界较锐利（图 11-55）。肾撕裂伤可同时伴肾周血肿，即血液积聚在肾包膜外、肾筋膜内。若损伤累及肾集合系统，可致尿液或造影剂外溢。

粉碎性肾损伤：肾实质内见多条裂缝；若肾血管断裂或栓塞，可显示为不增强的肾块，断裂边缘不规则。如肾动脉主干断裂、闭塞，增强后该肾无强化，肾盂肾盏内无对比剂显示。

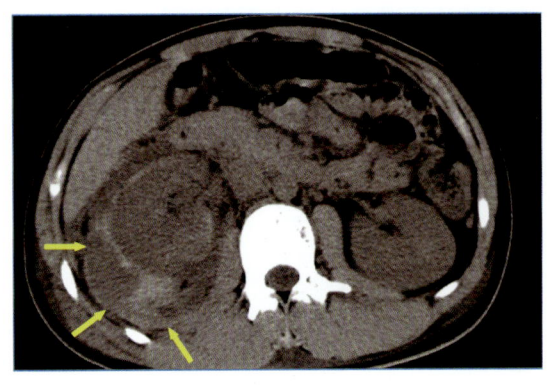

图 11-53　右肾内血肿
平扫横断位显示外伤后右肾见类圆形高密度影，边缘不清（黄箭）

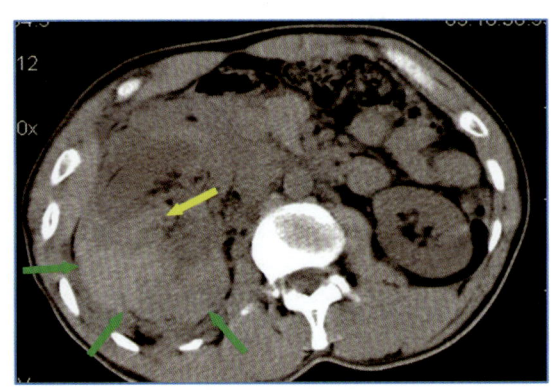

图 11-54　肾周血肿

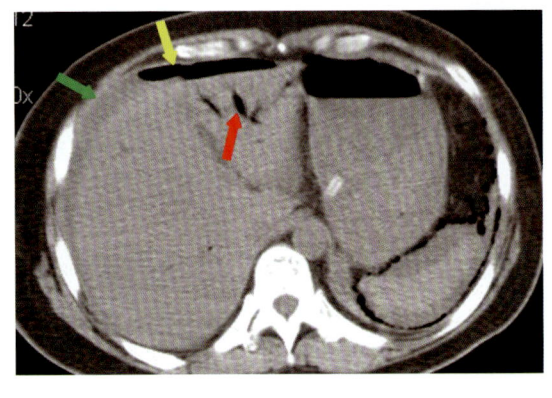

图 11-55　右肾撕裂伤伴肾周血肿
右肾实质内撕裂伤呈楔形高密度影（黄箭），右肾周可见高密度血肿影（绿箭），肾受压向前移位

三、空腔脏器损伤

腹部空腔脏器损伤是临床较常见损伤之一，多见于刀刺伤或车祸等。常见的易损伤脏器有胃、肠道、胆道等破裂或穿孔。临床症状急，病情发展快，及时诊断和治疗是挽救患者生命及改善预后的关键。X 线检查是临床首选的检查方法，但有一定的漏诊率，且对伴随腹部的其他异常征象难以观察和诊断。CT 检查恰可弥补上述不足，能快速全面的正确评估脏器损伤，并同时观察腹部以外的重要脏器损伤。

临床表现以腹膜炎为主，伤后有恶心、呕吐伴持续性剧烈腹痛和明显的腹膜刺激征，肝浊音界缩小，肠鸣音减弱或消失。稍后可有体温升高、脉快、呼吸深、血压下降、肠麻痹等。严重者发生感染性休克。此外，胃、十二指肠损伤可有呕血，直肠损伤常出现鲜红色血便。

（一）影像表现

腹部空腔脏器创伤的影像征象分为直接征象和间接征象，CT 扫描中空腔脏器损伤的直接征象为脏器穿孔破裂口（空腔脏器壁连续性中断）和内容物外溢。空腔脏器损伤的间接征象包括有腹腔游离气体、腹盆腔积液、脂肪间隙索条影、肠系膜血肿、肠壁增厚和肠管扩张积液等。腹腔游离气体是最为可靠也最为重要的征象。腹盆腔积液也是空腔脏器穿孔的较为常见的征象，穿孔时外溢的内容物常刺激腹膜产生炎症及渗液，这也是造成疼痛的原因。不管用何种影像检查方法均较难显示其直接的创口，多凭间接征象和临床表现来判断。

1. 腹腔游离气体　是诊断腹腔空腔脏器穿孔的可靠依据。损伤的部位及损伤的程度不同，游离气体量可从少量到大量。气体可广泛分布或呈现小气泡状（直径＜5 mm 为局限性分布）。腹腔内游离气体通常局限于横膈下和肝的前面（图 11-56A、B），也可以存在于肠系膜之间或腹膜后。但值得注意的是腹腔游离气体有时是由于气胸、纵隔气肿、膀胱穿孔、诊断性腹腔穿刺造成的，需进行鉴别。

2．腹、盆腔积液 是另一个重要影像学改变，但不具有特异性。主要分布于肝脾周围（图 11-56A）、肠管间（图 11-56B）、结肠旁沟（图 11-56C）以及盆腔。如发现腹腔有中量或大量积液，又排除了实质性脏器破裂、骨盆骨折、肝肾疾病及腹膜炎可能，则提示空腔脏器损伤存在。

CT 具在较好的密度分辨率，腹腔积液 CT 值取决于出血量多少，因单纯性消化道破裂出血量少，故 CT 值理论上小于 30 HU。若腹腔积液 CT 值小于 30 HU，更应警惕空腔脏器损伤存在。

3．脂肪间隙索条影 表现为局部脂肪密度升高，夹杂不规则条索状影（图 11-56D）。往往出现在与穿孔部位相邻处，其病理基础是炎性渗出导致蜂窝组织炎或周围损伤出血。

4．肠系膜血肿 肠系膜血管损伤可被肠系膜包绕形成血肿，或肠系膜脂肪层中渗出形成云絮状或片状高密度影（图 11-56E）。可能与肠系膜直接损伤和化学刺激所致出血和细胞沿肠系膜血管的浸润有关。

5．肠壁增厚和肠管扩张积液 是由于局部肠壁挫伤后充血水肿，或相应供血动脉损伤破裂后缺血缺氧水肿引起。另外出血及腹腔肠内容物刺激也可出现肠管扩张，肠壁增厚（图 11-56B、C）。约 75% 肠壁撕裂伤能看到肠壁增厚。肠壁的厚度超过 3～5 mm，为肠管的全周增厚。肠壁增厚在病理上为肠壁的缺血及水肿，严重的出现肠坏死（图 11-56A、F）。值得注意的是单纯的系膜损伤或肠休克也可出现肠壁增厚。所以，在出现肠壁增厚时，要结合临床及其他 CT 表现如游离积液积气等，方可诊断。

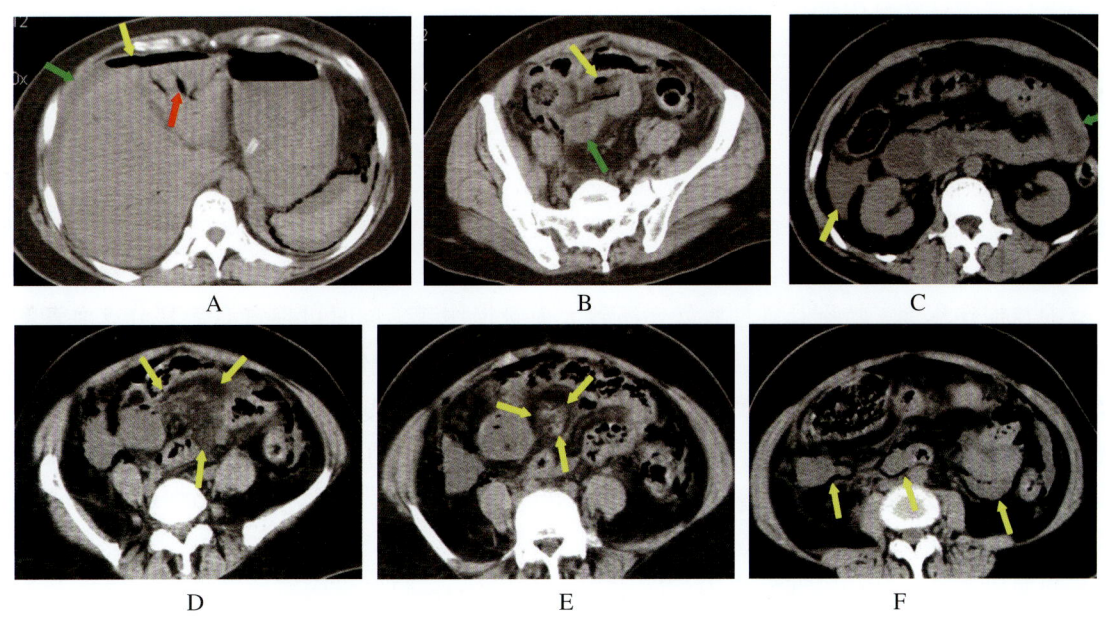

图 11-56 回肠破裂，肠坏死、腹腔游离气体、腹腔积液、肠系膜血肿形成

A．显示膈下肝前及脾周围见游离气体（黄箭）及腹腔积液（绿箭）；B．与 A 为同一病例，肠系膜之间可见游离气体（黄箭），回肠肠壁增厚（绿箭）；C．显示右侧结肠旁沟可见低密度腹腔积液（黄箭），左腹部空肠肠壁增厚（绿箭）；D．下腹部肠系膜脂肪密度升高，内见不规则条索状高密度影；E．肠系膜血肿：肠系膜脂肪层见片状高密度影；F．肠坏死征象

（二）有关提高外伤性空腔脏器损伤 CT 诊断准确性的几个要点

1．CT 多种窗技术的应用 腹部 CT 软组织窗观察，很容易将腹部空腔脏器闭合性损伤漏出的气

体当成正常肺组织或腹腔脂肪，造成漏诊或延误诊断。因此应结合薄层重建及常规腹部窗和宽窗宽、低窗位（窗宽 500～700 HU，窗位 -30～30 HU）两种窗技术进行观察，可更敏感地发现腹腔内少量游离气体。

2．密切复查　由于外伤后胃肠痉挛、黏膜外翻、内容物或血块堵塞等原因，可致空腔脏器损伤而不出现腹腔游离气体。临床若高度怀疑空腔脏器损伤，应随诊复查并结合其他间接征象，以减少漏诊或误诊的可能性。

3．对比增强扫描　肠壁增厚和肠系膜斑点状强化对肠系膜损伤有重要诊断价值。此外对比剂外渗征还可判断血管破裂位置，为及时而准确的实施外科治疗提供重要信息。

4．腹部及盆腔应同时扫描　肠道分布于腹盆腔，避免由于扫描部位不全造成漏诊。

四、腹部血管损伤

腹部大血管损伤是指腹主动脉、下腔静脉损伤，其次为髂动静脉、肠系膜动静脉、肾、肝、脾动静脉和门静脉损伤等，伤情严重。腹主动脉损伤的患者中有半数以上在送达医院之前即死亡，下腔静脉损伤亦是腹部损伤的常见死因。极少数幸存的患者形成局限性血肿或外伤性假性动脉瘤。

90% 以上的腹部动脉血管损伤为穿透性外伤引起。最常见的为枪弹伤、刀刺伤等，少部分由钝性外伤引起；而下腔静脉损伤绝大多数是由腹部钝性外伤所引起，如交通事故伤、高处坠落伤等。

临床症状有休克、腹胀腹痛、急性腹膜炎、血尿、无尿、呕血、便血及神经系统功能障碍等。血压急骤下降或测不出，脉搏细速至触不清，或呼吸浅促、神志不清、面色苍白等。锐性损伤自伤口流血，如合并有消化道损伤、消化道内容物或消化液流至腹腔，可出现压痛、反跳痛、肌紧张等腹膜刺激征，移动性浊音阳性，听诊肠鸣音弱或消失。

血管损伤依据破裂方式和程度不同，分急性血管破裂大出血和慢性外渗两种，前者因腹腔内快速大量出血，短时间形成腹膜后巨大血肿，不及时抢救即死于失血性休克，而后者进展缓慢，临床症状一般不明显。

影像表现：

急性血管破裂病死率高，手术治疗是抢救患者生命的唯一手段。CT 血管造影检查能显示破裂口的部位和大小，明确血肿的范围。患者条件允许时，应行腹部 CT 血管造影检查，以确定血管损伤的部位、范围及损伤程度。特别是钝性腹外伤所致大血管损伤者，同时可检查有无其分支血管的损伤。

主动脉损伤的最直接可靠的征象是 CT 增强扫描显示血管腔内对比剂外溢。对比剂外溢的多数与血管内压与周围组织压力差值不等、破口的大小有关。主动脉旁血肿形成，表现为巨大软组织影，多出现在后腹膜腔，也可在腹膜腔。CT 增强扫描可见软组织影有对比剂积聚。主动脉披挂征，表现为主动脉后壁与邻近的结构分界不清或者与紧接邻近的椎体分界不清。主动脉钙化血栓连续性中断，多提示该处为破口部位。

肠系膜血管损伤的特征性改变也为 CT 增强扫描显示肠系膜血管内对比剂外溢，提示有活动性出血，需立即进行手术治疗。肠系膜血管呈串珠样或血供突然中断，也可提示肠系膜动脉损伤。肠系膜血管损伤可继发血栓形成，血栓形成早期平扫呈高密度影，增强扫描显示肠系膜血管低密度充盈缺损。肠系膜血管损伤多合并肠系膜撕裂伤或严重挫伤，以及相邻肠管的挫伤甚至破裂，因此常有下列征象并存：①肠系膜血肿：是肠系膜血管破裂，血液局部积聚或被肠系膜包裹，表现为肠系膜根部或肠曲间高密度影，典型表现为沿肠系膜走行的类三角形高密度影，CT 值 50～70 HU。②肠系膜脂肪间隙渗出：表现为肠系膜侧肠管周围脂肪内出现片絮状或条状密度增高影，边界模糊，肠系膜血管结构模糊。是肠系膜损伤的早期征象。③腹腔游离积液或积血。④肠壁增厚、肠壁血肿：肠系膜损伤多伴有肠道损伤和缺血，导致局部肠壁充血水肿，形成局部肠壁肿胀增厚或肠壁血肿。表现为肠壁增厚，呈全环形或半环形增厚，厚度大于 4～5 mm；肠壁血肿表现为肠壁团块状高密度影，可突向肠腔内。增强扫描显示增厚的肠壁强化不均匀、程度减低，提示肠壁缺血。⑤肠腔外游离气体：见于合并肠管损伤破裂病例。

（宫凤玲　张惠英）

参考文献

[1] 张惠英，李树峰，赵瑞峰，等. 颅脑损伤的影像学诊断. // 李建民，李树峰，脑外伤新概念，北京：人民卫生出版社，2013-45-69.

第十二章

骨外固定技术

第一节 骨外固定技术发展与研究

骨外固定技术（technology of external skeletal fixation，TESF）是治疗骨折的标准方法之一。而且在某些方面具有很大的优势，使一些久治不愈的骨折疑难病的治疗显得简单有效。正确选择适应证，熟悉骨外固定基本原理，掌握基本规律，规范操作，认真细心的术后管理，对减少严重骨折并发症的发生，提高骨折整体治疗水平有重要意义。

一、骨折外固定技术发展史

骨外固定技术发展到今天，其生物学理论、外固定器（external fixator，EF）功能水平与临床适应证扩展，已出现了突破性的变化，在固定治疗骨折的基础上，能够治疗传统骨科技术难以治疗的严重肢体损伤、残缺，重建肢体的形态和功能。其进展表现为：形成新的生物学和生物力学理论，系列技术创新、器械改进，操作技术的规范完善，以及适应证的合理拓展等方面。其中 Ilizarov 创立的牵拉成组织技术已经扩展到关节外科、颌面外科、血管外科、脑神经外科等领域，而且对骨科其他相关技术的研究与临床应用具有启示与推动作用。国际上骨外固定技术的发展总体上经历了以下四个阶段，第四阶段是"骨科自然重建理念"的形成和应用阶段。骨外固定技术已经不同程度地渗透到骨科所有专业。

（一）固定骨折与软组织弹性延展的阶段

骨外固定器始于 1840 年，法国 Malgaigne 应用 2 枚大钉穿入胫骨骨折的两端，连接体外的一个金属环带上，以调控骨折移位。

1853 年，法国 Malgaigne 设计的爪型外固定器可使髌骨骨折复位同时进行加压固定。

1907 年，比利时的 Labotte 最早使用螺钉在体外固定骨折，这也是文献中最早关于外固定的报道，而且这种方法与现代使用的外固定方法几乎没有区别。

1934 年，Anderson 使用的外固定器不但可以治疗骨折，还可以做关节固定术和骨延长术，并首先称此方法为骨外固定（external skeletal fixation）。

1938 年，瑞士 Hoffmann 的外固定器已具备了除了固定骨折，同时还可以延长短缩和对各种变形矫正的功能，堪称外固定器发展的里程碑。

1948 年，英国的 Charnley 报告了应用外固定对膝关节融合后进行加压固定，这种方法使骨折愈合时间加快 2～3 倍，以后加压治疗骨折被全世界认同采用，这也是首先对骨外固定进行的理论阐述。

最早报告骨延长的是 Codivillani（1905 年），方法是截断股骨，然后利用跟骨牵引进行骨延长。使用外固定架做骨延长的代表人物是德国的 Wagner（1970 年），其方法是截骨后用外固定架牵开，然后再做植骨内固定手术，这种骨延长治疗至少要三次手术才能完成。

1954 年，前苏联 Ilizarov 设计了全环式外固定器，不仅用于治疗骨折，还用于治疗骨与关节矫形，以及进行肢体延长和骨延长，赋予了外固定技术新的生命，使骨外固定技术有了划时代的发展。

1970 年，意大利的 De.Bastiani 设计出一种单边、简便、具有伸缩作用的动态外固定架，其骨折动态的外固定理念在世界范围得到推广。从 20 世纪 70 年代开始，骨外固定技术的基础研究、器械设计、临床应用方面已取得突破性进展，特别是缓慢牵伸延长技术在矫形外科和肢体延长方面的成功应用，更使其风靡于世，被誉为矫形外科发展史上新的"里程碑"。

对以上阶段总的评价，这个时期的骨外固定器（也称外固定架），其应用技术的要求、治疗作用类似钢板等内固定技术，主要用于治疗骨折、关节加压融合。也成功的用于实施肢体延长与畸形矫正，但器械的构型简单，缺乏系统的生物力学研究，理论认识局限在加压或植骨促进骨愈合，骨干延长术主要采用"Z"形截骨，软组织弹性延展受到神经、血管的限制，因此，肢体延长的比例一般控制在所延长骨干长度的 25% 以内。这个阶段一直持续到 1985 年 Ilizarov 生物学理论与技术在全世界广泛传播之前。

（二）生物学原理（张力-应力法则）指导下的组织再生管理治疗阶段

俄罗斯 Ilizarov 医师在 20 世纪 60 年代发现的"张力-应力法则"生物学理论，即"生物组织在持续、稳定、缓慢牵拉下能刺激细胞分裂、生成组织，从而可修复肢体的各种缺损"，这种简称"张应力骨再生"的生物学原理，被誉为是 20 世纪外科领域最伟大的发现。它与其他切除外科、以替代为主的骨科治疗方法（假体置换或游离组织移植等）最大的不同是，医师应用外固定技术的缓慢推拉产生应力，刺激自身局部组织细胞的分裂再生机能，来达到畸形矫正、感染愈合、组织缺损修复等治疗目的，也称为应力刺激理论（应力刺激可分为张应力、压应力和微动应力刺激）。

Ilizarov 发明了系列环形外固定器、200 多种外固定器附件，形成了标准的骨穿针固定临床应用技术体系。1981 年这一理论与技术传到意大利，1986 年后逐渐传遍全世界。在中国、欧洲、美国又进行了深入的基础研究，将内固定技术、工程技术、信息技术等多种新的技术与其融合、渗透，绽放出新的光彩。使骨外固定技术在治疗复杂骨折，加压促进骨折断端愈合的基础上，发展到医师可控制的牵拉性骨再生（distraction osteogenes，DO）阶段，即在骨外固定技术的条件下，其骨塑形（bone modeling）与骨重建（bone remodeling）过程，会随肢体的负荷运动而变化，表现为运动使骨量增加。当前国际上各个学者发明的骨外固定器，虽然构型、穿针布局与临床应用方法有别，但都在遵循着 DO 技术的生物学原理，真正体现了动静结合、筋骨并重的骨科治疗原则。

肢体是复合组织，在所有参入牵伸的肌肉、筋膜、神经、皮肤等软组织在缓慢牵拉下，皆有类似胚胎发育过程的细胞分裂与组织生成，简称牵拉成组织（distraction histogenesis，DH）技术。在这一理念涵盖下，使骨外固定技术体系不同程度的应用到骨科绝大多数的创伤、疾病的治疗。而且能够治疗传统骨科技术难以治疗甚至不能治疗的一些重度肢体残缺和疑难骨科杂症，如四肢复杂的开放创伤、大段骨缺损、慢性骨髓炎、先天或后天性严重关节挛缩和四肢畸形、先天性胫骨假关节、四肢缺血性疾病、骨性关节炎等。国内率先进行牵拉成骨技术研究的是李起鸿教授，他于20世纪80～90年代的系列基础与临床研究，奠基了我国现代骨外固定技术发展的基础。

（三）计算机数字化与空间结构智能化阶段

外固定器的发展方向是坚固、通用、可调、精确、智能。Ilizarov的环形外固定器虽然使用比较繁杂，但它奠定了外固定技术完成"时间变量、数字化管理、智能化和空间架构"应用的基础。美国Dror Paley等在学习、应用、总结Ilizarov技术体系的基础上，创立了以下肢的机械轴、解剖轴、关节线进行量化表达的术前分析方法，简称下肢畸形矫正的成角旋转中心（center of rotation angulation，CORA）概念，手术前只要按照CORA方法对肢体畸形进行划线分析，由此确定截骨固定与矫形方法，就不会出现治疗策略的失误。CORA是国际矫形骨科发展史上出现的最具有普遍指导意义的方法与原则。2002年，Dror Paley出版了影响世界矫形骨科进程的"矫形外科原则"专著，从此，各种下肢骨与关节畸形的矫正与重建，由过去主要靠医师的临床经验判断进入了简单、易学的量化时代。

1994年，美国J Charles Taylor等，在Ilizarov环形外固定器的基础上，设计成数字化的"空间架构"外固定器（Taylor Spatial Frame，TSF）。该器械的设计是基于Stewart Gough平台的基本概念，在八面体的每一个面被设计成平台，与之对应的被设计成基础面，连接基础面到平台的6根支柱，其长度、空间可变化，借助于机器人技术和平行机械学，通过计算机输出的指令数字来调节6根支具的长度，改变支架的空间构型，达到骨折断端复位、矫形或延长的目的，而这一切都是根据电脑软件事先设计、计划好完成的。Taylor三维空间外固定器代表着外固定器未来发展的方向，促使骨外固定技术在骨科的临床应用，由过去的定性走向定量、由描述到数学模型发展的科学轨道。

尽管TSF外固定器的设计、制作与临床应用已经达到了精密、标准化和智能化的程度，但也存在不尽如人意的地方。如价格昂贵，固定的刚度不能变化，一些特别复杂的病例如几种需要治疗的问题同时存在时，这些精密的外固定装置其灵活性显得不足，此时骨科医师和工程师合作，设计组装有针对性的、个性化的外固定器来完成治疗是国内更实际的要求。

（四）"骨科自然重建理念"的形成与"下肢形态与功能重建"的临床应用阶段

以Ilizarov技术为基础的现代外固定技术是生物科学、技术与人文相结合的产物，它动摇了很多骨科金科玉律的基本概念和传统理论，也被称为是"让骨科重新思考，改变骨科技术"的新体系。

如何用一个新的理念来反映现代外固定技术的精髓并指导临床治疗？秦泗河提出并诠释了"骨科自然重建理念"。它的核心思想是：从生物骨骼的起源、演变与人类自然进化史层面探索肢体损伤与重建的发展史，利用时间变量及其生物学原理，"调动人体组织自然修复的潜能和医师的临床智慧治疗骨科创伤与疾病，适度应用替代重建，避免对机体过度干预性治疗"。该保留的组织要尽量保留，不该切除的组织不要轻易切除！如为了骨折坚强的固定，超范围使用钢板时必然破坏骨膜与血液循环。治疗骨不连为了植骨和内固定对骨折断端进行剥离和部分切除，有可能会发生新的骨感染与骨缺损。"骨科自然重建理念"是对现在骨科盛行的"替代重建理论体系"的一种补充和纠偏，也为骨科学的基础研究提供了一些新的思路，符合由目前的替代外科（replacement surgery）时代向再生医学（regenerative medicine）时代发展的方向。

治疗骨折（包括骨骼畸形截骨矫形后）如何实施合理的固定，只能根据骨愈合的生物学规律，分析、评价、探索合理的固定刚度，并以此进行技术创新，而不是围绕固定方法研究固定刚度的合理性。

适应性固定刚度，是外固定器在维持骨折复位稳定的同时，按照骨胚胎原始发育方式，提供阶段性最佳固定刚度，充分利用骨对应力的适应性控制，调整骨的生长与吸收，促进骨折愈合的进程，完成骨功能的优化重建，直至骨愈合恢复到最完善的程度，即骨折固定的刚度随着骨愈合的强度的增加而降低，骨力学强度随着固定刚度的降低而增加的一个动态的转化过程。由此总结出"骨折早期实施坚强固定，中期提供轴向和综合应力刺激的弹性固定，后期提供平衡固定"的结论。这一概念符合骨折固定、愈合、重建的生物学过程，对外固定技术在临床上合理应用提供了有实际意义的理论指导。到目前为止，骨折固定的适应性刚度只能用骨外固定的方法实现。换言之，正确的应用骨外固定技术可加速骨的愈合过程，使骨折达到功能性愈合与塑造的完美状态。

曲龙提出的骨搬移（bone transport）治疗骨缺损过程中的"哈尔滨现象（Harbin phenomenon）"，进一步详细地阐述了"骨科自然重建的理念"的细节，包括如何通过具体的时间变量，即每天 1 mm 移动骨块（数字化），并合理地利用牵拉应力与压缩应力（智能化）的变化，最后达到组织再生修复、功能重建的目的。

骨搬移"哈尔滨现象"，就是应用骨搬移外固定装置在治疗骨缺损过程中，每天 1 mm 距离逐渐移动被截断的游离活性骨块，骨块在一种牵拉和压缩应力的不断作用下将缺损部修复，最后骨块与骨端合拢愈合。在骨搬移过程中，骨缺损内有软组织甚至还有大量的感染组织嵌插在中间，治疗前并未切除这些组织，但这些组织最后并未影响骨的合拢愈合，甚至一部分变成骨组织，把"骨搬移治疗缺损中不需要的软组织消失或转化成骨组织，包括其他组织的再生现象称为骨搬移"哈尔滨现象"，这种现象是不可思议的！教科书中只描述了如何把骨与骨之间的软组织清除掉，然后再植骨，否则骨是不会愈合的，而骨搬移的过程与结果恰恰相反，这一信息充分证实了秦泗河在"骨科自然重建理念"中提出的"机体具有极大的自然修复潜力，医师的责任主要是创造条件，避免对机体过度干预性治疗"的重要性，在牵张应力作应下，人体组织能根据自然修复的要求和过程发生转化。

"骨科自然重建理念"符合现代医学和谐发展的价值理性、决策理性。人类既然是"自然选择"的产物，任何创伤和疾病都是生命过程的一部分，治疗疾病的医疗模式就应当遵循生命过程的自然规律。"替代外科"成为骨科主流发展的大背景下，秦泗河在"下肢形态与功能重建"领域率先实践，已引起骨科界某些专家的认可和关注，如：①下肢严重髋、膝关节畸形需要实施人工关节置换者，先用外固定技术牵拉矫正关节畸形后，再实施人工关节置换，如此，可显著降低人工关节置换后的并发症，提高治疗效果；②对退行性或创伤性关节炎通过外固定器持续牵拉关节使之保持一定的关节间隙下活动关节，从而修复关节软骨或改变持重力线，避免或推迟人工关节置换的时间；③用外固定技术逐渐完成骨延长后，加入有限的内固定技术，可控髓内针的植入可使治疗的结果更加可靠；④关节镜技术（用外固定器牵开关节间隙，有利于关节镜优势的发挥）；⑤髋关节或股骨畸形的矫正，手术中先用外固定器调节和固定截骨断端达到矫形要求后，再实施髓内钉或钢板内固定；⑥四肢开放性或复杂性骨折先用简单的外固定技术整复和固定骨折断端，为实施钢板等内固定技术提供有利的条件。总之，在实施各种内固定治疗骨折、人工关节置换时，若注意贯彻"骨科自然重建理念"，将会增加替代重建的优势，减少并发症。

二、骨外固定技术的临床应用

（一）生物学原理及其改进

众多基础方面的研究，使临床医师对骨外固定技术有了更深入的认识。

骨折治疗经典理论强调早期骨折断端坚强固定，坚强固定虽利于原始骨愈合，但由于应力遮挡现象而不利于外骨痂的形成，其骨折愈合往往要持续一年以上，且常发生再骨折，还可见到与时间相关的骨吸收。有学者发现骨折断端之间的微动可以产生应力刺激，促进骨再生，随之提出了弹性固定原则。现代骨外固定器可以根据治疗要求提供以下力学作用方式：

1．牢稳固定 骨折的牢稳固定是指骨外固定器与骨折远、近段必须构成几何不变体——即静定结构和超静定结构，以防止骨折的位移，成角和扭转畸形的发生。

2．弹性固定 是指骨外固定在维持骨折牢稳固定的同时，允许骨折端通过骨外固定器的持续弹性加载和间断性的功能锻炼，每个骨间隙有 1 mm 左右的轴向微动以产生应力刺激，促进骨再生。

（1）加压弹性固定：维持骨折线位稳定的同时，器械再给予骨折端一定的持续性压应力。当骨折端受到新的载荷时压应力亦随之增加。受到张应力时，骨折端仍能保持紧密的接触，张应力消除后骨断端又恢复到原有的力学状态。加压弹性固定主要适用于稳定骨折，骨不连和关节切除融合术的固定。侧方加压，是在骨折段或大骨块的适当部位穿针，应用顶压或杠杆原理防止骨折成角、位移，以及矫正线位偏差，以增加骨折固定的稳定性。

（2）张力弹性固定：骨外固定器有足够的支撑力，对骨折端实施一定的张应力，以防止短缩趋势的发生。在稳定骨折的同时，又能维持骨缺损的肢体长度和（或）关节端粉碎性骨折的固定。适用于关节端粉碎性骨折及骨缺损的早期固定。

（3）平衡弹性固定：骨外固定器以维持骨的长度和骨折的对线、对位为目的，对骨折端不施加压力或张应力。当受到载荷时骨外固定器发生弹性变形，骨折端产生压应力，载荷消除后骨断端又恢复到原来的力学状态。适用于骨干粉碎性骨折和截骨延长的中后期的固定。

3．平衡固定 骨外固定器要有较强的抗剪切能力，以维持骨折的对线、对位为目的。适用于已结合螺钉内固定的斜形、螺旋骨折的固定。

4．缓慢牵伸延长 指骨外固定器对截骨端给予持续、限量的张应力，以使骨或肢体长度增加或逐步矫正骨与关节畸形的目的。如截骨延长逐步矫正膝关节内、外翻畸形或缓慢牵伸矫治膝关节屈曲挛缩等，Ilizarov 技术的一般生物学原理即张力—应力法则、皮质截骨术概念、牵引速度等。

5．动态固定 是指骨折在相对平衡固定的状态，骨折端随着一定的外力作用而出现的轴向滑动。如骨外固定器放松轴向锁定装置后在功能锻炼时沿骨外固定器连接杆方向的滑动，以及通过手动装置使骨折端产生的轴向微动等。

6．多种作用力的联合应用 如在一长骨同时进行截骨延长与骨缺损端的加压固定，以及骨不连伴有肢体短缩的治疗等。

7．最大限度保护血运 远离骨折处穿针的空间固定方式，即不破坏骨髓内、外血运，很少干扰骨愈合的生物学环境，利于实现生物学固定。

（二）骨外固定器结构与性能的改进

骨外固定器的几何形状、钢针直径、数量、钢针种类（全针或半针）以及穿针平面等因素是评价骨外固定器力学性能的主要依据。近年来在临床应用的骨外固定器构型达数百种之多，主要包括组合式外固定器、半环槽式外固定器、Ilizarov 外固定器和 Bastinai 外固定器。正确选择骨外固定器构型也是用好骨外固定技术的关键，而且是进一步减少并发症的重要因素。用于创伤骨科的骨外固定器，既要符合力学要求，又要考虑灵活性和结构优化的问题。最好能符合以下条件：

1．有良好的通用性和灵巧性，能根据不同部位及伤情的治疗需要，组成相应的构型，而且方便整复骨折和术后做适当的再调整。

2．随意选择穿针位置，以最大限度避开主要神经、血管及病灶区穿针，不影响局部皮瓣或交腿皮瓣的应用。

3．骨外固定器的刚度具有可调性，要满足骨折早期坚强固定和中后期弹性固定的要求。

4．骨外固定器与肢体之间的距离可调，便于肢体肿胀严重时留有足够空间；在肿胀消退后，减小骨外固定器与肢体的距离，以增加固定的牢稳性和利于功能锻炼。

5．装卸灵活、方便操作，各部件有相对的独立性，便于随时增减某些部件以及必要时将肢体架空，又可随时拆除多余部件。

6．骨外固定器的材料具有质轻、坚固、耐腐蚀等特点，最好能透X线。

（三）骨外固定技术应用原则

在现代创伤骨科中，对于伴有严重软组织伤或伤口污染严重的开放性骨折或已有感染的骨折、多发伤骨折、多发性骨折、复杂的闭合性骨折等，即使采用完善的现代内固定技术，也难以达到非常满意的效果，勉强使用时，更易发生皮肤坏死、局部感染、骨髓炎、骨不连、骨缺损等严重并发症，主要原因是传统方法难以同时解决多种组织重建与骨折固定治疗时的矛盾，如骨折固定与血供，以及伤口处理和感染的防治，复杂骨折的稳定与关节功能等，治疗中往往顾此失彼。很多学者将骨外固定技术应用于严重开放骨折和复杂骨折及一部分骨不连等疑难病，骨折愈合率达99.8%以上，且使一些濒临截肢的肢体得以保留。对骨不连、感染性骨折、感染性骨与皮肤缺损等严重骨折并发症的治疗也全部获得成功，而且使一些久治不愈的伤残肢体恢复了功能。在这种情况下，骨外固定技术又重新得到重视和突飞猛进的发展。

1．先复位后穿针的操作原则 治疗骨折时必须先使骨折大致复位，然后再行穿针与固定。因为复位与固定是两个不同的力学系统，骨外固定器不可能既是固定器又是复位机，它的主要功能就是固定。其调节性能主要是为便于矫正残余线位偏差和调控固定刚度而设计，而不是为骨折整复。但骨折复位时可以利用其结构特点辅助整复，而不能完全依赖。在特殊情况下，如骨折移位不严重、急诊和野外操作时，可先行穿针，然后再行复位与固定。

2．骨折复位的原则

（1）复位基本方法：以手法为主，辅以器械和牵引等方法。闭合复位有困难时可行小切口直视下复位。

（2）复位要求：简单的骨干骨折和关节骨折要解剖复位。复杂骨折要达到良好的线位要求（没有必要强求解剖复位）。

（3）部分骨缺损时要行松质骨植骨。

（4）骨段缺损时可考虑采用截骨延长与加压固定技术，修复骨缺损和保持肢体长度。

3．灵活应用的原则 实践中一方面要充分应用骨外固定技术优势，另一方面也要有机地结合相关技术，使治疗方法更具合理性和先进性，结果更加完美。

（1）结合应用，即同时应用多种方法（复位和固定）和技术（骨折治疗原理、伤口处理与闭合等各种相关技术）。

（2）分别使用，有时两种方法，因此以克服单一方法的不足。

（3）阶段应用，在治疗过程的某一阶段，应用骨外固定器可能是最佳适应证，而在另一阶段用其他方法更为适宜，骨外固定器除了全程使用外，也可与其他方法分阶段应用。

（四）骨外固定的适应证

随着骨外固定的应用范围不断扩展，骨外固定器治疗骨折的随机性较大。下述内容有些是公认的适应证，有些是相对适应证。适应证也可因技术熟练程度、设备条件、患者对治疗方法的观念等因素影响而有很大差别。因此，在临床实践中要因地制宜，灵活掌握。

1．四肢开放性骨折特别是有广泛软组织伤、伤口污染严重及难以彻底清创的开放性骨折。

2．感染性骨折：远离病灶处穿针固定，提供稳定固定，利于创口换药。

3．多发伤骨折，骨外固定器能为骨折伤肢迅速提供保护，既防止因延期骨折治疗造成的并发症,又便于威胁生命脏器伤的处理。

4．某些闭合性骨折：因骨折粉碎严重难以用其他方法稳定骨折端的骨干骨折；近关节端粉碎性骨折，某些关节骨折与脱位。

5．需多次搬动（输送）和分期处理的战伤和某种批量伤员的骨折。

6．烧伤合并骨折，用骨外固定器固定骨折，不但便于创面处理，将伤肢架空，还可防止植皮区受压。

7．开放性骨盆骨折，骨外固定器可给予较好的固定，并能控制失血与疼痛。

8．断肢再植术及骨折伴有血管神经损伤需修复或重建，以及需用交腿皮瓣、肌皮瓣、游离带血管蒂肌皮瓣移植等修复性手术。

9．因种种原因不能手术治疗的不稳定骨折。

10．作为非坚强内固定的补充。

（五）牵伸与加压固定的联合应用

由治疗骨折到矫治骨与关节畸形和骨段延长或肢体延长；由治疗四肢骨干骨折到治疗骨盆、脊柱和关节端骨折；由治疗感染性骨折到感染性骨不连、骨缺损。肢体延长由小腿到大腿、手指和足。牵伸与加压固定的联合应用为某些骨科疑难病的治疗提供了新的手段：如大段骨缺损、先天性假关节伴肢体短缩等采用加压固定与截骨延长效果极为满意。治疗复杂骨折、骨不连、骨缺损或伴有感染、肢体短缩等骨折疑难病时，要针对病理特点认真分析、研究影响疗效的因素，争取同期治愈各种并发症。治疗中要注意解决好同时应用多种技术之间的矛盾。

骨外固定技术涉及病理生理、生物力学、生物物理、医学工程、骨科基本技术等多学科的知识与技能，并非人们想象的"是一种简单的技术"。其治疗又是一个手术与非手术交融、渐进、动态的过程，张力-应力法则因增加了"时间"这个可调节的变量，被认为是一种具有哲学概念的四维相治疗方法，医师应具有"时空一体、因势利导、有无相生"的哲学思维意识，掌握医患互动、适度交流的临床艺术，没有一个科学的实事求是的态度，难以发挥骨外固定技术的优势。目前我国骨科医师的培养模式，医疗市场的牵引方向、大医院骨科管理制度以及骨科学术界的主流引导，不利于骨外固定技术优势的发挥与推广。

第二节　石膏外固定技术

天然硫酸钙（$CaSO_4 \cdot 2H_2O$）称作生石膏，经粉碎并在107～130℃高温烘焙脱水后失去水分成为非结晶粉末（$2CaSO_4 \cdot H_2O$），是为煅石膏或熟石膏，一旦遇水即吸收水分并很快结晶硬化。石膏具有X线低透性。临床上常制成石膏绷带，在40℃温水中浸泡使其充分水和，取出后缠绕或制成特殊形态贴附于肢体或躯干，经10～20分钟硬化即成为坚固的外固定物。

石膏绷带（plasterbandage）是将无水硫酸钙（熟石灰）的细粉末撒在特制的稀孔绷带上，吸水结晶后硬结成形，十分坚固。

一、石膏固定的适应证

石膏外固定常用于固定肢体或躯干于特殊位置；减轻或消除患部负重；保护患部；做患部牵引或伸展、矫形等，其适应证为：

(1) 小夹板难于固定的某些部位的骨折，如脊柱骨折。
(2) 开放性骨折清创缝合术后，创口尚未愈合，软组织不宜受压，不适合小夹板固定者。
(3) 病理性骨折。
(4) 某些骨关节术后，需较长时间固定于特定位置者，如关节融合术。
(5) 为了维持畸形矫正术后的位置者，如成人马蹄内翻足行三关节融合术后。
(6) 化脓性骨髓炎、关节炎，用以固定患肢，减轻疼痛，控制炎症。
(7) 某些软组织损伤，如肌腱（包括跟腱）、肌、血管、神经断裂缝合术后需在松弛位固定者，以及韧带损伤者，如膝关节外侧副韧带损伤，需行外翻位石膏托或管型固定。

二、石膏固定的优缺点

1．优点
(1) 具有良好的塑形性能，能够根据肢体的形状塑形易于达到三点固定的治疗原则。
(2) 石膏干固后，十分坚实，固定确实，护理方便，便于长途运送。
(3) 在石膏管型中，通过楔形切开矫正骨折残存的成角畸形。

2．缺点
(1) 创伤后的进行性肿胀，容易引起压迫而致血运障碍，甚至肢体坏死。
(2) 肢体肿胀消退后，又因石膏过松而致骨折再移位。
(3) 较沉重、透气性及 X 线透光性差。
(4) 一般须超过骨折部的上、下关节，长期固定可以引起关节僵硬，肌肉萎缩，甚至严重的功能障碍。

三、石膏固定的禁忌证

主要指全身情况差，尤其心肺功能不全的年迈者，以及不可有胸腹部包扎石膏绷带者。

四、石膏绷带的用法

为了保护骨隆突部的皮肤和其他软组织不被压伤导致压疮，在包石膏前，必须放好衬垫。将石膏绷带卷平放在温水桶内，待无气泡时取出，以手握其两端，轻轻挤去水分，即可使用。

五、常用石膏固定类型

1．石膏托（plastersupport） 在平板上，按需要将石膏绷带折叠成需要长度的石膏条，置于伤肢的背侧（或后侧），用绷带卷包缠，达到固定的目的。上肢一般 10～12 层，下肢一般 12～15 层。其宽度应包围肢体周径的 2/3 为宜。

2．石膏夹板（plastersplint） 按石膏托的方法制作两条石膏带，分别置贴于被固定肢体的伸侧及屈侧，用手抹贴于肢体，绷带包缠。石膏夹板固定的牢固性优于石膏托，多用于骨关节损伤后肢体肿胀，便于调整松紧，以防影响肢体血运。

3．石膏管型（plastercast） 是将石膏条带置于伤肢屈伸两侧，再用石膏绷带包缠固定肢体的方法。有时为防止肢体肿胀导致血液循环障碍,在石膏管型塑形后尚未干硬时,于肢体前方纵行剖开,称之为石膏管型的剖缝。

4．躯干石膏（trunkplaster） 是采用石膏条带与石膏绷带相结合形成一个整体包缠固定躯干的方法。如头颈胸石膏、石膏背心、髋人字石膏等。

六、石膏绷带固定技术

1．要平整,切勿将石膏绷带卷扭转再包,以防形成皱折。
2．塑捏成形,使石膏绷带干硬后能完全符合肢体的轮廓。下肢如同紧身衣裤,足部应注意足弓的塑形。
3．应将手指、足趾露出,以便观察肢体的血液循环、感觉和活动功能等,同时有利于功能锻炼。
4．石膏绷带包扎完毕抹光后,应在石膏上注明包石膏的日期和类型,如有创口的,需要标明位置或直接开窗。
5．密切观察肢体远端的血液循环、感觉及运动。如有剧痛、麻木及血运障碍应及时将石膏绷带纵行剖开,以免发生缺血性肌挛缩或肢体坏死。
6．为防止骨质疏松和肌萎缩,应鼓励患者积极进行功能锻炼。

七、石膏固定前、后和石膏外固定过程中注意事项

1．石膏外固定前应注意检查肢体损伤情况,清洁所需固定肢体的皮肤,有伤口者应清创换药,无菌敷料覆盖；如有骨折或脱位者应进行手法复位,认为整复满意后方可进行固定。
2．石膏外固定过程中,应注意保持肢体或关节处于功能位或伤情所需要的特殊位置,助手托扶石膏时应以手掌接触,严禁指托或指压石膏,防止石膏发生凹凸不平或被皱折而形成压迫因素。石膏衬垫要适宜,捆扎石膏绷带时用力要均匀,不宜过紧或过松,以免造成固定无效或肢体缺血性挛缩、神经麻痹、组织坏死等不良后果。
3．四肢石膏管型外固定时,应将固定肢端外露,以便观察血运、知觉和活动能力。
4．石膏外固定后在未变硬定形之前不宜改变体位,以防石膏折断而失去外固定作用。石膏定形后应在石膏上注明石膏外固定的日期,并在肢体伤口处的相应部位开窗,以便于换药。
5．上石膏的部位,应注意保持空气流通,不可覆盖被物,使石膏尽快变干。若在冬天,应用烤箱烘干或电吹风吹干。
6．石膏外固定后,应注意抬高患肢,促进血液回流,防止因血液循环障碍而发生患肢水肿。
7．密切观察肢体末梢血运情况,注意皮肤颜色、温度、感觉等情况。如出现肢体肿胀、发凉、麻木、青紫或苍白以及局部持续性的剧烈疼痛等表现,应及时开窗或更换石膏,以防发生皮肤溃疡、坏死或缺血性挛缩。
8．观察石膏内伤口出血情况。石膏里面伤口出血时,血液可渗透到石膏表面上,可沿血迹边界用铅笔圈画记号,并注明日期。如在以后的观察中发现血迹边界不断扩大,则为石膏内伤口继续出血的征象,应报告医师处理。除了观察石膏表面渗血情况外,还应查看石膏边缘的外面。因为石膏内伤口出血较多或严重时,血液可不渗到石膏表面而沿着石膏内壁往外流。如遇此种情况,应立即开窗或拆除石膏后予以相应处理。

9．大型石膏外固定者，要定时协助其翻身，以防压疮形成。翻身时搬动要缓慢、协调，防止石膏折断。

10．石膏干后要保持其清洁、干燥，不被尿液或粪便污染，避免石膏软化而失去固定作用。

11．石膏外固定后要摄 X 线片复查，以便发现问题及时处理，以后应定期复查。

12．石膏外固定后仍应指导患者进行适当的功能锻炼，以促进损伤组织的恢复或骨折的愈合。

目前新型高分子材料绷带，如粘胶、树脂、SK 聚氨酯等，具有强度高、重量轻、透气性好、透光性强、不怕水、没有皮肤过敏反应等优点，但价格较昂贵。

第三节　医用高分子绷带外固定技术

高分子夹板是由多层高分子绷带层叠覆以特殊的非织造布构成。具有固化速度快，固化后强度硬且质量轻等优点（表 12-1）。聚氨酯在医学领域上应用是因为它具有较好的生物相容性，动物实验和急慢性毒性实验证实，医用聚氨酯无毒、无致畸变作用，对局部无刺激性反应和过敏反应。

一、产品特点

1．硬度高、重量轻　聚氨酯材料构成有软链段和硬度段，而软链段使其内聚力增高，硬度增强。经检测固化后的绷带硬度是传统石膏的 20 倍，这一特点保证了高分子夹板有可靠牢固的固定作用。固定用材少，重量轻，相当于石膏重量的 1/5，厚度的 1/3，可使患处负重小，对固定后功能锻炼减轻了负荷，有利于血液循环，促使愈合。

其次，石膏凝固后，仍然具有一定的脆性，因此负重过大时，可引起断裂，导致骨折整复后的再移位，而夹板的聚氨酯材料构成有软链段和硬度段，这个特点有效降低患部受外力作用而再次损伤的可能性，从而有效地保障了固定的作用。

2．良好的透气性　绷带使用了高质量的原纱，独有的网状编制技术，使形成的夹板具有良好的透气性，有利于皮肤透气。

3．硬化速度快　夹板硬化过程快，在打开包装后 4～10 min 开始硬化，25 min 后就可以承重了，而石膏绷带需 24 h 左右才能完全硬化承重。

4．极好的 X 线透射性　夹板对放射线的通透性极佳，X 线效果清晰，有利于医师在治疗过程中，随时可以了解患肢的愈合情况。而石膏的透射性比较差，有时只有去除固定后，才能清楚的了解愈合情况。因而避免了有时在石膏拆除后通过 X 线检查发现未达到愈合标准，而需要二次重新包扎的麻烦。

5．操作方便、灵活、可塑性好　夹板操作简便，取出后在水中浸泡 5～10 s，然后用弹性绷带或普通纱布绷带缠绕即可。

注：如果夹板没有浸水，而是在空气中自然硬化或者操作完后在外层喷水促进硬化，其强度将有所下降。

6．舒适安全性　夹板轻便舒适，对于患者不会产生绷带变干后皮肤发紧，发痒等不适症状。

7．适用范围广　骨科的外固定，整形外科的矫形具，假肢辅助功能用具，支撑工具。烧伤科的局部防护性支架等。

8．无污染　使用过的产品可以进行充分燃烧，材质焚化不产生任何污染物。

9．拆除方便　采用电动石膏锯拆除安全方便。

表 12-1　高分子绷带外固定优点

对患者的好处	对医疗人员的好处	其他
可洗澡和接受药浴	操作方便、卫生	完全透 X 线
安全、透气、清凉	容易塑形	常温水即可激活硬化
没有过敏反应	容易去卫生间	20 分钟内即可承受重量
	伤口容易留孔处理	无毒、无化学反应

二、使用方法

使用方法如图 12-1 所示。

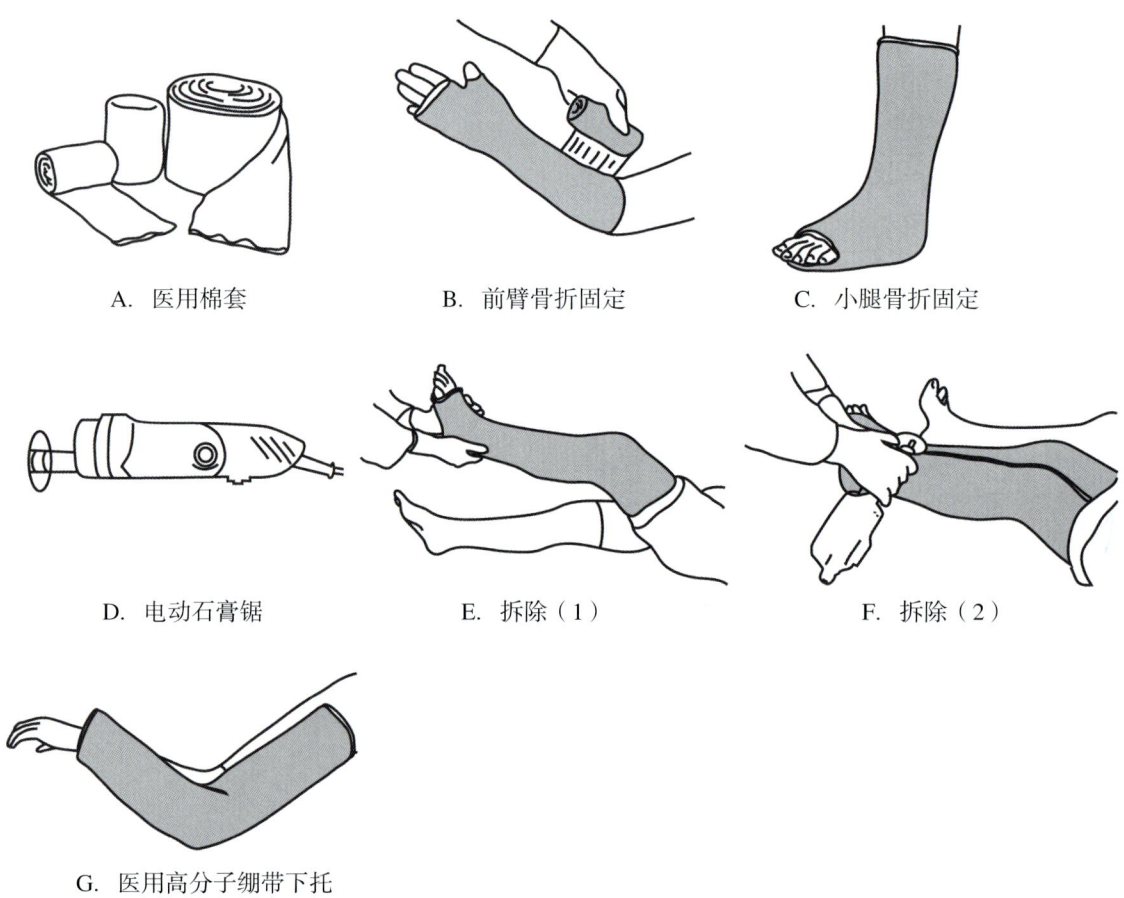

A．医用棉套　　B．前臂骨折固定　　C．小腿骨折固定

D．电动石膏锯　　E．拆除（1）　　F．拆除（2）

G．医用高分子绷带下托

图 12-1　高分子绷带使用方法

1．医师戴上乳胶手套。

2．在患部套上棉套，并用棉纸缠绕。

3．打开包装，将绷带放入常温水中浸泡 4～8 s 同时挤压 2～3 次，取出后挤出多余水分。必须使用一卷拆开一卷，防止提前拆开硬化。

4．螺旋状缠绕于患部，每层重叠 1/2 ～ 2/3，松紧度要适宜，非支撑部位 3 ～ 4 层，支撑部位 5 ～ 6 层（也可反复折叠成托形）。

5．拉紧缠绕，增强层间粘合力，但缠绕不可过紧，以免影响血液循环，8 ～ 15 min 开始固化。

6．包扎后在绷带外面揿揉层与层充分粘接。绷带包扎后受潮可用电吹风吹干。

7．根据需要塑形，凝固时间 3 ～ 5 min，塑形需在此时间内完成，20 min 后即可承重。

8．拆除时可用手术刀、电动石膏锯。

第四节　外固定支架治疗骨折技术

外固定支架有很多种类型，如环形、单臂型、双臂型等。应该根据医师熟练程度、患者经济能力以及伤情来选择。

一、外固定支架的使用指征

1．三度开放性骨折（有广泛的皮肤、皮下组织及肌严重损伤，常合并神经血管损伤）。
2．超过了 6 ～ 8 h 界限的二度开放性骨折（皮肤被割裂或压碎、皮下组织与肌肉中等损伤）。
3．有广泛软组织挫伤的闭合性骨折。
4．易感染的骨折和骨折不愈合。
5．截骨矫形术。
6．关节固定术。

有第 1、2 条指征的骨折，如采用内固定器械，需分离一定的软组织及骨膜，原软组织有损伤，血运差，这样更减少了骨折部位的血液供应，导致骨折延迟愈合，甚至不愈合，且增加软组织的损伤，致使局部抵抗力降低，易于发生感染，引起化脓性骨髓炎。

二、外固定支架治疗骨折的优点

1．在矿山工伤中，一般软组织挫伤重、污染重，清创较难，更易于引发感染。在一些闭合性骨折中，应用内固定器械可发生生锈及电解作用，使骨折延迟愈合或不愈合。且应用内固定物骨折愈合后内固定物需拔除，行 2 次手术，对患者有 2 次创伤。而应用外固定支架就避免了上述不足。

2．外固定支架远离损伤区骨骼，对骨折血运无影响，对创面无干扰，如因清创不彻底而发生感染，利于创面的处理。

3．通过对支架的移动，可以矫正各种骨折移位以及可以对骨折进行加压，利于骨折的愈合、创面的恢复。

4．如为关节骨折，外固定支架可以维持关节的功能位，利于关节的恢复，并且行外固定支架固定后，可以早期进行功能锻炼，利于肢体的恢复。以上这些都是应用内固定无法做到的。

5．外固定支架治疗骨折对骨折创面无影响，保持了骨折部位的血液供应，利于骨折的愈合，并且对周围组织创伤小，易于处理伤口，利于伤口的愈合，通过对外固定支架的调整，可以对一些骨折进行复位或加压，加速骨折愈合，且外固定支架不限制关节活动，可行早期功能锻炼，同样也利于骨折愈合。

当然，内、外固定各有其相对适应证，我们在临床上还要根据具体伤情，以决定具体处理方法。

三、手术方法

开放性骨折首先行清创，外固定后 I 期缝合伤口；闭合性骨折应在 C 形臂下复位闭合插针行外固定，或做小切口切开复位再外固定；骨折不愈合的陈旧性骨折取出内固定后再植骨采用外固定的方法；伤口感染的患者取出内固定后插针外固定行伤口换药。外固定插针均为骨折复位后远、近骨折段各分别插 2 根钢针，再上外固定支架。术后早期应下床进行功能锻炼。

（刘　勇　刘英杰）

参考文献

[1] 夏和桃. 肢体延长的基础进展及临床有关问题. 中国矫形外科杂志，2007，7（1）：605-612.

[2] 秦泗河，夏和桃. 世界骨外固定技术大会扫描. 中国矫形外科杂志，2008，15（2）：1199-1120.

[3] 王满宜. 外固定架在创伤骨科中的应用（述评）. 中华创伤骨科杂志，2007，12（1）：1101-1103.

[4] 赵刚，黄雷，王满宜. 组合式外固定架治疗高能量损伤所致胫骨关节周围骨折. 中华创伤骨科杂志，2007，12（2）：1131-1135.

[5] 黄雷，赵刚，王慎东，等. 短缩-延长肢体治疗胫骨骨缺损合并软组织短缺. 中华创伤骨科杂志，2007，12（2）：1115-1119.

[6] Viskontas DG, Macleod MD, Sanders DW. High tibial osteotomy with use of the taylor spatial frame external fixator for osteoarthritis of the knee. Can J Surg, 2006, 49（3）: 254-250.

[7] 秦泗河. 关于矫正下肢畸形成角旋转中心的概念解析. 中华外科杂志，2007，24（1）：1728-1729.

[8] Dror P. Principles of deformity correctiovn. Berlin: Heidetberg, Spinger, 2002, 1-23.

[9] 秦泗河. 小儿矫形外科. 北京：北京大学医学出版社，2007：535-655.

[10] 秦泗河. Ilizarov 技术与骨科自然重建理念. 中国矫形外科杂志，2007，8（4）：595-596.

[11] 夏和桃. 外固定器刚度对骨折愈合的影响. 中华创伤骨科杂志，2007，12（1）：1170-1172.

[12] 秦泗河. Ilizarov 技术概述. 中华骨科杂志，2006，9（1）：642-645.

第十三章

挤压性损伤的救治

第一节 筋膜间室综合征

在 100 多年前，Volkmann 就报道了外伤后前臂特别是屈肌群发生急性缺血、变性，导致严重变形和功能障碍的病例。经过多年来的研究，发现乃是由于具有特定的筋膜间室的四肢遭到创伤后，发生了间隔内的肌肉组织损害、出血、肿胀，内压增高，致使血管受压，肌肉和神经发生进行性缺血坏死的缘故，严重时可因肌红蛋白血尿而引起肾衰竭。如果是发生在上肢，则叫作 Volkmann 挛缩；如果是发生在下肢，则叫做胫前肌综合征、腓骨肌综合征。由于其发生机制和病理变化是一致的，所以从 20 世纪 70 年代后，统一称为"筋膜间室综合征"（acute compartmental syndrome, ACS）。

一、病因

这种综合征由于是由筋膜构成的间室内压升高，导致肌肉、神经功能丧失和坏死，所以其发生原因可分为两类：一类是筋膜间室容量的缩小，如过紧的绷带包扎、过紧的石膏固定等；另一类是筋膜间室容量的增加，如出血（大血管损伤、血凝障碍）、毛细血管通透性增加（组织被捻挫伤、过激的运动、血流阻断后肿胀、烧伤、骨科手术）等。但凡挤压性损伤造成的筋膜间室综合征，常见的原因有肢体挤压、血管损伤、骨折出血流入筋膜间室、石膏或夹板固定不当。其中胫骨干骨折的骨筋膜室综合征发生率达到 40%，即使是开放性胫骨骨折骨筋膜室综合征的发生率都在 1.2%～10.2% 之间。

二、发病机制

1. 解剖特点 在四肢的肌组之间，如屈肌与伸肌之间，有强韧的纤维间隔将肌组分室并多附着于骨干，肌组的外层为筋膜所包绕，因而筋膜间隔与骨之间组成一个相对封闭的筋膜间室，其内容包纳肌组、血管与神经。

上臂与大腿均为单骨，无骨间膜，其筋膜间室由单骨、肌间隔与筋膜组成，较有弹性及扩展余地，因而很少发生筋膜间室综合征。而上臂和小腿都是双骨，中间有坚韧的骨间膜，由双骨、骨间膜、肌间隔与筋膜组成的筋膜间室比较坚韧，无扩展余地，易形成筋膜间室综合征（图 13-1）。

2. 发病机制　当肢体遭受到砸压或其他上述病因之后，筋膜间室内的肌肉出血、肿胀，使间室内的内容物体积增加。由于受筋膜管的约束，不能向周围扩张，致使间室内的压力增高。压力的增高，最初会使淋巴及静脉的回流阻力增加，而静脉压的增高，又会使毛细血管内的压力增高，渗出增加，从而更增加了间室内容物的体积，使室内的压力进一步升高，形成恶性循环（即间室内肌肉出血、肿胀→室内容物增加→室内压增高→静脉压升高→毛细血管压升高→渗出增加→室内容物增加）。一般情况下，间室内压的增高，均不至于大于该间室内动脉的收缩压，因而仅仅是通过该间室供养远端的动脉血流减少，但并不中断。肢体远端的脉搏减弱以至扪及不清，但末端均有血运而不至坏死。间室外表面的皮肤可有张力性水疱，也因临近有血供，一般不发生坏死，但由于血运减少致使神经功能（皮肤感觉）减退。

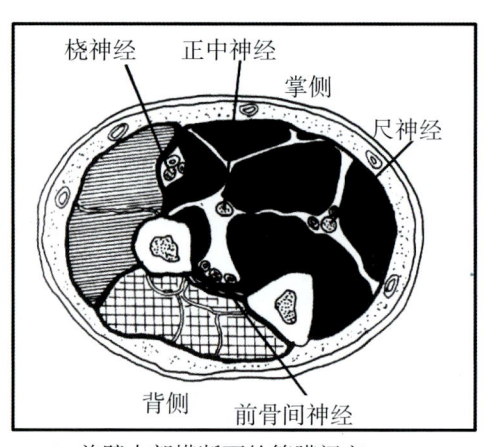

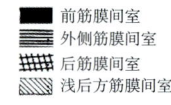

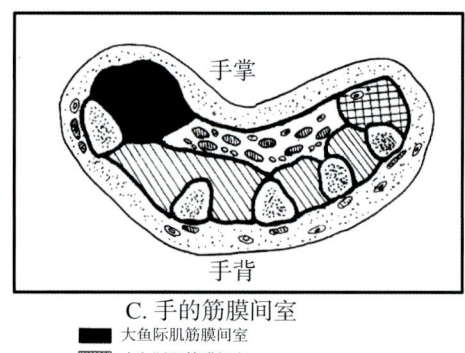

图 13-1　筋膜间室综合征形成

三、病理变化

皮肤、神经干及肌肉对缺血的耐受性是不同的，肌肉组织耐受缺血的时间最短，大约完全缺血

4～6 h即可发生坏死。即使血运复通，肌肉也不能恢复。肌肉中心坏死严重，周围靠肌膜部，可有肌细胞存活。神经干对缺血的耐受性虽较肌肉时间长，但比较敏感，缺血30 min，即可出现神经功能障碍。皮肤对缺血的耐受性最强，肢体皮肤虽部分缺血，但一般不坏死。当肌肉组织坏死后，坏死的肌肉就要释放出大量的代谢产物，如肌红蛋白、钾离子、肌酸、肌酐。肌肉缺血缺氧、酸中毒等可促使钾离子从细胞内向外逸出，从而使血钾浓度迅速升高。释放出来的大量的血红蛋白需经肾小管滤过，但在酸中毒、酸性尿的情况下就可沉积于肾小管，形成肌红蛋白管型，加重肾损害的程度，严重者发生急性肾衰竭。

四、临床表现

外伤后的临床症状是急剧发生的，主要表现为受伤肢体明显的疼痛、高度肿胀及皮肤表面水疱形成、感觉过敏或迟钝，另外伤肢屈伸运动不能以及被动活动手指或足趾会使疼痛加剧。肢体远端的脉搏常常消失，但即使没有完全消失，也可以发生此综合征。血液检验可发生CPK、LDH、GOT的增高，另外还可以出现血红蛋白尿。

临床上，发生间室综合征的间室不同，其压痛与肿胀的部位、受损伤的肌肉、受损伤的神经是不相同的。

1. 前臂间室

1）发生在背侧时，局部组织紧张，有压痛，伸拇及伸指肌无力，被动屈曲拇指及手指时引起疼痛。

2）发生在掌侧时，组织紧张及压痛在掌侧，屈拇及屈指肌无力，被动伸拇及手指均引起疼痛，尺神经及正中神经分布区的皮肤感觉丧失，有时疼痛减退或过敏。

2. 小腿各间室

1）前侧间室内压力上升时，除小腿前侧有组织紧张及压痛外（有时红肿），可以有腓神经深支分布的皮肤感觉丧失，伸趾肌及胫前肌无力，被动屈趾引起疼痛。

2）外侧间室内压力上升时，腓神经的浅支和深支分布的皮肤感觉丧失，腓神经支配区域肌无力。内翻局部时引起疼痛，局部皮肤紧张及压痛表现在小腿外侧腓骨处。

3）小腿后侧间室综合征又可分为浅部和深部两种情况：浅部间室——比目鱼肌和腓肠肌无力，背屈踝关节时可引起上述肌肉的疼痛，小腿后方有肿胀及压痛。深部间室——屈趾肌和胫后肌无力，伸趾时引起疼痛。胫后神经分布的皮肤感觉丧失。在小腿远端的内侧，跟腱与胫骨之间处组织紧张并有压痛。

3. 大腿筋膜间室 发生在大腿筋膜间室的综合征非常少见，但却是一种非常严重的创伤。一般分为外侧间室、内侧间室和后侧间室。外侧间室没有重要的神经和血管通过；后侧间室内除肌肉组织外，还有重要的坐骨神经；内侧间室包含有股动、静脉和股神经。在行筋膜间室切开减压时，对于外侧或后侧的大腿筋膜间室综合征，采用自大转子到股骨外髁连线作一切口，于外侧肌间隙进入。对于内侧大腿筋膜间室综合征应取耻骨结节到内收肌结节连线上部分做切口。

五、诊断

本综合征的早期诊断是非常重要的，诊断愈早预后愈好，因此，凡对受伤肢体进行检查时，都应该首先想到有无间隙压力增高的可能性。这也就是说，对于受伤的肢体，应该反复而定时地进行以下的检查：自主疼痛的部位与程度、压痛及感觉异常的有无与程度、皮肤的颜色及有无水疱形成、肌力有无下降、被动运动疼痛有无加剧等。如果有夹板、石膏、绷带，即应检查其松紧度。另外，还应早期检查血 CPK、LDH、GOT 等。Matsen、Mubarak 等曾用 Wick-catheter 测定肌间隙内的压力以帮助诊断，但至今仍未得到普及。

作为鉴别诊断的疾病有：单独的血管、神经损伤，肌炎、腱鞘炎、血栓性静脉炎、蜂窝组织炎、毒蛇咬伤等。

六、治疗

本综合征的结局是肢体挛缩，一旦发生挛缩，治疗是非常困难的，多数情况下是不能恢复肢体功能的，往往导致患肢残废。因此，重要的是早期发现、早期诊断、及时治疗和预防挛缩的发生。

1. 药物治疗 只要一发现有间室综合征的征象，则应尽快应用脱水药物治疗。通常使用 20% 甘露醇 250 ml，半小时内静注完毕；或 20% 甘露醇 125 ml + 呋塞米 40 mg，半小时内静注完毕。甘露醇是一种渗透性利尿剂，其目的是将肌红蛋白从肾小管中及时冲洗出去，以避免沉积阻塞。另外也有很多文献报道，应用本药甚至可以逆转病理过程，避免了筋膜切开。近年来的实验研究证实，甘露醇对筋膜间隙综合征的治疗作用有：①促进血管外液向血管内转移，以降低组织压；②具有增加心排出量和扩张小血管的作用，以减少红细胞压积和凝聚，降低血液黏稠性，增加血流灌注量，从而改善微循环；③促使肾间质脱水以解除肾小管受压，减轻肾小管痉挛，使肾小管血流量增加，防止肌红蛋白等形成管型。

2. 手术治疗 应用上述保守治疗的同时，严密观察病情变化。如果 1 ~ 2 h 后症状得不到缓解，则应当施行筋膜切开（fascitomy）和肌外膜切开术（epimysiotomy），以彻底将其减压。

切开减压是预防和治疗筋膜间室综合征的有效措施，也是一种较为常见的手术方法。但切开减压术后创口多无法直接缝合，会遗留较大的梭形皮肤缺损。通常是从身体的其他部位取中厚游离皮片移植覆盖缺损区，由于病程长，患者痛苦较大。

通常，在本综合征的症状发生后，如果 6 ~ 8 h 以内血运得不到恢复，肢体的肌肉则会陷入不可逆性损害。即使手术减压后，为了预防挛缩，也应该施以肢体功能位固定和必要的主动或被动运动锻炼。水肿是外伤性手指挛缩的重要因素，通常预防水肿的方法之一是将上肢抬高。但是，当发生筋膜间隙综合征的情况时，抬高患肢又可导致肢体远端的血压下降。为此，Kihm 曾报告了将上臂动脉内的血栓摘除的方法，Griffiths 也曾报告了动脉壁交感神经切除或动脉切断再吻合的方法，至今对有适应证的病例仍不失为选择的方法之一。

第二节　足部肌筋膜间室综合征

一、足部肌筋膜间室的解剖结构

足是一个多间室的结构，共有 9 个筋膜间室，即内、外侧及中间浅间室，足跟部肌筋膜间室，足前部的 4 个跖骨间肌筋膜间室及 1 个拇内收肌间室。其中内、外侧间室及中间浅间室纵贯足的全长，中间浅间室包含趾短屈肌。中间深间室于跖骨基底处分为前、后两部分，足后部中间深间室容纳足底方肌和足底外侧神经，由于该间室紧邻跟骨，且跟骨骨折后骨松质面广泛的出血多流入此间室，故又称为足跟部肌筋膜间室；足前深间室则由 4 个跖骨间肌筋膜间室及 1 个内收肌间室组成。4 个跖骨间肌筋膜间室容纳各自的骨间背侧肌及骨间足底肌，而拇内收肌间室包含拇收肌。

二、诊断标准

足部肌筋膜间室综合征的临床表现与跟骨骨折相似，容易混淆，但比跟骨骨折后出现的疼痛更为剧烈并呈进行性加重，经肢体固定或处理后尚不能缓解，有时涉及全足，这种情况下则提示有并发肌筋膜间室综合征的可能。出现上述症状的主要原因是由于肌肉缺血使疼痛加重，直至肌肉完全坏死前症状持续加重且不缓解。据 Myerson 报告，跟骨骨折伴肌筋膜间室综合征的疼痛性质为严重的、烧灼样的、无法忍受的全足痛。这可能与骨松质广泛出血并扩散到容积有限的筋膜间室内有关。该作者还利用 MRI 及多普勒超声检查测量间室内血肿的大小，发现出血量的多少与肌筋膜间室综合征的发生无明显差异，确诊的唯一可靠方法是直接测量肌筋膜间室内的压力。测量间室内压的装置有多种，如连续输液测压、裂隙导管测压及微型传感器组织液压测量仪等，但最简单、方便的装置是 Whiteside 法测量装置。在正常情况下，足部肌筋膜间室内的压力位于 10 mmHg 以下，至 10～30 mmHg 即为增高。Hargens 等认为足部肌筋膜间室内压力 ≥ 30 mmHg 即可确诊为肌筋膜间室综合征。

三、治疗原则

及时的早期诊断和正确的治疗可使足部肌肉免于坏死、神经功能不受损害，能最大限度地恢复肢体功能。对于早期肌筋膜间室综合征，有人主张采用制动、抬高患肢、静脉滴注甘露醇等非手术治疗的方法，有人则认为，对足部肌筋膜间室综合征如不予以切开减压，1～2 年后半数以上的患者将会出现爪形趾，软组织萎缩及感觉、运动功能障碍。所以即使非手术治疗偶可缓解部分病例的症状和体征，但由于本症发展迅速、后果严重，故对其治疗，宁可失之于过早切开减压（并无不良后果），也不可失之于观察过久而延误治疗时间。

当然，由于足部肌筋膜间室解剖、毗邻关系的复杂性，选择切开减压手术入路的正确与否对减压效果有很大影响。错误的手术入路不仅会加重创伤，增加患者的痛苦，而且还达不到减压的目的。

我国周许辉等认为对跟骨骨折合并足部肌筋膜间室综合征的患者，单独行足底中间浅间室减压尚不够，而仅于足背行纵行双切口减压更是错误的方法。正确的手术方法应以足后内侧、内踝下弧形切口入路为最佳选择，不仅安全而且是行之有效的减压方法。沿此入路向上可减内侧间室压力，向下可纵行开放中间浅间室，向纵深发展则可使足跟部肌筋膜间室完全减压。当然偶尔需要切开前足跖骨间肌筋膜间室，这取决于施行足后内侧入路减压后其内部压力的高低，而且此类患者多非单纯跟骨骨折，常伴有跗跖关节骨折、脱位。

有人主张，在减压的同时行骨折复位和内固定，也有人主张二期行骨折复位和固定，这要依不同伤情而定。

综上所述，为了尽可能降低神经、肌肉缺血性坏死的发生率，最大限度地恢复肢体功能，跟骨骨折后有必要对足部肌筋膜间室内压力进行监测。当患者主诉存在无法忍受的剧痛并呈进行性加重或伴有明显肿胀、麻痹时，更应高度警惕足部肌筋膜间室综合征的发生。对间室内压 > 30 mmHg 者应立即行切开减压术。精确的足部肌筋膜间室解剖不仅为定位诊断足部肌筋膜间室综合征奠定了基础，而且为切开减压手术指明了方向。足后内侧、内踝下弧形切口是安全可行的首选足部肌筋膜间室减压手术入路，必要时可附加前足背侧纵行切口。术后 1 周以刃厚皮片移植覆盖创面，术后 2 周待创面愈合再经跟骨外侧入路行骨折复位，并以重建钢板固定。

第三节　挤压综合征

挤压综合征是四肢或躯干肌肉丰富的部位遭受到外力或事物较长时间的挤压，常见于矿山的压埋伤，造成受压部位肌肉缺血、缺氧、肿胀或坏死，伴有肌红蛋白尿，继而出现少尿或无尿、尿毒症、高血钾等一系列全身表现为特点的综合征。

一、发病机制

由上述定义可以看出，挤压综合征的发病过程中有两个中心环节：一是肌肉被挤压后造成缺血坏死；二是肾缺血引起肾衰竭。

1．肌肉缺血坏死　发生肌肉组织坏死的原因有直接外力和间接外力两种。直接外力是指肌肉等软组织受较大的挤压伤后发生坏死。由于血管组织较肌肉组织耐缺血性强，常常是血管的完整性依然保持，但血管内膜却受到了损伤，故通透性增强，即使血循环再通后肌肉组织肿胀，毒素回吸收造成血红蛋白尿。间接外力是指肌筋膜间室压力的增高导致肌肉缺血坏死，但是否出现综合征，与受伤的部位、面积、程度、受压肌群的多少、受压时间的长短有关。

2．肾衰竭　既往曾经认为，挤压伤后出现的急性肾衰竭是由于血红蛋白尿使肾小管发生机械性阻塞的缘故，但后经深入研究发现，机械性阻塞病变只占 20%，如果没有肾缺血这一病理条件存在，尽管发生血红蛋白尿，但也不至引起急性肾衰竭。肾缺血是由低血容量性休克所致，但肢体的肿胀与血液成分的渗出并不足以造成有效血容量明显减低，这其中还有一个全身反应的缘故，即应激状态下反射性血管痉挛的因素。根据局部及全身情况，应尽早行筋膜间隙切开减术，清除坏死组织，必要时截肢。但应指出，1995 年阪神地震、1999 年 Marmara 地震和 2003 年 Bingol 地震的回顾性研究都显示，筋膜腔切开、截肢比例升高和脓毒症的发生率及死亡率相关，原因可能是灾难环境下盲目进行筋膜腔切开减压易导致感染，同时毛细血管壁弹性丧失，可出现难以控制的渗出或出血、凝血恶化等情况。

二、临床表现

挤压综合征的临床表现为局部表现和全身反应两个方面。

1．局部表现　肢体解脱后，可见肢体变形、苍白、失去原有弹性，有压痕或变扁形，血管不充盈，远端动脉搏动消失，伤员肢体麻木或失去感觉，运动失灵，可无活动，伴有骨折表现，有的伤员肢体外观可无明显现变化，甚至能照常活动。

随着肢体解脱后的时间推移，肢体动脉通血，液体外渗，肌肉逐渐肿胀，皮下淤血，皮肤张力增加，肢体变粗、变硬，受压皮肤周围有水泡形成，肢体麻木，活动时疼痛，远端肢体脉搏减弱或可触及，此时受累肌膜间区内的压力上升已足以造成小血管的阻塞，肌肉组织已有发生缺血坏死的危险。受累肌膜间区可引起肌肉无力、压痛、肢体活动时疼痛和神经感觉异常或丧失等表现。因此，要逐个、逐肌群地检查肢体肌肉和神经功能，尤其要注意主动和被动活动时疼痛的早期体征，以确定受累的肌膜间区。

除检查四肢外，还要详细检查躯干受压情况。如仰卧位受压，臀部肌肉丰富，极易受压坏死。

2．全身反应　全身反应是依据四肢挤压面积、时间的不同而出现的不同症状。如果挤压时间短暂，全身反应可不明显；如果挤压时间较长，肢体解脱后可表现为精神紧张、躁动不安，或神志恍惚、精神淡漠、口渴、皮肤干燥、面色苍白、休克等症状，有些人可以很快出现肾衰竭的表现。

1）血压的变化：如果挤压伤的面积小，即仅为肢体的一部分，血压是不会有多大改变的。通常整个肢体或两个以上的肢体被挤压，一旦解脱后数小时，则会因大量的血液进入组织间隙，肢体呈恶性肿胀出现血压降低甚至休克。随着时间的延长和病情的进展，导致肾损害时会出现高血压。

2）血红蛋白尿：一般在肢体被解脱后，前一次尿或导尿是正常的，但随后 24 h 内出现红棕色尿或深褐色尿，都应考虑是血红蛋白尿。

3）高钾血症：有两种原因，一是大量肌肉的坏死，二是肾衰竭，排钾困难。高血钾的同时，还可能有高血磷、高血镁和低血钙。因此，可导致心律失常。

4）酸中毒：组织坏死和创伤后分解代谢的增加，会使血 pH 下降，产生代谢性酸中毒。

三、诊断

重在早期诊断。早，即可预防肢体因坏死而截肢；早，可以预防肾功能的损害或衰竭。其诊断要点在于：① 对被挤压的伤肢或躯干等部位必须进行严密观察，严格记录，及时发现受压部位肌肉的缺血、缺氧、肿胀及坏死情况。②定时观察和测定尿的颜色、尿量和比重，以便及时发现血红蛋白尿和肾功能的损害。

四、治疗原则

1．伤情判断　及时到达现场后，尽快去除挤压物，使伤员得到解脱，同时较详细地记录挤压重物的性质、挤压到解脱的时间、被挤压的肢体和部位、伤员的一般状况（神志、呼吸、脉搏甚至血压），然后采取边救边送的原则，尽快送往有条件的医院。

2．对四肢挤压伤的伤员应当平卧，切不可抬高患肢。对被挤压的其他部位应给予保护，以免再次受压。即使伤员诉说疼痛，也不能按摩或热敷。

3．对被挤压部位的处理，应参照筋膜间室综合征一节中的"治疗"部分。

4．截肢的适应证

1）挤压时间久；挤压物重有合并骨折；或整个肢体被挤压面积大，解脱后肢体苍白、灰白，呈多角形或变形，似豆腐干状，已无血运，或切开筋膜后，肌肉呈熟肉状，应尽早截肢至正常的肌肉部位。

2）挤压时间虽短，但重量大，切开减压，见肌肉肿胀、呈紫色、无弹性。尽管大血管通畅，但肢体已无保留的价值，则应在 24 h 内截肢。

3）挤压肢体减压后全身中毒症状仍无缓解，并且危及生命。

4）小腿或前臂的挤压，经切开减压证实肌肉已全部坏死，即使保留也无功能，虽无肾功能损害，也应该截肢。

5）挤压肢体减压后肌肉坏死且合并气性坏疽等特异性感染。

6）对挤压肢体进行减压时经病理检查发现肌肉已完全坏死者，则无再保留的价值。

5．对已出现挤压综合征的伤员，应转往 ICU 病房监测治疗。

五、诊断与治疗过程中的特殊性

1．挤压综合征所致的肾损害与创伤性休克所致的急性肾衰竭不同，多数伤员可以没有明显休克阶段而直接进入少尿期，因此，对于尿量变化的观察非常重要。

2．纠正休克可以输入新鲜血、血浆，以及适当补充晶体液，但总量应按"量出为入"的原则，最好能够借助中心静脉压监测来补充血容量。应当注意避免使用血管收缩药。

3．在对尿量进行严密观察的过程中，如果在伤后出现了血红蛋白尿，而后尿量又逐渐减少，特别是当血容量已补足，血压回升至正常，尿量仍然 < 20 ml/h 时，应当通过以下两种方法与功能性少尿相区别。

1）补液负荷试验：当血容量已补足，血压回升至正常，尿量仍然 < 20 ml/h 时，再适当补充晶体液，观察尿量有无增加。前提是伤员没有明显的水潴留。

2）利尿试验：以 20% 甘露醇 100 ~ 200 ml，于 15 min 内静脉输入，连续观察 24 h，若尿量仍少于 20 ml/h，则考虑为挤压综合征。若尿量 > 40 ml/h，则多为肾前性少尿，可增加输液量，并使用血管扩张药。

4．一旦具备肾衰竭的证据，应及早施以血液透析治疗。其具体指征为：

1）少尿或无尿 1 ~ 2 天以上。

2）血钾 > 6 mmol/L。

3）血尿素氮 > 25 mmol/L

4）血肌酐 > 265mmol/L

5）肺水肿

6）全身水肿。

5．挤压综合征的伤员感染的因素很多，有开放的创面坏死的肌肉，也有透析中的污染等。有很多患者经治疗渡过了多尿期，但却死于继发细菌感染性白血症。因此，有必要重视抗生素的合理应用。

第四节　腹腔间室综合征

腹腔内的压力（intra-abdominal pressure，IAP）≥ 10 mmHg 称为腹腔内高压（intra-abdominal hypertension，IAH）。如果腹腔内压力增高到可以影响内脏的血流及器官组织功能时，即形成腹腔间室综合征（abdominal compartment syndrome，ACS）。也就是说，腹腔间室综合征的定义应当是腹腔内的压力急剧升高而引起的一系列组织器官不利的病理生理改变。临床上最易累及心血管系统、肺、肾、胃肠道、肝、中枢神经系统和腹壁等。主要的病理生理改变是心排出量减少、周围循环阻力增加、少尿、无尿、呼吸道阻力增加、肺顺应性下降，甚至缺氧都有可能发生。

一、病因

在正常情况下，腹腔内平均压力为 0～10 mmHg，和大气压非常接近，任何引起腹腔内容物体积增加的因素均可增加腹腔内的压力。归纳所有增高的原因，ACS 可大致分为急性腹腔内压力增高和慢性腹腔内压力增高。前者包括严重的腹腔外伤伴随脏器肿胀、腹腔内或腹腔后血肿形成、使用腹腔内填塞物止血、复杂的腹腔内手术（如肝移植、腹腔镜操作中腹腔内充气等），其中常见的原因还有术后或外伤后腹腔内出血；后者包括肿瘤、腹水、妊娠等。因后者发展比较隐匿，腹腔内可有一个逐渐适应的过程，其腹腔内压力的升高对机体的影响远较急性为轻，故平常所说的 ACS 乃指急性腹腔内压力的增高。

二、病理生理变化

1．心血管系统 腔内压力的增高首先直接影响到心血管系统的回心血量和心排出量（cardiac out-put，CO）的减少，当 IAP 仅为 10 mmHg 时，这一变化即可发生。胸腔内压升高直接压迫心脏，使心脏顺应性下降，收缩力减弱，CO 减少；IAP 增高直接压迫下腔静脉和门静脉，使下肢回心血量明显减少。这样，一方面使体循环后负荷增加，另一方面静脉血栓形成的危险性增加，促使四肢水肿的形成。机体为了维系正常的血流，只有通过增加心率和收缩力以达到代偿的目的。

2．肺 腹腔内压力升高造成呼吸功能障碍的 3 大特征为：高通气阻力、低氧血症及高碳酸血症，其直接原因是机械性的压迫。IAH 通过膈肌直接将压力传导到胸腔或通过膈肌头侧的上抬传导给胸部。结果表现为：胸腔内压力升高，肺实质被压缩，肺容量减少，肺泡膨胀不全，肺毛细血管膜氧运输减少，肺内分流指数（Qsp/Qt）增加，通气/血流失常；二氧化碳呼出减少，肺泡无效腔增加，呼吸道压力峰值及平均气道压明显增加；同时肺部感染的机会也增加。正是由于这些特点，此种患者常常需要辅助压力控制式机械通气，如呼吸末正压通气。综合上述诸多方面的改变，ACS 引起肺病理生理的变化类似于肺实质外限制性肺疾病。

3．肾 1983 年，Richard 等报告了 4 例术后出血的患者，由于腹部高度膨胀发展成为少尿性肾衰竭，每例患者在进行腹腔减压后均开始出现尿量增多、肾功能恢复。随后又经实验室研究发现，当压力达到 20～27 cmH$_2$O 时，狗开始少尿，当腹腔内压力超过 27 cmH$_2$O 时则出现无尿。

影响肾功能的机制有多种解释，包括输尿管的直接压迫、肾实质的压迫及肾静脉的压迫。IAH 时肾动脉血流明显减少，但其肾静脉压及肾血管阻抗却明显增加，结果导致肾皮质、肾小球血流减少，肾小球、肾小管功能障碍，肾小球滤过率下降，最终导致肾功能障碍。表现为血尿素氮增高，肌酐清除率下降；血肾素、醛固酮、抗利尿激素水平升高，尿素、钠浓度下降，尿钾增加。

4．胃肠道 肠道是受 IAP 升高最敏感、受 IAH 影响最早的器官。Diebel 等采用微球及激光多普勒等手段，发现当 IAP 仅达 10 mmHg 时，小肠黏膜灌流即减少 19%；40 mmHg 时减少 72%，此时肠系膜上动脉的血流减少 60%，腹腔动脉血流减少 43%。实际上，当 IAP 升高时，除肾上腺外，其他腹腔内和腹膜后所有器官的血流均有不同程度的减少。经胃压力计测定为黏膜 pH 值是早期判断胃肠道缺血的敏感手段。IAP 升高除了降低动脉血流外，还直接压迫肠系膜静脉，从而造成静脉内的压力增高及肠道水肿，内脏水肿又进一步使腹腔内压升高，从而导致恶性循环，以及胃肠血流灌注减少。组织缺血，肠黏膜屏障受损，又可招致细菌移位。1998 年，Gargiulo 等就曾发现，当 IAP 仅达到 10 mmHg，肠系膜淋巴结即有细菌。

5．肝 腹腔内压增高时，由于心排出量的下降，流经肝动脉血流减少，肝静脉穿过膈肌处的解剖性狭窄等原因,致使肝动脉、肝静脉及门静脉的血流下降。肝血流的下降导致肝线粒体功能障碍,能量物质产生减少,乳酸清除率下降。

6．中枢神经系统 腹腔内压力增高对中枢神经系统的影响是颅内压的增高和脑灌流压的降低。其机制可能有:①腰静脉丛血流降低致脑脊液压力升高。② $PaCO_2$ 升高,使脑血流增加;③胸内压升高,脑静脉流出减少,回流障碍。

7．腹壁 主要表现为腹壁水肿及腹壁肌肉和筋膜血流受阻,顺应性下降,进而发生伤口裂开、疝形成、坏死性筋膜炎等并发症。

三、诊断

腹腔间室综合征诊断并不困难。大多数患者都发生在严重的腹部创伤后或择期手术后。在伴有凝血障碍(如肝硬化或原发性血小板减少性紫癜)、或者进行腹部大手术后(如腹主动脉手术等),如果出现严重的腹胀、张力增高、心排出量减少或进行性少尿或无尿,在气道压正常或增高的情况下出现缺氧,则可以明确诊断。腹腔压力的测定也可以帮助诊断。

腹腔测压的方法可分为直接测压和间接测压两种方法。①直接测压法是将导管直接放置于腹腔内,然后连接压力传感器或是腹腔镜手术中,通过自动气腹机对压力进行连续监测。②间接测压方法是通过测量下腔静脉的压力、胃内的压力及膀胱压力间接反映腹腔内的压力。其中通过膀胱测压方法简单准确,作为测定腹腔内压的客观指标现已被大家所接受。现已证明,当膀胱容量小于100 ml时,膀胱则仅为一被动储存库,它可以传递腹腔内压力而不附加任何一点来自其自身肌肉的压力。因此,测定的方法很简单:令患者取仰卧位,使引流管与Foley管相连,向膀胱内注入50 ml等渗盐水,然后通过一个三通连接水压计,以耻骨联合为0平面,水柱高度即为腹腔内压力,当然也可通过传感器连接电子测压计测量。

根据腹腔内压力的高低可分为4个级别,如表13-1所示。

表 13-1 腹腔内压力(IAP)分级

级别	IAP（cmH_2O）
I	10～14
II	15～24
III	25～35
IV	＞35

经诸多的实验研究及临床报道,当腹腔内压力位于I级时一般是不需要处理的;当腹腔内压力位于II级时,则需根据临床具体情况而定,若如少尿、无尿、缺氧、气道压力高等临床症状时,可进行严密监护;当腹腔压力位于III级时,一般需要进行手术减压;当患者IAP＞35 cmH_2O 时,则需要立即进行腹腔减压。

四、治疗

腹腔减压是治疗ACS的唯一方法。但在施行减压过程中,应注意以下几点:

1．减压前的准备应当充分,包括补充液体、吸氧、纠正凝血障碍、加强保暖及监护等,以预防在减压过程中出现血流动力学的失代偿。

2．由于腹腔内压力增高违背了Starlings定律，通常反映心脏充盈压的指标如肺动脉楔压、中心静脉压，不仅不能正确反映血管内容积的状况，反而给人以误导。一般情况下，当肺动脉楔压、中心静脉压升高，心排出量下降时，应意味着输入的液体过多，则应予以快速利尿才对。然而，在腹腔内高压的情况下则完全相反，应该积极地施行液体复苏，此时快速利尿只会加快患者死亡。

3．由于在输液后可使大量的无氧代谢产物进入血液循环，故应预防性地应用少量碳酸氢钠及甘露醇。液体复苏能使腹腔内压力、心排出量恢复正常，但肾血流、肾小球滤过率、尿量却会丝毫不受影响。腹腔减压术和肾包膜切开术能逆转肾病理变化中的各种指标。

4．在减压过程中，可以使用血管收缩剂以防止血压突然下降。

5．在腹腔减压之后，由于腹膜后血肿、内脏水肿、严重腹腔感染或腹腔内纱布填塞止血，腹腔很难在毫无张力的情况下关闭腹腔。为此有人使用3L的泌尿系统冲洗袋，将此袋暂时缝合固定于腹部切口的两侧，以起到保护腹腔内容物的作用。待患者的尿量增多，水肿开始消退，凝血障碍也已纠正后即可延期关闭腹腔。一般在术后3～4d关腹，若4～14d后仍不能关闭腹腔者，则可能遗留较大的腹壁切口缺损，随后不得不施行二期手术修补。

6．如因腹腔内高压造成了呼吸功能障碍，常用辅助压力控制式机械通气，如呼吸末正压通气。

（李晓强）

参考文献

[1] 程爱国，李建民．挤压性损伤．// 程爱国．矿山创伤学．北京：中国科学技术出版社，2002，90-109.

[2] McQueen MM, GastonP. Court-Bromn CM. Acute compartment syndrome：Who is at risk？ J Bone Joint Surg Br, 2000, 82（10）：200-203.

[3] Tzioupis C, Cox G. Giannoudis PV. Acute compartment syndrome of the lomer extremity：an update [J]. Orthopaedics and Trauma, 2009, 23（1），433-440.

[4] Garner A, Hands A. Sereening tools in the diagnosis of acute compartment syndrome. Angiology, 2010, 61（2）：475-481.

[5] Shadgan B, Menon M, Sanders D, et al. Current thinking about acute compartment syndrome of the lower extremity, Can J Surg, 2010, 53（2）：329-334.

[6] 顾玉东．如何治疗肱骨髁上骨折防治前臂缺血性肌挛缩．中华手外科杂志，2007，23（3）：129-130.

[7] 曾裴，戴祥麒，张质彬．儿童间隔综合征的早期诊断与治疗．中华小儿外科杂志，1996，17（2）：80-82.

[8] Frink M, Hildebrand F, Krettek C et al. Compartment syndrome of the lower leg and foot. Clin Orthop Relat Res, 2010, 468（3）：940-950.

[9] 刘运双，俸家富，曾平，等．汶川地震93例挤压综合征患者实验室检测结果．临床检验杂志，2009，27（2）：142-143.

[10] 刘芳，付平，陶冶，等．地震灾害后挤压综合征及急性肾功能袁竭救治．中国实用内科杂志，2008，28（7）：598-600.

[11] Vanholder R, Van-der-Tol A, DeSmet M, et al. Earth quakesand crush syndrome casulies：lesson slearned from the kashmir disaster. KidneyInt, 2007, 71（1）：17-23.

第十四章

矿山常见创伤的护理

第一节 创伤的急救与护理

就创伤骨科护理而言，恰当的局部处理有利于整体救治，反之则导致整体救治失败。不同专科医师可根据伤情制定不同的对策和措施，而护理人员要把创伤骨科看成一个整体，处理顺序依次为伤员全身状况评估、失血量评估、伤情种类和程度判断等。护理措施除维持气道、呼吸、循环等急救技术外，还有运转监护、搬动技巧、动态观察监测伤情与应急处理等。就创伤骨科护理而言，护士已不可能将患者伤情给予"分割"，但护士的创伤专科技能掌握与现代创伤骨科护理要求还相差甚远，如现代仪器的急救应用和快速敏捷地协助医师评估隐藏性伤情，都有待于今后创伤骨科护理人员的全方位提高。

一、创伤性休克的抢救及护理

创伤性休克是严重创伤的常见并发症。现代创伤中多发伤发生率高，是平时、战伤都十分常见的，伤情重、变化大，且多合并休克及低氧血症，是现代创伤早期死亡的主要原因。多发伤的早期处理包括急救、复苏、重要脏器伤的专科处理等一系列问题，无论哪一个步骤处理不当都会影响患者的生命安全，而医院创伤抢救室正确、合理的急救护理具有十分重要的地位。创伤性休克的抢救必须迅速、准确、果断、有效。Regel 指出从 20 世纪 80 年代起，现场抢救趋向更积极、更多应用液体复苏（80% ~ 90%）。Lucas 主张对严重创伤休克伤员一律在来诊前第 1 个 15 ~ 30 min 内输入平衡液 2000 ml，在急救治疗中，护士应选择最佳给药途径，每 15 min 测血压、脉搏、呼吸 1 次，以调整输液速度。血压和心率作为生命体征的一部分，是常规循环监测指标。经皮氧张力监测、CVP 监测、肺动脉导管等血流动力学监测都可准确地判断循环，扩大循环监测视野和准确性。现已广泛应用于临床。尿量监测，观察每小时尿量并记录，当每小时尿量低于 30 ml 时，应继续加强抗休克措施。严重创伤患者则需注意某些外循环因素对尿量的影响。

二、脊髓损伤的护理

1．急性期　将颈髓损伤患者移至旋转治疗床上，立即吸氧和颅骨牵引，为防止颈部转动，在头部两侧放置砂袋。患者在这段时间内要接受集中的治疗护理，以求把损伤控制到最低限度。少数高位截瘫、呼吸障碍者必要时行气管切开和安装人工呼吸机。若发生尿潴留，必须留置导尿管，还要观察瘫痪平面有无变化。对胸腰段压缩性骨折患者应卧于硬板床上，采取反张体位，垫腰枕。垫枕时间在患者第1次排便后进行。压疮是急性期最容易出现的并发症，应及早预防。针对脊髓损伤，要勤翻身。30～60 min翻身1次，以避免缺血、缺氧引起不可逆损伤及再灌注损伤。对膀胱麻痹者应尽早进行膀胱训练以利拔出导尿管后恢复膀胱功能。为防止泌尿系感染应鼓励患者多饮水，1300～1500 ml/d，维持尿量在1500 ml/d。脊髓损伤患者容易发生便秘，要劝患者多吃些粗纤维食物，必要时运用药物通便，逐渐养成规律排便习惯。对颈髓损伤患者鼓励其有效咳嗽及咳痰，训练深呼吸，变换体位，配合叩拍背部，雾化吸入与湿化吸入。

2．亚急性期　此期将损伤部位用软性或硬性背甲固定，并允许患者变换体位为半卧位。颈髓损伤患者仰卧位时背甲上缘常易牵拉皮肤而致后头部疼痛，应用软枕衬垫。侧卧时，应选用防止颈部侧屈的软枕，保持患者位舒适。

三、骨盆骨折的护理

骨盆骨折一般采用股骨髁上牵引治疗。骨盆骨折多因强大暴力造成，常可合并膀胱、尿道损伤，有时合并直肠及髂内动静脉损伤造成大量出血。因此，常有不同程度的休克，有休克者先抗休克治疗，在抗休克的同时做必要的全身检查，以明确有无其他脏器和组织的损伤。骨盆骨折伴有后尿道损伤的发生率占4%～25%。任何膀胱和尿道手术，都有尿道和膀胱引流管，必须严加管理，以保证其通畅。如果骨盆前后环都遭破坏，需行骨牵引，治疗期间要注意牵引角度和重量是否正确。

四、上肢骨折的护理

石膏固定在骨科领域中，常被用做维持骨折固定。上肢骨折在骨折中占首位，一般采用石膏或小夹板固定。肱骨髁上骨折因为移位而引起肱动脉的损伤，造成损伤性动脉痉挛、血栓形成及缺血性肌挛缩等许多不良后果。这在儿童是多见的，需要高度警惕。骨筋膜室综合征患者切开减压术后伤肢应平放，防止手的动脉闭塞。切开复位内固定患者要观察切口渗血情况，局部有无红、肿、热等。强调对上肢骨折合并肌腱、神经损伤的患者，要观察手的功能恢复，指导患者做好患肢功能锻炼。

五、下肢骨折的护理

1．下肢骨折夹板石膏固定护理　管状石膏托或石膏夹板固定是在创伤骨折中通常使用的一种外固定。用小夹板作骨折局部外固定是我国医学治疗骨折的特点之一。整复完毕后，将患肢放置在正确的位置，适当抬高患肢，用砂袋固定左右，防止因患肢重力而致骨折移位，石膏干硬后才能搬动患者，保持石膏清洁，并随时观察绷、扎带的松紧程度，一般在固定后4天内，可能肢体肿胀加剧，或石膏、夹板固定的松紧度不妥,导致血运不畅,应及时报告医师予以调整。

2. 下肢骨折牵引的护理

(1) 皮牵引:多用于无移位骨折或儿童。牵引重量为体重的 1/12～1/13。应注意观察胶布及绷带有无松散或脱落,观察有无胶布过敏。4 岁以下儿童股骨骨折时,双腿悬吊牵引,臀部必须离开床面。

(2) 骨牵引:在下肢骨折使用率最高,主要用于骨折的复位和维持复位的稳定。牵引重量约等于人体重量的 1/7。牵引重量不可随意增减,骨折复位后重量要相应减少,做维持牵引。牵引重量不够,骨折断端重叠,重量过重造成骨折断端分离,骨不连或骨折延迟愈合。牵引过程中应指导和督促患者功能锻炼,防止肌肉萎缩,关节僵直。

六、骨折的营养护理

早期骨折,应供给低脂、高维生素、高铁、含水分多、清淡味鲜、易消化的饮食,每天 3 餐,下午加维生素 AD 奶或强化钙酸奶。骨折后期,给予高蛋白、高脂肪、高糖、高热量、高钙、高锌、高铜的饮食,以利骨折修复和集体消耗的补充。骨折达到愈合一般需要 4～11 周。因此,饮食供给上要根据老人、妇女、儿童体质各异的特点,满足其机体需要,才利于骨折修复。

七、骨折的功能锻炼

骨折治疗的最终目的是恢复功能,功能恢复的好坏与早期功能锻炼有密切关系。因此,加强对患者康复期功能锻炼的指导,是治疗骨折的一个重要环节。对四肢骨折早期主要是指导患者主动活动相邻关节进行肌肉的收缩和舒张运动。骨折部位禁止活动和被动强力按摩;中期除上述活动外,应活动被固定的关节,活动量和时间逐步增加;后期鼓励患者及时下床活动和负重练习,配合理疗、按摩等。

脊柱骨折患者的功能锻炼要求原则:尽早开始、坚持不懈、先易后难、循序渐进。伤后腰部垫枕过伸复位,第 4 天开始鼓励督促患者练习主动挺腹,每日 3 次,每次 5～10 min。伤后 1 周左右可练习 5 点支撑法。2～3 周练习做 3 点支撑法。开始锻炼时因受伤部位疼痛和不适应,每天要练习数次,以后逐渐增加至 200～400 次。总之,在进行功能锻炼时,护士要做好耐心地说服解释工作,同时要逐个做好示范动作,使患者既能主动配合,又能正确掌握动作要领。在指导功能锻炼的过程中,注意观察患者的适应性和患肢反应。

八、骨折的健康教育

(一) 健康教育

健康教育是健康教育大系统中的一个分支,主要由护士进行,针对患者开展具有护理特色的健康教育活动是整体护理的重要措施。骨折易发生于老年人,该病病程长,恢复缓慢,易出现并发症。因此,对该病患者进行健康教育非常必要,能使患者积极配合治疗,有效预防并发症的发生,促进患者早日康复。

1. 健康教育前评估

通过与患者沟通了解病情,分析患者状况,收集基础资料,以便进行有针对性的指导。

2. 健康教育的方式

护患之间开始进行健康教育最适宜的时间是入院后 1～2 天。患者最乐意接受的健康教育方式是结合患者病情进展的不同时期进行教育，而且希望有家属参与。护士在健康教指导过程中应注意沟通技巧，应用通俗易懂的语言使患者领会健康教育内容的意思，并按照要求去做。

3. 健康教育的内容及护理方法

（1）心理指导：因骨折多由外力作用所致，使患者突然发生骨折，老年人伤后考虑问题较多，担心预后不好或治疗时间较长连累晚辈，从而产生抑郁情绪。作为护士应尽量和他们进行沟通，做好解释工作，耐心开导，使之心情舒畅，从而愉快地接受并配合治疗。

（2）预防并发症的健康指导

1）预防压疮：骨折患者卧床时间相对较长，多数患者因身体某部位固定、制动使活动受限或术后害怕疼痛不愿意活动容易发生压疮。因此应定时翻身，按摩受压处、骨隆突处，促进局部血液循环。避免物理性刺激，保持床铺平整、干燥无碎屑，发现污湿应及时清理，防止便器擦伤皮肤。

2）预防肺部感染：应鼓励患者不断做深呼吸及咳嗽动作，或自上而下拍打背部，或吹气球，每日 50 次，以增加肺活量。保持病室空气流通，避免呼吸道感染，引发坠积性肺炎。

3）预防尿路感染：鼓励患者多饮水，保持患者每日尿量在 1500 ml 以上，保持会阴清洁干燥，防止发生泌尿系感染。另外要多食青菜、水果及纤维素多的食物，多饮蜂蜜水，每日按顺时针方向按摩腹部 3～4 次，每 3 分钟左右一次，以促进胃肠蠕动，保持大便通畅。

（3）功能锻炼指导：功能锻炼在入院后即可开始，以主动活动为主，被动活动为辅，功能锻炼要遵循循序渐进，根据患者病情和耐受情况制定锻炼计划。护士应向患者及家属讲解功能锻炼在疾病恢复中的重要性，鼓励患者患肢作屈曲、环转运动及舒缩等活动。被动按摩关节及肌肉，逐渐加大活动力度和加长活动时间。功能锻炼原则上每天要坚持 3～4 次，每次肌肉收缩控制在 5～10 min，关节活动要坚持 10～15 min。早期合理的功能锻炼可促进患肢的血液循环，消除肿胀，减少肌萎缩，保持肌肉力量，防止骨质疏松、关节僵硬和促进骨折愈合，是恢复患肢功能的保证。

（4）营养饮食的指导：饮食平衡有助于疾病的康复，而营养本身就是一种积极的治疗因素，能起到促进骨折愈合、缩短病程的作用。往往营养饮食常不为患者所理解，需要我们让患者认识到骨折后进食含钙食物的重要性。根据骨折患者的代谢营养特点，鼓励患者多饮水，给高蛋白、高糖、高维生素、含钙多的食物。

总之，健康教育是康复护理最有效的工作内容，是康复的首要环节，也是提高人群保健水平的主要渠道。完善的健康教育过程不仅能够促进疾病的早日康复，减少并发症和致残率，缩短住院时间及住院费用，而且可以转变受教育者的健康观念和健康行为，融洽护患关系，增强患者对护士的信任感，更好地体现护士的价值。只有将健康教育很好地贯穿于骨折康复护理全过程，骨折患者的康复才有进一步的保障。因此，护士应把健康教育作为一项必须做的护理行为去自觉实施，不断钻研和更新知识与技能，真正发挥护士在促进患者康复中的作用。

（二）家庭康复

家庭康复是骨折康复治疗的重要一环，早期、正确进行有利于患者防治并发症、加速骨折愈合、保证今后运动功能，家属在帮助骨折患者进行康复训练时要注意做好以下几点：

（1）每天检查夹板或石膏固定的松紧度，以及皮肤被其压迫部位是否破溃，确保患者患肢末梢皮肤色泽正常、温暖、无麻木感。若患处麻木发凉、发绀，说明固定太紧，应及时找骨科医师处理。

（2）被固定的患肢早期可进行肌肉等长收缩活动，运动时骨折部位的上、下关节应固定不动，肌肉尽最大力量收缩后放松。这既预防肌肉萎缩、增强肌力，又能使骨折端紧密接触、促进骨折愈合。未被固定的肢体、关节也应加强活动，以利血液循环，防止肌肉萎缩、关节僵硬。当复位固定基本稳定，应尽早主动运动、活动关节。有的患者一条腿受伤，另一条好腿便长期"陪着"不动，等到伤愈想下地时，发现站着都困难，因此健康肢体也应运动。

（3）不宜活动者，家属要帮其进行关节被动运动，如不时让患者脚踝勾起、绷直，可有效活动小腿肌肉、防止肌肉萎缩、预防深静脉血栓。

（4）长期卧床的骨折患者因局部组织受压、血液循环障碍，易引起压疮、泌尿系统感染、便秘、肺炎等并发症发生，因此卧室要定时通风换气，家属要协助、督促患者白天每2小时、夜间每3～4小时翻身一次，同时按摩其受压部位。能活动者鼓励其自己翻身；无法活动者，每次为其翻身时要注意保持其腰、背、臀的平直。在帮助患者翻身时，还要捶背，并鼓励其深呼吸后用力咳嗽，排出痰液，也可空心扣掌拍打患者背部助其排出积痰。

第二节　重型颅脑外伤的观察与护理

一、概述

重型颅脑外伤是脑外科常见急性创伤，其特点是：发病急、病情重且复杂多变、并发症多、病死率高，需要及时抢救，严密观察，精心护理。因此要求护士观察病情要认真、及时、准确，护理要细心、周到、全面。首先应该做到以下几点：

1．要有预见性。重型脑外伤患者病情变化快，护士不能单纯被动地按医嘱处理，而应该通过对患者病情的严密观察，做出正确的评估，预见病情的动态趋势，并主动采取相应的护理措施。

2．要有针对性和准确性。重型颅脑损伤的患者病情复杂，护士应有敏锐的观察能力，透过复杂的现象，洞察其病理机制，及时采取有效的护理措施；在抢救过程中，必须始终保持冷静的头脑，确保各项措施到位，操作准确。

3．要把握时间性。病情的发展和许多体征的闪现，要求护士要培养自己观察力强、动作敏捷、反应敏捷，培养自己的快速反应能力，为患者的急救赢得宝贵的时间。

4．要有整体性。治疗颅脑损伤的患者是一个综合过程，不仅需要医护之间的密切配合，而且需要护护配合，应紧紧围绕"以患者为中心"的整体护理模式，确保在重型患者的治疗过程中每个阶段的连续性和完整性，从而使各项治疗、护理措施得以全面实施，取得最佳效果。

二、观察

1．注意意识状态　意识状态的改变提示病情的轻重，重型颅脑外伤患者均存在不同程度的意识障碍，护士可通过对话、痛觉刺激以及是否睁眼情况来判断患者意识障碍程度，如躁动患者突然安静、昏睡，应怀疑病情恶化，或用镇静剂、抗癫痫药物；如深昏迷患者出现吞咽反射、躲避动作或神志转为清醒，均提示病情好转。

2．严密观察瞳孔变化　瞳孔是反映重型颅脑外伤病情变化的窗户，对判断病情，及时发现脑疝非常重要。一般急性期15～30 min观察一次，并认真做好记录，以便观察比较。如伤后一侧瞳孔进行性散大、对侧肢体瘫痪、意识障碍，提示脑组织受压或脑疝的可能。

3. 严密观察生命体征的变化　观察中如出现血压上升，脉搏缓慢而有力，呼吸缓慢而深，提示颅内压增高，应警惕颅内血肿或脑疝早期。当血压下降，脉搏增快、细弱，心跳减弱，呼吸减慢而不规则，提示脑干功能衰竭。枕骨骨折的患者，突然发生呼吸变慢或停止，提示枕骨大孔疝的可能，如出现高热、深昏迷，表示丘脑下部受损；中枢性高热或体温不升，提示有严重颅脑损伤；体温逐渐升高且持续不退，提示继发感染的可能，如肺部感染、泌尿系感染、皮肤感染或颅内感染。

4. 观察心肺功能变化　重型颅脑外伤，对心脏、肺的影响也很明显，须严密观察心、肺功能及心电图变化，伤势越重的患者心电图异常发生得越早，病死率越高，所以严密观察心电图变化，可早期注意保护心脏，防止心力衰竭和心律失常，如输液过快，特别是应用甘露醇的时候，更应严密观察，尤其是对老年患者尤应控制输液速度，防止因短时间内血容量增加而加重心脏负荷，引起急性心力衰竭。

5. 观察尿量　颅脑外伤患者多使用脱水药物，可通过尿量来观察判断降颅压的效果，观察病情变化及有无出现并发症，故应准确记录尿量，如应用20%甘露醇250 ml后，4 h应有尿量500～600 ml，若平均每小时尿量＜60 ml，则说明降压效果不佳，或患者有严重脱水。应用2～4 h无尿排出，应考虑是否有尿潴留，或合并肾衰竭。对尿量减少的患者，要及时寻找病因，并报告医师，既要防止过量输液引起或加重脑水肿，又要保证必须液体的输入量。

6. 治疗和康复期间并发症的观察　临床上最多见的并发症是肺部感染，因此针对长期昏迷或卧床的患者，加强呼吸道分泌物及呼吸状况的观察及护理尤为重要。消化道大出血也是常见的并发症，在鼻饲营养治疗期间应定期检测胃液和大便的性质，以便及时发现消化道出血，以及时处理。长期卧床、大小便失禁的患者很容易引起泌尿系感染，除加强对留置导尿管的预防消毒处理外，应定期检测小便的性质。

三、护理

1. 保持呼吸道通畅　彻底清除口腔及呼吸道分泌物、呕吐物、血液，从口腔、鼻腔或气管插管处，深入气管内吸痰。吸痰动作要轻柔，吸痰要彻底，头偏向一侧，定时翻身拍背，一般2 h一次，如痰液黏稠，可雾化吸入，同时在吸入液中加入庆大霉素，吸入气体的温度一般在32～34℃，湿度45%～65%。深昏迷者必须抬起下颌或放入通气道，以免舌根后坠，阻碍呼吸。估计短时间内不能清醒者，应及早行气管切开，呼吸微弱，潮气量不足者，应及早使用呼吸及维持正常呼吸功能，并定时做血气分析。

2. 做好各种引流管的护理，预防颅内及泌尿系、肺部感染　保持引流管通畅，若切口处有较多渗出物，而引流量较少，应检查是否发生引流不畅。严格记录引流物的颜色、数量及性质；若引流物颜色鲜红，并有凝块或混浊，应及时报告医师检查处理。保持引流管周围部位的清洁干燥和引流管密闭，及时处理引流液，引流装置应始终处于切口部位以下，以防引流液反流引起感染。

3. 维持脑组织灌流，避免颅内压骤升

（1）体位：将患者床头抬高15°～30°，以利于颅内静脉回流和减轻脑水肿，多取仰卧位，持续或间断吸氧，改善脑缺血，降低脑血流量，减轻脑水肿，控制液体入量，能进食者给予高热量、低盐易消化食物。在使用脱水药物治疗的同时，必须限制液体摄入量，补液量应以能维持出入液量的平衡为度，注意补充电解质并调整酸碱平衡，使每日尿量＞600 ml。

（2）降低体温：重型颅脑损伤后，由于脑血管自身调节功能障碍、颅内压增高、高热以及呼吸功能不全、休克等多种因素造成脑组织缺氧，导致脑损害。早期采取亚低温治疗以降低脑组织耗氧量是降低重型颅脑损伤患者病死率、提高其生存质量的主要治疗措施。在治疗过程中，凡体温高于39℃以上者，应给予物理降温或药物降温，以降低脑的耗氧量，缓解脑缺氧，减轻脑水肿。若物理降温无效，可采用冬眠疗法。对中枢性高热，原发性脑干损伤，或严重脑挫裂伤的患者要早期使用冬眠疗法。全身衰竭、休克、老年人、幼儿、严重脑血管病患者禁用。

（3）加强生活支持：做好昏迷患者的口腔和全身皮肤清洁工作。定时翻身，并按摩受压部位，预防压疮，有精神症状的患者要作保护性约束，防止坠床、自伤及伤及他人。加强患者的心身护理，对患者及家属做好解释工作，使患者及家属有足够的心理准备，保持乐观态度，鼓励患者及家属树立战胜疾病的信心，共同配合，达到早日康复的目的。

第三节　亚低温治疗重型颅脑外伤的护理

亚低温治疗作为重型颅脑外伤的治疗手段之一，目前有些医院的神经外科已将其列为重型颅脑外伤患者的治疗常规方法。特别是颅脑外伤及开颅术后高热患者采用亚低温治疗，具有非常好的疗效。由于32℃以下亚低温可能引起低血压和心律失常等并发症，所以目前临床多采用32～35℃亚低温。在亚低温治疗过程中医疗护理技术要求高，护理工作十分重要。

一、亚低温治疗的概念

亚低温治疗重型颅脑创伤具有良好效果。目前，国际上将低温分4类：轻度低温（33～35℃）；中度低温（28～32℃）；深度低温（17～27℃）；超深度低温（16℃以下）。中、轻度低温（28～35℃）被统称为亚低温。

二、亚低温治疗的临床应用

研究证实，30～34℃低温对实验性颅脑损伤动物有显著的保护作用，其中以30℃亚低温最为显著，虽然在30℃亚低温治疗效果优于33℃，但由于32℃以下低温易引起低血压和心律失常等并发症。所以，目前国内外多采用32～35℃亚低温治疗重型颅脑外伤。

三、亚低温治疗的效应机制

重型颅脑外伤一般在伤后早期发生血管源性水肿，通常在3～7天内发展到高峰期，在此期间易发生颅内压增高甚至脑疝。除了出现因挫裂伤所致脑组织坏死形成的脑水肿外，脑血管痉挛也是继发于脑外伤的常见并发症，当发生了脑血管痉挛时常引起受累血管供应区脑组织产生缺血、缺氧，加重脑水肿，最终导致残疾或死亡。近年来国内外对重型颅脑损伤除了脱水治疗外，还特别强调了早期防治脑血管痉挛，改善脑血流的重要性。

亚低温有如下的保护机制：
（1）降低颅脑损伤的致残率与病死率。
（2）降低脑组织耗氧量，减少脑组织乳酸蓄积。
（3）保护血脑屏障，减轻脑水肿。30℃、33℃、36℃、39℃脑温对脑血管结扎20 min后缺血动物血脑屏障的影响中，36℃亚低温对大脑半球血脑屏障明显破坏，30～33℃亚低温治疗时血脑屏障完全正常，39℃高温脑缺血动物大脑半球、丘脑等广泛血脑屏障破坏，证实了30℃亚低温不仅可保护脑缺血后血脑屏障，且可有效地抑制损伤后急性高血压反应。

（4）抑制内源性毒性产物对脑组织继发性损伤作用。

（5）保护脑细胞膜结构。

（6）减轻脑神经细胞损伤。

（7）抑制氧自由基和一氧化氮的产生，并可以促进过氧化物歧化酶（SOD）活力的恢复，从而减轻自由基对脑组织的损伤。

四、亚低温治疗的降温方法

（一）降温方法

在亚低温毯水槽中加纯乙醇（95%）500 ml，接通电源和各个管道，将冰毯置于患者身体下面，把体温传感器置于患者腋窝内，调节毯温到自动位，使患者达到理想的体温后自动停机，并配合冬眠合剂肌内注射应用，结果良好，为挽救患者提供了保证。对亚低温治疗患者先行气管切开，床边备呼吸机，在使用亚低温治疗的同时，进行常规治疗，使用低温毯进行全身降温，微量注射泵持续静脉注入冬眠合剂，必要时加肌松剂，酌情在颈部、腋窝、腹部沟处放冰袋，温水擦浴辅助降温。冬眠肌松合剂用量和速度取决于患者体温、脉搏、血压和肌肉松弛情况。当患者寒战、躁动或人机对抗时，应立即静注地西伴10 mg，当亚低温开始时降温较困难，应加大冬眠肌松合剂用量，当患者已达到亚低温水平和安静时，应减少用量；当患者血压较低时，应停用氯丙嗪。

（二）降温程度

选择性头部重点降温法使脑温维持在28～29℃，肛温维持在32～35℃，既能起到降低脑代谢的作用，保护脑功能，又不会引起心脏传导阻滞和心室颤动等威胁生命的并发症。

（三）复温方法

主张自然复温法，即停止亚低温治疗后使患者大约每4～6 h复温1℃，在12～20 h以上使其体温恢复至36.5～37.5℃。有学者主张控制性缓慢复温，即每天复温0.5～1℃，在复温过程中，可适当肌内注射肌松剂及镇静剂，以防肌颤导致ICP增高。

五、亚低温治疗过程中的并发症及其防治

亚低温治疗过程中可能发生以下并发症：①心率减慢、血压下降及各种心律失常，复温性低血压；②复温速度过快易引起ICP"反跳"增高；③血黏度增高和凝血功能障碍；④低钾血症；⑤亚低温期间免疫功能受抑制；⑥亚低温状态下，促肾上腺皮质激素、肾上腺素和皮质激素的分泌等均受到抑制；⑦亚低温治疗过程中可发生胰蛋白酶活性增加和血小板降低。但只要注意正确的亚低温方法和全面监测，上述并发症则不会发生或能被及时纠正，并不影响其治疗作用。

六、监测

（一）监测体温及脑温

体温监测是亚低温治疗监护的重要内容，禁忌忽高忽低，应维持患者体温在32～35℃，护理要

求：①冬眠合剂应用要适量，根据患者情况及时调整冬眠药物泵注入速度和剂量，严防寒战；②保持亚低温治疗仪正常工作，室内温度维持在 18～20℃，必要时加用物理降温措施；③需鼻饲时，饮食温度以 30～32℃为宜或不能超过当时体温，如体温持续下降，难以维持，往往提示患者病情危重，预后差。

（二）ICP 和 CPP 监测

重型颅脑损伤通常伴有严重的脑水肿和高 ICP。随着 ICP 的增高，CPP 将会下降。没有足够 CPP 的重型颅脑损伤患者其预后不良。临床研究中证实亚低温治疗能降低高 ICP，提高 CPP，改善预后，根据 ICP 的高低调整降温药物的用量，使 ICP 维持在 20 mmHg 以下，CPP 维持在 60 mmHg 以上，以保证充足脑组织灌注。ICP 还能指导停止亚低温治疗。由于在复温过程中可能出现高 ICP，因而特别注意 ICP 的变化，避免因 ICP 的急剧升高而危及生命。

（三）$SjvO_2$ 与脑组织氧分压（$PbtO_2$）的监测

重型颅脑外伤后早期发生的脑缺血、缺氧改变是导致继发性脑损害的主要原因，因此，对脑组织氧合过程的监测十分重要。

（四）呼吸系统监测

低温可引起呼吸减慢，换气和潮气量下降，呼吸道分泌物增多，甚至呼吸抑制。因此，注意观察呼吸的频率、方式、血氧饱和度等，同时应及时清除呼吸道分泌物，保持呼吸道通畅，使用呼吸机的患者注意各种参数的监测。

（五）循环系统监测

亚低温可能引起心率减慢、各种心律失常等，给予床旁监护仪持续监护，监测患者心率、心律及血压的变化，维持心率 90～120 次/分，呼吸 18～22 次/分，舒张压 ≥ 65 mmHg，ICP 平静状态下 < 15 mmHg，以保证重要生命器官的血液供应。复温过程中由于血管扩张，回心血量减少易引起低血容量性休克，因此，复温速度宜慢，一旦发生复温休克，可用儿茶酚胺类药物提高外周阻力。

（六）神经系统监测

亚低温对脑组织无损害，但可掩盖颅内血肿，应特别警惕复温过快，发生肌颤，脑血管扩张易引起 ICP 增高，因此，应注意 ICP 监测，严密观察意识、瞳孔、生命体征的变化，必要时给予脱水剂和激素治疗。

（七）加强基础护理

预防各种感染，减少护理并发症的出现。颅脑损伤本身存在着不同程度的细胞免疫和体液免疫功能失调，而亚低温治疗可能对机体免疫也有着不良的影响，所以要加强对亚低温患者感染的监测，加强基础护理，预防肺部、泌尿系感染及压疮、冻疮的发生。

（八）复温的护理

复温原则是先停用冰毯机等物理降温措施，然后逐渐停用冬眠药，让体温自然恢复，以平均 4 h 复温 1℃左右为宜，使体温恢复至 36.5～37.5℃为宜，复温过快易引起缺氧、心律失常、脑水肿、休克等。

第四节 烧伤的护理

一、烧伤的一般护理

1．预防感染 入室应戴口罩、帽子，接触患者前应洗净双手，医务人员以穿短袖衫、套裤为宜，接触大面积烧伤患者时，须特别注意无菌操作。

2．病室要求 病室内保持清洁、舒适，布局合理，便于抢救，减少交叉感染，室温28℃～32℃，湿度60%～70%。重症烧伤，暴露疗法除外。每日中午紫外线消毒1次，时间为1h。

3．心理护理 针对烧伤患者不同时期病情特点及心理状态、思想活动，积极做好心理护理。

4．病情观察 严密观察体温、脉搏、呼吸并注意热型变化，心率、心律变化和呼吸频率、深度，发现异常时及时通知医师，配合抢救。

5．晨、晚间护理 严重烧伤患者做好晨间和餐后的口腔护理，头面部无烧伤的患者协助其漱口、刷牙，健康皮肤清洁每日1次，衣服宽松、柔软。

6．压疮护理 重视压疮的预防，按时翻身，骨突处避免受压，保持床单位干燥、平整，潮湿应及时更换。

7．营养护理 鼓励及协助患者进食，根据各阶段病情需要合理调节饮食。

8．做好静脉穿刺、输液护理 注意保护静脉，并按要求做好静脉切开、套管针穿刺护理。

9．护理记录 正确及时记录病情变化、生命体征、出入水量、神志、情绪、食欲、大小便及创面情况。

10．康复护理 尽早指导与协助患者进行功能锻炼，减少因瘢痕增生引起的功能障碍。

二、烧伤休克期护理

1．病室保持安静，治疗、护理集中进行，减少对患者的刺激。因休克期患者水分从创面蒸发，大量热量丧失，大都畏寒，必须做好保暖，室温保持在32～34℃。

2．严密观察体温、脉搏、呼吸、神志、尿量、尿色的变化，观察末梢循环、烦渴症状有无改善。

3．有头、面、颈烧伤，吸入性损伤未行气管切开者需密切观察呼吸，准备好气管切开的一切用物。

4．迅速建立静脉通道，如因静脉不充盈穿刺失败，应立即行深静脉穿刺插管或作静脉切开，快速输入液体，补充血容量，确保输液通畅，根据24 h总量及病情需要，安排补液，做到晶、胶体交替输入，水分平均输入。

5．留置导尿，准确记录每小时出入水量，观察尿的色、质、量，有血红蛋白尿和沉淀出现，应通知医师，及时处理，防止急性肾小管坏死。在导尿管通畅的情况下，成人尿量应高于30 ml/h，儿童15 ml/h，婴幼儿10 ml/h左右，可根据尿量调节输液的速度和种类。当发现少尿或无尿时，应先检查导尿管的位置，有否堵塞、脱出，检查时需注意无菌操作。

6．患者出现烦渴时，表明血容量不足，此类烦渴并不会因喝水而减轻，因此，不应满足患者不断喝水的要求，否则可造成体液低渗，引起脑水肿或胃肠道功能紊乱，如呕吐、急性胃扩张等。大面积烧伤患者休克期应禁食，如无特殊原因，在第3天开始可给予少量饮水，以后根据情况给予少量流质、半流质饮食等，如有呕吐，应头侧向一边，防误吸。

7. 注意保护创面，四肢适当约束，保持创面干燥，避免污染。

8. 烦躁患者，检查原因，有无呼吸道吸入性损伤。如为血容量不足引起，加快补液速度；如疼痛引起，在血容量充足的情况下应用冬眠药物，密切观察呼吸、心率，禁忌翻身和搬动。

9. 对有心力衰竭、呼吸道烧伤、老年人或小儿，在补液时须特别注意速度，勿过快，必要时用输液泵控制滴速，防止短时期内大量水分输入。口、鼻腔或气管套管内有大量泡沫样痰，呼吸困难，要警惕肺水肿发生。

10. 高热、昏迷、抽搐，多见于小儿，尤其有头面部深度烧伤者，要加强观察，及时处理。

三、吸入性损伤护理

1. 严密观察，防止窒息，保持鼻腔，口腔清洁，及时清洁口、鼻腔内的分泌物，中、重度呼吸道烧伤的患者，需作气管切开术。对未行气管切开术的患者要严密观察其有否呼吸费力、急促、声音嘶哑等一系列呼吸困难的症状。

2. 做好气管切开的术后护理。

3. 做好患者的心理护理，减少恐惧，解释病情，使其能配合治疗。

4. 鼓励咳嗽，深呼吸及帮助翻身。鼓励患者咳嗽和深呼吸，它是治疗呼吸道烧伤的重要措施之一。定时帮助患者改变卧位，左右侧卧、头低足高位、卧翻身床的患者。在翻身俯卧时，用掌心叩拍背部，作体位引流。

5. 正确掌握补液量、防止肺水肿。应根据医嘱合理安排液体的输入量，并力求输液速度均匀，尿量每小时维持在 20～30 ml 即可。若发现患者有粉红色泡沫痰，两肺闻及干、湿啰音以及哮鸣音，并有呼吸困难及缺氧表现，则表示患者有可能发生肺水肿，应进一步控制输液量，适当增加胶体量。

6. 减少氧耗量。重度呼吸道烧伤后，即使行气管切开，缺氧情况不能完全改善，患者烦躁、躁动，又会增加缺氧，形成恶性循环，这时可采用人工冬眠，结合物理降温，予以镇静，以减少氧耗量。冬眠药物的应用应注意其使用方法及注意点，以防意外。

7. 给氧。一般可用鼻导管给氧，每分钟流量为 3～5 L。在整个呼吸道烧伤护理工作中，要注意增加通气量，排除蓄积的二氧化碳。要注意观察缺氧及二氧化碳过多的临床表现，及时处理。

8. 呼吸机应用。使用呼吸机的患者，气囊需 4 h 放气 1 次，15 min 后再充气，如气囊有漏气需在严密的气道监护下更换套管，备两只内套管，定时更换清洗消毒。

四、特殊部位烧伤护理

特殊部位烧伤是指头、面、外耳、手、会阴等部位的烧伤。因这些部位的解剖、生理特点与其他部位不同，在护理方面有其特殊要求。

（一）头面部烧伤

1. 头皮烧伤

（1）剃净烧伤部位及其周围的头发，使之不与渗出物黏着。保持创面清洁、干燥。

（2）烧伤部位应避免长期受压，特别是枕后，要定时改变头部位置或置放有孔海绵圈，休克期过后可抬高床头 10°~15°，避免因头部水肿，长时间受压而产生压疮。

（3）头皮焦痂自溶或受压部位潮湿尚未成痂者，每日可用 1:2000 氯己定（洗必泰）溶液清洗，以清除脓液，不使结成脓痂。

（4）电击伤导致颅骨坏死、缺损的患者，除要求保持创面周围清洁、局部制动外，还须观察患者的神经、精神症状。

2．面部烧伤

（1）严密观察生命体征，严重头面部烧伤的患者注意高热、呕吐、脑水肿、急性胃扩张等并发症的观察，在伤后 48 h 内应禁食。

（2）头面部烧伤合并吸入性损伤的患者，应注意呼吸道通畅，床边应备气管切开包。48 h 后在生命体征稳定的情况下可采用抬高床头或半坐卧位，以利于水肿消退。

（3）面部烧伤早期可暴露疗法，同时有颈部烧伤时，颈部应予以过伸位，充分暴露颈部创面。

（4）保持面部创面清洁干燥，可用消毒棉签或纱布轻轻吸干渗出物。烧伤部位波及头发或接近发际者，头发应剃净。

（5）眼的护理：①眼睑烧伤水肿严重使睑结膜水肿，轻度外翻不能回纳时，应予以保护，可用抗生素眼膏或生理盐水湿纱布覆盖保护，严重时应通知医师做早期眼睑焦痂切开减压。俯卧位时眼部可暂时稍微加压包扎。②经常清除眼周围创面的渗出物及眼分泌物，按医嘱正确使用各种抗生素眼药水、眼药膏，防止感染。③眼睑烧伤角膜暴露者，除经常涂抗生素眼膏防止干燥外，应用小块双层油纱布遮盖，防止异物落入。④结合膜深度烧伤时，应注意防止眼球粘连，每日用消毒玻璃棒分离结膜囊 2~3 次。

（6）外耳的护理：①避免外耳受压：仰卧时脑后用小枕头，使耳郭悬空。侧卧时睡在有孔的枕头上。②保持外耳创面清洁干燥，及时用无菌干棉签清除积聚在耳郭内的分泌物。③外耳道烧伤时要保持外耳道引流通畅，每日可先用 3% 过氧化氢溶液冲洗，轻轻拭干，必要时可置纱条引流。

（7）口鼻腔护理：①保持鼻腔清洁，去除鼻腔尘埃及痂皮，有分泌液流出时，应及时用棉签吸干，过多时可用吸引器轻轻吸出。②面部烧伤同时伴有口唇及口腔黏膜烧伤时，要保持唇周局部创面干燥及口唇湿润（用冷开水棉球湿润），进餐宜用小汤匙防止损伤唇周创面及食物残渣污染创面。每次进食后需行口腔护理。③经常观察口腔黏膜的情况，有溃疡、真菌生长时可局部涂药或作口腔喷雾。④饮食以软食为主，面部植皮早期的患者应给予鼻饲流质。

（二）手烧伤

1．早期清创时，要把皮肤皱纹中的污物清除干净，修剪指甲，并同时洗清创面周围正常皮肤。

2．早期无论采用暴露或包扎疗法，应把手的姿势维持腕关节功能位置，掌指关节屈曲，指间关节伸直以及对掌的位置。

3．抬高患肢，一般手要高过肘，肘要高过肩。

4．前臂特别是腕部有环形缩窄性深度烧伤时，严密观察肢端血液循环，血运受影响时应及时通知医师行焦痂切开减压。

5．行手部手术时按烧伤手术做好术前常规护理。

6．术后手包扎时，须观察植皮区及供皮区包扎敷料的渗血情况，观察指端循环的充盈情况，有无因包扎过紧而缺血。

7．向患者讲明早期活动的重要性及可能性，鼓励早期活动。

（三）会阴部烧伤

1．两大腿外展，充分暴露会阴部创面，早期可保持干燥避免感染，后期可防止臀沟两侧的粘连愈合。

2．每次便后用温盐水冲洗清洁肛周后，用吸水纱布拭干以保持清洁干燥。

3．大面积烧伤合并会阴烧伤的患者最好采用翻身床（小儿可卧人字形床），使会阴暴露，便于会阴护理。

4．会阴部烧伤伴有外生殖器烧伤时，男性患者早期阴茎及阴囊水肿严重，俯卧时应托起，必要时可用50%硫酸镁湿敷。女性患者注意分开阴唇，保持清洁及防止粘连。

5．会阴烧伤术前除一般烧伤常规护理外，术前应灌肠，术后服阿片酊使患者暂时性便秘，留置导尿，从而减少术后大小便污染的机会。

五、烧伤侵袭性感染护理

1．充分熟悉创面脓毒血症的临床表现，严密观察患者的体温、心率、呼吸、尿量及色泽。意识、食欲、舌象、腹胀、腹泻情况，出血倾向，水肿消退等情况。

2．做好心理护理、营养护理、基础护理，创造良好的治疗环境，增加机体的抵抗力及免疫能力，促进尽早康复。

3．认真执行医嘱，确保抗感染治疗措施的落实，并观察治疗效果。

4．保持创面的清洁、干燥，包扎敷料平整、完好。

5．严格执行无菌操作，截断细菌的入侵途径。

6．对有严重意识障碍的患者应予以约束，以防坠床及其他意外事故的发生。

六、烧伤营养护理

1．做好心理护理，向患者解释饮食对烧伤治疗的重要，同时需了解患者以前的饮食嗜好、习惯及以往的胃肠消化功能，以便科学的、合理地安排营养。

2．除休克期外尽量鼓励患者口服，合理安排进食与翻身的时间，减少餐前治疗，同时给予易消化的高蛋白饮食，饮食需色、香、味俱全以增加患者的食欲。

3．除一日三餐主食外，可根据患者氮平衡及全身营养状况，餐间给予牛奶、鸡蛋、酪蛋白、豆浆、水果等，尽可能做到少食多餐。

4．进食困难（口唇部、口腔黏膜烧伤）、食欲差及昏迷患者可予鼻饲，选择适合的胃管，插入后用纱带固定，做好鼻饲常规护理，同时应做到分次少量慢速灌入。使用胃肠营养泵可维持于每小时100～150 ml速度持续泵入，注意营养液的温度，并防止鼻饲管阻塞和滑脱。

5．静脉营养可影响食欲和胃肠功能，宜安排在晚上输入。在有条件时，营养液须在生物净化台上配制，现配现用。中途不宜调换或营养液中加入其他药物，输入速度要慢以便机体能有效利用。

6．静脉营养时应加强巡回，防止高渗营养液外渗引起局部组织高渗性坏死。

7．观察患者对营养物的耐受性，配合医师做好患者营养评估，每周测体重，为及时调整营养摄入量提供信息及依据。

七、烧伤后应激性溃疡综合征护理

烧伤后应激性溃疡综合征是一种烧伤引起的，以黏膜糜烂和急性溃疡为特征的上消化道出血性疾病。

1．急性溃疡出血的患者，应绝对卧床休息，保持室内安静，给患者精神安慰，消除恐惧。

2．严密观察生命体征、尿量并正确记录，建立 1～2 条静脉输液通道，做好血型交叉配血试验，通知血库备血（备血量视出血量而定）。

3．饮食宜给流质饮食或禁食。

4．正确记录呕血、便血的量、色泽、性质和出血时间，并保留标本做检验。

5．严密观察出血症状，如患者有面色苍白、出冷汗、烦躁不安、脉细速、血压下降等休克症状时，应迅速给予平卧、吸氧，立即通知值班医师。

6．出现休克症状的患者，应 30 min 或 1 h 测血压、脉搏 1 次，并做好记录。

7．留置胃管时，应正确记录胃液的色泽及量。需胃肠减压时，按胃肠减压护理常规护理。

8．行手术治疗的患者按外科护理常规护理。

八、手热滚筒灼伤护理

手被卷入灼热的滚筒内，局部除烧伤外还有挤压损伤。这是一种可能影响到功能恢复的严重创伤。凡是手经热滚筒烧伤的患者，应该住院治疗。

1．做好心理护理及向患者解释疾病的治疗康复过程，使患者了解病情、受伤的程度及相应的治疗方案和预后，以得到患者的配合。

2．烧伤创面应暴露在干热的环境中，以便观察局部肿胀、渗出和肢端循环充盈情况。如肢端冷、充盈差、肿胀严重者，应予以切开减压。

3．抬高患肢，及时吸干创面渗液，保持创面干燥，防止感染。

4．遵医嘱按时正确的使用血管扩张剂（如妥拉唑啉）、抗凝剂（如肝素）。

5．有条件可行高压氧治疗，并做好高压氧治疗的常规护理。

6．手术护理

（1）按烧伤术前一般常规护理。

（2）根据损伤范围及手术方案做好术野及供区皮肤准备。

（3）术后肢体固定制动、抬高，手术野敷料有渗出时，应通知医师及时寻找原因及更换敷料。

（4）如做带蒂皮瓣，术后应严密观察肢端及皮瓣色泽、温度等血液循环情况，如有血运障碍应及时报告医师处理。

（5）创面愈合后应注意局部清洁及时清除脱屑、痂皮，避免继发感染，并在医师、护士指导下进行手各部位的功能锻炼。

九、化学灼伤急救护理

在现场立即使用大量清水或所需浓度的中和剂冲洗创面，如为中毒性化学物质的灼伤，应立即考虑解毒措施，应加强利尿以使毒物迅速排出。

1．创面立即用大量流动水冲洗，水流量要大，时间要充足，以去除并稀释致伤的化学物质，防止化学物质继续对皮肤损伤（石灰灼伤除外）和经皮肤吸收引起中毒。冲洗时间可按具体情况而定，一般为 30～60 min。

2．头面部灼伤时要注意眼、耳、鼻、口腔内的冲洗。特别是眼，应首先冲洗，冲洗时必须注意有无化学物质溅入眼内，如有眼睑痉挛、流泪、结合膜充血、角膜上皮肿胀、角膜混浊，前房混浊等症状时，应持续用生理盐水冲洗，并按医嘱，给予其他药物治疗（眼护理见特殊部位烧伤护理中的眼护理）。

3．严密观察生命体征，尤其是尿量、尿色、尿比重的改变，及时发现病情变化及继发性脏器损伤。

4．根据不同化学物质灼伤的特点，对症护理。

第五节　电击伤护理

电击伤是指人体与电源直接接触后电流进入人体，电在人体内转变为热能而造成大量的深部组织如肌肉、神经、血管、骨骼等坏死。在人体体表上有电流进出人体时造成的深度烧伤创面，即电击伤的进口创面和出口创面。电击伤有特殊的并发症，护理中应严密观察。

1．休克期护理观察同一般烧伤。对严重电击伤患者，休克期尿量要求每小时大于 30～50 ml，发现尿量、尿色异常应及时通知医师处理，避免引起急性肾衰竭。

2．严密观察

（1）严密观察电击伤后继发性出血

①床边备放止血带、手术止血包及消毒手套。

②加强巡回，特别是在患者用力、哭叫、屏气时容易出血，夜间患者入睡后更应严密观察。

③电击伤肢体必须制动，搬动患者时要平行移动，防止因外力引起的出血。

④出现大出血，应根据出血部位及时给予正确紧急止血后，尽快通知医师。

（2）严密观察受伤肢体远端的血液循环，并抬高患肢。如肢端冷、发绀、充盈差及肿胀严重时，应通知医师早期行焦痂和筋膜切开术，恢复肢体的血液供应，切开后的创面可用碘仿或磺胺嘧啶银冷霜纱条覆盖。

（3）严密观察神经系统并发症

①对电击伤伴有短暂昏迷史的患者，临床应严密观察生命体征，观察有无脑水肿、脑出血及脑膨出的征象。

②观察有无周围神经（正中神经、桡神经、尺神经）的损伤，以便通知医师及早诊断处理。

3．防止厌氧菌感染，受伤后应常规注射破伤风抗毒素和类毒素，长期应用大剂量青霉素（坏死组织彻底清除干净后停用），应用前应进行药物过敏试验，试验阴性后方可给予，青霉素配制方法要正确，以达到药物的最佳疗效。

4．清除坏死组织和截除坏死肢体时，做好一切术前术后护理常规。

5．电击伤患者都有不同程度的伤残，要做好对患者的心理护理，鼓励患者增强战胜疾病的信心。

（白月民　杨　健）

参考文献

[1] 刘喜文，刘冬焕．多发伤患者急救系列护理．中华护理杂志，2000，35（3）：166.
[2] 黄德跃，盛志勇．创伤及创伤急救系统．北京：人民军医出版社，1993，123.

[3] 张亚卓,赵文静. 严重创伤急救护理进展. 中华护理杂志,1996,31(7):419.

[4] 孙玉粟,王亚范. 脊髓损伤患者的护理. 国外医学·护理学分册,1999,15(6):207

[5] Jo Carlowe(英). 压疮预防策略. 国外医学·护理分册,2000,17(6):272.

[6] 汪红慧,王菊吾. 骨盆骨折伴后尿道损伤的处理及护理. 护士进修杂志,1998,13(10):31.

[7] 康淑华. 下肢骨折常见并发症的护理. 中国骨伤,1995,8(2):47.

[8] 余秀芹,汤优良. 牵引患者护理及并发症防治体会. 中国骨伤,1998,11(2):64.

[9] 江基尧. 亚低温在急性颅脑外伤中的治疗意义. 中国临床神经外科杂志,2001,6(1):1-2.

[10] 朱诚,江基尧. 亚低温脑保护的应用与研究. 中华创伤杂志,1997,13(1):1-6.

[11] 王华凡,黄松琴,王付香. 亚低温治疗颅脑损伤患者的护理体会. 河南外科学杂志,2004,10(3):85-86.

[12] 黄晓琴. 亚低温治疗重型颅脑外伤的监测与护理. 现代护理,2001,7(8):12-13.

[13] Shiozaki T,Sugimotoh H,Taneda M,et al. Selection of severe head injuried patients for mild hypothermia therapy. Neurosurg,1998,89:206-211.

[14] 周里钢,只达石,张赛,等. 重型颅脑损伤中脑温脑组织氧分压持续监测. 中华神经外科杂志,2000,16(1):38-40.

[15] 于华. 亚低温在重症颅脑损伤患者中治疗的护理. 中外健康文摘,2011,08(21):22-23.

第十五章

外伤的现代康复治疗

第一节 现代康复功能训练

世界卫生组织（World Health Organization，WHO）将医学划分为：保健医学、预防医学、临床医学、康复医学。康复医学又称为第四医学。现代康复医学是研究伤残病后造成机体的功能障碍、进行康复评估、康复训练、康复治疗，以达到改善或促进患者身、心、社会功能的一门科学，是现代康复医学的基本概念。著名康复医学专家，美国纽约大学教授 Ruask 认为："康复治疗是临床治疗的后续，如不进行康复治疗，就意味着临床治疗工作并没有结束"。英国著名康复医学专家 D.Wado 教授以脑卒中为例指出了康复治疗、功能训练的新概念，认为：①应当以患者为中心，满足患者在功能康复上的需求，而不是以某些专家理论和假设为中心，脱离患者的实际需要；②功能训练应与患者日常生活、工作或作业活动联系起来，切忌千篇一律，只着眼于减轻临床病损和缺陷，忽视功能活动的训练；③应当鼓励患者经常进行力所能及的功能活动，而不是只限于每日用 5% 的白天时间在治疗医师指导下进行练习，最好使患者经常处在一个学习的环境中；④只有靠多学科参与，并在家属的配合下，才能真正满足每个患者在功能康复上的具体需求。

一、现代康复功能训练的新概念

（一）功能训练在康复治疗中的地位

21 世纪对人类最大的挑战是改善生活质量，而健康则是人们享受生活的前提。良好的生活质量与人们的功能状况息息相关。日本著名康复医学专家上田敏教授把生活质量（Quality of life，QOL）的内涵与《功能、残疾和健康国际分类》（International Classification of function，ICF）的相应领域联系起来，QOL 的 3 个客观维度可分别与 ICF 的 3 个领域相对应（表 15-1）。美国物理医学与康复学会认为，"康复医师是功能医师"，强调了康复治疗的功能导向。由此可见，要改善个人的日常生活活动的能力，改善参与社会生活的能力从而提高生活质量，都离不开功能训练。

功能训练是康复治疗的核心，也是伤残人士改善生活质量的基础。现代康复治疗的目标着重在使伤患和残疾人士改善功能、融入社会，从而提高生活质量。在众多的康复治疗手段中，功能训练处于首要及核心地位，许多康复治疗本身就属于功能训练，或辅助功能训练。

表 15-1 QOL 客观维度与 ICF 领域的联系

QOL 维度	ICF 领域
生物学维度	身体的结构和功能
个体的维度	活动（activity）
社会的维度	参与（participation）

（二）功能训练的内涵

残疾人或伤患者的功能障碍常表现为：

(1) 原有功能减弱（退）或消失（但为暂时性），经治疗后，可逆转得到恢复；

(2) 原有功能永久性减弱或消失；

(3) 功能活动方式变异。针对以上3种不同情况，开展有针对性的不同性质及不同作用的功能训练，包括：功能的增强、发展、代偿、补偿、代替、调整、矫正、适应，从而达到功能的恢复或重建和发展的目的（表15-2）。

表 15-2 各种不同性质的功能训练

训练种类	应用举例
增强性训练（strengthening training）	* 增强肌力，增大关节运动范围，按循序渐进原则 * 改善日常生活活动能力，利用器械或不用器械 * 改善步行能力 * 提高心肺耐力 * 改善认知能力
发展性训练（correction training）	* 学习新的技巧 * 发展职业劳动能力
矫正性训练（correction training）	* 矫正异常的姿势、步态 * 矫正运动方式、呼吸方式等
代偿性训练和补偿性训练（compensation training）	* 佩戴助听器、使用助视器练习，补偿听力/视力损失 * 使用日常生活辅助用品、用具：补偿日常生活活动能力 * 以拐杖、轮椅补偿步行能力缺陷 * 以支具、矫形器、补偿关节不稳、肌肉无力 * 以运动治疗代偿心肺功能不足，进行代偿性练习
代替性训练（substitution training）	* 用假肢代替截断的下肢或上肢：进行佩戴假肢的训练
调整及适应性训练（adaptation training）	* 心理情绪调整训练 * 社会适应技巧训练

（三）功能训练应实行"按需训练"

所谓"按需训练"是指在残疾人士和伤患人士的功能康复上，以实际的具体的需求为中心，开展"有的放矢"的训练。

近年来，康复医学界许多专家反复强调功能训练应该以患者的实际需求为中心，直接改善或提高其在生活自理或职业活动、社会生活等方面的能力，而不应该按一般常规、千篇一律地安排患者训练，缺乏特殊性、针对性和实效性。英国著名康复医学专家D. Wade教授最近指出，功能训练应与患者的日常生活或工作活动和作业的需求相联系，决定优先训练和重点改善的功能项目。

为使功能训练更好地符合患者和残疾人的需求，首先要确定残疾人康复需求的层次以及社区医疗康复中患者的需求（表15-3），从中按实际情况选定重点需求项目，患者功能康复训练的具体需求要通过评估来确定（需求评估），而需求评估的基础又在于对其剩余能力（residual functional ability）与生活工作功能上的需要（functional needs）有清晰的了解和评估。

表 15-3 社区康复功能训练、辅导和服务项目表（根据实际需要选用）

一、功能训练类	二、特殊用品、用具供应服务类
1．关节体操（被动、主动）	1．手杖、腋杖、四足拐杖矫形器（简易）
2．步行训练、步态矫正	2．步行架
3．姿势、平衡训练（坐、立、行）	3．轮椅
4．体位转换	4．腰围
5．呼吸体操	5．颈托
6．肌力及耐力训练	6．矫形器（简易）
7．日常生活活动能力训练	7．助听器
8．治疗性游戏（儿童用）	8．低视力助视器
9．劳动、作业治疗	9．日常生活活动辅助器具
10．言语交流训练（简易）	10．转介康复器具资源中心
三、咨询、辅导服务类	四、医药治疗服务类
1．心理辅导	1．推拿、按摩、手法治疗、针灸
2．家庭咨询	2．热疗
3．家居环境调适辅导	3．简易护理
4．保健、营养辅导	4．药物外用（敷、贴、洗擦）
5．社会生活技能辅导	5．药物内服（非处方药、保健、消炎止痛类）
6．生活方式辅导	6．转诊转介

（四）功能训练的个人因素和环境因素

个人因素和环境因素对残疾的发生和发展，以及对功能的恢复和重建都有密切关系（表15-4）。

表 15-4 影响功能训练的个人因素和环境因素

个人因素	环境因素
性别、年龄、健康状况与体质、文化程度、社会、家庭对残疾人的态度	功能训练服务技术的提供
认知能力	功能训练器材的提供
心理和精神状态	功能训练场所的环境
性格特点	
对康复的认识和对功能训练的信心与积极性	

在环境因素方面，近年来有人提出了"丰富环境"（environmental enrichment）的概念，所谓"丰富环境"是指在进行康复训练的现场，在物质-心理-社会上（有多种多样的训练器材，令人感

到愉快和宽松的场地设施、装饰和布置，现场气氛能给人鼓励和信心）丰富的环境。观察证明，在丰富环境中进行康复训练，其效果优于在单调环境中进行活动。

总的说来，要通过动力引导和日常鼓励，调动患者的主观能动性和自觉性投入康复功能训练，同时要创造"丰富环境"，使患者取得预期的康复功能训练的效果。

（五）心理和社会功能的训练

健康是指身体上、精神上和社会生活上处于一种完全健适的状态，而不仅仅是没有疾病或虚弱。因此，康复的功能训练应当包括身体功能的训练和心理、社会功能的训练。

现代心理、社会心理技能训练（psychosocial skill training，PSST）的内容可包括以下10个项目：

1. 对待健康、疾病、残疾和康复的心态调适；
2. 心理情绪的调适和控制训练；
3. 对付应激（stress）（突发事件造成的紧张、精神压力）的技能训练；
4. 人际交往一般技巧训练（待人接物等）；
5. 与家人、亲友相处技巧和家庭生活调适训练；
6. 与工作单位同事相处技巧及人际关系调适训练；
7. 参与社区生活的心态调适训练；
8. 人际语言沟通技巧训练；
9. 参与社会生活的衣着、仪容、个人卫生的调适训练；
10. 休闲娱乐活动技能的训练。

（六）功能训练的场所

尽管康复医疗机构一般都具备较好的功能训练条件，然而由于这些机构数量少，且主要集中在城市，收费昂贵，远不能满足处在农村或城市街道广大残疾人和伤患者进行康复功能训练的需求，以社区为基础进行功能训练已成为一个必然的趋势，也是普及功能训练的一个新思路。

要以社区为基础，家庭为依托，充分发挥社区服务中心（站）、乡镇卫生院、学校、幼儿园、福利个体事业单位、工疗站、残疾人活动场所等现有机构、设施人员的作用，资源共享、形成社区康复训练服务网络，使残疾人就地或就便得到康复训练与服务。

（七）辅助技术

辅助技术（assistant technology）是指残疾人和功能障碍的老年人用以提高、维持和改善其功能性活动能力的工程技术、器械和用品、用具及技术服务系统。功能训练包括了应用辅助技术的技能训练，以便在辅助技术的帮助下，一方面能充分发挥使用者的潜力，另一方面又能补助或补偿使用者功能的缺陷，从而促进其独立生活并改善生活质量。

对那些有永久性残疾、功能严重障碍的残疾人、患者和老年人，虽经常规的康复及临床治疗，但功能无改善，严重影响独立生活，此时，应求助于辅助技术。残疾人使用的辅助用品用具，实际应被视为使用者身体器官的一部分或是使用者上下肢的延伸，它们能补偿使用者已缺失的功能，完成个人日常生活活动，并使参与社会成为可能。

随着科技的进步和残疾人康复的普及，辅助技术近年来有很大发展，据报道，国际上残疾人辅助用具已超过1000种，我国目前也能生产供残疾人应用的用品用具100余种，从低技术的普通助行器、轮椅，到高技术的肌电假手、环境控制系统等，应用这些辅助技术可丰富残疾人的功能训练，促进残疾人的全面康复。

二、现代康复功能训练技术的新发展

1．利用信息与通信技术使功能训练超越时间、空间和物质条件的限制，从而大大提高效益。在 21 世纪这个信息社会里，信息与通信技术（information and communication technology，ICT）正在越来越多地被运用到康复功能训练中，如功能训练软件的制作和应用，远程指导康复和监测训练效果，利用电脑化或电脑辅助器械进行功能训练，利用虚拟现实（virtual reality）技术开发模拟训练系统进行运动、作业、认知、语言、心理调适等多方面的功能训练，这类训练能超越传统的方式，不受时间、地点的限制，也大大减少对训练的物质设备和技术条件的依赖，从而提高质量，增加效益。ICT 在康复功能训练中的应用可以说是前途无量的。

2．"循证治疗"的原则正在引入康复功能训练中。所谓"循证治疗"（evidence-based practice）在康复医学中是指康复治疗和训练的方案、方法和所用手段的取舍，应遵循科学的原则，以经过缜密研究取得的实证为依据。

在康复训练中，常常有一些训练的体系是由某个专家、学者根据其研究所提出的假说、理论而拟订出来的，这些各个治疗学派的训练体系固然有很大的启发性，也可以试用于康复治疗，但是否有效，是否值得推广，则应经受实践和科研的考验。确实有理（理论）而又有据（疗效证据），就很值得推广使用，如果有理论而无实据，则应摒弃或淘汰，或进一步研究以改进（改良）其原有训练体系，因此，应加强对新的训练仪器设备和新的训练方法的科学研究（在临床和康复实践中试验、验证），以观察和积累疗效实证。尽管"循证治疗"的原则用于康复训练仅仅处于起始阶段，具体的运用和实际证据的收集与判断还存在着许多问题有待解决，但"循证治疗"的大原则和大方向是可取的。

3．功能训练中的"适用技术"正在开发，以适应发展中国家社区康复发展的需要。所谓"适用技术"，按世界卫生组织的解释，是指简单易行，成本低而有用，适宜于大面积推广使用，使广大群众受惠的技术。在发展中国家和在社区康复中，尤其需要大量开发和使用这种适用技术，目的是使康复训练和服务对广大群众来说能符合要求，即"Accessible"（容易取得，就近可得，用得上）和"Affordable"（价格低廉，用得起）。

在设计和制作适用技术的功能训练或功能辅助用的器械和器具时，要有新的思路，也可以说是适用技术的思路。

（1）材料：就地取材，起码国内可得，不需进口，不用高档价昂材料。

（2）设计和工艺：简单实用甚至因陋而简，可就地制作。不需依靠高精尖设备或高级技术人才。

（3）造型：外观不求刻意包装，豪华美观，但求简朴实惠，且符合当地文化风俗民情，能为广大群众接受即可。

（4）使用：操作简单，易教易学，使用方便，能在家中或社区使用，且器材结实耐用。

（5）成本和售价：成本低、价廉。

鉴于目前许多康复机构提供的功能训练方案常常依赖使用大型的或昂贵的器械设备，医疗器材公司生产的康复器械也往往只适于医院或康复中心，而按适用技术的原则开发的功能训练器材和方法还远远落后于社区康复发展的需要，世界卫生组织近年来多次号召在康复医疗中注意使用适用技术，如制作和供应符合适用技术要求的轮椅、假肢、矫形器等康复器械。

4．中西医结合的康复训练技术受到重视，正在临床实践和实验研究中发展和提高。尽管康复医学是 20 世纪的产物，但用于功能康复的一些训练和治疗技术早在中国古代就已萌芽，经过历史的洗练推陈出新，至今一些行之有效而又经过科学验证的中国传统康复疗法，仍然具有强大的生命力，以其独特的作用为人类身心康复服务。像太极拳、八段锦、推拿治疗、保健按摩、针灸，以及宁神调息法等独特的身心松弛练习，就是著名的例子。

东西方的康复功能训练体系各有特点。西方的功能训练重点作用于肌肉骨骼及神经-肌肉系统（musculoskeletal and neuromuscular systems），对骨科康复、神经科康复有重要作用。而中国传统的功能训练则身心并练，形神兼养，动静结合，着重通过精神和心理的调适和保健促进身体的康复，对慢性病、身心性疾病的康复和残疾人的保健有重要作用。二者相互结合，取长补短，康复效果会更好。

我国现在积极发展中西医结合的康复功能训练技术，临床实践和实验研究都在进行之中，国际上，由中国或东方传到西方的传统康复治疗方法现正以另类医学（alternative medicine）、补充医学（complementary medicine）等名称渗透入西方的康复医学中，如用太极拳练习防治下腰痛、改善老人平衡能力，用东方特有宁神调息松弛法的练习治疗慢性病等，已在一些国外的康复中心试行，引起西方学者的兴趣并受他们的重视。

第二节 神经系统康复与代偿的新概念与新认知

近年来人们认识到，在神经系统康复治疗中，无论达到什么水平的康复都不能达到绝对的健康；在非自然康复过程中，首先应该在充分认识神经修复临界点理论和河道疏浚理论基础上，明晰神经系统康复可能存在的三种机制，并为此而努力开发。

一、康复与代偿并非绝对健康

中枢神经一旦损伤，其神经组织即被结缔组织所代替或填充，神经细胞不可再生，然而，它的功能可能因而得到代偿而康复，因代偿而康复，这并不是绝对意义上的健康。

任何组织器官的损伤均将在大脑皮质留有病理性惰性痕迹病灶，此痕迹病灶的存在也不能称为绝对意义上的健康。

人类依靠康复或代偿而得以维持临床上的健康。

二、神经修复临界点理论

神经修复过程是遵循量变到质变的规律，神经修复曲线或轨迹，是由一个又一个的临界点组成的，这就是神经修复临界点理论（theory of critical point forneurorestoration）。从坐，到站，最后到走，神经修复过程中的临界点很多，都要长期艰苦不懈的积累锻炼，每天持有永不放弃的信念，一个一个地克服。每天不间断的量变，由微少到众多，一旦积累到临界点，即完成一次质的飞跃。犹如吃饭，到第一百口饭吃饱的话，前面九十九口都是量变累积的过程，第一百口才是质变，因此我们不能忽视每一口饭的价值，同样我们应珍惜每一点进步。

三、河道疏浚理论

神经修复像修理河道，河道主要阻塞点疏通后，还要疏通上下游因失用而淤积的泥沙和水草，然后补充干涸的水。只有这样，整个河流才能最终恢复部分或全部流动，这就是河道疏浚理论

(theory of river dredging)。按照该理论河道越长，越难修复。

四、自然康复与非自然康复

自然康复（spontaneous recovery），即无需经过治疗或训练而得以恢复其所有功能。

如在脑血管意外与脑外伤的情况下，由于中心病灶周围区域有水肿，因压迫、缺氧、代谢障碍而出现一过性的症状，或称"修饰症状"。在疼痛的恢复期，此水肿等功能障碍消失，修饰性症状也消失，因而临床症状大有好转，只有病灶中心区损害症状继续保留，一般认为这个过程是可逆的，可完全恢复的修饰症状消失，应该称为自然康复。

非自然康复：即自然康复后的康复，有3种假说：即功能代偿学说、联系再通说（facilitation）与功能重建说。

（一）功能代偿学说

1．同侧大脑半球的周边部分代偿职能 被破坏病灶的邻接构造可代偿已破坏的部分功能。据Roberts多例大脑皮质切除术的经验，无论切除优势半球的任何部位，所发生的语言障碍均是一过性，即任何切除部分的机能总是由同侧半球的周边部分来代偿。

2．对侧大脑半球相对应的部分代行职能 左侧半球全切除之后语言功能可以有惊人般的恢复，认为这是其右侧半球代司其职。

3．低水平的神经构造代行职能 非自然恢复过程与受破坏部位的相应的低位水平的神经构造代偿和其职有关。高位水平的功能精细，低位水平的功能粗糙，但低位水平可代行高位水平之职。

下位结构具有后备功能和潜在能力，因而，其功能恢复并不在于再学习，而是在于此后储备功能的再现，此再现可能是迅速而突然成功的。

这首先表现在最早恢复的"运动"是脊髓控制的"联合反应"和"共同运动"。这可以理解为高级中枢对下位中枢的调控能力丧失而下位中枢的活动被"释放"出来。但是，这种低位中枢控制的运动，并非真正的随意运动，它是以固定的运动模式出现的，以异常姿势反射和痉挛为基础的，是一种低级形式的代偿，这也是人类在中枢神经系统遭受某些损伤后产生的一系列变异适应过程。

（二）联系再通学说

使神经冲动高于传导，称为易化，促通，在临床表现为对于治疗性刺激易于做出积极反应的态度，刺激是外在作用，反应则是内部过程。

促通技术对偏瘫具有多方面的恢复潜能，我们应采取各种治疗措施促使这些潜能的发挥，而不应以过早地训练健侧功能来代偿，这样会使患者丧失功能恢复的机会，促通技术目前已作为现代脑卒中偏瘫的核心康复医疗技术。

1．定义

促通技术：就是利用各种方式刺激运动通路上的各个神经元，调节它们的兴奋性，以获得正确的运动输出。包括促通和抑制两个方向。

促通：能够使处于阈下兴奋状态的神经元转变为兴奋状态的任何刺激称为促通刺激。对促通技术发生反应的过程称为促通。

抑制：使能产生兴奋冲动的神经元返回阈下兴奋状态，降低这些神经元的兴奋性，这个过程称为抑制。

促通技术是在细胞水平调节神经元兴奋性的康复技术。目前常用的促通技术分两大类：中枢性及外周感觉反馈性促通技术。

2. Brunnstrom 中枢性促通技术　它是利用脑卒中后残余的肌肉功能进行最大用力时所引发的泛化运动、联合反应、共同运动和其他粗大运动的作用以促通正常运动出现的方法。

这个方法不是由于外周传入冲动的促通作用，而是通过相对肌力较强的肌肉随意收缩时，整个运动模式中所有运动神经元兴奋的聚集来增强肌力较差的肌肉力量，或通过患肢有意识的触发异常粗大的共同运动，引起微弱收缩的肌肉参与这一模式，从而促使肌力恢复。

在脑卒中偏瘫早期，患侧肌力普遍减弱时，应用中枢性促通技术促使肌力恢复是很有益的。

3. 外周感觉反馈性促通技术

（1）本体感受性神经肌肉促通技术（PNF）：通过以不同频率和时间牵拉肌肉，使牵拉感受器向 α 运动神经元传入的冲动发生变化，从而影响 α 运动神经元的兴奋状态，改善患肌的肌张力。

（2）Rood 技术：皮肤感觉输入促通技术。在特定的皮肤区域施加轻微局部的机械刺激或表面给热刺激，影响该区的皮肤感受器以获得局部促通作用的方法。

（3）用持续的穿透性冷刺激局部皮肤，可使该区张力高的肌肉松弛，用于短时间降低肌张力以使神经肌肉再学习随意控制运动肌力。

（4）利用逃避反射的诱发作用：用一种轻微的伤害性刺激即可引起肢体多关节运动，而不能引起单肌肉的选择性收缩，表现为肢体的屈曲反应，若在足底加一伤害性刺激，使下肢屈曲，降低下肢伸肌张力，呈现抑制痉挛的暂时性效应。

（三）功能重建学说

功能重建学说（reorganization）是主张利用尚存的中枢神经结构重建或再造已失去的功能。即尽可能地利用中枢神经细胞轴突的再生，树突的"发芽"以及突触阈值的改变机制，在中枢神经内重新组织功能细胞集团的网络系统，实行"功能重组"，这就是神经系统的"呆塑性"理论。

1. 功能重建机制　处于中枢神经系统存在着大量的突触，在正常情况下，只有部分突触是经常活动，阈值比较低处于活化状态，而相当一部分突触则阈值很高，难以被使用，呈睡眠状态。

2. 功能重建意义

（1）睡眠状态的突触为中枢神经系统损伤的功能提供了可能。

（2）改变了阈值的突触经常地传递信息并处于活化状态，否则会转入睡眠状态，因此在偏瘫患者运动功能训练过程中，一旦建立正常的运动模式，理应反复训练强化这种模式原存在。

突触发芽是指在一定的条件下，神经细胞的轴突末端可出现新的突起而形成突触现象（其突触阈值变化同上）。

因此，中枢神经系统损伤后，通过康复治疗的训练，促进相关神经细胞的轴突发芽形成新的突触，并反复使用这些突触，建立接近于正常功能的新的神经网络——突触链、实现中枢神经功能重组，同时抑制异常的低级中枢控制的运动，使其突触链处于受抑制的高阈值状态，从而改善患肢的功能。

突触芽的现象在生理和病理情况都可发生，学习和记忆过程就是新的突触链形成的过程。

3. 功能重建方式

（1）与被破坏的神经构造相比较，本来是执行不同功能的那些神经构造的回路被启用——异种功能。

（2）与被破坏的神经构造相同，但却没有动用过的后备性闲置回路被启用（处于睡眠状态的突触）——同种功能。

其目的为达到康复，达到功能再造效果，分为以下两个基本型。

1）异种功能系列协同重建（intersystemic reorganization）：震颤麻痹的患者不能连续重复同样的

动作，例如步行时或僵住或加速，但其登阶梯或走绳索时可见有改善。这是由于外界的重复性刺激导致其自动性重复运动得以发挥。把此种外在的重复性刺激代之以"内在的"重复性刺激，则理应使其自主重复性运动得以改善。

采用瞬目法作为此内在重复刺激，用以训练手部重复把握动作，瞬目，把握，瞬目，把握……不断重复。其结果可使手部的自动重复把握功能改善。此时原本无关的眼部运动系列与手部运动系列发生联系，此种训练为异种功能协调的重建。

2) 同种功能系列协同性重建（intrasystemic reorganization）：同种功能系列在不同水平上的协同重建。大脑在执行每个功能时都有大量神经元同时活化，有许多神经环路和中枢参加。如执行某一活动的主要区域损伤使这个活动的执行转换到调节这一活动的未受损的其他神经元（或邻近神经元），因此，同一功能在脑内有多重代表性，也是偏瘫患者恢复潜能的一个因素。

如震颤麻醉患者把握运动单纯反复执行时仅完成3次。此时可劝其按照"四轮马车的车轮数"或"五角星的顶角数目"做把握动作，患者即可做4次或5次把握动作而不伴有肌强直。此时，运动执行系列在本质上没有变化，只是其执行此自动重复动作的躯体水平有所改变。依靠此种功能重建，需经过长期训练，有周密的计划且需要患者主动与积极的配合。为达到临床康复的目的。在临床神经心理学领域里，依据不同功能假说而有不同的治疗方向、策略与手段。功能代偿学说以发掘中枢神经的潜在能力为治。功能重建假说以积极的有步骤的训练为治。

第三节　颅脑损伤的康复治疗

现代脑功能康复理论和实践研究证明：通过康复治疗可以观察到中枢神经系统（center neural system，CNS）的改变：①CNS一边破坏，一边在自行修复；②CNS残存部分具有巨大的修复潜力；③通过运动训练，可以学会生来而不具备的运动方式；④通过训练可使一个系统承担与本运动毫不相干的功能；⑤通过训练不仅可以恢复功能，而且在脑的相应部位也发生相应的形态和结构的改变。

脑损伤康复是以非药物治疗方法为主，包括PT、OT、ST、RT及中国的传统中医疗法，其主要是以提高患者各项功能为目的。

重症脑外伤患者的肢体功能障碍，严重影响了患者的生活质量，给家庭及社会带来了沉重的负担。国内外研究报道认为：早期康复的介入可降低致残率、改善生活质量，其功能恢复是基于损伤后的中枢系统功能的重塑和可塑性原理，通过输入正常的运动模式，促进患者正常运动模式的形成，达到最大的功能恢复。康复介入越早，其肢体功能Fugl-meyer评分和日常生活自理能力Barthel指数预后越好。

一、功能障碍特点

（一）运动功能障碍

颅脑损伤患者的运动功能障碍表现是多方面的，如肌力减弱、关节活动度受限、耐力的降低、共济失调、肌张力增高、姿势不良、异常运动模式、运动整合能力丧失等。表现为患侧上肢无功能，不能穿脱衣物，下肢活动障碍，移动差，站立平衡差，不能如厕、入浴和上下楼梯。

（二）认知障碍

认知是知觉、注意、记忆、思维、言语等心理活动。当颅脑损伤时常可造成患者认知功能障碍，最常见的功能障碍包括：注意力降低；记忆减退；动作开始、终止能力受损；安全感降低和判断能力受损；反应迟钝；执行功能困难和抽象思维能力障碍；概括归纳。对于认知障碍的患者来说，这种障碍往往持续很长时间，不仅影响患者的日常生活和社会生活，还直接影响患者的康复治疗。故在其康复过程中尤其应引起重视。

（三）感知觉障碍

感知觉是一种人们了解外界事物的活动，即知识的获得、组织和应用，它是一个体现功能和行为的智力过程。感知觉可分为：视觉、躯体觉、运动觉和语言觉。当颅脑损伤时常可造成患者感知觉功能障碍。感知觉障碍具体表现为四大类：体像障碍（body scheme disorder）、空间关系紊乱（spatial relation disorders）、失认（agnosia）和失用（apraxia）。患者常表现为以下特征：不能独立完成简单任务；主动和全部完成某项任务很困难；从一件任务转到另一件任务很困难；对于完成任务的必要目标不能很好地加以辨认。

（四）行为障碍

颅脑损伤患者经受各种各样的行为和情感方面的困扰，对受伤情景的回忆、头痛引起的不适、担心生命危险等不良情绪都可导致包括否认、抑郁、倦怠嗜睡、易怒、攻击性及躁动不安。严重者会出现人格改变、类神经质的反应、行为失控等。

（五）言语功能障碍

言语是人类特有的复杂的高级神经活动，言语功能障碍直接影响患者的社会生活能力和职业能力，使其社交活动受限。脑损伤后的言语运动障碍常见的有构音障碍、言语失用。构音障碍是由于言语发音肌群受损后不协调，张力异常所致言语运动功能失常，常涉及所有言语水平（包括呼吸、发声、共鸣、韵律）。患者表现为言语缓慢、用力、发紧，辅音不准，吐字不清，鼻音过重或分节性言语等。言语失用是由于言语的中枢障碍而产生的言语缺失。大脑左半球是语言运动中枢，当病变部位在大脑左半球额叶和其他 1~2 个脑叶时，会出现重度非流利型失语，患者表现为言语表达能力完全丧失，不能说出自己的姓名，复述、呼名能力均丧失，不能模仿发出言语声音等。

二、康复评定

（一）颅脑损伤程度的评定

1. 功能及预后评测的评定量表

（1）Glasgow 昏迷评分标准

（2）Glasgow 结果量表（Glasgow outcome scale，GOS）：为了统一颅脑损伤治疗结果的评定标准，1975 年 Jennett 和 Bonel 又提出伤后半年至 1 年患者恢复情况的分级，即格拉斯哥结果分级（GOS），Glasgow 结果分级提供了五种不同的预后：

Ⅰ级：死亡（death，D）。

Ⅱ级：持续性植物状态（persistent vegetative state，PVS），长期昏迷，呈去皮质或去大脑强直状态。

Ⅲ级：重度残疾（severe disability，SD），不能独立生活，需他人照顾。

Ⅳ级：中度残疾（moderate disability，MD），患者不能恢复到原来的活动水平，但生活能自理。

Ⅴ级：恢复良好（good recovery，GR），可以恢复到原来的社会活动和职业活动。成人能工作，学生能就学。

它是对颅脑外伤患者恢复及其结局进行评定，根据患者能否恢复工作、学习，生活能否自理、残疾严重程度分为 5 个等级：死亡、植物状态、重度残疾、中度残疾、恢复良好。

（3）残疾分级量表（disability rating scale，DRS）：包括一个逆向 GCS，附加基本功能技巧、就业能力和总的依赖水平的检测。DRS 主要用于中度和重度残疾的颅脑外伤患者，目的是评定功能状态及随其时间的变化，DRS 的最大优点是覆盖面广，从昏迷到社区活动，从睁眼、言语运动反应到心理、认知、社会活动。

2．其他评估预后的指标

（1）颅内压监测：据统计颅内压 5.3 kPa（530 mmH$_2$O）以下时，压力高低与治疗结果无明显相关性，若达到或超过此压力时，则死亡率显著升高；如经各种积极治疗颅内压仍持续在 5.3 kPa（530 mmH$_2$O）或更高，提示预后极差。

（2）体感诱发电位检查：对预后具有相当的敏感性和特异性（73% ~ 95%），异常诱发电位愈少，在 3 个月内愈能取得较好恢复，如明显出现诱发电位异常，虽进行了康复治疗，最大恢复时间仍可能延长至 12 个月。

（3）瞳孔反射：有瞳孔反射者有 50% 可获得良好恢复至中度残疾，无反射者则只有 4%。

（4）冰水灌注试验：冰水灌注昏迷患者耳内，如无前庭 - 眼反射，常表明有严重脑干功能失常，其死亡率可高达 85% ~ 95%。

（5）脑电图和脑地形图可作为脑外伤后脑功能的评价，并可对昏迷程度和脑死亡做出评定。

急性颅脑外伤后大部分神经功能可在伤后 6 个月内恢复，恢复期可持续至伤后 2 年或更长。一般认为昏迷时间在 24 小时至 1 周的患者，治疗时间平均需要 6 个月，而意识丧失 2 ~ 7 周的患者则需 1 年，对伤势很重和昏迷 8 周以上的患者需 2 年的治疗时间。伤前的病患和精神因素可影响恢复过程，如过去曾有颅脑外伤、原有认知、行为异常或神经系统疾病则恢复较慢，且较少能完全恢复。颅脑外伤可加重原先的认知或行为异常。

（二）认知功能评定

可分别对记忆、注意、思维等进行评定，但常采用韦氏成人智力量表（WAIS）。认知障碍的分级通常采用 Rancho los Amigos Hospital 的 RLA 标准。

（三）行为评定

颅脑损伤患者行为异常，常由情绪障碍所致，如抑郁或焦虑。可分别用汉米尔顿抑郁量表（HDS）和焦虑自评量表（SAS）进行评定。也可按行为障碍常见的临床表现来评定。

（1）发作性失控：往往是颞叶内部损伤的结果，发作时脑电图有阵发异常，是一种突然无诱因、无预谋、无计划的发作，直接作用于最靠近的人或物，如打破家具、向人吐唾液、抓伤他人、放纵地进行其他狂乱行为等。发作时间短，发作后有自责感。

（2）额叶攻击行为：因额叶受损引起。特点是对细小的诱因或挫折发生过度的反应，其行为直接针对诱因。

（3）负性行为障碍：常因额叶和脑干高位受损。特点是精神运动迟滞、感情淡漠、失去主动性，即使日常生活中最简单、最常规的活动也不愿完成。

（四）言语功能评定

常用的评定方法为：Halstead-Wepman 失语症筛选测验；标记测验；语言功能障碍的观察评测，包括：听、说、读、写等相关内容。

（五）运动功能评定

ROM 评定、肌痉挛评定（改良 AS 法）、平衡协调性评定、步态评定及肢体综合运动功能评定。

三、功能障碍的康复治疗

以致偏瘫者为例。

（一）运动障碍康复治疗

1．利用反射抑制模式（RIP）矫正异常姿势（表 15-5）。

表 15-5　矫正异常姿势的反射抑制模式

表现	反射	RIP
踝跖屈、爪状趾、踝内翻	正支持反应：伸肌占优势	踝背屈，将足底的承重点转移回足跟，放入足托板，使踝和趾保持背屈
头转向左或右	不对称性张力性颈反射（ATNR）：颏朝向侧伸肌张力增加；枕向侧屈肌张力增加	使头和颈保持于中线
上肢屈肌严重痉挛，下肢伸肌严重痉挛	对称性张力性反射（STNR）：屈头时增加上肢屈肌张力和增加下肢伸肌张力；伸头时结果相反	使头后伸以克服痉挛
仰卧时严重的伸肌痉挛和下肢内收	张力性迷路反射（TLR）：仰卧时伸肌占优势；俯卧时屈肌占优势	仰卧时外展髋和屈膝
健侧用力时，病侧出现痉挛	联合反应（AA）：一侧用力时诱发另一侧痉挛加强	避免健侧过于用力和做抗阻活动

2．床上训练

（1）良好肢位的摆放：患者全身关节处于正确功能体位，患者头下放枕，在患侧肩胛下放一小枕，使肩胛骨悬空，伸肘于枕上，腕背伸，手指伸展，下肢轻度屈曲，膝关节外侧垫枕，使髋关节及膝关节保持内收；膝关节下垫枕，膝关节微屈曲，脚掌下垫支撑板使踝关节背屈防止足下垂（图 15-1 ~ 图 15-3）。

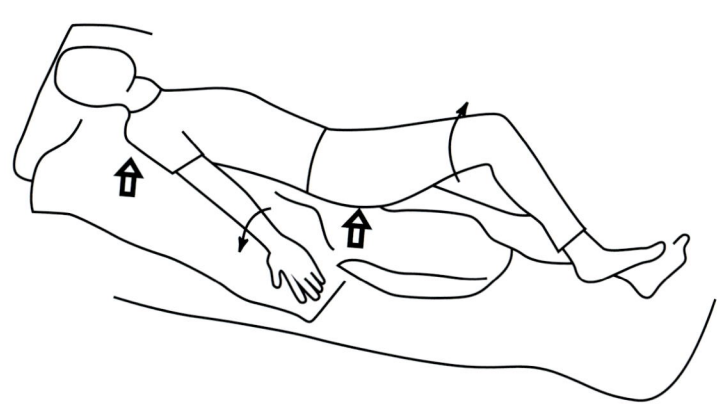

图 15-1　仰卧位良肢位摆放

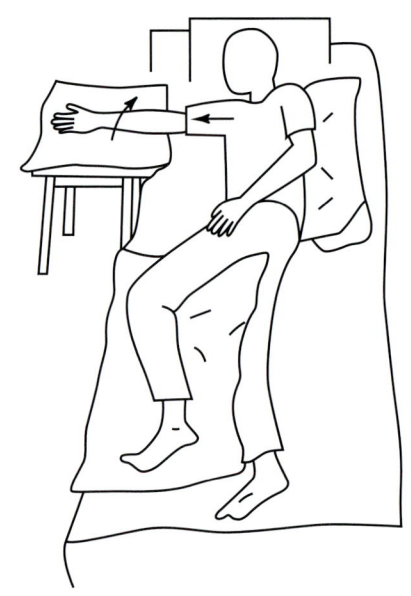

图 15-2　患侧卧位良肢位摆放

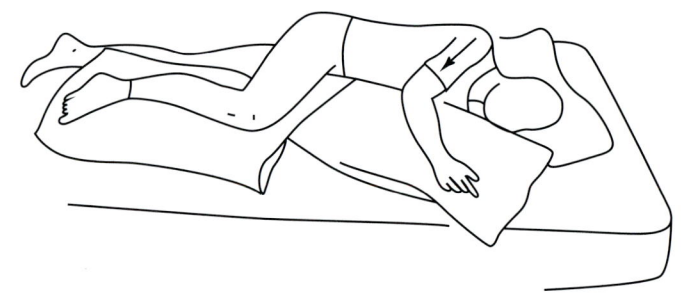

图 15-3　健侧卧位良肢位摆放

（2）关节被动活动：患者取仰卧位被动活动各关节，活动顺序先健侧后患侧，由上到下，由近到远，幅度由小到大做各关节无痛范围的被动活动（图 15-4～图 15-9）。锻炼时间一天 3 次，每次 30 min 左右，以患者的耐受度为准。

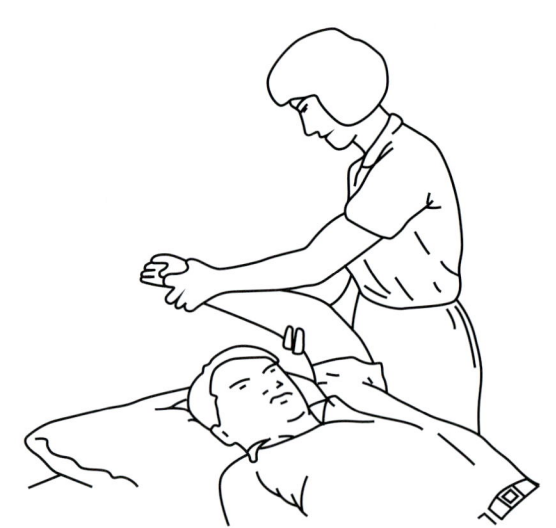

图 15-4　肩关节屈曲被动活动

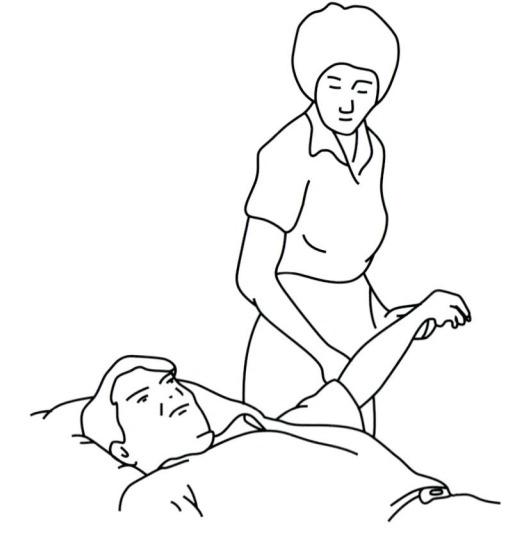

图 15-5　肩关节外展被动活动

（3）床上主动运动：双手交叉握，患侧拇指在上，掌心相对或健手带动患手上举过头，下肢内收外展、屈伸、桥式训练、伸膝及屈膝训练（图 15-10、图 15-11）。

（4）体位转换及平衡训练：包括翻身、上下左右移动躯体，从仰卧到坐起等体位变换。患肢伸肘、背屈，腕向患侧倾斜保持坐位平衡（图 15-12～图 15-14）。

（5）蹬空屈伸运动：患者仰卧位，双手置于体侧，双下肢交替屈髋屈膝，使小腿悬于空中，像蹬自行车行驶一样运动 5～10 min，以屈曲髋关节为主，幅度、次数逐渐增加（图 15-15）。

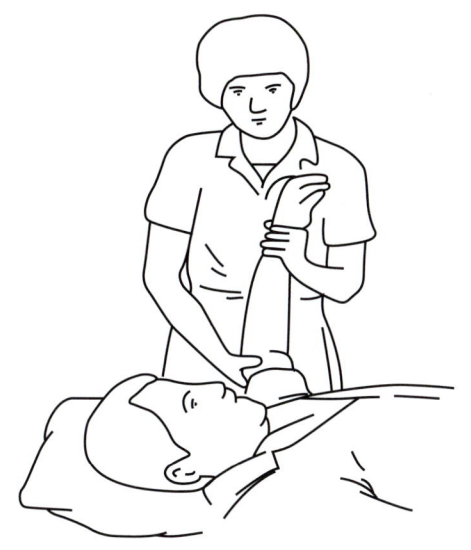

图 15-6　肩关节内外旋被动活动

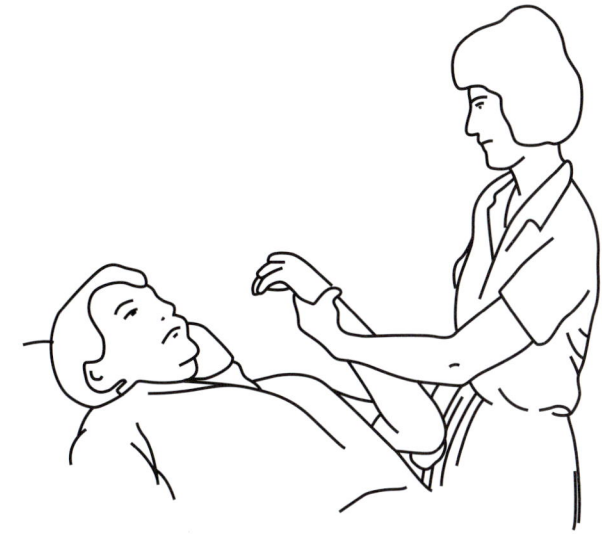

图 15-7　肘关节屈伸被动活动

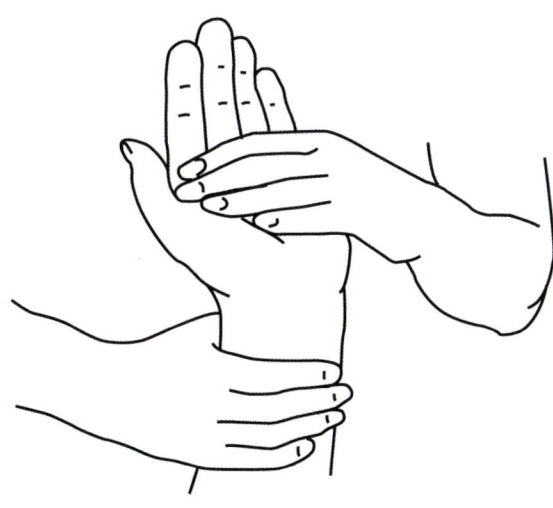

图 15-8　前臂旋前、旋后被动活动

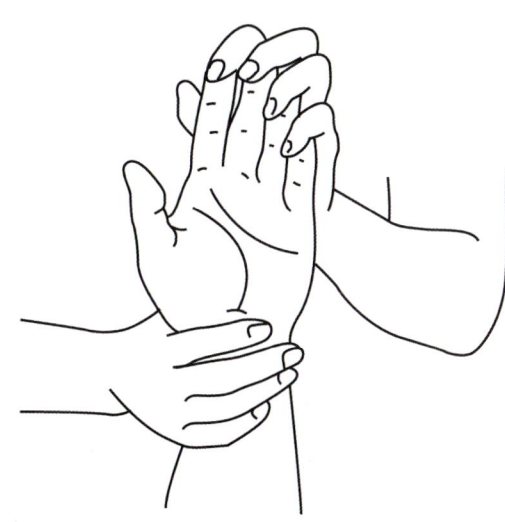

图 15-9　手关节屈伸被动活动

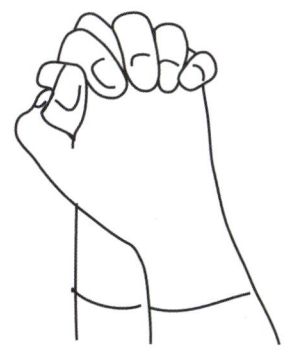

图 15-10　Bobath 握手

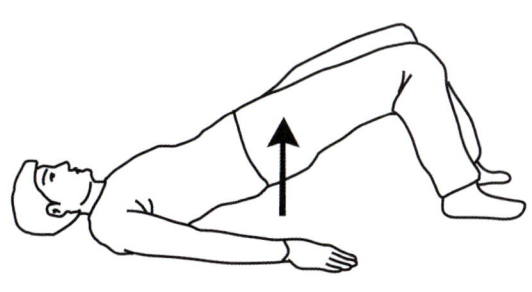

图 15-11　桥式运动

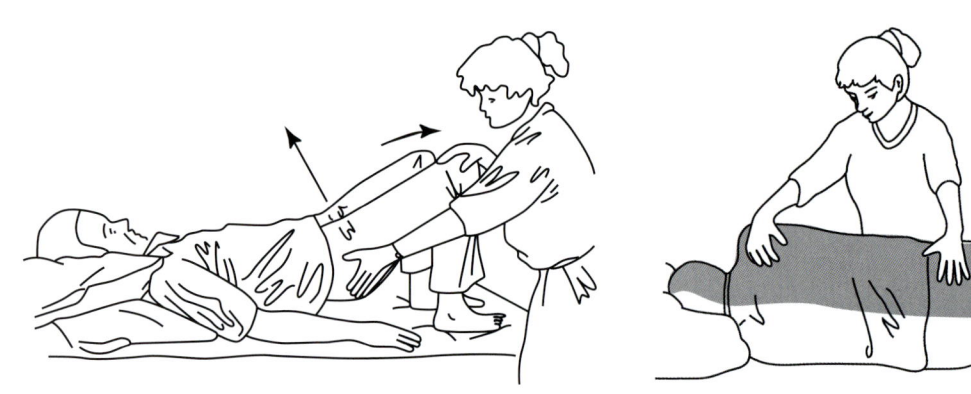

图 15-12　向患侧翻身

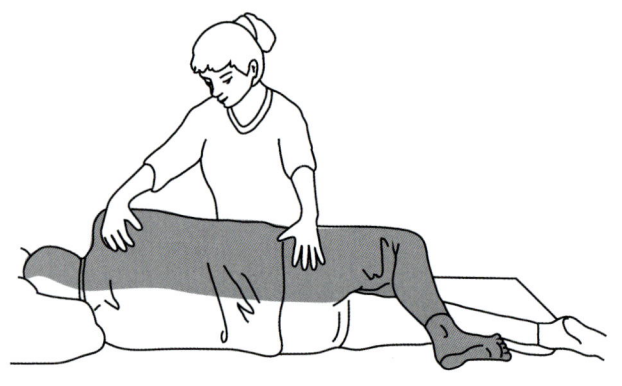

图 15-13　向健侧翻身

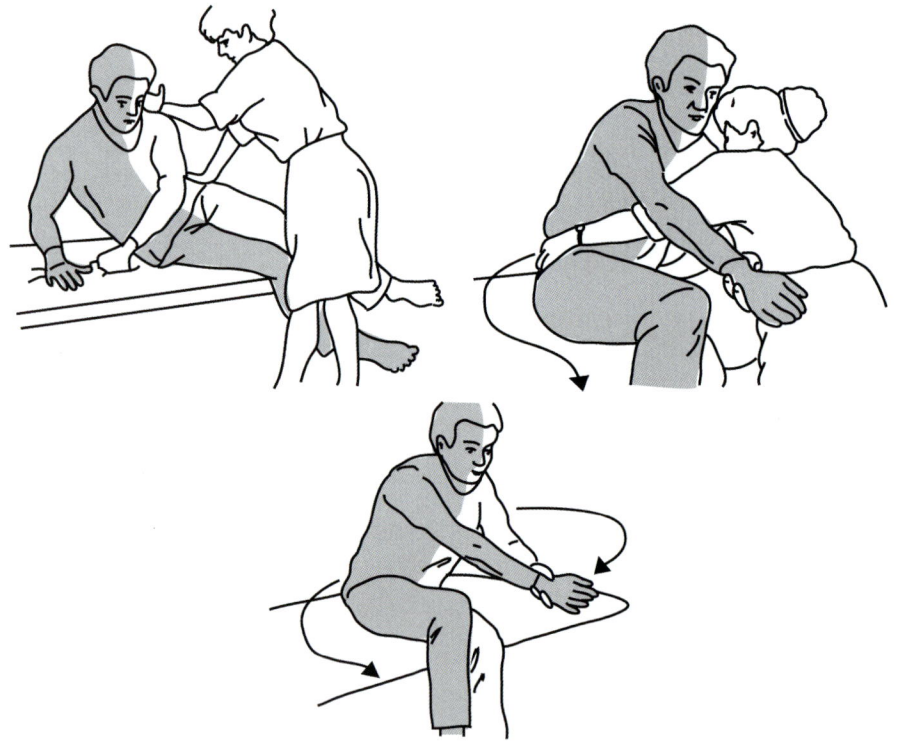

图 15-14　仰卧位坐起

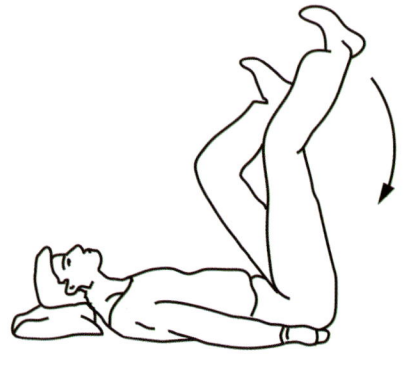

图 15-15　蹬空屈伸运动

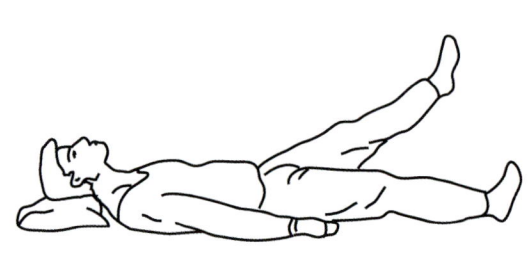

图 15-16　患肢摆动法

(6) 患肢摆动法：取仰卧位，双下肢伸直，双手置于体侧，患肢直腿抬高到一定限度，作内收、外展 5～10 min（图 15-16）。

(7) 内外旋转法：患者取仰卧位，双下肢伸直，双足与肩等宽，双手置于体侧，以足跟为轴心、双足尖及下肢作内旋、外旋活动 5～10 min，以功能受限严重侧为主（图 15-17）。

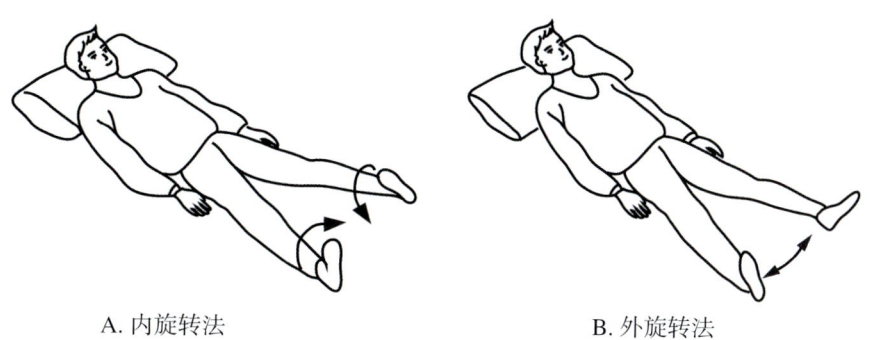

A. 内旋转法　　　　　　　　　　B. 外旋转法

图 15-17　内外旋转法

(8) 屈髋开合法：患者仰卧位，屈髋、屈膝，双足并拢踩在床栏上，以双足下部为轴心，作双膝内收、外展活动 5～10 min，以髋关节受限严重侧为主，幅度、次数逐渐增加（图 15-18）。

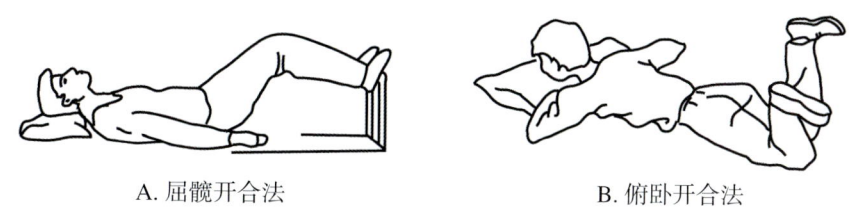

A. 屈髋开合法　　　　　　　　　　B. 俯卧开合法

图 15-18　屈髋开合法

(9) 俯卧开合法：患者取俯卧位，双膝与肩同宽，下肢伸直，双手置于胸前上方，然后屈膝 90°，以双膝前部作轴心，作小腿内收、外展活动 5～10 min，以髋关节严重一侧为主，幅度、次数逐渐增加。

3．俯卧位训练

位置：患者肘撑俯卧（以双手支撑起上部躯干俯卧），胸部垫楔形塑料枕，若能维持正确位置也可不用枕。

目的：减弱仰卧时出现的伸肌张力增加；促进肩屈和外展；促进对颈的控制；牵张髋屈肌并降低其张力；使患者能自发地屈伸膝。

内容：将体重从一肘向另一肘转移，以抑制肩伸和内收姿势以促进肩胛带肌，准备做俯到仰的翻身。治疗师对颈伸肌施加震颤或轻拍，或让患者注视挂于不同位置和高度上的画，以增强对颈的控制。

4．爬位训练

位置：患者趴在塑料圆筒上，如不用塑料圆筒也能维持爬位则不用筒。

目的：减轻上肢肩伸、内收、内旋，肘腕屈曲的姿势；促进肩屈、外展，肘、腕伸展；促进肩胛带和骨盆带的稳定；促进保护和平衡反应。

内容：将体重从一侧上肢向另一侧上肢、从一侧下肢向另一侧下肢、从双上肢向双下肢，从一侧上下肢向另一侧上下肢转移，以降低肘、腕屈肌张力，促进肘、腕伸肌肩胛带和骨盆带的稳定；

在圆筒上向前、向后滚动以促进自发的负重、促进保护和平衡反应；利用俯卧位促进对颈部的控制（图15-19）。

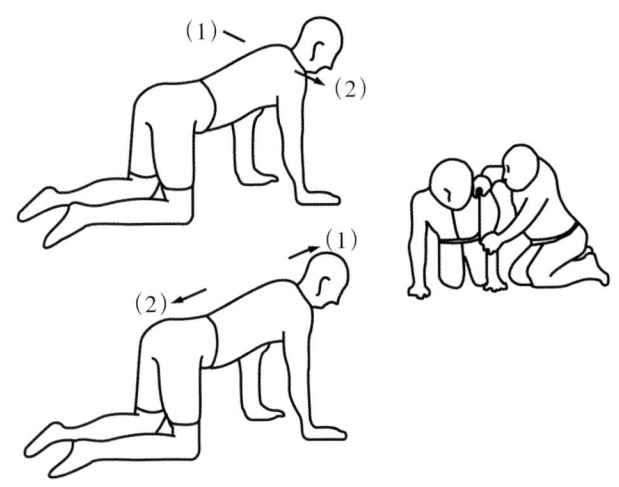

图15-19 爬位训练

5．跪位训练

位置：患者靠着一个塑料滚筒跪着，如不用也能维持该位置则不用滚筒。

目的：促进头和躯干控制；抑制下肢整个屈、伸肌模式；促进在屈膝情况下的伸髋；在较急的情况下促进肩屈和外旋；促进保护和平衡反应。

内容：将体重从一侧髋向另一侧转移以促进髋稳定和平衡反应；用轻拍方法促进背、髋伸肌和髋外展肌；上肢抓起放在滚筒上方的物体并活动，以鼓励应用上肢时的身体平衡（图15-20）。

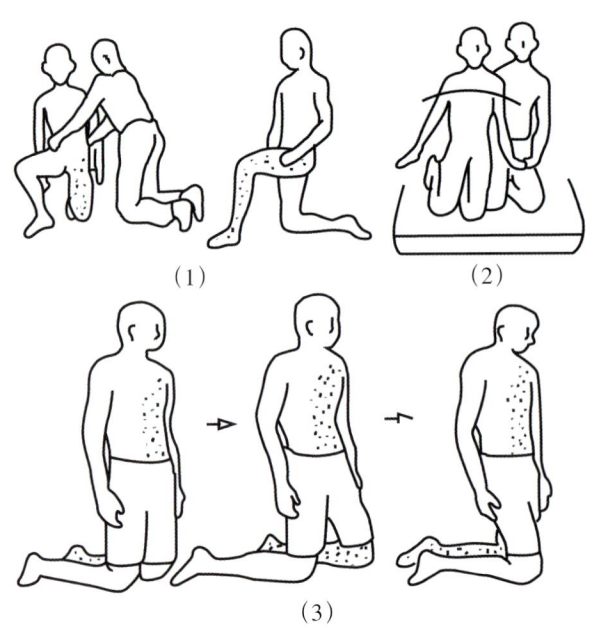

图15-20 跪位训练

6．坐位训练

位置：患者在治疗床边，双足放在地板上，如足达不到地板可垫木块。当坐稳且姿势良好后，改坐在气垫上。

目的：促进头和躯干稳定；抑制下肢总的屈、伸肌模式；促进保护和平衡反应；通过支撑促进上肢伸展。

内容：轻拍患者背和躯干侧面的伸肌以促进头直立和垂直以及对躯干的控制；先在辅助下让患者将躯干向前、后、左右运动和旋转以改善保护和平衡反应以及从侧卧到坐起的能力，上肢支撑在床上负重，以促进上肢的伸肌；交替的提腿、伸膝和踏足，以促进往复运动和活动的协调性，以准备站立或步行。

（1）屈髋法：患者正坐于床边或椅子上，双下肢自然分开，患者反复作屈髋屈膝运动 3～5 min（图 15-21）。

（2）开合法：患者正坐于椅、凳上，髋膝踝关节各成 90°，双足分开，以双足间为轴心，做双膝外展，内收运动 3～5 min（图 15-22）。

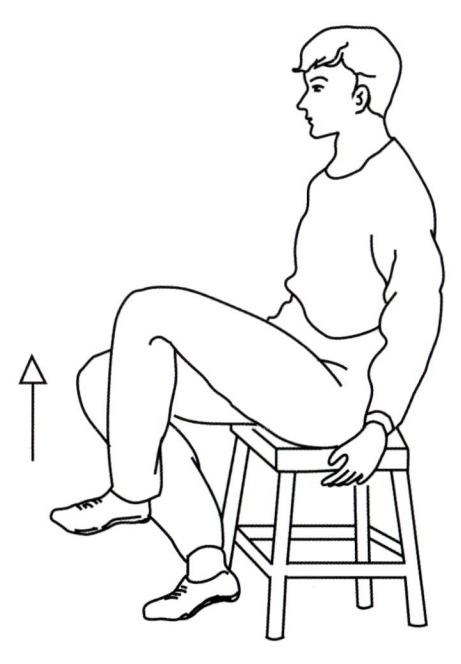

图 15-21　坐位屈髋法

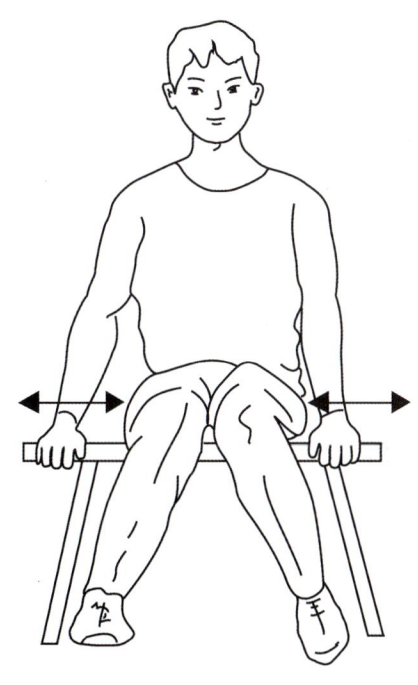

图 15-22　坐位开合法

7．站位训练

位置：患者借助支持物体站着，如能站则不用支持物。

目的：促进保护和平衡反应；促进头、躯干和下肢的控制以备行走。

内容：站在站立台中以促进躯干的控制和促进下肢的负重；当一侧下肢有骨折或严重痉挛时特别需要这种活动。将体重从一侧下肢向另一侧转移、向前和后转移；或用关节压缩法通过骨盆向下压缩以促进关节稳定；在体重转移时给予反馈以鼓励松弛或激活所需的肌肉；体重转移时使骨盆前挺和后退，以促进步态所需的骨盆旋转；在不移动下肢的情况下旋转躯干，以促进以后的自发旋转，辅助直立位时的功能活动，同时减轻由于缺乏躯干旋转而出现的机器人样活动；在平衡板上从一侧向另一侧摇动，或一足在前一足在后地摇动，以促进快速的屈、伸膝和步行所需的平衡反应。可选择站立平衡、步态训练和平衡杠内步法训练及上下阶梯等。

（1）扶物下蹲法：单或双手前伸扶住固定物，身体直立，双足分开，与肩同宽，慢慢下蹲后再起立，反复进行 3～5 分钟（图 15-23）。

（2）患肢摆动法：单或双手前伸或侧伸扶住固定物，单足负重而立，患肢前屈、后伸、内收、外展摆动 3～5 min（图 15-24）。

（3）内外旋转法：手扶固定物站立，单足略向前伸，足跟着地，做内旋和外旋 3～5 min（图 15-25）。

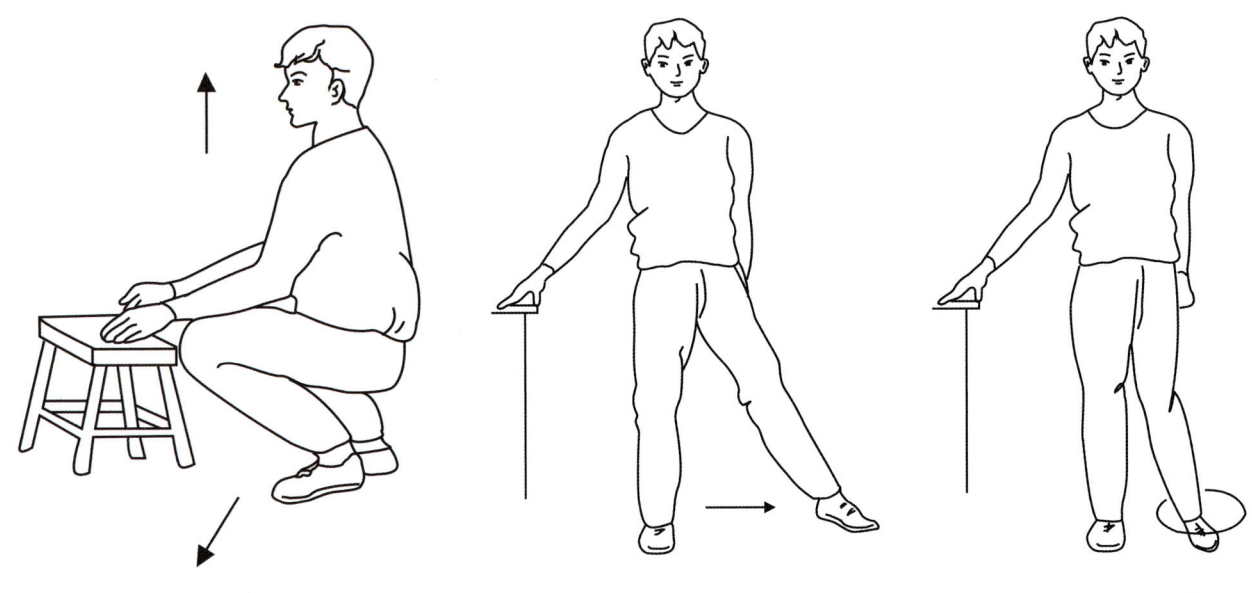

图 15-23　站位扶物下蹲法　　　图 15-24　站位患肢摆动法　　　图 15-25　站位内外旋转法

8．作业疗法　可使用相关的作业治疗工具，或让患者用手指快速指物或手指互相对指、画图、写字、翻纸牌等患侧上肢精细活动协调、控制能力的强化训练。动作由简单到复杂，循序渐进（图 15-26）。

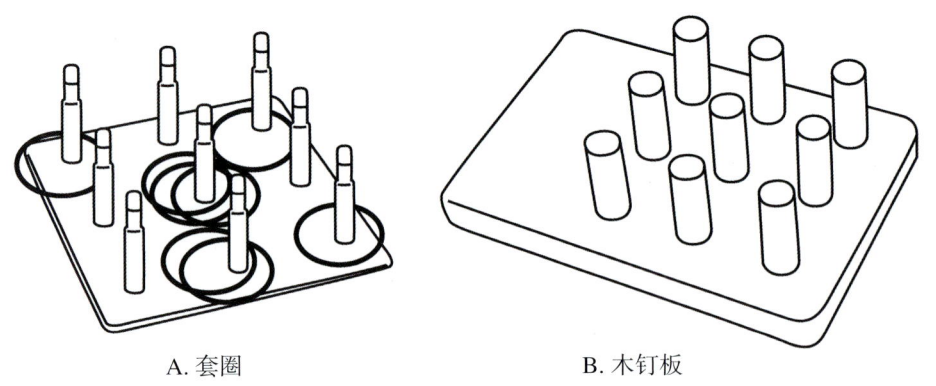

A. 套圈　　　　　　B. 木钉板

图 15-26　作业疗法

（二）认知障碍的康复治疗

1．注意力和集中力的康复训练方法

（1）猜测游戏：取两个透明玻璃杯和一个弹球，让患者注视术者将一个杯扣在弹球上，并指出有弹球的杯子，反复数次。无误后改用两个不透明的杯子，操作同上。反复数次，成功后改用更多的杯子或更多不同颜色的球，扣上后让患者分别指出有各种颜色弹球的杯子，移动杯子后再问。

（2）删除作业：在一张白纸上写几个大写的汉语拼音字母如 KBLRBPYO（亦可用数字、图形），让患者用铅笔删除术者指定的字母，如 B。再改写字母的顺序和规定要删除的字母，反复进行数次。成功后增加字母的行数和难度（图 15-27）。

图 15-27　删除作业训练

（3）时间感：要求患者按术者命令启动秒表，并于 10 s 时停止秒表，然后将时间逐渐延长至 1 min，当误差小于 1~2 s 时，改为不让患者看表，启动后让他心算到 10 s 时停止，然后将时间延长，到 2 min 时停止，每 10 s 的误差不得超过 1.5 s。达到要求后改为一边与患者交谈，一边让患者进行上述训练，使患者尽量控制自己不因交谈而分散注意力。

（4）治疗性作业活动：编织、木工、拼图练习等。

2．记忆能力的康复训练方法

（1）视觉记忆（visual memory）：先将 3~5 张绘有日常用品的图片卡放在患者面前，告诉患者每卡可以看 5 s，然后将卡收去，让患者用笔写下所看到的物品的名称，反复数次，成功后增加卡的数目。

（2）编故事法：把要记忆的内容按自己的习惯和爱好编成一个小故事，有助于记忆。

（3）治疗性作业活动：木工、黏土作业、镶嵌等。

在日常生活中应采用下述的方法：①建立恒定的每日活动常规，让患者不断地重复和练习；②耐心细声地向患者提问和下命令；③从简单到复杂进行练习，将整个练习分解成若干小部，先一小部一小部地训练，成功后再逐步联合；④利用视、听、触、嗅和运动等多种感觉输入来配合训练；⑤每次训练时间要短，记忆正确时要及时频繁地给以奖励；⑥让患者分清重点，先记住最必需的事，不去记忆一些无关的琐事。

3．思维能力的康复训练方法　思维包括推理、分析、综合、比较、抽象、概括等多种过程，而这些过程往往表现于人类对问题的解决中。下面介绍一些推理和解决问题能力的训练方法。

（1）指出报纸中的消息：取一张当地的报纸，首先问患者有关报纸首页的信息如大标题、日期、报纸的名称等，如回答无误，再要他指出报纸中的专栏如体育、商业、分类广告等。回答无误后，再训练他寻找特殊的消息，如可问他两个球队比赛的比分如何？某电影院上映的电影如何？回答无误后，再训练他寻找一些需要他做出决定的消息。

（2）排列数字：给患者三张数字卡，让他由小到大将期排列，然后每次再给他一张卡，让他根据其数字的大小插进已排好的三张卡之间。正确无误后,再给他几个数字卡,问他其中有什么共同之处,如有哪些是奇数或偶数、哪些可以互为倍数等?

(3)分类:让患者将多项物品名称按物品用途分类、配对等。

(4)治疗性作业活动:图画合成、木工等。训练是多种多样的,也并非要在一天内就把某训练中的所有步骤都完成。

训练无需特殊用品,出院后在家中还可继续进行,因此对患者家属亦应进行训练,让他们也掌握训练方法。

(三)行为障碍的康复治疗

对发作性失控和额叶攻击,可用药物治疗和正惩罚法行为治疗。对负性行为障碍,采用行为疗法,如负惩罚法、成型法、代币法等。也可以进行作业治疗,消除攻击性情感。

(四)情绪障碍的康复治疗

情绪障碍常见为抑郁症状,甚至有自杀念头,采用康复心理治疗,同时适当用抗抑郁药品。

(五)言语障碍的康复治疗

对于构音障碍以及吞咽障碍,通过言语康复治疗师有针对性的采取发声、分辨等练习,提高言语能力。同时认知障碍的改善相应的言语障碍也逐渐好转。部分应用吞咽障碍治疗仪,也可取得一定效果。

(六)生活自理能力训练

早期帮助患者培养主动意识,吃药喝水时,用患手拿杯子、刷牙、吃饭用患手拿牙刷和筷子,洗脸时拿毛巾擦脸,另外,自己用患手锻炼梳头发、扣衣、穿脱衣服。同时,指导家属协助患者训练,并经常鼓励督促患者尽力去做。

第四节 音乐疗法对昏迷促醒作用

一、音乐疗法的背景

音乐疗法是科学且系统地运用音乐的特性,通过音乐的特质对人体产生影响,协助个人在疾病或残障的治疗过程中达到生理、心理、情绪的整合,并通过和谐的节奏刺激身体的神经、肌肉,使人产生愉快的情绪,使患者在疾病或医疗过程中身心改变的一种治疗方法。音乐疗法,在欧美、日本、中国台湾等地已蓬勃开展,西方一些国家将其广泛应用于精神病医院、老年疗养院及儿童特殊教育部门。国外学者的研究结果也提示在颅脑损伤早期给予积极的音乐治疗有辅助治疗作用。因此,音乐疗法对昏迷的促醒作用正日益被医务人员所接受,并初步应用于临床。在国内,音乐治疗多数用于晚期肿瘤患者缓解疼痛、减轻化疗反应,改善心身疾病和临终关怀等。

二、音乐的治疗作用

据研究,音乐的治疗作用主要由曲调的节奏、旋律、响度、和声等因素决定,其中又以节奏、旋律最为关键。音乐活动主要对人体生理、心理、社会等方面产生积极作用。

1. 生理方面 音乐对人体的生理作用首先是音响对听觉器官和听神经的刺激,继而影响到全身的肌肉、血脉及其他器官的活动。国外有学者认为音乐活动中枢在大脑右半球，其中起作用的主要涉及边缘系统。边缘系统是感觉、情绪、情感的反应中枢，也参与部分直觉、想象和创造性信息的处理过程。当人们受到非语言性音乐刺激后，边缘系统随之应答并通过释放内啡肽而使大脑产生一系列效应。美妙的音乐可充分调动和发挥集体的潜能，提高神经细胞的兴奋性及整个神经系统的活动力。对昏迷患者，音乐治疗主要通过其生理效应起作用。

此外，国内学者认为人机体能由许多有规则的振动系统和多种生物信息符号构成。人的脑电波运动、心脏搏动、肺的舒缩、胃肠的蠕动以及自律神经的活动，形成有规律的振动系统。当一定频率的音乐节奏与上述振动系统的频率相一致时，就能使身体与音乐发生同步共振，产生一种类似细胞按摩的作用，从而起到镇静、镇痛、降压等综合的治疗效果。

2．心理方面

（1）自我表现：自恋是弗洛伊德提出的一个概念，指的是一种爱恋自己的心态。而自我陶醉即为一种自恋的表现，在音乐治疗的临床应用中，音乐治疗师借助歌唱、舞蹈、器乐表演等音乐活动，可以让来访者尽情地表现自我，用表演体验后的喜悦来满足患者的自恋情绪。

（2）唤起联想：在人的意识中，音乐常被无意识地感知并记录下来，无论是整首乐曲，还是片段音乐，每当我们听到它时，就会很自然地联想起过去的经验，唤起往日的记忆，再现过去的事件或情感。音乐治疗师借助来访者聆听音乐所产生的音乐本身以外的联想，可以达到心理治疗的目的。

（3）音乐同化：音乐可以使人同化，让人和音乐一样，在精神上与音乐的思想融为一体。从音乐中患者可以听到作曲家发自心灵深处的声音，而跟随着这种声音，听者也会不知觉地离开现实世界，进入到音乐所描述的另外一个境地，从而满足患者虚幻的体验和逃避现实的需求。同样，对于一些沉迷于虚幻的患者来说，他们也会从音乐的实际声响中，恢复有意识的知觉，把他们从梦境般的不现实的世界带回到现实世界。即由体验现实生活的音乐活动，领悟社会环境的约束，从不切实际的幻想中恢复到意识状态。音乐引导想象技术中，音乐治疗师就是利用音乐同化方法，借助来访者心理需求来达到对其心理治疗的目的。

3．社会方面

（1）增进交流：通过音乐会、舞会、文艺演出等社会活动，人们可以借助音乐传达情绪、情感。音乐提供的非语言性交流的作用实际上反映了人们思想和和价值观念，它是患者在很多场合下用语言交流所不能表达的。通过音乐表达、交流，可以为患者提供一个良好的社会交往平台，增进他们的语言表达和人际沟通能力。

（2）适应社会：音乐治疗中选择的音乐或歌曲都具有现实的社会意义，它具有启发和引导来访者，协助患者适应社会的作用。通过歌曲演唱或音乐演奏等音乐活动，可以充实患者的社会习俗，这些音乐活动强调社会的体统，告诉来访者应该做什么及如何做，以及如何做才能真正适应社会生存。

（3）促进社会整合：大型的音乐活动本身就有社会整合功能，比如宗教音乐活动和大型交响音乐会等音乐活动，借由类似的音乐活动，来自不同行业、不同宗族、不同宗教信仰的人们会自发地集合在一起，接受音乐的熏陶和洗礼。在团体的音乐治疗中，音乐成为一种信号，召集来自不同阶层的患者，把他们集中在一个安全、温馨的治疗环境里，患者通过参与需要集体协作的音乐治疗活动，借助音乐交流，也能有效提升患者在社会交往中的社会资源整合能力。

三、音乐疗法促醒的作用机制

现代医学认为脑具有巨大的可塑性,当脑细胞受损后,正常脑细胞和平时受抑制的神经细胞可代替或脱抑制以适应脑受损后的功能改变。

此外,脑损伤昏迷者受损的脑组织中存在未坏死但丧失功能的细胞,这部分细胞功能的恢复是脑功能恢复的另一途径。音乐作用于听神经,对患者产生听觉刺激,促使脑部生物电活动增强,调整大脑皮质的潜在能力。听觉刺激对颅脑损伤昏迷患者大脑皮质活动有不同程度的影响,刺激听神经可使脑内多数区域血流量增加,从而改善临床症状;音乐的旋律、节奏还可以调节大脑边缘系统和脑干网状结构功能,促使未受损的脑细胞进行代偿,从而弥补变性受损脑细胞的功能,通过自身调节而加快意识的恢复。研究表明,颅脑损伤昏迷患者进行音乐治疗后,运动能力改善,情绪的稳定性增加,并能促进患者早期苏醒。

四、音乐疗法促醒的实施方法

一般音乐治疗的实施方法有两种:被动式和主动式。被动式是使患者通过欣赏、感受音乐,在情绪、情感上发生变化,从而达到在生理、心理上进行自我调节的目的。主动式是让患者参与演唱或演奏活动,包括学习某种乐器的简易演奏法,也可同时结合体操或舞蹈动作及配合治疗人员对患者的交流达到治疗的目的。音乐疗法的一个特点是:音乐是通过人耳进入人体的一种刺激,人耳是不能自动关闭的,所以音乐疗法可以在任何时候,应用于任何人。对于昏迷患者只能采用被动性音乐疗法,音乐是此类患者音乐治疗的唯一方式。在国外曾发生过一件趣事:因交通事故受伤昏迷的25岁女子艾丝德是流行歌手伊里阿斯的歌迷,精神病学专家迪高医师得知此情,立即开出音乐处方——每日24 h播放伊里阿斯演唱的歌曲。在连续播放两周后的一天,艾丝德开始睁开眼睛,身体能慢慢移动,之后逐渐康复。一般患者以1小时/次为宜,音量控制在70 db以下,乐曲的选择则应因人和病症而异。我国相关人员研究表明对重症脑损伤患者(植物人)定时播放他(她)所熟悉的音乐,3次/天,1小时/次,能提高大脑皮质的兴奋性,促进神经系统的修复能力。另外对脑外伤后持续植物状态患者在音乐疗法的基础上,给患者播放其最亲密对象的声音(内容为呼唤患者的昵称及具有鼓励性、刺激性的语言,或较难忘的事和物),6次/天,10~15分钟/次,也取得了良好效果。

五、音乐疗法促醒作用的效果评价

对于音乐疗法促醒作用的效果评价,目前多数研究者主要依据临床指标(生命体征、昏迷量表、日常生活能力评定等)的观察结果和部分患者的脑电图改变得出结论。

最近国外学者采用功能性磁共振成像技术对音乐的脑部效应进行研究,初步证实本方法的有效性,推测其在音乐疗法的效果评价研究中有重要价值。另一方面,较多的研究报导以治疗前后对照作为疗效评价的依据,仅少数设立了对照组。因此,结果受其他治疗措施的影响,结论的可靠性有限。

第五节　中医康复

当今康复医学（rehabilitation medicine）在世界各国向着多级化趋势发展。美国康复医学处在现代康复医学的领先地位，理论研究与应用技术均较成熟，有一套完整的康复结构体系。我国的传统医学源远流长，具有蕴意深邃而广博的概念和范畴的体系，中国传统康复医学具有很大的潜力和发展空间。日本的上田敏教授曾说：21世纪西方传统的康复医学将受到东方康复医学的挑战。

一、中医康复早期治疗

对因事故创伤等原因造成脑重伤导致重度昏迷的患者，先由正规医院采取常规外科手段进行检查并处理其复合创伤是必要的，以及时地稳定患者的各项生命体征。中医早期介入治疗，对防止多种并发症的发生，促进其昏迷状态的提前清醒，避免长期昏迷最终陷入植物人状态，均有不可或缺的作用。早期介入，早期施治，在中医早期介入实施治疗过程中就能够创造性地有所发现，有所突破，有所成功。我国中医学在对待许多疑难杂症方面，具有很深沉的积淀和潜能，以及广阔的发展前景，中医在促醒长期昏迷的患者和植物人方面已露曙光。

二、"三联疗法"综合施治

中药、按摩、针灸三联结合，也就是中医早期介入，超前一步对已昏迷的患者进行治疗，是避免患者长期昏迷进而成为植物人的中医治疗手段。"三联疗法"同样适用于已经成为植物人的患者以及一般的脑卒中的患者。在具体的实施治疗过程中，"三联疗法"中的第一环节是准用好中药，让中药在治疗过程中充分发挥其潜能，先行修复损伤的脑神经组织。在用药纲目上，根据不同阶段的病情随时调整治疗计划，辨证施治，灵活运用。在抢救阶段最早介入时，用中药扶正祛邪、固本求源，鼓励自身潜能，增强抵制力，着重控制与防止多种并发症的发生。由于脑重伤凶险的并发症是致患者于灭亡的首恶，重伤初期务必控制好并发症、使患者平安地度过危险期，根据患者情况和病情的进一步发展，逐步过渡到温补元气，化痰平喘，使患者痰壅的问题减小到最低水平，保证呼吸贯通，以策安全，最后过渡到用中药停止脑组织及脑细胞继发性的再损伤，控制脑积水多量的生成和荟萃，防止脑疝形成，避免脑积水过多导致引流现象的发生。特别是治疗阻止脑组织继发性的再损伤，控制脑积水，能够达到意想不到的效果，这对于脑重伤的患者缩短昏迷时间，避免成为植物人是至关重要的。

第二个环节即为中医按摩。这也是强调中医早期介入重度脑损伤救治的一个很重要的因素之一。有相关研究显示，假如患者在10天之内按摩不到位，腿部肌肉就明显开始萎缩，因此多数长期昏迷患者的腿部肌肉萎缩严重，骨瘦如柴。按摩的另一个重要作用是"压痛点"疗法，一方面通过按摩及被动行动，预防处于长期昏迷的患者或植物人状态卧床不起的患者身体各部位发生肌肉萎缩，尽量保证患者身体功能的新陈代谢接近于正常水平，增加肌体的含氧量。另一方面，处于深度昏迷的患者或植物状态的患者无法沟通，不能对于刺痛做出应有的反应而双向交流，通过按摩，寻找发现因脑神经病变引起的肌肉、软组织、韧带痉挛导致的压痛点，这些痉挛压痛点，就是脑神经受损引起病变的关键部位。准确定位身体各个部位的痉挛压痛点，并对其进行按摩刺激，对促醒长期昏迷及植物状态患者方面有很好的疗效。

第三个环节针灸治疗。在急性期过后要及早实施针灸。一方面使患者的促醒治疗及早进行，另一方面是在患者清醒之前即开始功能恢复。在长期昏迷和植物人促醒的针灸处方配置上，按照以下顺序进行：①"压痛点"方面的穴位，也就是阿是穴；②全息理论方面的穴位；③经外奇穴；④在经的365个穴位。根据昏迷患者及植物人的情况灵活运用。在积极促醒患者的同时兼顾听力、视力、语言、肌张力等异常情况，有针对性地加以针灸，并结合四肢末端针灸放血促进末梢血液循环，多管齐下，让机体功能恢复提前进行。

第六节 脑外伤患者健康指导与家庭训练

一、脑外伤患者健康指导

1．坚持在医师指导下服药，不得擅自停药，出院后一个月门诊随访。
2．定时复诊：①复诊时间：出院后两周或遵医嘱。②复诊需携带既往病历资料（如：病历本、CT片、各种检查结果等）。
3．住院期间CT和其他检查未发现异常者，出院后如仍有轻度头痛头晕、睡眠不好、易激动等症状可适当服用一些脑功能活化剂或促进脑细胞代谢的药物，以早日改善症状，大多数患者不会留下后遗症。
4．告知患者颅骨缺损的修补，一般需在脑外伤术后的半年后。
5．保持心情舒畅，情绪稳定，避免过度紧张、情绪激动、急躁、忧郁。
6．戒烟戒酒，不饮浓茶、浓咖啡。
7．饮食上注意定时、定量，不暴饮暴食。以高蛋白、高维生素、低脂肪易消化的食物（如鱼、瘦肉、鸡蛋、蔬菜、水果等）为宜。
8．伤后2～3周内避免用脑过度及阅读长篇读物和报刊。
9．注意劳逸结合，保证睡眠，可适当进行户外活动（颅骨缺损者要戴好帽子外出，并有家属陪护，防止发生意外）。根据情况可逐渐恢复工作。
10．加强功能锻炼，必要时可行一些辅助治疗，如高压氧治疗等。
11．外伤性癫痫患者按癫痫护理常规进行。
12．如出现下列情况应立即到医院就诊：①剧烈头痛、恶心、呕吐、神志不清。②语言障碍，某一肢体活动障碍。

二、重型颅脑损伤患者的家庭训练

重型颅脑损伤患者虽经临床积极救治，病死率明显下降，存活率明显提高，但存活的患者中常常存在不同程度的后遗症。从轻度的头晕、耳鸣、健忘到严重的失语、偏瘫，恢复需要很长时间，不可能长期住院。也有因家庭经济拮据，很多患者在病情稳定后便出院回家疗养，对出院后重型颅脑损伤术后患者开展家庭康复训练可减轻负性情绪，有效地促进功能恢复，减少并发症的发生，获得家人的支持，从而提高患者生活信心和质量。

1．肢体运动功能训练 重型颅脑损伤患者康复期存在意识障碍、长期卧床、偏瘫等情况，应进行肢体的功能锻炼以防止肌肉萎缩、关节痉挛，保持肢体的运动功能。

（1）改善肌力的训练：先健侧后患侧，上、下肢均应锻炼，多轴位、多关节、多组肌群参与的综合肌力练习，注意循序渐进。

（2）改善关节活动范围的训练：对全瘫的肢体应帮助患者做被动练习，轻瘫的肢体要鼓励患者做主动运动，目的是防止关节粘连。

（3）按摩：按摩前要洗净患者皮肤并涂滑石粉，家属应剪短指甲。每日定时进行，一日三次，每次 20 min。包括抚摸、按摩、揉捏手法。

（4）平衡训练：先坐后走，再练习上下楼梯，注意保护，防止受伤。

2．言语功能训练　对于失语患者，可每日安排一些发音器官运动操。如叩齿、弹舌、咬唇运动、闭嘴、鼓腮运动，吹口哨练习及深呼吸运动等。

家属要善于发现患者的心理变化，要有耐心，不宜操之过急。根据患者的文化程度，兴趣爱好，平时所关注家里的问题等进行训练方式的选择。如文化程度较高，家人可以与其一起读报纸、杂志，看新闻，与他一起分享快乐。另外，家人还可以带患者到公园、社区，鼓励与他人交流。既有利于言语功能的恢复，又促进了患者的社会交往。

3．ADL 能力训练　指导患者首先学习用手提物、放下，逐步提放较大和较小物件，如皮球、筷子、笔、纸等。练习各种捏握方法，进而学习使用匙、梳、刷子等（可利用相关的自助具）。在学好抓握基础上练习自己洗脸、刷牙、梳头、洗澡，开始时应由家属辅助，特别是洗澡。此时，加强对家属的指导，使患者获得归属和情感上的满足。对认识障碍者，做好智能及心理康复。经常给予视听觉等刺激，有意识地让患者记忆、判断，以促进脑功能恢复。

三、患儿颅脑损伤的早期干预与家庭训练

近年来，由一些新生儿疾病、先天性疾病造成的新生儿脑损伤较多。脑损伤常引起患儿精神发育迟滞或中枢运动障碍，有的还伴有癫痫及视、听等感觉障碍。由于脑神经细胞不可再生，因此这类患儿的治疗目前尚无特效方法。但实践证明，通过早期干预可以减少脑损伤遗留下来的残疾。

所谓早期干预，就是在脑损伤患儿早期针对其发育障碍状况，有目的、有计划地对其进行良性的感官刺激和丰富的环境刺激，使已经损伤的脑组织功能得到最大程度的恢复。对已发现或怀疑有脑损伤的幼儿进行早期干预，主要是进行视觉、听觉、皮肤感觉刺激及运动、语言、认知能力的训练。可在床上及卧室墙上挂一些色彩鲜艳或可发出声响的玩具，并时常更换以引起孩子看和听的兴趣。在孩子面前放些玩具或食物，教他自己玩玩具或用手抓食物，以发展孩子手、口和眼的协调能力。

对日常生活中常用的语言要边做边说，如吃奶、喝水等，把语言、实物和行动联系起来。家长可用带响的玩具逗引孩子抬头，也可将孩子背部贴近自己胸部，使孩子的头竖起来，时间从数分钟开始，逐渐延长。3 个月以后的孩子应逐渐进行由仰卧位向侧卧位再到俯卧位的翻身训练，还要逐渐训练俯卧位抬头。然后双肘支撑抬起前胸，再过渡到双手支撑，同时可用手抓住孩子的肩膀前后摇动，以训练平衡功能。4 个月的孩子可以训练在仰卧位拉起成坐位，5 个月的孩子可练习靠坐，6 个月可独坐，但时间不要太长。7 个月以后的孩子，重点训练稳定独坐、爬及站立的能力。

年龄稍大的孩子主要以训练语言和协调动作为主。可以教孩子认识图片上的物品，对孩子感兴趣的物品，启发其说出它们的名字，认识并理解各种玩具和食品等。如果孩子已能站稳，就可以进行迈步训练。开始先拉着孩子的双手，以后逐渐让他扶栏杆行走。家长可用玩具逗引孩子，以增加行走的距离。同时注意独立活动能力的训练，让其独自在地上玩耍，训练孩子身体动作的灵活性

和协调性。

第七节　Lokomat 机器人对脑损伤的康复应用

康复机器人（rehabilitation robots）是近年出现的一种新型机器人，它属于医疗机器人范畴。它分为康复训练机器人和辅助型康复机器人，康复训练机器人的主要功能是帮助患者完成各种运动功能的恢复训练，如行走训练、手臂运动训练、脊椎运动训练、颈部运动训练等；辅助型康复机器人主要用来帮助肢体运动有困难的患者完成各种动作，如机器人轮椅、导盲手杖、机器人假肢、机器人护士等。

传统的康复程序依赖于治疗师的经验与徒手操作技术。随着患者数目迅速增大，节省治疗时间越来越成为人们关注的焦点。近年来，已经有很多研究涉及机器人在协助残疾者康复训练的作用。康复机器人能通过机器带动肢体做成千上万的重复性运动，是一种控制肢体运动的神经系统刺激并重建，从而恢复肢体功能运动的新的临床干预手段。

由于脑具有可塑性，医学上通常通过重复的、特定任务的训练，让患者进行足够的重复性活动，从而使重组中的大脑皮质通过深刻的体验来学习和储存正确的运动模式。根据康复医学理论和人机合作机器人原理，在一套由计算机控制的步态模拟控制系统的控制下，帮助患者模拟正常人步行规律进行康复训练，锻炼下肢肌肉，恢复神经系统对行走功能的控制能力，达到恢复下肢运动功能的目的。一种称为 LOKOMAT 的全自动康复训练机器人开始在神经康复中使用。

一、Lokomat 康复训练机器人简介

对于脑外伤所致的神经系统疾病，功能运动和感觉的刺激在其康复过程中具有极其重要的作用。以徒手方式进行训练需要足够的人力，并十分耗费治疗师的体力，因此只能维持短时间的训练。此外徒手辅助步行训练在肥胖或肌痉挛的患者中很难进行。Lokomat 康复训练机器人运用增强反馈的训练方式，只需一名治疗师，即能完成对患者的康复治疗（图 15-28）。

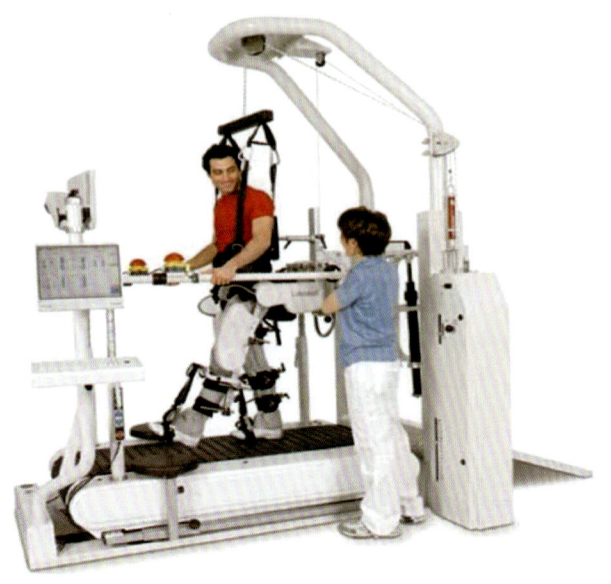

图 15-28　Lokomat 康复训练机器人

Lokomat 系统是由步态矫正器、先进的体重支持系统和跑台组成。通过模拟生理步态轨迹，带动患者的单侧或双侧下肢，并精确地控制跑台的速度，使之与患者步态相一致，使功能性运动治疗与患者的评估、反馈系统有机结合。治疗师可对 Lokomat 系统进行参数调整，以适合不同患者的需要。

二、Lokomat 系统的治疗特点

1．动态的低惯性悬吊系统　可以随时调整并精确地减轻患者体重，促进患者在最佳感觉刺激下的生理步态（图 15-29）。

2．由系统控制的步态矫正器带动患者下肢在跑台上进行运动，增大了步行训练的活动范围。

3．通过直接安装在驱动器上的动力传感器对患者的活动能力进行评测，从而调整步行辅助等级（最大带动力至零带动力之间）。

4．训练过程中逐渐减少辅助力量，使难度略高于患者的步行能力，激发患者的潜能。

5．完整的生物反馈系统监测患者的步态，并且提供即时可视化的运动反馈，以提高患者训练的积极性（图 15-30）。

图 15-29　动态的低惯性悬吊系统

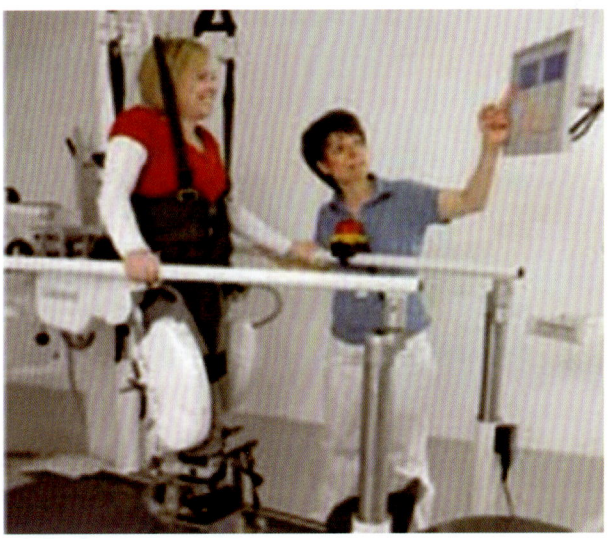

图 15-30　可视化运动反馈系统

增强反馈的训练方式在虚拟环境中提供诱导性和指示性的反馈，其功能包括：

（1）以相关的功能性反馈来诱导生理性步态。

（2）功能性反馈鼓励患者参与自身的治疗。

（3）吸引目光的虚拟环境能诱发患者的动机。

（4）可根据患者的认知能力和特殊需求，调整训练的难度及强度。

（5）包含多样的虚拟环境（图 15-31、图 15-32）。

（6）患者所需的动作都符合生理学与生物力学的原理。

6．测评系统可进行动态重复测量。

7．自动化训练与手动训练模式可随时进行转换。

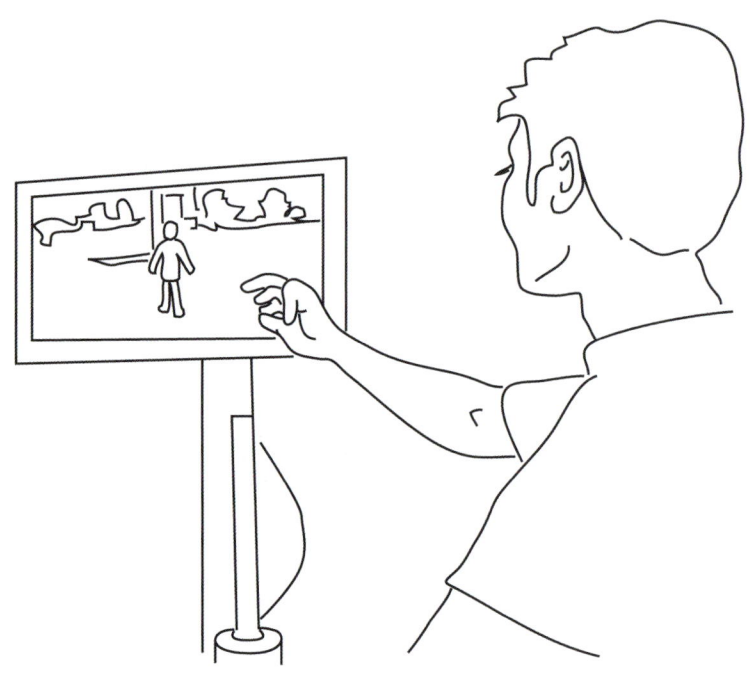

图 15-31　多样化虚拟环境

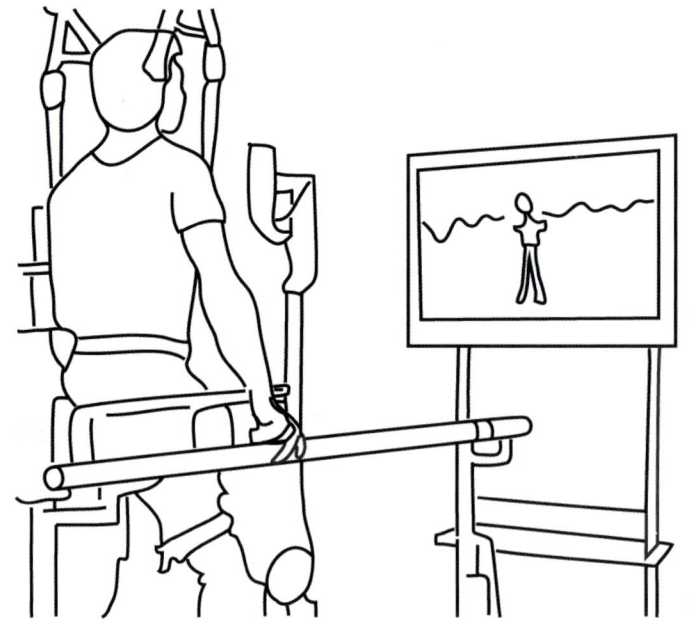

图 15-32　多样化虚拟环境

三、训练方法

患者身体由背带进行悬吊、下肢通过绑带与机器固定在跑台上行走，行走时为生理步态。计算机控制步速并且测量患者运动时身体反应。机器人辅助步行训练的有效性根据个体有所不同，所以患者应保证最少每次 30 分钟的训练，每周 3 次，持续 4～8 周，并且要进行定期评估以确定是否需要进一步的训练以达到最佳效果（图 15-33）。

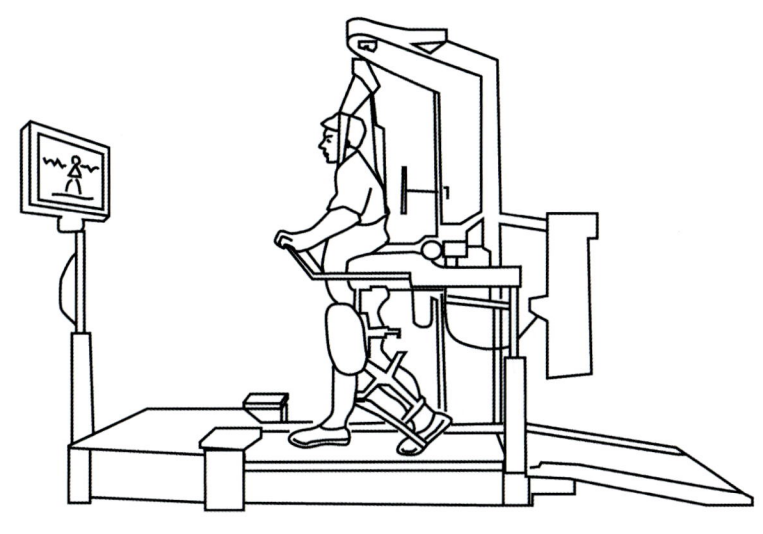

图 15-33　Lokomat 训练方法

四、适应证

机器人辅助训练的首要目标是重新获得并改善步行能力，主要适用于由脑外伤、脑卒中、非完全性脊髓或神经或骨科疾病（如多发性硬化或髋骨移位）引起的下肢行走障碍。其他可进行机器人辅助训练的标准为：患者下肢具有感觉，并且至少一组主要肌肉群可运动。训练方案应经医师评估患者情况后确定。

（李　丹　杨德久）

参考文献

[1] 刘娜，陈伟，孙洁，翟宏伟．不同的音乐刺激对最小意识状态患者脑电波变化的影响．实用医学杂志，2016，32（9）：1472-1475.
[2] 何乾超，蔡伦，黄永，等．中医康复医学的优势和发展趋势．中医杂志，2012，1（2）：95-97.
[3] 王瑞美，王艳，翟拥华．中医康复医学发展现状及趋势研究．科技信息，2013，1（7）：28-43.

中英文专业词汇索引

A

阿尔茨海默病（Alzheimer's disease，AD） 234

B

白细胞（leukocyte） 139
闭合性气胸（closed pneumothorax） 241
标准碳酸氢盐（standard bicarbonate，SB） 186
冰冻血浆（frozen plasma，FP） 143
丙氨酸氨基转移酶（alanine aminotransferase，ALT） 155
丙型肝炎病毒（hepatitis C virus，HCV） 154
搏动指数（pulsatility index，PI） 203
补偿性训练（compensation training） 299
补充医学（complementary medicine） 303

C

残疾分级量表（disability rating scale，DRS） 308
潮式呼吸（Cheyne-Stokes respiration） 182
成分血（blood component） 140
成角旋转中心（center of rotation angulation，CORA） 260
持续性植物状态（persistent vegetative state，PVS） 307
除颤（defibrillation） 126
窗口期（window period） 154
创伤超声重点评估（focused assessment for the sonography of trauma，FAST） 148
创伤后应激性损伤（post traumatic stress injury，PTSJ） 11
创伤后应激障碍（post traumatic stress disorder，PTSD） 11
创伤评分（trauma score，TS） 47
创伤相关的严重出血（trauma-associated severe hemorrhage，TASH） 148
创伤性凝血病（coagulopathy of trauma） 149
创伤与损伤严重度评分（trauma and injury severity score，TRISS） 45
磁共振波谱成像（magnetic resonance spectroscopy，MRS） 229
磁共振成像（magnetic resonance imaging，MRI） 216
磁共振血氧水平依赖性成像（blood oxygen level dependent magnetic resonance imaging，BOLD MRI） 233

D

大量输血治疗方案（massive transfusion protocol，MTP） 146，147
代替性训练（substitution training） 299
癫痫（epilepsy，EP） 234

E

二氧化碳分压（partial pressure of CO_2，PCO_2） 186
二氧化碳结合力（CO_2 combining power，CO_2CP） 186
二氧化碳总量（total CO_2，TCO_2） 186

F

FAST 输液器（first access for shock and Trauma） 91
发展性训练（correction training） 299
非蛋白氮（non-protein nitrogen，NPN） 190
非溶血性发热性输血反应（febrile non-hemolytic transfusion reactions，FNHTR） 154
肺挫伤（contusion of lung） 242
酚磺肽（phenolsulfonphtha lein，PSP） 191

328

丰富环境（environmental enrichment）300
辅助技术（assistant technology）301
腹腔穿刺术（abdominocentesis）94
腹腔间室综合征（abdominal compartment syndrome，ACS）278
腹腔内压力（intra-abdominal pressure，IAP）278
腹腔内高压（intra-abdominal hypertension，IAH）278

G

Glasgow 结果量表（Glasgow outcome scale，GOS）307
高峰流速率（peak flow rate，PFR）208
格拉斯哥昏迷评分（Glascow coma score，GCS）45
膈肌损伤（diaphragmatic injury）245
骨搬移（bone transport）261
骨输液枪（bone injection gun，BIG）91
骨外固定技术（technology of external skeletal fixation，TESF）258
鼓膜移位法（tympanic membrane displacement，TMD）202
固定（fixation）125
过敏反应（allergic reactions）155

H

河道疏浚理论（theory of river dredging）303
红细胞（erythrocyte）139
红细胞比容（hemocrit volume）139
红细胞压积（hematocrit）139
后期生命支持（prolonged life support，PLS）126
呼吸支持（breathing support）126
缓冲碱（buffer base，BB）186
恢复良好（good recovery，GR）307
回收式自身输血（salvaged blood autotransfusion）157

J

肌酐（creatinine）190
肌肉骨骼及神经-肌肉系统（musculoskeletal and neuromuscular systems）303
肌外膜切开术（epimysiotomy）274
急性呼吸窘迫综合征（acute respiratory distress syndrome，ARDS）154
急性生理评分（acute physiology score，APS）54
急性生理与慢性健康状况评分（acute physiology and chronic health evaluation，APACHE）45
计算机断层扫描（computed tomography，CT）216
记忆示波器（memorysope）166
简明损伤定级标准（abbreviated injury scale，AIS）49
碱剩余（base excess，BE）187
矫正性训练（correction training）299

筋膜间室综合征（acute compartmental syndrome，ACS）271
筋膜切开（fascitomy）274
经皮扩张气管切开术（percutaneous dilatational tracheostomy，PDT）80
颈静脉窦氧饱和度（jugular bulb oxygen saturation，$SjvO_2$）203
巨细胞病毒（cytomegalovirus，CMV）154,158

K

开放性气胸（open pneumothorax）241
康复医学（rehabilitation medicine）321
克雅病（Creutzfeldt-Jakob disease，CJD）158
空间分辨力（spatial resolution）217
空间关系紊乱（spatial relation disorders）307
控制出血（control bleeding）24
口服补液（oral rehydration solution，ORS）90
库斯莫氏呼吸（Kussmal respiration）182

L

肋骨骨折（rib fracture）238
另类医学（alternative medicine）303
鹿特丹遥测传感器（Rotterdam teletransducer，RTT）202

M

煤矿院前创伤评分（mine prehospital score，MPS）69
美国机动车医学促进会（Advancement Association of Automotive Medicine，AAAM）50
美国健康治疗财政委员会（U.S Health Care Financing Administration）54
弥漫性轴索损伤（diffuse axonal injury，DAI）227
弥散张量成像（diffusion tensor imaging，DTI）229
弥散张量纤维束成像（diffusion tensor tractography，DTT）229

N

脑磁图（magnetoence-phalography，MEG）235
脑电图（electroencephalogrphy，EEG）203
脑复苏（cerebral resuscitation）126
脑干听觉诱发反应（brain stem auditory evoked response，BAER）204
脑干诱发电位（evoked potential，EP）204
脑功能分析监测（cerebral function analysis monitor，CFAM）203
脑功能监测（cerebral function monitor，CFM）203
尿比重试验（Mosenthal test）191
浓缩红细胞（concentrated red blood cells，CRBC）141

P

帕金森病（Parkinson's disease，PD） 234
频谱分析法（spectrum analysis，SA） 203

Q

牵拉成组织（distraction histogenesis，DH） 259
牵拉性骨再生（distraction osteogenes，DO） 259
全身炎症反应综合征（system inflammatory response syndrome，SIRS） 18，124
全血（whole blood） 140，142

R

人类 T 淋巴细胞病毒（human T-cell lymphotropic virus，HTLV） 154
人类免疫缺陷病毒（human immunodeficiency virus，HIV） 154

S

闪光视觉诱发电位（flash visual evoked potentials，f-VEP） 201
伤病的严重度（severity of incident） 3，34
伤病患负荷（casualty load） 3
社会心理技能训练（psychosocial skill training，PSST） 301
神经外科重症监护病房（neuro-surgical intensive care unit，NSICU） 198
神经修复临界点理论（theory of critical point forneurorestoration） 303
肾小球滤过率（glomerular fuiltration rate，GFR） 189
剩余能力（residual functional ability） 300
失认（agnosia） 307
失用（apraxia） 307
石膏绷带（plasterbandage） 264
世界卫生组织（World Health Organization，WHO） 298
视觉诱发电位（visual evoked potential，VEP） 204
手术（operation） 125
输血（blood transfusion） 140
输血相关性移植物抗宿主病（transfusion-associated graft-versus-host disease，TA-GVHD） 154
输血相关移植物抗宿主病（transfusion association-graft versus host disease，TA-GVHD） 158
输液（infusion） 125
死亡（death，D） 307
损伤严重度评分（injury severity score，ISS） 45，50

T

调整及适应性训练（adaptation training） 299
体感诱发电位（somatosensory evoked potential，SSEP） 204
体像障碍（body scheme disorder） 307
替代外科（replacement surgery） 260
通气（ventilation） 24，125

V

VIP 操作（ventilation infusion pulsation precedure） 16

W

外固定器（external fixator，EF） 258
微透析技术（microdialysis） 202
未测定阳离子（unmeasured cation，UC） 187

X

吸气末停顿（end-inspiratory pause，EIP） 208
稀释式自身输血（hemodilutional autotransfusion with short-term storage，HAT） 156
小夹板（small splint） 120
协同性重建（intrasystemic reorganization） 306
心电监测（electrocardiography，ECG） 126
新创伤严重度评分（new injury severity score，NISS） 45
新鲜冰冻血浆（fresh frozen plasma，FFP） 141
信息与通信技术（information and communication technology，ICT） 302
胸部异物（foreign body of chest） 241
修订的创伤评分（revised trauma score，RTS） 48
血容量复苏（volume resuscitation） 17
血小板（platelet） 139
血小板浓缩液（platelet concentrate） 143
血小板输注无效（platelet transfusion refractoriness，PTR） 154
血胸（hemothorax） 242
血氧饱和度（SaO_2） 188
循环支持（circulation support） 126
循证治疗（evidence-based practice） 302

Y

严重复合免疫缺陷症（severe combined immunodeficiency disease，SCID） 159
液体通道（infusion） 24
医疗处置能量（medical services capacity） 3
医疗严重度指标（medical severity index，MSI） 3
乙型肝炎表面抗原（hepatitis B surface antigen，HBsAg） 155
乙型肝炎病毒（hepatitis B virus，HBV） 154
阴离子间隙（anion gap，AG） 187
应激（stress） 301
院前指数（prehospitoa index，PHI） 49

Z

再生医学（regenerative medicine） 260
脏器损伤的分级（organ injury scaling，OIS） 58
增强性训练（strengthening training） 299
张力性气胸（tension pneumothorax） 241
正电子发射断层成像（positron emission tomography，PET） 234
止血（control bleeding） 125
治疗性血液成分置换术（therapeutic blood components exchange，TBCE） 160
中度残疾（moderate disability，MD） 307
中枢神经系统（center neural system，CNS） 306
重度残疾（severe disability，SD） 307
重症监护室（intensive care unit，ICU） 198
贮存式自身输血（predeposit autotransfusion） 155
自然康复（spontaneous recovery） 304
自身输血（autologous transfusion） 155
自由水清除率（free water clearance，C_{H_2O}） 191
纵隔气肿（mediastinal emphysema） 245
组织氧饱和度（regional oxygen saturation，rSO_2） 202